W0256856

Technische Physik in Einzeldarstellungen

Herausgegeben von W. Meissner und M. Näbauer

Band 15

Der Transistor

Physikalische und technische Grundlagen

Von

Dr. H. Salow
Darmstadt

Prof. Dr. H. Beneking
Aachen

Dr. H. Krömer
Palo Alto, Calif./USA

Dr. W. v. Münch
Yorktown Heights, N.Y./USA

Mit 275 Abbildungen

Springer-Verlag Berlin Heidelberg GmbH
1963

ISBN 978-3-642-86175-8   ISBN 978-3-642-86174-1 (eBook)
DOI 10.1007/978-3-642-86174-1

© by Springer-Verlag Berlin Heidelberg 1963
Ursprünglich erschienen bei Springer-Verlag OHG. Berlin · Gottingen · Heidelberg 1963
Softcover reprint of the hardcover 1st edition 1963

Vorwort

Als ich es vor einigen Jahren übernahm, eine Monographie über den Transistor zu schreiben, wurde mir sehr bald klar, daß der ungewöhnlich schnelle Fortschritt der Transistortechnik die Fähigkeit eines einzelnen Autors, ihm gerecht zu werden, übersteigt. Ich sah mich deshalb nach Mitarbeitern um. Es gelang mir, hervorragende Fachleute, die Herren Prof. BENEKING, Dr. KRÖMER und Dr. v. MÜNCH zur Mitarbeit zu gewinnen. Die Aufteilung eines Stoffes auf mehrere Verfasser hat Vorzüge und birgt Gefahren. Eine gewisse Heterogenität in Stil und Darstellung läßt sich dabei nicht ganz vermeiden. Der Gewinn liegt darin, daß die Teilgebiete von den Verfassern auf Grund ihrer speziellen Kenntnisse besonders tiefgründig bearbeitet werden können. Ferner liefert jeder Autor ein abgeschlossenes und für sich lesbares Kapitel. Dadurch wird dem Leser die Bewältigung des gesamten Stoffes erleichtert. Ich hoffe, daß im vorliegenden Fall die Vorteile die Nachteile überwiegen.

Dem Sinne der vorliegenden Sammlung von technisch-physikalischen Einzeldarstellungen entsprechend, haben die Verfasser versucht, das für das Verständnis des Transistors erforderliche Wissen und die für den Umgang mit ihm notwendigen Voraussetzungen von einem vorwiegend physikalischen Standpunkt aus darzustellen, wobei die grundlegenden Fragen besonders berücksichtigt wurden. Das Buch ist dementsprechend für alle Naturwissenschaftler, Physiker, Techniker und Studierende dieser Gebiete geschrieben, die sich mit der Physik und Technik des Transistors beschäftigen wollen und sich für ein tieferes Verständnis dieser Materie interessieren. Die Literaturverzeichnisse werden dem an einer eingehenderen Behandlung einzelner Fragen interessierten Leser weiterhelfen. Vollständigkeit im vorliegenden Buch auch nur anzustreben, ist bei der Fülle des vorhandenen Stoffes und bei der Begrenzung des Umfanges nicht sinnvoll.

Im Teil A des Buches werden von Dr. KRÖMER zunächst Kapitel aus der Halbleiterphysik erörtert, soweit sie für das Verständnis von Transistoren erforderlich sind. Daran schließen sich die theoretischen Berechnungen der physikalischen Transistorgrößen an. In Teil B werden von mir die technologischen Grundlagen für den Bau des Transistors und die Verfahren zu seiner Herstellung behandelt. Auf die spezielle Technologie der industriellen Massenproduktion konnte dabei allerdings nicht eingegangen werden. In Teil C wird von Prof. BENEKING die Schaltungstheorie, deren Beherrschung eine wesentliche Voraussetzung für die Anwendung des Transistors ist, gebracht. Die Grundprinzipien der Schaltungstheorie wurden dabei in den Vordergrund gerückt. Der von Dr. v. Münch verfaßte Teil D bringt eine Darstellung der Meßtechnik, die sich bei Transistoren sehr spezialisiert hat, sowie eine Behandlung von dem Transistor verwandten Bauelementen.

Ein zu weitläufiges Eingehen auf den Gerätebau schien mir um so weniger nötig, als über ihn viele Einzeldarstellungen vorliegen, die durch ein kürzlich im gleichen Verlag erschienenes Buch ergänzt werden.

Dem Herrn Präsidenten des Fernmeldetechnischen Zentralamtes, Dipl.-Ing. H. Griem, danke ich für die tatkräftige Förderung, die er jederzeit den Arbeiten an der Monographie, vornehmlich den Teilen A, B und D des Buches angedeihen ließ. Weiter danke ich den Herausgebern und dem Springer-Verlag für die Bereitwilligkeit, mit der sie meine Wünsche erfüllt haben.

Darmstadt, im Mai 1962

H. Salow

Inhaltsverzeichnis

Teil A

Die physikalischen Grundlagen des Transistors

Von Dr. H. Krömer, Palo Alto, Calif./USA

Teil B

Die technologischen Grundlagen des Transistors

Von Dr. H. Salow, Darmstadt

Teil C

Allgemeine Schaltungstheorie des Transistors

Von Prof. Dr. H. Beneking, Aachen

Teil D

Physikalische und technische Eigenschaften der Transistoren

Von Dr. W. v. Münch, Yorktown Heights, N. Y./USA

Die physikalischen Grundlagen des Transistors

I. Das Bändermodell der Halbleiter [1]

1. Energiebänder in Kristallen

Die Grundlage für das Verständnis fast aller elektrischer Eigenschaften der kristallinen Festkörper, seien sie Metalle, Nichtleiter oder Halbleiter, ist das sog. *Bändermodell* der Festkörper.

Infolge der regelmäßigen, periodischen Atomanordnung in einem Kristall bewegen sich die Elektronen in einem — im Mittel — periodischen Potential (Abb. 1). Dieses setzt sich zusammen aus dem Potential der Atomrümpfe und dem Mittelwert der Wechselwirkung der Elektronen aufeinander. In der unmittelbaren Nähe der Atomrümpfe geht das Kristallpotential in das Potential eines einzelnen Atoms über, zwischen den Atomen heben sich jedoch die von den einzelnen Atomen herrührenden Kräfte mehr oder weniger auf.

Die Eigenschaften der Elektronen in einem Kristall nehmen eine gewisse Mittelstellung ein zwischen den Eigenschaften völlig freier Elektronen und denen von Elektronen, die an ein einzelnes, isoliertes Atom gebunden sind.

Während ein freies Elektron jeden beliebigen (positiven) Wert der Gesamtenergie (potentielle plus kinetische Energie) annehmen kann, lehrt die Quantentheorie, daß in einem einzelnen Atom die in diesem Atom gebundenen Elektronen nur bestimmte diskrete Energiewerte, sog. Energie*terme* annehmen können.

Denken wir uns jetzt eine große Anzahl N von Atomen zu einem Kristallgitter mit stetig abnehmendem Atomabstand a zusammengefügt. Solange der Atomabstand noch groß gegen den Durchmesser der Einzelatome ist, fallen die einander entsprechenden Terme der N Einzelatome

---

[1] Die Literatur über den Inhalt dieses Abschnittes ist sehr reichhaltig. Wir möchten für ein detailliertes Studium nur die zwei führenden deutschsprachigen Monographien erwähnen, die von SPENKE [1] und die von SOMMERFELD und BETHE [2].

zusammen. Verringert man die Gitterkonstante a, so beginnen sich die Elektronen der einzelnen Atome und damit auch die Energieterme gegenseitig zu beeinflussen. Genau wie bei der Kopplung von zwei schwingungsfähigen Gebilden mit gleicher Eigenfrequenz — z. B. bei zwei Pendeln gleicher Länge oder zwei identischen elektrischen Schwingungskreisen — die Frequenz des gekoppelten Systems in zwei verschiedene Werte aufspaltet (Resonanzaufspaltung), genau so spalten die jeweils N-fach zusammenfallenden einander entsprechenden Terme zu Energiebändern auf (Abb. 1).

Solange N eine sehr kleine Zahl ist, nimmt die Breite dieser Aufspaltung mit zunehmendem N zu; sobald jedoch der Kristall groß gegen die

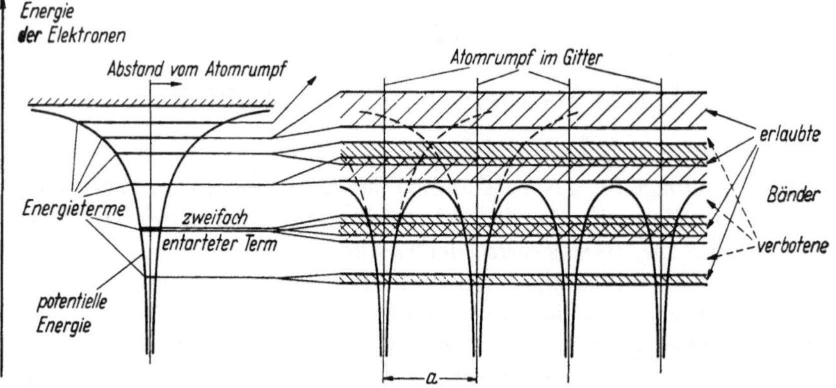

Abb. 1. Aufspaltung der Terme des Einzelatoms (links) zu Bändern im Kristall (rechts)

Reichweite der atomaren Kräfte geworden ist, kann die Zuführung weiterer Atome keine Vergrößerung der gesamten Bandbreite mehr bewirken, sondern nur eine dichtere Auffüllung der gegebenen Bandbreite mit Termen. Da N stets sehr groß ist, liegen die Terme sehr dicht, und man kann das Band für viele Zwecke wie ein Kontinuum von Termen behandeln, genau wie bei freien Elektronen.

In manchen Fällen überlappen die von den verschiedenartigen Atomtermen herrührenden Bänder einander. Ferner sind im allgemeinen die Atomterme „entartet", d. h. wegen der Gleichberechtigung aller Richtungen des Raumes fallen mehrere Atomterme zusammen, die bei Anwesenheit äußerer Störungen, z. B. eines elektrischen Feldes, nicht zusammenfallen würden. Da aber auch das Kristallfeld noch die — u. U. recht hochgradige — Kristallsymmetrie besitzt, werden diese Symmetrieentartungen des freien Atoms nur teilweise aufgehoben, ein anderer Teil der entarteten Terme führt auch im Kristall zu zusammenfallenden oder stark überlappenden Bändern. Aus diesen Gründen beträgt die Termzahl pro Band nicht in jedem Falle N, sondern meist ein kleines ganzzahliges Vielfaches davon.

In anderen Fällen bleiben zwischen den einzelnen Bändern Energielücken bestehen, besonders dann, wenn die zugehörigen Atomterme bereits einen relativ großen Abstand hatten. In diesen Energielücken gibt es dann keine Terme, also existieren im Kristall auch keine Elektronen der betreffenden Energien. Man nennt diese Zwischenräume „verbotene Bänder".

Beim Verringern des Atomabstandes a tritt gleichzeitig mit der Aufspaltung zu Bändern auch eine Verschiebung der Terme und ein Abbau der Potentialschwellen zwischen benachbarten Atomen ein. Dadurch treten verbotene Bänder nicht nur für Energien auf, die unterhalb des Maximums der Potentialschwellen liegen, sondern auch darüber, wo nach den Gesetzen der klassischen Physik *jeder* Energiewert erlaubt sein müßte.

Daß die verbotenen Bänder auch bei hohen Energien auftreten müssen, läßt sich leicht verstehen, wenn man nicht — wie bisher — vom Termschema des Einzelatoms ausgeht, sondern die Bewegung freier Elektronen betrachtet und diese Elektronen gemäß der Quantentheorie als DE BROGLIE-Wellen behandelt. Diese DE BROGLIE-Wellen werden an den Atomen gestreut und die von den einzelnen Atomen herrührenden Streuwellen interferieren dann miteinander. Je nach der Wellenlänge, d. h. also je nach der Energie der Elektronen verstärken sich die Streuwellen beim Interferieren gegenseitig oder sie löschen sich aus. Im ersten Falle würden einer anfangs existierenden Welle durch die starke Streuung laufend Elektronen entzogen, die Welle würde also stark gedämpft. Elektronen der betreffenden Energien können den Kristall dann nicht durchlaufen, also entsteht ein verbotenes Band. Im anderen Fall, dem des Auslöschens der Streuwelle, wird die ursprüngliche Welle nicht gedämpft, d. h. es entsteht ein erlaubtes Band, und die Elektronen der zugehörigen Energien können den Kristall ungehindert durchlaufen, verhalten sich also wie freie Elektronen.

Nun beträgt aber der Abstand zwischen den einzelnen Atomen größenordnungsmäßig nur etwa 10^{-8} cm, und entsprechend dünn sind auch die Potentialschwellen zwischen den Atomen. Derart dünne Potentialschwellen sind aber nach der Quantentheorie infolge des quantenmechanischen Tunneleffekts für Elektronen mehr oder weniger durchlässig. Man kann also obige Interferenzbetrachtung auch für Energien unterhalb der Potentialschwellen durchführen und kommt so zu dem Ergebnis, daß auch die Elektronen in den tieferen erlaubten Bändern den ganzen Kristall durchlaufen können, wieder im Gegensatz zu den Gesetzen der klassischen Physik, wonach die Elektronen unterhalb der Potentialschwellen gebunden sein sollten.

Zusammenfassend kann man daher sagen, daß zwischen den Energiebereichen oberhalb und unterhalb der atomaren Potentialschwellen kein prinzipieller Unterschied besteht, daß vielmehr in beiden Bereichen erlaubte und verbotene Energiebänder auftreten, und daß sich die Elek-

1*

tronen in allen erlaubten Bändern ähnlich wie freie Elektronen verhalten. Jedem Energieterm entspricht dabei eine bestimmte Geschwindigkeit und eine bestimmte Bewegungsrichtung.

Aus Symmetriegründen muß nun zu einem jeden Bewegungszustand auch der entgegengesetzt gerichtete mit gleicher Energie und gleichem Betrag der Geschwindigkeit vorhanden sein. In einem mit Elektronen vollständig gefüllten Band heben sich also alle Geschwindigkeiten genau auf. Völlig gefüllte Bänder können daher nicht zum Stromtransport beitragen; die Elektronen in ihnen verhalten sich so, *als ob* sie gebunden wären. Um einen Leiter oder Halbleiter zu erhalten, müssen Bänder vorhanden sein, die nur teilweise mit Elektronen gefüllt sind.

2. Die effektiven Massen von Elektronen in Kristallen

Da die einzelnen Elektronen in einem nicht gefüllten Band sich ähnlich wie freie Elektronen verhalten, wird man erwarten dürfen, daß sie beim Anlegen eines äußeren Feldes beschleunigt werden; man wird jedoch nicht damit rechnen dürfen, daß die Proportionalitätskonstante zwischen der Beschleunigung und dem äußeren Feld — nämlich die Masse — dieselbe ist wie bei wirklich freien Elektronen. Vielmehr spielt sich hierbei folgendes ab [*3, 4*]: Die auf das Elektron im Kristall wirkende Feldstärke setzt sich zusammen aus dem von den Kristallatomen herrührenden Anteil und der äußeren Feldstärke. Nun ist aber das Elektron nicht punktförmig lokalisiert, sondern — wie oben erwähnt — in der Art einer Welle über den ganzen Kristall „verschmiert". Für die makroskopische Beschleunigung des Elektrons ist daher nicht die Feldstärke an einem bestimmten Ort im Kristall maßgeblich, sondern ein Mittelwert, gebildet aus den lokalen Feldstärken multipliziert mit der Intensität der Elektronenwelle (das ist das Betragsquadrat ihrer Amplitude) an der betreffenden Stelle.

Da das Kristallfeld symmetrisch um die Einzelatome herum verteilt ist, würde es sich bei dieser Mittelwertbildung herausheben, und der Mittelwert wäre exakt gleich der äußeren Feldstärke, wenn die Elektronenwelle selbst durch das äußere Feld nicht beeinflußt würde, wenn also ihre räumliche Intensitätsverteilung dieselbe Symmetrie besäße, wie das ohne äußeres Feld der Fall ist. Tatsächlich wird aber die Elektronenverteilung durch das äußere Feld deformiert — woher z. B. die Dielektrizitätskonstante des Kristalls herrührt —, d. h., ihre Intensität nimmt an manchen Stellen des Kristalls zu und dafür an anderen Stellen ab. Wenn nun die Intensitätszunahme vorwiegend in Kristallbereichen liegt, in denen das Kristallfeld und das äußere Feld gleichgerichtet sind, und die Abnahme in Bereichen, in denen sie entgegengesetzt gerichtet sind, so ist der quantentheoretische Mittelwert der Feldstärke größer als die von außen angelegte Feldstärke und das Elektron wird stärker beschleunigt als ein freies Elektron. Im umgekehrten Falle ist die effektive Feldstärke schwächer und das Elektron wird schwächer beschleunigt als ein freies Elektron.

Der Faktor, um den das angelegte Feld scheinbar geändert wird, ist unabhängig von dessen Stärke. Statt mit den effektiven Feldstärken zu operieren, ist es daher üblich, so zu rechnen, als wäre die beschleunigende Feldstärke tatsächlich gleich der äußeren Feldstärke, aber als hätten die Elektronen eine von der normalen Elektronenmasse m_0 verschiedene effektive Masse $m*$[1].

Der erstere obige Fall einer Feldverstärkung entspricht einer kleineren effektiven Masse, der Fall der Feldschwächung einer größeren effektiven Masse als m_0. Auf diese Weise kommen sehr hohe und sehr niedrige Massenwerte vor. So beträgt die effektive Masse der Elektronen in dem Halbleiter Indiumantimonid nur etwa $0,013\ m_0$[2].

Hohe effektive Massen entstehen stets in tiefliegenden Energiebändern und, wenn das periodische Potential eine große Amplitude hat. Denn dann machen sich die Potentialschwellen zwischen den Atomen als Bewegungshindernisse bemerkbar, und die Elektronenwellen sind stark um die Atomkerne herum konzentriert, verhalten sich also ähnlich wie die gebundenen Elektronen in isolierten Atomen, die ja überhaupt nicht beschleunigt werden.

Im entgegengesetzten Grenzfall sehr hoher Energiebänder und geringer Potentialamplitude sind die Elektronenwellen praktisch gleichmäßig verschmiert, und es ergeben sich ähnliche Verhältnisse wie bei exakt freien Elektronen, also $m* \approx m_0$. Dazwischen *kann* ein Bereich mit sehr niedrigen effektiven Massen liegen, wenn die Elektronenwellen zwar merklich lokal konzentriert sind, wenn diese Konzentrierung aber so beschaffen ist, daß das äußere Feld die Elektronenwelle in eine Lage verschiebt, an der das Kristallfeld das äußere Feld unterstützt. Diese Fälle sind für gute Leiter und Halbleiter wünschenswert.

Da das Kristallpotential nicht isotrop ist, ist natürlich auch die effektive Masse meist richtungsabhängig. In vielen Fällen, besonders bei kubischen Kristallen, genügt es aber, einen Mittelwert der effektiven Masse zu kennen. Bei den Elektronen in Germanium rechnet man z. B. mit einem Mittelwert von $1/4\ m_0$. Der an diesen Details interessierte Leser sei auf die zusammenfassenden Arbeiten von F. HERMAN [8, 9] und B. LAX [10] verwiesen.

---

[1] Siehe z. B. SERAPHIN [4], der ein ausführliches Literaturverzeichnis gibt.

[2] Die wohl beste und vollständigste kritische Zusammenfassung experimenteller Halbleiterdaten gibt das ausgezeichnete Buch von HANNAY [5]. Zwei kürzere Zusammenfassungen gibt CONWELL [6, 7]. Soweit nicht anders angegeben, haben wir alle Zahlen einer dieser Quellen entnommen. Der an den Originalarbeiten interessierte Leser sei auf die bei HANNAY und CONWELL gegebenen Literaturverzeichnisse hingewiesen.

3. Metalle — Nichtleiter — Halbleiter

Im Bänderschema bedeutet eine positive oder negative Beschleunigung durch ein elektrisches Feld einen Übergang des Elektrons in einen energetisch anders liegenden Zustand. Damit ein solcher Übergang und damit eine Beschleunigung aber überhaupt möglich ist, muß der betreffende Term, in den das Elektron übergehen soll, leer sein. Das ist der Fall, wenn das oberste Elektronen enthaltende Band nur teilweise gefüllt ist. Der betreffende Stoff ist dann ein Metall (Abb. 2). Die Bedingung ist

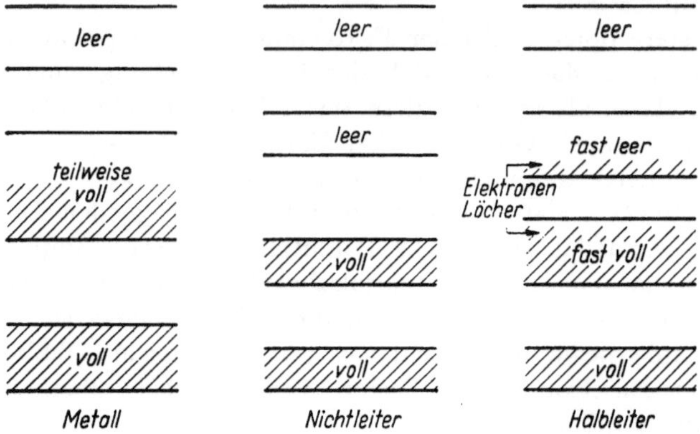

Abb. 2. Die Elektronenbänder und ihre Auffüllung in Metallen, Isolatoren und Halbleitern

jedoch nicht erfüllt bei den Elektronen in vollständig gefüllten Bändern. Zwar bewegen sich diese genauso schnell und ungehindert durch den Kristall wie die Leitungselektronen der Metalle, doch kann nie ein resultierender Strom zustande kommen, da sich die Elektronengeschwindigkeiten in jedem Moment genau aufheben. Daran ändert auch ein elektrisches Feld nichts. Denn das elektrische Feld müßte dazu Elektronen eines Bewegungszustandes in einen anderen Bewegungszustand überführen, und das ist nicht möglich, da alle Zustände bereits besetzt sind (SOMMERFELD und BETHE [2]).

Die zu vollen Bändern gehörigen Elektronen verhalten sich daher weitgehend so, *als ob* sie nicht frei beweglich, sondern fest gebunden wären, und das rechtfertigt es, „gebundene" und „freie" Elektronen zu unterscheiden, wobei man jedoch beachten muß, daß das Wort „gebunden" nur eine sprachliche Abkürzung für „einem vollen Band angehörig" ist.

Aus diesen Überlegungen folgt sofort, daß es für die elektrischen Eigenschaften der Festkörper nur auf die Außenelektronen des Einzelatoms ankommt, also seine chemischen Valenzelektronen. Denn da die Elektronen stets in die energetisch tiefstliegenden Terme überzugehen bestrebt sind, gehen die Innenelektronen der Atome stets in die tieferen gefüllten Bänder über, sind also „gebunden".

Da nun (bei absolut reinen Stoffen) sowohl die Elektronenzahl als auch die Termzahl pro Band ganzzahlige Vielfache der Atomanzahl sind, kommt es häufig vor, daß die Elektronenverteilung auf die vorhandenen Bänder gerade „aufgeht", d. h. daß alle Bänder bis zu einer gewissen Höhe ganz gefüllt sind, während alle höheren Bänder leer bleiben. Man bezeichnet dann das oberste volle Band als Valenzband, das unterste leere Band als Leitungsband. Bei hinreichend tiefer Temperatur, wenn keine Elektronen durch die Wärmebewegung des Kristallgitters vom Valenz- ins Leitungsband angehoben werden können, muß ein solcher Kristall nach dem Gesagten ein völliger Nichtleiter sein.

Ein Halbleiter liegt dann vor, wenn entweder infolge der Wärmebewegung des Kristallgitters oder infolge von Verunreinigungen einige Elektronen im Leitungsband oder einige leere Plätze im Valenzband (oder

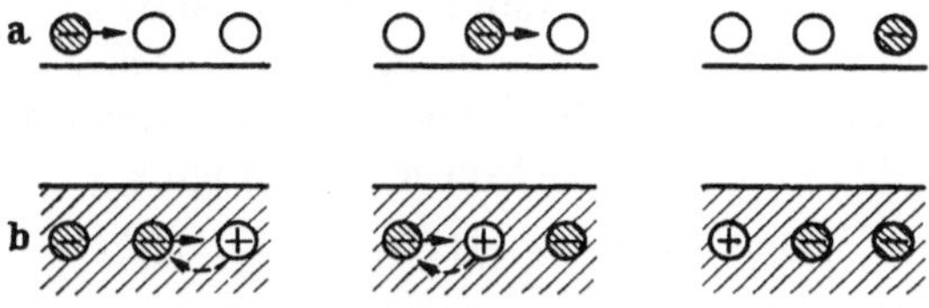

Abb. 3a u. b.   a) Elektronen- und b) Löcherwanderung im elektrischen Feld, zerlegt in einzelne Schritte

beides) vorliegen. Sowohl diese Elektronen als auch diese sog. „*Defektelektronen*" oder „*Löcher*" im Valenzband sind dann im Kristall frei beweglich und werden beim Anlegen eines äußeren Feldes beschleunigt.

Im Falle der Elektronen ist das klar (s. Abb. 3a), bei den Löchern geht das folgendermaßen vor sich (s. Abb. 3b): Der dem Loch zugehörige freie Zustand im Valenzband wird von einem Elektron besetzt, das dafür an anderer Stelle ein Loch hinterläßt, welches wiederum von einem dritten Elektron gefüllt werden kann usw. Das Loch wandert also im elektrischen Feld entgegengesetzt zu den Elektronen, d. h. es wandert wie ein positives Teilchen. Tatsächlich führt es auch eine positive Ladung mit sich, denn dasjenige Volumenelement, in dem ein Elektron fehlt, ist ja nicht mehr elektrisch neutral, sondern infolge der ruhenden positiven Atomrümpfe einfach positiv geladen. Die effektive Masse des Loches hat denselben Betrag, den die Masse eines Elektrons im betreffenden Zustand haben würde.

Wir haben also im Halbleiter zwei Arten von frei beweglichen Ladungsträgern: Negative Elektronen und positive *Defektelektronen* oder *Löcher*. Ihre Zahl hängt von der Temperatur und der Reinheit des Halbleiters ab. In Kap. I. 4 wird zunächst der Fall der rein thermischen Elektron-Lochpaarerzeugung im absolut reinen Halbleiter behandelt, im Kap. I. 5 sodann der Fall des Halbleiters mit Verunreinigungen.

4. Fermistatistik

Bei endlichen Temperaturen besetzen die Elektronen nicht mehr genau die niedrigsten Energieterme, sondern ein Teil der Elektronen ist in höhere Energieterme angehoben. Wir wollen das hierbei gültige Verteilungsgesetz ableiten, also die Wahrscheinlichkeit $f(E)$, daß ein Term bei der Energie E besetzt ist.

Dazu betrachten wir elastische Zusammenstöße von je zwei Elektronen, bei denen die Summe der beiden Elektronenenergien unverändert bleibt:

$$E_1 + E_2 \rightleftharpoons E_1' + E_2'. \tag{1}$$

Die Zahl der pro Zeiteinheit von links nach rechts verlaufenden Stöße muß proportional sein zu den Wahrscheinlichkeiten $f(E_1)$ und $f(E_2)$, daß die beiden Ausgangszustände besetzt sind, sowie zu den Wahrscheinlichkeiten $1 - f(E_1')$ und $1 - f(E_2')$, daß die Endzustände leer sind. Analoges gilt für die von rechts nach links verlaufenden Stöße. Im thermischen Gleichgewicht muß die Zahl der Stöße in beiden Richtungen im Mittel dieselbe sein; das gibt die Gleichgewichtsbedingung

$$f(E_1)\,f(E_2)\,[1 - f(E_1')]\,[1 - f(E_2')]$$
$$= f(E_1')\,f(E_2')\,[1 - f(E_1)]\,[1 - f(E_2)] \tag{2a}$$

oder nach Umordnen

$$\left[\frac{1}{f(E_1)} - 1\right]\left[\frac{1}{f(E_2)} - 1\right] = \left[\frac{1}{f(E_1')} - 1\right]\left[\frac{1}{f(E_2')} - 1\right]. \tag{2b}$$

Gl. (2) muß für alle Wertekombinationen der E gelten, die mit dem Energiesatz Gl. (1) verträglich sind. Das kann aber nur dann der Fall sein, wenn die eckigen Klammern in Gl. (2b) die Funktionalgleichung

$$F(E_1 + E_2 - E_1') = \frac{F(E_1) \cdot F(E_2)}{F(E_1')}$$

erfüllen, wenn sie also Exponentialfunktionen der Energie sind, die wir stets in der Form

$$F(E) = \left[\frac{1}{f(E)} - 1\right] = e^{B(E - E_F)} \tag{3}$$

schreiben können, wo B und E_F zwei zunächst noch offene Konstanten sind. Die Konstante B ergibt sich sofort aus der zusätzlichen Forderung, daß die Verteilungsfunktion $f(E)$ für hohe Energiewerte in die bekannte BOLTZMANNsche Verteilungsfunktion

$$f_B(E) = f_B(0) \cdot e^{-E/kT} \tag{4}$$

(barometrische Höhenformel) übergehen soll. Dann muß man nämlich $B = 1/kT$ setzen. Damit ergibt sich aus Gl. (3) die FERMIsche Verteilungsfunktion

$$f(E) = \frac{1}{1 + e^{(E - E_F)/kT}}. \tag{5}$$

Die Konstante E_F bestimmt sich aus der Natur des speziellen Problems, sie gibt die Energie an, bei der gerade die Hälfte aller Plätze gefüllt ist.

Abb. 4 zeigt den Verlauf der Fermi-Funktion. Für sehr tiefe Temperaturen $T \to 0$ geht $f(E)$ in die eingezeichnete Rechteckkurve mit einem Sprung bei $E = E_F$ über. Dann sind unterhalb E_F alle Zustände besetzt, darüber alle leer. Man bezeichnet E_F daher auch als Fermi-

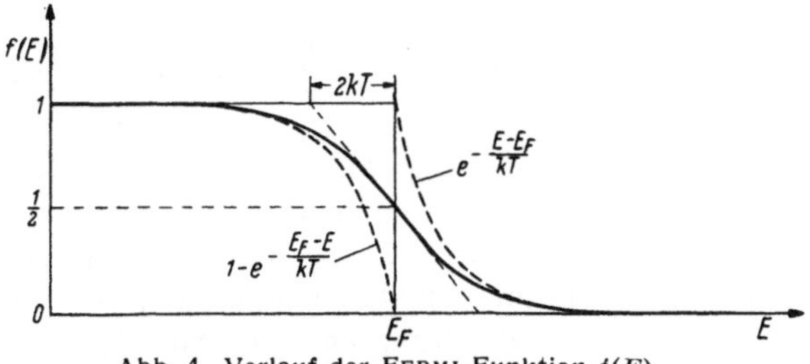

Abb. 4. Verlauf der Fermi-Funktion $f(E)$

Kante oder als Grenzenergie. Für $E - E_F \gg kT$ ist die Eins im Nenner von Gl. (5) vernachlässigbar, und $f(E)$ geht über in den der Boltzmann-Statistik entsprechenden Ausdruck

$$f(E) = e^{-(E-E_F)/kT} \qquad (E - E_F \gg kT). \tag{6}$$

Die Wahrscheinlichkeit $f_p(E)$ dafür, daß ein Zustand „mit einem Loch besetzt" ist, d. h. daß er leer ist, ergibt sich aus Gl. (5) zu

$$f_p(E) = 1 - f(E) = \frac{1}{1 + e^{-(E-E_F)/kT}}. \tag{7}$$

Dieser Wert geht für $E_F - E \gg kT$ über in den zu Gl. (6) analogen Ausdruck

$$f_p(E) = e^{-|E-E_F|/kT} \qquad (E_F - E \gg kT). \tag{8}$$

Es sei jetzt $z(E)$ die Dichte der Energieterme (pro Volumeneinheit) entlang der Energieskala, d. h. es sei $z(E)\,dE$ die Termanzahl in dem schmalen Energieintervall zwischen den Energien E und $E + dE$. Diese Funktion $z(E)$ ist Null innerhalb der verbotenen Bänder. Die Zahl n der pro Volumeneinheit im *Leitungsband* und höheren Bändern befindlichen freien Elektronen und die Dichte p der im *Valenzband* und darunter befindlichen Löcher ergibt sich dann

$$n = \int_{E_L}^{\infty} f(E)\,z(E)\,dE, \qquad p = \int_{-\infty}^{E_V} f_p(E)\,z(E)\,dE. \tag{9a, b}$$

Dies ist praktisch die Zahl der Elektronen im Leitungsband bzw. der Löcher im Valenzband, da die Elektronen bzw. Löcher in höheren bzw. tieferen Bändern im allgemeinen vernachlässigt werden können. E_L und E_V sind gemäß Abb. 5 der untere bzw. obere Rand des Leitungs- bzw. Valenzbandes. In praktisch allen beim Transistor interessierenden Fällen sind nun — wie wir noch zeigen werden — $(E_L - E_F)$ und $(E_F - E_V)$, also die Abstände der FERMI-Kante von den Bandrändern, groß gegen kT[1]. Dann kann man $f(E)$ und $f_p(E)$ durch die Näherungen von Gl. (6) und (8) ersetzen und erhält

$$n = N_L \cdot e^{-(E_L - E_F)/kT}, \quad p = N_V \cdot e^{-(E_F - E_V)/kT}, \qquad (10\,\text{a, b})$$

wobei die Größen

$$N_L = \int_{E_L}^{\infty} e^{-(E-E_L)/kT} z(E)\,dE, \quad N_V = \int_{-\infty}^{E_V} e^{-(E_V - E)/kT} z(E)\,dE \quad (11\,\text{a, b})$$

nicht mehr von der Grenzenergie abhängen. Gl. (10) hat daher eine einfache anschauliche Bedeutung: Man darf so rechnen, als wären die endlich breiten Bänder zu zwei diskreten N_L- bzw. N_V-fach entarteten Termen zusammengeschrumpft, für deren Besetzung die einfache BOLTZMANN-Statistik gilt mit E_F als Bezugsenergie (Abb. 5).

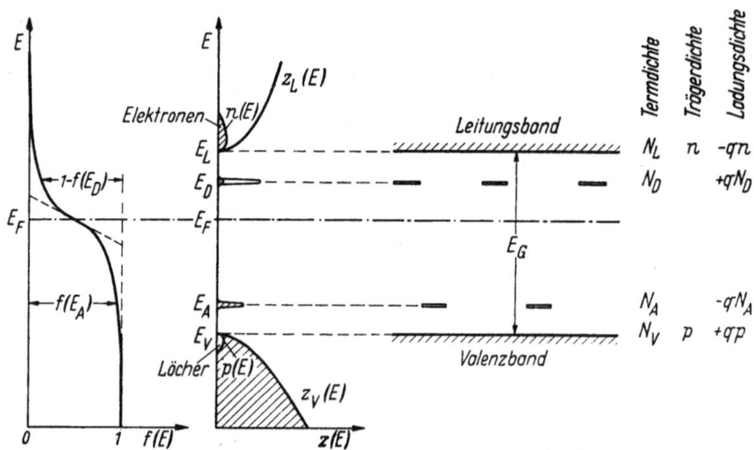

Abb. 5. Die Elektronenverteilung auf die verschiedenen Zustände, wie sie sich aus der FERMI-Funktion $f(E)$ (links) und der tatsächlichen Termverteilung $z(E)$ ergibt. Diese tatsächliche Termverteilung kann durch eine „effektive Termdichte" an der Bandkante ersetzt werden (rechts). Die Störterme bei $E = E_A$ und $E = E_D$ werden in Kap. I.5 erklärt

Zur Auswertung der Integrale ist es nicht notwendig, den Verlauf von $z(E)$ über die gesamten Bänder zu wissen. Dieser Verlauf kann sehr kompliziert sein und ist in den wenigsten Fällen auch nur angenähert bekannt. Da aber die Exponentialfunktionen in (11) mit zunehmendem Abstand vom Bandrande sehr rasch abfallen, trägt das Bandinnere zum Integral kaum bei, und es genügt, den Verlauf von $z(E)$ in der Nähe des Bandrandes zu wissen. Es ergibt sich, daß $z(E)$ dort stets proportional

---

[1] Die BOLTZMANN-Energie kT beträgt bei einer Temperatur von 17 °C = 290 °K genau 1/40 Elektronenvolt = $4 \cdot 10^{-14}$ erg. Bei der Tunneldiode gelten diese Näherungen nicht mehr.

zum Impuls der Ladungsträger ist, d. h. proportional zur Wurzel aus dem energetischen Abstand von der Bandkante. Der Proportionalitätsfaktor hängt von den effektiven Massen ab. Für nichtentartete Bänder mit isotropen effektiven Massen ergibt die Theorie[1] die beiden analogen Ausdrücke (m_n und m_v effektive Massen der Elektronen und Löcher):

$$z_L(E) = \frac{4\pi}{h^3}\,(2m_n)^{3/2}\sqrt{E - E_L}\,, \tag{12a}$$

$$z_V(E) = \frac{4\pi}{h^3}\,(2m_p)^{3/2}\sqrt{E_V - E}\,. \tag{12b}$$

Wegen des raschen Abfalls des Exponentialfaktors kann man außerdem als obere bzw. untere Integrationsgrenze in (11a, b) $+\infty$ bzw. $-\infty$ wählen. Damit ergibt sich

$$N_L = 2\left(\frac{2\pi\,m_n\,k\,T}{h^2}\right)^{3/2}, \qquad N_V = 2\left(\frac{2\pi\,m_p\,k\,T}{h^2}\right)^{3/2}. \tag{13a, b}$$

Setzt man für die effektiven Massen die normale Elektronenmasse ein und für die Temperatur 17 °C ($= 290$ °K), so wird $N_L = N_V = 2,4 \cdot 10^{19}$ cm^{-3}.

Unabhängig vom speziellen Verlauf von $z(E)$ folgt aus Gl. (10) noch, daß das Produkt der beiden Ladungsträgerdichten

$$n \cdot p = N_L\,N_V \cdot e^{-(E_L - E_V)/kT} = N_L\,N_V \cdot e^{-E_G/kT} = n_i^2 \tag{14}$$

unabhängig von der Grenzenergie E_F ist, und nur noch von der Breite E_G des verbotenen Bandes des Halbleiters und von der Temperatur T abhängt.

In Germanium ist bei 300 °K $n_i^2 \approx 10^{27}$ cm^{-6}, in Silizium etwa 10^{22} cm^{-6}. Die Temperaturabhängigkeit ist sehr stark:

$$\frac{dn_i^2}{n_i^2} = \left(3 + \frac{E_G}{kT}\right)\frac{dT}{T}\,.$$

In Germanium bei 300 °K ist angenähert $E_G \approx 27\,kT$, daher ändert sich n_i^2 um rund 30%, wenn T sich um 1% ändert, d. h. um rund 10% pro Grad.

In einem absolut reinen Halbleiter ist $n = p$, daher bezeichnet man die Wurzel aus dem Produkt $n \cdot p$ als Eigenkonzentration n_i. Die Lage der Grenzenergie ergibt sich dann aus Gl. (10) zu

$$\begin{aligned}
E_{F,i} &= \frac{1}{2}\,(E_L + E_V) - \frac{1}{2}\,k\,T \ln\,(N_L/N_V) \\
&= \frac{1}{2}\,(E_L + E_V) - \frac{3}{4}\,k\,T \ln\,(m_n/m_p)\,.
\end{aligned} \tag{15}$$

Wenn die effektiven Massen und damit die effektiven Termdichten N_L und N_V nicht sehr voneinander verschieden sind, liegt im Eigenleitungszustand die Fermi-Kante praktisch genau in der Mitte des verbotenen Bandes, was auch anschaulich evident ist.

---

[1] Siehe z. B. Spenke [1] oder Shockley [11].

Da Gl. (14) auch dann gilt, wenn infolge von Verunreinigungen des Halbleiters die beiden Ladungsträgerdichten nicht mehr gleich sind, bezeichnet man diese Beziehung als das Massenwirkungsgesetz der Ladungsträger, in Analogie zur Chemie.

5. Störstellen

Die im Transistor verwendeten Halbleiterwerkstoffe sind nicht völlig rein, sondern müssen eine gewisse — wenn auch sehr geringe — Menge an Fremdatomen enthalten, die natürlich eine andere Elektronenhülle besitzen.

Besonders einfach und wichtig ist der Fall, daß diese Fremdatome ein Außenelektron mehr (a) oder eins weniger (b) enthalten als die Atome des Halbleiter-Grundgitters. Bei Germanium, das selbst in der 4. Spalte des Periodischen Systems steht und 4wertig ist, sind dies

a)	b)
die Elemente der 5. Spalte,	die Elemente der 3. Spalte,
N, P, As, Sb, Bi,	B, Al, Ga, In, Tl,

des periodischen Systems. Die Anzahl der vorhandenen Elektronen ist dann nicht genau gleich der Zahl der im Valenzband vorhandenen Plätze, so daß man gegenüber einem Eigenhalbleiter unter Berücksichtigung des Massenwirkungsgesetzes

mehr Elektronen im Leitungs- band, aber weniger Löcher im Valenzband	weniger Elektronen im Lei- tungsband, aber mehr Löcher im Valenzband

erhält. Nach dem Ladungsvorzeichen der nunmehr in der Mehrheit vorhandenen Ladungsträger bezeichnet man diese Halbleiter (HL) als

n-HL oder Überschuß-HL	p-HL oder Defekt-HL

und die betreffenden Atomarten als

Elektronenspender, Donatoren	Elektronenfänger, Akzeptoren.

Die Fremdatome selbst bleiben im Kristallgitter als

einfach positiv	einfach negativ

geladene Ionen (gegenüber dem Gitter selbst!) zurück.

Da der Kristall als Ganzes elektrisch neutral bleiben muß, gilt die Neutralitätsbedingung

$$n - p = N_D - N_A. \tag{16}$$

Dabei sind N_D und N_A die Anzahl der ionisierten Donatoren und Akzeptoren pro Volumeneinheit, und es ist der Allgemeinheit halber angenommen, daß beide Störstellenarten nebeneinander auftreten können, wenn auch eine von beiden dominieren wird. In letzterem Falle kommt es nur auf den *Nettostörstellengehalt* an, den wir künftig meist kurz mit $N = N_D - N_A$ im Falle eines Donatorenüberschusses oder mit $P = N_A - N_D$ bei Akzeptorenüberschuß bezeichnen werden. Aus der Neutralitätsbedingung (16) und dem Massenwirkungsgesetz (14) ergeben sich nach kurzer Rechnung die Ladungsträgerdichten zu

$$n = \frac{1}{2}\left[(N_D - N_A) + \sqrt{(N_D - N_A)^2 + 4n_i^2}\right], \tag{17a}$$

$$p = \frac{1}{2}\left[(N_A - N_D) + \sqrt{(N_A - N_D)^2 + 4n_i^2}\right]. \tag{17b}$$

Man sieht daraus, daß die Ladungsträgerdichte bereits durch Verunreinigungskonzentrationen der Größenordnung der Eigendichte n_i beeinflußt wird, was im allgemeinen weit unter der chemischen Nachweisgrenze liegt. In der Praxis erfordern die meisten Anwendungen Nettostörstellendichten, die groß gegen die Eigendichte sind. Man kann dann die Wurzeln in Gl. (17) entwickeln und erhält in beiden Fällen des n- und des p-Halbleiters

$$N_D - N_A = N \gg n_i \qquad\qquad N_A - N_D = P \gg n_i$$

$n = N + p \approx N$	(18a)	$p = P + n \approx P$	(18b)
$p = n_i^2/N \ll N$	(18c)	$n = n_i^2/P \ll P$	(18d)

Die Mehrheitskonzentration ist dann praktisch identisch mit der Nettostörstellendichte, während die Minderheitskonzentration sehr gering ist. Infolgedessen ist die Mehrheitskonzentration praktisch temperaturunabhängig, im Gegensatz zur Eigenkonzentration, während die Minderheitskonzentration die sehr starke Temperaturabhängigkeit des BOLTZMANN-Faktors $\exp(-E_G/kT)$ in Gl. (14) besitzt.

Die FERMI-Energie liegt in einem solchen stark „dotierten" Halbleiter dicht unter dem Leitungsband (n-Typ) oder dicht über dem Valenzband (p-Typ), der Abstand beträgt nach Gl. (10) und (18)

$$E_L - E_F = kT \cdot \ln(N_L/N) \tag{19a}$$

bzw.

$$E_F - E_V = kT \cdot \ln(N_V/P). \tag{19b}$$

Wenn die Verunreinigung des Kristalls so stark ist, daß nicht mehr $N \ll N_L$ bzw. $P \ll N_V$ bleiben, dann bleibt auch der Abstand zwischen Bandrand und FERMI-Kante nicht mehr groß gegen kT, und dann treten Abweichungen von Gl. (10) und vom Massenwirkungsgesetz Gl. (14) auf. Da jedoch die effektiven Termdichten sehr groß sind, im Bereich von 10^{19} cm^{-3}, ist das nur bei sehr starken Verunreinigungen der Fall, wie sie in der Transistorpraxis kaum verwendet werden. Wir rechnen daher durchweg mit der Gültigkeit der genannten Gleichungen.

Infolge der oben erwähnten Aufladung relativ zum Kristallgitter beeinflussen die Störstellen den Kristall auch potentialmäßig, indem sie die Mehrheitsladungsträger elektrisch anziehen. Letztere können dann unter Abgabe ihrer Energie von einem der Störstellenionen eingefangen werden. MOTT und GURNEY [12] haben darauf hingewiesen, daß es sich — roh gesehen — um dasselbe Problem handelt wie bei der Bewegung eines Elektrons um ein festes Proton in einem Wasserstoffatom, nur mit dem Unterschied, daß die Masse des Elektrons m^* statt m_0 beträgt und daß diese Bewegung in einem Medium der Dielektrizitätskonstante $\varepsilon = \varepsilon_r \, \varepsilon_0$ stattfindet. Berücksichtigt man das, so kann man die Bindungsenergie dieser gebundenen Zustände zu

$$\Delta E = \frac{m^*}{m_0} \cdot \frac{E_H}{\varepsilon_r^2} \tag{20}$$

abschätzen, wo E_H die Bindungsenergie des Wasserstoffatoms ($\approx 13{,}5\,\mathrm{eV}$) ist. Bei Ge ($\varepsilon_r = 16$; $m^* \approx 1/4\,m_0$) ergibt das etwa $0{,}013\,\mathrm{eV}$, was mit den empirischen Werten für B, Al, Ga, In, P, As und Sb von etwa $0{,}01\,\mathrm{eV}$ [5] gut übereinstimmt.

Um diese zusätzlichen Energieniveaus (Störterme, Aktivatorterme), die bei Donatoren um den Betrag ΔE dicht unter dem Leitungsband, bei Akzeptoren dicht über dem Valenzband liegen, ist das Bändermodell des HL zu ergänzen. Das ist in Abb. 5 bereits geschehen.

Die bisherigen Überlegungen beschränken sich auf den Fall, daß die Fremdatome den HL-Atomen „elektrisch benachbart" sind, d. h. daß sie genau ein *Außen*elektron mehr oder weniger besitzen, dessen Verhalten dann mittels des MOTTschen Wasserstoffmodells befriedigend abgeschätzt werden kann. Tatsächlich bilden aber auch andere Atome elektrisch aktive Störstellen. So wirken z. B. in Germanium die Elemente Kupfer und Zink als Akzeptoren und Lithium als Donator. Die Aktivierungsenergien dieser komplizierteren Störstellen können im allgemeinen nicht mehr mittels des MOTTschen Modells berechnet werden, vielmehr ergeben sich meist Störterme, die tiefer im Innern des verbotenen Bandes liegen. In einigen Fällen hat man sogar mehrere Störterme verschiedener Tiefe gefunden.

Ob die in den Zusatztermen eingefangenen Ladungsträger wirklich in das Leitungs- bzw. Valenzband abgegeben werden oder gebunden bleiben, hängt davon ab, ob die FERMI-Kante zwischen der Bandmitte und den Störtermen oder zwischen dem Bandrand und den Störtermen liegt. Im letzten Falle bleibt die Mehrheit der Ladungsträger gebunden. Wir untersuchen diesen Fall näher für einen n-HL. Für die Zahl der Elektronen im Leitungsband gilt Gl. (10a), während wir für die Anzahl der nicht ionisierten Donatoren den kompletten FERMI-Ausdruck (5) verwenden müssen:

$$N_D - n = N_D \frac{1}{1 + e^{(E_J - E_F)/kT}}.$$

Daraus und aus (10a) ergibt sich nach kurzer Rechnung

$$n = \frac{1}{2} N_L \cdot e^{-\Delta E/kT} \left[\sqrt{1 + 4 \frac{N_D}{N_L} e^{\Delta E/kT}} - 1 \right], \tag{21}$$

wobei

$$\Delta E = E_L - E_D$$

die Ionisierungsenergie des Donators ist. Solange

$$N_D \ll \frac{1}{4} N_L \cdot e^{-\Delta E/kT} \tag{22a}$$

ist, kann die Quadratwurzel in (21) entwickelt werden und man erhält volle Ionisierung, nämlich $n = N_D$. Aber für sehr hohe Störstellendichten oder gar für Aktivierungsenergien, die wesentlich größer als kT sind, kann (22a) im allgemeinen nicht erfüllt sein. Und wenn die zu Gl. (22a) entgegengesetzte Gleichung gilt

$$N_D \gg \frac{1}{4} N_L \cdot e^{-\Delta E/kT}, \tag{22b}$$

ergibt sich aus (21) der entgegengesetzte Grenzfall

$$n = \sqrt{N_L N_D} \cdot e^{-\Delta E/2kT}. \tag{23}$$

Das heißt, daß die Gesamtzahl der beweglichen Elektronen zwar noch mit zunehmender Störstellendichte zunimmt, aber nicht mehr proportional, sondern nur noch mit der Wurzel. Und vor allem nimmt sie mit zunehmender Aktivierungsenergie rapide ab.

Bei Germanium hatten wir für einwertige wasserstoffähnliche Störstellen infolge der niedrigen effektiven Massen und der hohen DK einen sehr niedrigen ΔE-Wert gefunden, wodurch Gl. (22a) bis zu sehr hohen N_D-Werten befriedigt ist. Bei Stoffen mit wesentlich höherem Bandabstand E_G ändert sich das. Dieser höhere Bandabstand rührt im allgemeinen daher, daß die periodischen Schwankungen des Kristallpotentials eine größere Amplitude haben. Damit geht aber Hand in Hand eine größere effektive Masse und eine geringere Polarisierbarkeit, also eine geringere DK. Damit steigt aber ΔE rasch an, evtl. bis weit über die durch Gl. (22a) gesetzte Schranke in den Gültigkeitsbereich von Gl. (22b) und (23). Deshalb, und weil, wie wir unten sehen werden, mit zunehmendem m^* obendrein die Elektronenbeweglichkeit stark absinkt, sind die Stoffe mit einer Bandbreite von etwa 3 eV an gute Isolatoren, solange sie nicht extrem stark mit „elektronisch verschiedenen" Stoffen verunreinigt oder stark erwärmt sind (z. B. Diamant und die meisten Ionenkristalle). Für mehrwertige und für nicht wasserstoffähnliche Störstellen ist die Ionisierungswahrscheinlichkeit noch geringer.

II. Raumladungsschichten bei inhomogener Störstellenkonzentration

1. Flache und steile Störstellengradienten[1]

Wenn die Störstellendichte in einem HL räumlich schwankt, ändert sich auch die Ladungsträgerdichte mit dem Ort. Da aber die Ladungsträgerdichte im thermischen Gleichgewicht eindeutig vom Abstand zwischen der FERMI-Energie und den Bandrändern abhängt, und da die FERMI-Energie bei Abwesenheit äußerer Spannungen per definitionem durch den ganzen Kristall hindurch konstant ist, muß die Lage der Bandränder relativ zu irgendeinem Bezugspotential schwanken, d. h., das elektrostatische Potential muß schwanken, und es müssen statische elektrische Felder auftreten, ohne daß dazu eine äußere Spannung notwendig wäre. Das kann jedoch nur der Fall sein, wenn gleichzeitig statische Raumladungen im Kristall auftreten, wenn also die Ladungsträgerdichten und die Störstellendichten einander nicht mehr exakt aufheben. Das elektrostatische Potential φ hängt dann mit der Raumladungsdichte $q(N_D - N_A - n + p)$ über die POISSON-*Gleichung* zusammen:

$$\varphi'' = -\frac{q}{\varepsilon}(N_D - N_A - n + p) \tag{24a}$$

(eindimensionaler Fall; $\varepsilon = \varepsilon_0\,\varepsilon_r = $ DK des Halbleiters, $q = $ Elementarladung). Wählt man als Potentialnullpunkt den Wert, bei dem $n = p = n_i$ ist, so betragen die Elektronen- und Löcherdichte gemäß Gl. (10) und (14) im thermischen Gleichgewicht:

$$n = n_i\,e^{q\varphi/kT}, \quad p = n\,e^{-q\varphi/kT} \tag{24b}$$

und damit geht Gl. (24a) über in

$$\varphi'' = \frac{2q\,n_i}{\varepsilon}\left[\sinh\frac{q\,\varphi}{k\,T} - \frac{N_D - N_A}{2\,n_i}\right]. \tag{25}$$

Gl. (25) ist für allgemeines $N(x) = N_D - N_A$ nicht geschlossen integrierbar. Die einfachste Annahme, die man für eine Näherungslösung machen könnte, ist die, daß die Trägerkonzentration in erster Näherung überall diejenige ist, die zu der lokalen Störstellenkonzentration gehört (neutrale Lösung). Dem entspräche das Potential

$$\varphi_N(x) = \frac{k\,T}{q}\,\text{ar sinh}\,\frac{N(x)}{2\,n_i}. \tag{26}$$

---

[1] Siehe hierzu SHOCKLEY [13].

Die erste und zweite Ableitung hiervon betragen:

$$\varphi'_N(x) = \frac{kT}{q} \frac{N'}{(4n_i^2 + N^2)^{1/2}}, \qquad (27\,\mathrm{a})$$

$$\varphi''_N = \frac{kT}{q} \frac{(4n_i^2 + N^2)\,N'' - N\,(N')^2}{(4n_i^2 + N^2)^{3/2}}. \qquad (27\,\mathrm{b})$$

Die zweite Ableitung verschwindet natürlich im allgemeinen nicht, so daß Gl. (25) nicht erfüllt ist. Es sind zwei Grenzfälle möglich.

a) Flacher Störstellengradient

Wir wollen von einem flachen Störstellengradienten reden, wenn *überall* im Halbleiter die Bedingung

$$(N')^2 \ll \frac{q^2}{\varepsilon\,kT}\,(4n_i^2 + N^2)^{3/2} \qquad (28\,\mathrm{a})$$

erfüllt ist. Dann ist die „*neutrale*" Lösung $\varphi_N(x)$ eine sehr gute Näherungslösung von Gl. (25). Um das zu zeigen, betrachten wir zunächst folgenden Fall: Auch N'' sei so niedrig, daß wegen (27b) $|\varphi''_N|$ klein gegen qN/ε bleibt, also klein gegen jeden der beiden Summanden auf der rechten Seite von (25). Dann genügt nämlich eine Abänderung von φ_N um einen Betrag $\ll k\,T/q$, um die rechte Seite von (25) von Null verschieden und der linken Seite gleich zu machen und so eine exakte Lösung zu erhalten.

Im anderen Fall, wenn die Störstellenfunktion $N(x)$ stellenweise stark gekrümmt ist, im Extremfall einen Knick hat, kann diese Krümmung oder dieser Knick nur eine geringe totale Steigungsänderung in $N(x)$ bewirken, da sonst mindestens auf einer Seite des Knicks die Voraussetzung (28a) nicht mehr erfüllt wäre. Dann ist es aber möglich, durch Abrundung der „Ecken" von φ_N auf den ersten Fall zurückzukommen, wobei — wie sich zeigen läßt — die zur Abrundung nötige Abweichung von φ_N wieder klein gegen $k\,T/q$ bleibt. φ_N ist also in der Tat eine gute Näherungslösung.

b) Steiler Störstellengradient

Der zu (28a) entgegengesetzte Fall liegt vor, wenn *irgendwo* im Halbleiter

$$(N')^2 \gg \frac{q^2}{\varepsilon\,kT}\,(4n_i^2 + N^2)^{3/2} \qquad (28\,\mathrm{b})$$

erfüllt ist. Falls in diesem Falle der Störstellenverlauf ungefähr der einer ar sinh-Funktion wäre, wenn also gerade

$$(4n_i^2 + N^2)\,N'' \approx N\,(N')^2 \qquad (28\,\mathrm{c})$$

wäre, so ergäbe sich wieder eine kleine zweite Ableitung von φ_N, und φ_N wäre eine gute Näherungslösung. Nun kann $N(x)$ aber höchstens in einem eng begrenzten Volumenbereich einer ar sinh-Kurve folgen, da es sonst rasch über alle physikalisch möglichen Grenzen ansteigen würde. Mindestens an den Rändern des Gültigkeitsbereiches von (28b) muß $N(x)$ also wesentlich von einer ar sinh-Funktion abweichen. Dort ist dann (28c) nicht mehr erfüllt. Wegen (27b) und wegen der Voraussetzung (28b) muß daher mindestens in einem Teil des Volumenbereichs, in dem Gl. (28b) erfüllt ist, auch φ_N'' groß gegen jeden der beiden einander aufhebenden Summanden in (25) sein. Um dann Übereinstimmung der beiden Seiten von (25) zu erreichen, muß φ_N um einen Betrag $\gg kT/q$ abgeändert werden. Da nach Gl. (27b) φ_N'' stets das umgekehrte Vorzeichen hat wie $N(x)$, muß diese Abänderung in dem Sinne vorgenommen werden, daß das Sinusglied in (25) dem Betrage nach verkleinert wird. Da aber die Abänderung groß gegen kT/q sein muß, bedeutet das, daß das Sinusglied ganz gegen $N(x)$ vernachlässigbar ist, daß also die exakte Lösung in guter Näherung eine Lösung der Gleichung

$$\frac{d^2 \varphi_R}{dx^2} = -\frac{q}{\varepsilon} N(x) \tag{29}$$

ist. Da diese Lösung φ_R von der Raumladungsdichte $q\,N(x)$ begleitet ist, nennen wir sie die Raumladungslösung.

Eine Näherungslösung von (25), die im *gesamten* Bereich gilt, erhält man dann durch Aneinanderstückeln von Teilbereichen, innerhalb deren $\varphi = \varphi_N$ als Näherung verwendet wird, mit Bereichen, wo $\varphi = \varphi_R$ gesetzt wird. Dieses Verfahren, das im folgenden näher beschrieben wird, liefert die Randbedingungen für φ_R an den Rändern des Raumladungsbereichs, ohne welche φ_R noch nicht vollständig festgelegt wäre.

2. pn-Übergänge

Beim Transistor interessieren inhomogene Störstellenverteilungen vor allem in der Form von pn-Übergängen, wenn also die Störstellenfunktion $N(x)$ von negativen zu positiven Werten übergeht. Die Stelle, wo gerade $N(x) = 0$ ist, wollen wir mit $x = 0$ bezeichnen. Dort ist die Raumladungsbedingung (28b) am kritischsten, sie lautet dort:

$$|N'(0)| \gg 2n_i \sqrt{\frac{2q^2\, n_i}{\varepsilon k T}} = 2n_i/L_D. \tag{30a}$$

Die hier eingeführte Größe

$$L_D = \sqrt{\frac{\varepsilon k T}{2\, q^2\, n_i}}$$

hat die Dimension einer Länge und wird in Analogie zu einer in der DEBYE-HÜCKELschen Theorie der starken Elektrolyte auftretenden ähnlichen Größe als DEBYE-Länge bezeichnet. Bei Germanium ergibt sich mit $\varepsilon = 1{,}4 \cdot 10^{-12}$ Asek/Vcm und $n_i = 2{,}5 \cdot 10^{13}$ cm^{-3} $L_D = 6 \cdot 10^{-5}$ cm.

Wenn also in der Umgebung von $x = 0$ die Störstellenkonzentration längs dieser Strecke um einen Betrag ansteigt, der groß gegen die doppelte Eigenkonzentration ist, so entsteht im *pn*-Übergang eine Raumladungsschicht.

Im Anschluß an SCHOTTKY [*14*] löst man dann Gl. (25) folgendermaßen näherungsweise: Ausgehend von der neutralen Lösung φ_N schneidet man einen Bereich um $x = 0$ herum heraus, der etwa das Intervall $-l_p < x < + l_n$ ausmachen möge. In diesem Intervall ersetzt man die Lösung durch die Raumladungslösung φ_R. Die Lage der beiden Schnitte zwischen neutraler Lösung und Raumladungslösung, also die partiellen Randschichtdicken l_p und l_n, sowie die in die Raumladungslösung eingehenden zwei Integrationskonstanten bestimmt man dabei so, daß die beiden Lösungen φ_N und φ_R an den Schnittstellen stetig und mit stetiger Tangente ineinander

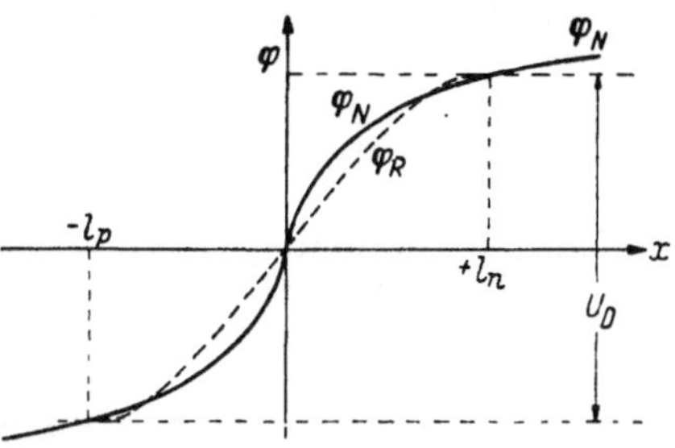

Abb. 6. Potentialverlauf der neutralen Lösung φ_N und der Raumladungslösung φ_R im Innern eines *pn*-Überganges

über gehen. Da im Neutralitätsbereich einschließlich seiner Ränder die Feldstärken wegen Gl. (27a) und (28) gegen die Feldstärken im *Innern* des Raumladungsbereiches klein bleiben, vereinfacht man das Verfahren noch weiter dadurch, daß man die Tangenten nicht genau stetig anschließt, sondern am Rande des Raumladungsbereichs einfach das Verschwinden der Feldstärke fordert (Abb. 6). Damit erhält man die vier Randbedingungen zur Bestimmung von l_n und l_p:

$$\varphi_N(-l_p) = \varphi_R(-l_p), \quad \varphi_N(+l_n) = \varphi_R(+l_n) \qquad (31\,\mathrm{a, b})$$

$$\varphi_R'(-l_p) = \varphi_R'(+l_n) = 0. \qquad (31\,\mathrm{c, d})$$

Die maximale Feldstärke im Innern der Raumladungsschicht tritt bei $x = 0$ auf. Wir bezeichnen ihren Absolutwert mit F_m. Durch Integration von Gl. (29) unter Berücksichtigung von (31) ergibt sich

$$F_m = \varphi_R'(0) = -\frac{q}{\varepsilon} \int_{-l_p}^{0} N(x)\,dx = +\frac{q}{\varepsilon} \int_{0}^{l_n} N(x)\,dx. \qquad (32\,\mathrm{a})$$

Es ist für später zweckmäßig, F_m als Funktion der Randschichtendicken zu betrachten gemäß

$$F_m = F_m(l_n) - F_m(-l_p). \qquad (32\,\mathrm{b})$$

Den gesamten elektrostatischen Potentialabfall über der Raumladungsschicht bezeichnet man als Diffusionsspannung U_D. Dieser Name rührt daher, daß die Elektronen in den *p*-Bereich und die Löcher in den *n*-Bereich diffundieren würden, wenn das elektrostatische Potential sich

2*

nicht ändern würde. Eine solche Diffusion erzeugt eine elektrostatische Doppelschicht von solcher Stärke, daß schließlich der Diffusionsstrom durch einen entgegengesetzten Feldstrom genau aufgehoben wird. Der Potentialabfall über dieser Doppelschicht ist U_D. Er ist positiv, wenn man das Potential auf die p-Seite bezieht.

Durch zweimalige Integration von Gl. (29) bei Berücksichtigung von (31) ergibt sich

$$U_D = \varphi_R(+\,l_n) - \varphi_R(-\,l_p) = -\frac{q}{\varepsilon} \int\limits_{-l_p}^{+l_n} ds \int\limits_{-l_p}^{s} N(x)\,dx$$
$$= (l_n + l_p)\,F_m(l) - \int\limits_{-l_p}^{+l_n} F_m(s)\,ds. \tag{33}$$

Andererseits muß aber wegen Gl. (26) und (31) gelten

$$U_D = \varphi_N(l_n) - \varphi_N(-\,l_p) = \frac{kT}{q}\left[\text{ar sinh}\,\frac{N(l_n)}{2n_i} - \text{ar sinh}\,\frac{N(-\,l_p)}{2n_i}\right]. \tag{34a}$$

Beschränkt man sich auf den praktisch interessierenden Fall, daß die Störstellendichte an den beiden Randschichtenden bereits wieder groß gegen n_i ist[1], so geht Gl. (34a) über in

$$U_D = \frac{kT}{q}\ln\left[\frac{-N(l_n)\cdot N(-\,l_p)}{n_i^2}\right]. \tag{34b}$$

Aus Gl. (32) bis (34) lassen sich l_n und l_p eliminieren und damit F_m und U_D als Funktionen der Störstellenverteilung angeben. Dabei findet man, daß l_n und l_p meist in einen Bereich fallen, in dem die Neutralitätsbedingung (28a) gut erfüllt ist. Daß dieses zunächst etwas merkwürdige Ergebnis in Ordnung ist, kann man folgendermaßen verstehen:

Die Aufgabe der Raumladungs-Doppelschicht in der Übergangszone ist es, die Potentialdifferenz U_D zwischen den beiden Seiten des pn-Übergangs zu überwinden. Dazu ist eine gewisse Dicke der geladenen Schicht notwendig. Solange aber das Potential noch um kT/q oder mehr vom Neutralitätspotential abweicht, ist in Gl. (25) die Dichte der freien Ladungsträger gegen die der Störstellen vernachlässigbar und es gilt Gl. (29), auch wenn Gl. (28a) erfüllt ist. Der Übergang von φ_N auf φ_R ist um so schärfer, unser Näherungsverfahren also um so exakter, je höher die Störstellenkonzentration am Randschichtende ist. Denn dann ist dort auch die Potentialkrümmung sehr stark und die Abweichung $|\varphi_N - \varphi_R|$ wird sehr rasch groß gegen kT/q, die restliche Raumladung der freien Träger klingt also sehr rasch ab.

Vergrößert man die von der Raumladungsdoppelschicht zu überwindende Potentialdifferenz dadurch, daß man an die p-Seite von außen eine negative Spannung gegenüber der n-Seite anlegt, so zieht diese Spannung weitere Elektronen zur n-Seite und weitere Löcher zur p-Seite

---

[1] Nur in diesem Fall ist das ganze mathematische Verfahren sinnvoll.

heraus. Da die p-Seite aber nur sehr wenige Elektronen und die n-Seite nur sehr wenige Löcher nachliefern können, wird die Raumladungsschicht dadurch so lange dicker, bis die gesamte angelegte Spannung von der Potentialdifferenz über der Randschicht aufgenommen worden ist. Man hat dann einfach in Gl. (33) U_D durch $U_D - U$ zu ersetzen:

$$U_D - U = (l_n + l_p)\, F_m(l_n) - \int\limits_{-l_p}^{+l_n} F_m(s)\, ds\,, \tag{35}$$

wobei U_D nach wie vor der durch Gl. (34) definierte Wert ist, allerdings mit den neuen Werten für l_n und l_p.

Die während des Anlegens der äußeren Spannung durch die wachsende Randschicht verdrängten Ladungsträger stellen einen Strom dar, der proportional zur zeitlichen Änderung der Spannung ist, und dessen Stromdichte bei Beachtung von Gl. (32)

$$J = -q\,n(l_n)\,\frac{dl_n}{dt} = -q\,N(l_n)\,\frac{dl_n}{dU}\cdot\frac{dU}{dt} = -q\,N(-l_p)\,\frac{d(-l_p)}{dU}\cdot\frac{dU}{dt}$$

beträgt. Das ist aber ein kapazitiver Strom. Der pn-Übergang besitzt daher eine Kapazität pro Flächeneinheit der Größe

$$C = -q\,N(l_n)\,\frac{dl_n}{dU} = q\,N(l_p)\left|\frac{dl_n}{dU}\right| = q\,N(-l_p)\left|\frac{dl_p}{dU}\right| = \varepsilon\left|\frac{dF_m}{dU}\right|. \tag{36}$$

Differenziert man jetzt Gl. (35) nach U, so ergibt sich bei abermaliger Berücksichtigung von Gl. (32) nach kurzer Rechnung

$$(l_n + l_p)\,\frac{d}{dU}\,\varphi_R'(0) = \frac{dU_D}{dU} - 1\,.$$

Das Glied dU_D/dU ist vernachlässigbar[1]. Damit ergibt sich aus (36) eine Randschichtkapazität

$$C = \frac{\varepsilon}{(l_n + l_p)}\,. \tag{37}$$

Das ist genau die Kapazität eines Plattenkondensators, dessen Plattenabstand gleich der totalen Randschichtdicke $l_n + l_p$ ist. Da wir — außer Gl. (30a) — keine speziellen Annahmen über $N(x)$ gemacht haben, gilt dies unabhängig von der speziellen Natur der Störstellenverteilung.

Das Ergebnis (37) ist nicht überraschend, allerdings auch keineswegs selbstverständlich. Auch ohne die obige Rechnung läßt sich das Zustandekommen dieses Resultats durch folgende Überlegung verstehen:

---

[1] Der Grund dafür, daß das Glied dU_D/dU überhaupt auftritt, liegt an der Wahl der Randbedingung (31c, d). Wie bereits oben erwähnt, ist die Randbedingung nur eine — im allgemeinen ausgezeichnete — Annäherung. Genauer müßte es heißen

$$\varphi_R'(-l_p) = \varphi_N'(-l_p)\,,$$
$$\varphi_R'(+l_n) = \varphi_N'(+l_n)\,.$$

Hätte man mit diesen Randbedingungen gerechnet, so wäre die Rechnung zwar wesentlich komplizierter geworden, aber das Glied dU_D/dU hätte sich herausgehoben. Es ist daher *streng* vernachlässigbar.

Wir führen einen „Äquivalent-Kondensator" ein, das ist ein Plattenkondensator, dessen Platten genau entlang den beiden Enden der Randschicht laufen und der mit einem Material der gleichen Dielektrizitätskonstanten gefüllt ist. Legt man eine kleine Sperrspannung $- dU$ an diesen Kondensator, so laden sich dessen Platten um einen Betrag $- dQ$ auf. Wenn man jetzt diese Ladung von dem Kondensator abnimmt und sie, Flächenelement für Flächenelement, an die identischen Stellen am pn-Übergang einbaut, indem man die Randschichtenden verschiebt, so sind alle Ladungselemente wieder in der gleichen geometrischen Anordnung

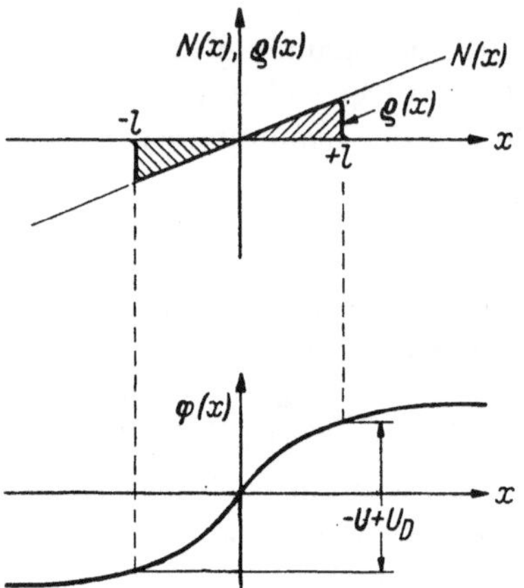

arrangiert und in einem Medium von gleicher Dielektrizitätskonstante. Überlagert über die bereits vorhandene Feldverteilung des pn-Überganges erzeugen diese Ladungselemente eine zusätzliche Feldverteilung, die genau identisch ist mit der Feldverteilung innerhalb des Äquivalent-Kondensators. Die Spannung an den Enden des pn-Überganges ändert sich daher ebenfalls um dasselbe dU, und das bedeutet, daß die differentielle Kapazität dQ/dU des pn-Überganges identisch ist mit der Kapazität des Äquivalent-Kondensators.

3. Spezielle pn-Übergänge

Beim Transistor spielen pn-Übergänge mit verschiedenen speziellen Störstellenverteilungen eine Rolle, die hier als Beispiel durchgerechnet werden sollen.

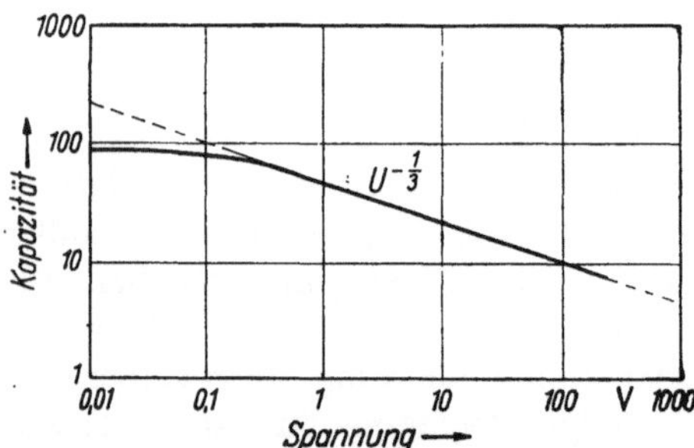

Abb. 7. Linearer pn-Übergang: Störstellen- und Raumladungsverteilung, Potentialverlauf, Spannungsabhängigkeit der Kapazität (in willkürlichen Einheiten)

a) Linearer pn-Übergang (Abb. 7)

Es sei
$$N(x) = \frac{n_i}{L_a} x \quad \text{mit} \quad L_a \ll \frac{1}{2} L_D, \tag{38}$$

d. h. wegen (30a), die Raumladungsbedingung ist erfüllt. Da die Störstellenverteilung antisymmetrisch um $x = 0$ liegt, muß dasselbe vom Potential gelten, es muß also $l_n = l_p = l$ sein. Integration von (32) und

(35) ergibt der Reihe nach die Beziehungen:

$$F_m = \frac{q}{\varepsilon}\,\frac{n_i}{2L_a}\,l^2,\tag{39}$$

$$-U + U_D = \frac{q}{\varepsilon}\,\frac{n_i}{2L_a}\left[l^2 \cdot 2l - 2\,\frac{l^3}{3}\right] = \frac{2q}{3\varepsilon}\,\frac{n_i}{L_a}\,l^3,\tag{40a}$$

$$l = \frac{1}{2}\left[\frac{12\,\varepsilon}{q}\,\frac{L_a}{n_i}\,(-U + U_D)\right]^{1/3},\tag{40b}$$

$$F_m = \frac{1}{2}\left[\frac{q}{4\varepsilon}\,\frac{n_i}{L_a}\right]^{1/3}[3\,(-U + U_D)]^{2/3}.\tag{41}$$

Randschichtdicke und Feldstärke nehmen also mit zunehmender Spannung zu, die Kapazitäten entsprechend ab. Mit zunehmender *Steilheit* des pn-Überganges nimmt l ab, während C und F_m zunehmen. Für die Diffusionsspannung U_D läßt sich kein geschlossener Ausdruck angeben, diese hängt wegen (34b) über eine transzendente Gleichung noch von l ab und damit (schwach) von der Spannung U selbst. Jedenfalls bleibt aber in der Praxis stets $q\,U_D < E_G$. Die Kapazität ist wegen (40b) umgekehrt proportional zur dritten Wurzel aus $-U + U_D$. Abb. 7 zeigt den Verlauf schematisch (s. auch [11] und [13]).

b) Abrupter pn-Übergang (Abb. 8)

Es sei die Störstellenverteilung

$$N(x) = \begin{cases} +N & \text{für } x > 0 \\ -P & \text{für } x < 0 \end{cases}\tag{42}$$

gegeben. Dann folgt für die Maximalfeldstärke

$$F_m = \frac{q}{\varepsilon}\,N\,l_n = \frac{q}{\varepsilon}\,P\,l_p\tag{43}$$

und für die Gesamtspannung

$$-U + U_D = \frac{q}{\varepsilon}\left[N\,l_n(l_n + l_p) - \frac{N\,l_n^2 + P\,l_p^2}{2}\right]$$

$$= \frac{q}{2\varepsilon}\,\frac{N(N + P)}{P}\,l_n^2 = \frac{q}{2\varepsilon}\,\frac{P(N + P)}{N}\,l_p^2.\tag{44a}$$

Ferner ergibt sich

$$l_n = \left[\frac{2\,\varepsilon}{q}\,\frac{P}{N(N + P)}\,(-U + U_D)\right]^{1/2}$$

$$l_p = \left[\frac{2\,\varepsilon}{q}\,\frac{N}{P(N + P)}\,(-U + U_D)\right]^{1/2}\tag{44b, c}$$

$$F_m = 2\left[\frac{q}{2\varepsilon}\,\frac{NP}{N + P}\,(-U + U_D)\right]^{1/2}\tag{45}$$

$$U_D = \frac{kT}{q} \cdot \ln\frac{NP}{n_i^2}.\tag{46}$$

In der Praxis interessiert häufig der Grenzfall, daß der pn-Übergang sehr unsymmetrisch ist, daß z. B. $N \ll P$ ist. Dann vereinfachen sich die Formeln zu:

$$l_p = \left[\frac{2\,\varepsilon}{q} \frac{N\,(-U + U_D)}{P^2} \right]^{1/2} \tag{47a}$$

$$l_n = \left[\frac{2\,\varepsilon}{q} \frac{-U + U_D}{N} \right]^{1/2} = \frac{P}{N}\, l_p \gg l_p \tag{47b}$$

$$F_m = 2 \left[\frac{q}{2\,\varepsilon} N\,(-U + U_D) \right]^{1/2}. \tag{48}$$

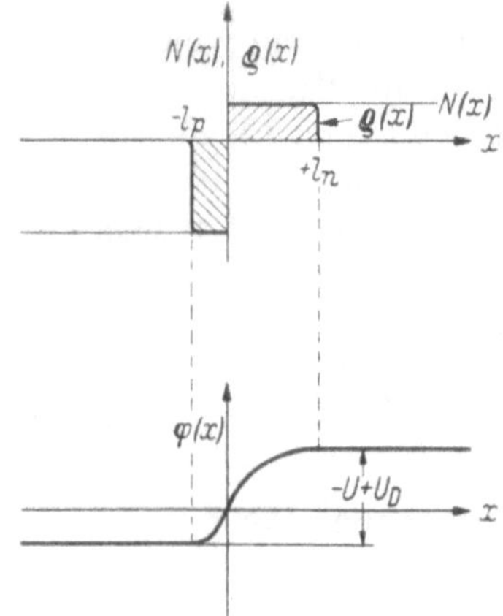

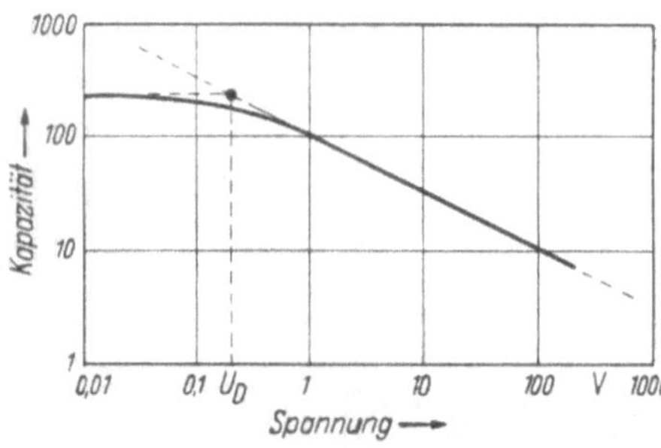

Abb. 8. Abrupter pn-Übergang: Störstellen- und Raumladungsverteilung, Potentialverlauf, Spannungsabhängigkeit der Kapazität (in willkürlichen Einheiten)

In dem komplementären Fall $P \ll N$ hat man in Gl. (47a, b) und (48) lediglich N und P zu vertauschen. Man sieht daraus, daß die totale Randschichtdicke und die Maximalfeldstärke praktisch nur noch von der Störstellendichte der reineren Seite abhängt, daß sich also die Eigenschaften eines unsymmetrischen pn-Überganges im wesentlichen aus der reineren Seite bestimmen. Numerisch verhält sich ein stark unsymmetrischer pn-Übergang genau so, wie sich ein symmetrischer pn-Übergang bei doppelter Spannung verhält, dessen Störstellenkonzentration gleich der der reineren Seite des unsymmetrischen Übergangs ist. Siehe auch [*11, 13, 14*].

c) pin-Übergang (Abb. 9)

Baut man in einem abrupten pn-Übergang eine völlig störstellenfreie Schicht der Dicke l_i ein, so ist innerhalb dieser Schicht nach Gl. (29) die elektrische Feldstärke konstant. Bezeichnet man mit l_n und l_p die Tiefen, mit denen die Randschichten in die n- und p-leitenden Enden hineinragen, so gilt Gl. (43) unverändert, während in Gl. (44a) auf der rechten Seite ein Glied

$$F_m \cdot l_i = \frac{q}{\varepsilon} N\, l_n\, l_i = \frac{q}{\varepsilon} P\, l_p\, l_i$$

hinzutritt. Es sei zusätzlich angenommen, daß die i-Schicht dick sei verglichen mit l_n und l_p. Dann dominiert dieses Zusatzglied $F_m \cdot l_i$ in

Gl. (44a) und es ergibt sich

$$l_n = \frac{\varepsilon}{q}\,\frac{-U+U_D}{N \cdot l_i}\,, \qquad l_p = \frac{\varepsilon}{q}\,\frac{-U+U_D}{P \cdot l_i}\,, \qquad (49\,\text{a, b})$$

$$F_m = \frac{-U+U_D}{l_i}\,. \qquad (50)$$

Verglichen mit einem Übergang ohne Zwischenschicht
verringern sich hier die Kapazität und die Maximalfeldstärke sehr stark; außerdem
werden die geringen verblei-
benden Kapazitäten praktisch
spannungsunabhängig, da die
totale Randschichtdicke nur
wenig größer als (das konstante) l_i ist.

4. Oberflächenrand-
schichten und Metall-Halb-
leiterkontakt

An der Oberfläche eines
HL-Kristalls hört die periodische Regelmäßigkeit des
Kristallpotentials auf. Doch
geschieht dies nicht abrupt.
Die Kräfte, die auf die einzelnen Elektronen von den
umgebenden Atomen her wirken, heben sich bereits einige
Atomabstände unterhalb der
Oberfläche nicht mehr in derselben Weise auf, wie im Kri-

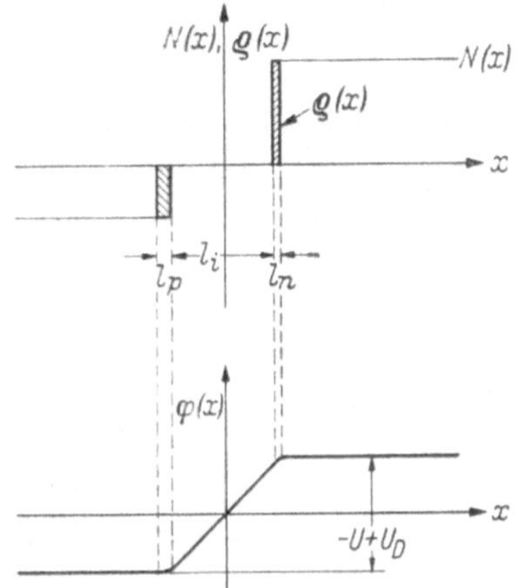

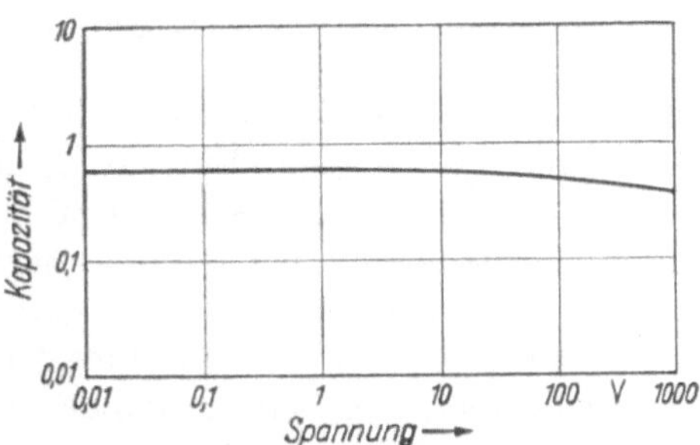

Abb. 9. *pin*-Übergang: Störstellen- und Raumladungsverteilung, Potentialverlauf, Spannungsabhängigkeit der Kapazität (in willkürlichen
Einheiten)

stallinnern und daher weicht dort bereits das Potential von der Periodizität ab. Dazu kommt der Einfluß der stets vorhandenen, auf der
Oberfläche adsorbierten Fremdatome. Die Oberfläche wirkt also ähnlich wie eine ganze Schicht von Störstellen, und infolgedessen treten
dort im verbotenen Band des HL zusätzliche Störterme auf, sog. Oberflächenterme[1], deren Anzahl größenordnungsmäßig die Anzahl der
Oberflächenatome erreichen kann, also bis etwa 10^{14} pro cm^2.

---

[1] Die Literatur über Oberflächenterme ist sehr umfangreich. Es seien
hier nur erwähnt die grundlegenden Arbeiten von Tamm [*15*] und von
Bardeen [*16*], die zusammenfassenden Berichte von Kingston [*17, 18*].

Im Gegensatz zu den inneren Störtermen liegen die Oberflächenterme jedoch nicht bei einem einzelnen scharfen Energiewert, sondern spalten infolge ihrer hohen Dichte zu einem mehr oder weniger breiten Band auf; aus denselben Gründen, aus denen die diskreten Terme eines Einzelatoms zu Bändern aufspalten, wenn man viele Einzelatome dicht benachbart zu einem Kristall zusammenfügt (Kap. I. 1). Wir wollen im folgenden zur Vereinfachung annehmen, die Oberflächenterme seien gleichmäßig über das gesamte verbotene Band verteilt, obwohl das wahrscheinlich zu weit geht. Infolge der Anwesenheit positiver Ionen auf der Oberfläche einerseits, und weil andererseits ein Teil der Oberflächenterme durch Abspaltung aus dem Valenzband hervorgeht (SHOCKLEY [19]), wäre die Oberfläche im allgemeinen positiv aufgeladen, wenn alle Ober-

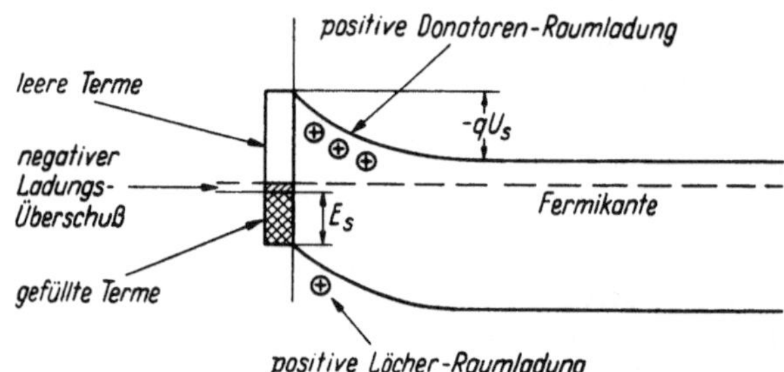

Abb. 10. Oberflächenrandschicht, verursacht durch Oberflächenterme

flächenterme leer wären. Es ist Auffüllung bis zu einer von den näheren Bedingungen abhängigen Energie E_s über dem Valenzband notwendig, um die Oberfläche elektrisch neutral zu machen. Bei schwächerer Auffüllung ist sie positiv, bei stärkerer negativ geladen. Da der Kristall als Ganzes elektrisch neutral bleibt, muß diese Oberflächenladung durch eine Raumladungsrandschicht unter der Oberfläche neutralisiert werden. Das heißt aber, daß sich die Bänder unmittelbar unter der Oberfläche genau wie an einem pn-Übergang verbiegen, und zwar nach oben bei einer negativen, nach unten bei einer positiven Oberflächenladung. Wie man aus Abb. 10 sieht, nimmt mit zunehmender Verbeulung der Bänder die Oberflächenladung dem Betrage nach ab, die Randschichtladung zu, bis bei einer bestimmten Aufbäumhöhe $-qU_s$ beide Ladungen gleich sind.

Da, wie oben erwähnt, die Anzahl der Oberflächenterme meist sehr hoch ist, etwa 10^{14} pro cm², ergibt sich in der Praxis diese Aufbäumhöhe gerade so groß, daß die Energie E_s nahezu mit der FERMI-Kante des Halbleiterinnern auf gleicher Höhe liegt. Denn selbst eine geringe Differenz zwischen diesen beiden Größen würde in den Oberflächentermen eine Oberflächenladung erzeugen, die weit über der Gesamtladung in der Raumladungsrandschicht liegt. Nimmt man z. B. an, daß bei einem HL mit $N_D = 10^{15}$ cm⁻³ die Oberflächenrandschicht 10^{-4} cm dick ist, so beträgt die gesamte Raumladung 10^{11} Elementarladungen pro cm². Bei einer Oberflächentermdichte von 10^{14} cm⁻² genügt also eine Energiedifferenz zwischen E_s und der FERMI-Kante von einem Tausendstel der Bandbreite, um diese Oberflächenladung zu kompensieren.

Diese Oberflächenrandschichten beeinflussen die Eigenschaften von Transistoren u. U. sehr stark. Da aber die Anzahl der Oberflächenterme und vor allem die Lage von adsorbierten Fremdatomen abhängt, ergibt sich so eine starke Abhängigkeit der Transistorkennlinien von der chemischen Oberflächenbehandlung des verwendeten Halbleiters und selbst von der Art der ihn umgebenden Atmosphäre. Die beiden wohl extremsten, und daher am besten untersuchten Atmosphären, sind mit Wasserdampf gesättigter Stickstoff und stark ozonhaltiger Sauerstoff. Die erstere der beiden Atmosphären ergibt erfahrungsgemäß sehr hohe Werte für E_s, die Oberflächen werden also stets n-leitend, auch wenn das HL-Innere p-leitend ist; und für die Ozonatmosphäre gilt das Umgekehrte (Einzelheiten s. Teil B, Kap. II.4a).

Ein besonders wichtiger Fall liegt dann vor, wenn die Oberfläche mit einem Metall bedeckt ist. Dann ist es nämlich möglich, eine Spannung zwischen dem HL und dem Metall anzulegen. Wenn dann die Bänderverbeulung in der geeigneten Richtung verläuft (d. h. nach oben bei einem p-HL) und wenn sie nicht zu klein ist, dann hat man dieselben Verhältnisse wie bei einem extrem unsymmetrischen pn-Übergang. Hierauf beruht *im Prinzip* die Gleichrichterwirkung vieler Metall-HL-Kontakte, z. B. des Kristalldetektors sowie der Germanium- und Silizium-Spitzendioden.

III. Elektronen- und Löcherströme in homogenen Halbleitern und durch pn-Übergänge

1. Die Leitfähigkeit homogener Halbleiter

Im Kap. I. wurde gezeigt, daß in einem exakt periodischen Kristallgitter die Elektronen und Löcher beim Anlegen eines äußeren Feldes völlig frei beschleunigt werden, der Strom also laufend ansteigen sollte. Tatsächlich kommen aber solche Kristallgitter in der Natur aus zwei Gründen nicht vor: 1. Weil die Atome des Gitters eine Wärmebewegung ausführen, also um ihre Mittellage hin- und herschwingen, 2. weil alle Kristallgitter Fremdatome und Kristallbaufehler enthalten, wenn auch oft nur in sehr kleinen Mengen.

Ein beschleunigtes Elektron (Loch) stößt fortlaufend mit solchen Störungen der Periodizität zusammen und verliert dabei immer wieder seine seit dem vorigen Stoß gewonnene kinetische Energie, so daß sich stets sofort eine mittlere Geschwindigkeit einstellt, die proportional zur

Feldstärke F ist

$$\overline{v} = \pm\,\mu\,F \tag{51}$$

(+ für Löcher,   — für Elektronen).

Die Proportionalitätskonstante μ wird die Beweglichkeit genannt, und ist für Elektronen und Löcher gewöhnlich verschieden groß, meist etwas größer für Elektronen. Da jedes Teilchen die Ladung $\pm\,q$ trägt, fließt in einem HL, der n Elektronen und p Löcher pro Volumeneinheit enthält, die Stromdichte

$$\boldsymbol{J} = \boldsymbol{J_n} + \boldsymbol{J_p} = q\,(-\,n\,\overline{\boldsymbol{v}}_n + p\,\overline{\boldsymbol{v}}_p) = q\,(\mu_n\,n + \mu_p\,p)\,\boldsymbol{F}. \tag{52}$$

Die spezifische Leitfähigkeit beträgt also

$$\sigma = q\,(\mu_n\,n + \mu_p\,p)\,. \tag{53}$$

Die Größe der Beweglichkeiten hängt von der Amplitude der Gitterschwingungen (also von der Temperatur) und von der Dichte der sonstigen Streuzentren, also vor allem der Fremdatome, ab. Abb. 11 zeigt die letztere Abhängigkeit für Germanium. Wenn der

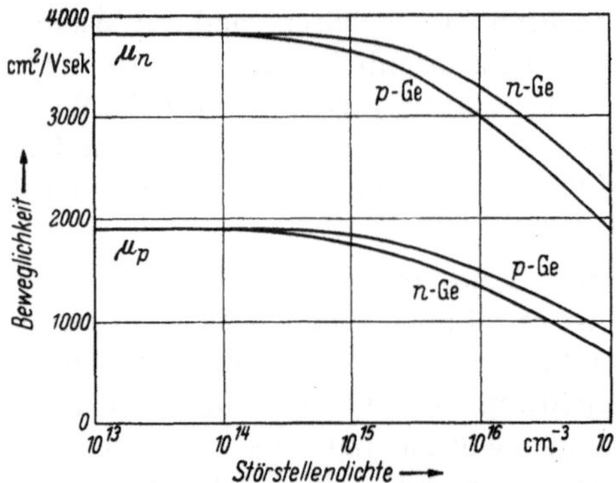

Abb. 11. Elektronen- und Löcherbeweglichkeiten in n- und p-Germanium nach PRINCE [20]

HL hinreichend rein ist, wirken die Gitterschwingungen allein als Streuursache, und dann werden die Beweglichkeiten Materialkonstanten, die nur noch von der Temperatur abhängen. Bei Germanium und Silizium, mit solchen Störstellendichten wie sie beim Transistorbau verwendet werden, ist das in guter Näherung der Fall, und Tab. 1 gibt hierfür einige Näherungswerte bei Zimmertemperatur.

Tabelle 1. *Beweglichkeit in reinem Silizium und Germanium bei 300°K (nach Prince [20, 21]). Zahlenwerte sind in cm²/Vsek*

	Ge	Si
μ_n	3800	1500
μ_p	1800	500

Aus der Theorie der Gitterstreuung — auf die einzugehen hier zu weit führen würde[1] — folgt, daß diese Gitterbeweglichkeiten proportional zu $T^{-3/2}$ und zu $m^{-5/2}$ sein sollten, wo m die effektive Masse der betreffenden Ladungsträgerart ist. Die Beweglichkeiten nehmen also — wie zu erwarten — mit zunehmender Temperatur ab, wenn auch experimentell der Exponent von T oft etwas verschieden von dem theoretischen Wert 1,5 ist. Bei abnehmenden Temperaturen steigt die Beweglichkeit nur so lange an,

---

[1] Siehe z. B. SHOCKLEY [11].

bis schließlich die Streuung an den sonstigen Kristallstörungen merklich wird und die Restbeweglichkeit bestimmt (Einzelheiten s. Teil B, Kap. I.2). Die starke Abhängigkeit von den effektiven Massen erklärt z. B. die extrem hohe Beweglichkeit der Elektronen in Indiumantimonid, deren effektive Masse nur etwa 0,013 m_0 beträgt.

Infolge der starken Abhängigkeit der Ladungsträgerdichte vom Verunreinigungsgrad ist auch die Leitfähigkeit stark reinheitsabhängig. Aus Gl. (17) und (53) folgt

$$\sigma = \frac{q}{2}\left[(\mu_n + \mu_p)\sqrt{(N_D - N_A)^2 + 4n_i^2} + (\mu_n - \mu_p)(N_D - N_A)\right]. \qquad (54)$$

In einem „elektrisch reinen" Kristall ($N_D - N_A = 0$) wird

$$\sigma = \sigma_i = q(\mu_n + \mu_p)\,n_i; \qquad (55)$$

man sagt der Kristall ist „eigenleitend". Für stark dotierte Halbleiter ($|N_D - N_A| \gg n_i$) wird nach Gl. (18):

$$\sigma_n = q\,\mu_n(N_D - N_A) = q\,\mu_n\,N \qquad (\gg \sigma_i), \qquad (56\text{a})$$

$$\sigma_p = q\,\mu_p(N_A - N_D) = q\,\mu_p\,P \qquad (\gg \sigma_i). \qquad (56\text{b})$$

Die Leitfähigkeit ist dann eine „Fremdleitung", ihr Wert ist proportional zum Netto-Störstellengehalt und ist groß gegen die Eigenleitfähigkeit des reinen Kristalls. Wenn die Beweglichkeiten bekannt sind, kann also durch einfache Leitfähigkeitsmessungen mittels Gl. (54) bzw. (56) unmittelbar der Netto-Störstellengehalt bestimmt werden, was angesichts der Kleinheit von n_i weit empfindlicher ist als alle chemischen Nachweismethoden. Abb. 12 zeigt die Verhältnisse bei Germanium.

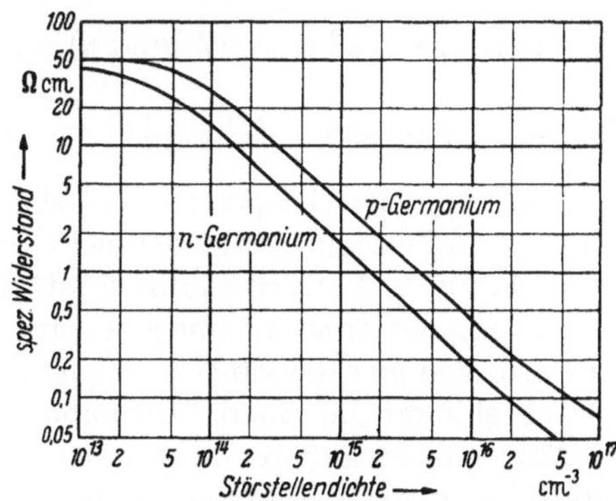

Abb. 12. Spezifischer Widerstand $\varrho = 1/\sigma$ von n- und p-Germanium als Funktion der Störstellendichte, nach PRINCE [20]

Das Leitfähigkeitsminimum liegt nur dann im Eigenleitungszustand, wenn die beiden Beweglichkeiten gleich groß sind. Da aber meist die Elektronenbeweglichkeit etwas größer als die Löcherbeweglichkeit ist, liegt das Minimum meist etwas auf der p-Seite.

2. Inhomogene Störstellendichte; Diffusion und Lebensdauer

Wenn sich in einem HL die Netto-Störstellendichte räumlich ändert, treten nach Kap. II bereits im thermischen Gleichgewicht statische elektrische Felder im HL-Innern auf. Da aber im thermischen Gleichgewicht per definitionem keine Ströme fließen dürfen, muß noch eine zweite Ursache für Ströme existieren, die die Wirkung des Feldes gerade aufhebt. Das ist die Diffusion. Gleichzeitig mit der Störstellendichte ändert sich auch die Ladungsträgerdichte. Dadurch fließt ein Diffusionsstrom, der bestrebt ist, die inhomogene Ladungsträgerverteilung auszugleichen, und der den Feldstrom genau aufhebt, so daß im Mittel kein Strom fließt. Seien D_n und D_p die beiden Diffusionskonstanten, so gilt für die totalen Ströme anschließend an Gl. (52):

$$\boldsymbol{J}_n = q\,(n\,\mu_n\,\boldsymbol{F} + D_n\,\mathrm{grad}\,n)\,, \tag{57a}$$

$$\boldsymbol{J}_p = q\,(p\,\mu_p\,\boldsymbol{F} - D_p\,\mathrm{grad}\,p) \tag{57b}$$

(die Vorzeichen ergeben sich aus den Ladungsvorzeichen). Setzt man hierin für n und p die Gleichgewichtskonzentrationen von Gl. (24b) ein und berücksichtigt, daß $\boldsymbol{F} = -\,\mathrm{grad}\,\varphi$ ist, so folgen nach kurzer Rechnung aus der Forderung, daß im Gleichgewicht der resultierende Strom verschwinden muß, die EINSTEIN*schen Beziehungen* zwischen Diffusionskonstanten und Beweglichkeiten

$$D_n = \mu_n \cdot k\,T/q\,, \qquad D_p = \mu_p \cdot k\,T/q\,. \tag{58a, b}$$

Damit gehen die Gln. (57) über in die beiden gleichwertigen Formen

$$\boldsymbol{J}_n = \mu_n\,(-\,q\,n\,\mathrm{grad}\,\varphi + k\,T\,\mathrm{grad}\,n) = q\,D_n\left(\mathrm{grad}\,n - n\,\mathrm{grad}\,\frac{q\,\varphi}{k\,T}\right) \tag{59a}$$

$$\boldsymbol{J}_p = \mu_p\,(-\,q\,p\,\mathrm{grad}\,\varphi - k\,T\,\mathrm{grad}\,p) = -\,q\,D_p\left(\mathrm{grad}\,p + p\,\mathrm{grad}\,\frac{q\,\varphi}{k\,T}\right). \tag{59b}$$

Die Existenz einer Proportionalitätsbeziehung zwischen Diffusionskonstanten und Beweglichkeiten ist nicht verwunderlich, da beide in gleicher Weise durch die Gitterperiodizitätsstörungen begrenzt werden.

Uns interessieren inhomogene Störstellenverteilungen vor allem in der Form von pn-Übergängen. Vom Gesichtspunkt der Strombilanz aus betrachtet sorgt die innere Spannung U_D in pn-Übergängen dafür, daß bei Abwesenheit äußerer Spannungen kein resultierender Strom fließt. Vergrößert man diese innere Feldstärke durch Anlegen einer negativen (bezogen auf die n-Seite) äußeren Spannung, so überwiegt der Feldstrom, verringert man sie, so überwiegt der entgegengesetzt gerichtete Diffusionsstrom.

Im letzteren Falle diffundieren Elektronen nach der p-Seite und Löcher nach der n-Seite des pn-Übergangs, also in Bereiche, in denen diese Trägerarten sonst nur in sehr geringer Dichte vorhanden sind. Das ist im allgemeinen nur möglich, indem die Minderheitskonzentrationen über die Gleichgewichtswerte ansteigen. Man bezeichnet diesen Vorgang als „Injektion". Die injizierten Minderheitsträger stellen zunächst eine Raumladung dar. Diese kann aber kein merkliches elektrisches Feld aufbauen, da sie sofort durch eine gleiche Menge von Mehrheitsträgern neutralisiert wird, die über das Halbleiterinnere von den Außenelektroden her den injizierten Minderheitsträgern entgegenströmen. Es liegt dann ein gleich großer Überschuß an Löchern und Elektronen vor. Dieser Überschuß ist natürlich nicht stabil. Er kann sich auf zweierlei Weisen vermindern: Durch Abfließen nach den Außenelektroden und durch „Rekombination" der überschüssigen Elektronen mit den überschüssigen Löchern. Bei diesem Prozeß fallen die Elektronen über das verbotene Band hinweg in ein Loch im Valenzband, unter Abgabe der Energie E_G plus der kinetischen Energien der beiden Partner, umgekehrt zu dem Prozeß der thermischen Paarerzeugung, bei dem die Wärmebewegung des Kristalls Elektronen aus dem Valenzband unter Zurücklassung von Löchern ins Leitungsband anhebt. Beide Prozesse spielen sich im Kristall jederzeit nebeneinander ab, heben sich aber im Gleichgewicht gerade auf. Bei einem Überschuß über das Gleichgewicht überwiegt die Rekombination, bei einem Mangel an Paaren die Paarerzeugung.

Die Rekombination „angeregter Zustände" läuft erfahrungsgemäß nahezu rein exponentiell ab, mit Lebensdauern, die zwischen weniger als 10^{-7} sek und mehr als 10^{-3} sek liegen können, je nach der Dichte der Kristallbaufehler und gewisser „rekombinationsaktiver" Fremdatome (z. B. Cu, Ni) im Kristall, von denen die Lebensdauer noch weit empfindlicher abhängt als die Leitfähigkeit. Eine Theorie der Rekombination via Störstellen wurde von SHOCKLEY und READ [22] und von HALL [23] entwickelt. Ohne auf diese Theorie eingehen zu können, wollen wir nur annehmen, der Überschuß klinge rein exponentiell ab, also proportional zur Größe des im betreffenden Zeitpunkt vorhandenen Überschusses. Dann gelten für die zeitlichen Änderungen der Trägerkonzentrationen an einer bestimmten Stelle die Kontinuitätsgleichungen, zusammengesetzt aus Termen für das Abfließen und für die Rekombination:

$$\frac{\partial n}{\partial t} = -\frac{1}{-q} \operatorname{div} \boldsymbol{J}_n - \frac{n - n_0}{\tau_n}, \tag{60a}$$

$$\frac{\partial p}{\partial t} = -\frac{1}{+q} \operatorname{div} \boldsymbol{J}_p - \frac{p - p_0}{\tau_p}. \tag{60b}$$

Dabei sind n_0 und p_0 die Gleichgewichtskonzentrationen, n und p die tatsächlich vorhandenen Konzentrationen und τ_n und τ_p die Lebensdauern der Ladungsträger.

3. Das Gleichstromverhalten des pn-Überganges

Mit zunehmender positiver Spannung am pn-Übergang (bezogen auf die n-Seite) steigt der Diffusions-Injektionsstrom laufend an, da das bremsende Randschichtfeld abnimmt, während das Konzentrationsgefälle der Ladungsträger unverändert bleibt. Anders bei negativer Spannung: Hier wird das Randschichtfeld verstärkt, und es versucht, die Elektronen aus der p-Seite und Löcher aus der n-Seite des pn-Übergangs herauszuziehen. Weil aber diese Ladungsträger dort Minderheitsträger sind, also nur in sehr geringer Konzentration vorkommen, bleibt auch der Strom sehr klein. Da der HL außerhalb der Randschicht praktisch feldfrei ist, werden die abgesaugten Minderheitsladungsträger nicht von außen nachgeliefert, und der Strom besteht nur aus den Minderheitsträgern, die laufend in der Nähe des pn-Übergangs thermisch erzeugt werden, d. h. er ist ein von der Spannung unabhängiger, kleiner Sättigungsstrom (Reststrom). Ein pn-Übergang ist also ein Gleichrichter, der bei negativer Spannung den Strom sperrt, bei positiver durchläßt.

Das soll quantitativ verfolgt werden. Dazu fragen wir nach der Konzentration der jeweiligen Minderheitsträger an den beiden Enden der Raumladungsrandschicht. Wenn keine äußere Spannung an den pn-Übergang angelegt ist, beträgt

$$p\,(l_n) = p_0 = \frac{n_i^2}{N\,(l_n)} \quad \text{und} \quad n\,(-\,l_p) = n_0 = \frac{n_i^2}{P\,(-\,l_p)}\,.$$

Legt man eine negative Spannung an den Übergang an, so werden dadurch beide Arten von Minderheitsträgern aus der Randschicht herausgezogen und $p\,(l_n)$ und $n\,(-\,l_p)$ sinken ab. Würden keinerlei Löcher von der n-Seite und keinerlei Elektronen von der p-Seite nachgeliefert, so würde sich in der Randschicht schließlich die Elektronendichte gemäß der FERMI-Statistik, aber mit der FERMI-Kante der n-Seite als Bezugsenergie einstellen, während sich die Löcher nach der FERMI-Kante der p-Seite richten würden. Nimmt man an, daß die gesamte Spannung U an der Randschicht liegt, so wäre dann exakt

$$n\,(-\,l_p) = n_0\,e^{q\,U/kT}, \qquad p\,(l_n) = p_0\,e^{q\,U/kT}. \tag{61a, b}$$

Nun ist aber die Nachlieferung von Minderheitsladungsträgern durch Diffusion oder durch die schwachen, statischen Feldstärken, die außerhalb der Raumladungsschicht herrschen, in der Tat ein sehr langsamer Prozeß, verglichen mit der Geschwindigkeit, mit der diese Ladungsträger durch das starke Randschichtfeld weggeschafft werden. Man rechnet daher nach SHOCKLEY [13] in der Praxis durchweg mit der Näherung (61).

Ähnlich ist es bei positiver Spannung. Auch hier würden sich die Werte (61) einstellen, wenn die Minderheitsträger nicht nach dem HL-Innern abfließen würden. Da aber die Randschichten stets dünn sind gegen die Strecke, die die Minderheitsträger zurücklegen, ehe sie durch Rekombination verschwinden, geht hier die Nachlieferung von Elektronen von der elektronenreichen n-Seite und die von Löchern von der p-Seite viel rascher vor sich als das Wegschaffen. Man rechnet daher auch für (nicht zu große) positive Spannungen mit Gl. (61). Man kann sich dann bei der Berechnung der Ströme auf den Bereich außerhalb der Randschichten beschränken, was eine große Vereinfachung bedeutet. Das Innere des pn-Übergangs tritt in den Rechnungen überhaupt nicht mehr auf, und wir können so rechnen, als sei $l_n = l_p = 0$.

Wenn der pn-Übergang ganz oder nahezu abrupt ist, so daß die Störstellendichte außerhalb der Randschicht konstant ist, so ist dieser Bereich auch feldfrei, solange in Durchlaßrichtung die Stromdichten nicht zu hoch werden. Setzt man dann die entsprechenden Ausdrücke (59) für die Ströme in Gl. (60) ein, so ergibt sich bei Beschränkung auf eine Koordinate

$$\frac{\partial^2 n}{\partial x^2} = \frac{1}{D_n}\frac{\partial n}{\partial t} + \frac{n - n_0}{D_n\,\tau_n}, \qquad \frac{\partial^2 p}{\partial x^2} = \frac{1}{D_p}\frac{\partial p}{\partial t} + \frac{p - p_0}{D_p\,\tau_p}. \qquad \text{(62a, b)}$$

Dabei ist τ_n die Lebensdauer der Elektronen im p-HL und τ_p die der Löcher im n-HL. Die zeitunabhängigen Lösungen dieser Gleichungen haben die einfache allgemeine Gestalt

$$n - n_0 = \text{const} \cdot e^{\pm x/L_n},$$
$$p - p_0 = \text{const} \cdot e^{\pm x/L_p}, \qquad (63)$$

wobei $L_n = \sqrt{D_n\,\tau_n}$ und $L_p = \sqrt{D_p\,\tau_p}$ Längen sind, die offenbar die *mittleren* Diffusionsstrecken der einzelnen Träger angeben, ehe sie rekombinieren. Sie werden daher *Diffusionslängen* genannt.

In hinreichendem Abstand vom pn-Übergang müssen die Ladungsträger wieder im Gleichgewicht sein. Das ergibt neben den Randbedingungen (61) die zusätzlichen Randbedingungen

$$n\,(-\infty) = n_0, \qquad p\,(+\infty) = p_0. \qquad \text{(64a, b)}$$

Dann lauten die gesuchten speziellen Lösungen von (62)

$$n\,(x) - n_0 = n_0 (e^{q\,U/kT} - 1)\,e^{x/L_n}, \qquad (65a)$$
$$p\,(x) - p_0 = p_0 (e^{q\,U/kT} - 1)\,e^{-x/L_p}. \qquad (65b)$$

Einsetzen dieser Ausdrücke in Gl. (59) für $x = 0$ gibt die Stromdichten am Randschichtende

$$J_n = \frac{q\,D_n\,n_0}{L_n}(e^{q\,U/kT} - 1), \qquad J_p = \frac{q\,D_p\,p_0}{L_p}(e^{q\,U/kT} - 1). \qquad \text{(66a, b)}$$

Nimmt man an, daß innerhalb der dünnen Randschicht keine Elektronenübergänge zwischen Valenz- und Leitungsband stattfinden, so stellen diese beiden Stromanteile den gesamten Strom.

Für negative Spannungen, für die $|U| \gg k\,T/q$ ist, erreichen die Stromdichten die konstanten Sättigungswerte

$$-J_{ns} = \frac{q\,D_n\,n_0}{L_n} = q\,\frac{n_0}{\tau_n}\,L_n, \qquad -J_{ps} = \frac{q\,D_p\,p_0}{L_p} = q\,\frac{p_0}{\tau_p}\,L_p. \qquad \text{(67a, b)}$$

Da n_0/τ_n bzw. p_0/τ_p die Anzahl der pro Zeit- und Volumeneinheit spontan thermisch erzeugten Trägerpaare auf der p- bzw. der n-Seite ist, sind die Sättigungsströme also genau so groß, als ob gerade alle die Trägerpaare laufend abgesaugt würden, die innerhalb einer Diffusionslänge vom pn-Übergang erzeugt werden. Verglichen mit den üblichen Randschichtdicken von 10^{-5} bis 10^{-4} cm, sind die Diffusionslängen sehr groß; für Löcher in Germanium ($D_p = 42$ cm²/sek) von 100 μsek Lebensdauer ist $L_p = 0,63$ mm.

Für positive Spannungen steigen Elektronen- und Löcherströme rasch exponentiell an und injizieren Minderheitsträger in einer mittleren Tiefe L in den HL hinein. Das Verhältnis von Elektronen- zu Löcherstromdichte

$$\frac{J_n}{J_p} = \frac{D_n L_p}{D_p L_n} \cdot \frac{n_0}{p_0} = \frac{L_p}{L_n} \cdot \frac{D_n n_0}{D_p p_0} = \frac{L_p \sigma_n}{L_n \sigma_p} \tag{68}$$

ist proportional zum Verhältnis der Störstellendichten $N : P$ bzw. der Leitfähigkeiten $\sigma_n : \sigma_p$, was unmittelbar einleuchtend ist. Es injiziert also vorwiegend die niederohmige Seite in die höherohmige hinein.

Abb. 13 zeigt die gute Übereinstimmung der experimentellen Kennlinie mit der Theorie, im Falle der ersten je veröffentlichten Kennlinie von GOUCHER und Mitarbeitern [24]. Daß diese allerersten Kennlinien auf Anhieb eine solch ausgezeichnete Übereinstimmung mit der hier dargelegten, sehr einfachen Theorie zeigten, muß heute in gewissem Sinne als glücklicher Zufall gewertet werden. Und zwar insofern, als durch die Verwendung von Germanium und durch die Wahl eines bestimmten Herstellungsverfahrens (Ziehen aus der Schmelze) Bedingungen vorlagen, die den vereinfachenden Annahmen der Theorie entsprachen. Die *wichtigsten* dieser Annahmen waren folgende:

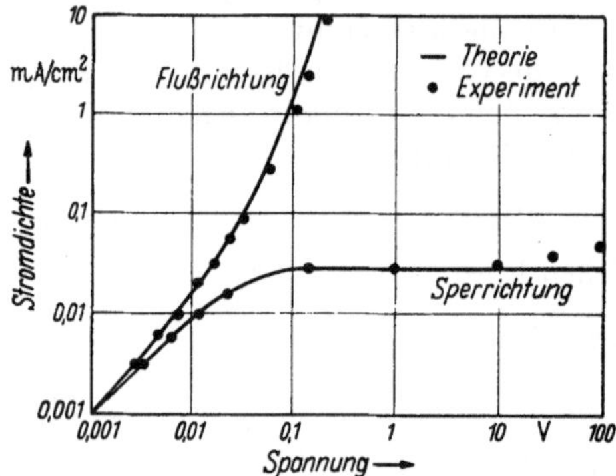

Abb. 13.   Kennlinie eines *pn*-Überganges nach GOUCHER und Mitarbeitern [24]

1. Die thermische Generation und Rekombination von Trägerpaaren im Innern der Raumladungsschicht ist vernachlässigbar.

2. Es findet keine zusätzliche Trägergeneration durch die hohen Feldstärken im Innern der Raumladungsschicht statt.

3. Keine Oberflächeneffekte irgendwelcher Art.

Bei vielen *pn*-Übergängen sind diese drei Voraussetzungen vielfach nur unvollkommen erfüllt; das führt zu einem von der Theorie abweichenden Verhalten. Die auffallendste Abweichung ist dabei eine Nichtkonstanz des Sperrstroms; eine völlige Sättigung tritt nie ein, und für hohe Feldstärken bricht die Sperrwirkung des *pn*-Überganges sogar zusammen.

Die obige Aufzählung gibt die Reihenfolge an, in welcher die Grundannahmen der Theorie korrigiert werden müssen, um diese Abweichungen zu erklären. Wir werden darauf in Kap. III.6 näher eingehen.

4. Das Frequenzverhalten des pn-Überganges

Überlagert man der Gleichspannung U eine kleine Wechselspannung $\hat{u} \cdot e^{j\omega t}$, wobei „klein" bedeuten soll, daß $q\,\hat{u} \ll k\,T$ sein soll, so gehen die Randbedingungen (61) über in

$$n(-l_p) = n_0 \cdot \exp \frac{q\,(U + \hat{u}\,e^{j\omega t})}{k\,T} \approx n_0 \cdot e^{q\,U/k\,T}\left(1 + \frac{q\,\hat{u}}{k\,T}\,e^{j\omega t}\right), \quad (69\text{a})$$

$$p(+l_n) = p_0 \cdot \exp \frac{q\,(U + \hat{u}\,e^{j\omega t})}{k\,T} \approx p_0 \cdot e^{q\,U/k\,T}\left(1 + \frac{q\,\hat{u}}{k\,T}\,e^{j\omega t}\right). \quad (69\text{b})$$

Bei der Entwicklung des Exponenten sind alle Glieder von höherer als erster Ordnung weggelassen worden.

Um die derart erweiterten Randbedingungen zu befriedigen, muß man den Gleichstromlösungen Gl. (65) noch je ein Wechselstromglied zufügen, das wegen der Form der Randbedingungen (64) und (69) proportional zu

$$\frac{q\,\hat{u}}{k\,T} \exp\left(\frac{q\,U}{k\,T} + j\,\omega\,t\right)$$

sein muß. Wie man durch Einsetzen in (62) und (69) bestätigt, müssen diese Zusatzglieder lauten:

$$n_\omega(x) = n_0 \cdot \frac{q\,\hat{u}}{k\,T} \exp\left[\frac{q\,U}{k\,T} + \frac{x}{L_{n\,\omega}} + j\left(\frac{x}{\lambda_{n\,\omega}} + \omega\,t\right)\right], \quad (70\text{a})$$

$$p_\omega(x) = p_0 \cdot \frac{q\,\hat{u}}{k\,T} \exp\left[\frac{q\,U}{k\,T} - \frac{x}{L_{p\,\omega}} - j\left(\frac{x}{\lambda_{p\,\omega}} - \omega\,t\right)\right], \quad (70\text{b})$$

wobei unter Weglassen der Indizes n und p

$$L_\omega = \frac{L_0 \cdot \sqrt{2}}{\sqrt{\sqrt{1 + \omega^2\,\tau^2} + 1}}, \qquad \lambda_\omega = \frac{L_0 \cdot \sqrt{2}}{\sqrt{\sqrt{1 + \omega^2\,\tau^2} - 1}}. \quad (71), (72)$$

Mit L_0 ist hier die Gleichstrom-Diffusionslänge nach Gl. (63) bezeichnet (L_n für Elektronen im p-Gebiet, L_p für Löcher im n-Gebiet). Gl. (70a) und (70b) entsprechen offenbar je einer gedämpften Welle von Minderheitsträgern, die vom pn-Übergang aus in den HL hineinläuft. Die Wechselstrom-Diffusionslänge L_ω gibt an, wann die Amplitude um den Faktor $1/e$ abgeklungen ist; $2\pi\,\lambda_\omega$ ist die Wellenlänge.

Aus (71) sieht man, daß stets $L_\omega < L_0$ ist, daß also ein Wechselstromsignal keine so große Eindringtiefe hat wie ein Gleichstromsignal. Der Grund dafür ist, daß die Signalamplitude zusätzlich dadurch gedämpft wird, daß während des Fortschreitens der Diffusionswelle Ladungsträger von den Wellenbergen in die Wellentäler diffundieren, und zwar um so mehr, je kürzer der Diffusionsweg, nämlich die Wellenlänge, ist, also je höher die Frequenz ist. Dieser Effekt macht sich um so früher bemerkbar, je geringer die Rekombinationsverluste sind. Für hinreichend hohe Frequenzen, wenn nämlich $\omega\,\tau \gg 1$ wird, überwiegt die Diffusionsdämpfung die Rekombinationsdämpfung vollständig. Die Reichweite L_ω wird dann

3*

unabhängig von der Lebensdauer τ, und zwar gemäß Gl. (63) und (71) gleich

$$L_\omega \xrightarrow[\omega\tau \gg 1]{} \sqrt{\frac{2D}{\omega}}, \tag{73}$$

umgekehrt proportional zur Wurzel aus der Frequenz, wie beim Skineffekt.

Die Phasengeschwindigkeit der Diffusionswellen beträgt $v_P = \omega\,\lambda_\omega$. Für niedrige Frequenzen, wenn $\omega\,\tau \ll 1$ ist, läßt sich die Wurzel in Gl. (72) entwickeln und man erhält

$$v_P = \frac{2L_0}{\tau} = \frac{2D}{L_0}. \tag{74}$$

Das ist bis auf den Faktor 2 die mittlere Geschwindigkeit, mit der die injizierten Ladungsträger im Gleichstromfalle das exponentielle Diffusionsgefälle von Gl. (63) und (65a, b) hinabströmen. Bei höheren Frequenzen wird durch die dichter aufeinanderfolgenden Wellenberge und die höhere Dämpfung das Diffusionsgefälle steiler, also steigt die Geschwindigkeit an, und aus (72) ergibt sich für $\omega\,\tau \gg 1$:

$$\lambda_\omega \to L_\omega \to \sqrt{\frac{2D}{\omega}}\;;\quad v_P = \omega\,\lambda_\omega \to \sqrt{2D\,\omega} = \frac{2D}{\lambda_\omega}. \tag{75a}$$

Die Geschwindigkeit wird hier also unabhängig von τ, aber sie wird frequenzabhängig, d. h. die Wellen haben eine Dispersion. In diesem Falle ist die Gruppengeschwindigkeit interessanter als die Phasengeschwindigkeit. Sie beträgt

$$v_G = -\frac{1}{\lambda_\omega^2}\frac{d\lambda_\omega}{d\omega} = \frac{2\sqrt{2}\,L_0}{\omega\,\tau^2}\cdot\sqrt{1 + \omega^2\,\tau^2}\cdot\sqrt{\sqrt{1 + \omega^2\,\tau^2} - 1}.$$

Für $\omega\,\tau \ll 1$ ergibt sich wieder der Wert (74), für $\omega\,\tau \gg 1$ jedoch

$$v_G \to 2\sqrt{2D\,\omega} = 2v_P. \tag{75b}$$

Die zu den Trägerverteilungen (70) gehörigen Wechselströme betragen nach Gl. (59)

$$J_{n\omega} = q\,D_n\,n_0\left(\frac{1}{L_{n\omega}} + \frac{j}{\lambda_{n\omega}}\right)e^{q\,U/kT}\cdot\frac{q\,\hat{u}}{kT}$$

$$= (J_{n0} - J_{ps})\left(\frac{L_{n0}}{L_{n\omega}} + j\,\omega\,\frac{L_{n0}}{v_{n\omega}}\right)\frac{q\,\hat{u}}{kT}, \tag{76a}$$

$$J_{p\omega} = q\,D_p\,p_0\left(\frac{1}{L_{p\omega}} + \frac{j}{\lambda_{p\omega}}\right)e^{q\,U/kT}\cdot\frac{q\,\hat{u}}{kT}$$

$$= (J_{p0} - J_{ps})\left(\frac{L_{p0}}{L_{p\omega}} + j\,\omega\,\frac{L_{n0}}{v_{p\omega}}\right)\frac{q\,\hat{u}}{kT}. \tag{76b}$$

J_{n0}, J_{p0} sind darin die Gleichstromdichten nach Gl. (66a, b) mit den Sättigungswerten J_{ns}, J_{ps} nach (67a, b). Die Stromdichten in (76a, b) sind komplex, d. h. der pn-Übergang verhält sich wechselstrommäßig wie ein — frequenzabhängiger — reeller Leitwert der Größe[1]

$$(J_{p0} - J_{ps})\frac{L_{p0}}{L_{p\omega}}\frac{q}{kT} \rightarrow \begin{cases} (J_{p0} - J_{ps}) \cdot \frac{q}{kT} \\[2ex] (J_{p0} - J_{ps}) \cdot \frac{q}{kT}\sqrt{\frac{\omega\tau}{2}}, \end{cases} \text{für } \omega\tau \begin{cases} \ll 1 \\[2ex] \gg 1 \end{cases} \quad (77\,a,\,b)$$

dem eine — ebenfalls frequenzabhängige — Kapazität der Größe

$$(J_{p0} - J_{ps})\frac{L_{p0}}{v_{p\omega}}\frac{q}{kT} \rightarrow \begin{cases} (J_{p0} - J_{ps}) \cdot \frac{q}{kT}\frac{\tau}{2} \\[2ex] (J_{p0} - J_{ps}) \cdot \frac{q}{kT}\sqrt{\frac{\tau}{2\omega}} \end{cases} \text{für } \omega\tau \begin{cases} \ll 1 \\[2ex] \gg 1 \end{cases} \quad (78\,a,\,b)$$

parallel geschaltet ist. Da diese Kapazität daher rührt, daß die Trägerverteilung der Spannung nicht momentan nachfolgt, sondern durch die Diffusion der Träger erst allmählich aufgebaut werden muß, bezeichnet man sie als „Diffusionskapazität" zum Unterschied von der „echten" Randschichtkapazität aus Kap. II. 2. Beide Kapazitäten addieren sich. Da die Diffusionskapazität mit zunehmender Sperrspannung sehr rasch

exponentiell abfällt, überwiegt dann die echte Kapazität, während in der Nähe des Spannungsnullpunktes oder gar in Durchlaßrichtung meist die echte Kapazität vernachlässigbar ist.

Infolge der Dispersion der Diffusionswellen nimmt der reelle Leitwert mit zunehmender Frequenz zu, und die Kapazität ab, bis für $\omega\tau \gg 1$ wegen (75) der reelle und der kapazitive Leitwert beide gleich werden und proportional zur Wurzel aus der Frequenz

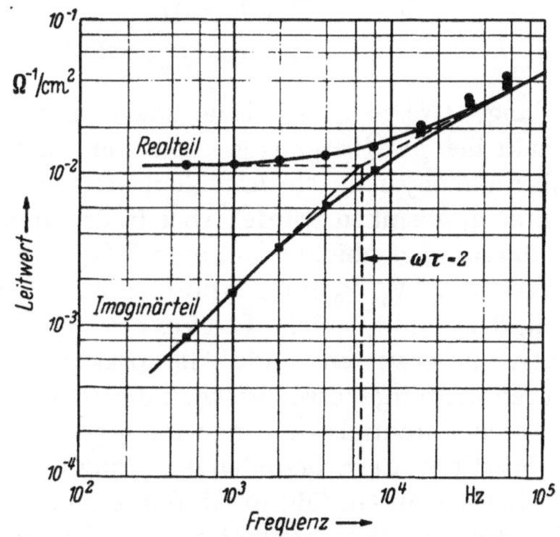

Abb. 14. Real- und Imaginärteil des Leitwertes eines pn-Überganges in Abhängigkeit von der Frequenz

ansteigen. Trägt man beide Leitwertanteile in einem doppelt logarithmischen Diagramm über der Frequenz auf und zeichnet die drei asymptotischen Geraden ein, die sich für den Real- und Imaginärteil bei niedrigen und hohen Frequenzen ergeben, so schneiden sich alle drei Asymptoten in einem Punkt, bei dem $\omega\tau = 2$ ist. Der Beweis dafür ergibt sich unmittelbar aus Gl. (77) und (78), indem man dort $\omega = 2/\tau$ einsetzt. Abb. 14 zeigt die Verhältnisse und die gute Übereinstimmung zwischen Theorie und Experiment für denselben pn-Übergang wie in Abb. 13 (nach GOUCHER und Mitarbeitern [24]).

---

[1] Entsprechende Gleichungen sind für die Elektronenstromanteile anzusetzen.

5. pn-Übergänge mit Driftfeld

In den beiden vorhergehenden Kapiteln war angenommen worden, daß die Störstellenkonzentrationen außerhalb der Raumladungsschicht konstant sind, daß dort also kein elektrisches Feld herrscht. Das ist zwar beim abrupten pn-Übergang und beim pin-Übergang der Fall, nicht aber bei vielen anderen Übergängen, wie z. B. dem linearen Übergang von Kap. II.3. Gemäß Gl. (26) herrscht hier ein die Minderheitsträger zurücktreibendes Feld, das mit zunehmendem Abstand logarithmisch abnimmt. Die mathematische Behandlung eines solchen inhomogenen Feldes ist relativ unübersichtlich. Nun kommt es in der Praxis weit mehr auf das Feld in unmittelbarer Nähe des Überganges an als auf das Feld im großen Abstand. Es ist daher zweckmäßig, den mathematisch sehr einfachen Grenzfall eines konstanten Feldes außerhalb des pn-Überganges zu behandeln. Gemäß Gl. (26) entspricht dieser Grenzfall einer exponentiellen Störstellenverteilung

$$N(x) = N_0\, e^{-qFx/kT} \qquad (x > 0), \tag{79a}$$

$$P(x) = P_0\, e^{+qFx/kT} \qquad (x < 0), \tag{79b}$$

solange $|N| \gg n_i$ ist. Eine solche Störstellenverteilung kommt zwar exakt bei pn-Übergängen nicht vor, da dann N bei negativem F rasch über alle physikalisch sinnvollen Grenzen ansteigen, oder bei positivem F unter n_i absinken würde. Aber in der unmittelbaren Nachbarschaft der Raumladungsschicht kann man $N(x)$ stets durch Gl. (79) mit geeigneten Werten für N_0, P_0 und F approximieren, und man erhält so einen Grenzfall, der angibt, welche Effekte bei inhomogener Störstellendichte qualitativ zu erwarten sind. Alle praktisch realisierbaren pn-Übergänge liegen dann irgendwo zwischen diesem Grenzfall und dem Grenzfall konstanten Potentials und man kann geeignet interpolieren. Mit positivem F-Wert tritt die Störstellenverteilung von Gl. (79) im Drifttransistor auf.

Setzt man Gl. (59) in Gl. (60) ein und berücksichtigt Gl. (18c, d) für die Minderheitskonzentration, so erhält man an Stelle von Gl. (62)

$$\frac{\partial^2 n}{\partial x^2} + \frac{q\,F}{k\,T}\frac{\partial n}{\partial x} = \frac{1}{D_n}\frac{\partial n}{\partial t} + \frac{1}{L_n^2}\left(n - n_0\, e^{-qFx/kT}\right), \tag{80a}$$

$$\frac{\partial^2 p}{\partial x^2} - \frac{qF}{k\,T}\frac{\partial p}{\partial x} = \frac{1}{D_p}\frac{\partial p}{\partial t} + \frac{1}{L_p^2}\left(p - p_0\, e^{+qFx/kT}\right), \tag{80b}$$

wobei n_0 und p_0 jetzt die Bedeutung der Minderheits-Gleichgewichtsdichten bei $x = 0$ haben. Die Randbedingungen (69) bleiben erhalten, während die Gl. (64) durch

$$n(x) - n_0\, e^{-q\,Fx/kT} \xrightarrow[x\to-\infty]{} 0 \tag{81a}$$

$$p(x) - p_0\, e^{+q\,Fx/kT} \xrightarrow[x\to+\infty]{} 0 \tag{81b}$$

zu ersetzen sind, die wie (64) besagen, daß im Unendlichen Gleichgewicht herrscht. Schließlich wollen wir uns auf den Fall konstanter Lebensdauer τ[1] beschränken.

Die zeitunabhängigen Lösungen von Gl. (80a, b) haben die allgemeine Gestalt

$$n(x) - n_0\, e^{-qFx/kT} = \text{const} \cdot e^{\mp x/A_0^{\pm}}\,, \tag{82a}$$

$$p(x) - p_0\, e^{+qFx/kT} = \text{const} \cdot e^{\pm x/A_0^{\pm}}\,, \tag{82b}$$

wobei wieder unter Weglassen der Indizes n und p

$$\frac{1}{A_0^{\pm}} = \frac{1}{\Delta_0} \pm \frac{qF}{2kT} \qquad \text{und} \qquad \frac{1}{\Delta_0} = \sqrt{\left(\frac{qF}{2kT}\right)^2 + \frac{1}{L_0^2}} \tag{83, 84}$$

ist. Die Störung des Gleichgewichts klingt wieder exponentiell ab, aber die Reichweite ist verschieden.

Für kleine Feldstärken $|F| \ll 2kT/qL_0$ ergibt sich $A_0 \approx \Delta_0 \approx L_0$. Im entgegengesetzten Grenzfall kann man die Wurzeln in (84) entwickeln und erhält je nach dem Vorzeichen von F:

$$\frac{1}{\Delta_0} = \frac{q|F|}{2kT}\left[1 + \frac{1}{2}\left(\frac{2kT}{qFL_0}\right)^2\right] \approx \frac{q|F|}{2kT} \gg \frac{1}{L_0}\,, \tag{85}$$

$$\left.\begin{matrix} A_0^- \\ A_0^+ \end{matrix}\right\} = \frac{kT}{q|F|} = L_0 \cdot \frac{kT}{q|F|L_0} \qquad \text{für} \quad F \left\{\begin{matrix} < 0 \\ > 0, \end{matrix}\right. \tag{86a}$$

$$\left.\begin{matrix} A_0^- \\ A_0^+ \end{matrix}\right\} = L_0^2 \cdot \frac{q|F|}{kT} = L_0\,\frac{q|F|L_0}{kT} = \mu\,|F|\,\tau \quad \text{für} \quad F \left\{\begin{matrix} > 0 \\ < 0. \end{matrix}\right. \tag{86b}$$

Für $F < 0$ hält das Driftfeld die Minderheitsträger zurück und die Diffusionsreichweite verkürzt sich um den Faktor $q|F|L_0/kT$. Für $F > 0$ unterstützt das Driftfeld die Diffusion und die Reichweite erhöht sich um den Kehrwert dieses Faktors. Diese neue Reichweite ist einfach gleich der Laufstrecke in einem Driftfeld der Stärke F während der mittleren Lebensdauer τ der Träger.

Wir wollen uns hier auf die Betrachtung der Löcher auf der n-Seite beschränken. Damit die Randbedingungen (69b) und (81b) erfüllt werden, muß in (82) das Minuszeichen gewählt werden, und die Konstante muß den Wert $p_0(e^{qU/kT} - 1)$ erhalten:

$$p(x) = p_0\, e^{qFx/kT} + p_0(e^{qU/kT} - 1)\, e^{-x/A_{p0}^-}. \tag{87}$$

Die zeitlich periodischen Lösungen von Gl. (80b) erhält man, indem man in Gl. (70b) die Größen L_ω und λ_ω ersetzt durch die Größen A_ω

---

[1] Die Annahme konstanter Lebensdauer bei veränderlicher Störstellendichte ist zwar unrealistisch, vereinfacht aber die Rechnung wesentlich. Außerdem ist der Einfluß einer Lebensdauervariation auf die Kennlinien gering.

und δ_ω, die definiert sind als[1]

$$\frac{1}{\varLambda_\omega^\pm} = \frac{1}{\varDelta_\omega} \pm \frac{q\,F}{2\,k\,T}\,, \qquad \frac{1}{\varDelta_\omega} = \frac{1}{\varDelta_0 \cdot \sqrt{2}}\,\sqrt{\sqrt{1 + \omega^2\,\tau^2\,\varDelta_0^4/L_0^4} + 1}\,, \tag{88),\ (89}$$

$$\frac{1}{\delta_\omega} = \frac{1}{\varDelta_0 \cdot \sqrt{2}}\,\sqrt{\sqrt{1 + \omega^2\,\tau^2\,\varDelta_0^4/L_0^4} - 1}\,. \tag{90}$$

Also ist die zeitabhängige Löcherkonzentration

$$p_\omega(x) = p_0 \cdot \frac{q\,\hat{u}}{k\,T}\,\exp\left[\frac{q\,U}{k\,T} - \frac{x}{\varLambda_{p\omega}^-} - j\left(\frac{x}{\delta_{p\omega}} - \omega\,t\right)\right]. \tag{91}$$

$\varDelta_\omega$ und δ_ω sind offenbar ganz ähnlich gebaut wie L_ω und λ_ω, nur daß L_0 durch $\varDelta_0$ und τ durch $\tau\,\varDelta_0^2/L_0^2$ ersetzt sind. Auch hier ist wieder $\varDelta_\omega < \varDelta_0$, also auch $\varLambda_\omega^- < \varLambda_0^-$, d. h. die Eindringtiefe für Wechselstromsignale ist geringer als für Gleichstrom. Für hohe Frequenzen, wenn $\omega\,\tau \gg L_0^2/\varDelta_0^2$ ist, ergibt sich derselbe Wert $\varDelta_\omega = \sqrt{2\,D/\omega}$, der sich in Gl. (73) als Grenzwert für L_ω ergab. Da aber diesmal die Bedingung dafür nicht $\omega\,\tau \gg 1$, sondern $\omega\,\tau \gg (L_0/\varDelta_0)^2$ lautet, und da für hohe Feldstärken nach Gl. (85) $L_0/\varDelta_0 \gg 1$ ist, wird dieser Grenzwert erst bei höheren Frequenzen erreicht.

Ähnliches gilt für die Wellenlänge und die Geschwindigkeit v. Für $\omega\,\tau \ll (L_0/\varDelta_0)^2$ ergibt sich aus (90):

$$v_P = v_G = \omega\,\delta_\omega = \frac{2\,D}{\varDelta_0} = \frac{2\,D}{L_0} \cdot \frac{L_0}{\varDelta_0} \approx \frac{2\,D}{L_0} \cdot \frac{q\,F\,L_0}{2\,k\,T} = \mu\,F. \tag{92}$$

Letzteres gilt im Grenzfall hoher Feldstärke. Die Geschwindigkeit ist also um den Faktor $L_0/\varDelta_0 \approx q\,F\,L/2\,k\,T$ größer als beim pn-Übergang ohne Feld; sie ist genau gleich der Driftgeschwindigkeit des einzelnen Teilchens in dem Felde F. Der Frequenzbereich, in dem das gilt, ist außerdem um denselben Faktor größer. Für noch höhere Frequenzen $\omega\,\tau \gg (L_0/\varDelta_0)^2$ ergeben sich als Grenzfall für δ_ω und v wieder Gl. (75a) und (75b).

Die fließenden Ströme folgen durch Anwendung von Gl. (59). Es ergeben sich

$$\tag{93}$$
$$J_{p0} = -q\,D_p\,p_0\left[-\frac{1}{\varLambda_{p0}^-} - \frac{q\,F}{k\,T}\right](e^{q\,U/k\,T} - 1) = \frac{q\,D_p\,p_0}{\varLambda_{p0}^+}(e^{q\,U/k\,T} - 1),$$

$$J_{p\omega} = -q\,D_p\,p_0\left[-\frac{1}{\varLambda_{p\omega}^-} - \frac{q\,F}{k\,T} - \frac{j}{\delta_{p\omega}}\right]e^{q\,U/k\,T} \cdot \frac{q\,\hat{u}}{k\,T}$$

$$= (J_{p0} - J_{ps})\left[\frac{\varLambda_{p'}^+}{\varLambda_{p\omega}^+} + j\,\omega\,\frac{\varLambda_{p0}^+}{v_{p\omega}}\right]\frac{q\,\hat{u}}{k\,T}\,. \tag{94}$$

---

[1] Der interessierte Leser kann den Beweis durch Einsetzen leicht erbringen.

Der Ausdruck für den Gleichstrom unterscheidet sich von dem Ausdruck Gl. (66b) nur dadurch, daß L_0 durch Λ_0^+ ersetzt worden ist und durch die geänderte Bedeutung von p_0.

Anders das Frequenzverhalten, wo wir zwei Fälle unterscheiden müssen:

a) $F < 0$; das ist der übliche Fall, wie er entsteht, wenn die Störstellendichte außerhalb der Randschicht noch ansteigt. Für starke Driftfelder beträgt das Verhältnis von kapazitivem zu reellem Anteil des Stromes bei niedrigen Frequenzen nach (86b) und (92)

$$\frac{\Lambda_{p0}^+}{\delta_{p0}} = \frac{\omega\,\mu}{\mu}\frac{F\,\tau}{F} = \omega\,\tau\,, \tag{95a}$$

verglichen mit $\omega\,\tau/2$ bei der reinen Diffusionsdiode. Das retardierende Driftfeld bewirkt also eine Verdoppelung der Zeitkonstanten, d. h. eine Halbierung der Frequenzgrenze. Im Grenzfall hoher Frequenzen streben jedoch Real- und Imaginärteil gegen dieselbe Asymptote wie ohne Feld.

b) $F > 0$. Ein solches Feld unterstützt die Diffusion vom pn-Übergang hinweg. Das Verhältnis von kapazitivem zu reellem Leitwert ergibt sich hier

$$\frac{\Lambda_{p0}^+}{\delta_{p0}} = \frac{\omega}{\mu\,F} \cdot \frac{kT}{q\,F} = \omega\,\tau\left(\frac{kT}{q\,F\,L_0}\right)^2; \tag{95b}$$

die Zeitkonstante ist also um den Faktor $2\,(k\,T/q\,F\,L_0)^2$ kleiner als ohne Feld. Da L_0 eine relativ große Länge ist, kann dieser Faktor äußerst klein werden, d. h. die Frequenzgrenze steigt sehr stark an. Durch absichtliche Erzeugung einer Störstellenverteilung, die unseren Annahmen möglichst nahekommt, lassen sich daher Driftdioden für hohe Frequenzen herstellen. Die Grenze wird hier schließlich durch die echte Kapazität des Überganges gegeben, wenn die Diffusionskapazität unter diese absinkt.

Ein Vergleich der Fälle $F < 0$ und $F > 0$ zeigt das zunächst merkwürdige Ergebnis, daß ein beschleunigendes Feld sowohl absolut als auch relativ einen viel stärkeren Einfluß hat als ein retardierendes Feld. Der Grund dafür liegt darin, daß ein retardierendes Feld die Wellenlänge und Eindringtiefe verkürzt, was wiederum den Diffusionsgradienten vergrößert und damit die Stromabnahme infolge der Retardierung weitgehend wieder aufhebt.

6. Verfeinerungen der Theorie

Wir erwähnten bereits am Ende von Kap. III.3, daß die dort vorgelegte „Theorie erster Näherung" noch verfeinert werden muß, da die Grundannahmen derselben in der Praxis häufig nur unvollkommen erfüllt sind. Eine quantitative Kritik dieser Grundannahmen würde über den Rahmen dieses Buches weit hinausgehen. Wir müssen uns daher mit einer Skizzierung der Gedankengänge begnügen und den interessierten Leser auf die angeführte Literatur verweisen.

a) Thermische Generation und Rekombination in der Raumladungsschicht

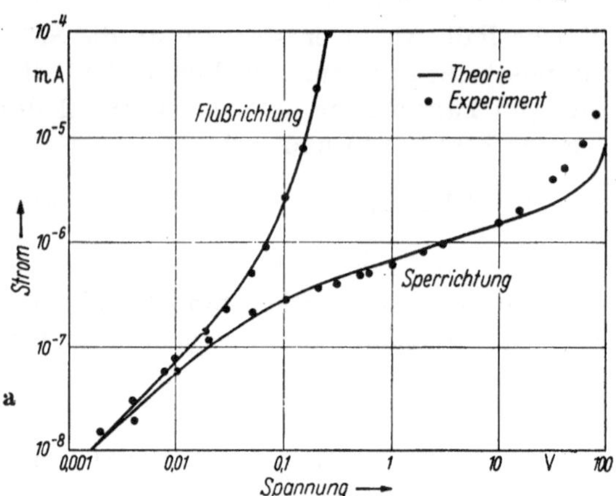

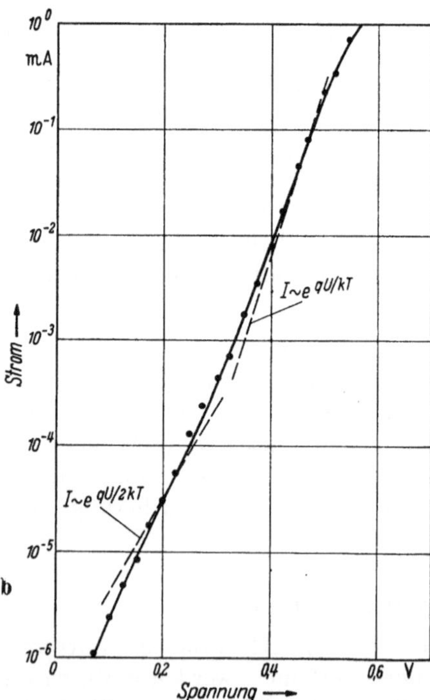

Abb. 15a u. b. Kennlinie eines Silizium-*pn*-Überganges nach SAH, NOYCE u. SHOCKLEY [26]. a) Sperrkennlinie und Bereich sehr kleiner Durchlaßströme, b) Durchlaßbereich

Solange die Lebensdauern τ_n und τ_p im Innern der Raumladungsschicht dieselben sind wie im anschließenden HL und solange diese Schicht dünn ist gegen die Diffusionslängen L_n und L_p, solange sind die thermische Generation und Rekombination in ihrem Innern vernachlässigbar. Durch Anwendung der SHOCKLEY-READschen Rekombinationstheorie [22] auf das Innere der Raumladungsschicht haben nun KLEINKNECHT und SEILER [25] sowie SAH, NOYCE und SHOCKLEY [26] gezeigt, daß dort die Lebensdauern stets wesentlich kürzer sind als im neutralen Gebiet. Dieser Effekt nimmt mit steigendem Bandabstand exponentiell zu. Bei Germanium sollte er noch gering sein, jedenfalls bei Zimmertemperatur und darüber; bei Silizium sollte er so stark sein können, daß nahezu der gesamte Sperrstrom eines Silizium-*pn*-Überganges durch thermische Trägerpaarerzeugung in der Raumladungsschicht entsteht. Der Strom sollte dann proportional zur Dicke dieser Schicht werden. Da diese Dicke mit steigender Spannung zunimmt, gilt dasselbe für den

Strom; es tritt also keine Sättigung ein. Das Produkt aus Strom und Kapazität sollte jedoch konstant bleiben. Das ist genau das, was bei Silizium vielfach beobachtet wird.

Auch die Durchlaßkennlinie wird beeinflußt, jedoch nicht so auffällig. Man findet — grob gesehen —, daß bei geringen Stromdichten (Überwiegen des Rekombinationsstromes) der Stromanstieg geringer als bei Germanium-pn-Übergängen ist, nämlich proportional zu $e^{q\,U/mk\,T}$ (mit $m \approx 2$). Mit zunehmender Spannung steigt der Diffusionsstromanteil und man nähert sich dem Idealfall der Gleichrichterkennlinie Gl. (66a, b), bis schließlich die OHMschen Bahnwiderstände den Stromanstieg wieder vermindern. Abb. 15 zeigt ein Beispiel für die Kennlinie einer Siliziumflächendiode.

b) Feldinduzierte Trägererzeugung

Wenn das elektrische Feld im Innern des pn-Überganges eine gewisse Stärke überschreitet, findet zusätzlich zu der thermischen Paarerzeugung in der Randschicht eine Paarerzeugung durch das Feld selbst statt. Das geschieht entweder, indem das Feld Elektronen aus dem Valenzband ins Leitungsband anhebt, oder indem es andere Elektronen (oder Löcher) so stark beschleunigt, daß diese ihrerseits durch Stoß Elektronen aus dem Valenzband ins Leitungsband anheben können. Beide Prozesse treten in der Praxis auf.

Der erste ist eine echte innere Feldemission, die erstmalig von ZENER [27] vorhergesagt wurde. Dieser ZENER-Effekt setzt sehr plötzlich ein und der Strom steigt sehr rasch zu extrem hohen Werten an. Die kritische Feldstärke F_Z beträgt bei Germanium etwa $2 \cdot 10^5$ V/cm [28], unabhängig von der Störstellenverteilung. Durch Einsetzen von F_Z in die Ausdrücke für die Maximalfeldstärke F_m in Abhängigkeit von der Spannung in Kap. II.3 kann man die Spannung berechnen, bei welcher der pn-Übergang durchbricht. Bei stark unsymmetrisch-abrupten Übergängen, wie sie bei den üblichen legierten Übergängen vorliegen, ergibt sich gemäß Gl. (48) und (56a):

$$- U_Z + U_D = \frac{\varepsilon\, F_Z^2}{2q\,N_0} = \frac{\varepsilon\, \mu_n F_Z^2}{2} \cdot \frac{1}{\sigma_n}. \tag{96}$$

Quantitativ ergibt sich (ϱ in Ω cm, U_Z und U_D in Volt):

n-Germanium: $- U_Z + U_D \approx 80\,\varrho_n$,

p-Germanium: $- U_Z + U_D \approx 40\,\varrho_p$,

n-Silizium: $- U_Z + U_D \approx 40\,\varrho_n$,

p-Silizium: $- U_Z + U_D \approx 8\,\varrho_p$.

Die „effektive Spannung" $- U_Z + U_D$ ist also umgekehrt proportional zum Störstellengehalt oder proportional zum spezifischen Widerstand. Mit zunehmendem Störstellengehalt wird schließlich $U_Z = 0$, dann hört die Sperrwirkung des pn-Überganges völlig auf. Bei Germanium tritt das etwa für $\varrho_n = 0{,}008\ \Omega\text{cm}$ oder $\varrho_p = 0{,}016\ \Omega\text{cm}$ auf. Für noch höhere Dotierungen tritt für $U < U_Z$ selbst in Durchlaßrichtung der ZENER-Effekt auf. Mit zunehmenden Durchlaßspannungen hört der ZENER-Effekt dann aber auf. Das führt im Bereich um $U = U_Z$ herum zu einem negativen Widerstand. Dies ist die physikalische Grundlage der Tunneldiode (s. Teil D, Kap. III.5).

Bei der Paarerzeugung durch Stoßionisation [29, 30] werden Elektronen und Löcher so stark beschleunigt, daß sie weitere Elektronen ins Leitungsband anheben, die ihrerseits neue Paare bilden können usw. Der Vorgang ist ganz analog einer Gasentladung. Die notwendige Feldstärke liegt in derselben Größenordnung wie die ZENER-Feldstärke. Im Gegensatz zur ZENER-Feldstärke ist aber die Feldstärke für den Lawinendurchbruch keine Materialkonstante. Denn, ob die Stoßvermehrung zu einer echten Lawinenbildung und damit zum Durchbruch führt, hängt bei gegebener Maximalfeldstärke von der Länge des Weges ab, längs dessen die hohe Feldstärke aufrechterhalten wird, also von der Dicke des pn-Überganges. Denn eine Lawine beansprucht zu ihrer Ausbildung eine gewisse Wegstrecke. Sehr steile pn-Übergänge, wie sie bei sehr starker Dotierung entstehen, werden also immer mittels des ZENER-Effekts durchschlagen[1]. Für genügend breite Übergänge, d. h. bei genügend schwacher Dotierung mindestens einer der beiden Seiten, tritt jedoch Lawinendurchbruch ein, schon unterhalb der ZENER-Spannung.

Für mit Indium auf n-Germanium auflegierte Übergänge wurde folgendes beobachtet [31]: Für $\varrho_n < 0{,}05\ \Omega$ cm tritt stets reiner ZENER-Durchbruch, für $\varrho_n > 0{,}2\ \Omega$ cm stets reiner Lawinendurchbruch auf, im Zwischenbereich setzt zunächst ZENER-Durchbruch ein, der dann in Lawinendurchbruch übergeht.

Beide Effekte, ZENER-Effekt und Lawinendurchbruch, sind völlig reversibel, solange thermische Schäden vermieden werden. Sie eignen sich daher zur Spannungsregelung. Die hierfür entwickelten Dioden haben den Namen ZENER-Dioden erhalten, auch wenn der Durchbruch ein Lawinendurchbruch ist. Tatsächlich ist der Lawinendurchbruch sogar geeigneter für diesen Zweck, da der Stromanstieg steiler ist. Im allgemeinen sind nur die ZENER-Dioden mit weniger als etwa 4 Volt Knickspannung echte „ZENER"-Dioden. Äußerlich unterscheiden sich beide auch im Temperaturkoeffizienten der Knickspannung. Er ist beim ZENER-Effekt negativ, beim Lawinendurchbruch positiv. Der Grund für ersteren ist der negative Temperaturkoeffizient des Bandabstandes bei Germanium und Silizium. Andererseits ist bei höherer Temperatur der Energieverlust der Träger durch Streuung größer, so daß Stoßionisation dann erst bei höheren Feldern einsetzt.

---

[1] Das muß schon deshalb so sein, weil dann bei der ZENER-Spannung $-U_Z$ der totale Potentialabfall $(-U_Z + U_D)$ nicht zur Stoßionisation ausreicht.

c) Oberflächeneffekte

Es gibt bei Halbleitern eine Vielzahl von Oberflächeneffekten; der für pn-Dioden wichtigste ist die Oberflächenleitfähigkeit. Sie kommt durch die in Abb. 10 gezeigte Bandkrümmung an der Oberfläche zustande. Bei nach oben gekrümmten Bändern entsteht dicht unter der Oberfläche eine hohe Löcherdichte, bei nach unten gekrümmten eine hohe Elektronendichte. In beiden Fällen entsteht eine erhöhte Leitfähigkeit parallel zur Oberfläche. Dadurch erhält der pn-Übergang einen gewöhnlichen Nebenschluß, dessen Stärke um Größenordnungen schwanken kann, je nach der Oberflächenbeschaffenheit. Dieser Nebenschluß stört in Sperrichtung u. U. sehr stark. Durch geeignete Oberflächenbehandlung versucht man daher, ihn zu unterdrücken. So wichtig diese Unterdrückung in der Praxis auch ist, so sehr stecken die Methoden dazu noch weitgehend im Stadium rein empirischer, nur teilweise verstandener Rezepte. Wir müssen uns daher darauf beschränken, auf die Wichtigkeit dieser Dinge hinzuweisen, ohne eine befriedigende Theorie darbieten zu können (Einzelheiten der Oberflächenbehandlung s. Teil B, Kap. II. 4c).

d) Sonstiges

Außer den hier diskutierten Einflüssen treten noch eine Fülle von weiteren Effekten auf, die alle die Kennlinien eines pn-Überganges beeinflussen können. Da gibt es Geometrie-Effekte, Einflüsse der Art und Lage der elektrischen Anschlüsse [32], Oberflächenrekombination, Raumladungseffekte, eine Injektionsabhängigkeit der Trägerlebensdauer, Injektionsmodulation der Anschlußwiderstände, und vieles andere mehr. Ein Eingehen auf alle diese Dinge würde ins Uferlose führen. Wir haben uns hier auf diejenigen Verfeinerungen der Theorie beschränkt, die uns die *physikalisch* wichtigsten zu sein scheinen. Die übrigen Effekte sind alle von rein quantitativem Interesse, ohne etwas physikalisch Neues zu bieten, auch wenn sie in Sonderfällen (z. B. in Starkstromgleichrichtern) eine wesentliche Rolle spielen.

IV. Allgemeine Theorie des Transistors

1. Das Prinzip des Transistors

In Kap. III. 3 wurde gezeigt, daß der Sperrstrom eines pn-Übergangs ein Sättigungsstrom ist, dessen Größe durch die Anzahl der in der Nachbarschaft des pn-Übergangs laufend entstehenden Minderheitsladungsträger gegeben ist. Könnte man diese spontane Ladungsträgererzeugung irgendwie beeinflussen oder zusätzliche Minderheitsträger in die Nachbarschaft des pn-Überganges schaffen, so hätte man ein Mittel, den Sättigungsstrom von außen zu steuern. Nun injiziert aber ein pn-Übergang in Durchlaßrichtung Minderheitsträger in den HL hinein; man kann daher die gewünschte Steuerung einfach dadurch erzeugen, daß man im Innern ein- und desselben Kristalls dem zu steuernden pn-Übergang einen zweiten pn-Übergang in dichtem Abstand gegenüberstellt, so daß beide entweder die n- oder die p-Seite gemeinsam haben. Das so entstehende Gebilde aus drei aufeinanderfolgenden Schichten abwechseln-

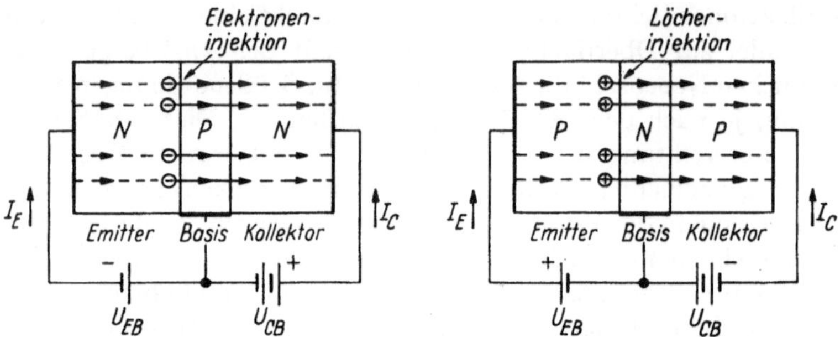

Abb. 16. Das Transistorprinzip (links npn-, rechts pnp-Transistor)

den Leitungstyps ist der Transistor, und zwar gibt es offenbar zwei Möglichkeiten. Entweder macht man die äußeren Schichten n- und die Mittelschicht p-leitend oder umgekehrt. Es gibt also npn- und pnp-Transistoren (Abb. 16).

Im einzelnen geht in einem Transistor folgendes vor: Wenn die in Durchlaßrichtung gepolte Emitterzone gegenüber der Basiszone sehr stark dotiert ist, besteht der überwiegende Teil des Emitterstromes aus Minderheitsträgern, die in die Basis hinein injiziert werden. Wenn zweitens die Basis dünn ist, verglichen mit der Reichweite L bzw. Λ^+ der Träger, so geht nur ein geringer Teil der injizierten Ladungsträger durch Rekombination verloren, die Mehrzahl erreicht den Kollektor-pn-Übergang und vergrößert den Sättigungsstrom des Kollektors.

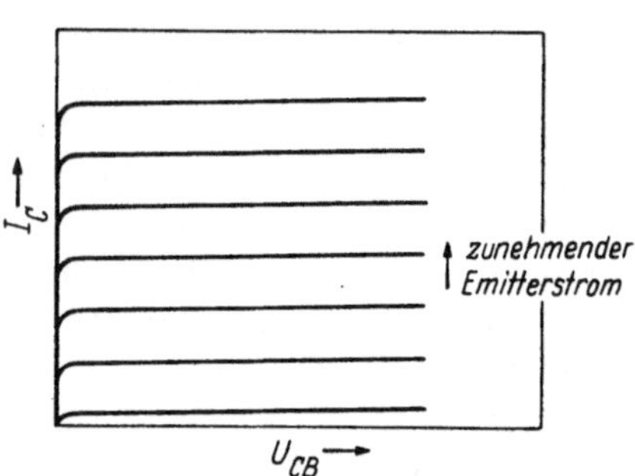

Abb. 17. Schematische Kennlinienschar $I_C = f(U_{CB})$ eines Transistors

Die Kollektorkennlinie verschiebt sich daher mit zunehmendem Emitterstrom (in erster Näherung) parallel zu sich selbst (Abb. 17). Da aber der Kollektorkreis hochohmig ist, verglichen mit dem Emitterkreis, ergibt sich dabei eine sehr hohe Spannungsverstärkung eines am Emitter hereingegebenen Signals („Basisschaltung"). Besteht der Emitterstrom aus einem Gleichstrom mit einem überlagerten Wechselstrom, so enthält auch der Kollektorstrom eine Wechselstromkomponente, die infolge der

Diffusions- und Rekombinationsdämpfung aber stets eine etwas kleinere
Amplitude hat als der Emitterwechselstrom und die außerdem gegen den
letzteren in der Phase verschoben ist. Das Verhältnis der beiden — komplexen — Amplituden wird üblicherweise als Stromverstärkungsfaktor α
bezeichnet (α_0 als Grenzwert für $\omega \to 0$). Da bei normalen Flächentran-
sistoren stets $|\alpha| < 1$ ist, ist dieser Name eigentlich irreführend; er
rührt von den ursprünglichen Spitzentransistoren her, wo $|\alpha| > 1$ war.

Die Differenz zwischen dem Emitterwechselstrom und dem Kollek-
torwechselstrom fließt über die Basiselektrode. Wenn α nahe bei Eins
liegt, ist dieser Basisstrom sehr klein. Dann ist aber das Verhältnis
zwischen Kollektor- und Basisstrom $\alpha/1 - \alpha$ groß, und man kann hohe

Stromverstärkungen erzie-
len, wenn man das zu ver-
stärkende Signal statt in
den Emitter in die Basis
hineingibt, und statt der
Basis den Emitter erdet
(Abb. 18). Tatsächlich ist
das die bevorzugte Schalt-
weise für Transistoren
(„Emitterschaltung"). In

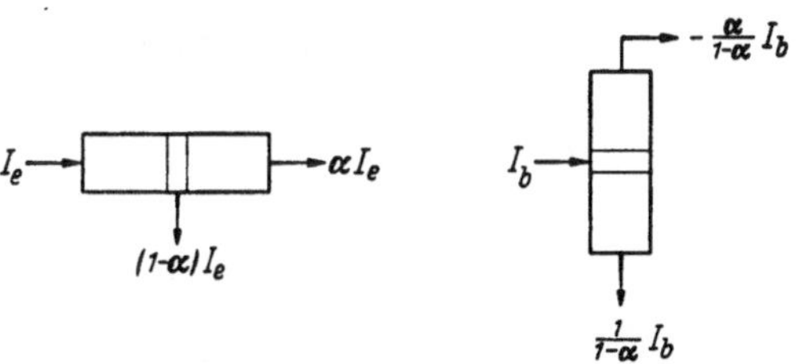

Abb. 18. Stromverhältnisse bei geerdeter Basis
(links) und geerdetem Emitter (rechts)

der Literatur und in Datenblättern wird daher meist die Größe $\alpha/1 - \alpha$
als Stromverstärkungsfaktor bezeichnet und β genannt, obwohl α die
physikalisch einfachere Größe ist. Andere gebräuchliche Bezeichnungen
für die Stromverstärkung in der Emitterschaltung sind: $\alpha_E, \alpha_{cb}, \alpha'$. In
der Vierpoldarstellung (s. Teil C, Tab. 2) ist $\beta \equiv h_{21e}$ (Emitterschaltung)
und $\alpha \equiv - h_{21b}$ (Basisschaltung).

2. Mathematische Formulierung einer elementaren Theorie des Transistors

Wir betrachten im folgenden den *pnp*-Transistor, doch verhält sich
der *npn*-Transistor ganz analog, die Elektronen und Löcher vertauschen lediglich ihre Rollen und damit die Ströme und Spannungen ihre
Vorzeichen. Alle Spannungen werden stets auf die Basis bezogen.

Die Basis des Transistors erstreckt sich von $x = 0$ bis $x = w$, und
wir betrachten von vornherein den allgemeinen Fall, daß sich in der
Basis ein Driftfeld der Stärke F befindet, das die injizierten Löcher
zwangsläufig zum Kollektor treibt. Einen solchen Transistor bezeichnet
man als Drifttransistor. Der Fall eines Transistors ohne Driftfeld, der
sog. Diffusionstransistor, ergibt sich aus unseren Rechnungen als Sonderfall für $F = 0$. Schließlich seien noch folgende Größen eingeführt:

P_e bzw. P_c: Störstellengehalt im Emitter bzw. im Kollektor,
N_0 „ N_w: Störstellengehalt in der Basis bei $x = 0$ und $x = w$,

p_0 bzw. p_w: Gleichgewichts-Minderheitsträgerdichten bei $x = 0$ und
$\qquad x = w$.

Sowohl bei $x = 0$ als bei $x = w$ gelten die Randbedingungen (61) bzw.
(69). Da aber die Kollektorspannung negativ und $|U_{CB}| \gg k\,T/q$ ist,
kann man bei $x = w$ einfach setzen: $p(w) = 0$. Das heißt: Jedes Loch,
welches das Ende der Basis erreicht, wird sofort abgesaugt.

Um diese Randbedingung zu befriedigen, müssen die „$+$"-Lösung
und die „$-$"-Lösung von (82b) mit solchen Amplituden zusammengesetzt
werden, daß $p(w) = 0$ (*nicht* $p(w) - p_0\,e^{q\,Fw/k\,T} = 0$!) und außerdem
Gl. (61) erfüllt werden. Man bestätigt sofort durch Einsetzen von $x = 0$
und $x = w$, daß die gesuchte Lösung folgendermaßen lauten muß:

a) Gleichstromanteil

$$p_0(x) = p_0 \left[e^{q\,Fx/k\,T} - e^{q\,Fw/k\,T}\, \frac{e^{x/\Lambda_0^+} - e^{-x/\Lambda_0^-}}{e^{w/\Lambda_0^+} - e^{-w/\Lambda_0^-}} \right.$$

$$\left. + \left(e^{q\,U_{EB}/k\,T} - 1\right) \frac{e^{(x-w)/\Lambda_0^+} - e^{-(x-w)/\Lambda_0^-}}{e^{-w/\Lambda_0^+} - e^{+w/\Lambda_0^-}} \right] \tag{97}$$

b) Wechselstromanteil

$$p_\omega(x) = p_0 \frac{q\,\hat{u}_{eb}}{kT} \exp\left[\frac{q\,U_{EB}}{kT} - j\left(\frac{x}{\delta_{p\omega}} - \omega t \right) \right] \frac{e^{(x-w)/\Lambda_\omega^+} - e^{-(x-w)/\Lambda_\omega^-}}{e^{-w/\Lambda_\omega^+} - e^{+w/\Lambda_\omega^-}} \tag{98}$$

Die Stromdichten ergeben sich hieraus durch Anwendung von Gl. (59b)
bei $x = 0$ und $x = w$, wobei noch zu beachten ist, daß der Kollektorstrom in entgegengesetzter Richtung positiv definiert ist wie der Emitterstrom. Nach kurzer Rechnung ergibt sich:

a) Gleichstromanteile

$$J_{e0}^{(p)} = \frac{q\,D_p\,p_0}{\Lambda_0} \left[\left(e^{q\,U_{EB}/k\,T} - 1\right) \left(\frac{1}{\tanh \dfrac{w}{\Lambda_0}} + \frac{q\,F\,\Lambda_0}{2\,k\,T} \right) + \frac{e^{q\,Fw/2\,kT}}{\sinh \dfrac{w}{\Lambda_0}} \right] \tag{99}$$

$$J_{c0}^{(p)} = -\frac{q\,D_p\,p_w}{\Lambda_0} \left[\left(e^{q\,U_{EB}/k\,T} - 1\right) \frac{e^{-q\,Fw/2\,kT}}{\sinh \dfrac{w}{\Lambda_0}} + \frac{1}{\tanh \dfrac{w}{\Lambda_0}} - \frac{q\,F\,\Lambda_0}{2\,k\,T} \right] \tag{100}$$

Für späteren Gebrauch führen wir noch zwei weitere Größen ein:

$$J_s = -\frac{q\,D_p\,p_0}{\Lambda_0} \left[\frac{1}{\tanh \dfrac{w}{\Lambda_0}} + \frac{q\,F\,\Lambda_0}{2\,kT} - \frac{e^{-q\,Fw/2\,kT}}{\sinh \dfrac{w}{\Lambda_0}} \right] \tag{101}$$

$$J_D = -\frac{q\,D_p\,p_w}{L_0}. \tag{102}$$

Es bedeutet J_s den Sättigungsstrom des Emitters in Sperrrichtung und
J_D den Sättigungsstrom eines einfachen pn-Übergangs, dessen Stör-

stellenkonzentration auf der n-Seite konstant gleich N_w ist. Mit diesen Abkürzungen ergeben sich die Wechselstromdichten:

b) Wechselstromanteile

$$J_{e\omega}^{(p)} = (J_{e0} - J_s) \frac{q\,\hat{u}_{eb}}{k\,T} \cdot \frac{\frac{q\,F}{2\,k\,T} + \left(\frac{1}{\Delta_\omega} + \frac{1}{\delta_\omega}\right) \coth\left(\frac{w}{\Delta_\omega} + \frac{jw}{\delta_\omega}\right)}{\frac{q\,F}{2\,k\,T} + \frac{1}{\Delta_0} \coth\frac{w}{\Delta_0}} \tag{103}$$

$$-J_{c\omega}^{(p)} = (J_{e0} - J_s) \frac{q\,\hat{u}_{eb}}{k\,T} \cdot \frac{\left(\frac{1}{\Delta_\omega} + \frac{j}{\delta_\omega}\right) e^{q\,F\,w/2kT}}{\left(\frac{q\,F}{2\,k\,T} + \frac{1}{\Delta_0} \coth\frac{w}{\Delta_0}\right) \sinh\left(\frac{w}{\Delta_\omega} + \frac{jw}{\delta_\omega}\right)}, \tag{104}$$

also beträgt der Stromverstärkungsfaktor[1] α:

$$\alpha = \frac{-J_{c\omega}}{J_{e\omega}} = \frac{\left(\frac{w}{\Delta_\omega} + \frac{jw}{\delta_\omega}\right) e^{q\,Fw/2\,kT}}{\frac{q\,F\,w}{2\,k\,T} \sinh\left(\frac{w}{\Delta_\omega} + \frac{jw}{\delta_\omega}\right) + \left(\frac{w}{\Delta_\omega} + \frac{jw}{\delta_\omega}\right) \cosh\left(\frac{w}{\Delta_\omega} + \frac{jw}{\delta_\omega}\right)} . \tag{105}$$

Bei einem reinen Diffusionstransistor ist $F = 0, \Delta_\omega = L_\omega, \delta_\omega = \lambda_\omega$:

$$\alpha = \frac{1}{\cosh\left(\frac{w}{L_\omega} + \frac{jw}{\lambda_\omega}\right)} . \tag{106}$$

Bei einem Drifttransistor mit einem so starken Driftfeld, daß $q\,F\,w \gg 2\,k\,T$ ist, gilt wegen (85) $w/\Delta_0 \gg 1$, also erst recht $w/\Delta_\omega \gg 1$. Dann lassen sich die Hyperbelfunktionen im Nenner von Gl. (105) durch reine Exponentialfunktionen ersetzen:

$$\alpha = \frac{2\left(\frac{w}{\Delta_\omega} + \frac{jw}{\delta_\omega}\right) \exp\left[\left(\frac{q\,F\,w}{2\,k\,T} - \frac{w}{\Delta_\omega}\right) - \frac{jw}{\delta_\omega}\right]}{\frac{q\,F\,w}{2\,k\,T} + \frac{w}{\Delta_\omega} + j\frac{w}{\delta_\omega}} . \tag{107}$$

Für niedrige Frequenzen ($\omega \to 0$) gehen die beiden Werte über in

$$\alpha_0 = \frac{1}{\cosh\frac{w}{L_0}} \xrightarrow[w \ll L_0]{} 1 - \frac{1}{2}\left(\frac{w}{L_0}\right)^2 \quad \text{(Diffusionstransistor)} \tag{108a}$$

$$\alpha_0 = \exp\left(\frac{q\,F\,w}{2\,k\,T} - \frac{w}{\Delta_0}\right) \approx e^{-k\,T\,w/q\,F\,L_0^2} \xrightarrow[w \ll L_0]{} 1 - \frac{1}{2}\left(\frac{w}{L_0}\right)^2 \cdot \frac{2\,k\,T}{q\,F\,w} . \tag{108b}$$

$$\text{(Drifttransistor)}$$

Dabei wurde in der letzten Zeile zweimal von der Näherung (85) Gebrauch gemacht. Der Basis-Kollektor-Stromverstärkungsfaktor β_0 ist also beim Drifttransistor um den Faktor $q\,F\,w/2\,k\,T$ größer als beim Diffusionstransistor:

$$\text{Diffusionstransistor:} \qquad \beta_0 = 2\left(\frac{L_0}{w}\right)^2 , \tag{109a}$$

$$\text{Drifttransistor:} \qquad \beta_0 = 2\left(\frac{L_0}{w}\right)^2 \cdot \frac{q\,F\,w}{2\,k\,T} . \tag{109b}$$

---

[1] Wir nehmen an, daß der gesamte Emitterstrom Injektionsstrom (Löcherstom) ist.

3. Frequenzverhalten

Bei endlichen Frequenzen tritt sowohl eine Phasendrehung als auch eine Dämpfung des Emittersignals ein. Verschiedene Grenzfälle seien betrachtet:

a) Diffusionstransistor:

1. Niedrige Frequenzen. Dann läßt sich α wie in (108a) entwickeln, wobei λ_ω durch $v_P/\omega = 2L_0/\omega\,\tau$ gemäß Gl. (74) ersetzt werden kann:

$$\alpha = \frac{1}{\cosh\left(\frac{w}{L_\omega} + j\,\frac{w}{\lambda_\omega}\right)} \approx 1 - \frac{1}{2}\left[\frac{w}{L_\omega} + j\,\omega\,\tau\,\frac{w}{2L_0}\right]^2$$

$$= 1 - \frac{1}{2}\left[\frac{w^2}{L_\omega^2} - \omega^2\,\tau^2\,\frac{w^2}{4L_0^2} + j\,\omega\,\tau\,\frac{w^2}{L_0 L_\omega}\right]. \tag{110}$$

Nun läßt sich aber $1/L_\omega^2$ ebenfalls entwickeln:

$$\frac{1}{L_\omega^2} = \frac{1}{2L_0^2}\left[1 + \sqrt{1 + \omega^2\tau^2}\,\right] \approx \frac{1}{L_0^2}\left(1 + \frac{1}{4}\,\omega^2\,\tau^2\right) = \frac{1}{L_0^2} + \frac{\omega^2\,\tau^2}{4L_0^2}\,, \tag{111}$$

also ergibt sich in guter Näherung:

$$\alpha \approx 1 - \frac{1}{2}\left(\frac{w}{L_0}\right)^2 (1 + j\,\omega\,\tau) \approx \exp\left[-\frac{1}{2}\left(\frac{w}{L_0}\right)^2 (1 + j\,\omega\,\tau)\right]. \tag{112}$$

Der Phasenwinkel ist also gleich $\omega\,w^2/2D$. Eine Frequenzdämpfung setzt erst in quadratischer Ordnung ein.

2. Hohe Frequenzen. Dann gilt Gl. (75) und es wird

$$\alpha = \frac{1}{\cosh\left[\sqrt{\frac{j\,\omega\,w^2}{2D}}\,(1 + j)\right]}\,. \tag{113}$$

Man definiert nun — etwas willkürlich — als α-Grenzfrequenz f_α die Frequenz, bei der $|\alpha|^2$ auf *rund* 0,5 abgefallen ist. Man sieht aus Gl. (113), daß diese Frequenz ungefähr

$$f_\alpha \approx \frac{1}{2\pi}\,\frac{2D}{w^2} \tag{114}$$

betragen muß. Numerisch ergibt sich ein etwas höherer Wert, doch rechnet man in der Praxis meist mit Gl. (114), da f_α ohnehin nicht scharf definiert ist. Oberhalb f_α fällt der Stromverstärkungsfaktor sehr rasch ab.

Man ersieht aus Gl. (113), daß die Phasendrehung für hohe Frequenzen proportional zur Wurzel aus der Frequenz ist, und daß der Phasenwinkel bei $f = f_\alpha$ genau Eins ($= 57,5°$) ist.

b) Drifttransistor

Hier wird das Frequenzverhalten praktisch ausschließlich durch den Exponentialfaktor in (107) bestimmt; der Anteil der übrigen Faktoren ist vernachlässigbar. Entwickelt man den Realteil des Exponenten, so folgt wegen (89) und (85) für $\omega \tau \Delta_0^2/L_0^2 \ll 1$:

$$\frac{w}{\Delta_\omega} - \frac{q\,F\,w}{2\,k\,T} = \frac{w}{\Delta_0}\left(1 + \frac{1}{8}\,\omega^2\,\tau^2\,\frac{\Delta_0^4}{L_0^4}\right) - \frac{q\,F\,w}{2\,k\,T}$$

$$= \left(\frac{w}{\Delta_0} - \frac{q\,F\,w}{2\,k\,T}\right) + \omega^2\left(\frac{k\,T}{q\,F}\right)^3 \frac{w}{D^2} \ . \tag{115}$$

Die α-Grenzfrequenz ist offenbar dann erreicht, wenn das von ω abhängige Glied auf etwa 1/2 angestiegen ist, denn dann ist $|\alpha|^2$ etwa auf $1/e$ abgeklungen[1], d. h. es ist

$$f_\alpha \approx \frac{1}{2\,\pi}\,\frac{2\,D}{w^2}\left(\frac{q\,F\,w}{2\,k\,T}\right)^{3/2} \ . \tag{116}$$

Diese Frequenz liegt um den Faktor $(q\,F\,w/2\,k\,T)^{3/2}$ höher als beim Diffusionstransistor. Die Phasendrehung läßt sich in gleicher Weise durch Entwicklung von δ_ω berechnen

$$\frac{w}{\delta_\omega} \approx \frac{w}{\Delta_0}\,\frac{\omega\,\tau\,\Delta_0^2}{2\,L_0^2} = \frac{w^2}{2\,D} \cdot \frac{2\,k\,T}{q\,F\,w} \ . \tag{117}$$

Dieser Wert ist um den Faktor $2\,k\,T/q\,F\,w$ niedriger als der Wert des Diffusionstransistors. Die Phasendrehung wird also durch das Driftfeld nicht so stark herabgesetzt wie die Amplitudendämpfung, ist aber dafür bis dicht an f_α heran direkt proportional zur Frequenz.

Abschließend sei der Emitterleitwert betrachtet:

a) Diffusionstransistor: Hier vereinfachen sich Gl. (99) und (103) zu

$$J_{e0} = \frac{q\,D_p\,p_0}{L_0}\left[\frac{e^{q U_{EB}/kT} - 1}{\tanh\dfrac{w}{L_0}} + \frac{1}{\sinh\dfrac{w}{L_0}}\right] \tag{118}$$

$$J_{e\omega} = (J_{e0} - J_s)\,\frac{q\,\hat{u}_{eb}}{k\,T}\,\frac{\left(\dfrac{w}{L_\omega} + j\dfrac{w}{\lambda_\omega}\right)\cotanh\left(\dfrac{w}{L_\omega} + j\,\dfrac{w}{\lambda_\omega}\right)}{\dfrac{w}{L_0}\cotanh\dfrac{w}{L_0}} \ . \tag{119}$$

Für $w \ll L_0$ geht die Klammer in (118) gegen $\dfrac{L_0}{w}\,e^{q U_{EB}/kT}$. Außerdem sind in der Praxis die Ströme in Durchlaßrichtung stets groß gegen den Sättigungsstrom, also folgt

$$J_{e0} = \frac{q\,D_p\,p_0}{w} \cdot e^{q U_{EB}/kT} \ , \tag{120a}$$

$$J_{e\omega} = J_{e0} \cdot \frac{q\,\hat{u}_{eb}}{k\,T}\,\frac{\left(\dfrac{w}{L_\omega} + j\dfrac{w}{\lambda_\omega}\right)\cotanh\left(\dfrac{w}{L_\omega} + j\,\dfrac{w}{\lambda_\omega}\right)}{\dfrac{w}{L_0}\cotanh\dfrac{w}{L_0}} \ . \tag{120b}$$

Hinreichend weit unterhalb f_α kann man den Hyperbelcotangens entwickeln und erhält so für den gesamten Bruch

$$1 + \frac{1}{3}\left[\frac{w}{L_\omega} + j\,\frac{w}{\lambda_\omega}\right]^2 - \frac{1}{3}\left(\frac{w}{L_0}\right)^2 \ . \tag{121}$$

---

[1] Bei strenger Rechnung ohne Reihenentwicklung ergibt sich $|\alpha|^2 = 0{,}56$ (für $q\,F\,w = 8\,k\,T$) [40].

4*

Die eckige Klammer ist aber identisch mit der Klammer in Gl. (110),
d. h. der gesamte Ausdruck (120b) geht über in

$$J_{e\,\omega} = J_{e0} \cdot \frac{q\,\hat{u}_{eb}}{k\,T}\left(1 + j\,\omega\,\frac{w^2}{3\,D}\right) \tag{122}$$

oder, wenn wir statt der Stromdichten die entsprechenden Ströme einführen

$$\hat{\imath}_e = I_E \cdot \frac{q\,\hat{u}_{eb}}{k\,T}\left(1 + j\,\omega\,\frac{w^2}{3\,D}\right).$$

Es existiert also wie beim einfachen pn-Übergang ein reeller Leitwert
$q\,I_E/k\,T$ (unabhängig von der Emitterfläche) und eine Diffusionskapazität $(q\,I_E/k\,T)\,(w^2/3\,D)$, die daher rührt, daß der Gesamtinhalt der Basis
an Injektionsträgern spannungsabhängig ist, so daß während einer
Spannungsänderung ein zusätzlicher Strom fließt, der die neue Ladungsträgerverteilung herzustellen hat.

b) Drifttransistor: Mit denselben Näherungen wie bei der Betrachtung von a) ergibt sich

$$J_{e0} = \frac{q\,D_p\,p_0}{w} \cdot \frac{q\,F\,w}{2\,k\,T} \cdot e^{qU_{EB}/kT}, \tag{123}$$

$$\hat{\imath}_e = I_E\,\frac{q\,\hat{u}_{eb}}{k\,T} \cdot \frac{\dfrac{q\,F\,w}{2\,k\,T} + \left(\dfrac{w}{\Delta_\omega} + \dfrac{j\,w}{\delta_\omega}\right)}{\dfrac{q\,F\,w}{2\,k\,T} + \dfrac{w}{\Delta_0}}. \tag{124}$$

Entwickelt man hier bis zur ersten Potenz in ω, so ergibt sich

$$\hat{\imath}_e = I_E\,\frac{q\,\hat{u}_{eb}}{k\,T}\left[1 + j\,\omega\,\frac{w^2}{2\,D}\left(\frac{2\,k\,T}{q\,F\,w}\right)^2\right]. \tag{125}$$

Die Diffusionskapazität ist also bei gleichem Strom kleiner.

4. Übersicht über die notwendigen Verfeinerungen der Theorie

Wie am Ende von Kap. III müssen wir auch hier wieder darauf
hinweisen, daß die bisher dargelegte Theorie des Transistors abermals
nur eine erste Näherung darstellt, die der Verfeinerung fähig und
bedürftig ist. Nun ist es selbstverständlich, daß alle Effekte, die die
Kennlinie einer Diode beeinflussen, das auch mit den Einzelkennlinien
von Emitter und Kollektor tun; diese Dinge brauchen wir nicht zu
wiederholen. Wir wollen vielmehr andeuten, wie die Theorie der *eigentlichen* Transistoreigenschaften zu verfeinern ist.

Die wohl wichtigste und charakteristischste Transistoreigenschaft
ist der Stromverstärkungsfaktor. Die obige Theorie ergab einen festen
Zahlenwert, der weder vom Strom selbst noch von der Spannung abhängt. Dieser Zahlenwert ergab sich aus der Trägerlebensdauer im HL-
Innern und aus der Laufzeit. Seine Stromunabhängigkeit ergab sich aus
der stillschweigenden Annahme, daß die Laufzeit nicht durch Raum-

ladungseffekte modifiziert wird und daß der gesamte Emitterstrom Injektionsstrom ist. Die Unabhängigkeit von der Kollektorspannung schließlich folgte aus den — ebenfalls stillschweigenden — Annahmen, daß die Laufzeit spannungsunabhängig ist und daß im Kollektor keine Trägervervielfachung stattfindet.

Abgesehen von der Vernachlässigbarkeit der Trägervervielfachung trifft keine dieser Annahmen in Strenge zu. Darauf wollen wir in den folgenden Abschnitten kurz eingehen. Der Zahlenwert von α wird durch die Berücksichtigung der Oberflächenrekombination stark modifiziert (Kap. IV.5). Raumladungseffekte in der Basis und ein stromabhängiger Nichtinjektionsanteil des Emitterstroms führen zu einem stromabhängigen α (Kap. IV.6). Die mit steigender Kollektorspannung dicker werdende Kollektorrandschicht führt schließlich zu einer Zunahme von α, die jedoch zweckmäßiger als endlicher Kollektorleitwert beschrieben wird und die gleichzeitig eine Rückwirkung des Kollektors auf den Emitter bewirkt (Kap. IV.7).

Lediglich die Annahme, daß keine Trägervervielfachung stattfindet, ist im allgemeinen korrekt. Es gibt jedoch Transistortypen, die bewußt auf eine Trägervervielfachung gezüchtet sind. Darauf gehen wir kurz in Kap. IV.10 ein. Zuvor jedoch, in Kap. IV.8, betrachten wir eine Größe, die zwar prinzipiell mit der Wirkungsweise des Transistors nichts zu tun hat, aber untrennbar mit jedem Transistor verknüpft ist: den Basiswiderstand. In Kap. IV.9 werden außerdem die speziellen physikalischen Grundlagen von Hochfrequenztransistoren behandelt.

5. Oberflächenrekombination

Die bisherige Theorie ist eine rein eindimensionale Theorie; weder eine etwaige gekrümmte Form der pn-Übergänge, noch der Einfluß der Kristalloberfläche war berücksichtigt worden. Insbesondere war angenommen worden, daß die Rekombination ein reiner Volumeneffekt ist. Tatsächlich wirken aber die seitlichen Oberflächen als Flächen sehr hoher Rekombinationsrate, und wie verschiedene Autoren gezeigt haben [33, 34], überwiegt die Rekombination an der Oberfläche oft die Volumenrekombination. Die Rekombinationsaktivität der Oberfläche ist leicht verständlich, wenn man bedenkt, daß hier das verbotene Band durch eine dichte Folge von Oberflächentermen praktisch „kurzgeschlossen" ist.

Wenn die Trägerkonzentrationen nicht im thermischen Gleichgewicht sind, diffundiert also ständig ein Strom von Elektron-Lochpaaren zur Oberfläche, um dort zu rekombinieren. Setzt man die Rekombinationsrate wieder proportional zur Dichte des Trägerüberschusses unmittelbar unter der Oberfläche (nicht im Volumeninnern!) an, so kann man die Rekombinationsstromdichte J_r durch eine Oberflächenrekombinationsgeschwindigkeit s kennzeichnen gemäß

$$J_r = q \cdot s \cdot (p - p_0) = - q\, D_p \cdot \mathrm{grad}_\perp p, \qquad (126)$$

wo $\mathrm{grad}_\perp$ der Gradient senkrecht zur Oberfläche ist. Anschaulich bedeutet Gl. (126), daß unmittelbar unter der Oberfläche der gesamte Trägerüberschuß mit der Geschwindigkeit s aus dem HL herausfließt. Dadurch sinkt die Injektionsträgerdichte zunächst an der Oberfläche und später im Innern ab. Wenn die Basis hinreichend dünn ist, sind die Laufzeiten der Träger durch die Basis kurz und man kann das Absinken der Oberflächenkonzentration gegenüber der Konzentration im Innern vernachlässigen, und für p in Gl. (126) in erster Näherung eine homogene Verteilung über den ganzen Querschnitt annehmen. Im Falle eines Transistors mit ideal eindimensionaler Geometrie, wie z. B. bei einem aus der Schmelze gezogenen Transistor (Abb. 19), nimmt dann die Konzentration der Träger auf dem Wege vom Emitter zum Kollektor infolge der Oberflächenrekombination gemäß

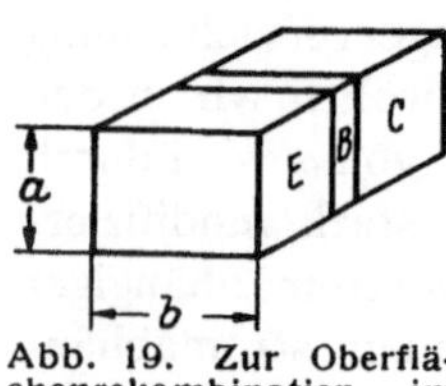

Abb. 19. Zur Oberflächenrekombination im gezogenen Transistor

$$\frac{\partial p}{\partial t} = \frac{u\,s}{A} \cdot (p - p_0) \tag{127}$$

ab, wobei u der Umfang und A der Querschnitt der Basis ist. Durch Vergleich mit Gl. (60) sieht man, daß das einer mittleren Lebensdauer

$$\tau_s = \frac{A}{u\,s} \tag{128}$$

entspricht. Tritt außerdem noch Volumrekombination mit der Lebensdauer τ_0 hinzu, so ergibt sich die effektive Lebensdauer τ^* in der Basis offenbar aus

$$\frac{1}{\tau^*} = \frac{1}{\tau_0} + \frac{1}{\tau_s} = \frac{1}{\tau_0} + \frac{u\,s}{A} = \frac{1}{\tau_0} + 2s\left(\frac{1}{a} + \frac{1}{b}\right). \tag{129}$$

Die letzte Form bezieht sich auf einen rechteckigen Querschnitt mit den Seitenlängen a und b (Abb. 19). SHOCKLEY hat dieses Resultat in etwas strengerer Weise hergeleitet [13]. Mit der Lebensdauer τ^* an Stelle der reinen Volumlebensdauer ist in der Praxis zu rechnen.

In der Praxis ist s von der Größenordnung einiger Hundert cm/sek. Rechnen wir beispielsweise mit $s = 250$ cm/sek, ein Wert, der sich z. B. bei einer elektrolytischen Ätzung der Oberfläche in 1% NaOH ergibt [33], und mit Querdimensionen von 0,5 mm, so folgt $\tau_s = 50\,\mu$sek, und das liegt in derselben Größenordnung wie die üblichen Volumlebensdauern, oder ist sogar kürzer. Die Oberflächenrekombination ist also keineswegs vernachlässigbar.

Für kompliziertere Geometrien ist eine so einfache mathematische Abschätzung nicht mehr möglich. Für den legierten Transistor (Abb. 20) haben MOORE und PANKOVE [33] die Verhältnisse mittels eines elektrischen Analogons sehr eingehend untersucht. Da dort der Kollektor meist erheblich größer als der Emitter ist, um alle vom Emitter ausgehenden Löcher sammeln zu können, tritt die Oberflächenrekombination vorwiegend in der Nähe des Emitters auf. WEBSTER [*34*] hat den totalen Rekombinationsstrom abgeschätzt, indem er annimmt, daß die gesamte Rekombination in einem Ring um den Emitter herum stattfindet, der ungefähr dieselbe Breite hat wie die Basisdicke w, und unterhalb dessen überall dieselbe Trägerdichte herrscht wie an der Emitter-Basis-Grenzfläche (Abb. 20).

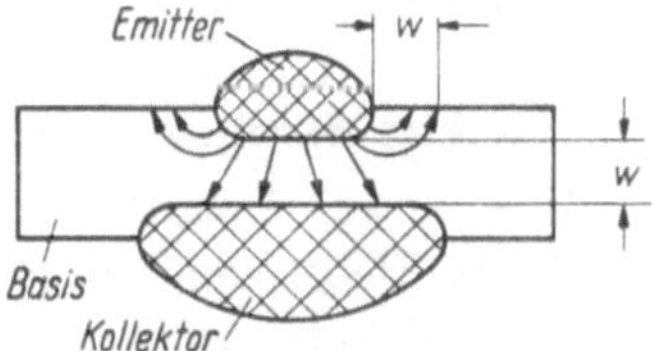

Abb. 20. Zur Oberflächenrekombination im legierten Transistor

Das ergibt einen Rekombinationsstrom (a_0 = Emitterradius)

$$I_r = 2\pi\, a_0\, w\, s \cdot q \cdot p_0\, e^{q\, U_{EB}/kT} \ . \tag{130}$$

Dieser Strom ist vom Gesamtemitterstrom abzuziehen, um den effektiven Injektionsstrom zu erhalten, der dann in der normalen Weise weiterbehandelt wird.

Der hohe Anteil der Oberflächenrekombination am Gesamtstromverlust führt zu der bekannten starken Abhängigkeit des Stromverstärkungsfaktors β von der Oberflächenbehandlung [*33*]. Denn die Größe s hängt sehr stark von der in Kap. II.4 diskutierten Bandkrümmung ab. Nun ist für Transistoren offensichtlich eine niedrige Oberflächenrekombinationsgeschwindigkeit wünschenswert. Eine solche erhält man, wenn einer der beiden Trägerarten der Zutritt zur Oberfläche verwehrt wird, und das ist der Fall sowohl für stark nach oben als auch für stark nach unten gekrümmte Bänder. Im ersteren Fall drängt das Randschichtfeld die Elektronen ins Innere, im zweiten die Löcher.

Andererseits bewirkt eine starke Bandkrümmung eine hohe Oberflächenleitfähigkeit. Dies hat zwei Folgen:

1. Der Kollektor wird dadurch etwas niederohmiger. Das ist jedoch beim Transistor nicht so schwerwiegend wie bei einer Diode, da der Kollektor eines Transistors ohnehin niederohmiger ist als eine ähnlich gebaute Diode (s. Kap. IV. 7).

2. Wenn die Oberflächenleitung denselben Leitungstyp hat wie Emitter und Kollektor, dann kann ein Kanal entstehen, der die Basis völlig überbrückt und den Transistor unbrauchbar macht. Der üblicherweise beim Transistor angestrebte Kompromiß zwischen Oberflächenrekombination und Oberflächenleitung besteht daher darin, die Oberfläche so zu behandeln, daß sie im Interesse niedriger Rekombination zwar eine Oberflächenleitung zeigt, daß aber diese Leitung dieselbe Polarität hat wie die der Transistorbasis selbst. *npn*- und *pnp*-Transistoren sind also verschieden zu behandeln; bezüglich der hierzu verwendeten Behandlungsmethoden s. Teil B, Kap. II.4c.

Beim Drifttransistor liegen die Verhältnisse etwas einfacher. Hier existiert ein Driftfeld, das die Löcher von der Oberfläche zurücktreibt und so die Oberflächenrekombination weitgehend zurückhält. Das führt zu höheren β-Werten, die außerdem nicht so stark von der Oberflächenbehandlung abhängen.

6. Die Stromdichteabhängigkeit der Stromverstärkung

In Kap. III. 2 wurde gezeigt, daß bei Injektion von Löchern in einen n-HL die Elektronenkonzentration um denselben Betrag ansteigen muß wie die Löcherkonzentration, damit der HL elektrisch neutral bleibt. Wenn die injizierte Löcherverteilung infolge von Diffusion und von elektrischen Feldern ihre Form und Lage ändert, müssen die neutralisierenden Elektronen folgen. Anschaulich kann man sich das so vorstellen, als ob eine Änderung der Löcherverteilung im ersten Moment eine Raumladung und damit ein elektrisches Feld erzeugt. Dieses Feld sucht sowohl die Löcher zurückzuhalten als die Elektronen den Löchern nachzuziehen. Bei geringer Injektionsdichte ist aber die Gesamtdichte aller Elektronen (Neutralisierungs- plus Gleichgewichtselektronen) um mehrere Größenordnungen höher als die injizierte Löcherdichte. Daher besteht dann der Strom, der infolge des Feldes sofort zu fließen beginnt und das Feld wieder zusammenbrechen läßt, praktisch ausschließlich aus Elektronen. Das heißt aber, daß die Elektronen den Löchern nachströmen. Die Löcher aber bewegen sich praktisch ungehindert so, wie es ihre Diffusionskonstante und das äußere Feld vorschreiben.

Mit steigender Injektionsdichte nimmt das Verhältnis Löcherdichte:Elektronendichte und damit der Löcheranteil des Neutralisierungsstroms zu. Die Löcher können sich dann nicht mehr unabhängig von den Elektronen bewegen, sondern es treten merkliche innere Felder auf, die eine Kopplung zwischen beiden vermitteln. Um das näher zu untersuchen, eliminieren wir für den Fall eines Drifttransistors das elektrostatische Potential φ aus den beiden Gln. (59), indem wir (59a) mit $p\,\mu_p/n\,\mu_n$ multiplizieren und von (59b) abziehen und die Neutralitätsbedingung $n = p + N_0\,e^{-qFx/kT}$ berücksichtigen:

$$J_p - \frac{\mu_p}{\mu_n}\frac{p}{p+N}J_n = q\left[\frac{p\,N\,\mu_p\,F}{p+N} - \frac{2p+N}{p+N}D_p\cdot\mathrm{grad}\,p\right].\qquad(131)$$

Für $p \gg N$ geht das schließlich über in

$$J_p - \frac{\mu_p}{\mu_n}J_n = -2q\,D_p\,\mathrm{grad}\,p.\qquad(132)$$

Es sei zunächst der Gleichstromfall betrachtet. Dann besteht der Elektronenstrom aus dem vom Kollektor her in die Basis einströmenden Sättigungs-Elektronenstrom und aus dem Rekombinationsstrom. Der erste Anteil ist in guten Transistoren völlig vernachlässigbar gegen den Löcherstrom, besonders bei hohen Injektionsströmen. Der zweite Anteil ist in der Kollektorebene null, in der übrigen Basis klein. Setzt man daher $J_n = 0$, so besagt Gl. (131), daß sich die Löcher so bewegen, als ob ihre

Beweglichkeit und ihre Diffusionskonstante konzentrationsabhängig wären gemäß

$$\mu_p \to \frac{N}{p+N}\,\mu_p \to \begin{cases} \left(1 - \dfrac{p}{N}\right)\mu_p \to \mu_p \\[2ex] \dfrac{N}{p}\,\mu_p \to 0 \end{cases} \text{für}\quad p\begin{cases} \to 0 \\[2ex] \to \infty, \end{cases} \quad (133\,\mathrm{a,\ b})$$

$$D_p \to \frac{2p+N}{p+N}\,D_p \to \begin{cases} \left(1 + \dfrac{p}{N}\right)D_p \to D_p \\[2ex] \left(2 + \dfrac{N}{p}\right)D_p \to 2D_p \end{cases} \text{für}\quad p\begin{cases} \to 0 \\[2ex] \to \infty. \end{cases} \quad (134\,\mathrm{a,\ b})$$

Die scheinbare Beweglichkeit nimmt also ab, die scheinbare Diffusionskonstante nimmt zu. Ersteres kommt dadurch zustande, daß die injizierten Löcher und ihre Neutralisationselektronen vom Driftfeld F nach entgegengesetzten Richtungen gezogen werden und sich infolge ihrer gegenseitigen Anziehung gegenseitig zurückhalten. Für hohe Stromdichten geht daher der Drifttransistor in einen Diffusionstransistor über.

Die Zunahme der Diffusionskonstanten in der speziellen durch Gl. (134) angegebenen Form ist ein an die Annahme $J_n = 0$ und damit an den Transistor gebundener Effekt, der in einem ausgedehnten HL in dieser Art nicht auftritt: Die Dichte der injizierten Löcher in der Basis ist nicht konstant, sondern hat ein Diffusionsgefälle zum Kollektor hin. Die Dichte der Neutralisierungselektronen muß dann dasselbe Gefälle haben. Das würde einen Diffusionsstrom verursachen ähnlich· dem Löcher-Diffusionsstrom, wenn der Kollektor-pn-Übergang nicht jeden Elektronenstrom von der Basis her sperren würde. Dadurch baut sich sofort ein elektrisches Feld auf, das einen den Diffusionsstrom genau aufhebenden Driftstrom erzeugt. Dasselbe Feld wirkt auch auf die Löcher und erzeugt auch hier einen Driftstrom von gleicher Größe wie der Diffusionsstrom. Diese haben aber wegen des anderen Ladungsvorzeichens der Löcher beide dieselbe Richtung und bewirken die Verdopplung der scheinbaren Diffusionskonstanten.

Die mit der Zunahme der scheinbaren Diffusionskonstanten verbundene Verkürzung der Laufzeiten bewirkt eine Abnahme des Rekombinationsanteils des Injektionsstromes, sowohl für Volumen- als auch für Oberflächenrekombination, und damit zunächst einen Anstieg des Stromverstärkungsfaktors mit steigender Stromdichte [34].

In einem ausgedehnten HL ohne innere elektrische Felder und pn-Übergänge, wo keine Hindernisse für den Elektronenstrom herrschen, gilt die Einschränkung $J_n = 0$ nicht. Hier kann der Elektronenstrom dem Löcherstrom überall nachfolgen, d. h. es ist $J_n = -J_p$. Setzt man dies in Gl. (132) ein, so ergibt sich

$$J_p = -q\,D^*\,\mathrm{grad}\,p, \quad \text{wo}\quad \frac{1}{D^*} = \frac{1}{2}\left(\frac{1}{D_n} + \frac{1}{D_p}\right). \quad (135)$$

Die scheinbare Diffusionskonstante ist dann kleiner als $2 D_p$, aber sie ist dieselbe für die Elektronen und die Löcher, infolge der gemeinsamen Diffusion.

Dieselbe Diffusionskonstante gilt auch bei hohen Frequenzen im Transistor. Denn dann ist nicht mehr überall in der Basis $J_n = 0$, vielmehr können die Elektronen in der Basis hin- und herströmen, ohne daß dazu ein Elektronenstrom durch die pn-Übergänge fließen müßte: Wenn am Emitter ein Signal injiziert wird, strömen die Elektronen dorthin, begleiten das Signal zum Kollektor und strömen dann zurück, um das nächste Signal zu neutralisieren. Dann ist also mindestens im Innern der Basis $J_n = -J_p$, während am Rande wieder $J_n = 0$ gilt. Die Diffusionskonstante wird dann ortsabhängig.

Eine andere Voraussetzung der Theorie in Kap. IV. 2, die bei hohen Stromdichten nicht mehr erfüllt ist, ist die Annahme, daß der gesamte Emitterstrom reiner Injektionsstrom ist und daß keine Elektronen von der Basis zum Emitter fließen. Diese Annahme ist nur gerechtfertigt, wenn der Elektronenstrom klein gegen den Rekombinationsstrom ist. Man führt daher einen Emitterwirkungsgrad γ ein:

$$\gamma = \frac{J_p}{J_n + J_p}, \tag{136}$$

und nur wenn das sog. Injektionsdefizit

$$\frac{1-\gamma}{\gamma} = \frac{J_n}{J_p} \tag{137}$$

klein ist verglichen mit dem relativen Rekombinationsverlust, kann man $\gamma = 1$ annehmen. Es geht bereits aus der für einen einfachen pn-Übergang geltenden Gl. (68) hervor, daß sich $(1-\gamma)/\gamma$ bei niedrigen Stromdichten klein gegen die Rekombinationsverluste halten läßt, wenn das Dotierungsverhältnis $P_e : N_0$ hinreichend hoch ist. Bei einem Transistor, wo sowohl die Dicke w_e der Emitterschicht als die Dicke w_b der Basisschicht gering gegen die Diffusionslängen sind, hat man die Diffusionslängen in (68) lediglich durch diese Schichtdicken zu ersetzen:

$$\frac{J_n}{J_p} = \frac{D_n\, n_{0b}\, w_b}{D_p\, p_{0e}\, w_e}, \tag{138}$$

was die grundsätzlichen Überlegungen nicht ändert. Beim Drifttransistor unterstützt das Feld den Löcherstrom, so daß hier der Elektronenanteil noch geringer ist.

Das Verhältnis J_n/J_p ist in Gl. (138) zunächst nicht spannungsabhängig. Mit zunehmender Emitterspannung steigt aber die Dichte der injizierten Löcher bei $x = 0$ exponentiell an. Um denselben Betrag muß dann die Elektronenkonzentration dort ansteigen, wodurch wiederum der Elektronenstrom um denselben Faktor ansteigt, um den die Elektronendichte sich gegenüber dem Gleichgewichtswert erhöht. Dieser

Faktor beträgt:

$$\left(1 + \frac{p(0)}{N_0}\right) = 1 + \frac{p_0}{N_0} e^{q\, U_{EB}/kT} \approx 1 + \frac{w}{2q\, D_p\, N_0} J_p.$$ (139)

Die letztere Form ergibt sich, wenn man die Exponentialfunktion mittels Gl. (120a) bei Verdoppelung der Diffusionskonstanten durch J_p ersetzt. Sie gilt auch für den Drifttransistor, da der Drifttransistor in diesem Bereich als Diffusionstransistor arbeitet.

Wir haben oben gezeigt, daß infolge der Erhöhung der scheinbaren Diffusionskon-stanten der Stromverstär-kungsfaktor zunächst zu-nimmt. Bei weiterem Strom-anstieg wird jedoch der Elek-tronenstromanteil des Emit-terstroms rasch größer und der Stromverstärkungsfaktor nimmt wieder ab, ehe er den infolge der Verdopplung von

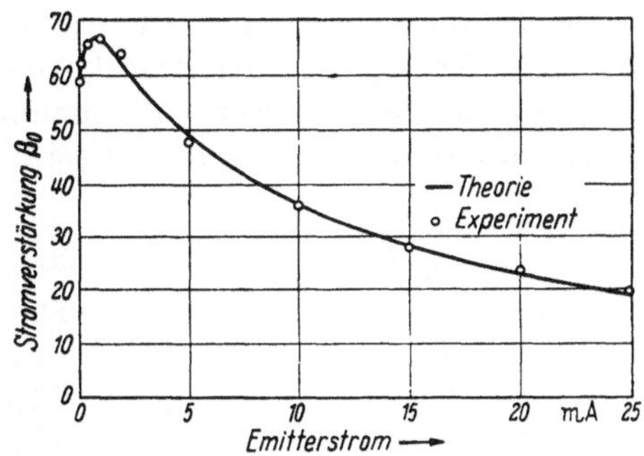

Abb. 21. Theoretischer und experimenteller Verlauf des Stromverstärkungsfaktors β_0 bei einem Transistor (nach WEBSTER [34])

D_p zu erwartenden hohen Wert erreicht hat. Abb. 21 zeigt den gemes-senen und den theoretischen Verlauf von β_0 nach WEBSTER [34] für einen pnp-Transistor bestimmter Geometrie.

Bei Siliziumtransistoren ist zusätzlich zu den beiden bisher beschrie-benen Effekten noch ein dritter Effekt von Bedeutung für die Strom-abhängigkeit von α. Wir erwähnten in Kap. III. 6a, daß bei Silizium die Trägerlebensdauern in den Raumladungsschichten um Größenordnungen kürzer sind als im neutralen Volumen. Dadurch geht in einem Siliziumtran-sistor ein erheblicher Teil des Injektionsstromes bereits im Innern des Emitter-Basis-Überganges durch Rekombination verloren, und es ent-steht ein relativ niedriges α. Mit zunehmender Emittervorspannung wird die Emitterraumladungsschicht rasch immer dünner. Dadurch sinkt der Rekombinationsverlust ab, und α steigt zu „normalen" Werten an (Abb. 28 in Teil D zeigt ein Beispiel hierfür). Eine quantitative Theorie dieses Effektes wurde von SAH, NOYCE und SHOCKLEY gegeben [26].

Schließlich ist eine Stromabhängigkeit von α noch zu erwarten, wenn die Trägerlebensdauern injektionsabhängig sind. Untersuchungen über die Wichtigkeit eines solchen Effektes scheinen bisher nicht vorzuliegen.

7. Der endliche Kollektorleitwert und die Rückwirkung des Kollektors auf den Emitter

Beim Transistor mit seiner dünnen Basisschicht muß ein Effekt berücksichtigt werden, der beim pn-Übergang nur in Sonderfällen eine

Rolle spielt: Die Zunahme der Dicke der Kollektorrandschicht mit steigender Sperrspannung. Diese Dickenzunahme geht mindestens teilweise, bei sehr hochdotiertem Kollektor praktisch völlig auf Kosten der Basisschicht.

Wir betrachten die Folgen zunächst für den Diffusionstransistor [35, 36]. Wenn man hier von allen Rekombinationsverlusten absehen kann ($\tau = \infty$), so fällt die Löcherkonzentration in der Basis genau linear zum Kollektor hin ab und Emitter- und Kollektorstrom sind gleich groß. Bei einer Verringerung der Basisdicke nehmen dann bei festgehaltener Emitterspannung der Konzentrationsgradient und beide Ströme um denselben Faktor zu, um den die Basisdicke abnimmt (Abb. 22)

$$\frac{dI_C}{I_C} = -\frac{dw}{w} \quad \text{oder} \quad \frac{dI_C}{dU_{CB}} = -\frac{I_C}{w}\frac{dw}{dU_{CB}}. \tag{140}$$

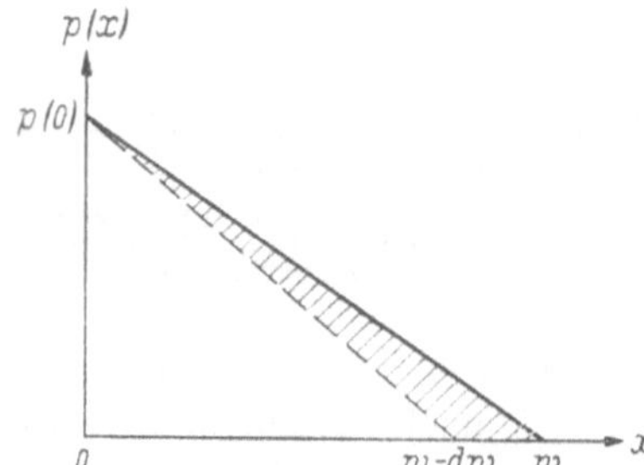

Abb. 22. Zum endlichen Kollektorleitwert des Diffusionstransistors

Die Folge ist ein endlicher Kollektorleitwert an Stelle der exakten Sättigung des Stroms. Dieser Kollektorleitwert ist proportional zum bereits fließenden Strom. Das heißt, daß bei einer Erhöhung der Emitter*spannung* sich die Kollektorkennlinien nicht genau parallel verschieben, sondern daß sie um einen Punkt drehen, der auf der Spannungsachse im Abstand $w\big/\dfrac{dw}{dU_{CB}}$ liegt (Abb. 23). Mit ansteigender Kollektorspannung nimmt der Kollektorleitwert wegen der Abnahme von w laufend zu, und wenn nicht vorher einer der oben erwähnten Effekte zum Kollektordurchbruch führt, greift die Kollektorrandschicht bis zum Emitter durch ($w \to 0$). Wenn der Kollektorübergang unsymmetrisch abrupt und w_{00} die Basisdicke für $U_{CB} = 0$ ist, findet das gemäß Gl. (47b) ungefähr bei der Spannung

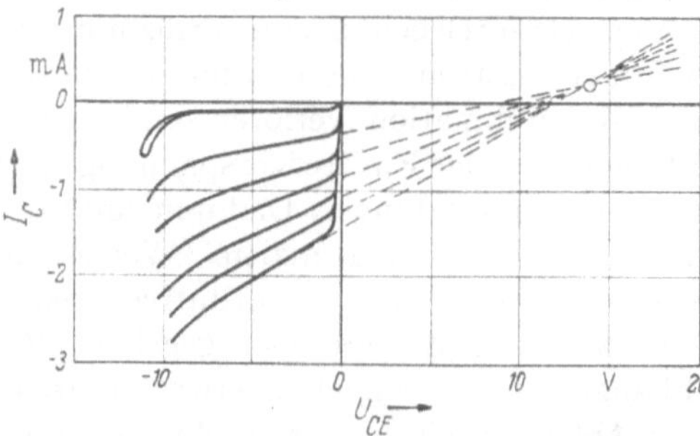

Abb. 23. Oszillographisch gemessene Kennlinien eines Transistors mit sehr dünner Basis mit rückwärts bis zum Schnittpunkt verlängerten Tangenten (nach ANGELL und KEIPER [37])

$$U_p = q\,\frac{N_0\,w_{00}^2}{2\,\varepsilon} \tag{141}$$

statt. Nach Gl. (140) sollte dort die Kennlinie eine senkrechte Tangente haben. Tatsächlich ist das nicht der Fall, da dann unsere ganze Theorie nicht mehr gilt (die Randbedingungen für Emitter und Kollektor widersprechen dann ja einander). Vielmehr wird schon vorher der Strom durch seine eigene Raumladung in der Kollektorrandschicht begrenzt [*38*].

Hält man statt der Emitterspannung den Emitterstrom fest, so sinkt die Randkonzentration $p(0)$ um denselben Faktor wie die Basisdicke ab, um das Konzentrationsgefälle aufrechtzuerhalten (Abb. 24). Wegen Gl. (61) bedeutet das aber ein Absinken der Emitterspannung um

$$dU_{EB} = \frac{dp(0)}{p(0)}\frac{kT}{q} = -\frac{dw}{w}\frac{kT}{q} \quad \text{oder} \quad \frac{dU_{EB}}{dU_{CB}} = +\frac{1}{w}\frac{dw}{dU_{CB}}\frac{kT}{q}. \quad (142)$$

Es besteht also eine direkte Spannungsrückwirkung des Kollektors auf den Emitter.

Wenn man mit $\tau = \infty$ rechnet, bleibt bei festem I_E auch I_C unverändert. Tatsächlich nimmt aber wegen der stets endlichen Lebensdauer

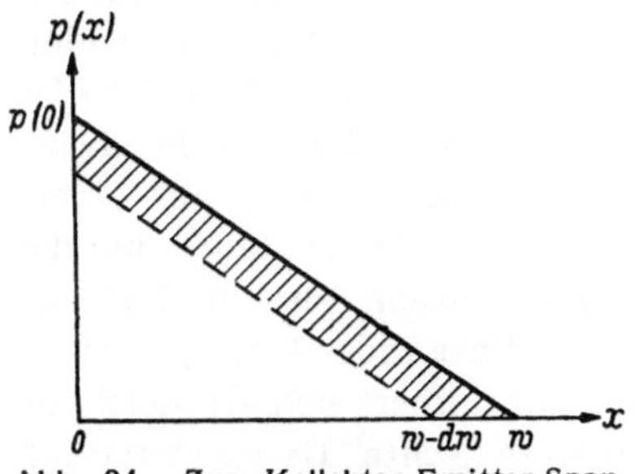

Abb. 24. Zur Kollektor-Emitter-Spannungsrückwirkung

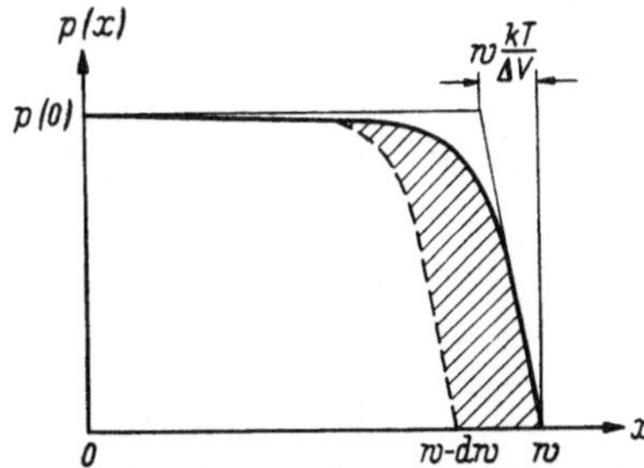

Abb. 25. Zum endlichen Kollektorleitwert des Drifttransistors

und der Verkürzung des Diffusionswegs der Kollektorstrom auch bei festem I_E zu, allerdings viel weniger als bei festem U_{EB}.

Beim Drifttransistor sind diese Effekte viel schwächer, weil dort beide Ströme mehr durch das feste Driftfeld als durch den variablen Diffusionsweg bestimmt sind (Abb. 25) [*39, 40*].

Aus den Abb. 22 und 25 geht hervor, daß der Gesamtlöcherinhalt der Basis nicht nur von der Emitterspannung, sondern auch von der Kollektorspannung abhängt. Bei einer Änderung von U_{CB} fließt daher ein Strom, der der Änderungsgeschwindigkeit proportional ist, d. h. zusätzlich zu der „echten" Kollektorkapazität existiert eine Kollektor-Diffusionskapazität ebenso wie die Emitter-Diffusionskapazität. Die Größenordnung dieser Kapazität ergibt sich aus dem Inhalt der schraffierten Flächen in Abb. 22 und 25 für den Diffusionstransistor

$$c_{cd} = \frac{1}{2}q\,p(0)\cdot\frac{dw}{dU_{CB}} = \frac{1}{2A}\frac{I_c}{D_p}\cdot w\frac{dw}{dU_{CB}} \quad (143\text{a})$$

und für den Drifttransistor zu

$$c_{cd} = q\,p(0)\cdot\frac{dw}{dU_{CB}} = \frac{2kT}{qFw}\cdot\frac{I_c}{AD_p}\cdot w\frac{dw}{dU_{CB}}, \quad (143\text{b})$$

wobei A die Kollektorfläche bedeutet.

Die durch Gl. (140) gegebenen Leitwerte und Kapazitäten sind Näherungswerte, die für niedrige Frequenzen und vernachlässigbaren Rekombinationsverlust gelten. Verschiedene Autoren haben Gl. (80) mit der Randbedingung $p(w) = 0$ für zeitabhängiges w exakt gelöst [36, 40], doch genügen für die Praxis die hier gegebenen Näherungen.

Bei pn-Dioden, die nur einen dünnen HL beiderseits des pn-Übergangs besitzen, bewirkt die Randschichtdickenänderung ebenfalls eine Änderung des Sättigungsstroms. Denn infolge der Erzeugung von Trägerpaaren vorwiegend an der Oberfläche des HL wirkt diese Oberfläche dann wie ein Emitter und der Sättigungsstrom des als Kollektor wirkenden pn-Übergangs steigt an, wenn die „Basisdicke" abnimmt.

8. Der Basiswiderstand

Die Kollektor-Emitter-Rückwirkung infolge der Basisdickenschwankungen macht sich in dem bekannten T-Ersatzschaltbild als Basiswiderstand bemerkbar (Abb. 26). Da die physikalische Ursache dieser Rückwirkung nichts mit einem wirklichen Widerstand in der Basiszuleitung zu tun hat, ist dieser Basiswiderstand „unecht". Zu ihm addiert sich der meist viel größere „echte" Basiswiderstand, der von dem Querwiderstand der

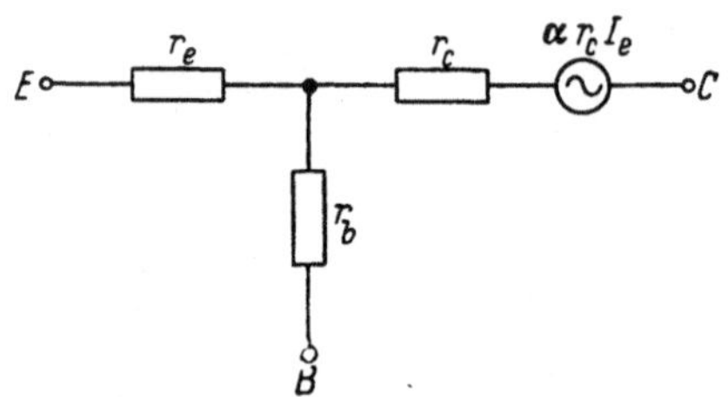

Abb. 26. T-Ersatzschaltbild des Transistors

dünnen Basisschicht herrührt. Der Spannungsabfall des Basisstroms, der ja die Differenz zwischen I_E und $-I_C$ ist, in diesem Basiswiderstand ist von den außen angelegten Spannungen abzuziehen.

Auf der Kollektorseite ist diese geringe Korrektur vernachlässigbar, da der Kollektorstrom praktisch nicht von der Spannung abhängt. Auf der Emitterseite bedeutet sie jedoch eine merkliche Verringerung der ohnehin kleinen Spannung und damit einen Verlust an Verstärkung.

Der Basiswiderstand rührt teilweise her von dem Querwiderstand der unmittelbar zwischen dem Emitter und dem Kollektor liegenden und von beiden Elektroden bedeckten Teil der Basisschicht (innerer Basiswiderstand), teilweise von dem über den Rand des Emitters hinausragenden Teil der Basisschicht (äußerer Basiswiderstand). Der äußere Basiswiderstand sollte im Gegensatz zum inneren Basiswiderstand prinzipiell vermeidbar sein; in der Praxis ist er jedoch häufig der weit größere Anteil, da eine ideale Geometrie ohne äußeren Basiswiderstand größere Herstellungsschwierigkeiten hat.

Wir wollen beide Anteile des Basiswiderstandes für einen einfachen Fall abschätzen: Kreisförmiger Emitter und Kollektor von gleichem Radius a_0, ringförmige Basiselektrode vom Radius a_1 (Abb. 27). Die

Basisschicht sei außerhalb der Elektroden genau so dick wie zwischen den Elektroden und habe dieselbe Störstellenverteilung wie dort. Man kann dann die Basisschicht als eine unendlich dünne Schicht mit der Flächenleitfähigkeit

$$\sigma_\square = q \int_0^w \mu_n N(x)\, dx \qquad (144)$$

behandeln. Für konstante und für exponentielle Störstellenverteilung, letztere mit $\Delta V = q F w \gg k T$, ergibt sich für $\sigma_\square$:

$$\sigma_\square = q \mu_n N_0 w$$

bzw. $\qquad\qquad\qquad\qquad\qquad (145\text{a, b})$

$$\sigma_\square = q \mu_n N_0 w \cdot \frac{kT}{\Delta V}.$$

Der äußere Basiswiderstand r_{ba} ergibt sich sofort durch Integration

$$r_{ba} = \int_{a_0}^{a_1} \frac{da}{2\pi a \sigma_\square} = \frac{1}{2\pi \sigma_\square} \cdot \ln \frac{a_1}{a_0}. \qquad (146)$$

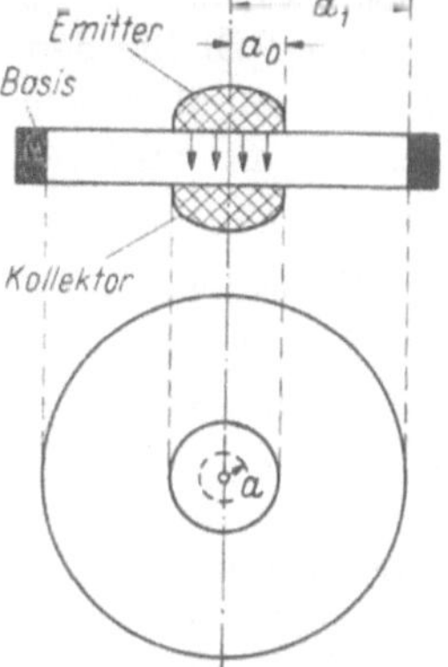

Abb. 27. Zum inneren und äußeren Basiswiderstand

Der innere Basiswiderstand ist für eine unendlich dünne Basis zunächst gar nicht definierbar, da das zu mathematischen Singularitäten führen würde. Man kann ihn jedoch durch einen Trick abschätzen, indem man annimmt, daß der Basisstrom gleichmäßig über die ganze Emitter-Kollektorfläche verteilt erzeugt wird. Innerhalb eines Kreises vom Radius a wird der Bruchteil a^2/a_0^2 des gesamten Basisstroms erzeugt. Also ist dort der radiale elektrische Potentialgradient

$$-\frac{d\varphi}{da} = \frac{1}{2\pi a \sigma_\square} \cdot \frac{a^2}{a_0^2} I_B = \frac{I_B}{2\pi a_0^2 \sigma_\square} \cdot a$$

und nach Integration ergibt sich

$$\varphi(a) - \varphi(a_0) = \frac{I_B}{4\pi a_0^2 \sigma_\square} (a_0^2 - a^2).$$

Der Mittelwert hiervon beträgt

$$\overline{\varphi(a) - \varphi(a_0)} = \frac{1}{\pi a_0^2} \frac{I_B}{4\pi a_0^2 \sigma_\square} \int_0^{a_0} 2\pi a (a_0^2 - a^2)\, da = \frac{I_B}{8\pi \sigma_\square}.$$

Der innere Basiswiderstand beträgt also

$$r_{bi} = \frac{1}{8\pi \sigma_\square} \qquad (147)$$

unabhängig vom Radius des Emitters [36]. Dieses Ergebnis ist völlig von der Annahme einer gleichmäßigen Stromverteilung abhängig. Bei hohen Stromdichten führt der zunehmende Spannungsabfall zwischen den Elektroden zu einer Konzentrierung des Stroms in den Außenbezirken des Emitters. Der innere Basiswiderstand nimmt dann ab.

In der Praxis ist die Basisschicht außerhalb der Elektroden meist dicker als zwischen den Elektroden, und der Kollektor ragt über den Emitter hinaus. Der erste Umstand kann einfach durch Einführung verschiedener $\sigma_\square$-Werte in (146) berücksichtigt werden, während im zweiten Fall für den kapazitiven Anteil des Basisstroms und für den $(1-\alpha)$-Anteil verschiedene Basiswiderstände eingeführt werden müssen. Dieser Fall wird bei EARLY [36] näher behandelt, der auch andere Geometrien untersucht.

Mit zunehmender Frequenz nimmt der Basisstrom sehr rasch zu, einerseits wegen der Abnahme und der Phasendrehung von α, andererseits wegen der Zunahme des kapazitiven Kollektorstromes. Daher fällt die Verstärkung mit zunehmender Frequenz viel steiler ab, als das ohne Basiswiderstand der Fall wäre. Der Basiswiderstand ist also ein sekundärer, frequenzbegrenzender Effekt in dem Sinne, daß er die primären frequenzbegrenzenden Effekte — Diffusionsdämpfung und Kapazitäten — verstärkt, ohne für sich allein die Frequenz zu begrenzen.

Der Einfluß des Basiswiderstandes auf das Frequenzverhalten des Transistors bis hinauf zur Frequenz f_α und höher ist nur dann vernachlässigbar, wenn der Basiswiderstand klein gegen den Emitterwiderstand ist. Denn dann liegt selbst bei hohen Frequenzen, wo der Basisstrom von gleicher Größenordnung wie der Emitterstrom wird, der größte Teil der äußeren Emitterspannung wirklich am Emitter. Da der Emitterleitwert im wesentlichen gleich $q\,I_E/k\,T$ ist, wo I_E der Gleichstromarbeitspunkt ist, lautet diese Bedingung einfach

$$I_E\,r_b \ll \frac{k\,T}{q} \qquad \text{oder} \qquad r_b \ll \frac{25}{I_E}\,[\Omega] \qquad (I_E \text{ in mA}). \qquad (148)$$

Wenn das Wechselstromsignal größer als $k\,T/q$ ist, genügt es, für I_E in Gl. (148) das absolute Maximum des Stroms einzusetzen.

Zur vollständigen oder angenäherten Erfüllung von Gl. (148) sind große Basisdicken wünschenswert. Andererseits benötigen Transistoren — zur Erzielung einer hohen α-Grenzfrequenz — um so niedrigere Basisdicken, bei je höheren Frequenzen sie arbeiten sollen. In Transistoren für hohe Frequenzen kann r_b daher nur durch hohen Störstellengehalt in der Basis niedrig gehalten werden. Dadurch steigen aber die Kapazitäten an und die Kollektor-Durchbruchspannung sinkt ab, u. U. bis weit unter die für eine bestimmte Leistungsabgabe erforderliche Kollektorspannung.

9. Hochfrequenztransistoren

Wie im vorigen Kapitel bereits erwähnt wurde, erfordert ein Hochfrequenztransistor eine möglichst weitgehende Herabsetzung der Basisdicke bei gleichzeitiger Erhöhung der Störstellendichte in der Basis.

Damit ist an sich eine Verringerung der Dicke der Kollektorrandschicht verbunden, d. h. ein Anstieg der Kollektorkapazität und eine Abnahme der Kollektor-Durchbruchspannung. Um das zu verhindern, muß die Kollektorrandschicht künstlich dick gehalten oder gar verdickt werden, indem man die Störstellendichte in der Mittelschicht nicht gleichmäßig erhöht, sondern nur auf der Emitterseite der Basis, sie aber auf der Kollektorseite unverändert läßt oder gar herabsetzt, zweckmäßigerweise bis unter die Eigenkonzentration n_i. Man erhält dann am Kollektor ähnliche Verhältnisse wie bei dem pin-Übergang von Kap. II.3c, d. h. wenn der Bereich, in dem der HL ganz oder nahezu eigenleitend ist, nicht zu dünn ist, wird die Randschichtdicke praktisch identisch mit der Dicke dieses Bereichs. Insbesondere kann die Randschichtdicke in diesen Strukturen groß gegen die effektive Basisdicke werden.

Nach dem Vorschlage KRÖMERS [39, 40, 41] besteht eine günstige Störstellenverteilung darin, daß man den Transistor als Drifttransistor mit sehr hohem N_0-Wert baut und den Abfall der Störstellenkonzentration so steil wählt, daß $N(x)$ bereits innerhalb eines Bruchteils des gesamten Elektrodenabstandes auf den Wert n_i abgefallen ist (Abb. 28).

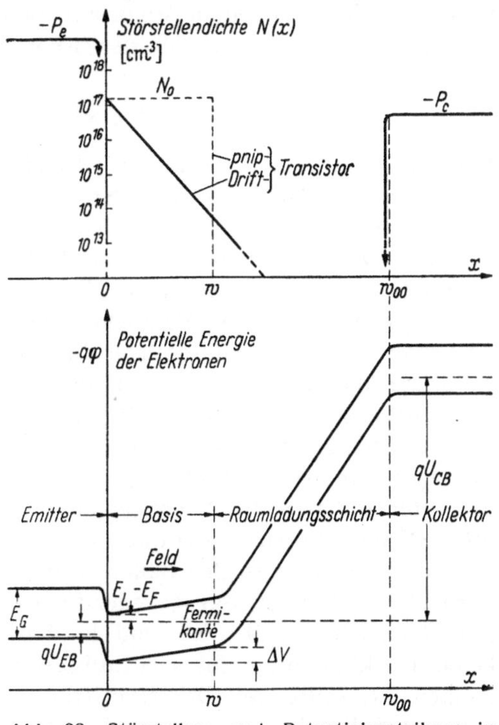

Abb. 28. Störstellen- und Potentialverteilung in einem Drifttransistor

Die Randschicht erstreckt sich dann vom Kollektor durch den gesamten Bereich hindurch, innerhalb dessen $N(x) < n_i$ ist, dringt aber nur wenig in den Bereich ein, innerhalb dessen $N(x) > n_i$ ist, größenordnungsmäßig etwa um die Strecke $k\,T/q\,F$, das ist die Strecke, längs der $N(x)$ um den Faktor e und das Basispotential um $k\,T/q$ ansteigt. Man kann also damit rechnen, daß am Ende der eigentlichen Basisschicht die FERMI-Kante noch um etwa $1\,k\,T$ von der Bandmitte entfernt ist. Andererseits ist der einzuhaltende Mindestabstand der FERMI-Kante vom Leitungsband am emitterseitigen Ende der Basis durch folgende Überlegung gegeben: Die Störstellendichte N_0 soll dort noch so niedrig gegen die Störstellendichte P_e des Emitters sein, daß der Emitterstrom praktisch reiner Löcherstrom ist.

Ein Störstellenverhältnis von $N_0 : P_e \approx 1:50$ ist eine ausreichende Forderung. Das entspricht einem Energieabstand von $kT \cdot \ln 50 \approx 4kT$, um den die FERMI-Kante in der Basis weiter vom Leitungsband entfernt bleiben muß, als im Emitter vom Valenzband. Letzteren Abstand kann man zu mindestens $1\,k\,T$ annehmen. Andererseits muß das kollektorseitige Ende der raumladungsfreien Zone noch außerhalb der Eigenleitung sein. Das gibt einen Mindestabstand von $1\,k\,T$ zwischen FERMI-Kante und Bandmitte. Für den Energieunterschied $\Delta V = q\,F\,w$ in der Basis gilt daher

$$\Delta V = q\,F\,w \leq \frac{1}{2} E_G - 6\,k\,T. \tag{149}$$

Bei Germanium ist $E_G \approx 28\,k\,T$, also $\Delta V \leq 8\,k\,T$.

Eine andere Möglichkeit der Störstellenverteilung wurde von EARLY [42] diskutiert, nämlich eine konstante, hohe Störstellendichte in der eigentlichen Basisschicht, die vom Kollektor durch eine relativ dicke eigenleitende Schicht getrennt ist. Er nennt diese Struktur einen *pnip*- (bzw. *npin*-) Transistor. Verglichen mit einem Drifttransistor gleicher effektiver Basis- und Randschichtdicke und gleichem N_0 hat der *pnip*-Transistor die um den Faktor $(\Delta V/2\,kT)^{3/2}$ niedrigere α-Frequenzgrenze eines Diffusionstransistors, dafür jedoch gemäß Gl. (145), (146) und (147) einen um den Faktor $k\,T/\Delta V$ niedrigeren Basiswiderstand, und es erhebt sich die Frage, welche Änderung wichtiger ist. Eine eingehende Analyse, die unter anderem die Abhängigkeit der Diffusionskonstanten von der Störstellendichte berücksichtigt und die hier zu weit führen würde [41], zeigt das folgende: In den Fällen, in denen die Bedingung (148) für die Vernachlässigbarkeit von r_b weder für den Drifttransistor noch für den *pnip*-Transistor erfüllt ist, und in denen außerdem in der Schaltung keine Rückkopplung zur Neutralisierung des Basiswiderstandes vorhanden ist, sollte der Drifttransistor bis zu 3 dB mehr Verstärkung haben (bei derselben Frequenz). In allen anderen Fällen, wenn also der *pnip*-Transistor oder beide Transistoren die Bedingung (148) erfüllen oder wenn r_b schaltungstechnisch neutralisiert werden kann (z. B. in Oszillatorschaltungen), sollte der Drifttransistor überlegen sein. In der Praxis werden heute meist Drifttransistoren hergestellt, da sich eine annähernd exponentielle Störstellenverteilung leicht mittels der Diffusionstechnik (s. Teil B, Kap. II.3) erzeugen läßt.

Wie in Teil C, Kap. III.1d erläutert, ist die maximale Schwingfrequenz (obere Grenze für die Verstärkung) des Transistors durch

$$f_{\max} = \sqrt{\frac{f_\alpha}{8\pi\,r_b\,c_c}} \tag{150a}$$

oder

$$f_{\max} = \frac{1}{4\pi} \sqrt{\frac{1}{r_b\,c_c \cdot t_b}} \tag{150b}$$

gegeben, wobei

$$t_b = \frac{w^2}{2\,n\,D}\;;\tag{151}$$

die Konstante n ist fur Diffusionstransistoren bzw. fur den *pnip*-Transistor gleich Eins, während für den Drifttransistor nach (149) theoretisch Werte bis $n = 8$ zu erwarten sind.

Da die emitterseitige Dotierung der Basis auf Werte bis $N_0 \sim 10^{17} \mathrm{cm}^{-3}$ beschränkt ist, muß man bei Hf-Transistoren auch durch geometrische Maßnahmen dafür sorgen, daß die Zeitkonstante $r_b\,c_c$ hinreichend klein bleibt. Die Kollektorfläche und der Abstand zwischen Emitterrand und Basisanschluß sollen möglichst gering gehalten werden. Nimmt man an, daß der innere Basiswiderstand r_{bi} gegen r_{ba} vernachlässigbar ist, so geht Gl. (146) über in

$$r_b \approx r_{ba} = \frac{a_1 - a_0}{2\,\pi\,a_0\,\sigma_\square} \qquad (\text{für}\quad a_0 \gg a_1 - a_0).\tag{152a}$$

Für vorgegebenen Abstand $a_1 - a_0$ ist daher die Zeitkonstante $r_b\,c_c$ bei der Transistorgeometrie nach Abb. 27 proportional zu a_0. Bei Hf-Tran-

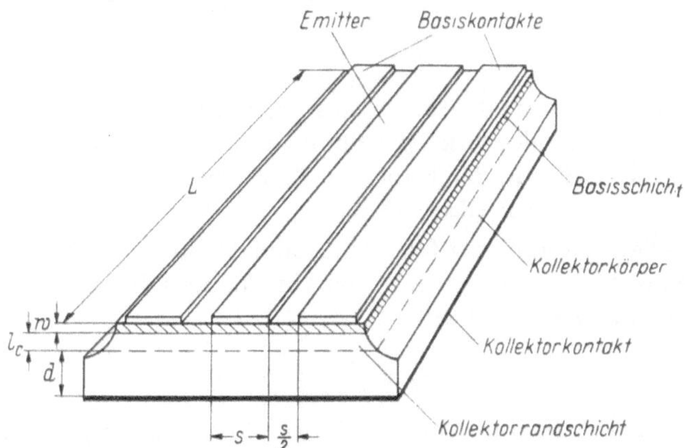

Abb. 29. Hf-Transistor (Mesa-Bauform)

sistoren dieser Bauart ist also die Kollektorfläche und damit die zulässige Verlustleistung durch die gewünschte Frequenzgrenze festgelegt.

Von dieser gegenseitigen Beschränkung der Frequenz- und Leistungsgrenzen kann man sich freimachen, indem man Emitter- und Kollektorfläche rechteckig wählt. Aus mechanischen Gründen (und zur Wärmeabfuhr) ist es ferner zweckmäßig, Hf-Transistoren derart aufzubauen, daß die Kollektorzone den Grundkörper darstellt, während die sehr dünne Basisschicht durch Eindiffusion von Störstellen erzeugt wird. Man gelangt so zu der „Mesa"-Bauform nach Abb. 29.

5*

Die (152a) entsprechende Gleichung für den Basiswiderstand[1] lautet dann:

$$r_b = \frac{s}{4 L \sigma_\square},\qquad (152\,\mathrm{b})$$

wobei $\sigma_\square$ die sich aus (144) ergebende Leitfähigkeit der diffundierten Basisschicht darstellt. Die Kollektorkapazität ist

$$c_c = \frac{2\,s\,L\,\varepsilon}{l_c},\qquad (153)$$

wenn mit l_c die Dicke der Kollektorrandschicht bezeichnet wird. Dabei ist nur derjenige Anteil der Kollektorfläche berücksichtigt, der *zwischen* den inneren Rändern der Basiskontakte liegt; die *unter* den Basiskontakten liegenden Flächen werden über die dünne hochdotierte Basisschicht verhältnismäßig rasch umgeladen. Die Zeitkonstante $r_b\,c_c$ ist nach (152b) und (153) unabhängig von der Länge L. Es ist daher möglich, nach diesem Prinzip Hf-Transistoren auch für hohe Leistungen zu bauen, wobei die Frequenzgrenze von der Breite s des Emitters und dem Abstand Emitter—Basis (hier zu $s/2$ angenommen) abhängt.

Im Gegensatz zu legierten Transistoren muß man bei Hf-Transistoren des Mesa-Typs auch den Widerstand des Kollektorkörpers

$$r_{ca} = \varrho_c \cdot \frac{d}{s\,L}\qquad (154)$$

berücksichtigen, der in Gl. (150) noch zu r_b hinzuzufügen ist. Es ist daher zweckmäßig, den Kollektorkörper dünn zu machen und den spezifischen Widerstand ϱ_c (außer in der Nähe der Randschicht) möglichst weit herabzusetzen. (Vgl. Teil B, Kap. II. 5 c.)

Bei Hf-Transistoren tritt ferner die Emitter-Sperrschichtkapazität c_{es} in Erscheinung, die wegen der Größe von N_0 verhältnismäßig hoch ist, und die mit der Zeitkonstanten

$$t_e = \frac{k\,T}{q\,I_E}\,c_{es}\qquad (155)$$

verknüpft ist. Der Einfluß von c_{es} läßt sich bis zu einem gewissen Grade verringern, indem man den Transistor bei hohen Stromdichten betreibt. Mögliche konstruktive Maßnahmen zur Herabsetzung der Emitterkapazität wären die Einschaltung einer sehr dünnen hochohmigen Schicht zwischen Emitter und Basis oder die Herstellung des Emitters aus einem HL-Material mit höherem Bandabstand E_G, dessen Dotierung geringer als N_0 ist [44].

Geht man bei Hf-Transistoren zu immer dünnerer Basis über und hält die Kollektor-Randschichtdicke fest, so wird schließlich die Laufzeit

---

[1] In Wirklichkeit handelt es sich um verteilte Widerstände und Kapazitäten. Berücksichtigt man dies, so ergibt sich ein etwas anderer Zahlenwert für r_b [43].

der Ladungsträger durch die Randschicht vergleichbar mit der Laufzeit durch die Basis, während sie in normalen Transistoren wegen der dickeren Basis und der dünneren Randschicht völlig vernachlässigbar ist. Die Randschichtlaufzeit begrenzt schließlich das Frequenzverhalten. Da die Beweglichkeit der Ladungsträger in Halbleitern wie Ge und Si bei Feldstärken oberhalb etwa 10^3 V/cm mit zunehmender Feldstärke so stark abnimmt, daß die Geschwindigkeit der Ladungsträger schließlich einen feldunabhängigen Grenzwert v_g erreicht, läßt sich diese Laufzeit nicht unter den Wert $t_c = l_c/v_g$ herabdrücken, wo l_c die Randschichtdicke ist. Tab. 2 gibt die Grenzgeschwindigkeiten in Ge und Si bei Zimmertemperatur an.

Tabelle 2. *Grenzgeschwindigkeiten und Grenzfeldstärken für Elektronen und Löcher in Germanium und Silizium*

		v_g [cm/sek]	F_g [V/cm]
Germanium	Elektronen	$7 \cdot 10^6$	$\approx 10^4$
	Löcher	$5{,}5 \cdot 10^6$	$\approx 3 \cdot 10^4$
Silizium	Elektronen	$8{,}2 \cdot 10^6$	$\approx 2 \cdot 10^4$
	Löcher	$4 \cdot 10^6$	

Andererseits wird man in kritischen Fällen bestrebt sein, diese minimale Laufzeit wirklich zu erreichen. Die Feldstärke in der Randschicht muß also möglichst so groß sein wie der Mindestwert, bei dem die Grenzgeschwindigkeit erreicht wird. (Diese Mindestwerte sind ebenfalls in Tab. 2 gegeben. Da die Annäherung an v_g asymptotisch stattfindet, stellen sie natürlich nur Näherungswerte dar.) Das bedeutet aber eine Mindestspannung, die am Kollektor anliegen soll, damit der Transistor seine volle Frequenzgrenze erreicht. Da die Feldstärke im Innern der störstellenarmen Randschicht nahezu homogen ist, ergibt sich die Mindestspannung einfach durch Multiplikation von F_g mit der Randschichtdicke. Schließlich ist eine Mindestspannung auch erforderlich, um zu verhindern, daß der Kollektorstrom raumladungsbegrenzt wird.

Qualitativ wirkt sich die Randschichtlaufzeit etwas anders aus als die Basislaufzeit, denn in der Randschicht werden die injizierten Träger nicht durch eine gleiche Anzahl von Mehrheitsträgern neutralisiert, sondern sie verhalten sich wie in einem Kondensator, d. h. sie influenzieren die neutralisierenden Ladungen auf den „Kondensatorplatten", d. h. an den die Randschicht begrenzenden Enden von Basis und Kollektor. Wenn sich ein injiziertes Loch gleichförmig durch die Randschicht bewegt, so nimmt die negative Aufladung des Kollektorendes gleichförmig zu, d. h. es fließt ein Strom, der zum Kollektorstrom beiträgt, schon ehe das Loch den Kollektor wirklich erreicht hat. Der gesamte Kollektorstrom ist dann der räumliche Mittelwert des Stromes innerhalb der Randschicht. Der von der Basis in den Kollektor eintretende Strom sei proportional zu $e^{j\omega t}$; dann ist die räumliche Stromverteilung innerhalb der Randschicht proportional zu $e^{j\omega(t-x/v_g)}$. Mittelwertbildung über die gesamte Randschicht gibt mit $t_c = l_c/v_g$:

$$\frac{1}{l_c} \int_0^{l_c} e^{j\omega(t-x/v_g)}\, dx = \frac{1 - e^{-j\omega t_c}}{j\,\omega\, t_c}\, e^{j\omega t} = \zeta\, e^{j\omega t}\,, \tag{156}$$

wo ζ der Transportfaktor der Randschicht ist, der zum Transportfaktor der Basis multiplikativ hinzutritt bei der Berechnung des gesamten Stromverstärkungsfaktors. Für Frequenzen $\omega \ll 1/t_c$ läßt sich die Exponentialfunktion in ζ entwickeln

$$\zeta = \frac{1 - \left[1 - j\,\omega\, t_c - \frac{(\omega\, t_c)^2}{2} - \cdots\right]}{j\,\omega\, t_c} \approx 1 - j\,\frac{\omega\, t_c}{2} \approx e^{-j\omega t_c/2}\,. \tag{157}$$

Die Randschichtlaufzeit bewirkt dann also nur eine Phasenverschiebung des Signals mit der halben Laufzeit als Zeitkonstante, jedoch keine Dämpfung. Die Dämpfung setzt quadratisch in der Frequenz ein; sie rührt daher, daß bei hohen Frequenzen die Phasenunterschiede innerhalb der Randschicht merklich werden, wodurch sich bei der Mittelwertbildung das Signal teilweise weginterferiert. Der Dämpfungsfaktor hat die für solche Interferenzeffekte typische Gestalt

$$\tag{158}$$

$$|\zeta| = \frac{1}{\omega t_c}\sqrt{(1 - e^{-j\omega t_c})\,(1 - e^{+j\omega t_c})} = \frac{1}{\omega\, t_c}\sqrt{2(1 - \cos\omega\, t_c)} = \frac{\sin\dfrac{\omega\, t_c}{2}}{\dfrac{\omega\, t_c}{2}}\,.$$

Für $f = 1/2\, t_c$ wird $\omega\, t_c/2 = \pi/2$ und $|\zeta| = 2/\pi = 0{,}64$. Man kann also $f_i = 1/2\, t_c$ etwas willkürlich als Grenzfrequenz für Interferenzdämpfung definieren.

Bei Berücksichtigung des Kollektorwiderstandes, der Emitterkapazität und der Randschichtlaufzeit geht Gl. (150b) über in

$$f_{\max} = \frac{1}{4\pi}\sqrt{\frac{1}{(r_b + r_{ca})\, c_c \cdot t_{ec}}}\,, \tag{159}$$

wobei

$$t_{ec} = t_e + t_b + \frac{1}{2}\, t_c\,.$$

10. Transistoren mit $\alpha > 1$

Ein einfacher Schichttransistor, so wie wir ihn bisher beschrieben haben, hat stets einen Stromverstärkungsfaktor $\alpha < 1$. Damit $\alpha > 1$ wird, ist es notwendig, daß die durch die Basis hindurchlaufenden injizierten Ladungsträger im Kollektor ihrerseits weitere Ladungsträger freimachen. Diese Ladungsträger bilden einen zusätzlichen Kollektorstrom, der — mehr oder weniger — dem primären Kollektorstrom proportional ist. In gewissen Schaltungen ist ein solcher Transistor mit $\alpha > 1$ elektrisch instabil. Mit ihm lassen sich gewisse Schaltungsanwendungen viel einfacher durchführen als mit normalen Transistoren, insbesondere Oszillator- und bistabile Schaltungen.

Transistoren mit $\alpha > 1$ sind nun tatsächlich möglich. Je nach dem Vervielfachungsmechanismus muß man zwei Gruppen unterscheiden: Transistoren mit Stoßvervielfachung und Transistoren mit rückwärtiger Injektion in den Kollektor hinein.

a) Transistor mit Stoßvervielfachung

Die in Kap. III.6b erwähnte Paarerzeugung durch Stoßionisation setzt sowohl beim Transistor als auch bei der einfachen Diode schon bei wesentlich niedrigeren Spannungen ein als der eigentlichen Durchbruchspannung. Während sie jedoch bei der Diode einfach einen langsamen und meist geringfügigen Stromanstieg bedeutet, bewirkt sie beim Transistor einen Anstieg von α. Da aber α sowieso sehr nahe an Eins liegt, genügt eine ganz schwache Vervielfachungsrate, um α über Eins anwachsen zu lassen; bei einem „normalen" α von 0,99 z. B. reicht es aus, wenn jedes hundertste injizierte Teilchen ein Trägerpaar erzeugt. Solche Transistoren, die dann über einen relativ weiten Spannungsbereich ein $\alpha > 1$ haben, werden als „Lawinentransistoren" bezeichnet [45].

b) Trägerinjektion in den Kollektor (Vierschichtentransistor, Thyristor)

Normalerweise wird man sich bemühen, den Übergang von der eigentlichen Kollektorschicht auf die metallischen Anschlüsse völlig sperr- und injektionsfrei zu machen. Nehmen wir einmal an, daß der Kollektor vor Erreichen des Metalls seinen Leitungstyp noch einmal umkehrt, wie das in Teil D, Abb. 47b für einen pnp-Transistor gezeigt wird. Dann haben wir ein Gebilde mit vier Schichten vor uns, einen $pnpn$-Transistor, wobei die dritte Schicht (p) keine elektrische Zuführung besitzt. Fließen jetzt Löcher von der Basis in den Kollektor ein, so müssen sie vor Erreichen des Metalls den letzten pn-Übergang durchfließen; dadurch injiziert dieser pn-Übergang Elektronen in den Kollektor hinein, die nach der Basis abfließen und die einen „sekundären" Kollektorstrom proportional zum „primären" Strom darstellen. Auf diese Weise sind sehr hohe α-Werte erzielbar; wie hohe hängt von den Dotierungs- und Dickenverhältnissen der beiden Kollektorschichten ab. Einzelheiten des Vierschichtentransistors und der daraus durch Wegfall der Basiszuleitung hervorgehenden Vierschichtendiode werden in Teil D, Kap. III.3 erläutert.

Der beschriebene Injektionseffekt tritt nun nicht nur auf, wenn ein echter pn-Übergang im Kollektor vorliegt, obwohl er dann am stärksten

ist. Um ein $\alpha > 1$ zu erzielen, genügt es vielmehr, wenn die Energiebänder im Kollektor am Metall-Halbleiter-Kontakt etwas nach unten[1]
gekrümmt sind, wie das beim normalen Germanium-Indium-Kontakt
der Fall zu sein scheint. Wegen seines thyratronähnlichen Verhaltens
wird ein solcher Transistor als Thyristor bezeichnet.

Literaturverzeichnis zu Teil A

[1] SPENKE, E.: Elektronische Halbleiter, Berlin/Göttingen/Heidelberg:
Springer 1956.
[2] SOMMERFELD, A., u. H. A. BETHE: Handbuch der Physik, Bd. 24/II
Kap. 3, Berlin/Göttingen/Heidelberg: Springer 1933.
[3] PFIRSCH, D., u. E. SPENKE: Z. Phys. **137**, 309 (1954).
[4] SERAPHIN, B.: Halbleiterprobleme II, Referat 2, Braunschweig: Vieweg 1955.
[5] HANNAY, N. B.: Semiconductors, New York: Reinhold Publishing
Corporation 1959.
[6] CONWELL, E. M.: Proc. Inst. Radio Eng. **40**, 1327 (1952).
[7] CONWELL, E. M.: Proc. Inst. Radio Eng. **46**, 1281 (1958).
[8] HERMAN, F.: Proc. Inst. Radio Eng. **43**, 1703 (1955).
[9] HERMAN, F.: Rev. Mod. Phys. **30**, 102 (1958).
[10] LAX, B.: Rev. Mod. Phys. **30**, 122 (1958).
[11] SHOCKLEY, W.: Electrons and Holes in Semiconductors, New York:
Van Nostrand 1950.
[12] MOTT, N. F., u. R. W. GURNEY: Electronic Processes in Ionic Crystals.
Oxford: Clarendon Press 1948.
[13] SHOCKLEY, W.: Bell Syst. techn. J. **28**, 435 (1949).
[14] SCHOTTKY, W.: Z. Phys. **118**, 539 (1942)
[15] TAMM, I.: Phys. Z. Sowjet. **1**, 733 (1932).
[16] BARDEEN, J.: Phys. Rev. **71**, 717 (1947).
[17] KINGSTON, R. H.: J. appl. Phys. **27**, 101 (1956).
[18] KINGSTON, R. H.: Semiconductor Surface Physics, Philadelphia: University of Pennsylvania Press 1957.
[19] SHOCKLEY, W.: Phys. Rev. **56**, 317 (1939).
[20] PRINCE, M. B.: Phys. Rev. **92**, 681 (1953).
[21] PRINCE, M. B.: Phys. Rev. **93**, 1204 (1954).
[22] SHOCKLEY, W. u. W. T. READ: Phys. Rev. **87**, 835 (1952).
[23] HALL, R. N.: Phys. Rev. **87**, 387 (1952).
[24] GOUCHER, F. S., G. L. PEARSON, M. SPARKS, G. K. TEAL u. W. SHOCK-
LEY: Phys. Rev. **81**, 637 (1951).
[25] KLEINKNECHT, H., u. K. SEILER: Z. Phys. **139**, 599 (1954).
[26] SAH, C.-T., R. N. NOYCE, u. W. SHOCKLEY: Proc. Inst. Radio Eng.
45, 1228 (1957).
[27] ZENER, C.: Proc. Roy. Soc. **145**, 523 (1934).
[28] MCAFEE, K. B., E. J. RYDER, W. SHOCKLEY, u. M. SPARKS: Phys.
Rev. **83**, 650 (1951).
[29] MCKAY, K. G.: Phys. Rev. **94**, 877 (1954).
[30] MILLER, S. L.: Phys. Rev. **105**, 1246 (1957).
[31] KNOTT, R. D., I. D. COLSON, u. M. R. P. YOUNG: Proc. Phys. Soc.
(B) **68**, 182 (1955).

---

[1] Beim *pnp*-Transistor; beim *npn*-Transistor müssen sie nach oben
gekrümmt sein.

[32] BENEKING, H.: Z. angew. Phys. **9**, 626 (1957).
[33] MOORE, A. R., u. J. I. PANKOVE: Proc. Inst. Radio Eng. **42**, 907 (1954).
[34] WEBSTER, W. M.: Proc. Inst. Radio Eng. **42**, 914 (1954).
[35] EARLY, J. M.: Proc. Inst. Radio Eng. **40**, 1401 (1952).
[36] EARLY, J. M.: Bell Syst. techn. J. **32**, 1271 (1953).
[37] ANGELL, J. B., u. F. P. KEIPER: Proc. Inst. Radio Eng. **41**, 1709 (1953).
[38] DACEY, G. C.: Phys. Rev. **90**, 759 (1953).
[39] KRÖMER, H.: Naturwiss. **40**, 578 (1953).
[40] KRÖMER, H.: Arch. elektr. Übertr. **8**, 223, 363, 499 (1954).
[41] KRÖMER, H.: The Drift-Transistor, in Transistors I, Princeton: RCA Laboratories 1956.
[42] EARLY, J. M.: Bell Syst. techn. J. **33**, 517 (1954).
[43] EARLY, J. M.: Proc. Inst. Radio Eng. **46**, 1924 (1958).
[44] KRÖMER, H.: Proc. Inst. Radio Eng. **45**, 1535 (1957).
[45] KIDD, M. C., W. HASENBERG, u. W. M. WEBSTER: RCA Rev. **16**, 16 (1955).

Die technologischen Grundlagen des Transistors

I. Die Technologie des Halbleitermaterials

1. Halbleiterelemente und Halbleiterverbindungen

Germanium und Silizium sind die bis heute wichtigsten Elemente für die Fertigung von Transistoren und anderen Halbleiterbauelementen. Sie stehen in der IV. Gruppe des periodischen Systems der Elemente.

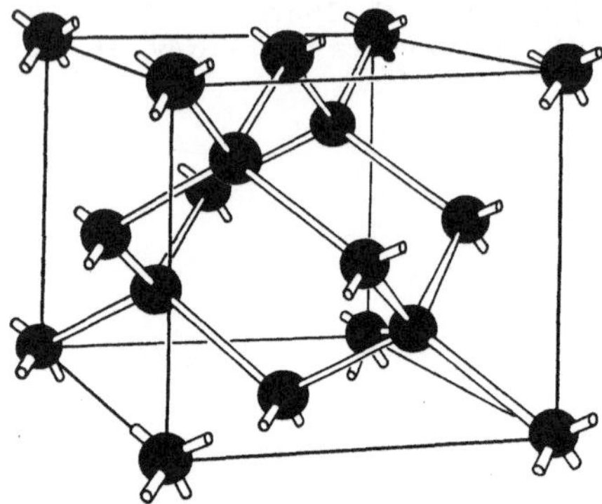

Abb. 1. Das Diamantgitter

Die ersten Elemente in dieser Gruppe sind in der Reihenfolge mit steigendem Atomgewicht geordnet: C, Si, Ge und Sn. Davon kristallisieren Germanium und Silizium ausschließlich im Diamantgitter, das die charakteristische Eigenschaft besitzt, daß die vier unmittelbaren Nachbarn eines herausgegriffenen Atomes auf den Eckpunkten eines gleichseitigen Tetraeders liegen (Abb. 1). Irgendwelche am Einzelatom des Gitters angreifenden Kräfte werden daher sofort nach vier verschiedenen Richtungen abgeleitet. Dadurch erhält das Diamantgitter seine außerordentliche Stabilität und Härte. Die Atome werden durch homöopolare Austauschkräfte zusammengehalten, die brückenartig zwischen den Nachbaratomen wirken. Die Bindungskräfte werden durch je zwei Elektronen in den äußersten Schalen hervorgerufen, diese tragen also nicht zur elektrischen Leitfähigkeit bei. Der homöopolare Bindungscharakter ist nach WELKER [1] teilweise die Ursache für die hohe Beweglichkeit, die die Elektronen in allen Diamantgittern haben, wenn sie durch thermische Energie oder andere physikalische Effekte ins Leitungsband des Kristalles gehoben werden. Diese Beweglichkeiten betragen für Diamant etwa 1800 cm²/ Vsek, für Si 1350, für Ge 3900 und für α-Sn etwa 1600. Die hohen

Beweglichkeiten hängen einmal mit der starken Bindungsfestigkeit im Diamantgitter zusammen. Die Amplituden der thermischen Gitterschwingungen sind hier besonders klein. Die Elektronenbewegung innerhalb des Gitters wird daher besonders wenig gestört. Das andere Mal dürfte die homöopolare Bindung zu einer kleinen effektiven Masse der Leitungselektronen führen, die wiederum die hohe Beweglichkeit begünstigt.

Eine andere für die Halbleitereigenschaften eines Elementes charakteristische Größe ist der energetische Abstand zwischen Leitfähigkeits- und Valenzband. Der Bandabstand nimmt in der betrachteten Reihe vom Diamant mit 6 $\rightarrow$ 7 eV, über Si mit 1,12 eV, Ge mit 0,72 eV und α-Sn mit 0,08 eV laufend ab. Ebenfalls sinken die Schmelzpunkte dieser Stoffe mit wachsender Ordnungszahl: C = 3800 °C, Si = 1420 °C, Ge = 936 °C und Sn = 232 °C (nach Umwandlung in β-Sn bei 13,5 °C). Dieser Zusammenhang zwischen Bandabstand und Schmelzpunkt in einer Reihe mit gleicher Gitterstruktur ist theoretisch verständlich. Je größer die Bindungsfestigkeit im Gitter ist, um so höher wird auch die thermische Energie sein, die dem Gitter zugeführt werden muß, bis es zusammenbricht. Um so höher liegt der Schmelzpunkt. Andererseits wächst nach der Elektronentheorie der Metalle die Breite der verbotenen Zone mit der Tiefe der Potentialmulde, die das einzelne Atom im Gitterpotential darstellt. Da die Tiefe dieser Potentialmulden mit der Bindungsfestigkeit zunimmt, wächst der Bandabstand mit der Bindungsfestigkeit an.

Die Elemente der IV. Gruppe zeigen noch eine weitere wichtige Halbleitereigenschaft. Sie lassen sich leicht mit den Elementen der III. und V. Gruppe des periodischen Systems dotieren (diese Zusammenhänge sind allerdings in erster Linie an den Elementen Si und Ge aufgeklärt worden). Die Elemente der III. Gruppe wirken dabei als Akzeptoren, indem sie ein Elektron aus dem Valenzband aufnehmen und damit in den negativen Zustand übergehen. Die Elemente der V. Gruppe geben ein Elektron in das Leitungsband ab, sie wirken als Donatoren und werden selbst positiv geladen. Die Elemente der III. und V. Gruppe nehmen also die Elektronenkonfiguration des vierwertigen Diamantgitters an und fügen sich so in den Gesamtaufbau des Kristalles ein. Sie werden im allgemeinen auf Gitterplätzen eingebaut. Das Verhalten eines solchen überschüssigen oder fehlenden Elektrons läßt sich — wie in Kap. A.I.5 ausgeführt — durch ein Quasi-Wasserstoffmodell beschreiben. Man erhält mit Hilfe dieser Abschätzung Donator- und Akzeptortermabstände vom Bandrand ($\approx$ 0,05 eV bei Si und 0,01 eV bei Ge), die größenordnungsmäßig mit den experimentell gefundenen übereinstimmen.

Neben diesen Elementen, die halbleitende Eigenschaften haben, gibt es eine Reihe von Verbindungen, die der Struktur der homöopolaren

Kristalle nachgebildet sind. Es sind dies die von WELKER [1] angegebenen Verbindungen, die aus je einem Element der III. und aus einem
Element der V. Gruppe zusammengesetzt sind, kurz die $A^{III}B^V$-Ver-
bindungen genannt. Für den Aufbau dieser Verbindungen kommen in
erster Linie die Elemente Al, Ga, In (III. Gruppe) und die Elemente P, As
und Sb (V. Gruppe) in Frage. Die neun daraus abzuleitenden Verbindungen AlP, AlAs, AlSb, GaP, GaAs, GaSb, InP, InAs und InSb

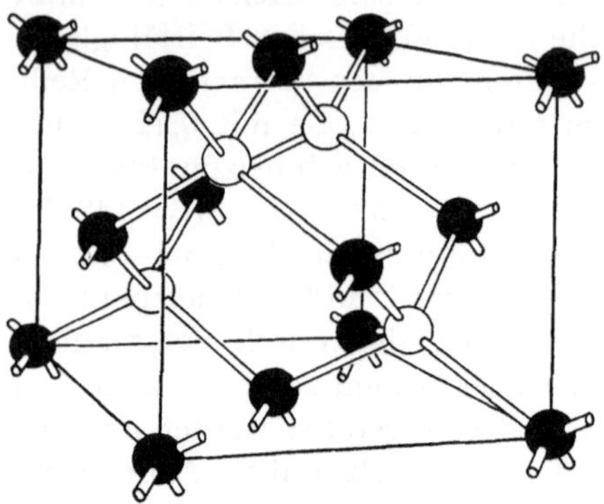

besitzen die Zinkblendestruktur
(Abb. 2). Der Übergang vom
Diamantgitter zum Zinkblendegitter ist leicht durchzuführen.
Es müssen nur die 4wertigen
Atomrümpfe durch die 3- und
5wertigen Atomrümpfe aus den
beiden Nachbargruppen ersetzt
werden, derart, daß eine 3werti-
ge Ladung immer auf eine 5wer-
tige Ladung folgt. Dabei bleibt
die mittlere Ladungsdichte
zweier Atomrümpfe und ebenso
die Zahl der Valenzelektronen

Abb. 2. Das Zinkblendegitter

erhalten, so daß die gegenseitige homöopolare Absättigung der äußeren
Elektronen nicht verändert wird. In erster Näherung kann also die
Bindung in den $A^{III}B^V$-Elementen als homöopolar, ähnlich wie die in
den Elementen der IV. Gruppe, angesehen werden. Die Elemente der

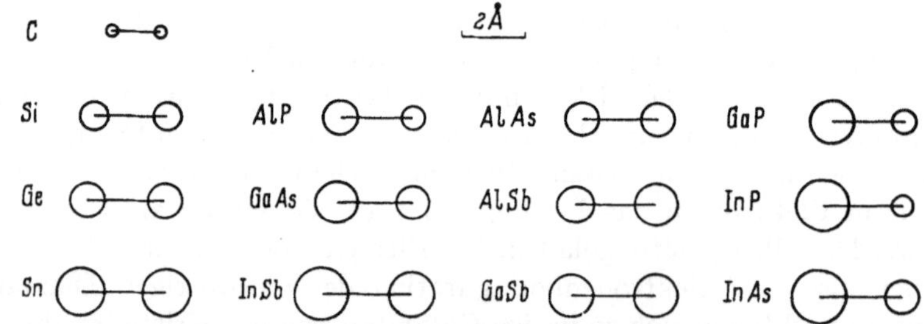

Abb. 3. Atom- und Ionenradien, sowie Abstände der Atome und Ionen in Halbleiterelementen und Halbleiterverbindungen. Nach WELKER [1]

V. Gruppe sind jedoch etwas stärker elektronegativ und die Elemente
der III. Gruppe etwas stärker elektropositiv als die entsprechenden
Elemente der IV. Gruppe. Damit ist der heteropolare Charakter einer
$A^{III}B^V$-Verbindung stärker als der des entsprechenden Elementes. Die
Bindungsenergie der $A^{III}B^V$-Verbindungen ist daher um einen zusätzlichen Ionenanteil gegenüber den Elementen vergrößert (dieser zusätzliche Ionenanteil ist allerdings nur ein Korrekturglied II. Ordnung). Eine

Veranschaulichung der Dichteverteilung der Elektronen im Kristallgitter muß nach WELKER [1] davon ausgehen, daß die Elemente der III. und V. Gruppe als 3fach bzw. 5fach positiv geladene, edelgasartige Ionen vorliegen und daß die $3 + 5 = 8$ verfügbar werdenden Elektronen die vier homöopolaren Brücken zwischen den Nachbaratomen liefern. Eine Bestätigung hierfür kann darin gesehen werden, daß die Nachbildungen der 4wertigen Elemente durch die $A^{III}B^{V}$-Verbindungen hinsichtlich ihres Gitterabstandes miteinander sehr gut übereinstimmen (vgl. hierzu Abb. 3). So beträgt der Abstand benachbarter Atome im Si 2,34 Å, in der entsprechenden $A^{III}B^{V}$-Nachbildung, im AlP, 2,36 Å; dasselbe trifft für das Ge (2,44 Å) und GaAs (2,44 Å) und für das graue Zinn (2,80 Å) und InSb (2,80 Å) zu. In Abb. 3 sind die Ionenradien und Abstände der Atome in den Halbleiterelementen und Halbleiterverbindungen einander gegenübergestellt.

Das Auftreten eines, wenn auch geringen,

Tabelle 1. *Daten verschiedener Halbleitersubstanzen*

	Gitterkonstante in Å	Schmelzpunkt in °C	Bandabstand in eV	Beweglichkeit in cm²/Vsek μ_n	μ_p	Beweglichkeitsprodukt $\mu_n \cdot \mu_p$ in (cm²/Vsek)² · 10^{-6}
Ge	5,66	936	0,72	3900	1900	7,4
Si	5,43	1420	1,12	1350	480	0,81
C (Diamant)	3,56	—	6—7	1800	~1200	~2,2
α-Sn	6,46	232[1]	0,08	1600	1200	1,9
AlP	5,42	~1050	~3	—	—	—
AlAs	5,62	>1600	~2,2	—	—	—
AlSb	6,10	1060	1,62	~300	~300	~0,09
GaP	5,44	>1300	2,25	110	75	0,008
GaAs	5,63	1280	1,35	8500	420	3,6
GaSb	6,09	725	0,70	4000	1400	5,6
InP	5,86	1050	1,3	4600	150	0,7
InAs	6,06	942[2]	0,33	33000	460	15,2
InSb	6,48	523	0,17	78000	750	58,5

[1] Nach Umwandlung in β-Zinn bei 13,5 °C.
[2] Unter Druck.

Anteiles an heteropolarer Bindung zusätzlich zur homöopolaren Bindung führt zu einer ausschließlich quantenmechanisch verständlichen Resonanzverfestigung. Diese Tatsache wirkt sich bereits beim InSb aus. InSb besitzt den gleichen Gitterabstand wie graues Sn. Beide Substanzen haben gemittelt dasselbe Atomgewicht, somit ist auch die Dichte des InSb gleich der des grauen Sn. Durch den quantenmechanischen Resonanzeffekt wird nun die Bindungsfestigkeit in der Verbindung größer als im Element. Die thermischen Gitterschwingungen sind deshalb im InSb kleiner als im Sn. Daraus ergibt sich, daß die Elektronenbeweglichkeit in der Verbindung die des Elementes erheblich übertrifft. Man findet bei Zimmertemperatur bei InSb für μ_n einen Wert von 88000 cm²/Vsek, während α-Sn nur einen Wert von etwa 1600 cm²/Vsek besitzt (vgl. Tab. 1).

Geht man zu Verbindungen über, deren heteropolarer Bindungscharakter noch ausgeprägter ist, d. h. durchläuft man eine isoelektronische Reihe vom Elementgitter der IV. Gruppe über die III—V-Verbindung und II—VI-Verbindung zum I—VII-Ionenkristall — in dem oben erwähnten Beispiel der Sn-Reihe würde das den Übergang von α-Sn zum InSb, CdTe und AgJ bedeuten —, so findet man zunächst ein Ansteigen der Beweglichkeit im Leitungsband. Mit zunehmender Heteropolarität sinkt allerdings die Beweglichkeit beträchtlich ab, um im Ionenkristall ganz niedrige Werte anzunehmen (vgl. Tab. 2). Diese Zusammenhänge lassen sich nach SERAPHIN [2] theoretisch begründen.

Tabelle 2. *Schmelzpunkt, Bandabstand und Trägerbeweglichkeit in einer isoelektronischen Reihe*

	Schmelzpunkt [°C]	Bandabstand [eV]	Trägerbeweglichkeit	
			μ_n [cm²/Vsek]	μ_p [cm²/Vsek]
α-Sn	232	0,08	1 600	1200
InSb	523	0,17	88 000	4000
CdTe	1240	1,8	300	—
AgJ	555	2,8	30	—

Dasselbe Bild ergibt sich, wenn man die schon lange als Halbleiter bekannten Verbindungen vom Typ $A^{II}B^{VI}$ betrachtet, z. B. ZnS und CdS. Die Verbreiterung der verbotenen Zone ist allerdings bei diesen Typen schon so groß, daß sie bei Zimmertemperatur im thermischen Gleichgewicht nahezu als Isolatoren anzusehen sind. Die Elektronenbeweglichkeit ist deshalb aus den oben angedeuteten Gründen schon recht niedrig, sie ist von der Größenordnung 100 cm²/Vsek. Der reine Ionenkristall vom Typ $A^{I}B^{VII}$ besitzt demgegenüber eine noch weit geringere Elektronenbeweglichkeit (z. B. hat NaCl eine Elektronenbeweglichkeit von der Größenordnung 10^{-3} cm²/Vsek). Die Verbindungen vom Typ $A^{III}B^{V}$ nehmen also tatsächlich eine Sonderstellung ein, die sie bezüglich Bandabstand und Elektronenbeweglichkeit den Elementen der IV. Gruppe am nächsten bringt.

2. Physikalische Eigenschaften von Germanium und Silizium

Ge und Si sind die Halbleitersubstanzen, die in der Praxis zur Fertigung technischer Transistoren in der Hauptsache Verwendung finden. Welchen Bedingungen muß ein Halbleitermaterial genügen, wenn es zur Transistorherstellung dienen soll? Eine wesentliche Voraussetzung ist die hohe Beweglichkeit der Ladungsträger. Hier ist nicht die Beweglichkeit der einen Ladungsträgersorte allein maßgebend, sondern wegen der überall im Kristall notwendig aufrechtzuerhaltenden Ladungsneutralität spielt auch die Beweglichkeit des kontrapolaren Ladungsträgers eine entscheidende Rolle. Wichtig für die Beurteilung der Beweglichkeit ist in erster Näherung nach GIACOLETTO [3] das Beweglichkeitsprodukt $\mu_n \cdot \mu_p$, wenn μ_n und μ_p die Beweglichkeiten der Elektronen und Defektelektronen bedeuten. Eine weitere wichtige Voraussetzung für die Eignung eines Materials zur Transistorfertigung ist der Bandabstand, da von ihm die Temperaturgrenze abhängt, bis zu der der Transistor arbeitsfähig bleibt. Ein Bandabstand von 0,7 bis 1,5 eV ist als günstig erkannt worden. An der unteren Grenze des genannten Bandabstandes ist der Sperrstrom eines pn-Überganges gerade noch erträglich klein. An der oberen Grenze ist er auch bei Temperaturen, die in technischen Verstärkern von Interesse sind, zu vernachlässigen. Ein höherer Bandabstand führt zu Isolatoren, die praktisch nicht mehr dotierbar sind. (Vgl. Teil A, Kap. I. 5.)

Das Halbleitermaterial soll des weiteren gute technologische Eigenschaften besitzen. Jeder technische Halbleiter muß homogen sein und soll leicht im einkristallinen Zustand erhalten werden können. Innere Oberflächen oder Korngrenzen sind zu vermeiden. Desgleichen sollen Kristallbaufehler, wie z. B. Versetzungen, Lücken, Fehlstellen, nur in geringer Zahl vorkommen. Zur Herstellung von pn-Übergängen muß eine Dotierbarkeit der Halbleiterkristalle gefordert werden. Es soll also eine leichte Präparierbarkeit des Grundmaterials und eine ebenso einfache Einführung und gleichmäßig Verteilung von Störstellen möglich sein. Zum Schluß muß noch verlangt werden, daß die Materialien an ihrer Oberfläche eine stabile Zusammensetzung an Luft oder in einer Schutzgasatmosphäre für lange Zeit behalten, damit die Haltbarkeit technischer Produkte garantiert werden kann.

Trotz der vielen gleichzeitig zu stellenden Bedingungen werden tatsächlich Substanzen gefunden, die diese erfüllen. Wählen wir zunächst eine Substanz, deren Bandabstand zwischen 0,7 und 1,5 eV liegt, so bleiben nach der Tab. 1, in der einige Daten von Halbleitermaterialien zusammengestellt sind, neben den Elementen Si und Ge nur wenige $A^{III}B^{V}$-Verbindungen wie z. B. GaSb, InP, GaAs übrig. Betrachten wir als nächste Forderung das maximale Beweglichkeitsprodukt, so steht das Element Ge an erster Stelle mit $\mu_n \cdot \mu_p = 7{,}4 \cdot 10^6$ (cm²/Vsek)². Es folgen

Tabelle 3. *Materialeigenschaften von Ge und Si*

Thermische Eigenschaften	Germanium		Silizium	
	Wert	Temperatur	Wert	Temperatur
Linearer thermischer Ausdehnungskoeffizient	$6{,}1 \cdot 10^{-6}/°C$ $6{,}6 \cdot 10^{-6}/°C$	0—300 °C 300—680 °C	$4{,}2 \cdot 10^{-6}/°C$	10—50 °C
Thermische Leitfähigkeit	0,58 W/cm °C 0,46 W/cm °C	25 °C 100 °C	0,84 W/cm °C	20 °C
Spezifische Wärme	0,31 Wsek/g °C	0—100 °C	0,756 Wsek/g °C	18,2—99,1 °C
Latente Schmelzwärme	34 700 Wsek/mol		39 500 Wsek/mol	
Schmelzpunkt	936 °C		1420 °C	
Verdampfungspunkt	2700 °C		2600 °C	

Mechanische Eigenschaften	Germanium	Silizium
Elastische Konstante C_{11}	$12{,}98 \cdot 10^{11}$ dyn/cm²	$16{,}740 \cdot 10^{11}$ dyn/cm²
Elastische Konstante C_{12}	$4{,}88 \cdot 10^{11}$ dyn/cm²	$6{,}523 \cdot 10^{11}$ dyn/cm²
Elastische Konstante C_{44}	$6{,}73 \cdot 10^{11}$ dyn/cm²	$7{,}957 \cdot 10^{11}$ dyn/cm²
Volumenkompressibilität	$1{,}3 \cdot 10^{-12}$ cm²/dyn	$0{,}98 \cdot 10^{-12}$ cm²/dyn

Verschiedene Materialkonstanten	Germanium	Silizium
Ordnungszahl	32	14
Atomgewicht	72,60	28,08
Gitterkonstante	$5{,}657 \cdot 10^{-8}$ cm	$5{,}431 \cdot 10^{-8}$ cm
Dichte	5,323 g/cm³	2,328 g/cm³
Dielektrizitätskonstante	16	12
Magnetische Suszeptibilität	$-0{,}12 \cdot 10^{-6}$ cgs	$-0{,}13 \cdot 10^{-6}$ cgs
Debye-Temperatur	290 °K	—

InP und GaSb mit den Werten $2{,}5 \cdot 10^6$ und $5{,}0 \cdot 10^6$, während Si nur das Produkt $0{,}81 \cdot 10^6$ erreicht. Wesentliche Unterschiede gegenüber dem Ge-Wert bedeuten diese Ziffern nicht, wenn man bedenkt, daß das Frequenzgebiet der Transistoren sehr viele Größenordnungen umfassen soll.

Bei der engeren Auswahl zwischen diesen verschiedenen Halbleiterwerkstoffen sind Präparationsschwierigkeiten maßgebend. Hier läßt sich grundsätzlich sagen, daß ein Einstoffsystem immer einfacher zu beherrschen ist als ein Zweistoffsystem. Wenn auch die $A^{III}B^{V}$-Verbindungen niedrigere Schmelzpunkte besitzen als Si, so haben sie die unangenehme Eigenschaft, bei ihrem Schmelzpunkt merklich zu verdampfen. Überdies haben ihre beiden Komponenten im allgemeinen verschiedene Dampfdrucke. Schon deswegen ist die Reinigung und Präparierung dieser Substanzen schwierig. Abb. 4 zeigt die Herstellung von InAs- und GaAs-Einkristallen, die in einem heizbaren, vom äußeren Raum völlig abgeschlossenem Ofengefäß vor sich geht [4]. Ein Teil der $A^{III}B^{V}$-Verbindungen wird vom Sauerstoff der Luft angegriffen (z. B. AlP), so daß die Fertigung technischer Bauelemente daraus auf besondere Schwierigkeiten stößt. Physikalische und technische Grenzen für

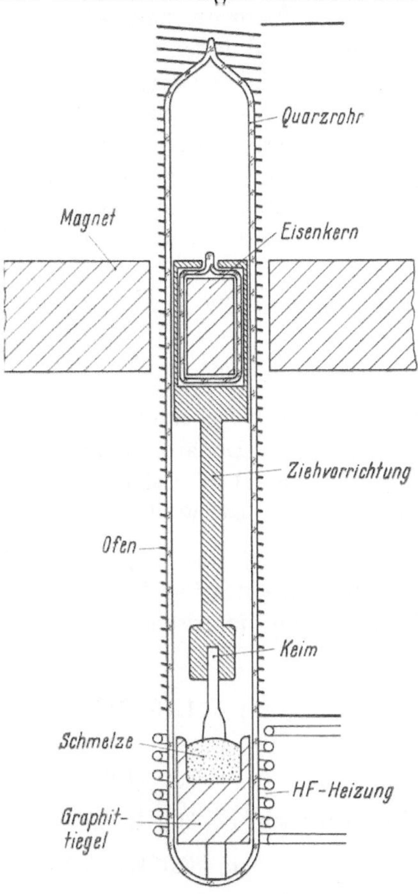

Abb. 4. Herstellung von GaAs-Kristallen nach der Zugmethode im abgeschlossenen Gefäß. Nach GREMMELMAIER [4]

Transistoren, die aus Halbleiterverbindungen aufgebaut sind, werden von JENNY [26] diskutiert. Von ihm wurden auch die ersten Transistoren aus Indiumphosphid im Laboratorium mit Hilfe einer Zinkdiffusion hergestellt. GaAs ist für die Präparation von Tunneldioden und Dioden für parametrische Verstärkung ein wichtiger Werkstoff [27]. Für industriell produzierte Transistoren haben bis heute nur die Elemente Ge und Si Anwendung gefunden. Dabei liefert Ge den Werkstoff für einen Transistor, in dem es auf die Trägerbeweglichkeit ankommt, während Si den Werkstoff abgibt für Transistoren, in denen ein hoher Energieumsatz stattfindet (Leistungstransistoren) oder die bei hoher Umgebungstemperatur arbeiten sollen. GaAs- und InSb-Transistoren sind in einer Laborfertigung hergestellt worden [35].

Tab. 3 enthält die wesentlichen thermischen und mechanischen Daten der beiden Elemente nach einer Zusammenstellung von CONWELL [5]. Die für die Halbleitereigenschaften des Ge und Si wichtigste Größe ist die Zahl der Ladungsträger und deren Beweglichkeit im Kristall. Theoretische Überlegungen (vgl. Teil A, Kap. I.4) zeigen, daß in einem Halbleiter im thermischen Gleichgewicht das Produkt aus der Elektronenkonzentration n und aus der Löcherkonzentration p allein eine Funktion der Temperatur ist. Die für das Produkt $n \cdot p$ gefundenen empirischen Werte sind nach CONWELL [28]:

$$n \cdot p = 3{,}1 \cdot 10^{32}\, T^3\, e^{-\frac{0{,}785\,eV}{kT}}\ \mathrm{cm}^{-6}\quad \text{für}\quad \mathrm{Ge},$$

$$n \cdot p = 1{,}5 \cdot 10^{33}\, T^3\, e^{-\frac{1{,}21\,eV}{kT}}\ \mathrm{cm}^{-6}\quad \text{für}\quad \mathrm{Si}. \qquad (T \text{ in } {}^\circ\mathrm{K}) \qquad (1)$$

Für den Fall des eigenleitenden Materials, wenn die Zahl der Ladungsträger, die von Donatoren und Akzeptoren herrühren, klein gegen die Zahl der aus dem Valenzband durch thermische Energie befreiten Ladungsträger ist, wird

$$n = p = n_i.$$

Für die Konzentration der Eigenleitungselektronen n_i lassen sich dann die folgenden empirischen Werte für die Temperaturabhängigkeit angeben:

$$n_i = 1{,}76 \cdot 10^{16}\, T^{3/2}\, e^{-\frac{0{,}785\,eV}{2kT}}\quad \text{für}\quad \mathrm{Ge},$$

$$n_i = 3{,}8 \cdot 10^{16}\, T^{3/2}\, e^{-\frac{1{,}21\,eV}{2kT}}\quad \text{für}\quad \mathrm{Si}. \qquad (2)$$

Dem entspricht bei 300°K eine Trägerdichte von

$$n_i\,(300\,{}^\circ\mathrm{K}) = 2{,}4 \cdot 10^{13}/\mathrm{cm}^3\quad \text{für}\quad \mathrm{Ge},$$

$$n_i\,(300\,{}^\circ\mathrm{K}) = 1{,}5 \cdot 10^{10}/\mathrm{cm}^3\quad \text{für}\quad \mathrm{Si}. \qquad (3)$$

Unter Berücksichtigung der Beweglichkeiten (s. u.) der Ladungsträger ergibt sich daraus der spezifische Widerstand vom eigenleitenden Ge- und Si-Material bei 300°K zu

$$\varrho_i\,(300\,{}^\circ\mathrm{K}) = 47\,\Omega\,\mathrm{cm}\quad \text{für}\quad \mathrm{Ge},$$

$$\varrho_i\,(300\,{}^\circ\mathrm{K}) = 230\,000\,\Omega\,\mathrm{cm}\quad \text{für}\quad \mathrm{Si}. \qquad (4)$$

Falls das Halbleitermaterial Donatoren oder Akzeptoren in größerer Menge enthält, wird seine Temperaturabhängigkeit komplizierter. Die Zahl der Ladungsträger wird im wesentlichen von der Konzentration der Donatoren und Akzeptoren und deren Ionisierungsenergie bestimmt.

Es gibt zwei Wege, die Ladungsträgerkonzentration n oder p zu messen. In dem einen Fall bestimmt man den spezifischen Widerstand einer Halbleiterprobe und die Beweglichkeit der Ladungsträger μ_n und μ_p (oder setzt diese als bekannt voraus). Man kann nach der Formel

$$\sigma = \frac{1}{\varrho} = q\,(n\,\mu_n + p\,\mu_p) \tag{5}$$

die Konzentration der Ladungsträger unter Mithilfe von (1) errechnen. Der zweite direkte Weg besteht in der Messung der HALL-Konstanten. Bei einer reinen Überschuß- oder Defektleitung gibt die HALL-Konstante R ein direktes Maß für die Trägerzahl an. Es gilt

$$R_i = \frac{3\pi}{8}\,\frac{1}{q\,n_i}\,\frac{\mu_n - \mu_p}{\mu_n + \mu_p} \qquad \text{für Eigenleitung}, \tag{6}$$

$$R_n = -\frac{3\pi}{8}\,\frac{1}{q\cdot n} \qquad \text{für Überschußleitung}, \tag{7}$$

$$R_p = +\frac{3\pi}{8}\,\frac{1}{q\cdot p} \qquad \text{für Defektleitung}. \tag{8}$$

Die nach dieser Meßmethode bestimmte Trägerkonzentration in verschieden dotierten Ge-Proben zeigt Abb. 5 in Abhängigkeit von der Temperatur nach Messungen von DEBYE [5]. Die Probe 55 stellt dabei ein sehr reines Präparat dar, dessen spezifischer Widerstand bei Zimmertemperatur 40 Ωcm betrug, während Probe 58 am anderen Ende der Widerstandsskala einen spez. Widerstand von 0,005 Ωcm besaß. Probe 58 liefert unabhängig von der Temperatur immer fast die gleiche Trägerzahl. Ionisationsenergie der Donatoren ist nahezu Null. In den anderen Proben nimmt mit steigender Temperatur die Zahl der Ladungsträger rasch zu, bis sie bei vollständiger Ionisation der Donatoren in einem gewissen Bereich temperaturunabhängig wird, um dann bei hinreichend hoher Temperatur von der Zahl der thermisch

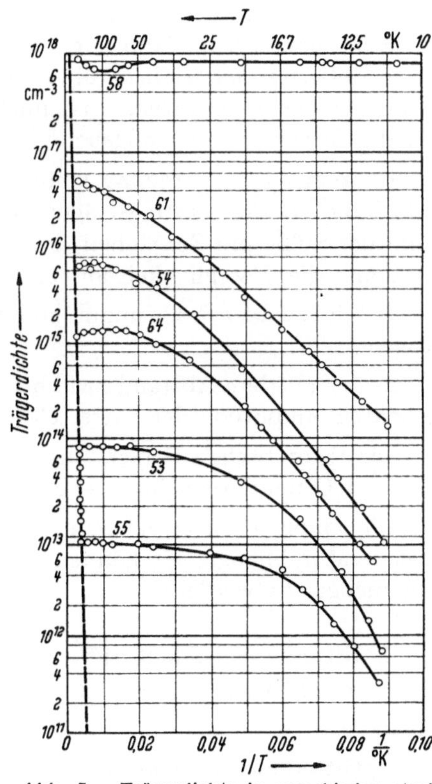

Abb. 5.   Trägerdichte in verschieden stark As-dotierten Ge-Proben in Abhängigkeit von der Temperatur. Nach CONWELL [5]

6*

gebildeten Ladungsträger überholt zu werden. Die Probe befindet sich dann im Eigenleitungsbereich (in Abb. 5 ist die Eigenleitungsgerade gestrichelt gezeichnet). Silizium zeigt im Prinzip dasselbe Verhalten. Wegen seines höheren Bandabstandes geht es erst bei höheren Temperaturen in den Eigenleitungsbereich über.

In schwachen elektrischen Feldern, in denen die Energie, die ein Elektron aus dem Feld aufnimmt, klein gegen seine thermische Energie bleibt, in denen also die BOLTZMANN-Verteilung der Elektronen nicht wesentlich durch das Feld gestört wird, resultiert die Beschleunigung der Ladungsträger durch das Feld in einer konstanten Driftgeschwindigkeit in Richtung der Feldkraft. Wie in Teil A, Kap. III.1 erwähnt, gilt für die Driftgeschwindigkeit $v_D = \mu E$, wobei μ die Beweglichkeit der Elektronen genannt wird. Die aus Driftgeschwindigkeitsmessungen gewonnene sog. „Drift"-Beweglichkeit kann von der durch HALL-Effektmessungen erhaltenen „HALL"-Beweglichkeit verschieden sein. Im folgenden werden nur Angaben über die „Drift"-Beweglichkeit gemacht.

In ganz reinem, homogenem Halbleitermaterial (intrisic) kann man die Streuung an Gitterfehlern und Verunreinigungsatomen vernachlässigen, man spricht dann von einer reinen Gitterbeweglichkeit μ_G. In stark dotierten Materialien führt man hingegen eine Verunreinigungsbeweglichkeit μ_V ein, wenn ausschließlich Streuprozesse an Störatomen für die Beweglichkeit maßgebend sind.

Bei reiner Gitterstreuung kann man zeigen, daß mit steigender Geschwindigkeit der Ladungsträger ihre Beweglichkeit abnimmt, da die Zahl der Stöße pro Zeiteinheit anwächst. Mit ansteigender Temperatur muß also die Beweglichkeit aus zwei Gründen zurückgehen:

1. Die Zahl der Stöße nimmt zu infolge höherer Energie der Ladungsträger;

2. der mittlere Abstand zwischen zwei Stößen nimmt ab wegen der erhöhten Amplitude der Gitterschwingungen.

Die theoretischen Berechnungen ergeben eine Temperaturabhängigkeit der Gitterbeweglichkeit nach einem $T^{-3/2}$-Gesetz.

Die empirischen Ergebnisse für die Gitterbeweglichkeit und ihre Temperaturabhängigkeit können für Ge und Si in folgender Form zusammengefaßt werden:

$$\text{Gitterbeweglichkeit in cm}^2/\text{Vsek} \quad \left\{ \begin{array}{l} \mu_n^G = 4{,}9 \cdot 10^7 \, T^{-1{,}66} \\[2mm] \mu_p^G = 1{,}05 \cdot 10^9 \, T^{-2{,}33} \end{array} \right\} \quad \text{für Ge,}$$

$$\text{Gitterbeweglichkeit in cm}^2/\text{Vsek} \quad \left\{ \begin{array}{l} \mu_n^G = 2{,}1 \cdot 10^9 \, T^{-2{,}5} \\[2mm] \mu_p^G = 2{,}3 \cdot 10^9 \, T^{-2{,}7} \end{array} \right\} \quad \text{für Si.}$$

Das führt zu einer Gitterbeweglichkeit bei 300°K von

$$\left.\begin{array}{l} \mu_n^G = 3900 \pm 100 \\[1mm] \mu_p^G = 1900 + 50 \end{array}\right\} \quad \text{für}\quad \text{Ge,}$$

$$\left.\begin{array}{l} \mu_n^G = 1350 \pm 100 \\[1mm] \mu_p^G = 480 \pm 15 \end{array}\right\} \quad \text{für}\quad \text{Si.}$$

Die Trägerstreuung an Donatoren und Akzeptoren im Halbleiter ist eine COULOMB-Streuung. Sie hängt natürlich vom Dotierungsgrad ab. Sie zeigt aber nicht die starke Temperaturabhängigkeit der reinen Gitterstreuung. Theoretische Berechnungen dieser COULOMB-Streuung stammen von CONWELL und WEISSKOPF [6]. Die Experimente geben im

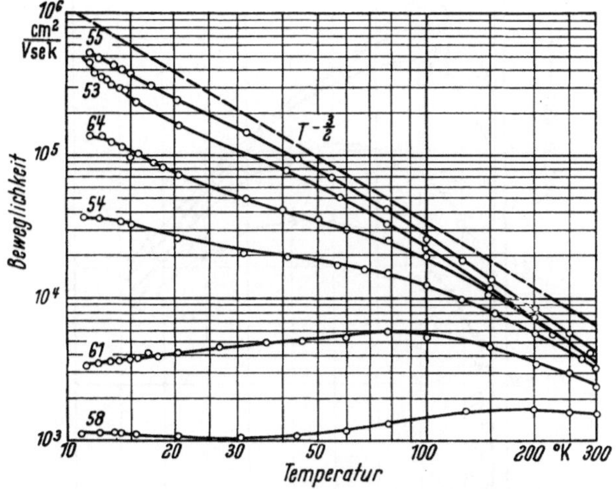

Abb. 6. Beweglichkeit der Ladungsträger in verschieden stark As-dotierten Ge-Proben in Abhängigkeit von der Temperatur. Nach CONWELL [5]

wesentlichen eine Bestätigung der Theorie. In Abb. 6 sind die Beweglichkeiten für dieselben As-dotierten Ge-Proben in Abhängigkeit von der Temperatur aufgezeichnet, wie sie schon für die Zahl der Ladungsträger in Abb. 5 benutzt wurden. Zum Vergleich ist in Abb. 6 eine Gerade gestrichelt eingezeichnet, die der Neigung $T^{-3/2}$ entspricht. Die reinste Probe (Nr. 55) zeigt diesen Verlauf bis zu den tiefsten Temperaturen. Hier ist also nur reine Gitterstreuung wirksam. In den folgenden Proben nimmt die Arsendotierung laufend zu, ihre Temperaturempfindlichkeit nimmt ab. Die am stärksten dotierten Proben 61 und 58 zeigen sogar einen Anstieg der Beweglichkeit mit der Temperatur, was für reine COULOMB-Streuung charakteristisch ist. Der Einfluß des Dotierungsgrades auf die Beweglichkeit ist schon in Teil A, Abb. 11, auf S. 28 wiedergegeben worden. Unterhalb von 1 Ωcm setzt hier die COULOMB-

Streuung an den Donatoren die Beweglichkeit beträchtlich herab. Weitere Angaben hierzu sind bei CONWELL zu finden [*28*].

Die elektrische Leitfähigkeit σ und der spezifische Widerstand ϱ setzen sich aus der Elektronenkonzentration n, der Löcherkonzentration p und ihren entsprechenden Beweglichkeiten nach der Gl. (5) zusammen. Die Leitfähigkeit wird also von allen Veränderungen betroffen,

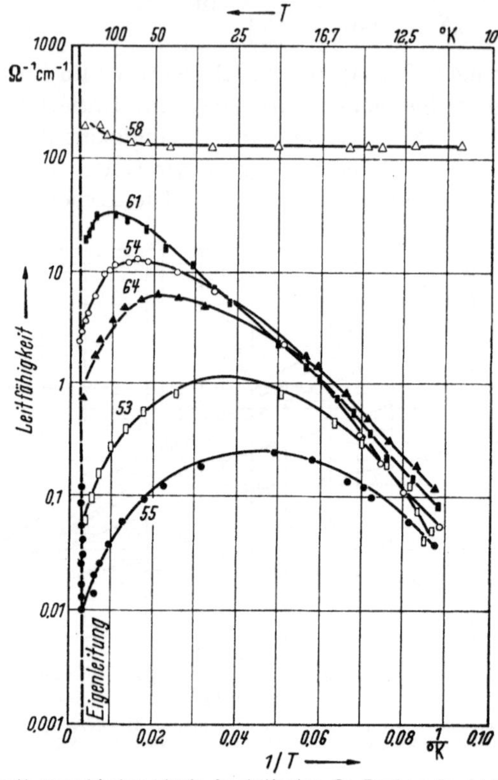

.Abb. 7. Leitfähigkeit verschieden stark As-dotierter Ge-Proben in Abhängigkeit von der Temperatur. Nach CONWELL [*5*]

die die Konzentration und die Beweglichkeit der Elektronen beeinflussen.

Für die Temperaturabhängigkeit des Eigenleitungsmaterials lassen sich nach [*5*] folgende empirische Formeln angeben:

$$\sigma_i = 1/\varrho_i = 4{,}3 \cdot 10^4 \, e^{-4350/T} \, \Omega^{-1}\,\mathrm{cm}^{-1} \quad \text{für} \quad \text{Ge}, \tag{9}$$

$$\sigma_i = 1/\varrho_i = 3{,}4 \cdot 10^4 \, e^{-6450/T} \, \Omega^{-1}\,\mathrm{cm}^{-1} \quad \text{für} \quad \text{Si}. \tag{10}$$

In Abb. 7 ist die Leitfähigkeit für die verschiedenen Ge-Proben gegen $1/T$ aufgetragen. Es entsteht die sog. Eigenleitungsgerade (in Abb. 7 gestrichelt eingetragen), sofern das Ge-Material keinerlei Fremdatome oder Störstellen enthält. Die arsendotierten Proben zeigen außerhalb des Eigenleitungsbereiches eine weit geringere Temperaturabhängigkeit ihrer Leitfähigkeit. Die am stärksten dotierte Probe 58 ist fast

unabhängig von der Temperatur, da hier die Trägerdichte und die Beweglichkeit (vgl. Abb. 5 und 6) kaum von der Temperatur abhängen. Der technisch interessante Teil dieser Leitfähigkeitskurven liegt allerdings in unmittelbarer Nähe der Zimmertemperatur. Dieses Temperaturgebiet ist in Abb. 8 noch einmal deutlich in gedehntem Maßstab herausgezeichnet. Dabei findet man, daß bei den dotierten Proben die Variation des spezifischen Widerstandes in diesem begrenzten Fremdleitungsgebiet noch klein bleibt. Allein der Übergang in das Eigenleitungsgebiet bringt eine starke Leitfähigkeitsänderung und damit auch eine starke Verschiebung der technischen Eigenschaften des Halbleiters mit sich.

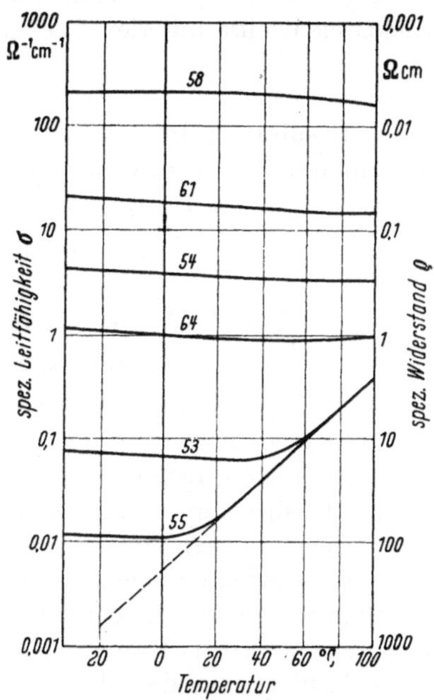

Abb. 8. Leitfähigkeit verschieden stark As-dotierter Ge-Proben im technisch wichtigen Temperaturbereich von −20 °C bis +100 °C. Teilvergrößerung von Abb. 7

Diffusion der Ladungsträger

Für kleine Konzentration der Minoritätsträger besteht die EINSTEINsche Beziehung zwischen Beweglichkeit μ und Diffusionskonstante D [vgl. Teil A, Gl. (58a, b)]

$$\mu = \frac{q}{kT} \cdot D.$$

Mit den oben angegebenen Werten für die Beweglichkeit errechnet sich für die Diffusionskonstanten in Ge und Si bei einer Temperatur von 300°K

$$\left.\begin{array}{l} D_n = 100 \text{ cm}^2/\text{sek} \\ D_p = 49 \text{ cm}^2/\text{sek} \end{array}\right\} \quad \text{für} \quad \text{Ge}$$

und

$$\left.\begin{array}{l} D_n = 36 \text{ cm}^2/\text{sek} \\ D_p = 12 \text{ cm}^2/\text{sek} \end{array}\right\} \quad \text{für} \quad \text{Si}.$$

Bei starker Injektionsdichte, z. B. von Löchern, ändert sich auch die Konzentration der Elektronen in der Nähe der Injektionsstelle. Die

Raumladung der Löcher wird durch eine Elektronenraumladung von ähnlicher Größe kompensiert. Die Diffusionsprozesse verlaufen noch im gleichen Sinne wie bei schwacher Injektion, nur muß die ambipolare Diffusionskonstante D eingeführt werden, die die Mitbewegung der Elektronenwolke mit den Löchern berücksichtigt:

$$D = \frac{2 D_n \cdot D_p}{D_n + D_p} \, .$$

Diese Resultate gelten auch für Eigenleitungsmaterial. Wir finden für die ambipolare Diffusionskonstante im i-Material von Ge und Si

$$D = 66 \ \text{cm}^2/\text{sek} \quad \text{für} \quad \text{Ge},$$

$$D = 18 \ \text{cm}^2/\text{sek} \quad \text{für} \quad \text{Si}.$$

3. Präparation von Germaniumeinkristallen

a) Reinigung des Ausgangsmaterials

Germanium ist ein auf der Welt weitverbreitetes Element. Es kommt in zahlreichen Erzen und Gesteinen vor, allerdings in einer meist sehr geringen Konzentration. Es stehen deshalb zur technischen Gewinnung dieses Metalles nur wenige Rohstoffe zur Verfügung. Es sind dies:

1. Germanit, ein germaniumhaltiges Fahlerz mit etwas über 4% Ge,

2. der Germaniumgehalt einiger Zinkerze und der Kohle. Germanium wird als Nebenprodukt bei der Zinkgewinnung in den USA und in Belgien gewonnen, aus Kohlen in England und Japan.

3. Renierit aus dem Kongo-Gebiet.

Durch die Forderung nach einem hohen Reinheitsgrad der Ge-Kristalle wird die chemische Präparation der Rohstoffe schwierig. Sorgfalt und sauberes Arbeiten sind unbedingte Voraussetzungen für ein brauchbares Produkt. Wir übergehen die Verfahren, die zur Anreicherung des Ge aus Kohle oder Zinkerzen benutzt werden, und gehen nur kurz auf die Germaniumgewinnung aus dem das Ge am reichsten enthaltenden Erz, dem Germanit, ein [29]. Zunächst wird das Germanit mit scharfer Salpetersäure aufgeschlossen, die aufgeschlossene Erzmasse mit H_2O gewaschen und filtriert und mit HCl und Cl_2 chloriert. Aus diesem Aufschlußgut wird das $GeCl_4$ abdestilliert und durch mehrfache fraktionierte Destillation gereinigt (vgl. Abb. 9). Außer durch Destillation kann das rohe $GeCl_4$ auch durch eine Behandlung mit reinster Salzsäure gereinigt werden, um die Hauptverunreinigung, Arsen(III)chlorid, zu entfernen. Da dies nach diesen beiden Verfahren nicht restlos gelingt, wird meist noch das Chlorid mit einem geeigneten Metall, z. B. Kupfer, behandelt. Dabei fällt das Arsen als Metall aus und setzt sich in festhaftender Form auf dem Kupferblech ab. Das jetzt sehr reine $GeCl_4$ muß anschließend durch Hydrolyse in Germanium(IV)oxyd übergeführt werden nach der Formel

$$GeCl_4 + 2\,H_2O = GeO_2 + 4\,HCl.$$

Dieser Prozeß muß sehr sorgfältig durchgeführt werden, da die Hydrolyse die Gefäßwand stark angreift und Verunreinigungen aus der Wand in das GeO_2 gelangen können. Vielfach werden dazu Quarzgefäße verwendet; auch Kunststoffgefäße, z. B. aus Polyäthylen, haben sich bewährt.

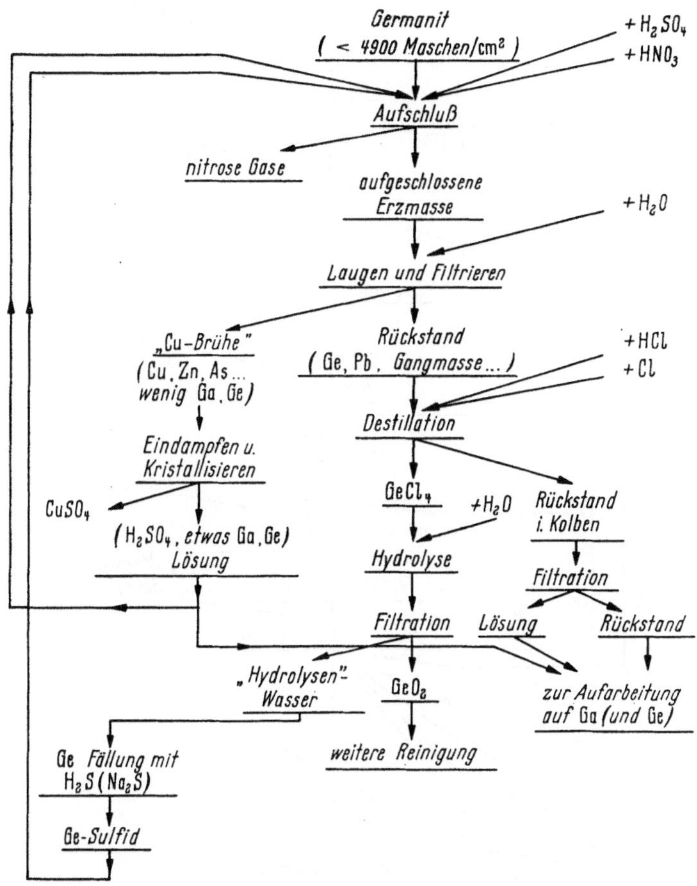

Abb. 9. Chemischer Aufschluß von Germanit zu GeO_2. Nach Rösner [29]

Die Reduktion des gewonnenen Oxydes zu reinem Metall wird ausschließlich mit Wasserstoff vorgenommen (vgl. Abb. 10). Hierzu wird das GeO_2 in einem Quarzschiffchen oder einem Graphittiegel im Quarzrohr im Wasserstoffstrom zunächst mehrere Stunden auf 650°C erhitzt. Man steigert dann die Temperatur für kurze Zeit auf 1000°C. Das zunächst bei 650°C gebildete Metallpulver schmilzt bei 1000°C zu einem kompakten Regulus zusammen. Der zur Reduktion verwendete Wasserstoff muß sehr rein und trocken sein.

Mit diesen sorgfältig durchgeführten chemischen Prozessen gelingt es, einen Ge-Rohstoff zu erzeugen, der bestenfalls etwa 10^{14} Fremdatome im cm^3 enthält. Das dürfte für eine ausschließlich chemische Stoffbehandlung schon ein außerordentlich „reines" Produkt sein. Eine weitere Reinigung mit chemischen Mitteln ist sehr schwierig, und mit wirtschaft-

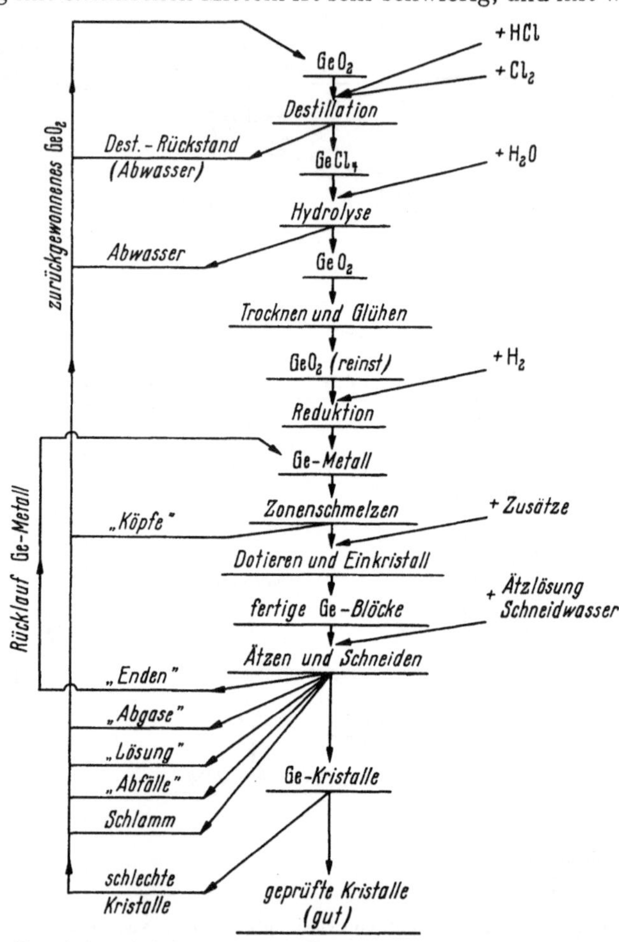

Abb. 10. Chemischer Arbeitsgang vom Germaniumoxyd zum Germaniumkristall. Nach RÖSNER [29]

lich vertretbarem Aufwand nicht zu erreichen. Die folgende Reinigung des Ge-Rohmaterials wird daher mit physikalischen Methoden, durch Umkristallisierungsprozesse vorgenommen. Hier hat sich das von PFANN [7] angegebene Zonenschmelzverfahren außerordentlich bewährt.

Bevor wir auf das eigentliche Zonenschmelzverfahren eingehen, betrachten wir das normale Erstarren einer Schmelze eines Halbleitermaterials, das einen Fremdstoffzusatz enthält. Wenn ein Zylinder dieses geschmolzenen Halbleiters von einem Ende aus langsam erstarrt, so reichert sich die gelöste Komponente entweder an dem einen oder an dem anderen Ende des Halbleiters an (vgl. Abb. 11). Welches Ende bevorzugt wird, hängt vom Verteilungskoeffizienten K ab, unter dem man das Verhältnis der Konzentration des Fremdstoffes in der festen Phase zur Konzentration in der flüssigen Phase versteht:

$$K = \frac{C_{\text{fest}}}{C_{\text{fl}}}. \qquad (11)$$

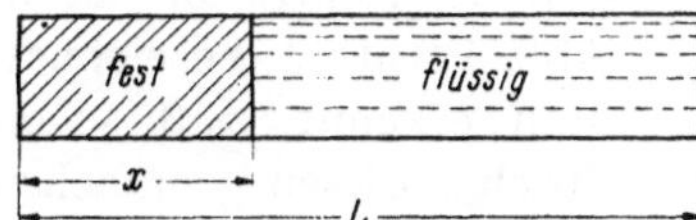

Abb. 11. Erstarren eines geschmolzenen Ge-Stabes von der Länge L von einem Ende her. x = Länge der erstarrten Zone

Für den Fall K größer 1 bleibt die Verunreinigung vorwiegend in der festen Phase. Bei $K \approx 1$ ist eine Konzentrationsänderung überhaupt nicht zu erreichen. Im Normalfall ist K kleiner als 1. Die Verunreinigungen reichern sich also in der flüssigen Phase

Tabelle 4. *Verteilungskoeffizienten verschiedener Elemente in Germanium und Silizium an den Schmelzpunkten*

Element	Ge	Si
Li	0,002	0,01
Cu	$1,5 \cdot 10^{-5}$	$4 \cdot 10^{-4}$
Ag	$4 \cdot 10^{-7}$	—
Au	$1,3 \cdot 10^{-5}$	$2,5 \cdot 10^{-5}$
Zn	$4 \cdot 10^{-4}$	$1 \cdot 10^{-5}$
Cd	$1 \cdot 10^{-5}$	—
B	17	0,80
Al	0,073	0,0020
Ga	0,087	0,0080
In	0,001	$4 \cdot 10^{-4}$
Tl	$4 \cdot 10^{-5}$	—
Si	5,5	1
Ge	1	0,33
Sn	0,020	0,016
Pb	$1,7 \cdot 10^{-4}$	—
N_2	—	10^{-7} (?)
P	0,080	0,35
As	0,02	0,3
Sb	0,0030	0,023
Bi	$4,5 \cdot 10^{-5}$	$7 \cdot 10^{-4}$
O_2	—	0,5
S	—	10^{-5}
Te	10^{-6}	—
V	$3 \cdot 10^{-7}$	—
Mn	10^{-6}	10^{-5}
Fe	$3 \cdot 10^{-5}$	$8 \cdot 10^{-6}$
Co	10^{-6}	$8 \cdot 10^{-6}$
Ni	$3 \cdot 10^{-6}$	—
Ta	—	10^{-7}
Pt	$5 \cdot 10^{-6}$	—

an. Für die wichtigsten Dotierungsstoffe und einige Schwermetalle sind die Verteilungskoeffizienten für Ge und Si in Tab. 4 nach TRUMBORE [30] wiedergegeben. Bor ist (neben C) das einzige Element, das einen Koeffizienten > 1 oder ~ 1 besitzt. Bemerkenswert ist, daß sich die Elemente Ga und As sowie Al und P noch relativ leicht in das Ge-Gitter einbauen lassen. Ihr Verteilungskoeffizient beträgt näherungsweise noch 0,1.

Unter der Voraussetzung, daß der Erstarrungsprozeß des betrachteten Halbleiterstabes (Abb. 11) so langsam vor sich geht, daß alle Konzentrationsunterschiede in der flüssigen Phase sich ausgleichen können, finden wir für den Konzentrationsverlauf in dem erstarrten Stab nach einfacher Rechnung [7]

$$C_{\text{fest}} = K \cdot C_0 \left(1 - \frac{x}{L}\right)^{K-1}. \tag{12}$$

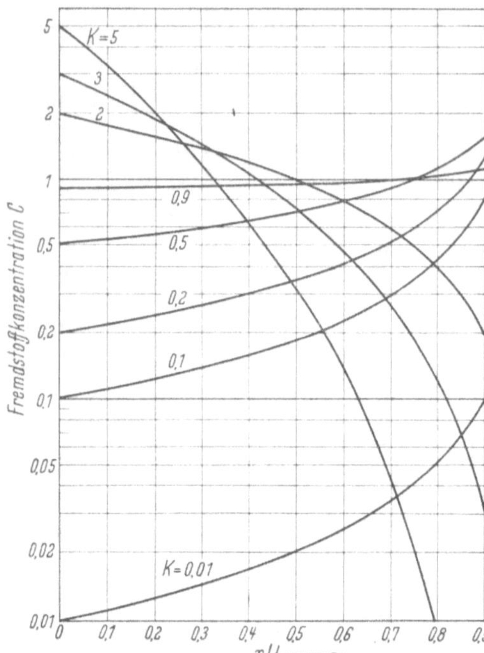

Abb. 12. Verlauf der Fremdstoffkonzentration in einem erstarrten Ge-Stab von der Länge L in Abhängigkeit von x/L-Werten bei verschiedenen Verteilungskoeffizienten K. x ist die erstarrte Teillänge des Stabes. Nach Pfann [7]

Hierin bedeuten C_0 die Anfangskonzentration des Fremdstoffes, L die Gesamtlänge des Halbleiters; x ist diejenige Länge des Stabes, bis zu der die Erstarrung vorgeschritten ist. Dieser Konzentrationsverlauf ist in Abb. 12 für verschiedene Verteilungskoeffizienten nach (12) berechnet. Die in der Ausgangsschmelze anfangs vorhandene Konzentration ist in Abb. 12 als 1 bezeichnet. Man erkennt, daß schon durch diesen einfachen Erstarrungsprozeß erhebliche Konzentrationsunterschiede erreicht werden können, sofern nur die Verteilungskoeffizienten hinreichend weit von 1 entfernt sind. Dies Verfahren könnte man zu einem Reinigungsverfahren ausbauen, wenn man jeweils von mehreren Proben die reinen Teile herausschneidet, diese zusammenschmilzt und den Erstar-

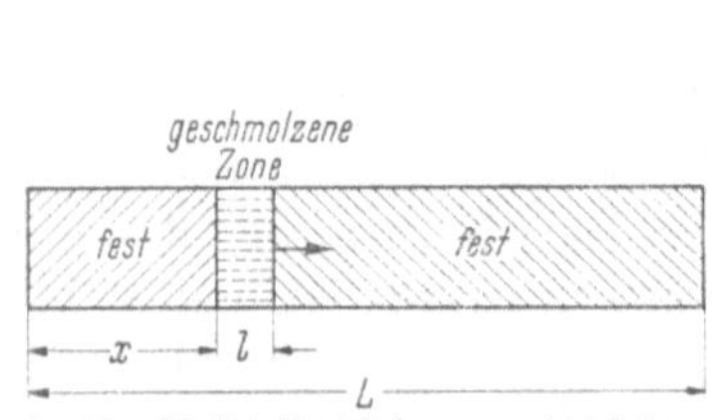

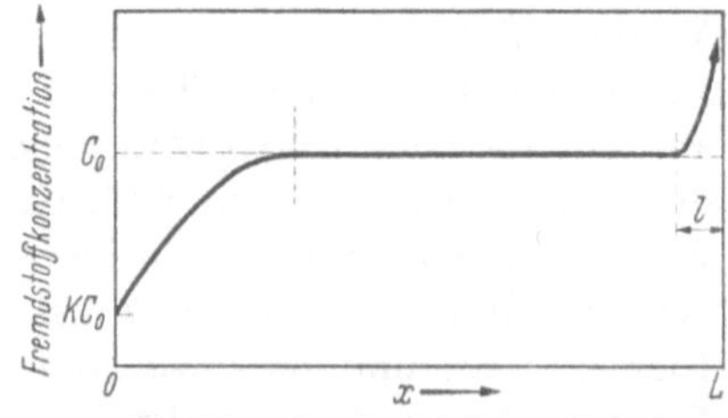

Abb. 13. Halbleiterstab von der Länge L mit einer aufgeschmolzenen Zone von der Länge l

Abb. 14. Fremdstoffverteilung in einem Halbleiterstab (L) nach *einem* Durchgang der geschmolzenen Zone (l). Nach Pfann [7]

rungsprozeß wiederholt. Weitaus wirksamer läßt sich aber eine Materialreinigung nach dem Zonenschmelzverfahren erzielen. Wie der Name sagt, wird hier in einem Halbleiterstab eine nur kleine Zone (von der Länge l)

aufgeschmolzen und langsam durch den Halbleiterstab hindurchgeschoben (vgl. Abb. 13). Wenn am Anfang des Stabes die Erstarrung beginnt, wird der Fremdstoff, der vorher gleichmäßig mit der Konzentration C_0 im Halbleiter verteilt war, mit der Konzentration $K \cdot C_0$ ($K < 1$) aus dem wieder rekristallisierten Teil des Stabes ausgeschieden. Gleichzeitig wird ein gleich großes Stück des Halbleiters mit der Fremdstoffkonzentration C_0 wieder eingeschmolzen. Die Konzentration in der flüssigen Zone steigt also an. Sie wächst so lange, bis an ihrem Anfang und an ihrem Ende gleich viel Fremdstoff eingebaut bzw. abgeschmolzen wird. So erhält man bei einem längeren Stab, bei kleiner Schmelzzone und nicht zu kleinem Verteilungskoeffizienten nach *einem* Zonendurchgang den Konzentrationsverlauf nach Abb. 14. Wir können danach drei Konzentrationsgebiete unterscheiden: 1. Ein an Fremdstoff verarmtes Anfangsgebiet; 2. ein Gebiet konstanter Konzentration, das unverändert geblieben ist; 3. ein Gebiet von der Zonenlänge l am Ende des Stabes, an dem der Fremdstoff angereichert ist. Für die ersten beiden Gebiete kann die Fremdstoffkonzentration mit der Formel beschrieben werden:

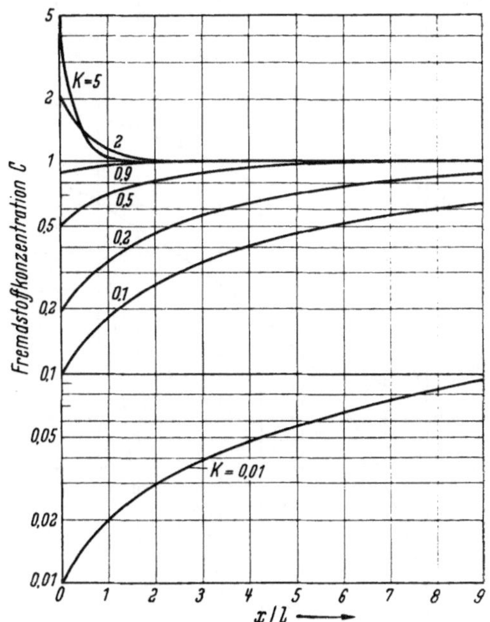

Abb. 15. Fremdstoffverteilung in einem Halbleiterstab von neun Zonenlängen nach *einem* Zonendurchgang bei verschiedenen Verteilungskoeffizienten K. Nach PFANN [7]

$$C = C_0 \left(1 - (1 - K)\, e^{-\frac{Kx}{l}} \right), \tag{13}$$

in der C_0 wieder die Anfangskonzentration und l die Länge der geschmolzenen Zone bedeutet. Die Wirksamkeit dieses Verfahrens kann an Abb. 15 abgelesen werden. Hier ist für neun Zonenlängen und verschiedene Verteilungskoeffizienten der Konzentrationsverlauf im Halbleiterstab nach (13) errechnet worden. Man erkennt sehr schnell, wenn man Abb. 15 mit Abb. 12 vergleicht, daß eine einmalige Zonendurchleitung durch den Halbleiterstab nicht die gleichgroßen Konzentrationsunterschiede hervorruft wie das einfache Erstarrungsverfahren. Das Zonenschmelzen kann aber gegenüber dem letzteren beliebig oft wiederholt werden, ohne daß irgendwelche Veränderungen an dem Kristall vorgenommen werden müßten. Wie sehr eine Wiederholung dieses Prozesses die Reinigung fördert, zeigt Abb. 16, bei der der Konzentrationsverlauf nach mehrfachem Zonendurchgang für einen Verteilungskoeffizienten von $K = 0{,}1$ wiedergegeben ist. Dabei nimmt die Konzentration des Fremdstoffes am Anfang des Stabes nach jedem Zonendurchgang nahezu um den Faktor K ab. Der wiederholte Zonenschmelzvorgang liefert also ein Reinigungsverfahren, das praktisch alle Fremdstoffe aus einem Halbleitermaterial entfernen kann, sofern ihre Verteilungskoeffizienten $K \neq 1$ sind, sofern während des Verfahrens die an der Endspitze von Halbleitern angereicherten Verunreinigungen mehrfach entfernt werden, um Rückwirkungen zu vermeiden, und sofern keine Rückdiffusion stattfindet.

Eine weitere Voraussetzung für die Herstellung eines sauberen Produktes ist die Verwendung eines völlig reinen Tiegelmaterials. Hierzu wird im allgemeinen Graphit verwendet, der vorher mehrere Stunden im Hochvakuum oder in einer Schutzgasatmosphäre bei 2500 °C ausgeglüht

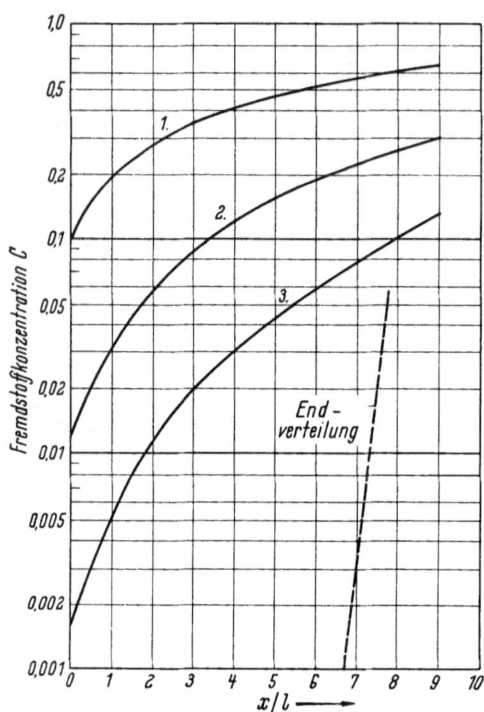

Abb. 16. Fremdstoffverteilung in einem Halbleiterstab von neun Zonenlängen nach mehrfachen Zonendurchgängen mit einem Verteilungskoeffizienten $K = 0{,}1$. Nach PFANN [7]

worden ist. Quarztiegel sind für die Erzielung eines höchsten Reinheitsgrades ungeeignet, da durch eine Reduktion des Quarzes immer etwas Sauerstoff vom Ge aufgenommen wird. Dagegen haben sich Quarztiegel, die zuvor mit einer reinen Kohleschicht überzogen wurden, bewährt. Die Kohleschicht wird dabei durch thermische Zersetzung reinster organischer Körper gewonnen. Auch Kohlenstoff wird vom Ge aus dem Tiegelmaterial aufgenommen [8]. Er macht sich allerdings elektrisch nicht als Störstelle bemerkbar. Nach dem beschriebenen Verfahren kann man den Störstellengehalt auf etwa $10^{12}/cm^3$ herabdrücken. Es ist wahrscheinlich, daß die restlichen Störstellen nicht auf Fremdatome, sondern auf Gitterbaufehler oder thermische Störstellen zurückzuführen sind.

Abb. 17 gibt die photographische Aufnahme einer Zonenschmelze, wie sie für Laborzwecke geeignet ist, wieder. Über die verschiebbare, wassergekühlte Induktionsspule wird die Hochfrequenzenergie in den Graphittiegel und das Ge geleitet. Es ist ausschließlich eine begrenzte Zone in der Mitte des Ge-Stabes aufgeschmolzen. Diese Zone hat im Bild eine etwas dunklere Färbung, da sie trotz höherer Temperatur wegen

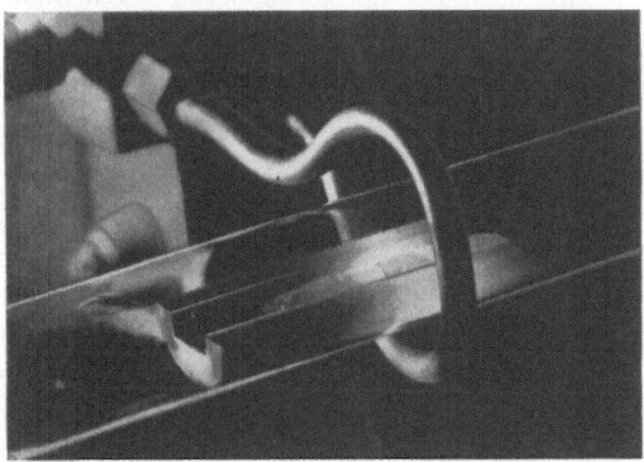

Abb. 17. Zonenschmelze von Ge im horizontalen Graphittiegel durch Induktionsheizung

ihres größeren Reflexionskoeffizienten weniger Licht abstrahlt. Für technische Reinigungszwecke werden meist mehrere solcher Hochfrequenzspulen (oder auch Heizöfen) hintereinandergeschaltet und in einem Arbeitsgang über einen langen Ge-Kristall hinweggezogen.

b) Kristallzüchtung

Mit der bisher beschriebenen einfachen Methode der Zonenreinigung entstehen im allgemeinen noch keine Einkristalle. Diese wachsen erst, wenn bestimmte Voraussetzungen erfüllt sind. Ge und Si besitzen eine hohe Schmelzwärme (vgl. Tab. 3), sie bilden daher leicht ein Kristallgitter aus. Wenn man dafür sorgt, daß keine zusätzlichen spontanen Keime in der Schmelze auftreten, lassen sich verhältnismäßig leicht große homogene Einkristalle aus Si und Ge fertigen. Die älteste und heute noch vielfach ausgeübte Methode der Kristallzüchtung wurde von CZOCHRALSKI angegeben. Sie besteht darin, daß aus einem in einem Graphit- oder Quarztiegel aufgeschmolzenen Kristallgut mit Hilfe eines orientierten Keimes eine gerichtete Kristallbildung erzwungen wird. Eine für Ge geeignete Apparatur ist in Abb. 18 wiedergegeben. Das Schmelzgut wird hier in einer Widerstandsheizspirale aus Graphit durch direkte Stromheizung erhitzt. Ein Keimling wird von oben her in die vorbereitete Schmelze gesenkt. Die Anlage ist für einen Betrieb im Hochvakuum eingerichtet. Es ist aber auch möglich, ein Schutzgas, z. B. Helium oder Argon, zu verwenden. Die Schmelze wird zunächst für wenige Minuten auf etwa 1200°C erhitzt, um die letzten Gasreste zu entfernen. Dann wird die Temperatur auf 965°C gesenkt, bei der der

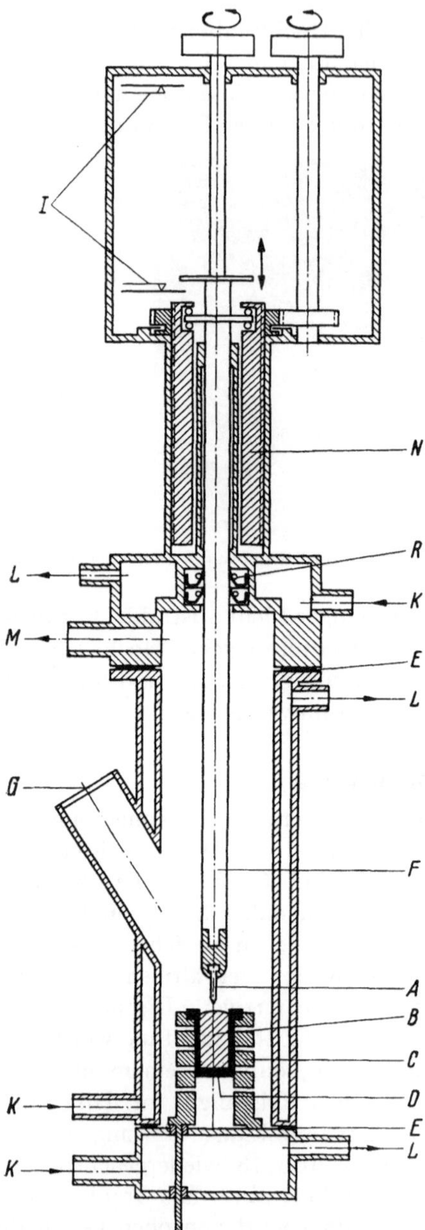

Abb. 18. Kristallziehvorrichtung nach dem CZOCHRALSKI-Verfahren.
A Kristallkeim, *B* Schmelze, *C* Heizspirale aus Graphit, *D* Graphittiegel, *E* Vakuumdichtungen, *F* Zugspindel, *G* Beobachtungsfenster, *I* Kontaktunterbrecher, die den Spindelhub begrenzen, *K*, *L* Kühlmittelzufluß und -abfluß, *M* Absaugstutzen, *N* Spindelführung, *R* Simmeringdichtung

Keimling mit der Schmelze in Berührung gebracht wird. Ein Teil des Keimlings wird zunächst abgeschmolzen, um einen sicheren Wärmekontakt zwischen Keimling und Schmelze herzustellen. Bei weiterer langsamer Absenkung der Temperatur beginnt sich das Kristallgut an den Keimling anzusetzen. Der Kristall wächst in der durch den Keim gegebenen Orientierung weiter. Da das Diamantgitter unter Volumenvermehrung erstarrt, schwimmt der Kristall auf der Oberfläche der Schmelze. Man vermeidet mechanische Spannungen zwischen Flüssigkeit und Kristall am einfachsten, indem man langsam den Kristall aus der Flüssigkeit nach oben herauszieht. Für ein symmetrisches Wachstum des Kristalles ist die Rotation um die Zugachse wünschenswert. Die dem Tiegel zugeführte Heizleistung kann während des ganzen Zugprozesses nicht *konstant* bleiben, da die thermischen Verhältnisse sich durch die Abnahme des Schmelzgutes im Tiegel verändern. Die Temperatur an der Grenze fest/flüssig soll aber erhalten bleiben. Es ist also eine dauernde Kontrolle der Tiegeltemperatur nötig. Sie wird im allgemeinen durch ein Thermoelement vorgenommen, von dem aus über eine automatische Regelvorrichtung eine Programmsteuerung der Temperatur durchgeführt wird. Nach dieser Methode können Kristalle in jeder beliebigen Kristallrichtung gezogen werden. Im allgemeinen wird für technische Kristalle die 111-Richtung als Zugrichtung bevorzugt. In dieser Richtung wächst nämlich das Diamantgitter besonders gern und schnell.

Die Zugmethode liefert sehr gleichmäßige, auch im Mikroaufbau homogene Kristalle. Es ist aber nicht möglich, einen über den ganzen Kristall gleichmäßig verteilten Störstellengehalt in der Zugrichtung zu erzielen. Da es sich hier um einen einfachen Erstarrungsprozeß einer Schmelze handelt, erhält man die in Abb. 12 beschriebenen Erstarrungs-diagramme. Der anfänglich gezogene Teil des Kristalles besitzt den höheren Reinheitsgrad.

Will man einen großen Einkristall mit konstanter Dotierungskonzentration wachsen lassen, so muß man so viel Germanium der Schmelze mit derselben Geschwindigkeit und der gleichen Dotierungskonzentration hinzufügen, wie es der wachsende Kristall herauszieht. Das ist in eleganter Weise durch einen schwimmenden Tiegel zu bewerkstelligen (vgl. Abb. 19 [31]). Ein kleiner Tiegel, von dem aus der Kristall gezogen wird, schwimmt auf dem geschmolzenen Ge in einem größeren äußeren Tiegel. Durch eine Kapillare stehen beide flüssigen Ge-Zonen miteinander in Verbindung. Der Auftrieb des

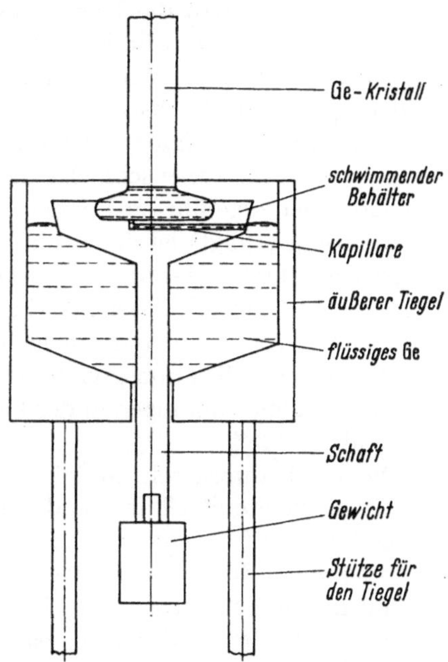

Abb. 19. Kristallziehvorrichtung mit schwimmendem Tiegel. Nach GOORISSEN, KARSTENSEN und OKKERSE [31]

schwimmenden Tiegels wird durch ein Gewicht, das an seinem Führungsstab befestigt ist, nahezu aufgehoben. Der Führungsstab gleitet durch ein Loch im Boden des äußeren Tiegels. Ein Abfließen des Germaniums wird durch seine hohe Oberflächenspannung verhindert. Wenn die Dotierungskonzentration im Kristall KC_0 betragen soll, so muß die Konzentration im schwimmenden Tiegel auf C_0 und im äußeren Tiegel auf KC_0 eingestellt sein. Diese Konzentrationsverhältnisse bleiben erhalten, solange keine Rückdiffusion durch die Kapillare auftritt, was sich immer durch passende Wahl von Durchmesser und Länge der Kapillare erreichen läßt. Die Methode erlaubt es, im spezifischen Widerstand homogene Kristalle von beträchtlichem Querschnitt und großer Länge zu ziehen. Die Zahl der Versetzungen/cm² im Kristall (vgl. I. 5. d.) ist hier besonders gering, da diejenigen Teile des wachsenden Kristalles, in denen plastische Verformungen auftreten können, flache und ebene Isothermen aufweisen.

Auch das Zonenschmelzverfahren nach Abb. 14 ist geeignet, eine homogene Störstellenverteilung im Kristall einzustellen, falls die aufgeschmolzene Zone klein und der Kristall lang genug gegenüber der flüssigen Zone ist. Eine der Hauptursachen, die für Änderungen im spezifischen Widerstand des Ge-Materials verantwortlich sind, ist die Schwankung des Volumens der flüssigen Zone. Nimmt z. B. das Volumen der Zone zu, so wird die Konzentration des gelösten Stoffes herabgesetzt, im umgekehrten Falle erhöht. Das Zonenvolumen wird unglücklicherweise von vielen Variablen beeinflußt, Temperaturschwankungen, Änderung in der Wachstumsrate, Variation im Querschnitt des ungeschmolzenen Kristallgutes, Änderung des Gasstromes (in industriellen Anlagen wird die Zonenschmelze meist im Schutzgas durchgeführt). Die Kontrolle der zugeführten Energie (die praktisch über eine Temperaturbeobachtung erfolgt) ist daher ein sehr wichtiger Prozeß für die Homogenisierung des Ge-Materials. Die Ansprechempfindlichkeit solcher Kontrollgeräte ist auf $0,2°C$ bei $940°C$ gesteigert worden. Mit einer flüssigen Zonenlänge von 4 cm und einem Temperaturgradienten von $10°C/cm$ an der Rekristallisationsgrenze verringert diese Kontrollgenauigkeit Widerstandsschwankungen in der Längsrichtung des Kristalles auf nicht mehr als $\pm 0,3\%$.

Die Wachstumsgeschwindigkeit darf eine gewisse Größe nicht überschreiten, da unmittelbar vor der Erstarrungsfront die Konzentration im Dotierungsstoff ansteigt und durch Diffusion gleichmäßig in der geschmolzenen Zone verteilt werden muß. Wenn die maximale Konzentration in der Schmelze um nicht mehr als 10% die mittlere Konzentration übertreffen soll, ist bei *reinem* Diffusionsausgleich keine höhere Zuggeschwindigkeit als $1,8 \cdot 10^{-6}$ cm/h erlaubt. Es ist klar, daß ein so langsames Kristallwachstum nicht zu einer technisch nutzbaren Kristallproduktion führen kann. In der Praxis benutzt man deshalb eine künstliche Durchmischung der Flüssigkeitszone. Bei einer Hochfrequenzeinspeisung der Energie wird durch Wirbelströme im flüssigen Ge eine kräftige Mischung des Dotierungsmaterials von selbst erreicht. Technische Kristallziehgeschwindigkeiten liegen dabei in der Gegend von 1 bis 10 cm/h.

Um Kristallbaufehler möglichst herabzudrücken, sollen innere Spannungen und plastische Deformationen, die auch noch im erstarrten Material in der Nähe des Schmelzpunktes auftreten können, vermieden werden. Eine der Hauptursachen für solche inneren Spannungen sind Temperaturunterschiede im flüssigen und im festen Kristall. Nun sind in der longitudinalen Achsrichtung Temperaturgradienten grundsätzlich nicht völlig zu vermeiden, da die notwendigen Phasengrenzen durch Temperaturgradienten erzwungen werden. Sie können aber durch spezi-

fische Formung und Anordnung der Heizer klein gehalten werden. An
der Vorderfront der flüssigen Zone, an der also das Kristallgut geschmol-
zen wird, ist ein steilerer Gradient erlaubt. An der Rekristallisiergrenze
der flüssigen Zone soll der Temperaturgradient nur 10°C/cm betragen.
Dies kann in einfacher Weise durch eine Nachheizung des Kristalles
erreicht werden. Eine geeignete Anordnung nach [9] zeigt Abb. 20. Hier
ist eine Hochfrequenzeinspeisung der Energie vorgesehen. Auf eine Vor-
heizspule, die die eigentliche Aufschmelzung der flüssigen Zone bewirkt,
folgt eine Nachheizspule, die die Aufgabe hat, die niedrigen Temperaturgradienten an der Kristallfront einzustellen und den gebildeten Kristall
möglichst langsam über den Temperaturbereich zu führen, in dem er
noch plastisch formbar ist und den thermischen Spannungen in seinen
Gleitebenen nachgeben kann. Ebenso schädlich sind radiale Temperatur-

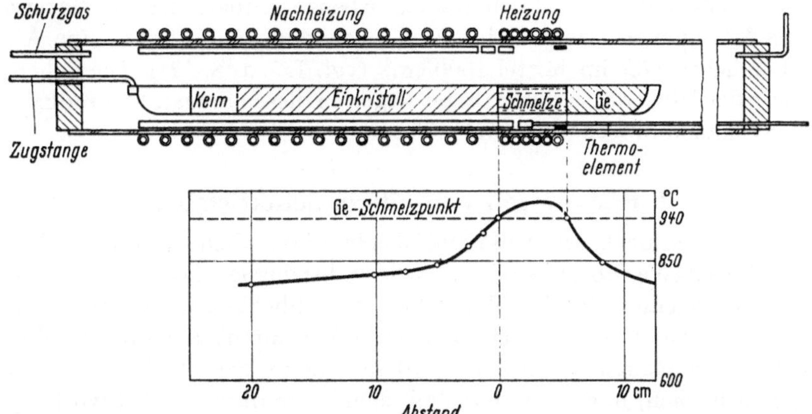

Abb. 20. Einkristallerzeugung im Zonenschmelzverfahren mit Nachheizung. Nach BENNETT
und SAWYER [9]

unterschiede, die im Kristall auftreten. Sie können durch nicht radialsymmetrischen Fluß des Gasstromes und ebenso durch stärkere Abstrah-
lung von der Oberfläche der flüssigen Zone herrühren. Ein radialer
Wärmefluß ist in der Praxis schwer zu vermeiden. Es gelingt dies nur für
kleine axiale Temperaturgradienten. Der Nachheizer ist wegen seiner
radialsymmetrischen Energiezufuhr und seines kleinen longitudinalen
Gradienten hierfür gut geeignet.

Die Einkristallbildung wird auch beim Zonenschmelzverfahren am
besten durch einen Keimkristall eingeleitet, der die gewünschte Kristallorientierung vorgibt. Während des ganzen Kristallwachstums sollen an
keiner Stelle andere Keimkristalle entstehen. Dazu ist erforderlich, daß
überall in der flüssigen Zone die Temperatur über dem Schmelzpunkt
liegt, während allein an der Kristallfront die Schmelztemperatur erreicht
wird. Insbesondere muß eine Unterkühlung der Flüssigkeit vor der Kristallebene vermieden werden, die leicht zu neuer Keimbildung und

7*

Wachstumsstörungen führen kann. Eine solche Unterkühlung wird durch schnelles Kristallwachstum hervorgerufen. Denn einmal nimmt dabei der Temperaturgradient vor der Kristallfront ab, weil die Kristallisierwärme nicht so schnell abgeführt werden kann, das andere Mal nimmt die Konzentration der Dotierungsmittel vor dieser Ebene zu und setzt den Schmelzpunkt der Lösung herab. Aus diesem Grunde darf die Kristallzuggeschwindigkeit nicht zu hoch gewählt werden.

Mit der in Abb. 20 wiedergegebenen Zonenschmelzapparatur mit Nachheizung können Ge-Einkristalle mit geringster Gitterfehlordnung hergestellt werden. Bei langsamer Zuggeschwindigkeit, die besonders wenig Kristallbaufehler liefert, kann pro Tag ein 15 cm langer Einkristall von 250 g Gewicht gezogen werden. Dabei können die Widerstandsschwankungen längs des Querschnittes des Kristalles $\pm 3\%$ und die in seiner Achsrichtung $\pm 7\%$ betragen. Ebenso enthält das Ge-Material keine Korngrenzen, zeigt keine Zwillingsbildung und besitzt eine Ätzgrubendichte von im Mittel 1500/cm² (vgl. I. 5. d. S. 121). Die Lebensdauern der Minoritätsladungsträger liegen in diesen industriell produzierten Kristallen zwischen 60 und 600 μsek.

4. Präparation von Siliziumeinkristallen

Silizium ist nach dem Sauerstoff das häufigste Element auf der Erde. Anreicherungsverfahren sind also hier überflüssig. Das Problem der Siliziumdarstellung für Halbleiter liegt ausschließlich in der Erzeugung des hohen Reinheitsgrades. Das klassische Verfahren zur Reindarstellung des Si ist die Reduktion des $SiCl_4$ mit Zn-Dampf, das von Du Pont (und anderen Firmen) in einer großtechnischen Form durchgeführt wird (vgl. z. B. [94]). $SiCl_4$ wird durch Zn in diesem Verfahren bei einer Temperatur von 950°C reduziert. Die Reaktion findet also unterhalb des Schmelzpunktes von Si, aber oberhalb des Siedepunktes von Zn, $ZnCl_2$ und $SiCl_4$ statt. Das überschüssige Zinkchlorid, Zink und Siliziumtetrachlorid wird als Dampf aus dem Reaktionsraum entfernt, während sich das Silizium am Boden des Reaktionsgefäßes in Form von Kristallkonglomeraten absetzt. Es wird nach Beendigung der Reaktion dem Gefäß entnommen, in HCl und schließlich in destilliertem Wasser gewaschen. Geht man von sehr reinen Ausgangsmaterialien aus, so erhält man nach diesem Verfahren ein Si-Endprodukt, das in einzelnen Kristallkonglomeraten einen spezifischen Widerstand bis zu 100 Ωcm besitzt. Es handelt sich also schon um eine chemisch außerordentlich reine Substanz, deren Verunreinigungen mit normalen chemischen Mitteln oder auch mit den Methoden der Spektroskopie nicht mehr nachzuweisen sind.

Ein anderes Herstellungsverfahren, das eher ein weiteres Reinigungsverfahren darstellt, wurde von LITTON und ANDERSON [10] beschrieben. Es benutzt die thermische Zersetzung von SiJ_4 an heißen Wolfram- oder

Tantaldrähten. Dieser Technik liegt die Überlegung zugrunde, daß die Jodide der Metalle aus der 5. Spalte des periodischen Systems, wie P, As und Sb weniger stabil sind als SiJ_4, während die Jodide der Elemente, Al, In, Ga, B und Bi stabiler als SiJ_4 sein sollten.

Tabelle 5. *Siedepunkte (bei 200 mm Hg) und Dampfdrucke (bei 238°C) von Jodiden der Elemente der III. und V. Gruppe des periodischen Systems*

	Siedepunkt bei 200 mm Hg [°C]	Dampfdruck bei 238 °C [mm Hg]	Relative Flüchtigkeit
BJ_3	157	1360	6,8
PJ_3	169	910	4,6
GaJ_3	299	36	0,18
Al_2J_6	324	24	0,12
AsJ_3	336	24	0,12
SbJ_3	369	11	0,06
InJ_3	414	1,1	0,006

Bei einem Druck von 200 mmHg, der für das Arbeiten der Rektifiziersäule gewählt wird, beträgt die Siedetemperatur des SiJ_4 238,1°C. Tab. 5 enthält Siedepunkt, Dampfdruck und die relative Flüchtigkeit der Metalljodide der III. und V. Gruppe des periodischen Systems, verglichen mit Siliziumjodid. Aus ihr läßt sich entnehmen, daß Bor und Phosphor wegen ihrer hohen Flüchtigkeit im ersten Destillat enthalten sind, während Ga, Al, As, Sb und In im Rückstand angereichert werden.

Die thermische Zersetzung des destillierten SiJ_4 wird in einem Quarzrohr an einem geheizten Tantaldraht ausgeführt. Das abgesetzte Si-Metall ist polykristallin und zeigt p-Charakter. Es besitzt einen spezifischen Widerstand zwischen 40 und 200 Ωcm.

Außer den Si-Halogeniden werden oft SiH_4 oder Si-Halogenwasserstoffe (wie Trichlorsilan) zur Herstellung von Reinstsilizium verwendet. Gasförmige Si-Verbindungen lassen sich leicht in reiner Form darstellen. Sie werden ebenso wie die Si-Halogenide thermisch zersetzt. Neben der thermischen Zersetzung ist es auch möglich, diese Stoffe in einem zweckmäßig zwischen Si-Elektroden in einer reinen, inerten Gasatmosphäre brennenden Lichtbogen zu zersetzen (vgl. Patentanmeldungen S 36032 VI/48b und S 42294 VIIIc/21g). Das Si schlägt sich dann auf den Elektroden nieder und wird von dort zur Weiterverarbeitung entnommen. Der Prozeß läßt sich so führen, daß ein polykristalliner stangenartiger Si-Stab an den Elektroden anwächst.

Die bisher beschriebenen chemisch-physikalischen Reinigungsprozesse führen alle zu einem polykristallinen Si-Material, dessen spezifischer Widerstand im besten Falle in der Gegend von 200 Ωcm liegt. Für die Fertigung von Halbleiterbauelementen ist aber 1. ein höherer Reinheitsgrad erwünscht, 2. ein einkristallines homogenes Material Voraussetzung.

Es entsteht die Aufgabe, das in der beschriebenen Art anfallende Si-Material in Einkristalle umzusetzen. Dazu sind grundsätzlich die schon zur Ge-Einkristallerzeugung verwendeten Methoden geeignet. Es treten aber im Falle des Si noch zwei zusätzliche Schwierigkeiten auf. Si haftet bei der Temperatur seines Schmelzpunktes von 1420°C an allen bekannten Tiegelwerkstoffen, z. B. bildet Si mit Graphit sofort SiC-Kristalle. Auch SiO_2 wird vom Si oberflächlich reduziert. Der Hauptanteil des aufgenommenen Sauerstoffes wird als SiO verdampft. Immerhin werden Spuren von Sauerstoff, Bor und auch andere Verunreinigungen aus dem Quarzmaterial des Tiegels im Si-Kristall eingebaut werden. Es ist daher nicht verwunderlich, wenn die Reinheit des Si-Kristalles vom Tiegel-material abhängt, in dem das chemisch anfallende polykristalline Si aufgeschmolzen wird [55]. Aus dem gleichen Grunde empfiehlt es sich nicht, einen Si-Kristall mehrfach aus einem Quarztiegel herauszuziehen oder mit einem schwimmenden Tiegel zu operieren. Die zweite Schwierigkeit liegt darin, daß Si beim Erstarren unterhalb seines Schmelzpunktes sein Volumen stark ausdehnt. Da andererseits Si und SiO_2 sehr fest aneinanderhaften, entstehen dabei zwischen Quarztiegel und dem Si-Material so starke Spannungen, daß in den meisten Fällen Kristall und Tiegel in kleine Stücke zersprengt werden. Damit ist ein Zonenschmelzverfahren im Tiegel, wie wir es beim Germanium kennengelernt haben, praktisch unmöglich.

Man geht daher in den letzten Jahren immer mehr dazu über, bei der Herstellung von hochgereinigtem Si auf einen Tiegel überhaupt zu verzichten. Die hohe Oberflächenspannung des geschmolzenen Si erlaubt ein tiegelfreies Arbeiten in folgender Weise. Nach KECK und GOLAY [*11*] kann man mit Siliziumstäben ein Zonenziehverfahren in senkrechter Anordnung durchführen, wobei die Schmelzzone z. B. durch Hochfrequenzeinspeisung in der Mittelzone des Si-Stabes erzeugt wird. Die flüssige Zone wird dabei durch die relativ hohe Oberflächenspannung als Tropfen zwischen dem oberen und unteren Stabende gehalten. In einer Anordnung nach KECK wird die Schmelzzone durch einen induktiv geheizten Wolfram-Ringstrahler erhitzt (vgl. Abb. 21). Der Si-Stab steckt in einem beweglichen Eisenrahmen und läßt sich mit dem Rahmen an der Heizspirale vorbeiführen.

Ein einkristallines und in bestimmter Richtung liegendes Wachstum des gesamten Si-Stabes wird durch einen orientierten Keimkristall erzwungen, an den die Stange angesetzt wird.

Eine Zonenreinigung kann, wie im Fall des Ge, durch Verschieben der flüssigen Zone von unten nach oben im Si-Stab durchgeführt werden. Die tiegelfreie Zonenschmelze ist eine wirksame Reinigungsmethode. Es ist allerdings Voraussetzung, daß das verwendete Ausgangsmaterial borfrei ist, da Bor wegen seines Verteilungskoeffizienten in Si von 0,8 praktisch mit diesem Verfahren nicht entfernt werden kann. Alle anderen

Stoffe werden durch 10- bis 20maliges Zonenziehen fast vollkommen beseitigt. Hierbei spielt auch das Abdampfen der Verunreinigungen von der Oberfläche der flüssigen Zone eine unterstützende Rolle. Bei der technischen Fertigung von Si-Stäben wird ein einkristallines Material mit einem spezifischen Widerstand von mehr als 1000 Ωcm (p-Typ) erzeugt.

Solche Stäbe lassen sich von der Gasphase her leicht dotieren, wenn man den Zonenziehprozeß in einer Schutzgasatmosphäre (He oder A) ablaufen läßt, der geringe Mengen von Phosphorwasserstoff oder Borwasserstoff zugesetzt sind. Über die flüssige Phase werden die Dotierungsstoffe aus dem Umgebungsgas in kontrollierbarer Weise aufgenommen. Es können so alle gewünschten spezifischen Widerstände für den p- oder n-Typkristall hergestellt werden. Die reinsten bisher durch wiederholtes Zonenziehen erzeugten Si-Proben haben einen spezifischen Widerstand von mehr als 10^5 Ωcm. Die Lebensdauer der Minoritätsladungsträger beträgt in hochreinem Si mehr als 1000 μsek.

Die Dichte der Versetzungsfehler ist in tiegelfrei gezogenen Si-Stäben verhältnismäßig groß ($\sim$10000/cm²). Es lassen sich aber nach der Czochralski-Methode völlig versetzungsfreie Si-Kristalle (und auch Ge-Kristalle) aus dem Tiegel ziehen, wenn man nach Dash [32] folgendermaßen vorgeht. Man wählt einen möglichst versetzungsfreien Keimkristall, der zugespitzt und sorgfältig abgeätzt wird. Die Kristallspitze wird mit dem flüssigen Si in einer kleinen Fläche ($\sim$1 mm²) in Berührung gebracht und mit großer Geschwindigkeit ($>$ 5 cm/min)

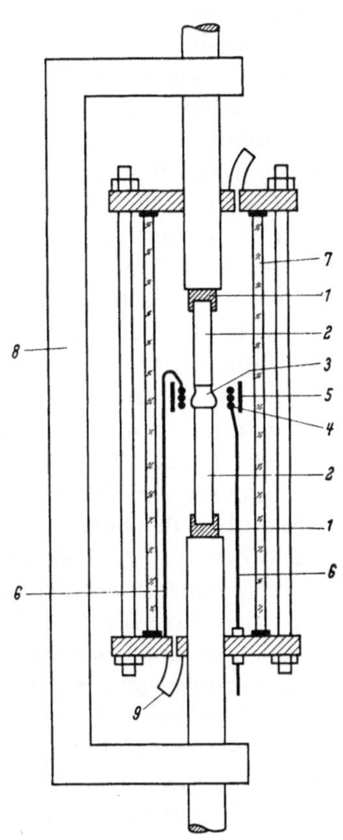

Abb. 21. Tiegelfreies Zonenschmelzen von Si-Stangen. Nach Keck und Golay [11].
1 Kristallhalterung, 2 Si-Stange, 3 flüssige Si-Zone, 4 W-Heizspirale, 5 Strahlungsschirm, 6 Heizungszuführung, 7 Quarzrohr, 8 Eisenrahmen, 9 Schutzgaszuführung

aus der Schmelze gezogen. Der Querschnitt des Kristalles bleibt dabei klein. Es entsteht ein großer Temperaturgradient in der Kristallzugrichtung und damit ein Überschuß an Leerstellen. Beide Tatsachen begünstigen das Herauswachsen der wenigen noch vom Keim herrührenden Versetzungslinien an die Oberfläche. Neue Dislokationen entstehen bei dieser Art der Zugtechnik nicht, sofern die Oberfläche des flüssigen Si frei von Störungen ist. Wenn die Länge des schnell wachsenden Kristalles ein mehrfaches seines Durchmessers beträgt, sind alle Versetzungslinien aus dem Kristallvolumen herausgewandert. Nunmehr wird die Zuggeschwindigkeit gesenkt ($\sim$ 2 mm/min), der Kristall nimmt den normalen, aus der Tiegeldimension abzuleitenden Querschnitt an und wächst ohne Versetzungslinien weiter. Querschnittsänderungen bringen keine neuen Dislokationen. Es ist gelungen, große völlig versetzungsfreie Kristalle auf diese Art zu gewinnen.

Das Verfahren, Halbleiterkristalle durch die Zersetzung von gasförmigen Verbindungen zu gewinnen, haben wir bisher nur bei der Reindarstellung von Si kennengelernt, bei der z. B. SiJ_4 oder $SiHCl_3$ als Ausgangsmaterial für das anfallende polykristalline Si verwendet werden. Es ist aber auch möglich, aus der Gasphase Einkristalle wachsen zu lassen, wenn man dafür sorgt, daß das sich abscheidende Material auf einer einkristallinen Unterlage von gleicher (oder ähnlicher) Gitterkonstanten weiterwächst. Das gilt sowohl für Ge und Si wie für die A^{III} B^{V}-Verbindungen. Dies Verfahren wird als epitaxisches Aufwachsen von Halbleiterkristallen bezeichnet. Auch das direkte Aufdampfen von Si bzw. Ge im Hochvakuum auf die gleiche einkristalline Oberfläche führt zum orientierten Weiterwachsen des Keimkristalles, sofern $T > 900\,°C$ bzw. $T > 500\,°C$ ist. Die hohen Temperaturen, die zur Verdampfung der Elemente nötig sind, ergeben leicht Störungen im Gitteraufbau der aufgedampften Schichten [91].

Die Zersetzung gasförmiger Halbleitersubstanzen verläuft z. T. bei tieferen Temperaturen. Sie führt erst oberhalb einer bestimmten Temperatur zu einkristallinen Schichten [83]. Zur Herstellung von dünnen Si-Schichten auf einer einkristallinen Si-Unterlage hat sich besonders die Zersetzung von SiH_4, $SiHCl_3$ und die Reduktion von $SiCl_4$ mit Wasserstoff bewährt [92] [93]. Man läßt die Gase mit Argon oder Wasserstoff gemischt in einem offenen System strömen, das an einer Stelle einer Temperatur von 700 °C bis zu 1300 °C ausgesetzt wird, an der sich auch die Si-Substrate befinden. Hier reagieren die genannten gasförmigen Verbindungen nach den Gleichungen

$$SiH_4 \to Si + 2\,H_2 \qquad\qquad (700\text{—}1300\,°C\ \text{Reakt.-Temp.})$$
$$2\,SiHCl_3 \to Si + SiCl_4 + 2\,HCl \qquad (\sim 1100\,°C \qquad ,, \qquad ,,\ )$$
$$SiCl_4 + 2\,H_2 \to Si + 4\,HCl \qquad (\sim 1100\,°C \qquad ,, \qquad ,,\ )$$

Das abgeschiedene Si wächst nur einkristallin auf den oberflächlich sorgfältig gereinigten Si-Unterlagen an [101].

Eine beliebige Dotierung der Si-Schichten kann man erhalten, wenn man dem Gasstrom BCl_3 oder PCl_3 in geringer Konzentration beimischt. Dabei wird Phosphor in etwa gleicher Konzentration aus der Gasphase übertragen, während Bor nur im Verhältnis von 1:10 bis 1:100 im Si-Kristall eingebaut wird.

Abb. 22 zeigt den Schnitt durch einen Si-Einkristall, dessen Randzonen, abwechselnd p- oder n-dotiert, epitaxisch gewachsen sind.

In den letzten Jahren hat eine spezielle chemische Reaktion, die Disproportionierung von GeJ_2 oder SiJ_2, die bei noch niedrigeren Temperaturen als die Zersetzung statthat, Bedeutung für das epitaxische Aufwachsen von Einkristallschichten gewonnen. Sie soll hier für den Fall des Si beschrieben werden (bei Ge verläuft die Reaktion in ganz ähnlicher Weise). Die Methode erlaubt die Bildung von Si-Schichten bei Temperaturen von $T > 900°C$ (Ge-Schichten bei $T > 500°C$) [84, 85].

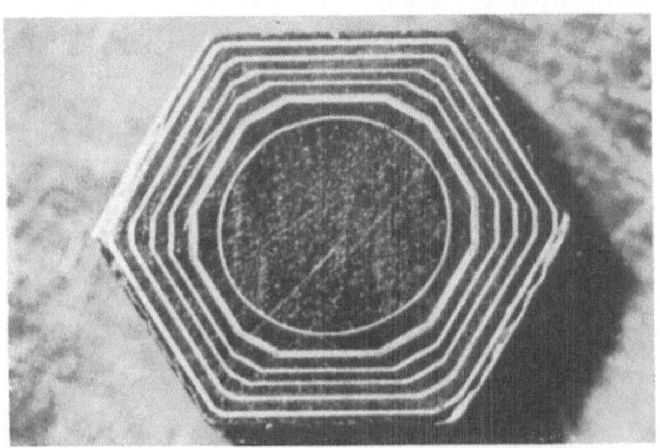

Abb. 22. Querschnitt durch einen in der 111-Richtung orientierten Kristall, dessen Randschichten, abwechselnd p- oder n-dotiert, epitaxisch aufgewachsen sind. Der innere Ring bezeichnet das ursprüngliche Substrat — einen Si-Stab mit kreisförmigem Querschnitt. Bei beginnendem epitaxischen Wachstum erscheinen 12 Seitenflächen, von denen die größeren in der $\bar{2}11$-Ebene und die kleineren in der $\bar{1}10$-Ebene liegen. Die $\bar{2}11$-Ebenen bilden sich schneller aus, sie überwachsen schließlich die $\bar{1}10$-Ebenen und formen ein vollkommenes Sechseck. Nach ALLEGRETTI und Mitarbeitern [100].

Die Disproportionierung von SiJ_2 verläuft nach der Gleichung

$$2SiJ_2 \rightleftharpoons SiJ_4 + Si.$$

Die Reaktion ist temperaturabhängig. Bei hohen Temperaturen ($T > 1125°C$ bei einem Jodgehalt von $1\ mg/cm^3$) verschiebt sich das Gleichgewicht zur linken Seite der Reaktionsgleichung, bei tiefen ($T < 1125°C$) zur rechten Seite. Es ist deshalb möglich, Si aus einem Bereich höherer Temperatur in ein Gebiet niederer Temperatur zu transportieren, wenn die gasförmigen Reaktionsprodukte zwischen den beiden Temperaturbereichen zirkulieren können. In einem abgeschlossenen, mit einer passenden Jodmenge versehenen Gefäß, dessen Enden auf verschiedener Temperatur gehalten werden und das an seinem heißen Ende Si-Stücke für die SiJ_2-Bildung enthält, dauert die Reaktion so lange an, bis das ganze Si aus der heißen Zone in die kalte Zone transportiert ist (vgl. Abb. 23). Die Si-Transportleistung hängt dabei von den beiden Temperaturen, vom Jodgehalt und von der Zirkulationsgeschwindigkeit ab. Eine vertikale Anordnung des Reaktionsgefäßes begünstigt den Reaktionsverlauf. Das aus der Gasphase anfallende Si setzt sich auf allen Oberflächen der kalten Zone an, bevorzugt aber an kristallinen Si-Oberflächen oder an solchen Flächen, die eine vom Si nur wenig verschiedene Gitterstruktur haben. Hier wachsen die Schichten (sofern $T > 900\,°C$) monokristallin auf. Röntgenuntersuchungen zeigen, daß langsam gewachsene Schichten vollkommen einkristallin sind und die gleiche Orientierung besitzen wie die Unterlage. Die Qualität der aufgewachsenen Kristallschicht wird stark von der Reinheit der Unterlage beeinflußt. Oxydschichten behindern das epitaxische Weiterwachsen und lassen vornehmlich auf Si zahllose feine Si-Kristalle entstehen. Sorgfältige Reinigung der Si-Oberfläche und möglichst weitgehender Abbau

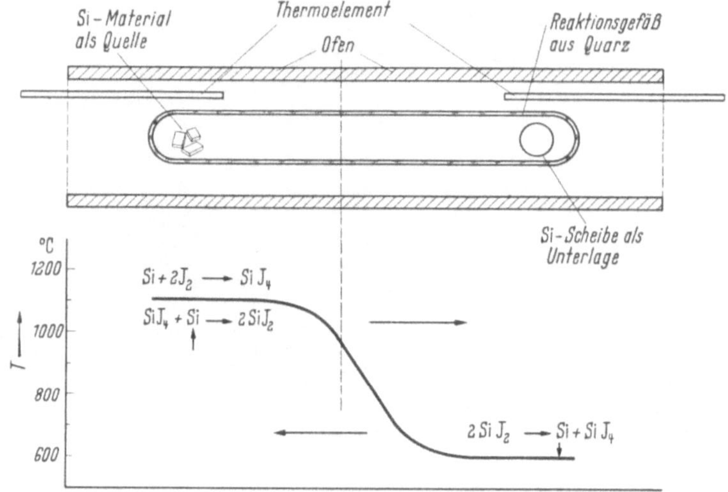

Abb. 23. Disproportionierung von SiJ₂ im abgeschlossenen Gefäß. Versuchsanordnung (schematisch), angenäherter Temperaturverlauf im Reaktionsgefäß

der auf ihr haftenden Oxydschicht sind für ein homogenes Anwachsen erforderlich. Die Zugabe einer bestimmten Menge Wasserstoff in das Reaktionsgefäß verhindert durch Reduktion von SiO_2 das Auftreten von Grenzschichten zwischen der Unterlage und der epitaxischen Si-Schicht.

Eine beliebige Dotierung der aufgewachsenen Schichten läßt sich erreichen, wenn man bei der Disproportionierung von bereits dotiertem Si als Quellmaterial ausgeht. GLANG und KIPPENHAN [86] fanden im aufgewachsenen Si eine annähernd ebenso große Fremdstoffkonzentration wie im Ausgangsmaterial. Das bedeutet, daß die Jodidbildung und -zersetzung der Dotierungselemente ebenso leicht erfolgt wie die des Si. Das trifft für die Elemente As, Sb, B und P zu. Eine Ausnahme bildet in dieser Reihe Al, das nur im Verhältnis $1:10^4$ in das aufgewachsene Si übertragen wird. Die Verfasser nehmen an, daß sich das stark gebundene AlJ_3 einer Zersetzung gegenüber stabiler verhält als die anderen Jodide.

Die Dichte der Dislokationen in aufgewachsenen Ge-Schichten wurde zwischen $5 \cdot 10^3$ und $5 \cdot 10^5/\mathrm{cm}^2$ gefunden [87]. Aufeinanderfolgende Schliffbilder zwischen Unterlage und Aufwachsschicht zeigen deutlich, daß Dislokationen in der Unterlage sich in die Bedeckungsschicht fortsetzen und daß an der Grenze eine Fülle neuer Dislokationen entsteht. Dies deutet auf Oxydreste an der Oberfläche der Unterlage. Vorher mit Wasserstoff behandelte Oberflächen besitzen diese Unvollkommenheiten in der Grenzschicht nicht. Die Ätzgrubendichte in der aufgewachsenen Schicht ist dann mit der in der Unterlage vergleichbar oder geringer.

RUTH und Mitarbeiter [88] messen den spezifischen Widerstand und die Beweglichkeit der Ladungsträger in epitaxisch gewachsenen Ge-Schichten, die durch Jodiddisproportionierung in einem offenen Gefäß bei strömendem Edelgas gewonnen wurden. Sie finden nach einer Temperung der Schichten bei 550°C spezifische Widerstände bis zu 40 Ωcm (bei Zimmertemperatur) und HALL-Beweglichkeit bis zu 2400 cm^2/Vsek.

Die besprochenen Arbeitsverfahren der Abscheidung aus der Gasphase und der Disproportionierung der Halbleiterjodide ermöglichen den Aufbau dünner Halbleiterschichten in beliebiger Dotierung und Reihenfolge bei relativ niedrigen Temperaturen. Sie erlauben damit neue Herstellungsverfahren für die Bauelementefertigung, die heute schon beim Mesa-Transistor Anwendung finden [95].

5. Prüfung des Kristallmaterials

a) Widerstand und Homogenität

Die physikalische Prüfung eines zur technischen Verwendung vorgesehenen Halbleitermaterials erstreckt sich zunächst auf seinen Leitungstyp und auf seinen spezifischen Widerstand. Ferner sollen seine Homogenität und die Lebensdauer der Minoritätsträger untersucht werden. Es folgen dann Prüfungen des kristallinen Zustandes des Materials, seiner Kristallorientierung und seiner Kristallbaufehler.

Den Leitungstyp eines Halbleiters kann man unmittelbar erkennen, wenn man eine metallische Spitze auf eine frisch geätzte Halbleiteroberfläche setzt und dem Spitzenkontakt einen möglichst sperrfreien metallischen Großflächenkontakt gegenüberstellt (vgl. auch II.3.b). Aus dem Vorzeichen der Gleichrichterwirkung ergibt sich sofort der Leitungstyp des Kristalles, und zwar sperrt der n-Typ bei negativen Spannungen an der Metallspitze und läßt bei positiven Spannungen einen Strom fließen; beim p-Typ kehren sich die Vorzeichen um. Ausschließlich bei sehr hochohmigem Material, das dem Eigenleitungszustand sehr nahe kommt, ergeben sich unklare Kennlinien, die teilweise OHMschen Charakter annehmen können. (Das gleiche gilt von sehr niederohmigem Material.)

Ein anderes Verfahren zur Ermittlung des Halbleitertypes ist die Bestimmung des Vorzeichens der HALL-Konstanten. Man findet nach

Gl. (7) und (8) bei einer Messung der HALL-Konstanten nicht nur das Vorzeichen der beweglichen Ladungsträger im Kristall, sondern auch ihre Zahl. Ein Ergebnis, das man zur Kontrolle des spezifischen Widerstandes der Halbleiterprobe ausnutzen kann.

Eine weitere Methode zur Erkennung des Halbleitertyps bietet die Bestimmung des Vorzeichens der Thermokraft. Die Thermokraft φ_{th} ist die Spannungsdifferenz zwischen zwei verschiedenartigen Metall- oder Halbleiterstücken, die einen Temperaturunterschied von 1°C aufweisen, und die zu einem offenen Kreis verbunden sind. Solange die Temperaturdifferenz zwischen Metall und Halbleiter kleingehalten wird ($\Delta T \approx 5 \rightarrow 10°$C), steigt die Thermospannung linear mit der Temperaturdifferenz an

$$\Delta U_{\mathrm{th}} = \varphi_{\mathrm{th}} \cdot \Delta T .$$

Die Thermospannungsmessung an Halbleitern erfolgt mit solchen Metallen, die kleine eigene Thermokräfte und geringe chemische Reaktionsfähigkeit gegenüber dem Halbleiter besitzen. Wenn die Spitze geheizt wird, entsteht bei einer Überschußleitung zwischen Metall und Halbleiter eine negative Spannung (bei Mangelleitung eine positive Spannung).

Zwischen dem spezifischen Widerstand einer Halbleiterprobe und der maximalen Sperrspannung, die sich an ihr im pn-Übergang oder in einem Spitzenkontakt gewinnen läßt, besteht eine gewisse Korrelation, derart, daß die hohe Sperrspannung einem hohen spezifischen Widerstand zuzuordnen ist. Die maximale Sperrspannung hängt andererseits derart von der Herstellungsart des pn-Überganges und von der Oberflächenbeschaffung des Halbleiters ab, daß mit dieser Methode nicht mehr als eine erste orientierende Übersicht über den spezifischen Widerstand des Halbleitermaterials zu erhalten ist. Eine befriedigende Kenntnis des spezifischen Widerstandes ist nur durch sorgfältige Messung an einem Halbleiterstück mit definierter Geometrie zu gewinnen. Eine platten- oder stabförmig zugeschnittene Halbleiterprobe wird an ihren Stirnflächen mit sperrfrei anlegierten Kontakten oder mit sperrfrei aufgetragenen Metallschichten versehen (eine Ge-Oberfläche wird z. B. zunächst geschliffen, dann verkupfert oder rhodiniert). Aus dem gemessenen Widerstand R und der Geometrie ergibt sich der spezifische Widerstand. Es empfiehlt sich, diese Messungen bei hochohmigem Halbleitermaterial aus Ge und Si im Dunkeln durchzuführen, da Tageslicht und auch künstliche Beleuchtung schon eine beträchtliche Ladungsträgerbildung im Kristall hervorrufen können, die die Messung verfälscht. Auf die Temperaturabhängigkeit des Eigenleitungsmaterials wurde schon in I. 2 hingewiesen.

Diese Versuchsmethode kann leicht zur Prüfung der Homogenität des Halbleitermaterials erweitert werden, wenn man mit Hilfe einer zusätzlichen Spitze den Potentialverlauf im Halbleiterstab verfolgt. Die

Potentialmessung soll möglichst hochohmig erfolgen oder sogar stromlos durch Kompensation durchgeführt werden, um jeden Einfluß des Übergangswiderstandes zwischen Halbleiter und Metallspitze auszuschalten. Das ist insbesondere bei der Prüfung von Si-Material notwendig. Zur Vermeidung des Einflusses von Thermospannungen kann auch Wechselstrom niedriger Frequenz (z. B. 100 Hz) verwendet werden [12].

Die beschriebene Arbeitsmethode ist genau und zuverlässig. Es haftet ihr der Nachteil an, daß sie eine besondere Form des Halbleitermaterials, Stab oder Platte, voraussetzt. Diese Schwierigkeit vermeidet eine Anordnung, bei der allein eine ebene Fläche des Halbleitermaterials (bei sonst beliebiger Formgebung) für die Messung benötigt wird. Nach diesem Verfahren werden vier in einer geraden Linie angeordnete metallische Spitzen auf eine ebene Halbleiterfläche aufgesetzt (vgl. Abb. 24). Zwi-

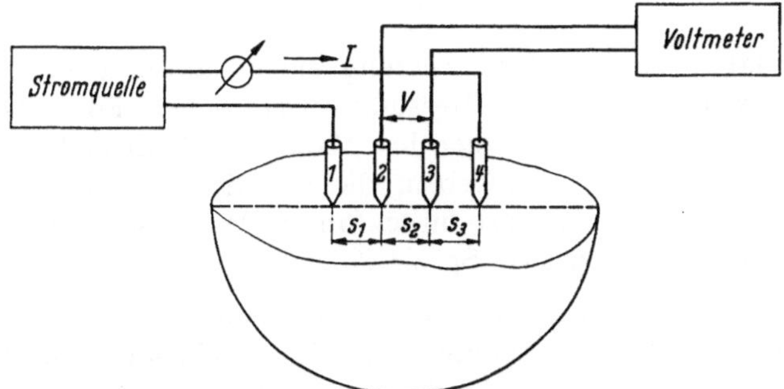

Abb. 24. Vierpunktemethode zur Bestimmung des spezifischen Widerstandes von Halbleitermaterial. Nach VALDES [13]

schen den beiden äußeren Spitzenkontakten (1) und (4) wird eine Spannung angelegt, so daß ein Strom im Halbleiter fließt. Dieser Strom bewirkt an den Spitzen (2) und (3) einen bestimmten Spannungsabfall, der über ein Röhrenvoltmeter oder eine Kompensationsvorrichtung gemessen werden kann. Für einen ausgedehnten Halbleiterkörper mit einer ebenen Fläche hängt diese Spannung nur dann eindeutig vom spezifischen Widerstand des Materials und von dem zwischen den Kontakten (1) und (4) fließenden Strom ab, wenn folgende Voraussetzungen gelten:

1. Der spezifische Widerstand des Halbleiters ist in der Nähe der Meßstelle gleichförmig;

2. die etwa in den Halbleiter injizierten Minoritätsladungsträger rekombinieren in unmittelbarer Nähe des Kontaktes (z. B. mechanisch geschliffene Oberfläche);

3. die Berührungsfläche der Kontakte ist klein gegen den Abstand der Spitzen.

Für das Modell eines halbseitig unbegrenzten Halbleiters (nach Abb. 24) läßt sich dann der spezifische Widerstand nach der Formel berechnen:

$$\varrho = \frac{U}{I} \cdot \frac{2\pi}{\dfrac{1}{s_1} + \dfrac{1}{s_3} - \dfrac{1}{s_1 + s_2} - \dfrac{1}{s_2 + s_3}}, \tag{14}$$

hierin bedeuten:

$U = $ Potentialdifferenz zwischen den Kontakten (*2*) und (*3*),

$I = $ Strom zwischen den Kontakten (*1*) und (*4*),

$s_1, s_2, s_3 = $ Kontaktabstand,

$\varrho = $ spezifischer Widerstand.

Für den Fall, daß $s_1 = s_2 = s_3 = s$ ist, vereinfacht sich die Formel (14) zu

$$\varrho = \frac{U}{I} \cdot 2\pi\, s. \tag{15}$$

Natürlich läßt sich die Voraussetzung eines halbseitig unbegrenzten Kristalles nicht immer bei der Messung verwirklichen. Für verschiedene Fälle andersartiger Begrenzungen hat VALDES [*13*] theoretisch berechnete Korrekturfaktoren angegeben, die aus den gemessenen Werten $\varrho_1, \varrho_2, \varrho_3$ auf den echten ϱ-Wert zurückführen. Wir beschränken uns hier auf die Wiedergabe von zwei Spezialfällen.

1. Das Halbleiterstück möge eine beträchtliche Dicke haben, während die Halbebene von einer senkrecht auf ihr stehenden nichtleitenden Ebene begrenzt wird. Falls die vier Kontakte auf einer Geraden senk-

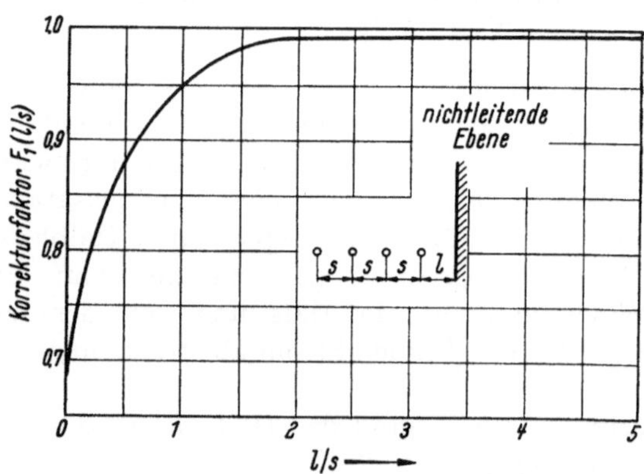

Abb. 25. Korrekturfaktor $F_1(l/s)$ für die Vierpunktemethode, wenn die Meßoberfläche durch eine nichtleitende Ebene im Abstand l begrenzt wird. Nach VALDES [*13*]

recht zu dieser Kante liegen und der Abstand des Kontaktes (*4*) von der Kante l beträgt, so gilt ein Korrekturfaktor F_1, der eine Funktion von l und s darstellt:

$$\varrho = \varrho_1 F_1\!\left(\frac{l}{s}\right).$$

Abb. 25 gibt den Korrekturfaktor F_1 und die Lage der Meßpunkte zum Halbleiterstück wieder.

2. Die Widerstandsmessung soll jetzt an einer dünnen Halbleiterplatte durchgeführt werden, deren Bodenfläche einmal nichtleitend, das andere Mal leitend ist. Die Dicke der Scheibe, deren Abmessungen sonst groß gegen s sein sollen, betrage w. Im Falle des nichtleitenden Bodens wird ein Korrekturfaktor F_2 gewonnen, der kleiner als 1 ist. Für die Platte mit leitendem Boden findet man einen Korrekturfaktor F_3 größer als 1. Es gilt nunmehr

$$\varrho = \varrho_2 \, F_2\left(\frac{w}{s}\right)$$

und

$$\varrho = \varrho_3 \, F_3\left(\frac{w}{s}\right).$$

Beide Korrekturfaktoren sind in Abb. 26 zusammengefaßt. Für ein Verhältnis von $w/s = 2$ ist der Korrekturfaktor schon auf einen von 1 nur wenig verschiedenen Wert abgesunken. Für sehr kleine Werte von w/s kann die angegebene Formel nicht als sehr genau angesehen werden. Durch Verschieben der Meßeinrichtung auf einer größeren Fläche läßt sich auch mit dieser Meßmethode ein Bild von der Homogenität des zu prüfenden Halbleitermaterials gewinnen.

Bei sehr dünnen Platten, oder bei dünnen leitenden Schichten auf hochohmigem Material, wie sie an Halbleiteroberflächen auftreten, bei denen das Verhältnis von $w/s \ll 1$ ist, definiert man einen Oberflächenwiderstand $\varrho_\square$ (vgl. Abb. 71)

$$\varrho_\square = \frac{U}{I} \cdot \frac{\pi}{\ln 2} = \frac{U}{I} \cdot 4{,}53.$$

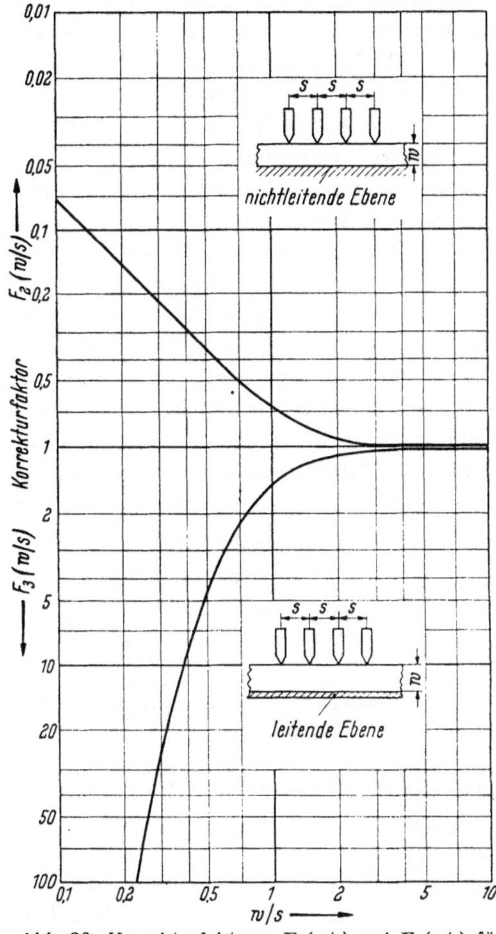

Abb. 26. Korrekturfaktoren $F_2(w/s)$ und $F_3(w/s)$ für die Vierpunktemethode, wenn der Halbleiterkörper eine Scheibe von der Dicke w darstellt, die durch eine leitende bzw. nicht leitende Ebene berührt wird. Nach VALDES [13]

b) Lebensdauer der Minoritätsladungsträger

Eine wichtige für einen Halbleiterkristall charakteristische Eigenschaft ist die Lebensdauer τ der Minoritätsladungsträger, die für die Eignung eines Halbleiters als Transistorwerkstoff von großer Bedeutung ist. τ wird begrenzt durch die Elektron-Loch-Rekombination, die im Si und Ge-Halbleiter an Rekombinationszentren stattfindet, die in erster Linie aus den Verunreinigungsatomen und den Kristallbaufehlern gebildet werden. Die Lebensdauer gibt also einen Aufschluß über die Fehlerfreiheit des Kristallgitters, sofern der Kristall nicht von vornherein schon zu hoch dotiert ist. Injiziert man in ein homogenes Kristallvolumen einen bestimmten Überschuß an Minoritätsladungsträgern, so ergibt sich ein bestimmter räumlicher und zeitlicher Konzentrationsverlauf der Ladungsträger im Kristall. Dieser Vorgang hängt naturgemäß ab von der Beweglichkeit der Ladungsträger, von ihrer Diffusionskonstanten, von ihrer Lebensdauer und vom elektrischen Feld im Kristall. Eine messende Beobachtung dieser Ausbreitung kann also über alle diese Größen eine Aussage machen. Wir nehmen im folgenden die Diffusionskonstante und die Beweglichkeit der Ladungsträger als bekannt an und richten unser Augenmerk ausschließlich auf ihre Lebensdauer. Nach VALDES [14] entnimmt man die Lebensdauer aus der räumlichen Verteilung der durch Licht erzeugten Ladungsträger (Abb. 27a). Auf einer ebenen Ge-Oberfläche wird ein geradlinig begrenzter Bereich von einer Lichtquelle beleuchtet. In einem bestimmten Abstand zu dieser Belich-

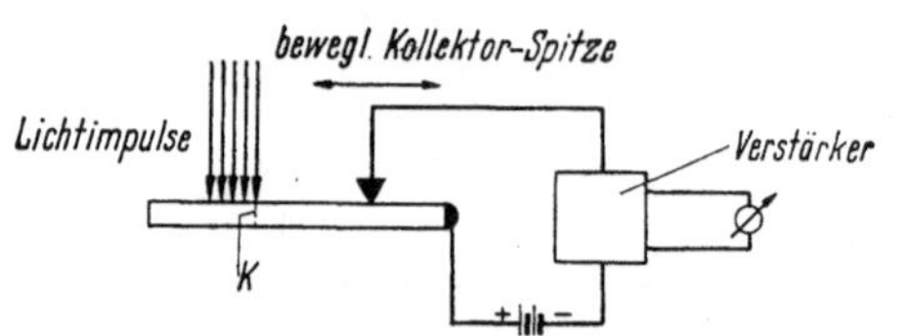

Abb. 27a. Methode zur Bestimmung der Lebensdauer von durch Licht injizierten Ladungsträgern in einer Halbleiterplatte

tungskante wird mit einer Kollektorspitze die Dichte der Löcher im n-Typ-Kristall ermittelt. Denn in einem sorgfältig formierten, in Sperrichtung vorgespannten Spitzenkontakt ist der Stromfluß der Löcherkonzentration vor der Spitze direkt proportional. Von dem aus der Spitze austretenden Elektronenstrom kann man sich befreien, wenn man die Beleuchtung der Ge-Oberfläche intermittierend gestaltet. Über einen Wechselstromverstärker wird dann nur der von der Belichtung herrührende Löcherstrom sichtbar gemacht. Die mathematische Durchrechnung dieses Diffusionsproblems führt für den Abfall der Löcherkonzentration mit dem Abstand von der Lichtkante auf eine HANKEL-Funktion. Für hinreichend großen Abstand der Kollektorspitze von der Lichtgrenze kann man aber mit einem exponentiellen Abfall rechnen. Eine Darstellung des räumlichen Konzentrationsverlaufes im halblogarithmischen Koordinatennetz liefert dann unmittelbar die Diffusionslänge (vgl. Teil A. Gl. (63), S. 33) der Ladungsträger (vgl. Abb. 27b). Dieses Verfahren ist stark von der Oberflächenrekombinationsgeschwindigkeit (vgl. Teil A. S. 53) der Ladungsträger abhängig. Die Volumenlebensdauer wird damit nur richtig gemessen, wenn die Oberflächenrekombination vernachlässigbar klein ist.

Andere Meßverfahren beschäftigen sich nur mit dem zeitlichen Verlauf der Ladungsträgerkonzentration. Sie messen die Größe der Überschußkonzentration in Abhängigkeit von der Zeit. Hierbei sind grundsätzlich zwei Arbeitsmöglichkeiten gegeben. Man bringt z. B. durch einen elektrischen Impuls in ein passend geformtes Halbleiterstück einen Löcherüberschuß und fragt mit einer Sonde, die wiederum aus einer in Sperrichtung vorgespannten Kollektorspitze bestehen kann, und die sich in einem bestimmten Abstand von der Injektionsstelle befindet, den zeitlichen Verlauf der Trägerkonzentration ab. In dieser Art gehen HAYNES und SHOCKLEY vor [15]. Solche Messungen geben auch guten Aufschluß über die Beweglichkeit der Ladungsträger, sofern im Halbleiterkristall eine bestimmte Feldstärke aufrechterhalten wird. Man kann auch in einer weitergehenden Vereinfachung dieser Meßmethode den zur Injektion benutzten pn-Übergang gleichzeitig als Sonde zur Bestimmung des zeitlichen Trägerabfalles benutzen [16].

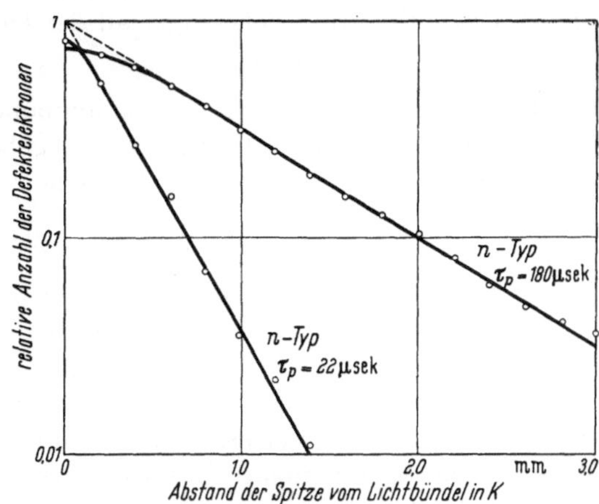

Abb. 27 b. Abfall der Defektelektronenkonzentration mit dem Abstand von der Lichtkante in K (vgl. Abb. 27 a)

Eine andere Gruppe von Arbeiten ermittelt den Verlauf der Trägerdichte durch die Beobachtung der Leitfähigkeitsmodulation der Halbleiterprobe [17, 18, 19]. Ein Halbleiterstab ist an den Enden sperrfrei kontaktiert. In seiner Mitte werden Zusatzladungsträger durch eine kurzzeitige Belichtung erzeugt. Der zeitliche Abfall der Leitfähigkeit wird registriert (Blitzlichtmethode). Falls die Trägererzeugung nicht stoßartig erfolgt, sondern eine sinusförmige zeitliche Amplitude hat, kann man aus der Phasenverschiebung zwischen der Lichtamplitude und der Leitfähigkeit der Halbleiterprobe auf die Lebensdauer der injizierten Ladungsträger schließen. Wir wollen im Anschluß an eine Arbeit von HEYWANG und ZERBST [19] die Lichtblitzmethode etwas näher erläutern. Bei hochgereinigten Halbleiterwerkstoffen mit großer Lebensdauer ist es oftmals schwierig, die reine Volumenlebensdauer τ_v und die Oberflächenrekombinationsgeschwindigkeit s der Ladungsträger getrennt zu bestimmen, da beide in der gleichen Größenordnung in den Abklingvorgang der Leitfähigkeit eingreifen. Für die zeitliche Abnahme der zusätzlichen Trägerdichte $(n - n_0)$ gilt dann unter Berücksichtigung der Diffusionsströme im Volumen die Gleichung:

$$\frac{\partial (n - n_0)}{\partial t} = - \frac{1}{\tau_v} \cdot (n - n_0) + D\Delta (n - n_0) \tag{16}$$

(D ambipolare Diffusionskonstante). Dazu kommt die Randbedingung für die Rekombination der Träger an der Oberfläche

$$D \operatorname{grad}_n (n - n_0) = - s (n - n_0) \tag{17}$$

(der Index n bezeichnet die Normalkomponente des Gradienten).

Das durch die beiden Gleichungen gegebene Problem kann für bestimmte Geometrien durch einen Reihenansatz

$$n - n_0 = \sum_{i=1}^{\infty} A_i \, e^{-t/\tau_i} \cos \alpha_i \, x \tag{18}$$

exakt gelöst werden. Beschränkt man sich aber auf eine Trägerverteilung, die sich nach einer längeren Abklingzeit einstellt, und die immer durch eine einheitliche Lebensdauer τ_{eff} beschrieben werden kann, so genügt es, aus dem Reihenansatz das Glied mit dem kleinsten τ_i Koeffizienten zu berücksichtigen. Die Verfasser finden für eine ebene Platte von der Dicke $2b$ eine transzendente Lösung, die sie mit guter Näherung durch eine algebraische Gleichung ersetzen. Das führt schließlich zu der Formel

$$\frac{1}{\tau_{\text{eff}}} = \frac{1}{\tau_v} + \frac{1}{b/s + 4b^2/\pi^2 \, D} \cdot \tag{19}$$

Arbeitet man statt mit einer Halbleiterplatte mit Halbleiterrundstäben vom Radius R, so führt eine ganze ähnliche Rechnung — wieder mit algebraischer Näherung — zu der Formel

$$\frac{1}{\tau_{\text{eff}}} = \frac{1}{\tau_v} + \frac{2}{R/s + 0{,}345 \, R^2/D} \cdot \tag{19a}$$

In der so gemessenen effektiven Lebensdauer τ_{eff} sind die Volumenlebensdauer τ_v und die Oberflächenrekombination s enthalten. Hieraus die Volumenlebensdauer abzutrennen, sind nur zwei Wege möglich. Man kann durch große Abmessungen der Probestücke, also durch eine dicke Halbleiterplatte oder durch eine Rundscheibe mit großem Radius den zweiten Summanden in den Gln. (19) und (19a) so klein machen, daß er gegen den ersten zu vernachlässigen ist. Der andere Weg, den HEYWANG und ZERBST beschritten haben, besteht darin, aus der anfänglichen Abklingphase der Leitfähigkeitskurve einen zweiten Zusammenhang zwischen s und τ_v abzuleiten, so daß beide Größen getrennt voneinander bestimmt werden können. Dieser Weg erfordert allerdings eine genauere mathematische Analyse und außerdem verschiedene Anregungsbedingungen für die Elektron-Lochpaare. Experimentell läßt sich das durch Bestrahlung des Halbleiters mit Licht von einer Wellenlänge oberhalb bzw. unterhalb der Absorptionskante leicht erreichen. Im ersten Fall hat man vorwiegend eine Volumenanregung, im anderen Fall eine Oberflächenanregung im Halbleiter. Aus den Unterschieden beider Anregungsformen kann man auf τ_v und s getrennt schließen. Eine für solche Messungen geeignete Apparatur zeigt Abb. 28. Hier wird das Bild eines belichteten Spaltes mittels eines rasch rotierenden Drehspiegels über die Meßprobe hinweg bewegt. Lichtimpulse von 5—40 μsek Dauer lassen sich auf diese Art noch mit hinreichender Intensität erzeugen. Will man zu

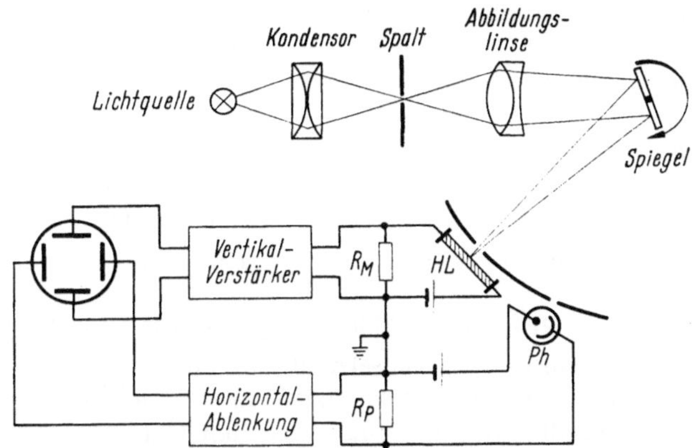

Abb. 28. Bestimmung der Lebensdauer von injizierten Ladungsträgern mit der Lichtblitzmethode. Nach HEYWANG und ZERBST [19]

noch kürzeren Belichtungszeiten übergehen, so empfiehlt es sich, eine Funkenstrecke zu verwenden, über die ein Kondensator von etwa 500 pF entladen wird. Die Funkenstrecke sollte unter erhöhtem Gasdruck stehen (3—5 Atm), um ein kurzes Abreißen der Entladung sicherzustellen. Belichtungszeiten $<1\,\mu$sek sind auf diese Art zu erreichen. Tab. 6 gibt Meßergebnisse wieder, die HEYWANG und ZERBST an Si-Einkristallen (Rundstäbe) gewonnen haben. Man erkennt, daß die Oberflächenrekombinationsgeschwindigkeit recht hoch liegt und durch Ätz- und Polierprozesse stark beeinflußt wird, während die Volumenlebensdauer davon nicht berührt wird. Die niedrigsten an sorgfältig geätzten Ge-Oberflächen gemessenen Rekombinationsgeschwindigkeiten liegen bei 300 cm/sek. Die an Ge-Kristallen gefundenen Volumenlebensdauern erstrecken sich von Bruchteilen einer μsek bis zu wenigen msek.

Die Lichtblitzmethode kann grundsätzlich statt des Gleichfeldes auch ein Wechselfeld zum Leitfähigkeitsnachweis verwenden. Sofern der spezifische Widerstand des Kristalles groß ist ($>100\,\Omega$cm), kann deshalb die Trägerlebensdauer mit Hochfrequenzenergie gemessen werden, ein Verfahren, das sich für hochohmige Si-Stäbe gut bewährt hat [33]. Die Si-Kristalle brauchen nicht mehr kontaktiert zu werden, sie können während der Messung in einer lichtdurchlässigen Kunststoffolie verpackt und so vor einer Verschmutzung ihrer Oberfläche bewahrt bleiben.

8*

Tabelle 6. *Oberflächenrekombinationsgeschwindigkeit und Volumenlebensdauer für verschiedene Siliziumproben nach [19]*

Probe	Typ	Zustand der Oberfläche	Oberflächen-Rekombinations-geschw.s [cm/sek]	Volumen-Lebensdauer τ_v [μsek]
160	p	Unmittelbar nach Herstellung des Einkristalls	$3000 \pm 15\%$	$480 \pm 20\%$
168	p	Unmittelbar nach Herstellung des Einkristalls	$2600 \pm 30\%$	$600 \pm 30\%$
181	n	Unmittelbar nach Herstellung des Einkristalls	$830 \pm 25\%$	$1000 \pm 20\%$
164	p	Unmittelbar nach Herstellung des Einkristalls	$3600 \pm 10\%$	$540 \pm 30\%$
164	p	geätzt mit Natronlauge	$6800 \pm 20\%$	$590 \pm 30\%$
164	p	chemisch poliert	$4000 \pm 20\%$	$550 \pm 30\%$

Abb. 29 zeigt das Prinzip der Meßanordnung. Ein amplitudenstabiler HF-Generator erzeugt eine Wechselspannung hoher Frequenz (35 MHz), die über die Ringelelektrode A kapazitiv in den Si-Stab geleitet wird. Der HF-Strom fließt durch den Stab über den Ring B und den Widerstand R wieder zum Generator zurück. Der Widerstand des zwischen A

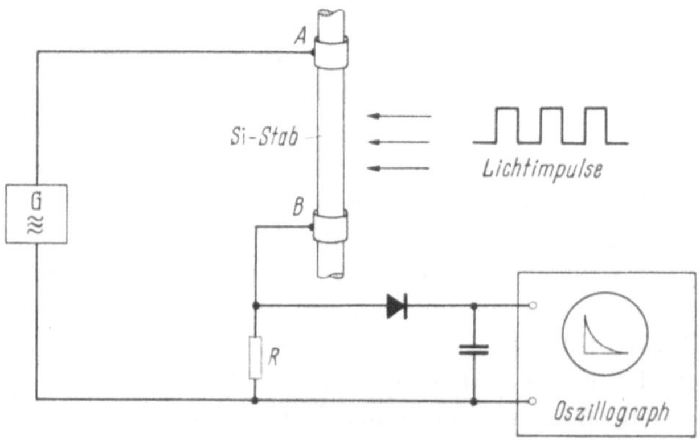

Abb. 29. Lebensdauermessung an hochohmigen Si-Stäben durch Widerstandsänderung in einem Hochfrequenzschwingkreis. Nach KELLER [33]

und B periodisch beleuchteten Stabes nimmt infolge der Trägerinjektion exponentiell im Rhythmus der Lichtblitze ab. Der zeitliche Verlauf der Widerstandsänderung und damit τ_{eff} der Ladungsträger kann mit einem synchron gesteuerten Oszillographen, der über einen Gleichrichter an den Widerstand R geschaltet ist, auf dem Oszillographenschirm sichtbar gemacht werden. Das Verfahren kann auch mit geringen Änderungen zur Bestimmung des spezifischen Widerstandes von Si-Stäben herangezogen werden, wenn es mit Si-Stäben gleichen Querschnittes aber bekannten Widerstandes geeicht wird [33].

Als letzte Bestimmungsmethode für die Lebensdauer injizierter Ladungsträger soll das Doppelimpulsverfahren beschrieben werden. Die Methode erfordert einen geringen Meßaufwand, sie ist vor allem an jedem injizierenden Spitzen- oder pn-Kontakt, also auch an fertigen Bauelementen, leicht durchzuführen. Auf die zu messende Probe des Halbleitermaterials, die mit einem sperrfreien Basiskontakt zu versehen ist, wird ein Spitzenkontakt aufgesetzt oder ein pn-Übergang einlegiert. Diese Diode wird mit rechteckigen konstanten Stromimpulsen in der Flußrichtung belastet, wobei jeweils zwei Impulse in kurzem Zeitabstand (vergleichbar mit der Lebensdauer) aufeinander folgen. Der Spannungsverlauf an der Diode wird auf einem Oszillographen beobachtet. Der erste dieser beiden Stromimpulse schafft unmittelbar vor der Injektionsstelle eine erhöhte Ladungsträgerdichte. Der Widerstand des Halbleitermaterials ist dann beträchtlich herabgesetzt. Trifft der zweite Stromimpuls nun zu einer Zeit ein, in der die Trägerdichte noch nicht wieder ihren Normalwert erreicht hat, so führt der Stromstoß nicht zu der normalen Spannungshöhe U_1 an der Diode, sondern erreicht nur eine Höhe U_2, die der Überschußladung vor dem pn-Kontakt

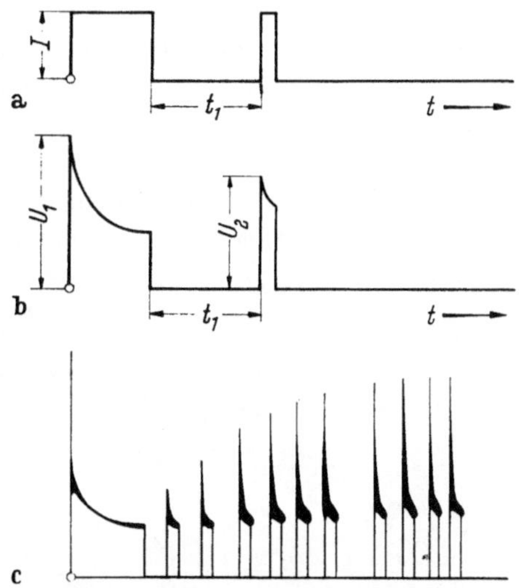

Abb. 30 a–c. Lebensdauermessung an einer Diode mit der Doppelimpulsmethode. Nach SPITZER [20] a) Zeitlicher Verlauf der Stromimpulse; b) zeitlicher Verlauf der Spannung an der Diode; c) mehrfach exponierte Oszillographenaufnahme bei wachsendem Impulsabstand t_1. Aus dem zeitlichen Anstieg der zweiten Spannungsspitze kann die Lebensdauer abgelesen werden

entspricht. Variiert man nun den zeitlichen Abstand der beiden aufeinanderfolgenden Impulse, so gewinnt man einen Überblick über den zeitlichen Verlauf der Trägerdichte und damit über ihre Lebensdauer [20]. Abb. 30 vermittelt die Versuchsergebnisse. Sie gibt a) den Stromimpuls, b) den Spannungsverlauf an der Diode und c) eine mehrfach exponierte Oszillographenaufnahme bei ständig vermehrtem zeitlichen Impulsabstand. Der exponentielle Charakter des zeitlichen Verlaufes der zweiten Spannungsspitze ist deutlich zu erkennen. Eine einfache Überlegung führt auf folgenden Zusammenhang zwischen den Spannungen U_1 und U_2 und der Lebensdauer der injizierten Ladungen, sofern die Überschußdichte noch klein gegen die Normalkonzentration der Ladungsträger ist

$$U_1 - U_2 = \text{const} \cdot I \cdot \varrho \cdot e^{-t_1/\tau_{\text{eff}}}$$

$I =$ Stromstärke der Impulse,

$\varrho =$ spezifischer Widerstand des HL-Materials.

Der konstante Faktor ist zeitunabhängig, er enthält im wesentlichen geometrische Faktoren und die Beweglichkeit der Ladungsträger. Wenn die Diffusionslänge der Ladungsträger im Halbleiterkristall den Kontaktdurchmesser wesentlich übersteigt, spielt die Oberflächenrekombination wieder eine beträchtliche Rolle. Ihr Einfluß muß dann durch zusätzliche Messungen abgeschätzt werden.

c) Orientierung der Kristalle

In allen technischen Verarbeitungsprozessen von Ge oder Si werden orientierte Kristalle verwendet. Alle technischen Schleif- oder Ätzprozesse werden in bestimmten Achsrichtungen des Kristalles (meist in der 111-Ebene) vorgenommen, um eine hinreichende Gleichmäßigkeit in der Produktion zu erzielen. Es ist demnach unerläßlich, die Achsrichtung

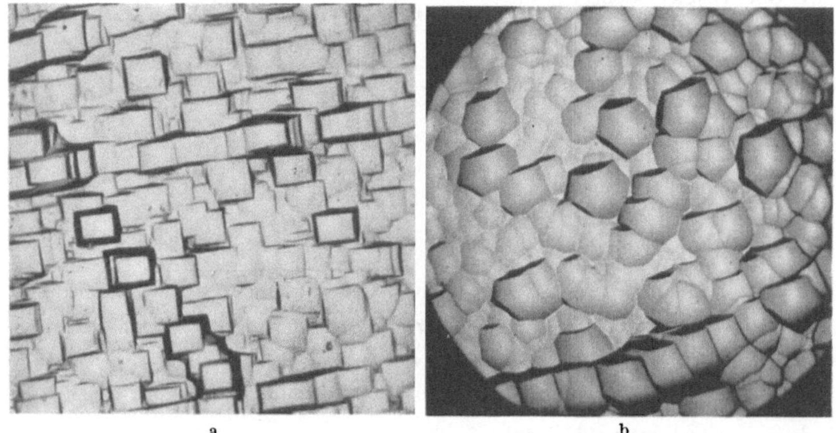

Abb. 31 a u. b.   a) Strukturätzung einer Ge-Oberfläche in der 100-Ebene; b) Strukturätzung einer Ge-Oberfläche in der 111-Ebene

eines Halbleitermaterials (das z. B. als Keimkristall verwendet werden soll) genau zu bestimmen. Einen ersten Überblick über die Orientierung einer Kristallfläche kann man durch Ätzbilder der Oberfläche erhalten. Bei einem vorsichtigen, langsamen Abbau des Kristalles (z. B. bei Ge mit H_2O_2) gelingt es, den Angriff der Ätzlösung in bestimmten Kristallebenen fortschreiten zu lassen. Es entstehen für die verschiedenen Ebenen charakteristische Ätzstrukturen. So ergibt z. B. die 100-Ebene eines Ge-Einkristalles durch Abätzen mit H_2O_2 eine rechteckförmige dachziegelartige Struktur. Die rechteckigen Blöcke sind allseitig von

100-Ebenen begrenzt (Abb. 31a). Abweichungen dieser herausgeätzten Flächen von 3 bis 5° von der Oberflächenebene können noch erkannt werden. Liegt die 111-Ebene in der Oberfläche des Halbleiterpräparates, so entsteht mit dem gleichen Ätzverfahren eine sechseckartige Struktur (vgl. Abb. 31b), die an ein Kopfsteinpflaster erinnert. Die 110-Ebenen liefern dachartige Strukturen, die aus der Oberfläche herauswachsen, wobei die Dachebenen wieder aus 100-Ebenen gebildet werden. Mit den Ätzmethoden ist naturgemäß nur eine ungefähre Auffindung der Kristallachsen möglich, eine genauere Bestimmung der Kristallorientierung ist am einfachsten mit einer LAUEschen Rückstrahl-Röntgenaufnahme am Halbleitermaterial zu gewinnen. Nach dieser Methode trifft ein fein ausgeblendeter Röntgenstrahl mit kontinuierlich verteilter Wellenlänge durch ein Loch in der Mitte des Registrierfilmes auf den in einem justierbaren Halter montierten Kristall (vgl. Abb. 32). Das vom Kristall reflektierte Röntgenlicht ruft in der Filmschicht die charakteristischen Interferenzflecken des LAUE-Diagramms hervor. Es läßt sich leicht

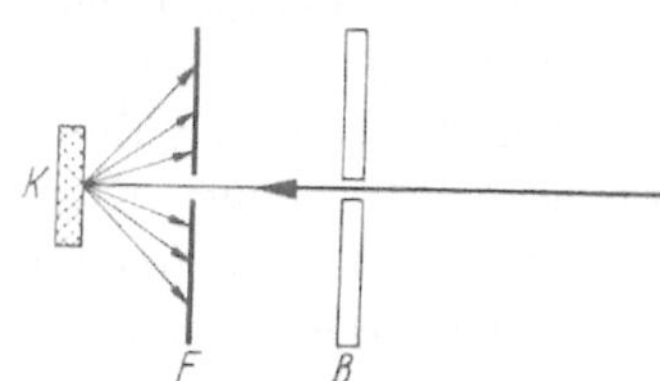

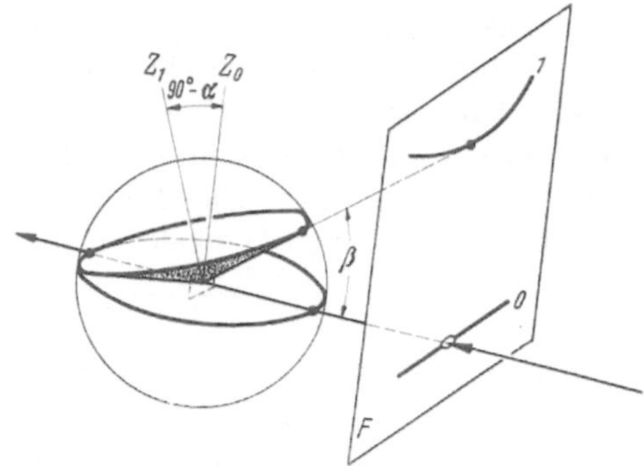

Abb. 32. Das LAUEsche Rückstrahlverfahren zur Kristallorientierung mittels Röntgenstrahlen. *B* Blende, *F* Röntgenfilm, *K* Kristall

Abb. 33. Veranschaulichung des Zustandekommens der Zonenkreise 0 und 1, Kegelschnittlinien, auf denen die Interferenzpunkte des LAUE-Diagrammes liegen. *F* Filmebene, Z_0 und Z_1 Zonenachsen

zeigen, daß die Reflexionspunkte, die von Kristallebenen herrühren, die der gleichen Zone angehören — das sind solche Ebenen, die sich in einer gemeinsamen Gittergeraden schneiden —, auf einer Kegelschnittlinie liegen (Ellipse, Parabel-, Hyperbelast, Geraden). Das Zustandekommen dieser meist als Zonenkreise bezeichneten Linien veranschaulicht Abb.33. Die an den Ebenen einer Zone reflektierten Strahlen liegen auf einem einfachen Kreiskegel um die Zonenachse (das ist die Gerade, in der sich alle Ebenen einer Zone schneiden), der stets den Einfallstrahl als Mantellinie enthält. Der Zonenkreis ergibt sich dann als Schnitt dieses Kegels mit der photographischen Schicht. Bei kleinen Winkeln α zwischen der Zonenachse Z und der Einfallsrichtung des Röntgenstrahles entstehen als Schnitte des Kreiskegels mit der Photoschicht Ellipsen mit geringer Exzentrizität. Bei Vergrößerung dieses Winkels α über 45° wird auf dem Film ein Hyperbelast erzeugt, schließlich liefert $\alpha = 90°$ (wegen der dabei auftretenden Entartung des Kegels in eine Ebene) eine gerade

Linie als Zonenkreis. Die beiden letzteren Fälle sind in Abb. 33 wiedergegeben. Erst im Orthogonalfall, falls die Zonenachse in einer Ebene
liegt, die senkrecht zur Einfallsrichtung des Strahles steht, schneiden die
auftretenden geraden Linien den Primärstrahl. Im anderen Fall ordnen
sich die Interferenzpunkte verschiedener Zonen zu Hyperbelästen auf
der Photoschicht an, die vom Durchstoßpunkt des Röntgenstrahles einen
bestimmten Abstand haben. Aus dem Winkelabstand β des Hyperbel-
scheitels vom Primärstrahl läßt sich der Neigungswinkel α zwischen der
zugehörigen Zonenachse und dem Röntgenstrahl entnehmen nach der
Formel

$$\alpha = \frac{180° - \beta}{2}.$$

Im allgemeinen liegen nun die Zonenachsen nicht, wie in Abb. 33 angenommen, in der Zeichenebene. Die gegenseitigen Winkel der Zonenachse lassen sich, sofern sie in der orthogonalen Ebene zum Röntgenstrahl liegen, durch den Neigungswinkel der durch den Durchstoßpunkt
gehenden geraden Linien direkt ablesen.

Man kann sich das Auffinden der Neigungswinkel der Zonenachse
nach GRENINGER [21] wesentlich dadurch erleichtern, daß man die Photoplatte auf ein gnomonisches Netz legt, in dem schon vorher die Hyperbeln aus verschiedenen Winkelebenen eingezeichnet sind (vgl. Abb. 34).

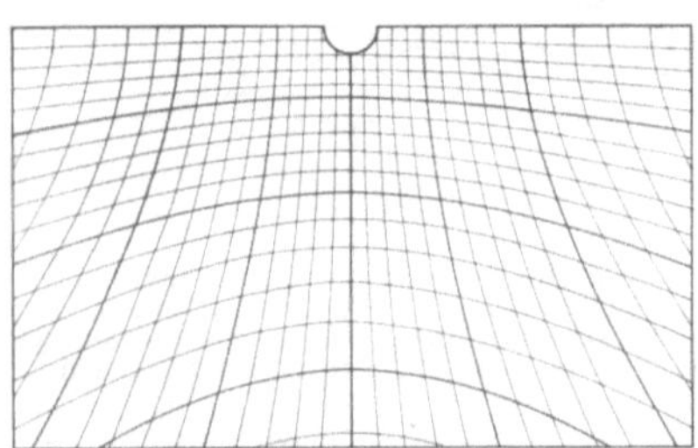

Abb. 34. Gnomonische Tafel zur Orientierung von LAUE-Diagrammen. Nach GRE-
NINGER [21]. Das hyperbolische Koordinatennetz ist für einen Kristall-Filmab-
stand von 3 cm gezeichnet. Horizontale und
vertikale Hyperbeln entsprechen einem Abstand von 2 Winkelgeraden im Kristall
(Maßstab 1 : 2)

Das gnomonische Netz ist durch
die Zentralprojektion eines Koor-
dinatennetzes auf der Einheitskugel am Orte des Kristalles auf die
photographische Ebene entstanden. Bestimmte Winkelgeraden
können nur für eine bestimmte
Entfernung der Einheitskugel von
der photographischen Ebene angegeben werden. Für Abb. 34 beträgt
dieser Abstand 3 cm. Man braucht
nur noch das Zentrum der Netz-
tafel mit dem Durchstoßpunkt der
photographischen Schicht in
Deckung zu bringen und eine Hyperbelpunktfolge in das Netzwerk
einzupassen. Das gnomonische Netz gibt dann den Neigungswinkel
derjenigen Zone an, zu der der Hyperbelast gehört. Aus den Abständen
zweier sich schneidenden Hyperbeln vom Nullpunkt der Tafel kann
man sofort die Winkel ablesen, die ihre Achsen mit der Richtung des
Röntgenstrahles einschließen. Beispielsweise ist in Abb. 35 ein derart
ausgezeichneter Schnittpunkt erkennbar (der Schnittpunkt zweier Hyperbeläste ist im allgemeinen stark ausgeprägt und niedrig indiziert).
Bringt man ihn durch Drehung des Kristalls in den Mittelpunkt der

Photoplatte, so steht der Röntgenstrahl senkrecht auf der durch den Punkt gekennzeichneten Ebene. Der Kristall ist damit orientiert.

Bringt man in dieser Weise die Achsen der 111-Ebene oder der 100-Ebene mit dem Röntgenstrahl in gleiche Richtung, so entarten alle Hyperbeln zu Geraden, die sich im Durchstoßpunkt auf der Filmschicht schneiden. Für Ge zeigt die Abb. 36 (a, b) hierfür Beispiele. Die 100-Ebene besitzt eine vierzählige, die 111-Ebene eine dreizählige Symmetrie. Die Indizierung der einzelnen Zonen und die Indizierung der einzelnen Punkte eines Hyperbelastes gelingen in ebenso einfacher Weise. Es kann darauf allerdings hier nicht näher eingegangen werden (vgl. hierzu [21]).

Abb. 35. LAUE-Diagramm eines nicht in einer Hauptebene orientiertem Ge-Kristalles. Die Hyperbeläste, auf denen die LAUE-Punkte liegen, schneiden sich in einem niedrig indizierten, ausgeprägten Punkt, aus dessen Lage mittels der gnomonischen Tafel (Abb. 34) die Stellung des Röntgenstrahles zu den Hauptebenen entnommen werden kann

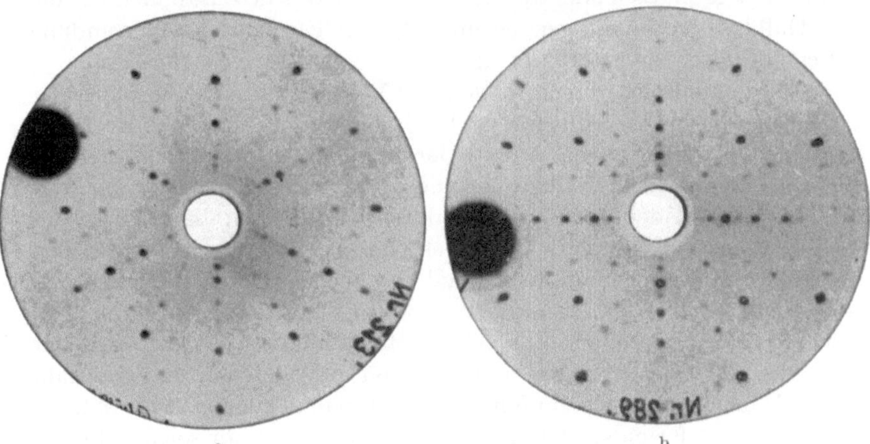

a   b

Abb. 36a u. b. a) LAUE-Diagramm eines in der 111-Ebene orientierten Ge-Kristalles (dreizählige Symmetrie); b) LAUE-Diagramm eines in der 100-Ebene orientierten Ge-Kristalles (vierzählige Symmetrie)

d) Kristallbaufehler

Die für die Transistorfertigung benötigten Halbleiterkristalle gehören zu den reinsten und mit den geringsten Gitterbaufehlern behafteten kristallinen Festkörpern, die heute hergestellt werden können. Trotzdem gehen die noch verbliebenen Baufehler deutlich bei der Transistorherstellung ein. In den letzten Jahren ist eine strenge Korrelation beobachtet worden zwischen gewissen elektrischen Eigenschaften von legierten *pn*-Übergängen (speziell der Durchbruchspannung) und der Zahl der Kristallbaufehler des für den *pn*-Übergang verwendeten Materials. Es wird deshalb heute ausschließlich ein Kristallmaterial zu Produktionszwecken benutzt, das ein Minimum von Kristallbaufehlern hat und von jeder Verzweigungsstruktur, Zwillingsbildung und von Korngrenzen frei ist.

Jede Abweichung vom vollkommenen dreidimensionalen Gitteraufbau kann als Kristallbaufehler angesehen werden. Wir unterscheiden folgende geometrische Baufehler:

1. Punktförmige Abweichungen vom Gitteraufbau (nulldimensional), das sind fehlende Atome oder Leerstellen und überzählige Atome auf Zwischengitterplätzen,

2. linienförmige Baufehler (eindimensional): kantenförmige oder schraubenförmige Versetzungen,

3. flächenhafte Baufehler (zweidimensional). Das sind die Grenzebenen zwischen Zwillingen oder Dislokationswände, die Korngrenzen bilden,

4. Volumenbaufehler (dreidimensional). Ein Baufehlernetzwerk, das einzelne individuelle Mosaikkristallblöcke voneinander trennt.

Chemische Baufehler sind Verunreinigungsatome auf Gitter- oder Zwischengitterplätzen oder die nicht stöchiometrische Zusammensetzung von Halbleiterverbindungen, wenn z. B. ein Element der Verbindung auf einem falschen Gitterplatz sitzt.

Es gibt eine Reihe von Methoden und Verfahren, die solche Baufehler aufzuzeigen gestatten. Chemische Reaktionen mit Atomen oder Molekülen gehen vorzugsweise von Fehlordnungsstellen an der Oberfläche des Kristalles aus. Kristallaufbau und Kristallabbau (z. B. durch Ätzprozesse) sind beide in der Lage, Fehlordnung im Kristallgitter nachzuweisen. Eine wichtige Methode besteht darin, Atome (z. B. Cu) in den Festkörper einwandern zu lassen und ihre mögliche Ausscheidung entlang den linienförmigen Dislokationen oder an Korngrenzen durch UR-Durchstrahlung sichtbar zu machen. Man findet außerdem, daß der Wert der Diffusionskonstanten (z. B. von As oder Cu) mit der Zahl der Dislokationen im Ge zunimmt, woraus man schließen muß, daß die Diffusion von Fremdstoffen im Kristall bevorzugt an solchen linien- oder flächenförmigen Baufehlern vor sich geht.

Daß die Wechselwirkung von Elektronen und Löchern mit Schallquanten in erster Linie an solchen Fehlstellen und an den dort ausgeschiedenen Verunreinigungen stattfindet, wurde schon erwähnt. Zwischen der Lebensdauer der Minoritätsladungsträger und der Zahl der Baufehler besteht ein direkter Zusammenhang, der durch eine verschiedenartige Wirksamkeit der Fehlstellen noch modifiziert wird [22]. Wenn ein Kristall aus mikrokristallinen Mosaikblöcken besteht, deren Achsrichtungen um einen geringfügigen Betrag gegeneinander versetzt sind, so wird die Linienbreite eines monochromatischen Röntgenstrahles, den man am Kristall reflektieren läßt, vergrößert. Aus der beobachteten Linienverbreiterung läßt sich unter bestimmten Annahmen eine Dichte der Kristallbaufehler abschätzen. Burgeat [34] hat röntgenographisch ermittelte Kleinwinkelbaufehler an Ge und Si mit den chemisch bestimmten Versetzungsdichten der gleichen Kristalle miteinander verglichen. Er findet gute Korrelation zwischen den beiden Größen.

Die angedeuteten zahlreichen Prüfmethoden der Kristallbaufehler können hier nicht alle behandelt werden. Wir beschränken uns auf die im Laboratorium am einfachsten zugänglichen Verfahren der Oberflächenätzung und der Diffusion und ebenso auf linienförmige Dislokationen, da die punktförmigen Baufehler im einzelnen ohnehin nicht sichtbar gemacht werden können und die flächenförmigen Versetzungen, wie z. B. Zwillingsbildung und Korngrenzen, oder die Mosaikblockstruktur eines Kristalles bei den heute sorgfältig durchgeführten Kristallerzeugungsmethoden kaum noch vorkommen.

Die Versetzungslinien in einem Ge-Kristall können mit chemischen Mitteln in folgender Art kenntlich gemacht werden. Die in einer bestimmten Achsrichtung ausgerichtete Oberfläche eines Ge-Kristalles wird einem Ätzabbau ausgesetzt. Als Ätzlösung wird z. B. empfohlen [23] (vgl. auch II. 4. c):

1.	2 cm^3 HNO_3	2.	10 cm^3 HF	3.	50 cm^3 HNO_3
	4 cm^3 HF		10 cm^3 H_2O_2		30 cm^3 CH_3COOH
	4 cm^3 HCl		40 cm^3 H_2O		30 cm^3 HF
	200 mg $CuNO_3$				$0,6 \text{ cm}^3$ Br.

Das Volumen der Ätzflüssigkeit soll dabei groß gegen das Volumen des Kristalles sein. Nach einer Ätzzeit von 3 bis 4 min erhält der Kristall eine glatte, schwachstrukturierte Oberfläche, von der sich einige Ätzgruben deutlich abheben. Sie entstehen an solchen Stellen, an denen linienförmige Versetzungen die Oberfläche durchstoßen. An diesen Stellen wird der chemische Abbau beschleunigt vorangetragen. Es bilden sich in der Oberfläche kleine Vertiefungen, die je nach der Orientierung der Oberfläche eine charakteristische Struktur aufweisen. Abb. 37a u. b zeigen solche Ätzbilder, die auf Ge-Oberflächen in der 111- bzw. in der 100-Ebene entstanden sind. Die Ätzbilder sind mit einem Auflichtmikroskop bei 700facher Vergrößerung aufgenommen worden. Die Ätzfigur in der 111-Ebene zeigt eine terassenförmige Struktur, die in der Mitte einen besonders tiefen Kern besitzt. In der 100-Ebene entsteht eher eine flache Mulde mit einer Diagonalteilung. Um diese Ätzgruben hervortreten zu lassen, muß die Orientierung der Oberfläche innerhalb von $3°$ mit der Achsrichtung übereinstimmen, andernfalls ergeben sich keine charakteristischen Bilder.

Gelegentlich findet man beim Ätzen einer 111-Fläche große Ätz-gruben, die einen terrassenförmigen Abbau in einer Spirale zeigen (vgl. Abb. 38 nach [*24*]). Solche Ätzbilder legen den Schluß nahe, daß es sich hier um eine schraubenförmig orientierte Dislokation im Kristall handelt. Die Stufenhöhe beträgt rund 2000 Å, die Spiralen werden in Richtungen, die mit oder gegen den Uhrzeiger laufen, beobachtet.

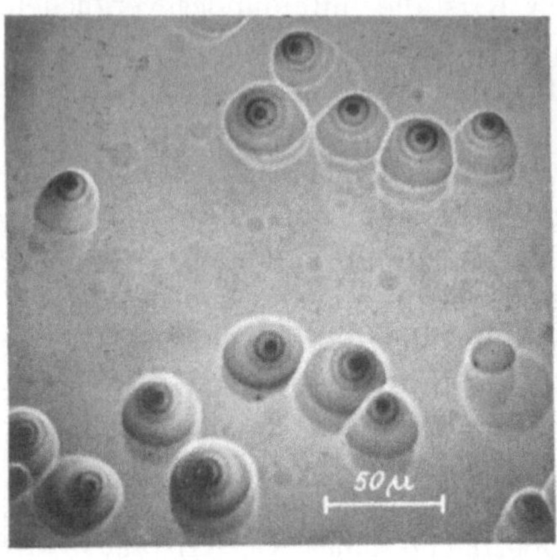

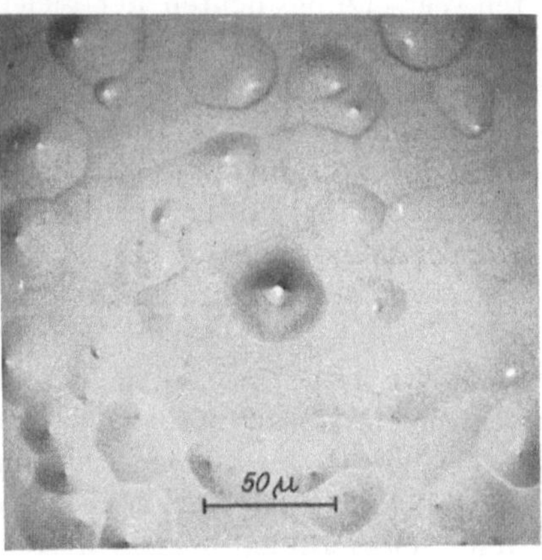

a   b

Abb. 37a u. b. Ätzgruben, die die Spur einer linienförmigen Versetzung auf Ge-Ober-flächen kennzeichnen. a) in der 111-Ebene, b) in der 100-Ebene

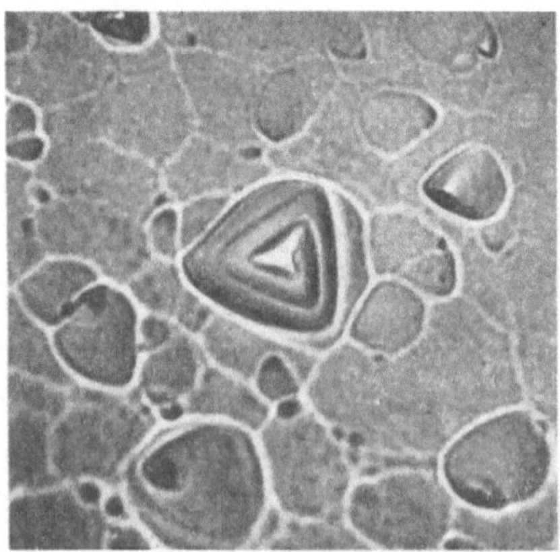

Abb. 38. Ätzbild einer schraubenförmigen Versetzung. Nach Vogel und Lovell [*24*]

Bei Temperaturen über 600°C kann ein Germaniumkristall in der 111-Ebene gleiten. Der Schnitt dieser Gleitebenen mit der freien Oberfläche des Kristalles produziert sehr kleine Stufen, die Gleit-linien genannt werden. Wenn Gleitebenen in einem Kristall z. B. nach einer Deformation auftreten, nimmt die Zahl der linienförmigen Dislokationen zu, die sich entlang den Gleitebenen bewegen. Die korrespondierenden Ätzgruben sind auf der Spur einer Gleitebene nebeneinander aufge-reiht. Man findet im Ätzbild eine geradlinige dichte Folge von Ätzpunkten (vgl. Abb. 39a). Auch Korn-grenzen ergeben ein ähnliches Bild (vgl. Abb. 39b). Treten gehäufte Versetzungen in geradliniger Anordnung im Material auf, so kann der Schluß auf flächenhafte Baufehler gezogen werden, die durch inhomo-gene Isothermenflächen oder mechanische Verspannungen während des

Erstarrungsprozesses im noch plastisch deformierbaren Zustand des Kristalles entstanden sind. Im homogenen ungestörten Halbleitermaterial ist die Zahl der Ätzgruben pro cm² gering. Sie kann unter besonderen Vorsichtsmaßnahmen auf Null gesenkt werden (vgl. S. 103). In einer normalen Ge-Kristallfertigung sind 1500 Ätzgruben/cm² üblich. Niedrige Werte liegen bei 100 Ätzgruben/cm². Ein Material mit 10000 Ätzgruben/cm² kann schon als durch äußere oder thermische Einflüsse gestört angesehen werden.

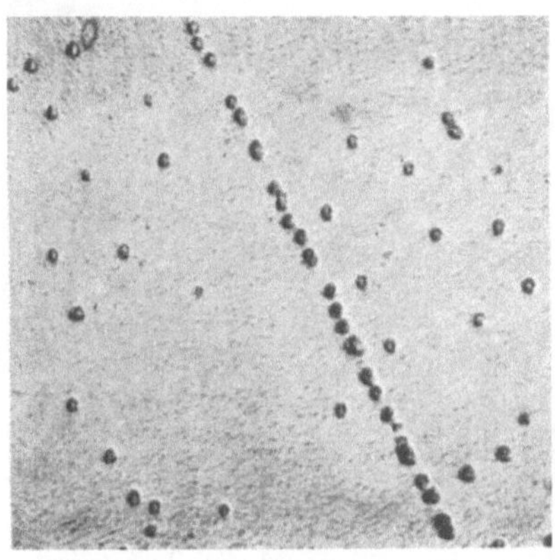
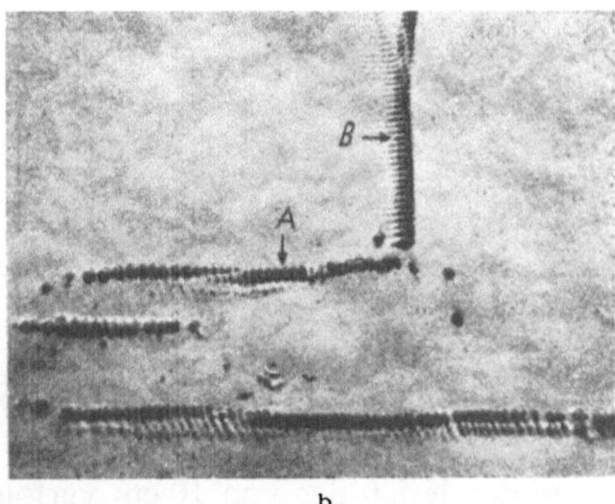

a   b

Abb. 39 a u. b. a) Ätzgruben, die auf der Spur einer Gleitebene im Ge aufgereiht sind. Nach VOGEL u. LOVELL [24]; b) Ätzgruben, die längs einer Korngrenze im Ge angeordnet sind. Nach VOGEL u. LOVELL [24]

Mit der Ätzmethode können nur die linien- oder schraubenförmigen Versetzungen in ihren Schnittpunkten mit der Kristalloberfläche kenntlich gemacht werden. Es gelingt aber auch, sie auf ihrem vollen, z. T. durch den ganzen Kristall reichenden Weg sichtbar zu machen, wenn man nach DASH in folgender Art vorgeht [25]. Eine Siliziumscheibe, die z. B. nach dem normalen Tiegelzugverfahren hergestellt wurde, wird mit einer für Si geeigneten Ätzlösung aus 1 Teil Flußsäure, 3 Teilen HNO_3 und 10 Teilen Essigsäure soweit abgeätzt, bis tiefe Ätzgruben auf der Oberfläche entstehen. Dieser Si-Kristall wird nun oberflächlich mit einem Stückchen Cu oder einem Tropfen $CuNO_3$ in Berührung gebracht und eine Stunde lang in einer H_2-Atmosphäre bei 900°C geheizt und, nachdem die Cu-Diffusion in dem Kristall stattgefunden hat, in wenigen Sekunden auf Zimmertemperatur abgekühlt. Die Löslichkeit des Kupfers nimmt bei dem Abkühlungsprozeß stark ab. Es scheidet sich, begünstigt durch seine schnelle Diffusion, vorwiegend an den Fehlstellen im Kristallgitter ab. Die Seiten der Si-Scheibe werden optisch poliert. Im durchscheinenden ultraroten Licht und bei mikroskopischer Beobachtung, wie es in der Abb. 40a schematisch dargestellt wird, erkennt man die in der linienförmigen Versetzung ausgeschiedenen Kupferkristalle (Abb. 40b).

Diese Kupferfäden beginnen und enden jeweils an den Oberflächen in einer Ätzgrube. Sie geben also ein Bild der linienförmigen Kristallbaufehler wieder. Solche Linien konnten in einigen Fällen über die ganze

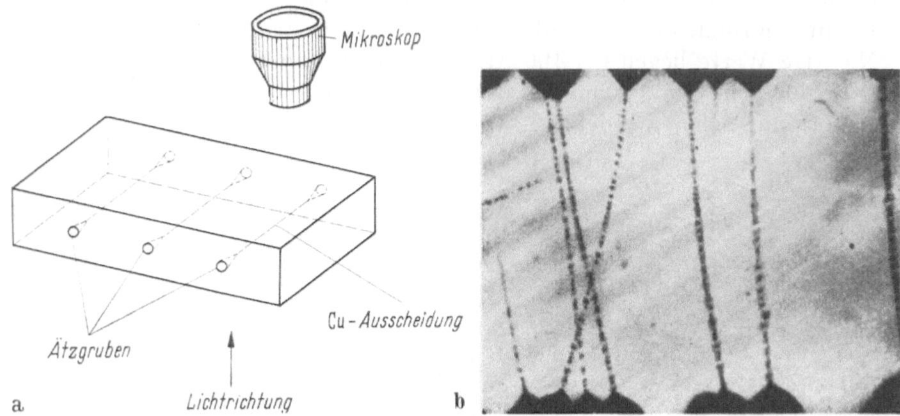

Abb. 40a u. b. Mikroskopische Beobachtung von Versetzungslinien im Si-Kristall, die durch ausgeschiedene Kupferkristalle im Ultrarotlicht sichtbar gemacht werden können. Nach DASH [25]. a) Strahlengang durch den Kristall; b) Ultrarotmikrophotographie der Versetzungslinien

Länge des Kristalles von 10 cm verfolgt werden. Diese Methode ist gut geeignet, die durch plastische Deformation im Si-Kristall auftretenden Gleitlinien sichtbar zu machen.

II. Die Technologie von pn-Übergängen und Transistoren

1. Die Zugtechnik der pn-Übergänge und Transistoren

a) Das Zugverfahren

Die technische Aufgabe bei der Herstellung von pn-Übergängen besteht darin, eine bestimmte Akzeptoren- und Donatorenverteilung in einem Halbleitereinkristall zu erzeugen. Bisher wurden Arbeitsmethoden beschrieben, die es gestatten, homogene und möglichst gleichmäßig dotierte Einkristalle aus Germanium oder Silizium zu gewinnen. Die Aufgabe besteht jetzt, einen inhomogenen Konzentrationsverlauf der Störstellen im Kristall auf einer vorgegebenen — im allgemeinen sehr kleinen — Entfernung zu erzielen. Zu diesem Zweck ist eine Fülle von Prozessen, Vorrichtungen und Arbeitsmethoden entwickelt worden. Man kann grundsätzlich zwei Typen von Arbeitsverfahren unterscheiden, nämlich solche, die die Dotierung *während* der Erzeugung der Kristalle und solche, die die Störstellenverteilung *nach* der Einkristallherstellung vornehmen. Zu den ersteren Verfahren gehört die Zugmethode mit dem

Umdotieren der Schmelze sowie das epitaxische Aufwachsen, zu den zweiten rechnen die Legierungsmethode und die Diffusionstechnik.

Die Stückzahl von Transistoren, die nach dem Zugverfahren hergestellt wird, ist heute nur noch gering. „Gezogene" Transistoren werden vorwiegend aus Si hergestellt. Sie werden in Spezialfällen verwendet, bei denen ihre Vorteile zur Geltung kommen.

Die in Abb. 18 beschriebene Kristallzugmethode nach CZOCHRALSKI ist zur Erzeugung von *pn*-Übergängen geeignet. Man kann zur Gewinnung eines einzelnen *pn*-Überganges z. B. so vorgehen, daß man einen *n*-leitenden Keimkristall in eine Ge-Schmelze mit vorgegebenem Störstellengehalt vom *p*-Typ eintaucht und — wie in I. 3. b) beschrieben — einen *p*-Kristall zieht. Es entsteht auf diese Art ein ziemlich abrupter *pn*-Übergang.

Mehrfache *pn*-Übergänge können gezogen werden, indem man während des Zugprozesses den Leitungscharakter der Schmelze ändert. Die Zugapparatur nach Abb. 18 ist auch für dieses Verfahren anwendbar, nur muß sie noch durch eine Vorrichtung ergänzt werden, durch die die dotierenden Fremdstoffe in die Schmelze gegeben werden können. Der eigentliche Ziehprozeß verläuft folgendermaßen: Ein Keimling zieht aus der zunächst hochohmigen Schmelze einen *n*-Typ-Kristall von passender Länge. Während seines Wachstums wird eine *p*-dotierende Substanz, z. B. Ga oder In, in solcher Menge zugegeben, daß die im Tiegel verbliebene Schmelze auf einen gewünschten *p*-Wert umschlägt. Für *pn*-Übergänge ist das einmalige Umdotieren ausreichend. Für *npn*-Strukturen wird noch eine Zurückdotierung auf den *n*-Typ benötigt, die durch eine weitere Zugabe eines *n*-dotierenden Stoffes, z. B. As oder Sb, bewerkstelligt wird. Mit dieser Methode lassen sich dünne Basisschichten (herunter bis auf 25 μ) herstellen. Typische Kristallstrukturen und Widerstandswerte, wie sie in der Transistorfertigung vorkommen, sind in Abb. 41 zusammengestellt [*36*]. Abb. 42

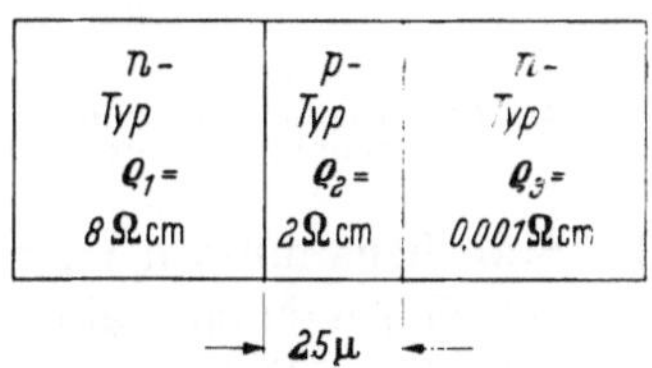

n-Typ $\varrho_1 =$ 8 Ω cm	p-Typ $\varrho_2 =$ 2 Ω cm	n-Typ $\varrho_3 =$ 0,001 Ω cm

$\longrightarrow$ 25μ $\dashrightarrow$

Abb. 41. *npn*-Kristallstruktur in einem gezogenen Transistor. ϱ_1 Kollektorzone, ϱ_2 Basiszone, ϱ_3 Emitterzone

gibt eine Potentialverteilung wieder, die man durch ein Abtastverfahren mit einer Spitze längs der Oberfläche einer solchen *npn*-Struktur gewinnt, wenn eine kleine Spannung an den Gesamtkristall gelegt wird. Das Potential ist hier als Funktion des Abstandes aufgetragen. An den *pn*-Übergängen ergeben sich steile Potentialgradienten. Von solchen Kurven kann man die Breite der mittleren *p*-Zone und den spezifischen Widerstand der beiden *n*-Zonen ablesen. Wenn die Basisschicht sehr dünn ist, wird dieses Meßverfahren zu grob. Es empfiehlt sich dann, die *p*-Zone durch eine Ätzmethode aus dem aufgeschnittenen Kristall herauszupräparieren. Ein Beispiel hierfür bringt eine Aufnahme von HEN-

KER [37] (vgl. Abb. 43). In Abb. 43a wird ein gezogener Einkristall gezeigt, der in der geschilderten Weise hergestellt wurde. In Abb. 43b ist der Kristall aufgeschnitten und die dünne p-leitende Schicht durch Ätzprozesse herausgehoben. Abb. 43c zeigt eine Teilvergrößerung der Kristalloberflächen mit der 40 μ dicken p-Schicht.

Zur Fertigung von Transistoren werden aus dem Kristall viele dünne Stäbchen derart herausgeschnitten, daß die p-Schicht das Stäbchen senkrecht zu seiner Längsachse durchsetzt. Anschließend werden die Stäbchen geätzt, um das an ihrer Oberfläche durch das Sägen zerstörte Kristallgefüge zu entfernen. Die drei unterschiedlichen Leitungsbereiche

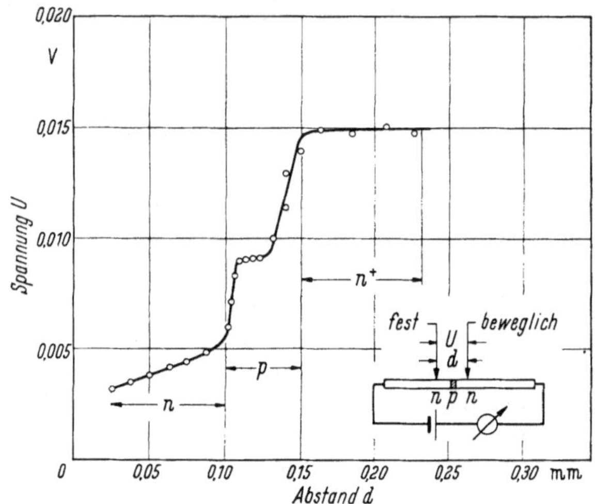

Abb. 42. Potentialverteilung in einem npn-Kristall, wenn an seine Endflächen eine kleine Spannung gelegt wird. Nach TEAL, SPARKS und BUEHLER [36]

des Stäbchens müssen jetzt noch mit metallischen Kontakten versehen und das Ganze in ein vakuumdichtes Gehäuse eingebaut werden, um die Einflüsse von Wasserdampf und anderen Gasen auf die Oberfläche des Kristalles auszuschalten. Beispielsweise wird das Ge-Stäbchen mit seinem Emitterteil unmittelbar auf die Grundplatte aus Kupfer gelötet (vgl. Abb. 44). Die Zuführungen für die Basis und den Kollektor sind mit Glas isoliert in die Kupferplatte eingeschmolzen. Die Kollektorzuführung wird sperrfrei am Kollektorteil des Stäbchens eingelötet, während die Basiselektrode aus einem dünnen Golddrähtchen besteht, das in der Basisschicht einlegiert wird. Wegen der außerordentlich dünnen Basisschicht wird hier ein p-dotierender Legierungsprozeß verwendet, der gegenüber dem angrenzenden n-Material eine sperrende Wirkung ausübt.

b) Das Stufenziehverfahren (rate growing)

Die bisher erwähnten Verfahren zur Erzeugung von pn- oder pnp-Strukturen können durch das Stufenziehverfahren noch wesentlich ver-

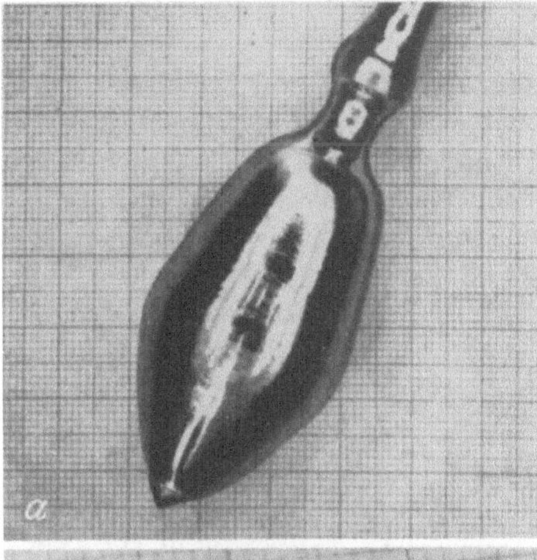

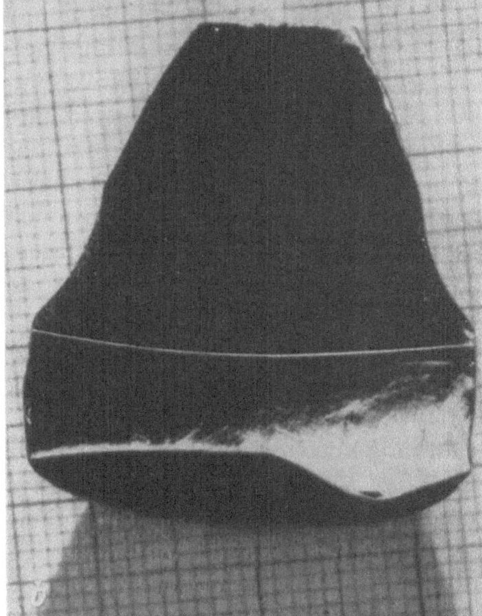

einfacht werden. Bei dieser Methode wird das verschiedenartige Einbauen von Donatoren oder Akzeptoren durch das Zugverfahren selbst bewirkt. Zu diesem Zweck sind beide Dotierungsmaterialien schon in der Kristallschmelze in bestimmter Konzentration enthalten. Es hat sich nämlich gezeigt, daß die Einbaurate, insbesondere von Donatoren, außerordentlich stark von der Wachstumsgeschwindigkeit des Kristalles abhängt. Abb. 45 gibt hiervon eine Vorstellung [38]. Die Ausscheidung von Sb nimmt bei Änderung der Zuggeschwindigkeit des Kristalles auf den neunfachen Wert etwa um den Faktor 3 zu, wobei die Ausscheidung noch von der Kristallrichtung abhängt — die 111-Richtung zeigt den stärk-

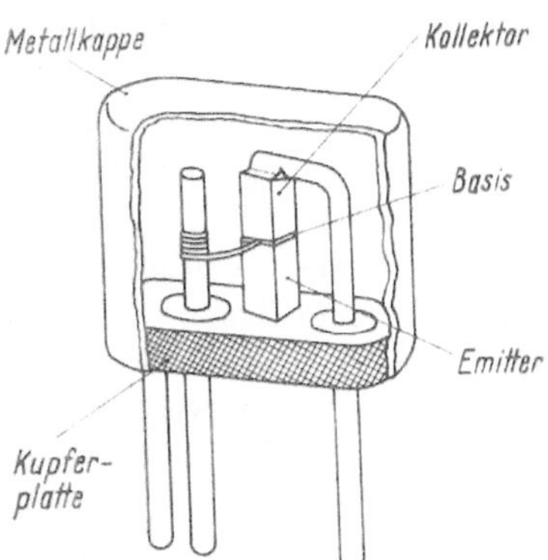

Abb. 44. Montage eines gezogenen Transistors

← Abb. 43a—c. a) Gezogener Ge-Einkristall vom *n*-Typ mit dünner *p*-Schicht (40 μ stark), b) Kristall aufgeschnitten, *p*-Schicht durch Ätzprozeß hervorgehoben, c) Teilvergrößerung von b). Nach HENKER [37]

sten Effekt —, während im untersuchten Bereich die Abscheidung vom Ga praktisch konstant verläuft.

Wenn man die Konzentration der Akzeptoren und Donatoren in ein bestimmtes günstiges Verhältnis zueinander abstimmt, so gelingt es, bei einer bestimmten Wachstumsgeschwindigkeit des Kristalles einen reinen p-Kristall zu ziehen, bei einer anderen Wachstumsgeschwindigkeit einen reinen n-Kristall. Das Kristallwachstum kann durch den Temperaturgradienten an der Phasengrenze und durch die Zuggeschwindigkeit beein-

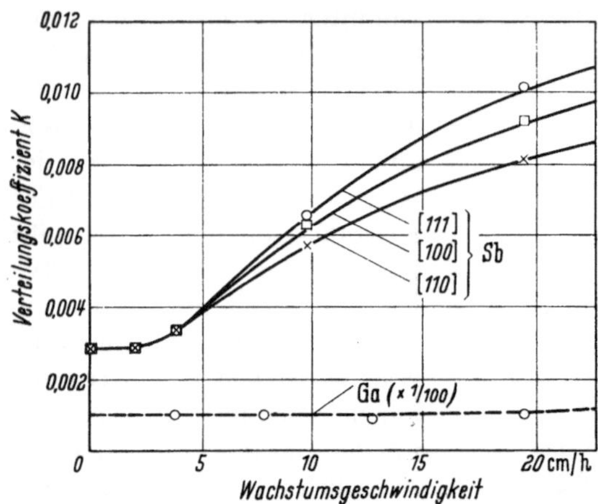

Abb. 45. Abhängigkeit des Verteilungskoeffizienten K von der Wachstumsgeschwindigkeit und der Zugrichtung für Sb und Ga in Ge. Nach HALL [38]

flußt werden. Man hat somit einfache Hilfsmittel in der Hand, um bei einer mit Akzeptoren und Donatoren dotierten Schmelze den Leitungstyp des aus ihr gezogenen Kristalles zu variieren.

Der Verteilungskoeffizient einer Verunreinigung in der festen und flüssigen Phase ist das Verhältnis der Verunreinigungskonzentrationen in den beiden Phasen, wenn Gleichgewicht an der Phasengrenze besteht. Dieser Gleichgewichtskoeffizient möge K_0 heißen. Beim Kristallziehen liegen keine Gleichgewichtsbedingungen an der Phasengrenze vor [39]. Es ist deshalb bequem, mit einem effektiven Verteilungskoeffizienten K zu rechnen, der dem wirklichen Verunreinigungsverhältnis im Festkörper zur Flüssigkeit entspricht. Dieser effektive Verteilungskoeffizient hängt von der Zuggeschwindigkeit und von der Durchmischung der Flüssigkeit ab. Nach einer Theorie von BURTON und Mitarbeitern [40] bildet sich während des Kristallwachstums an der Phasengrenze in der Flüssigkeit ein Konzentrationsgradient, sobald K_0 sich von 1 unterscheidet. Wenn $K_0 < 1$ ist, werden die Verunreinigungsatome vor der wachsenden Kristallfront hergetrieben, schneller als sie in das Innere der Flüssigkeit diffundieren können. So entsteht an der Phasengrenze eine höhere Dotierungskonzentration, der effektive Verteilungskoeffizient ist größer als K_0. Im umgekehrten Fall ($K_0 > 1$) werden die Verunreinigungsatome schneller im Festkörper eingebaut, als sie aus der Flüssigkeit nachdiffundieren können. Der effektive Verteilungskoeffizient nimmt dann mit zunehmender Wachstumsgeschwindigkeit der Kristallfront ab. In einer umgerührten Schmelze beschränkt sich der Bereich, in dem ein Konzentrationsgradient besteht, auf eine dünne Schicht an der Phasengrenze von der Dicke δ (etwa 10^{-3} bis 10^{-2} cm), die in erster Linie vom Grade der Umrührung abhängt. Mit diesen Überlegungen kann man einen stationären effektiven Verteilungskoeffizienten ableiten von der Form

$$K = \frac{1}{1 + (1/K_0 - 1)\, e^{-\delta f/D}}\,,\tag{20}$$

in dem f die Wachstumsgeschwindigkeit und D der Diffusionskoeffizient der Verunreinigung in der Schmelze bedeuten. Die Versuchsergebnisse lassen sich im wesentlichen mit der Gl. (20) beschreiben.

Für die Kristallzugtechnik genügt es, wenn die Änderung des Verteilungskoeffizienten mit der Wachstumsgeschwindigkeit des Kristalles empirisch gesichert ist. Über die Zusammenhänge, die zwischen Akzeptoren- und Donatorendichte C_A, C_D, sowie Wachstumsgeschwindigkeit f und den Verteilungskoeffizienten der beiden Komponenten (K_A und K_D) bestehen müssen, um pn-Strukturen zu gewinnen, geben die folgenden Überlegungen Auskunft. Will man aus einer Kristallschmelze, in der beide Arten von nreiVerunigungen enthalten sind, einen Kristall ziehen, in dem Donatoren und Akzeptoren sich genau kompensieren, so muß für eine bestimmte Wachstumsgeschwindigkeit f_c folgende Bedingung erfüllt sein:

$$K_A(f_c) \cdot C_A = K_D(f_c)\, C_D.\tag{21}$$

Führt man das Verhältnis der Verunreinigungskonzentrationen $r = C_A/C_D$ ein, so kann (21) geschrieben werden:

$$r\, K_A(f_c) = K_D(f_c).\tag{22}$$

Die Überschußkonzentration in der festen Phase, definiert als $Z = N_D - N_A$, ist gegeben durch

$$Z = C_D \cdot (K_D - r\, K_A).$$

Im n-Kristall ist Z positiv, für exakte Kompensation ist $Z = 0$ und negativ für den p-Kristall. Für die Zugtechnik ist die Abhängigkeit von Z von der Wachstumsgeschwindigkeit des Kristalles maßgebend. Diese Variation wird durch eine Differentiation von Z nach f erfaßt:

$$\frac{dZ}{df} = C_D \cdot \left(\frac{dK_D}{df} - r\,\frac{dK_A}{df}\right).\tag{23}$$

Unter Berücksichtigung von (22) findet man

$$\frac{dZ}{df} = C_D\, K_D(f_c) \cdot \left[\frac{1}{K_D(f_c)}\,\frac{dK_D}{df} - \frac{1}{K_A(f_c)}\,\frac{dK_A}{df}\right].\tag{24}$$

$C_D \cdot K_D(f_c)$ ist gleich der Konzentration an Donatoren, die im Kristall bei exakter Kompensation eingebaut wird. Es ist ein Maß für die mittlere Konzentration im Kristall. In der rechteckigen Klammer von (24) ist die Differenz der Werte von $\dfrac{d}{df}\ln K$ bei $f = f_c$ für Akzeptoren und Donatoren

9*

enthalten. Sie ist ein Maß für die Änderungsgeschwindigkeit von Z. Je größer die Differenz der Ausdrücke $\frac{d}{df} \ln K$ für Akzeptoren und Donatoren ist, um so größer wird die Änderung von Z mit f und um so geeigneter ist ein Verunreinigungspaar für das Stufenziehverfahren, wenn große Stufen in der Gesamtkonzentration im Kristall gewünscht werden. In einer halblogarithmischen Darstellung werden die effektiven K-Werte gerade Linien. Verschiebt man in einem solchen Diagramm eine Akzeptorlinie in Richtung der Ordinate, bis sie die Donatorkurve schneidet, so bestimmt der Schnittpunkt die Geschwindigkeit f_c, und der Verschiebungsbetrag der Kurve ist gleich $\ln r$ für das betrachtete Donator-Akzeptorpaar. Diese einfachen Zusammenhänge sind in den Abb. 46 und 47 für die Paare Gallium-Antimon und Bor-Antimon zusammengestellt. Aus diesen Kurven lassen sich für eine bestimmte Wachstumsgeschwindigkeit sofort durch Differenzbildung die Größen $(K_D - r\,K_A)$ entnehmen. Ist der Wert $(K_D - r\,K_A) > 0$ (< 0), so entsteht ein n-Typ-Kristall (p-Typ). Er ist der Gesamtkonzentration in der festen Phase direkt proportional und damit der Leitfähigkeit $\sigma_n\,(\sigma_p)$, die bei dieser Geschwindigkeit anfällt.

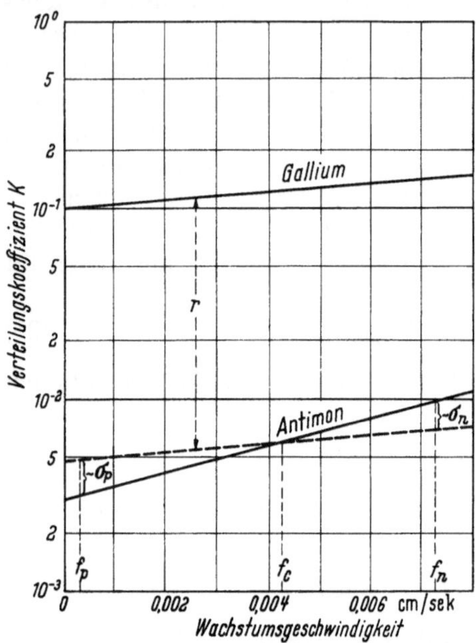

Abb. 46. Verteilungskoeffizient K (logarithmisch) für das Dotierungspaar Ga, Sb in Abhängigkeit von der Wachstumsgeschwindigkeit $r = C_A/C_D$, $f_c =$ Wachstumsgeschwindigkeit, bei der $N_A = N_D$ wird. $f_p =$ Wachstumsgeschwindigkeit, bei der ein p-Kristall mit der Leitfähigkeit σ_p wächst, $f_n =$ Wachstumsgeschwindigkeit, bei der ein n-Kristall mit der Leitfähigkeit σ_n wächst. Nach BRIDGERS [39]

Bei niederen Wachstumsraten entsteht bei den beiden in Abb. 46 und 47 diskutierten Dotierungspaaren ein p-Typ, bei hohen Zuggeschwindigkeiten ein n-Typ. Ein np-Übergang ist also nach der Zugtechnik so zu gewinnen, daß zunächst bei großer Geschwindigkeit f_n ein n-Kristall gezogen wird. Danach wird die Wachstumsgeschwindigkeit auf f_p gesenkt. Es wächst ein p-Kristall weiter (vgl. Abb. 48). Dieser Prozeß kann beliebig oft wiederholt oder auch umgekehrt werden. Speziell lassen sich auch npn-Strukturen herstellen, in denen eine relativ dünne p-Schicht von zwei n-Gebieten eingeschlossen ist. Die Steilheit des Überganges von n- zum p-Typ hängt ausschließlich von der Wachstumsgeschwindigkeit der Kristallfront und ihrer Variation ab. Langsame Änderungen dieser Geschwindigkeit sind immer leicht einzustellen; deshalb sind flache pn-Übergänge einfach zu erreichen. Bei Transistorstrukturen kommt es auf der Emitterseite darauf an, einen steilen pn-Übergang zu erzeugen, um eine hohe Emitterwirksamkeit zu erreichen. Man wählt dazu einen Rückschmelzprozeß, der diese Eigenschaft liefert und gleichzeitig eine sehr dünne Basiszone entstehen läßt, die für Hochfrequenztransistoren notwendig ist. Der Zyklus für eine derartige npn-Struktur läuft etwa folgendermaßen ab (vgl. Abb. 49). Wählt man Ga und Sb als Akzeptor- und Donatorsubstanz und benutzt man die Änderung ihrer Verteilungskoeffizienten, wie sie in Abb. 46 dargestellt sind, so wird zunächst das Verhältnis der Dotierungskonzentrationen in der Schmelze und der allgemeine Konzentrationspegel so eingestellt, daß ein p-Kristall von geeigneter Leitfähigkeit bei einer Wachstumsgeschwindig-

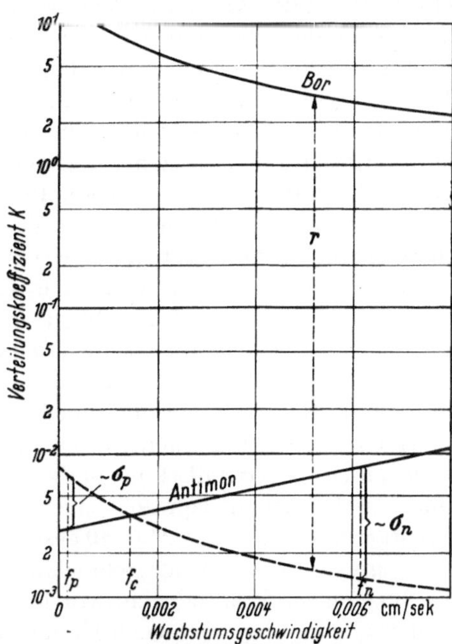

Abb. 47. Verteilungskoeffizient K (logarithmisch) für das Dotierungspaar B, Sb in Abhängigkeit von der Wachstumsgeschwindigkeit
$r = C_A/C_D$, f_c = Wachstumsgeschwindigkeit, bei der $N_A = N_D$ wird; f_p = Wachstumsgeschwindigkeit, bei der ein p-Kristall mit der Leitfähigkeit σ_p wächst; f_n = Wachstumsgeschwindigkeit, bei der ein n-Kristall mit der Leitfähigkeit σ_n wächst. Nach BRIDGERS [39]

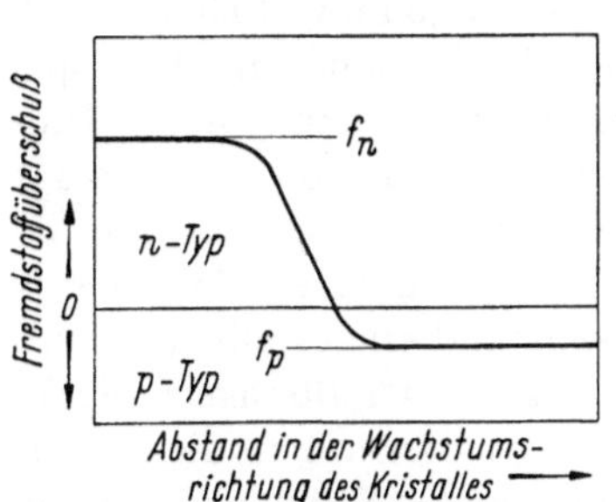

Abb. 48. Verlauf der Fremdstoffkonzentration, wenn die Wachstumsgeschwindigkeit des Kristalles sich von f_n auf f_p ändert. Fremdstoffe vom n- und p-Typ sind in der Kristallschmelze vorhanden

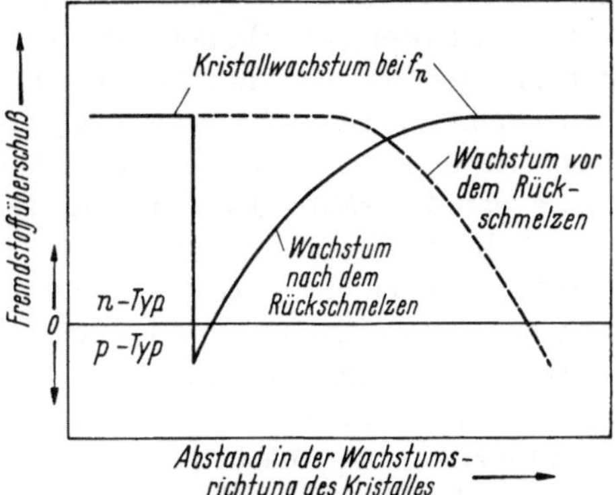

Abb. 49. Die Überschuß-Fremdstoffkonzentration, die in einem Kristall beim npn-Stufenziehen durch Rückschmelzen entsteht, als Funktion des Abstandes in seiner Wachstumsrichtung

keit f_p wächst, die nahe bei Null liegt. Ein n-Kristall entsteht dagegen bei einer Geschwindigkeit f_n (ungefähr 0,0075 cm/sec). Die Wachstumsgeschwindigkeit einer Kristallfront kann durch die Änderung der Zuggeschwindigkeit des Kristalles oder durch eine Änderung des Temperaturgradienten an der Phasengrenze beeinflußt werden. Man läßt deshalb den Kristall zunächst eine Weile im n-Typ mit der Geschwindigkeit f_n wachsen. Die Zuggeschwindigkeit des Kristalles wird dann plötzlich gestoppt, oder der Kristall sogar etwas in die Schmelze hineingetaucht. Gleichzeitig wird die Energiezufuhr der Schmelze gesteigert, ein stationäres Rückschmelzen des Kristalles setzt ein. Dieser Prozeß wird wiederum abrupt abgebrochen, indem sowohl die normale Zuggeschwindigkeit wie die normale Energiezufuhr für ein stationäres Kristallwachstum der Geschwindigkeit f_n wiederhergestellt wird. Wenn das Kristallwachstum vom negativen Wert zu positivem Wert umschlägt, entsteht eine p-Zone, die so lange anhält, bis die Wachstumsgeschwindigkeit f_c erreicht ist. An dieser Stelle setzt die Konversion zum n-Typ ein, der nun bis zur Erreichung der stationären Geschwindigkeit f_n beibehalten wird. Dieser Zyklus kann mehrfach wiederholt werden, er liefert mehrere npn-Strukturen in einem einzigen Kristall. Eine bloße Änderung der Zuggeschwindigkeit ohne den Rückschmelzprozeß hätte eine Konzentration im Festkörper hervorgerufen, wie sie in Abb. 49 gestrichelt eingezeichnet ist. Die an der Phasengrenze freiwerdende Schmelzwärme und die thermische Trägheit des Systems sind dafür verantwortlich. Durch den Rückschmelzprozeß werden die schon gewachsenen Kristallteile wieder abgebaut, es entsteht ein nahezu abrupter Übergang vom n- zum p-Typ und damit eine dünnere p-Zone. Überdies garantiert der Rückschmelzprozeß, daß die p-Zone immer mit der gleichen Zuggeschwindigkeit (nämlich Null) begonnen wird und reproduzierbare Leitfähigkeitswerte erhält.

Das Rückschmelzverfahren kann auch an fertigen Kristallen durchgeführt werden, sofern diese schon ein passendes Paar von Dotierungselementen enthalten [41]. Die doppelt dotierten Ge-Kristalle werden in dünne Stäbchen geschnitten von z. B. 2 mm Länge und (0,5 mm)^2 Fläche. Nach einer chemischen Oberflächenätzung werden die Stäbchen in einer speziellen Aufheizvorrichtung zu einem Teil in einer wassergekühlten Halterung gefaßt, während der andere Teil in einen Heizofen hineinragt (vgl. Abb. 50). Beim Einschalten des Ofens werden 0,75 mm des Ge-Stäbchens zu einem sphärischen Tropfen aufgeschmolzen. Wenn sich nach wenigen Sekunden ein Gleichgewichtszustand eingestellt hat, wird die Heizleistung gesenkt oder ganz ausgeschaltet. Der flüssige Kristallkörper beginnt, da die aufgenommene Wärme vorwiegend an die wassergekühlte Halterung abgeleitet wird, an dem festen Ge-Stück einkristallin zu erstarren. Die Kristallisationsgeschwindigkeit wächst von Null (in kontrollierbarer Weise) bis zu großen Geschwindigkeiten an. Es entsteht dabei die gleiche npn-Struktur, wie sie nach Abb. 49 im Rückschmelzverfahren aus dem Tiegel gewonnen wird. Durch eine präzise Einstellung der zeitlichen Heizfunktion können Basisdicken in einem Bereich von $2 \to 20\,\mu$ reproduzierbar eingestellt werden. Die weitere Verarbeitung der Kristalle verläuft, wie oben bei den Transistoren nach der Zugtechnik ausgeführt wurde. Das Verfahren läßt sich durch Hinzunehmen von

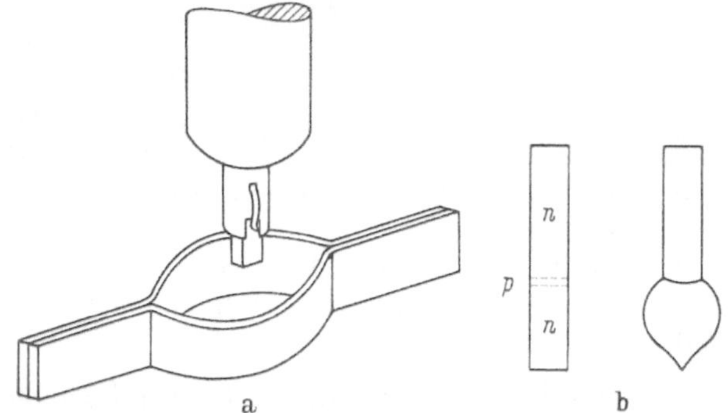

Abb. 50 a u. b.   Das Rückschmelzverfahren an zugeschnittenen Kristallstäbchen. Nach PANKOVE [*41*]. a) Stäbchenhalter und Heizofen, b) Form des Stäbchens nach dem Rückschmelzprozeß mit der gebildeten npn-Struktur

Diffusions- und Legierungsprozessen erweitern. Es können dann auch $npnp$-Strukturen damit hergestellt werden [*42, 43*].

npn-Schichten können nach der Zugmethodik auch in Silizium erhalten werden [*44*]. Als Dotierungssubstanzen werden Ga und Sb verwendet, da diese das Konzentrationsverhältnis in der Schmelze praktisch während der ganzen Kristallherstellung nicht verändern. Es können also mehrere p-Zonen (5 bis 6) in einem Kristall vom n-Typ erzeugt werden. Abb. 51 zeigt die Photographie eines derartigen der Länge nach durch-

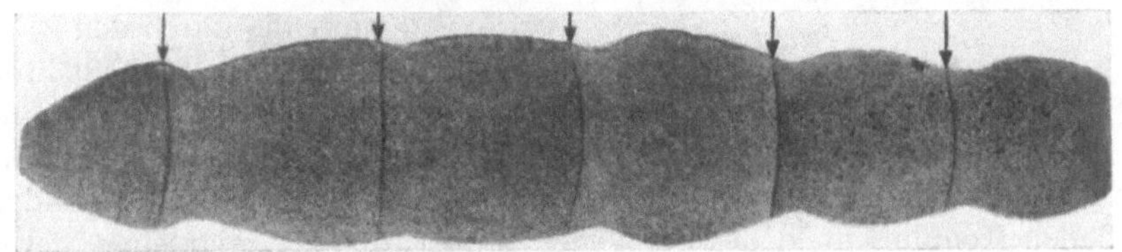

Abb. 51.   Schnitt durch einen Si-Kristall vom n-Typ mit fünf getrennten p-Zonen nach der Zugtechnik mit dem Dotierungspaar Ga, Sb hergestellt. Nach TANENBAUM [*44*]

geschnittenen Si-Kristalles mit fünf p-Zonen. Die Dicken der p-Schichten variieren ein wenig. In der Achsenmitte des Kristalles sind sie am dünnsten, nach dem Rande hin nimmt ihre Dicke etwas zu. Durch einen Ätzprozeß ist die p-Schicht von ihrer Umgebung hervorgehoben worden. Schichtdicken bis herunter zu $12\,\mu$ werden erreicht. Eine Vergrößerung des Kristallschnittfeldes mit nur einer p-Schicht zeigt Abb. 52. Zur Transistorfertigung werden nur Kristalle benutzt, deren Basisdicken $25\,\mu$ nicht überschreiten, um α-Werte größer als 0,9 zu erhalten. Zur

Kontaktierung der Basiszone wird ein Aluminiumdraht verwendet, der mit der p-Zone eine gut leitende Legierungsverbindung gibt, wenn die Temperatur des Eutektikums (577 °C) erreicht oder besser noch überschritten wird. Die dotierenden Eigenschaften ergeben gegen die angrenzenden n-Schichten eine sperrende Wirkung des Al-Kontaktes. Für

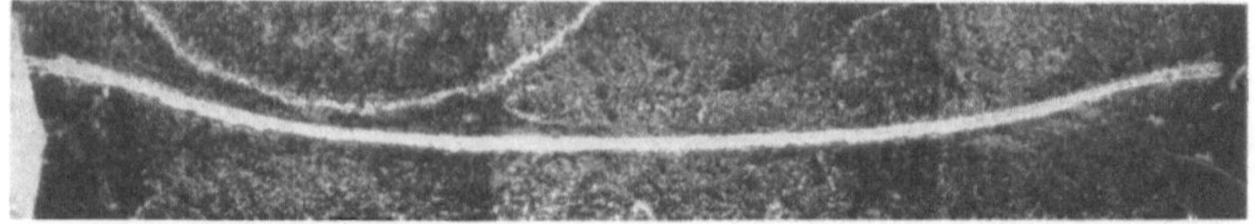

Abb. 52. Teilvergrößerung einer einzigen p-Schicht aus Abb. 51 (Schichtdicke etwa 20 μ)

die Kontaktgabe an der Emitter- und Kollektorzone werden die Stirnflächen des Si-Stäbchens durch Sandblasen aufgerauht und anschließend rhodiniert und verlötet.

In Abb. 53 sind die Kapazitäten dargestellt, die auf der Emitter- und auf der Kollektorseite gegen die Basis auftreten, wenn die pn-Übergänge in Sperrichtung vorgespannt sind. Auf der Kollektorseite ergibt sich eine Abnahme der Kapazität mit der Spannung, die mit einem $U^{-1/3}$-Gesetz fortschreitet. Dies entspricht dem zu erwartenden linearen Anstieg der Dotierungskonzentration, die durch den Ziehprozeß auf dem Kollektor-pn-Übergang erzeugt wurde. Die geringe Spannungsabhängigkeit der Kollektorkapazität führt zu einem besonders ebenen Kennlinienfeld des gezogenen Transistors. Er zeigt einen geringeren Klirrfaktor als der legierte Transistor.

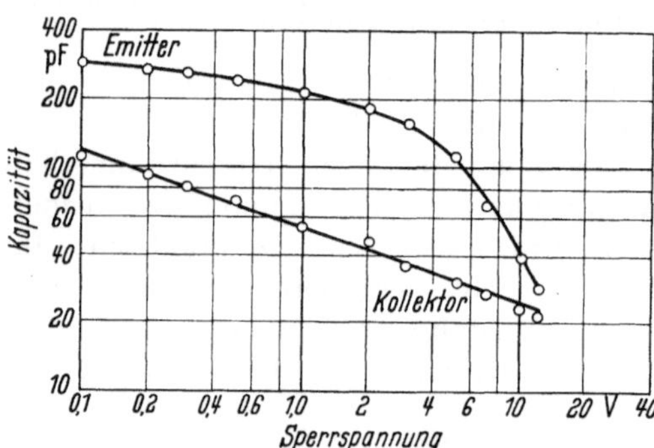

Abb. 53. Abhängigkeit von Emitter- und Kollektorkapazität in einem gezogenen Si-Transistor von der angelegten Sperrspannung. Nach TANENBAUM [44]

Das Spannungsverhalten der Kapazität der Emitterseite ist etwas komplizierter. Durch den scharfen Übergang von der hoch n-dotierten Seite des Emitters zu der niedrig p-dotierten Seite der Basis und der zunächst ansteigenden Dotierung der Basis ergibt sich ein flacher Abfall der Kapazität mit der Spannung. Erst bei höheren Spannungen (> 4 V) dringt die Raumladungsschicht in tiefere Bereiche der Basis und in einen stärkeren Leitfähigkeitsabfall auf Grund des Kollektor-pn-Überganges ein. In dieser Gegend setzt eine starke Kapazitätsminderung mit der Sperrspannung ein.

2. Die Legierungstechnik der pn-Übergänge und Transistoren

Die Legierungstechnik der Transistoren hat heute wegen ihrer leichten Handhabung bei der Massenfertigung eine große Bedeutung erlangt. Eine überwiegende Mehrzahl von Transistoren und viele Dioden werden derzeit nach der Legierungstechnik gefertigt. DUNLAP und HALL haben diese Methode zuerst angewandt [45]. Abb. 54 zeigt die einzelnen Stufen, in denen die Legierungstechnik arbeitet. Wir betrachten einen n-Typ Ge-Kristall, der mit einem Stück metallischen Indiums legiert werden soll. Das Indiumstück wird auf die gereinigte Ge-Oberfläche plaziert (Abb. 54a). Danach wird die Temperatur unter einer Schutzatmosphäre (im allgemeinen in trockenem H_2) erhöht, bis das Indium schmilzt und sich auf der Oberfläche ausbreitet (Benetzungsvorgang, Abb. 54b). Das

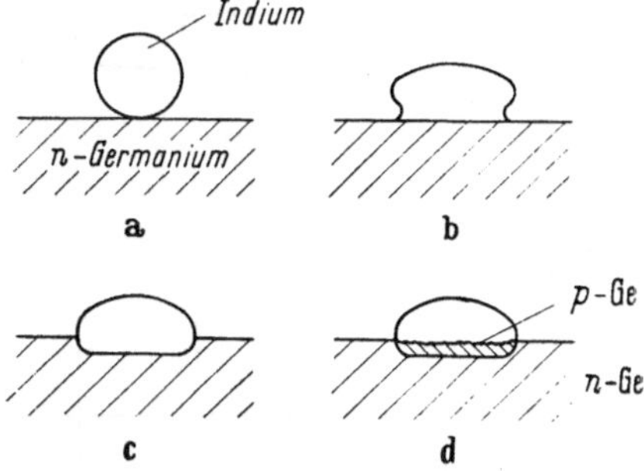

Abb. 54a—d. Die Bildung eines pn-Überganges in Ge durch Einlegieren einer In-Kugel. a) In-Kugel auf Ge-Oberfläche ($T \leq 156\,°C$); b) Ausbreitung des In auf der Ge-Oberfläche, Benetzungsvorgang ($T > 156\,°C$); c) Auflösung von Ge durch flüssiges In, Legierungsvorgang ($T \sim 450\,°C$); d) Wiederausscheiden einer einkristallinen In-dotierten Ge-Schicht während der Abkühlung

flüssige Indium beginnt etwas Ge zu lösen. Das gelöste Ge-Volumen hängt ausschließlich von der In-Menge und von der Temperatur ab, sofern der Prozeß so langsam läuft, daß sich stets Gleichgewicht zwischen den Legierungskomponenten einstellt. Im festen Ge-Kristall entsteht eine kleine Vertiefung (Abb. 54c). Aus dem Legierungsdiagramm Ge—In (vgl. Abb. 55) ist das gelöste Ge-Volumen sofort abzulesen. Bei der nun folgenden Abkühlung nimmt die Löslichkeit des Ge im In ab. Ge kristallisiert aus der Lösung aus, und zwar in stark mit In dotierten p-Kristallen. Die Kristallbildung setzt in erster Linie an der Grenze Kristall/In-Schmelze ein. Hier wächst der Kristall in

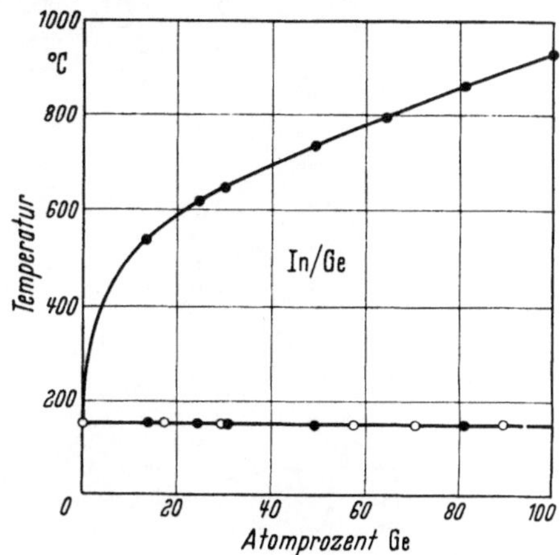

Abb. 55. Das Legierungsdiagramm In—Ge

seiner vorgegebenen Orientierung weiter. Es entsteht also ein pn-Übergang, der einerseits durch das ursprüngliche ungelöste n-Material und andererseits durch das ankristallisierte hochdotierte p-Material gebildet wird (z. B. $3\,\Omega$ cm n-Typ gegen $0{,}001\,\Omega$ cm p-Typ). Das auskristallisierte Ge kann man leicht sichtbar machen, wenn nach dem Legierungsprozeß das Indiummetall durch Salzsäure entfernt oder von Hg aufgelöst wird. Eine diesbezügliche Aufnahme einer rekristallisierten *p*-Schicht bringt Abb. 57. Hier ist ein dünnes Ge-Plättchen von einem In-Kügelchen anlegiert worden, das in der Mittelzone die Ge-Schicht

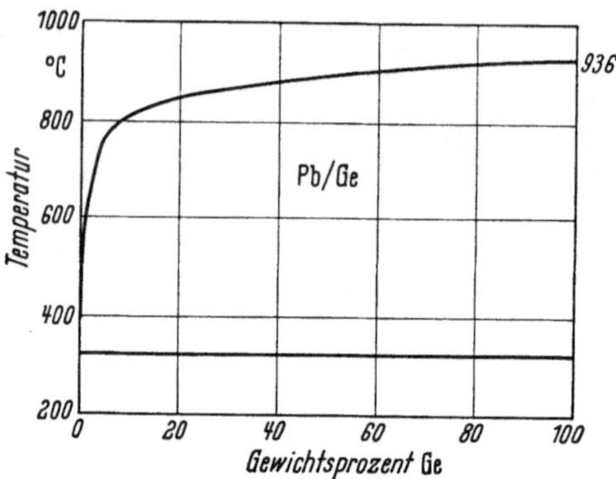

Abb. 56. Das Legierungsdiagramm Pb—Ge

durchbrochen hat. Nach der Entfernung des In entsteht hier ein Loch (weißes Zentrum in Abb. 57). In der Randzone erkennt man die durch Rekristallisation gewonnene Kristallansiedlung in 200-facher Vergrößerung. Die völlig gleichmäßige Ausrichtung der einzelnen Kriställchen zeigt, daß alle ausgeschiedenen Kristalle die von der Kristallunterlage herrührende Orientierung übernommen haben. Die Oberfläche des Ge-Plättchens liegt in der 100-Ebene. Die ausgeschiedenen Kristalle

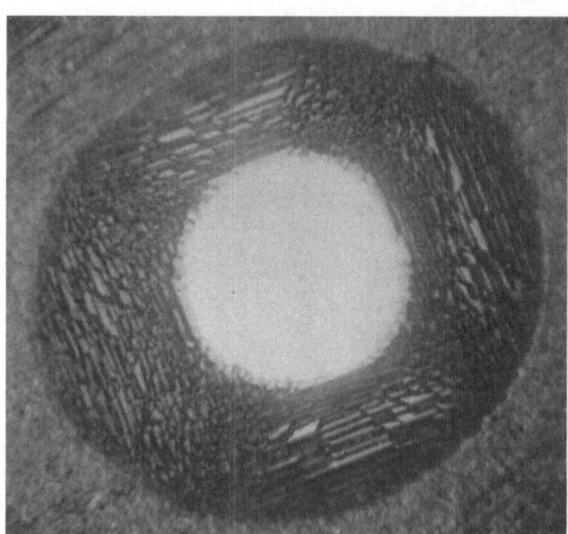

Abb. 57. Ringförmige Zone von orientierten Ge-Kristallen, die aus einer In-Legierung rekristallisiert sind. Die In-Kugel hat das Ge-Plättchen durchbrochen (weißes Zentrum im Bild). Nach dem Legierungsprozeß wurde das In-Metall durch HCl entfernt

enthalten gemäß der Soliduskurve des Legierungsdiagrammes einen geringen Prozentsatz an In [30]. Er entspricht einer Konzentration von etwa 10^{18} In-Atomen/cm³. Der spezifische Widerstand der auskristallisierten Phase liegt bei etwa $0,001\,\Omega\,\mathrm{cm}$. Gegenüber einem n-Material von einigen $\Omega\,\mathrm{cm}$ stellt der legierte In-Kontakt einen vorzüglichen Emitter dar. Der nach der Legierungstechnik gefertigte pn-Übergang ist praktisch immer als unsymmetrisch abrupter Übergang aufzufassen. In einem solchen in Sperrichtung vorgespannten pn-Übergang liegt der Spannungsabfall daher auf der Seite des reinen Ge-Kristalles, während die auskristallisierte Seite nahezu metallische Leitfähigkeit besitzt. Auch das kapazitive Verhalten eines legierten pn-Überganges entspricht dem abrupten Fall. Seine Kapazität nimmt in Sperrichtung nach einem $U^{-1/2}$-Gesetz mit der Spannung ab.

Die vorstehend beschriebene Legierungstechnik kann auch mit anderen Metallen durchgeführt werden. Von den dotierenden Metallen der 3. Spalte des periodischen Systems ist In freilich das am einfachsten zu handhabende. Reines Ga schmilzt bei $30\,^\circ\mathrm{C}$, es ist deshalb schlecht verwendbar. Al ist stets mit einer Oxydhaut bedeckt und bietet große Benetzungsschwierigkeiten. Allerdings werden beide Elemente mit höherer Konzentration in der rekristallisierten Ge-Phase eingebaut als das In [30]. Man setzt deshalb bei der Legierung von Emitterkontakten dem In geringe Anteile $(0,5\%)$ Ga oder Al hinzu. Höhere Anteile versproden die Legierungen, ohne die Einbaurate zu verbessern. Die Elemente der 5. Spalte des periodischen Systems, die für einen pn-Übergang auf p-Typ-Material in Frage kommen, bilden im allgemeinen sehr spröde Verbindungen mit Ge, so daß die Legierungen meist schon beim Abkühlprozeß aus der Ge-Oberfläche herausspringen. Man verwendet für den Legierungsprozeß am p-Material eine Pb-Legierung, die bis etwa 5% Sb oder As enthält. Diese Legierungen sind zwar nicht so weich und formbar wie In, sie sind aber nicht spröde und bilden auch keine Risse. Die Legierungstemperaturen liegen um etwa 100 bis $150\,^\circ\mathrm{C}$ höher als die des Indiums und können leicht aus den Legierungsdiagrammen entnommen werden (vgl. Abb. 56).

Der pnp-Legierungstransistor wird so hergestellt, daß man nacheinander oder gleichzeitig auf den beiden gegenüberliegenden Seiten des Ge-Plättchens einen pn-Übergang einlegiert. Der Querschnitt eines solchen pnp-Transistors hat die in Abb. 58 gezeigte Gestalt. Das Ge-Plättchen wird auf eine bestimmte Größe und Dicke zugeschnitten und auf die genaue Dicke von z. B. $120\,\mu$ mit chemischen Mitteln ab-

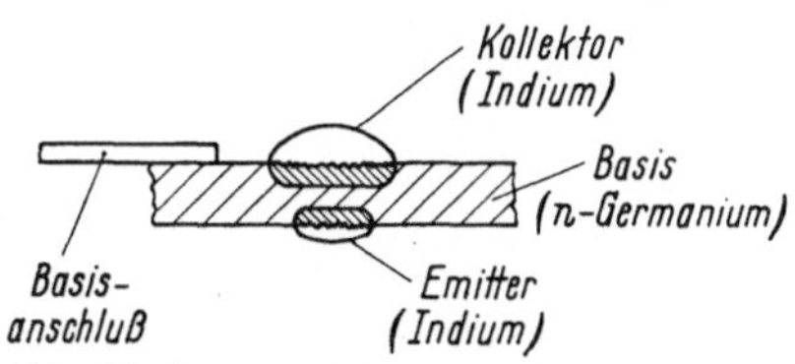

Abb. 58. Querschnitt durch einen pnp-Legierungs-Transistor (schematisch)

geätzt. Die Indiumkügelchen auf der Emitter- und Kollektorseite haben eine genau eingestellte Größe, so daß sie bei einer festen Temperatur eine bestimmte Eindringtiefe in das Germanium besitzen und damit die Basisdicke definieren. Wenn die kollektorseitige Legierung $70\,\mu$ tief in das Material eindringt und die Emitterseite 20 μ tief einlegiert wird, entsteht eine Basisdicke von 30 μ, die für Transistoren im niederfrequenten Gebiet ausreicht. Da man bei der Legierungstechnik die Möglichkeit hat, die Geometrie von Kollektor und Emitter zu wählen, macht man den Kollektordurchmesser im allgemeinen um den Faktor 1,4 größer als den Emitterdurchmesser. Dadurch wird die sammelnde Wirkung des Kollektors vergrößert, es gehen weniger vom Emitter injizierte Ladungsträger durch Diffusion an die Oberfläche verloren und der Stromverstärkungsfaktor α wird damit größer. Nach dem Legierungsprozeß wird der Basiskontakt an das Ge-Plättchen angelötet. Im allgemeinen wird ein ringförmiger Basiskontakt bevorzugt, da er einmal für einen symmetrischen Stromfluß sorgt und außerdem die niedrigsten Basiswiderstände liefert. Die Basis soll vollkommen sperrfrei und möglichst niederohmig mit dem Ge verbunden werden. Als Lot können Sn, Pb und Au gewählt werden, denen im Fall des n-Typ-Ge As oder Sb, im Fall des p-Typ-Ge etwas In oder Ga zugesetzt werden. Die gleichsinnig dotierenden Stoffe verhindern die Ausbildung von Sperrwiderständen. Als Basiselektrodenblech wird im allgemeinen ein NiFe-Blech verwendet, dessen thermischer Ausdehnungskoeffizient weitgehend mit dem von Ge übereinstimmt. Die Indiumlegierungen und das Basisblech müssen noch mit metallischen Zuleitungsdrähten versehen werden. Hierfür gibt es zahlreiche Methoden, beispielsweise wird ein verzinnter Nickel- oder Silberdraht nach Vorerwärmung in einer kleinen Heizwendel in heißem Zustand in das In-Kügelchen gesenkt.

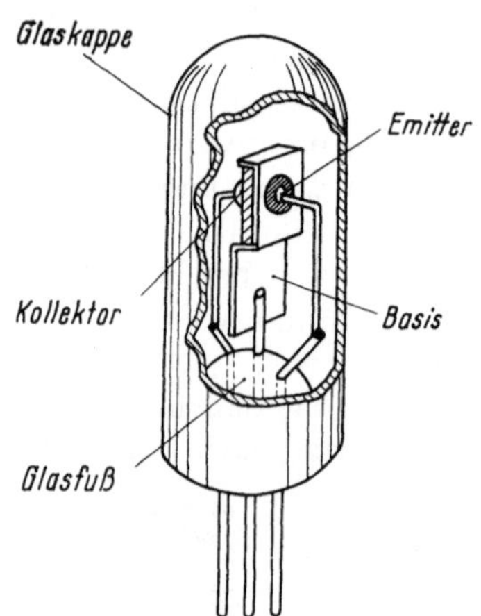

Abb. 59. Aufbau eines Legierungstransistors in Glasfassung

Nach dem Aufbau des Ge-Plättchens auf einen Glasfuß oder Sockel wird die Ge-Oberfläche einer sorgfältigen Ätzung (vgl. II. 4) unterzogen, um die Spuren von In oder anderen Metallen, die sich durch den Heizprozeß und die weiteren Bearbeitungsmaßnahmen auf der Oberfläche in der Nähe des pn-Überganges niedergeschlagen haben, zu beseitigen. Danach wird der Transistor in einer luftdicht schließenden Umhüllung aus Metall oder Glas vor weiterem Angriff durch die Luftfeuchtigkeit geschützt. Der Gesamtaufbau eines Transistortyps nach dem Legierungsprinzip ist aus Abb. 59 ersichtlich.

Das bisher im Prinzip beschriebene Legierungsverfahren ist zur Erzielung genau definierter und sehr dünner Basisdicken noch zu grob. Es bedarf weiterer Verfeinerungen, um den Anforderungen zu genügen, die heute an die Gleichmäßigkeit eines Transistortyps gestellt werden.

Zu vermeiden ist unter anderem das inhomogene Vordringen der Legierungsfront von einem Punkte aus, das im Kristall zu einer kugelschalenartigen pn-Schicht und damit zu unterschiedlichen Basisdicken führt, was sich ungünstig auf das Frequenzverhalten des Transistors auswirkt. Dieser Fehler kann vermieden werden, wenn man den Legierungsprozeß und den Benetzungsvorgang, die nach der bisherigen Beschreibung an einem Punkt zugleich einsetzen und gemeinsam weiterschreiten, voneinander trennt. Man geht nach MUELLER und DITRICK zweckmäßig folgendermaßen vor [46]. Der Benetzungsprozeß wird bei so niedrigen Temperaturen (etwa 300 bis 350 °C) durchgeführt, daß zwar eine Ausbreitung des In-Metalls auf der Ge-Oberfläche eintritt, aber noch keine wesentliche Menge Ge aufgelöst wird. Bei diesen Temperaturen müssen Flußmittel verwendet werden. Ein geeignetes nichtmetallisches Flußmittel hat folgende Zusammensetzung:

Hydrazinmonohydrobromid	2 g
Ammonchlorid	2 g
Methanol	10 cm³
Aqua dest.	5 cm³
Glyzerin	1 cm³

Der Zusatz von 1% Zn zum In verbessert seine Benetzungseigenschaften wesentlich. Zn ist p-dotierend und beeinträchtigt somit die dotierende Wirkung des In nicht. Ein Kügelchen von der gewünschten Größe aus dieser ZnIn-Legierung — sorgfältig geätzt, mit Wasser gespült und getrocknet — wird in das Flußmittel getaucht und dann auf das Ge plaziert. In einer reinen, trockenen H_2-Atmosphäre wird das Ganze schnell auf 340 °C erhitzt und 3 Minuten bei dieser Temperatur belassen. Das Ge-Plättchen wird dann mit 10%iger HCl-Lösung gewaschen und in deionisiertem Wasser gespült. Durch diesen Prozeß ist das In + Zn gleichmäßig über die Ge-Oberfläche bis zu einem festen Durchmesser verteilt und fest mit dem Ge verlötet. Die hier auftretende Eindringtiefe in das Ge beträgt nur 2,5 μ. In einem weiteren Arbeitsvorgang wird der eigentliche Legierungsprozeß durchgeführt. Das Eindringen des Indiums in eine Ge-Oberfläche ist ein Abbauprozeß, der in vieler Hinsicht dem Ätzen von Ge durch Säuren entspricht. Die Abbaugeschwindigkeit des Ge hängt wie beim Ätzprozeß von der Kristallorientierung ab. Die kristallographische Ausrichtung ist also für das Ge-Plättchen von großer Bedeutung; der Abbau des Ge erfolgt in der 111-Richtung am leichtesten, da in der Diamantgitterstruktur nur eine von den Tetraederbindungen senkrecht auf der 111-Ebene steht, während die anderen Bindungen nahezu in der Ebene liegen. Es erfolgt ein schichtartiger Abbau dieser Ebenen, der von vornherein eine natürliche Planierung der Legierungsfront bewirkt. Am gleichmäßigsten dringt die Legierungszone im Kristall vor, wenn nahezu Gleichgewichtsbedingungen vorherrschen.

Es ist deshalb wünschenswert, wenn der Temperaturanstieg nur langsam erfolgt. 20 °C pro Minute von 300 °C bis zur Endtemperatur sind dafür ausreichend.

Die Eindringtiefe des Indiummetalls in den Ge-Kristall hängt ab von der Temperatur, von der benetzten Oberfläche und von der verwendeten Indiummenge. Für bestimmte Geometrien, die nach dem vorstehend beschriebenen Verfahren reproduzierbar eingehalten werden können, läßt sich die Eindringtiefe vorausberechnen. Versteht man unter S das Verhältnis der Zahl der Ge-Atome N_{Ge} zur Gesamtzahl der Atome $(N_{Ge} + N_{In})$ in der Schmelze bei einer bestimmten Temperatur, so gilt:

$$S(T) = \frac{N_{Ge}}{N_{Ge} + N_{In}}. \tag{25}$$

$S(T)$ kann in einen Ausdruck verwandelt werden, in dem die Volumina V_{In} und V_{Ge} von Indium und dem gelösten Germanium auftreten:

$$V_{Ge} = \frac{S}{1-S} V_{In} \cdot \frac{\text{Dichte (In)} \cdot \text{Atomgewicht (Ge)}}{\text{Dichte (Ge)} \cdot \text{Atomgewicht (In)}}. \tag{26}$$

Mit den Werten für Atomgewicht und Dichte der beiden Stoffe findet man:

$$V_{Ge} = 0,870 \frac{S}{1-S} \cdot V_{In} \tag{27}$$

oder

$$V_{Ge} = F(T) V_{In}. \tag{28}$$

Die Funktion $F(T)$ ist nach dem Legierungsdiagramm für Ge—In leicht auszurechnen. Sie ist in Abb. 60 in Abhängigkeit von der Temperatur angegeben [47].

Die Eindringtiefe läßt sich für alle in der Praxis vorkommenden Kontaktformen leicht nach (28) berechnen. In allen Fällen nimmt man an, daß das Volumen des gelösten Germaniums durch einen Zylinder mit der Benetzungsfläche als Basis und der zu berechnenden Eindringtiefe als Höhe dargestellt werden kann.

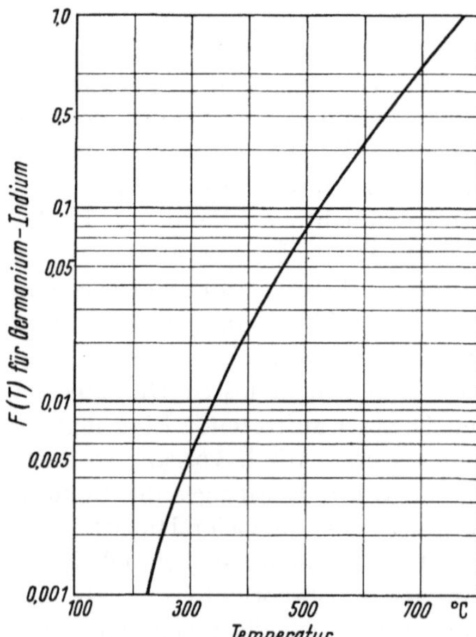

Abb. 60. $F(T)$ = Volumenlöslichkeit von Ge in In in Abhängigkeit von der Temperatur. Nach Pensack [47]

Der letzte Schritt zur Herstellung des pn-Überganges ist die Rekristallisation des im In gelösten Germaniums auf das Basisplättchen. Auch dieser Prozeß sollte zur Ausbildung eines homogenen Einkristalles wieder so langsam erfolgen, daß stets Gleichgewicht zwischen der Konzentration der Ge-Lösung und der Temperatur erreicht wird. Eine Temperatur-erniedrigung von 20 °C/min ist ausreichend. Das gesamte gelöste Ge setzt sich dann als homogene einkristalline Schicht auf der Ge-Unterlage ab. In der In-Kugel kristallisieren keine Ge-Kriställchen aus, was die Kontaktierung mit den Zuleitungsdrähten erleichtert.

Die in der Oberfläche des Kristalles liegende 111-Ebene wird im Diamantgitter von anderen 111-Ebenen geschnitten, die mit der ersteren einen Winkel von 110° bilden. Auch diese Ebenen sind bevorzugte Abbauebenen, sie bilden die seitliche Begrenzung der Legierungsfront. Diese Tatsache hat zur Folge, daß an einer *nicht* vollständig benetzten Stelle der Oberfläche eine Insel unaufgelösten Ge-Materials hinter der Legierungsfront zurückbleibt. Die seitlichen 111-Ebenen verhindern das Unterwandern der nicht benetzten Oberflächenstellen; sie veranlassen

den unbenetzten Bereich, sich selbst zu erhalten. Eine solche unbenetzte Stelle ist in Abb. 61 zu sehen. Auf beiden Seiten neben dem unbenetzten Bezirk hat der pn-Übergang eine gleichmäßige ebene Ausdehnung. Bei guter Benetzung ergibt das beschriebene Herstellungsverfahren vollkommen ebene pn-Übergänge, deren Lage praktisch durch eine Kristallebene vorgegeben ist. Die Eindringtiefe einer solchen pn-Grenze kann nach diesem Verfahren innerhalb einer Serie bis auf 0,6 μ konstant gehalten werden. Abb. 62 zeigt

Abb. 61. Senkrechter Schnitt durch einen pn-Übergang. Eine nicht vollständige Benetzung der Ge-Oberfläche durch das In hinterläßt Störungen in der Legierungsfront. Die pn-Struktur ist durch Anätzen sichtbar gemacht Nach Mueller und Ditrick [46]

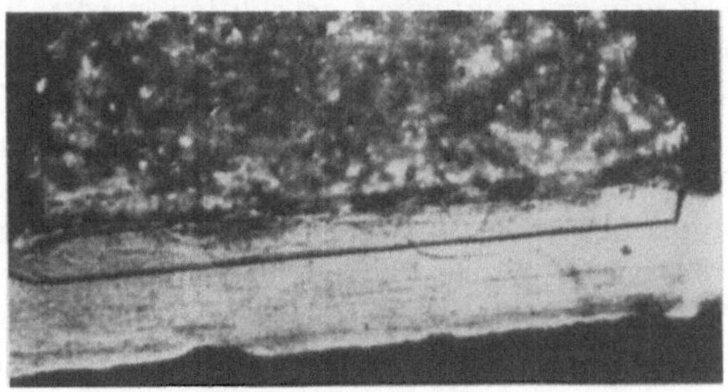

Abb. 62. Senkrechter Schnitt durch einen pn-Übergang, homogene, fehlerfreie Legierungsfront. Nach Mueller und Ditrick [46]

eine derart durch richtige Benetzung und langsames Aufheizen und Abkühlen gewonnene homogene pn-Grenze nach Mueller und Ditrick [46]. An der rechten Seite der Abbildung ist die seitlich unter 110° schneidende zweite 111-Ebene deutlich erkennbar. Die Abb. 61 und 62 stellen senkrechte Schnitte durch die Legierungsfront im Kristall dar. Der pn-Übergang ist durch Anätzen sichtbar gemacht worden (vgl. II. 4).

Bei der Fertigung technischer Transistoren wird die Größe der vom In benetzten Flächen durch eine Schablone festgelegt, die auf dem Ge-

Plättchen aufliegt und nur die Benetzungsfläche freiläßt. Außerdem können Emitter und Kollektor nur in einer genauen Führung, die die Schablone liefert, konzentrisch einander gegenüber einlegiert werden (vgl. Abb. 63) [48]. Als Material ist für solche Legierungsformen Graphit geeignet, das weder mit Ge noch In bei den auftretenden Temperaturen Legierungen bildet. Graphitformen haben den Nachteil, sich nicht gut maßhaltig ausarbeiten zu lassen. Sie nutzen sich außerdem im Betrieb leicht ab. Es treten daher Schwankungen der Durchmesser der Legierungsflächen von 0,02 bis 0,03 mm auf [48]. Diese Genauigkeit ist für Transistoren im niederfrequenten Gebiet und für Leistungstransistoren mit großem Durchmesser der Benetzungsflächen ausreichend. Bei Transistoren im mittelfrequenten Gebiet, die etwa im Emitter einen Durchmesser von 0,3 mm und im Kollektor von 0,4 mm verwenden, würde dieser Fehler schon zu unzulässigen Streuwerten von 15% führen. Man

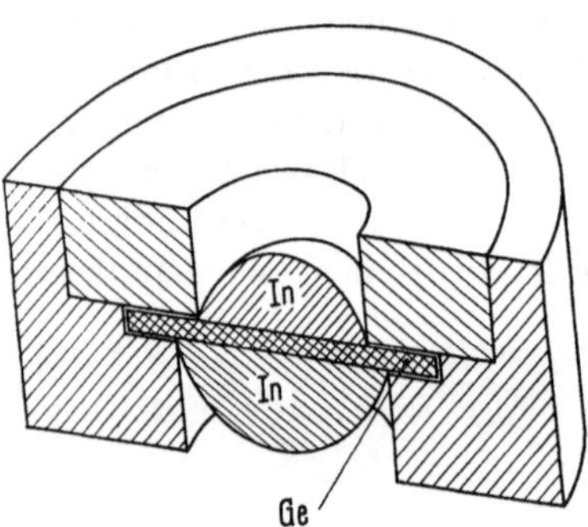

Abb. 63. Legierungsschablone aus Chromstahl, Kanthal oder Rubin, die die Benetzungsflächen des In-Metalles genau festlegen

bemüht sich deshalb, die Fehler noch weiter einzuengen, indem man die Legierungsformen aus Chromstahl, Kanthal, das vorher zur Ausbildung einer Al_2O_3-Schicht an Luft erhitzt wurde, oder aus Rubin herstellt, die mit großer Genauigkeit geschliffen werden können. Um die Differenzen in der Basisdicke klein zu halten, müssen neben den Benetzungsflächen auch die Dicke der Ge-Plättchen und die Volumina der In-Kügelchen mit außerordentlich kleinen Streuungen eingehalten werden. In einer Massenfertigung werden daher diese Größen einer genauen Kontrolle unterzogen. Die Meßverfahren arbeiten automatisch und sortieren z. B. selbständig die Ge-Plättchen nach Dickeunterschieden von 5 μ. Für die Massenherstellung von Transistoren ist eine Fülle weiterer technologischer Verfahren ersonnen worden, die eine automatische Fertigung, eine Kontrolle und Prüfung der Eigenschaften von Transistoren gestatten. Eine Darstellung dieser Methoden, die ständig zu weiterer Präzision ausgebildet werden, geht allerdings über den Rahmen dieses Buches hinaus.

Die grundsätzlichen Ausführungen über die Legierungsmethode, die bisher nur durch Beispiele am Ge erläutert wurden, gelten auch für Si. Es treten hier Besonderheiten auf, die durch die Legierungsdiagramme und das thermische Verhalten von Si-Legierungen bedingt sind. Alle Si-Legierungen sind sehr spröde. Die pn-Übergänge sind gegen das Si-Grundgitter stark verspannt. Es bilden sich leicht Risse zwischen der Legierungsfront und dem Si-Material. Pb und In lösen selbst bei 900 °C nur wenig Si, sie werden deshalb nur zu Spezialzwecken verwendet. In den meisten Fällen benutzt man Aluminium, Aluminium-Silizium oder Gold mit einem dotierenden Element aus der 3. oder 5. Spalte des periodischen Systems.

Die Legierungsdiagramme Au—Si und Al—Si sind von den Diagrammen Pb—Ge und In—Ge grundsätzlich verschieden (vgl. Abb. 64). Sie besitzen bei 370 °C bzw. bei 577 °C ein Eutektikum. Das hat zur Folge, daß der Benetzungsvorgang, der erst bei diesen Temperaturen beginnt, von einem noch festen Körper ausgeht. Die gleichmäßige Ausbreitung des Legierungsmetalles auf die Benetzungsfläche, wie sie bei der

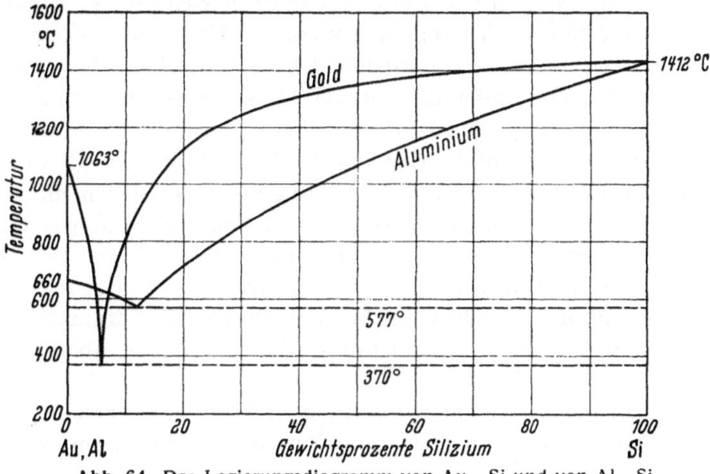

Abb. 64. Das Legierungsdiagramm von Au—Si und von Al—Si

flüssigen In-Kugel auf Ge auftritt, kann hier nicht stattfinden. Man verwendet deshalb Folien, die durch eine Gewichtsbelastung in gutem Kontakt mit der Si-Oberfläche gehalten werden. Die Folien werden sehr dünn gewählt (10 → 50 μ stark), um Verspannungen der Kontakte zu vermeiden. Bei großflächigen Kontakten kann man die auftretenden Spannungen durch ein Vakon-, W- oder Mo-Blech aufnehmen, die praktisch die gleichen Ausdehnungskoeffizienten wie Si haben, indem man vor dem Legierungsprozeß das Legierungsmaterial auf das Blech aufbringt.

Da Si fast stets mit einer fest haftenden SiO_2-Schicht bedeckt ist, macht eine gleichmäßige Benetzung Schwierigkeiten. Ammonfluorid hat sich als Flußmittel bewährt. Die Benetzungsschwierigkeiten, die durch die Oxydhaut des Al entstehen, kann man durch einen Si-Zusatz von solcher Größe verringern, daß gerade das Eutektikum zwischen Si und Al erreicht wird. Diese Legierung, die unter dem Namen Silumin bekannt ist, schmilzt als Ganzes bei 577 °C und gibt bei großflächigen Kontakten bessere Legierungsfronten. Silumin bietet den manchmal wichtigen Vorteil, daß es nur wenig Si auflöst, solange die Legierungstemperatur den Eutektikumswert nicht wesentlich überschreitet.

Die Löslichkeit von Al in der festen Phase des Si ist gut. Al bildet Akzeptorenterme in 0,05 eV Abstand von der oberen Kante des Valenzbandes. Es kann deshalb direkt als Dotierungsmaterial wirken. Gold wird nur sehr schwach im festen Si eingebaut [30]. Es liefert in 0,33 eV Abstand vom Valenzband Donatoren. Gold kann darum als Dotierungsstoff keine Anwendung finden. Es dient vielmehr als Träger der dotierenden Elemente Sb, As, Ga und B, die ihm in geringen Anteilen zugesetzt werden und die sich mit hoher Einbaurate im festen Si lösen [30]. Gold ist somit für die n- und p-Dotierung von Si in gleicher Weise geeignet. Es bietet weiterhin den Vorteil einer niedrigen Eutektikum-Temperatur. Die Legierungstemperaturen können deshalb zwischen 500 und 600 °C gewählt werden. Die np-Grenze eines Goldkontaktes läßt sich gut ätzen, da letzterer von chemischen Ätzmitteln nicht angegriffen wird. Lötverbindungen können mit der Goldoberfläche leicht hergestellt werden.

Sperrfreie Kontakte werden auf Si am einfachsten durch ein mit dem Grundmaterial gleichsinniges Dotieren der Legierungsfronten gewonnen. Auch Vernickeln und anschließendes Einbrennen führt bei niederohmigem Material zum Ziel. Auf hochohmigem Si erzeugt man zweckmäßig eine dünne hochdotierte Schicht durch Eindiffundieren eines gleichsinnig dotierenden Fremdstoffes, die dann, wie oben erwähnt, weiter behandelt wird.

Nach dem bisher Gesagten kann ein Si-Transistor nach dem Legierungsverfahren in folgender Art gefertigt werden. Ein dünnes p-Typ-Si-

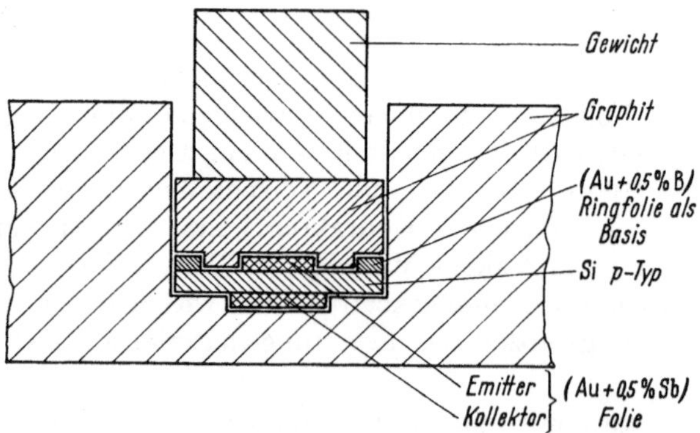

Abb. 65. Legierungsverfahren für einen Si-Transistor in einer Graphitform (schematisch)

Plättchen von 75 μ Dicke, das vorher sorgfältig geschliffen, poliert, geätzt und in deionisiertem Wasser gewaschen ist, wird in eine Graphitfassung gelegt, die in einer Aussparung am Boden die Kollektorgoldfolie (Au $+0,5\%$ Sb; 50 μ stark) trägt (vgl. Abb. 65). Auf die nach oben gerichtete Seite des Si-Körpers wird eine Emitterfolie aus dem gleichen

Material und eine Ringfolie aus Gold mit 0,5% Borgehalt, die die Basiselektrode bildet, angeordnet. Ein Graphitstempel hält beide Folien im
passenden Abstand und in der richtigen Zentrierung zueinander. Der
Stempel kann in der Graphitform gleiten. Er ist mit einem Gewicht
beschwert, so daß alle Goldfolien fest an das Si gedrückt werden. Alle
Kontakte werden in einem einzigen Heizprozeß in das Si einlegiert. Die
ganze Vorrichtung wird dazu in einen mit trockenem H_2 oder A gefüllten
Ofen geschoben, dort einige Minuten auf 650 °C belassen und wieder
langsam abgekühlt. Für den Ablauf des Heizprozesses gelten die gleichen
Voraussetzungen wie bei Ge. Die Legierungsfronten dringen auf beiden
Seiten etwa 25 μ tief in das Kristallmaterial ein, so daß eine Basiszone
von 25 μ Dicke zwischen Emitter und Kollektor stehen bleibt. Nach
einer Oberflächenbehandlung (vgl. II. 4), Kontaktierung und Einkapselung ist der Si-Transistor fertiggestellt.

Wenn die Elektrodenflächen einen sehr geringen Durchmesser haben
sollen, kann man statt der Folien auch dünne, vordotierte Au-Drähte
oder Al-Drähte verwenden, die stumpf auf das Si gestellt und in einer
passenden Graphithalterung mit dem richtigen Andruck im Ofen oder
mit geeignet dimensioniertem Stromstoß einlegiert werden. Die Drähte
stellen gleichzeitig die metallischen Stromzuführungen zu den *pn*-
Übergängen dar. Eine Kontaktierung der *pn*-Flächen kann so ein-
gespart werden.

Das Zugverfahren und die Legierungstechnik können leicht mit der
im folgenden Abschnitt behandelten Diffusionsmethode bei der Bildung
von *pn*-Übergängen kombiniert werden. Man läßt im ersten Fall entweder einen Dotierungsstoff von außen einwandern, oder man verwendet
die im gezogenen Kristall bereits vorhandenen Donatoren und Akzeptoren und läßt sie an solchen Stellen diffundieren, an denen ein Konzen-
trationssprung durch die Zugmethode entstanden ist (vgl. [*89*]). Nach
diesem Prinzip hergestellte Transistoren werden als „grown-diffused"
bezeichnet. Im zweiten Fall vereinigt man Legierungs- und Diffusionsprozeß zu einem Arbeitsgang, in dem man der Emitterlegierung bereits
den diffundierenden Fremdstoff zusetzt. Die Emitterperle enthält dann
zwei verschieden schnell diffundierende, kontrapolare Dotierungselemente, von denen der rasch diffundierende Stoff in das Halbleitermaterial eindringt und die Basiszone dotiert, während der langsam
diffundierende Stoff das Vorzeichen der rekristallisierten Schicht bestimmt (vgl. [*90*]). Derartige Transistoren werden als „alloy-diffused"
bezeichnet.

3. Die Diffusionstechnik

a) Die Herstellung von *pn*-Übergängen nach dem Diffusions-
verfahren

Das Diffusionsverfahren hat in den letzten Jahren zur Herstellung
von *pn*-Übergängen in Halbleitereinkristallen immer mehr an Bedeu-

10*

tung gewonnen. Hierbei läßt man die dotierenden Stoffe aus der 3. oder 5. Spalte des periodischen Systems aus der Gasphase in die Oberfläche des Halbleiters eindiffundieren. Der Vorteil dieses Verfahrens liegt darin, daß durch die Wahl von Diffusionszeit und Diffusionstemperatur die Konzentration und die Eindringtiefe der Dotierungsmittel im HL-Kristall genau eingestellt werden können. Insbesondere lassen sich sehr dünne Schichten von bestimmtem Leitungstyp herstellen. Im allgemeinen erhält man eine inhomogene Dotierung des Halbleiters, was sich zur Erzeugung eines Driftfeldes in der Basisschicht eines Transistors ausnutzen läßt. Als Nachteil des Verfahrens müssen die Veränderungen des Kristallmaterials angesehen werden, die auf Grund der hohen Diffusionstemperaturen entstehen. Die Temperaturen müssen hoch gewählt werden, um zu erträglichen Diffusionszeiten zu kommen. Dadurch entstehen Gitterstörungen, die den Leitwert des Materials verändern können und vor allem die Lebensdauer der Minoritätsträger erheblich herabsetzen.

Wenn aus der Gasphase in einen Festkörper ein Fremdstoff eindiffundiert, so ergibt sich im Festkörper eine Konzentrationsverteilung $N(x)$ des Fremdstoffes in einem Abstand x von der Oberfläche von folgender Art:

$$N(x) = N_0 \left[1 - \frac{2}{\sqrt{\pi}} \int_0^{\frac{x}{2\sqrt{Dt}}} e^{-\xi^2} \, d\xi \right], \tag{29}$$

hierin bedeuten:

$N_0 =$ Konzentration des Fremdstoffes an der Oberfläche des Festkörpers,

$D \;=$ Diffusionskonstante,

$t \;\;=$ Dauer des Diffusionsprozesses.

Die in (29) auftretende Funktion

$$\Phi(y) = \frac{2}{\sqrt{\pi}} \int_0^y e^{-\xi^2} \, d\xi$$

ist das GAUSSsche Fehlerintegral, dessen Funktionswerte aus Tabellenwerken entnommen werden können.

Läßt man andererseits aus einem Halbleiter einen Fremdstoff herausdiffundieren, der in demselben mit der Konzentration N_1 gleichmäßig verteilt ist, so entsteht eine Verteilung $N(x)$, die durch die Oberflächenkonzentration 0 charakterisiert ist (für $x = 0$; ist $\Phi(0) = 0$):

$$N(x) = N_1 \frac{2}{\sqrt{\pi}} \int_0^{\frac{x}{2\sqrt{Dt}}} e^{-\xi^2} \, d\xi. \tag{30}$$

In beiden Fällen wird vorausgesetzt, daß der Transport des Fremdstoffes durch die Oberfläche ohne Hemmung erfolgt. Eine andere Verteilungsfunktion entsteht, wenn man zur Zeit $t = 0$ an der Oberfläche die Flächendichte N_0' erzeugt und die Diffusion ohne Nachlieferung aus der Gasphase durchführt. Es ergibt sich eine GAUSS-Verteilung der Störstellen

$$N(x) = \frac{N_0'}{\sqrt{\pi Dt}}\, e^{-\frac{x^2}{4Dt}}. \tag{31}$$

Unter den angeführten einfachen Diffusionsbedingungen ist der Konzentrationsverlauf der Dotierungsstoffe vollkommen bestimmt, wenn an zwei Stellen die Funktion $N(x)$ bekannt ist, z. B. für

$$x = 0; \qquad N(0) = N_0$$
$$x = x_1; \qquad N(x_1).$$

Dieses Verhalten ist oft dazu benutzt worden, die Diffusionskonstanten verschiedener Elemente im Halbleiter zu bestimmen. Die experimentellen Schwierigkeiten liegen in der Bestimmung von x_1 und von N_0. Im allgemeinen geht man so vor, daß man einen p- (oder n-)dotierenden Stoff in einen gleichmäßig mit der Konzentration N_1 n-(oder p-)dotierten Halbleiter eindiffundieren läßt. Sofern die Oberflächenkonzentration $N_0 > N_1$ ist, entsteht im Halbleiterkörper ein pn-Übergang an der Stelle, an der die Konzentration des diffundierten Elementes den Wert N_1 erreicht hat. Der Ort des pn-Überganges, sein Abstand x_1 von der Oberfläche kann mit den weiter unten beschriebenen Arbeitsmethoden sehr genau gemessen werden. Damit sind N_1 und x_1 bekannt. Die Oberflächenkonzentration N_0 kann man nach FULLER und DITZENBERGER [49] ermitteln, indem man schichtweise den Halbleiter sorgfältig herunterschleift (z. B. in Schichtdicken von $2\,\mu$) und vor und nach dem Abschleifen einer Schicht die Oberflächenleitfähigkeit nach der Vierpunkte-Meßmethode bestimmt. Die Differenz der Oberflächenleitwerte ΔG ergibt die Leitfähigkeit der abgeschliffenen Schicht. Man gewinnt daraus die Zahl der dotierenden Atome, sofern die Trägerbeweglichkeit bei hohen Konzentrationen bekannt ist. (HALL-Beweglichkeitsmessungen liegen für Si bis zu einer Konzentration der Fremdstoffe von 10^{19} Atome/cm^3 vor [50].) Die Genauigkeit der Meßmethode wird mit $\pm 25\%$ angegeben, oberhalb einer Verunreinigungskonzentration von 10^{19} kann der Fehler $\pm 50\%$ betragen.

Man kann auch ohne schichtweise Abtragung der Oberfläche einen Meßwert für die Oberflächenkonzentration erhalten. Die mittlere Leitfähigkeit einer diffundierten Inversionsschicht wird nämlich nur von der Verteilung der Dotierungsatome, von der Oberflächenkonzentration und von der Dotierung des Grundmaterials bestimmt. (Der unter der Inversionsschicht liegende Teil des Halbleitermaterials spielt für die Leitfähigkeitsmessung der Inversionsschicht keine Rolle.) Für Si sind Funktionen, die diese Zusammenhänge liefern, von BACKENSTOSS [51] angegeben worden. Sie berücksichtigen für verschiedene Verteilungen die Abhängigkeit der Beweglichkeit von der Konzentration der Ladungsträger. Mit diesen Funktionen kann man also aus der Schichtdicke und der spezifischen Flächenleitung die Oberflächenkonzentration erschließen. Nach diesen und anderen Verfahren sind die Diffusionskoeffizienten und die Löslichkeiten vieler Metalle für die Halbleiterelemente Si und Ge bestimmt worden. Die Diffusionskonstanten sind stark temperaturabhängig nach der Form

$$D = D_0 \cdot e^{-\frac{Q}{kT}}.$$

Darin bedeuten D_0 eine Materialkonstante (den auf die Temperatur unendlich extrapolierten Diffusionskoeffizienten), Q die Aktivierungsenergie des Diffusionsvorganges und k die BOLTZMANN-Konstante. Die Löslichkeiten der Metalle sind Materialkonstanten; sie hängen ebenfalls, wenn auch in weit geringerem Maße, von der Temperatur ab. Sie können aus dem Legierungsdiagramm entnommen werden, sofern das hinreichend genau bekannt ist. Im allgemeinen wird die maximal beim Diffusionsprozeß bei einer bestimmten Temperatur auftretende Oberflächendichte N_{max} als Löslichkeit des Elementes im Halbleiter bezeichnet. Die Tab. 7 und 8 enthalten nach SMITS [52] alle bisher an Si und Ge gemessenen Diffusionskonstanten und Löslichkeiten (für letztere vgl. auch [30]). Bemerkenswert ist, daß für die Elemente der 3. und 5. Spalte des periodischen Systems die Aktivierungsenergien sehr hoch ausfallen (2,5 bis 4,6 eV), während Li, Fe, Ni, Cu, Ag und Au niedrigere Aktivierungsenergien, z. T. unter 1 eV besitzen. Das führt zu Unterschieden in den Diffusionskoeffizienten dieser beiden Gruppen von 5 bis 6 Größenordnungen (bei 800 bzw. 1300 °C für Ge bzw. Si).

b) Die Markierung des diffundierten pn-Überganges

Für den Bau von Transistoren oder Vierschichtendioden ist es wichtig, den Ort der pn-Übergänge und die Dicke der zwischen ihnen liegenden Halbleiterschichten genau zu kennen. Es sind dazu mehrere Arbeitsvorgänge bekannt geworden, die die gleichrichtende Wirkung des pn-Überganges oder das verschiedene physikalische Verhalten der Elektronen- und Löcherleitung ausnutzen. Im allgemeinen wird die diffundierte Oberfläche des Halbleiterkristalles unter einem kleinen Winkel α angeschliffen (etwa 1 bis 5°), so daß die Diffusionstiefe, der Abstand des pn-Überganges von der Oberfläche, um den Faktor $1/\sin\alpha$ vergrößert erscheint. Mit einer sehr feinen Spitze wird dieser Anschliff in senkrechter Richtung zum pn-Übergang abgetastet und die Charakteristik des Spitzenkontaktes mit einem Kennlinienschreiber sichtbar gemacht (vgl.

Abb. 66). Wenn die Nadel vom p- ins n-Gebiet des Halbleiters gleitet,
ändert die Charakteristik ihr Vorzeichen. Die Genauigkeit der Methode
hängt von dem Fehler ab, mit dem der Ort der Nadelspitze abgelesen
werden kann. Mit einem Mikromanipulator läßt sich eine Genauigkeit
von $\pm 1\,\mu$ erreichen. In einem über den pn-Übergang laufenden Lack-
streifen kann zur dauernden Lokalisierung des pn-Überganges eine

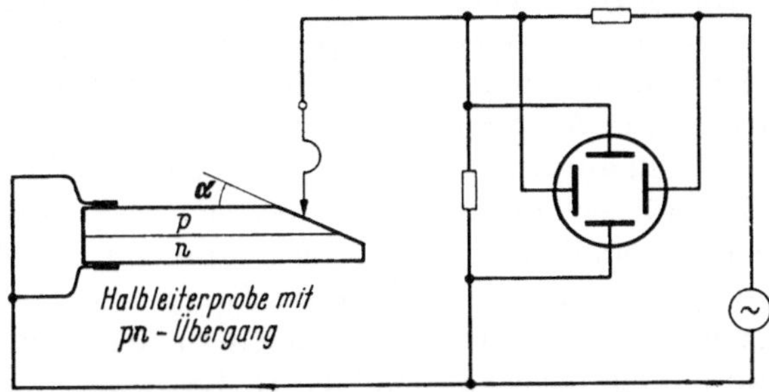

Abb. 66. Bestimmung der Lage eines schräg angeschliffenen pn-Überganges durch Abtasten
mit der Nadel und Beobachtung der Kennlinienänderung

Marke eingeritzt werden. Die Probe kann auch mit einem erhitzten
Spitzenkontakt abgetastet werden. Man beobachtet dann am pn-
Übergang den Vorzeichenwechsel einer zwischen Spitze und Halbleiter
auftretenden Thermospannung.

FULLER und DITZENBERGER [49] haben eine besonders für Si geeignete chemische Beizmethode zur Sichtbarmachung des pn-Überganges
angegeben. Danach wird auf den
sauber polierten Anschliff ein
Tropfen konzentrierter Flußsäure
gebracht, der eine Spur (etwa 0,1
bis 0,5 Volumenprozent) konzentrierter HNO_3 enthält. Bei richti-
ger Anwendung des Verfahrens
bedeckt sich die p-Seite des Si
mit einer dünnen dunkel gefärb-
ten SiO-Schicht. Bei längerer
Einwirkung wird auch die n-Seite
dunkel gefärbt. Warum p-dotier-
tes Si bei diesem Oxydationsprozeß bevorzugt wird, ist im
einzelnen nicht bekannt. Das
Verfahren liefert eine sehr scharfe
Grenze zwischen p- und n-Ge-
biet, die im Auflichtmikroskop

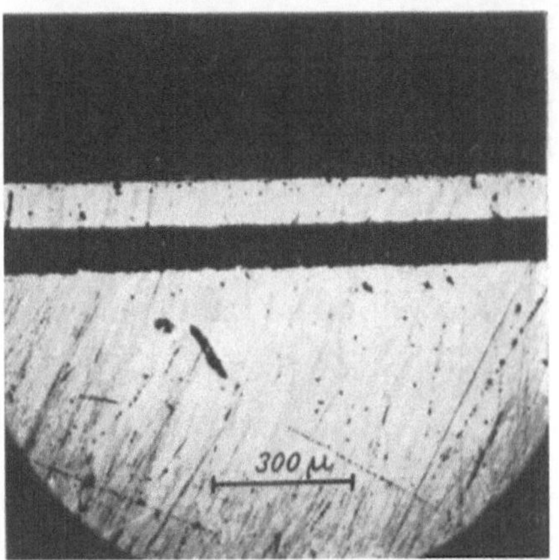

Abb. 67. Bestimmung einer npn-Struktur im
Si durch Anätzen eines Schrägschliffes.
Oberes dunkles Feld: Oberfläche des Si.
Darunter Schräganschliff. Dunkles Band im
hellen Feld: p-Zone im n-Si

gut beobachtet werden kann. Abb. 67 zeigt ein nach dieser Methode ge-
wonnenes Ätzbild einer diffundierten n-Schicht im p-Si (Doppeldiffusion).

Sofern der angeschliffene pn-Übergang mit einer Sperrspannung belastet werden kann — was bei Si im allgemeinen zutrifft —, können Verfahren, die die hohe am pn-Übergang auftretende Feldstärke zu seiner Kennzeichnung ausnutzen, verwendet werden. Sehr feine Materialien hoher Dielektrizitätskonstante, z. B. Bariumtitanatkriställchen, die in Tetrachlorkohlenstoff aufgeschwemmt sind, werden an den Ort der hohen Feldstärke gezogen und sammeln sich an der pn-Grenze.

Man kann ferner an einem in Sperrichtung vorgespannten pn-Übergang die Potentialverteilung mit einer Spitze abtasten und damit seinen Ort bestimmen. Auch Elektroplattierungsverfahren sind möglich, bei denen das Metall auf der negativen p-Seite eines Halbleiters niedergeschlagen wird, während die n-Seite ein sperrendes positives Vorzeichen erhält und keinen metallischen Niederschlag aufnimmt. Die Metallgrenze zeigt den pn-Übergang an. Spezielle Ätzverfahren sind angegeben worden, nach denen verschieden dotiertes Halbleitermaterial unterschiedlich abgebaut wird (s. Oberflächenbehandlung II. 4).

c) Die technische Durchführung der Diffusionsverfahren

Die Diffusion von Fremdstoffen in Ge oder Si kann im Hochvakuum oder unter Schutzgas erfolgen. Sie kann im abgeschlossenen Gefäß ablaufen oder an der Vakuumpumpe vorgenommen werden, wobei der verdampfte Fremdstoff mit oder ohne Trägergas am Halbleiter vorbeiströmt. Welches der genannten Verfahren bevorzugt wird, hängt von der gestellten Aufgabe und vom Diffusionsstoff ab. Sofern man eine Diffusion im Hochvakuum vornimmt, muß man bedenken, daß bei den hohen Diffusionstemperaturen für Si Atome aus der Halbleiteroberfläche herausdampfen. Dabei entsteht eine aufgerauhte, nicht mehr glatte Oberfläche, die mit strukturgeätzten Flächen Ähnlichkeit besitzt. Bei Si-Kristallen wird die Oberfläche bei einer Temperatur von 1300 °C im Vakuum mit einer Geschwindigkeit von $3{,}6\,\mu$/h abgebaut. Man erhält dabei eine von den genannten Verteilungen abweichende Fremdstoffkonzentration. Die Lösung des Diffusionsproblems lautet für diesen Fall

$$N(x) = N(0)\, e^{-\frac{v}{D}\cdot x},$$

wenn v die Abbaugeschwindigkeit und $N(0)$ die Konzentration an der sich bewegenden Oberfläche sind. Die stationäre Verteilungsfunktion $N(x)$ ist zeitunabhängig [52]. Wenn man in dieser Art zwar eine Fremdstoffverteilung im Si gewinnen kann, die nicht mehr von der Zeit, sondern ausschließlich von der Temperatur des Diffusionsvorganges abhängt, so bedeutet doch die Aufrauhung der Oberfläche und die veränderliche Dicke des HL-Werkstoffes für technische Prozesse eine Erschwerung. Man bevorzugt im allgemeinen einen Diffusionsvorgang, der die Oberfläche erhält und deshalb mit einem Trägergas arbeitet. Eine hierfür zweckmäßig aufgebaute Apparatur zeigt Abb. 68 nach Frosch und Derick [*53*]. Sie besteht im wesentlichen aus einem Quarzrohr, in das auf der einen Seite ein kontrollierter Gasstrom aus verschiedenen Trägergasen geleitet werden kann. Das Quarzrohr besitzt drei unabhängig voneinander regelbare Temperaturzonen, in welchen beiden ersten die Diffusionsstoffe auf einen bestimmten Dampfdruck gebracht werden, während in der letzten Zone der Diffusionsprozeß im Si bei 1225 °C stattfindet. Das Trägergas führt die Fremdstoffe an den Si-Platten vor-

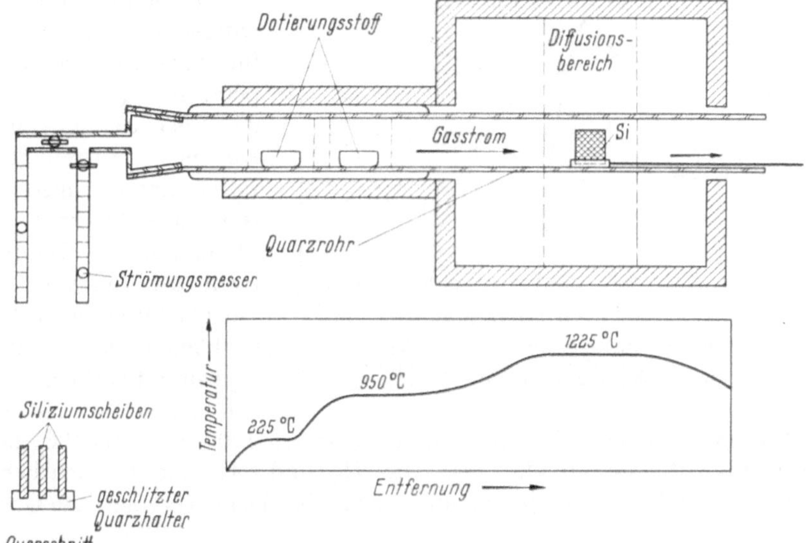

Abb. 68. Diffusionsmethode im Gasstrom für Si mit zwei Dotierungsstoffen und drei unabhängig voneinander regelbaren Temperaturbereichen. Nach Frosch und Derick [*53*]

bei. Dabei muß die Temperatur in Richtung der Gasströmung monoton bis zum Si ansteigen, da sonst die Diffusionsmittel vorzeitig kondensieren. Mit der in Abb. 68 gezeigten Apparatur können gleichzeitig zwei Dotierungselemente eindiffundiert werden. Falls Fremdstoffe mit den passenden Diffusionskonstanten und Löslichkeiten gewählt werden, entstehen dabei *pnp*- oder *npn*-Strukturen durch *einen* Diffusionsprozeß. Abb. 69 gibt ein Beispiel für die dabei auftretende Konzentrationsverteilung der Fremdstoffe im Halbleiter wieder. Es ist evident, daß bei einer Doppeldiffusion im *p*-Typ-Halbleiter ein Donator gewählt werden muß, der eine größere Diffusionskonstante und eine geringere Löslichkeit als der gleichzeitig diffundierende Akzeptor haben muß, sofern eine *pnp*-Struktur auftreten soll. Für den *n*-Typ-Kristall trifft das Umgekehrte zu. Es gilt die Regel, daß Donatoren im Ge und Akzeptoren im Si eine höhere Diffusionskonstante besitzen. Deshalb wird bei Ge vorzugsweise der *p*-Typ-Kristall und bei Si nur der *n*-Typ-Kristall zur gleichzeitigen Diffusion kontrapolarer Fremdstoffe benutzt. Geeignete Kombinationen von Elementen, deren Löslichkeiten sich passend verhalten, sind im Ge-Fall Sb und Ga (oder B), im Si-Fall Al (oder Ga) und P (oder Sb, As) (vgl. Tab. 7).

Ge wird stets in nichtoxydierender Atmosphäre diffundiert (H_2, N_2 oder Edelgase). Als Trägergase für die Diffusionsstoffe werden für Si bei niedrigen Temperaturen ($< 1000\ °C$) die Edelgase A oder He in vorgereinigter Form unter Einschaltung eines Absorptionsfilters auf der Temperatur des flüssigen O_2 (oder N_2) verwendet, für Ge können auch N_2 und H_2 benutzt werden. Bei den hohen für eine Si-Diffusion geeigneten Temperaturen zwischen 1200 und 1300 °C bewirken nicht oxydierende Gase wie H_2 und N_2 eine beträchtliche Erosion und Ätzgrubenbildung auf der Si-Oberfläche. Oxydierende Gase

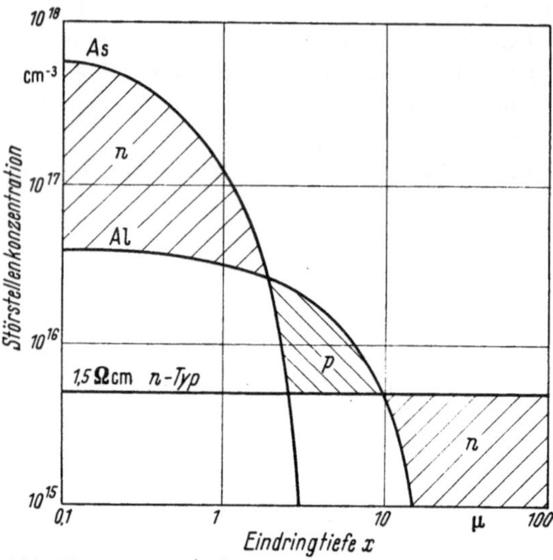

Abb. 69. Konzentrationsverlauf der Störstellen in einem Kristall vom n-Typ nach einer Doppeldiffusion (As und Al) in Abhängigkeit von der Eindringtiefe

Tabelle 7. *Diffusionskoeffizienten und Löslichkeiten in Germanium*

Element	D_0 cm² sek⁻¹	Q eV	$D_{800\,°C}$ cm² sek⁻¹	$N_{max\,800\,°C}$ cm⁻³
Ge	7,8	2,98	$7,8 \cdot 10^{-14}$	
B	$5,8 \cdot 10^8$	4,5	$4,2 \cdot 10^{-13}$	$> 10^{20}$
Ga	34	3,1	$9,2 \cdot 10^{-14}$	$4 \cdot 10^{20}$
In	0,15	2,6	$9,2 \cdot 10^{-14}$	$1,3 \cdot 10^{19}$
P	3,3	2,5	$5,9 \cdot 10^{-12}$	$> 10^{20}$
As	2,1	2,4	$1,1 \cdot 10^{-11}$	$1,8 \cdot 10^{20}$
Sb	1,2	2,3	$2 \cdot 10^{-11}$	$1,3 \cdot 10^{19}$
Li	$2,5 \cdot 10^{-3}$	0,51	$1,0 \cdot 10^{-5}$	$7 \cdot 10^{18}$
Zn	5,0	2,7	$1,05 \cdot 10^{-12}$	$5 \cdot 10^{18}$
Fe	0,13	1,1	$1,1 \cdot 10^{-6}$	$1 \cdot 10^{15}$
Ni			$\sim 3 \cdot 10^{-5}$	$1,5 \cdot 10^{15}$
Cu			$\sim 3 \cdot 10^{-5}$	$1 \cdot 10^{16}$
Ag	$4,4 \cdot 10^{-2}$	1,0	$9 \cdot 10^{-7}$	$4 \cdot 10^{14}$
Au	18	2,25	$5 \cdot 10^{-10}$	$3 \cdot 10^{15}$
H			$> 5 \cdot 10^{-5}$	
He	$6,5 \cdot 10^{-3}$	0,7	$3,4 \cdot 10^{-6}$	

wie O_2 und CO_2 bedecken das Si mit einer schützenden dünnen SiO_2-Haut, die die Oberfläche erhält und die Erosion verhindert. Sorgt man bei N_2 und H_2 für eine hinreichende oxydierende Wirkung, indem man z. B. Wasserdampf, der einer Wassertemperatur von 30 bis 70 °C entspricht, hinzusetzt, so läßt sich der Oberflächenangriff vermeiden. Die bei solchen Diffusionsprozessen auftretenden SiO_2-Schichten können noch verstärkt werden, wenn eine Voroxydierung des Si in reinem O_2 oder $N_2 + H_2O$ (30 °C) bei einer Temperatur von 1200 °C vorgenommen wird. Bei einer Heizdauer von einer Stunde entsteht eine SiO_2-Haut von 2500 ÅE Dicke. Eine Voroxydation in reinem H_2O-Dampf (1 atm oder Überdruck) liefert schon bei 1000 °C hinreichende Oxydschichten. Die Schichten sind völlig homogen und zeigen brillante Interferenzfarben. Oxydschichten üben allerdings auf verschiedene Diffusanten eine hemmende Wirkung aus, die bemerkenswerterweise noch vom Trägergas abhängt. So finden FROSCH und DERICK [53], daß Bor in trockenem O_2 als Trägergas vollständig von einer SiO_2-Schicht zurückgehalten wird, während in feuchtem H_2 keine Diffusionshemmung beobachtet wird. Ga diffundiert ungehindert durch eine SiO_2-Schicht, während As und P durch Oxydschichten in ihrer Diffusion in unterschiedlicher Weise gehemmt werden, wobei Trägergas und Diffusionstemperatur eine Rolle spielen. Durch die Sauerstoffmaskierung können die Oberflächendichten beträchtlich herabgesetzt werden, was für manche Diffusionszwecke von Bedeutung ist.

Es liegt auf der Hand, daß durch die Maskierungstechnik mit Sauerstoff sich eine Vielzahl von Diffusionsmöglichkeiten erschließt, die sich

Tabelle 8. *Diffusionskoeffizienten und Löslichkeiten in Silizium*

Element	D_0 $cm^2\,sek^{-1}$	Q eV	$D_{1300\,°C}$ $cm^2\,sek^{-1}$	$N_{max\,1300\,°C}$ cm^{-3}
B	11,5	3,7	$1,6 \cdot 10^{-11}$	$> 10^{20}$
Al	10	3,5	$6,1 \cdot 10^{-11}$	$1 \cdot 10^{19}$
Ga	3,3	3,5	$2 \cdot 10^{-11}$	$> 10^{19}$
In	16	3,9	$5,1 \cdot 10^{-12}$	$> 10^{19}$
Tl	16	3,9	$5,1 \cdot 10^{-12}$	$> 10^{17}$
P	1400	4,4	$1,1 \cdot 10^{-11}$	$> 10^{20}$
As	0,44	3,6	$1,3 \cdot 10^{-12}$	
Sb	4,0	3,9	$1,25 \cdot 10^{-12}$	$> 10^{20}$
Bi	770	4,6	$1,4 \cdot 10^{-12}$	$> 10^{17}$
Li	$2,3 \cdot 10^{-3}$	0,66	$1,75 \cdot 10^{-5}$	$5 \cdot 10^{19}$
Zn			$\sim 6 \cdot 10^{-7}$	$5,5 \cdot 10^{16}$
Fe	$8 \cdot 10^{-3}$	0,9	$1,0 \cdot 10^{-5}$	$2,5 \cdot 10^{16}$
Cu			$\sim 5 \cdot 10^{-5}$	$1,3 \cdot 10^{18}$
Au	$9,5 \cdot 10^{-3}$	1,1	$2,8 \cdot 10^{-6}$	$1 \cdot 10^{17}$
Mn			$> 2 \cdot 10^{-7}$	$\sim 10^{16}$
H	$9,6 \cdot 10^{-3}$	0,48	$2,8 \cdot 10^{-4}$	
He	0,11	1,25	$1,05 \cdot 10^{-5}$	
O		$\sim 3,5$	$\sim 1,5 \cdot 10^{-9}$	

bei der Herstellung von Si-Bauelementen vorteilhaft verwenden lassen. Überdies können der schützenden SiO_2-Schicht leicht spezielle Formen gegeben werden. Durch Flußsäure läßt sich SiO_2 schnell lösen. Wachsabdeckungen und Photolack auf der SiO_2-Schicht können so einfach in dotierte Zonenbereiche umgewandelt werden. Bei der Herstellung des Planartransistors wird von der Maskierungstechnik weitgehend Gebrauch gemacht (vgl. II. 5. c). Als Beispiel für diese Dotierungsart soll die

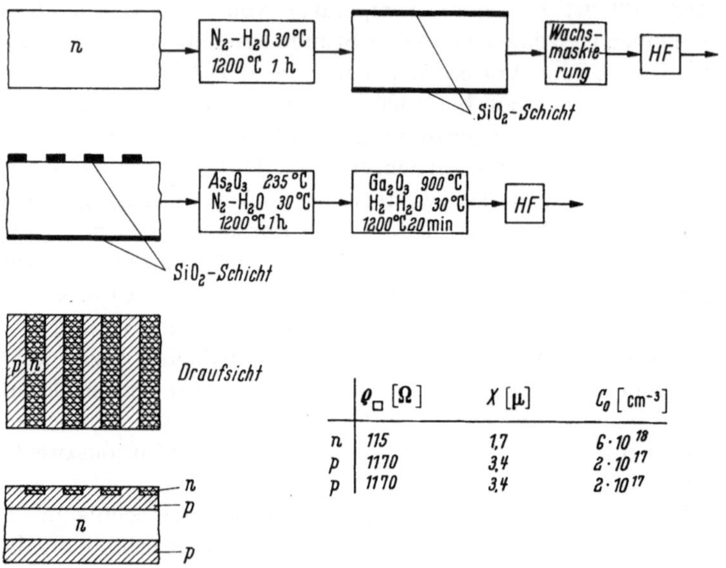

	$\varrho_\square$ [Ω]	X [μ]	C_0 [cm^{-3}]
n	115	1,7	$6 \cdot 10^{18}$
p	1170	3,4	$2 \cdot 10^{17}$
p	1170	3,4	$2 \cdot 10^{17}$

Abb. 70. Herstellung einer $npnp$-Struktur in Si mittels partieller Bedeckung durch SiO_2 und anschließender Diffusion von As und Ga. Die Tabelle gibt den Oberflächenwiderstand $\varrho_\square$, die Eindringtiefe und die Oberflächenkonzentration C_0 in den drei diffundierten Bereichen an. Nach FROSCH und DERICK [53]

Diffusion einer komplizierten $npnp$-Struktur nach FROSCH und DERICK beschrieben werden (vgl. Abb. 70). Die Verfasser gehen von n-Typ-Si aus, das zunächst mit einer Oxydschicht versehen wird, die nach einer Maskierung mit Wachs und Flußsäurebehandlung auf einer Seite des Si-Stückes eine streifenartige Struktur erhält (Abb. 70, erste Zeile). Die Probe wird dann einer As-Diffusion im feuchten Stickstoff und anschließend einer Ga-Diffusion im feuchten Wasserstoff ausgesetzt (Abb. 70, zweite Zeile). Die SiO_2-Schicht wird abgeätzt. Es ist die in Abb. 70, dritte Zeile, gezeigte Dotierung entstanden. Das Ga ist überall ungehemmt in den Si-Kristall eingedrungen und hat den n-Typ-Kristall nach p umdotiert. Das As ist durch die Oxydschicht in der Diffusion behindert worden und hat nur an den von Oxyd freien Stellen eine n-Dotierung bewirken können. An diesen Stellen ist eine Konzentrationsverteilung entstanden, wie sie in Abb. 69 für die Doppeldiffusion beschrieben ist.

Ein anderes Verfahren, die Oberflächenkonzentration herabzusetzen und bestimmte Diffusionsprofile im Halbleiter zu gewinnen, besteht in der Vorbelegung (predeposition) des Si mit einem Diffusionsstoff. Man kann bei niedriger Temperatur in nichtoxydierenden Gasen (N_2, H_2, A, He) einen Fremdstoff auf das Si aufbringen, ohne daß eine Korrosion der Oberfläche eintritt. Die Vorbelegung nimmt nur kurze Zeit in Anspruch. Die eigentliche Diffusion wird bei hoher Temperatur in oxydierender Atmosphäre ohne Nachlieferung von Fremdstoffen aus der Gasphase durchgeführt. Es entsteht die in Gl. (31) angegebene Störstellenverteilung. Die Oberflächendichte wird während der Diffusionszeit um den Faktor $(\pi\, Dt)^{-1/2}$ herabgesetzt.

4. Oberflächenprobleme und Ätzmethoden

a) Die reine und die technische Oberfläche von Germanium und Silizium

An der Oberfläche eines Ge-(oder Si-)Kristalles ist der isotrope Aufbau des Kristallgitters gestört. Die im Kristallinnern durch die vier Nachbaratome abgesättigten Valenzen eines Ge-Atoms bleiben an der Oberfläche teilweise ungesättigt. Es erstrecken sich freie Valenzen in den umgebenden Raum. Das ist der Grund für das außerordentlich starke Reaktionsvermögen der reinen Kristalloberfläche. Das physikalische und chemische Verhalten der Ge- oder Si-Oberfläche hängt von den umgebenden Gasen, den „Reaktionspartnern" ab. Den Einfluß der Umgebung auf die Kristalloberfläche auszuschalten, ist in physikalischen Versuchen schon sehr schwierig, bei technischen Bauelementen unmöglich. Man begnügt sich deshalb bei technischen Anwendungen mit der Einstellung eines homogenen und zeitlich stabilen Reaktionszustandes der Kristalloberfläche mit der umgebenden Materie.

Physikalische Effekte, die an der Oberfläche von Ge- oder Si-Kristallen auftreten und die alle in mehr oder weniger starkem Maße von den umgebenden Gasen abhängen, sind zahlreich untersucht worden. Wir betrachten zunächst nach LAW und GARRETT das Verhalten einer möglichst rein hergestellten Ge-Oberfläche, die im Laufe der Zeit einem wachsenden aber noch sehr niederen Sauerstoffdruck ausgesetzt wird [54] (Abb. 71).

Als Parameter, die den Zustand der Oberfläche charakterisieren, sind die Oberflächenleitfähigkeit $\sigma_\square$ und die Oberflächenrekombinationsgeschwindigkeit s eines dünnen Ge-Plättchens von 0,038 mm Dicke gewählt, von denen die erstere durch eine Widerstandsmessung des Ge-Plättchens, die letztere durch Beobachtung der Lebensdauer von durch Licht erzeugten Minderheitsladungsträgern gewonnen werden. Die Reinigung der Ge-Oberfläche erfolgt durch ein intensives Bombardement von Neon-Ionen bei einem Gasdruck von 10^{-4} mm Hg und 500 Volt. Nach der Ionenbombardierung wird die Ge-Probe für 10 min auf 400 °C erhitzt, um Gasreste zu vertreiben und entstandene Kristallbaufehler auszuheilen. Nach dem Auspumpen des Neon-Gases beträgt der Gasdruck nur 10^{-10} mm Hg. Bei diesem geringen Gasdruck benötigt die Bildung einer monoatomaren Gasschicht etwa eine Stunde. Die Oberflächenrekombinationsgeschwindigkeit s wird nach dem Reinigungsprozeß zu 600 cm/sek gemessen, während s im chemisch geätzten Zustand 90 cm/sek und unmittelbar nach dem Bombardement 10^4 cm/sek beträgt. Derartig behandelte Oberflächen können als sehr rein und homogen angesehen werden, obwohl nicht mit Sicherheit ausgeschlossen werden

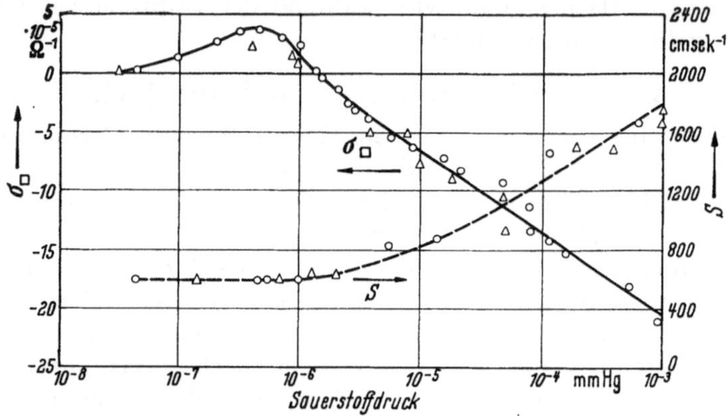

Abb. 71. Änderung der Oberflächenleitung $\sigma_\square$ und der Oberflächenrekombination s eines sorgfältig durch Ionenbombardement im Hochvakuum gereinigten Ge-Plättchens durch Zugabe von Sauerstoff. Nach LAW und GARRETT [54]

kann, daß noch eine atomare Gasschicht auf der Kristalloberfläche erhalten bleibt.

Wenn zu dieser „reinen" Oberfläche Sauerstoff zugelassen wird, ändern sich sowohl die Oberflächenleitung wie die Oberflächenrekombinationsgeschwindigkeit in charakteristischer Weise (vgl. Abb. 71). Während die Oberflächenleitung nach Überschreiten eines Maximums ständig abnimmt, wächst die Oberflächenrekombinationsgeschwindigkeit monoton. Die Veränderung der Parameter zeigt die Bildung einer Oxydschicht auf der Ge-Oberfläche an, die einerseits über eine Potentialaufladung an der Oberfläche die Oberflächenleitung in der angegebenen Weise beeinflußt und ebenso neue Rekombinationszentren schafft. Bemerkenswert ist, daß durch Ausheizen bei 400 °C die ursprünglichen Werte von $\sigma_\square$ und s wieder hergestellt werden können, und, daß bei nachfolgender Sauerstoffbehandlung der ganze in Abb. 71 dargestellte Kurvenverlauf wiederholbar ist. Chemisch geätzte Oberflächen können ihren Sauerstoff nicht reproduzierbar durch eine Temperaturbehandlung bei 400 °C abgeben. Es liegt nahe anzunehmen, daß der Sauerstoff bei den beschriebenen Versuchen in Form des bei 400 °C flüchtigen GeO gebunden ist.

Die an physikalisch reinen Oberflächen gewonnenen Ergebnisse werden von den an technischen Oberflächen erzielten Resultaten ergänzt und bestätigt. Unter technischen Oberflächen sollen mechanisch geschliffene, polierte und anschließend geätzte Flächen verstanden werden. Sie unterscheiden sich von den „reinen" Oberflächen dadurch, daß sie stets von einer stärkeren als monoatomaren Oxydschicht bedeckt sind. Zur Deutung des oben beschriebenen Versuches nimmt man zusätzliche, lokalisierte Energieterme für Elektronen, sog. Oberflächenterme an, die das physikalische Verhalten der Oberfläche weitgehend bestimmen. Äußere Gase üben durch chemische Reaktion oder physikalische Adsorption einen beträchtlichen Einfluß auf die Oberflächenterme der Oxydschichten aus. Es können erhebliche Oberflächenladungen durch adsorbierte Gase erzeugt werden. Adsorptionsmessungen mit Wasserdampf haben ergeben, daß bei 100% Feuchtigkeitsgehalt der Luft mehrere Schichten adsorbierter Wassermoleküle sowohl an Ge- wie an Si-Flächen auftreten. Tab. 9 gibt eine Liste von Materialien, die Oberflächenladungen auf Ge bilden [56].

Tabelle 9

Ammoniak	Pyridin-Dampf	Ozon
Acetondampf	Methylalkohol	Sauerstoff
Wasserdampf	Bortrifluorid	Chlor

Es sind positive und negative Oberflächenaufladungen möglich. Sie sind die Ursache von Bandanhebungen und von Inversionsschichten, das sind Oberflächenschichten, deren Leitungstyp demjenigen im Kristallinnern entgegengesetzt ist. Offensichtlich kann nur eine negative (positive) Oberflächenladung auf einem n-Typ-(p-Typ)Kristall eine Inversionsschicht hervorrufen. Eine negative Aufladung stößt die freien Leitungselektronen im n-Typ-Kristall ab, während sie Löcher ins Valenzband zieht. Eine positive Ladung zieht nur Elektronen an die Oberfläche, kann also keinen pn-Übergang im n-Material erzeugen. Um die Inversionsschicht zu bilden, muß die Oberflächenladung einen bestimmten Minimalbetrag überschreiten, der in der Hauptsache von der Dotierungskonzentration des Kristallmaterials abhängt.

Der Aufladezustand der Oberfläche läßt sich durch die Messung der Austrittsarbeit der Elektronen erfassen. DILLON und FARNSWORTH [57, 58] haben die Austrittsarbeit von Ge gemessen, indem sie die Potentialdifferenz zwischen dem Ge-Kristall und einer goldplattierten Bezugselektrode (nach der KELVIN-Methode) bestimmten, deren Austrittsarbeit vorher ermittelt war. Sie fanden für die Austrittsarbeit einer reinen Oberfläche eines nahezu eigenleitenden Ge-Kristalles 4,77 eV. Sie untersuchten ferner den Einfluß verschiedener Gase auf die Austrittsarbeit des gleichen Kristalles und bestimmten damit das Aufladungspotential der adsorbierten Gase. Ihre Ergebnisse sind in der Abb. 72 zusammengefaßt. Die Austrittsarbeit nimmt zu, falls die reine Ge-Oberfläche einem Sauerstoffdruck von 10^{-6} mm Hg ausgesetzt wird. Der Gleichgewichtszustand wird in etwa 7 Minuten erreicht. Weiterer O_2-Druckanstieg läßt die Austrittsarbeit wieder absinken. Druckverminderung stellt den Maximalwert der Austrittsarbeit wieder her. Der Wert für die reine Oberfläche kann nach Ausheizung im Vakuum auf 500 °C reproduziert werden. Das reversible Verhalten deutet wieder auf eine nur

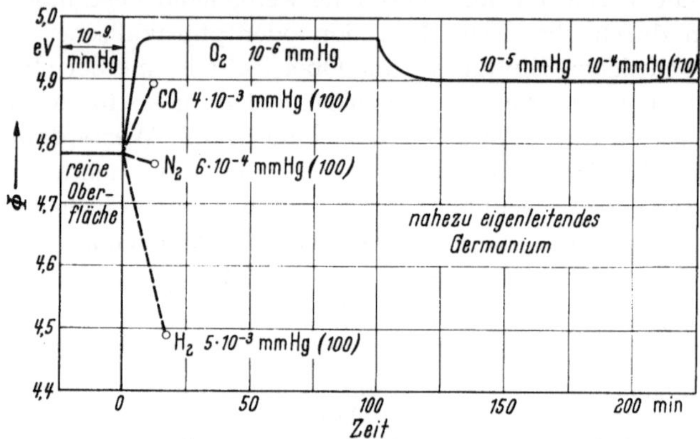

Abb. 72. Austrittsarbeit Φ der Elektronen aus einer reinen Ge-Oberfläche in Abhängigkeit von verschiedenen Umgebungsgasen. Nach DILLON und FARNSWORTH [57, 58]

lose gebundene Sauerstoffschicht hin. Bei Einwirkung von CO auf die Ge-Oberfläche fanden DILLON und FARNSWORTH ein Anwachsen der Austrittsarbeit um 0,11 eV, bei Einwirkung von N_2 und H_2 eine Abnahme von 0,04 eV bzw. 0,3 eV. Die Adsorption elektronegativer Gase wie O_2 erhöht die Austrittsarbeit, während die Adsorption von elektropositiven Gasen wie H_2 sie herabsetzt.

Eingehende Auskünfte über den Aufbau, die Zahl und die Beweglichkeit der Oberflächenterme und ihre Ladungen lassen sich durch die Beobachtung des sog. Feldeffektes gewinnen. Der Ge-Oberfläche wird ein elektrisches Feld senkrecht zur Oberfläche zugeordnet, das zwischen dem Kristall und einer benachbarten ebenen Elektrode angelegt wird. Das plötzliche Anlegen einer Spannung zwischen Kristall und Elektrode gibt Anlaß zu einem Feld, das in den Halbleiter eindringt und vorwiegend Mehrheitsladungsträger in die Oberfläche (oder von ihr fort) fließen läßt. Die feldinduzierten Ladungen werden in Oberflächentermen oder im Mehrheitsträgerband nahe der Oberfläche aufgenommen. Die Oberflächenleitung ist dadurch sprunghaft geändert (δg_1 in Abb. 73). Die nachfolgende Änderung der Leitfähigkeit ist dem Ladungsaustausch zwischen den Oberflächentermen und den freien Ladungsträgern im Halbleiterinnern zuzuschreiben. Die Zeitkonstante, mit der dieser Ladungsausgleich erfolgt, ist charakteristisch für das Verhalten der Oberflächenterme. Sie gibt Informationen über die Zahl, den Wirkungsquerschnitt und die Ladungsbeweglichkeit der Terme. Die Versuche haben ergeben, daß zwei verschiedene Arten von Oberflächenzuständen im Ge angenommen werden müssen, die sich in ihrer Ladungsbeweglichkeit größenordnungsmäßig unterscheiden. Es gibt Oberflächenterme, deren Ladungsausgleich in wenigen μsek erfolgt. Sie werden als „schnelle" („fast") Terme bezeichnet. Von ihnen unterscheiden sich die „langsamen" („slow") Terme, deren Zeitkonstanten sich nach Sekunden oder Minuten

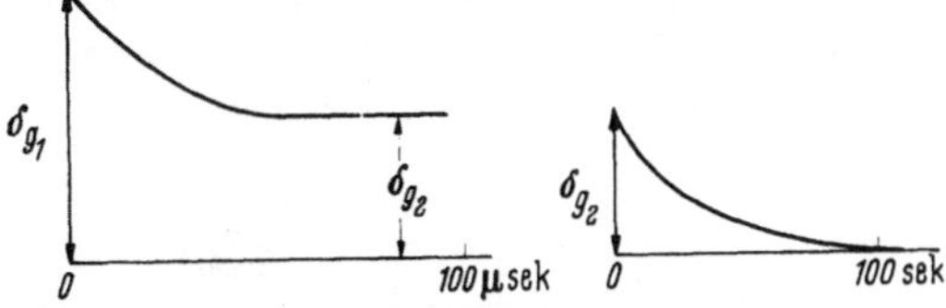

Abb. 73. Zeitliche Änderungen der Oberflächenleitung δg_1 und δg_2 beim Feldeffekt, die zwei verschiedene Oberflächenterme („fast states" und „slow states") charakterisieren

ergeben (vgl. Abb. 73). Beide Sorten von Oberflächentermen hängen von der Temperatur und von den äußeren Bedingungen, d. h. vom Reaktionszustand der Ge-Oberfläche mit den umgebenden Gasen ab, die „schnel

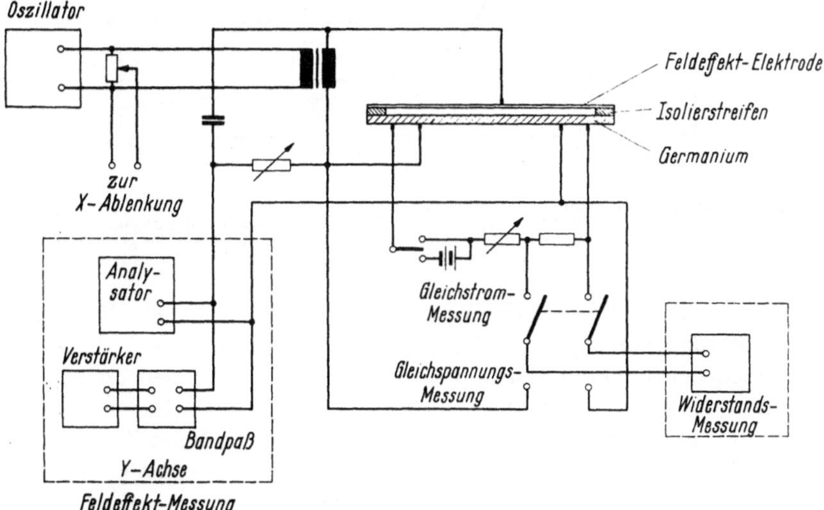

Abb. 74. Versuchsanordnung zur Messung des Feldeffektes an Ge. Nach BARDEEN und Mitarbeitern [59]

len" Terme in einem geringeren Maße. Man kann Aufschluß über Energie und Dichte der letzteren erhalten, wenn man Messungen des Feldeffektes bei solchen Frequenzen durchführt, deren Periodendauer zwar groß gegen die Zeitkonstante der „schnellen" Terme, aber noch klein gegen die Abklingzeiten der „langsamen" Terme sind. Das ist bei einer Feldwechselfrequenz von etwa 100 Hz der Fall. Als Beispiel für das Verhalten der schnellen Terme bei Änderung der äußeren Umgebungsbedingungen sollen Versuche von BARDEEN und Mitarbeitern beschrieben werden [59]. In Abb. 74 ist die von den Verfassern benutzte Versuchsanordnung schematisch wiedergegeben, die die durch Feldeffekt hervorgerufene Spannungsänderung U_{FE} an einer Ge-Platte, zusammen mit den durch Gleichstrom nachweisbaren Spannungsänderungen zu messen gestattet. Der Feldeffekt U_{FE} erlaubt einen Schluß auf die Ladungsbeweglichkeit der „schnellen" Terme in Abhängigkeit von umgebenden Gasen, während U_{DC} als Maß der bei den Versuchen auftretenden statischen Oberflächenleitungsänderung angesehen wird.

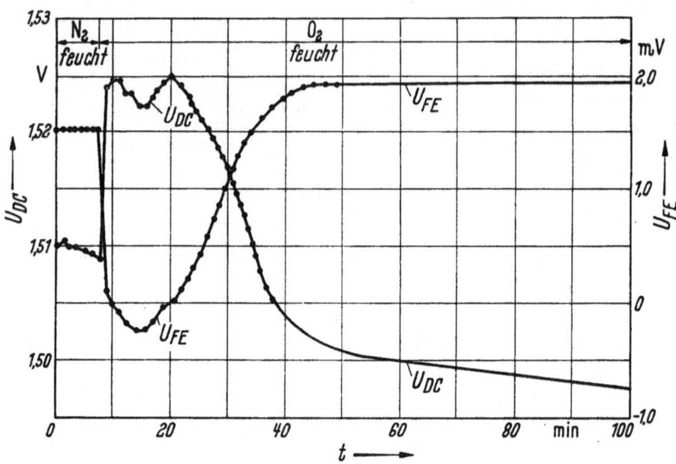

Abb. 75. Spannungsänderung an einer Ge-Platte U_{FE}, die durch Feldeffekt hervorgerufen ist, und statische Spannungsänderung U_{DC} in Abhängigkeit von Umgebungsgasen und von der Zeit. U_{FE} und U_{DC} werden in der Versuchsanordnung nach Abb. 74 gemessen. Nach BARDEEN und Mitarbeitern [59]

Ein typisches Beispiel der Versuchsergebnisse zeigt Abb. 75. Hier ist die Änderung von U_{FE} und U_{DC} aufgetragen, wenn das Ge-Plättchen verschiedenen äußeren Einflüssen ausgesetzt wird. In den ersten zehn Minuten des Versuchsablaufes haben sich seine Oberflächenverhältnisse unter der Einwirkung von feuchtem N_2 stabilisiert. Beim Zulassen von feuchtem Sauerstoff treten charakteristische Veränderungen in der Oberfläche ein. Die Beweglichkeit der Terme nimmt schlagartig ab und übertrifft nach dem Durchlaufen eines Minimums noch den alten Wert. Die durch U_{DC} charakterisierte Leitfähigkeitsänderung verhält sich dazu spiegelbildlich. Diese gegenläufige Beziehung zwischen der Termbeweglichkeit und der Oberflächenleitung bleibt während des ganzen Versuches bestehen. Sie zeigt einen gleichförmigen Verlauf des Oberflächenpotentials über die ganze Oberfläche des Ge-Plättchens an. Diese Entsprechung wird nicht bei allen Versuchen gefunden. Diese und ähnliche andere Versuche werden von den Verfassern unter plausiblen theoretischen Annahmen gedeutet. Die Energie und die Zahl der „schnellen"

Terme lassen sich daraus ableiten. Für weitere Einzelheiten muß auf die Originalarbeit verwiesen werden. (Weiteres Material über das Verhalten von Halbleiteroberflächen ist in [56] zusammengetragen worden.)

Aus den zahlreichen Versuchen, die das physikalische Verhalten der technischen Kristalloberfläche erforschen, läßt sich folgendes Bild entnehmen. Es besteht allgemeine Übereinstimmung darüber, daß unter den normalen Bedingungen der Oberflächenpräparation der Ge-Kristall mit einer dünnen Oxydschicht von 10 bis 50 Å Dicke bedeckt ist. Die Untersuchungen zeigen, daß eine große Zahl von Energietermen an der Oberfläche lokalisiert ist. Sie treten auch schon bei einer „reinen" Ge-Kristalloberfläche auf und wirken hier als Akzeptorterme, indem sie aus dem Kristallinnern Elektronen einfangen und eine p-Typ-leitende Schicht bilden. In technischen, oxydierten Oberflächen unterscheidet man „langsame" und „schnelle" Energieterme. Man nimmt an, daß die „schnellen" Terme direkt an der Grenzschicht Ge und Germaniumoxyd wegen ihres leichten Ladungsaustausches mit Ladungsträgern im Kristallinneren liegen. Ihre freie Energie liegt ungefähr bei 0,13 eV unterhalb des FERMI-Termes. Die Dichte der Oberflächenterme wird auf 10^{11} bis 10^{12} Terme/cm² geschätzt. Die „langsamen" Energieterme liegen in der Oxydschicht und an ihrer Oberfläche. Der Ladungsaustausch ist hier behindert und kann Zeiten bis zu einer Minute und mehr erfordern. Diese Terme sind außerordentlich zahlreich. Ihre Dichte kann Werte von 10^{13}/cm², in dicken Oxydschichten bis zu 10^{15}/cm², annehmen, was gerade der Zahl der Oberflächenatome auf der 110-Ebene des Ge-Kristalles entspricht. Abb. 76 zeigt eine schematische Skizze über die Anordnung der „schnellen" und „langsamen" Energieterme in einer technischen Ge-Oberfläche [60].

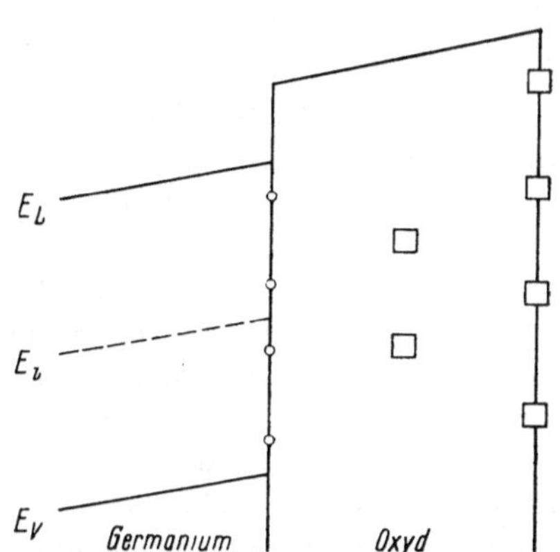

Abb. 76. Schematische Skizze zur Anordnung von „schnellen" und „langsamen" Energietermen in einer technischen Oberfläche. ○ „schnelle" Terme, □ „langsame" Terme. Nach KINGSTON [60]

Man darf annehmen, daß die Zahl der in der Zwischenschicht angesiedelten „schnellen" Terme in erster Linie von der Struktur der ersten Oxydschicht oder von ihrer Bindung an das Kristallgitter abhängt. Tatsächlich findet man eine starke Korrelation zwischen der Oberflächenrekombination und der Oberflächenbehandlung. Mechanische Zerstörung der Oberfläche, wie sie durch eine Sandstrahlbehandlung oder durch Schleifen und Polieren geschaffen wird, ergibt zahlreiche Störstellen in der Zwischenschicht und ist deshalb durch eine hohe Rekombinationsgeschwindigkeit ausgezeichnet ($s \simeq 10\,000$ cm/sek). Die chemische

Säureätzung und der elektrolytische, anodische Ätzprozeß führen zu niedrigen Rekombinationsgeschwindigkeiten ($s \simeq 100$ cm/sek). In beiden Fällen wird zunächst das mechanisch gestörte Kristallmaterial entfernt und dann eine dünne gleichförmige Oxydschicht aufgebaut.

Als Ursache der „langsamen" Energieterme können Störungen im Gitteraufbau, Verunreinigungen oder die Anwesenheit von Fremdatomen in der Oxydschicht und an ihrer Oberfläche angesehen werden. Da die Terme in der Oxydschicht und an ihrer Oberfläche liegen, sind sie weit mehr dem Einfluß der umgebenden Gase ausgesetzt als die „schnellen" Terme. Neben anderen Gasen wird vor allem Wasserdampf als Quelle der äußeren Terme angesehen. Es ist sehr wahrscheinlich, daß das sog. Funkelrauschen der Halbleiter, das bei tiefen Frequenzen auftritt und einem $1/f$-Gesetz folgt, eng mit den äußeren langsamen Termen der Halbleiteroberfläche verknüpft ist. Der physikalische Mechanismus, nach dem ein statistischer Ladungsaustausch zum $1/f$-Gesetz des Rauscheffektes führt, ist noch nicht hinreichend aufgeklärt.

Die hier gebrachte Auswahl an Untersuchungen von Halbleiteroberflächen sollte einmal ihr vielgestaltiges und z. T. komplexes Verhalten kennzeichnen und weiterhin zeigen, daß praktisch alle Parameter, die den Oberflächenzustand einer Kristallfläche charakterisieren, wie innere und äußere Oberflächenterme, ihre Anzahl und ihre Ladungsbeweglichkeit, das mit ihnen verknüpfte Oberflächenpotential, die Austrittsarbeit, die Oberflächenleitung und die Rekombinationsgeschwindigkeit in starkem Maße von der Vorgeschichte der Fläche, von ihrer mechanischen, chemischen oder elektrolytischen Behandlung und ebenso stark von der Einwirkung der umgebenden Gase und Dämpfe abhängig sind. Das Ziel einer technischen Oberflächenbearbeitung kann deshalb nur sein, die genannten Parameter für die Funktion eines Transistors günstig einzustellen und sie für lange Zeit konstant zu halten.

b) Oberflächeneffekte am pn-Übergang, die Stabilität von Transistorparametern

Dem vielfältigen, umgebungsempfindlichen Verhalten der Kristalloberfläche entspricht die Tatsache, daß pn-Übergänge am Halbleiter, sofern sie der freien Luft ausgesetzt sind, sich nicht stabil einstellen. Man erkannte sehr früh, daß in der Hauptsache der Sauerstoff und der Wasserdampfgehalt der Luft hierfür verantwortlich sind. KLEIMACK und WAHL [61] haben an technischen Transistoren die Einwirkung von Umgebungsgasen eingehend geprüft. Die Verfasser untersuchen eine offen aufgebaute Form des Legierungstransistors vom pnp- oder npn-Typ nach Abb. 77. Die Durchmesser der beiden Legierungshalbkugeln sind entweder gleich groß oder unterscheiden sich um den Faktor 2. Der Basiskontakt ist von den pn-Übergängen abgerückt, damit eine gegenseitige

Beeinflussung vermieden wird. Die Transistoren werden unmittelbar nach der Ätzung in ein Vakuum gebracht und, soweit sie mit Indiumkontakten versehen sind, bei 135 °C, sofern sie Arsen-dotiertes Blei enthalten, bis 235 °C ausgeheizt. Der im Vakuum vorgenommene Abheizprozeß liefert reproduzierbare Bedingungen, bei denen überschüssige Wasser- und Sauerstoffmoleküle von der Oberfläche entfernt werden. Selbstverständlich ist eine dünne festhaftende, durch Wassermoleküle teilweise hydratisierte Oxydschicht durch diese Heizbehandlung nicht zu entfernen. Auf die so präparierte Oberfläche wird im Wechsel Sauerstoff oder Wasserdampf geleitet, wobei dazwischen als reproduzierbarer Bezugspunkt der Ausheizzustand immer wieder eingestellt wird. Dabei werden drei Transistorparameter dauernd geprüft. Das sind die Durchbruchspannung U_D (der Spannungspunkt, bei dem der Sättigungsstrom

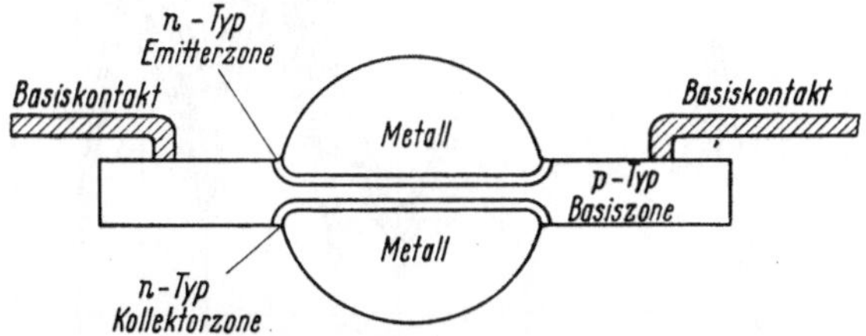

Abb. 77. Offene Bauform eines Legierungstransistors zur Untersuchung der Einwirkung von Umgebungsgasen. Nach WAHL und KLEIMACK [61]

um 20 μA über den Wert bei niedrigen Spannungen angestiegen ist), der Kollektorreststrom I_{CB0} (bei 18 Volt und offenem Emitter) und der Gleichstromverstärkungsfaktor α (bei 1 mA Emitterstrom und nahezu 0 Volt Kollektorspannung). Die Abb. 78 und 79 enthalten die für I_{CB0} und α gefundenen Resultate. Nimmt man den an der im Vakuum ausgeheizten Oberfläche gefundenen Wert als Ausgangspunkt, so bewirkt die Zugabe von 120 mm O_2 eine Abnahme, die Zugabe von 12 mm H_2O einen kräftigen Anstieg des Kollektorreststroms und des α-Wertes bei npn-Transistoren (während bei pnp-Transistoren beide Gase einen Anstieg in den genannten Parametern hervorrufen).

Der Einfluß des Wasserdampfgehaltes auf den pn-Übergang ist besonders prägnant. Er setzt in vielen Fällen schon bei 4,5 mm Hg Dampfdruck ein. Im allgemeinen wirken Sauerstoff und Wasserdampf im entgegengesetzten Sinn. Das trifft auch auf die Durchbruchspannung zu. Bei Anwesenheit von Wechselspannungen werden die beobachteten Effekte wesentlich komplizierter. Weder Wasserdampf noch Sauerstoff bewirken eine beobachtbare Änderung der Kapazitäten in den Legierungskontakten.

Eine quantitative Erklärung der beschriebenen Effekte ist nicht möglich. Sicherlich sind Oberflächenschichten, die sich auf den Transistoren bilden und die Leitfähigkeit im Kristall beeinflussen, dafür verantwortlich zu machen. Wenn andererseits eine Änderung der Oberflächenrekombination allein die Änderung der Kollektorrestströme und der α-Werte hervorrufen würde, so sollte der Einfluß auf die beiden Parameter in entgegengesetzter Richtung erfolgen. Eine Zunahme von α sollte mit einer Abnahme des Kollektorreststromes Hand in Hand gehen. Das trifft nicht zu. Ein anderer Erklärungsversuch, bei dem α und I_{CB0}

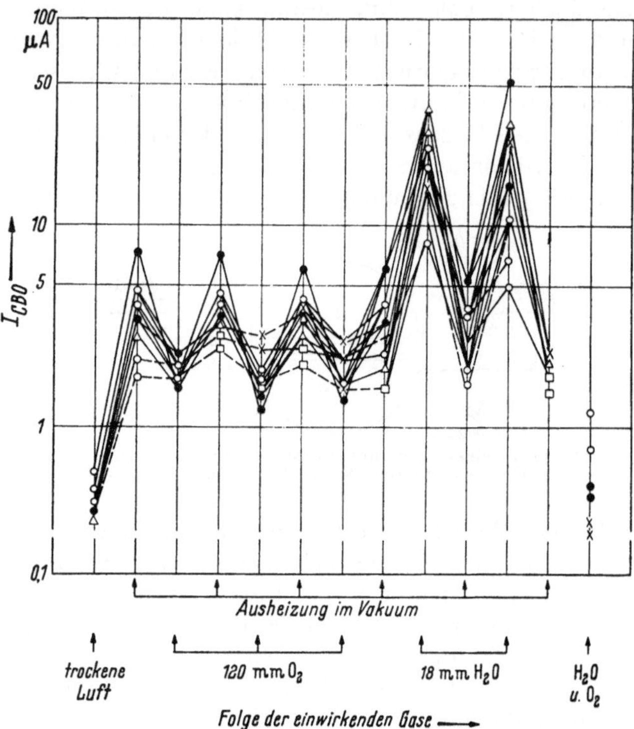

Abb. 78. Einfluß von Sauerstoff und Wasserdampf auf den Kollektorreststrom I_{CB0} eines *npn*-Legierungstransistors. Nach Wahl und Kleimack [61]

zugleich anwachsen oder abnehmen können, liegt in der Annahme der Bildung oder des Abbaus von Inversionsschichten, die sich vom *pn*-Übergang wenigstens teilweise in Richtung auf die Basis erstrecken. In diesem Fall sollte eine Vergrößerung der Kollektorkapazität auftreten, was nicht beobachtet wird. Eine eindeutige Erklärung der Experimente bedarf komplizierterer Annahmen und soll hier nicht weiter verfolgt werden. Als wichtiges und nach den Erörterungen über die umgebungsempfindliche Kristalloberfläche nicht erstaunliches Ergebnis bleibt eine starke, veränderliche, unter gewissen Bedingungen reversible Einwirkung von Atmosphärilien auf die Transistorparameter bestehen.

Als Folge ihrer umgebungsempfindlichen Oberfläche ergibt sich der unausweichliche Zwang, technische Transistoren hermetisch abzuschließen. Im Anfang der Halbleitertechnik versuchte man, die Transistoren in Kunstharz einzubetten und sie dadurch dem Umgebungseinfluß zu entziehen. Diese Methode ist einfach und bequem, allerdings nur kurzfristig wirksam. Über längere Zeiträume gesehen sind Kunstharze nicht wasserundurchlässig. Es treten daher in den in Kunstharz eingebetteten Transistoren irreversible Veränderungen der Parameter auf, die vom Wasserdampf herrühren. Die transistorfertigende Industrie ist deshalb

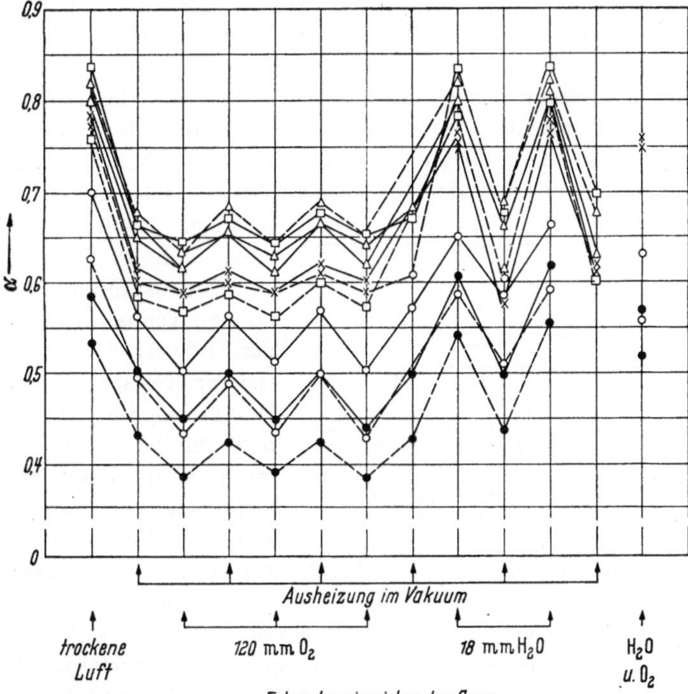

Abb. 79. Einfluß von Sauerstoff und Wasserdampf auf den Stromverstärkungsfaktor α eines npn-Legierungstransistors. Nach WAHL und KLEIMACK [61]

ganz allgemein dazu übergegangen, ihre Bauelemente vollständig und vakuumdicht von der Umgebung abzuschließen. Alle Transistoren werden darum heute entweder in einer Allglastechnik oder in einer Metallkapsel durch einen Löt- oder Schweißprozeß ähnlich wie die Elektronenröhren hermetisch verschlossen.

Derartig geschützte Transistoren werden durch atmosphärische Effekte nicht mehr beeinflußt. Es zeigt sich aber, daß ihre Parameter trotzdem noch, wenn auch geringfügigen Veränderungen im Laufe der Zeit unterworfen sind. Dies erklärt sich daraus, daß die Oberfläche des Transistors bei luftgefüllter Einkapselung einer weiteren Oxydation ausgesetzt ist. Außerdem lassen sich Spuren von Feuchtigkeit bei der Einkapselung nicht vermeiden. Dadurch können Verschiebungen im Wassergehalt der Si- oder Ge-Oberfläche vornehmlich bei Temperaturänderungen der Transistorumgebung auftreten. Beide Effekte haben einen Einfluß auf den Stromverstärkungsfaktor und den Kollektorreststrom. Insbesondere macht sich unmittelbar nach der Herstellung (nach Ätzung und Einkapselung) ein geringer Abfall des β- und des I_{CB0}-Wertes bemerkbar. Dieser Alterungseffekt tritt in den ersten Tagen der Transistorlagerzeit vorwiegend bei erhöhter Temperatur auf und wird deshalb mit „48-Stundeneffekt" bezeichnet. WALLMARK und JOHNSON [62] haben den Effekt eingehend untersucht, sie finden folgende Zusammenhänge.

Bringt man einen abgeschlossenen pnp-Transistor längere Zeit auf eine erhöhte Temperatur von z. B. 85 °C, so nimmt der Stromverstärkungsfaktor um einen kleinen Betrag ab (vgl. Abb. 80). Desgleichen zeigen der Emitter- und der Kollektorreststrom einen entsprechenden Anstieg. Nach einer Zeitdauer von 48 Stunden wird ein Endzustand erreicht. Bei höherer Temperatur stellt sich der Endwert etwas früher, bei tieferer etwas später ein. Nach WALLMARK kann man annehmen, daß beim pnp-Transistor im hermetisch (mit trockener Luft) abgeschlossenen Zustand die Parameter in erster

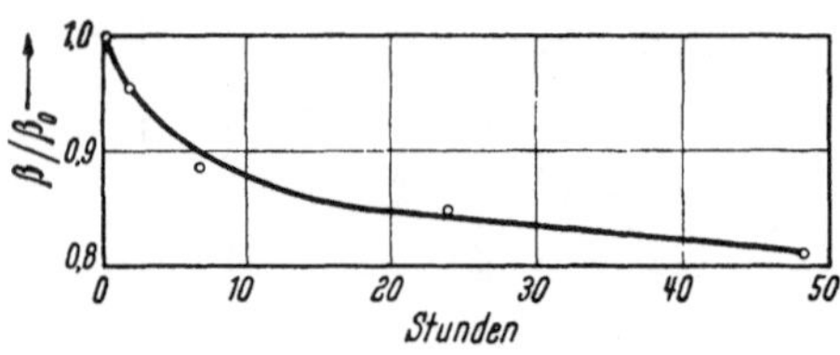

Abb. 80. Zeitlicher Abfall (relativ) des Stromverstärkungsfaktors β von pnp-Transistoren (Ge), die bei 85 °C gelagert worden sind. β_0 ist der Stromverstärkungsfaktor, der unmittelbar nach Entnahme des Transistors aus dem Ofen gemessen wird. Nach WALLMARK und JOHNSON [62]

Linie durch einen Oxydationsprozeß verändert werden. Die konventionelle elektrolytische Ätzung in 40% KOH hinterläßt an der Kristalloberfläche eine zusammengesetzte hydratisierte Oxydschicht, die GeO und GeO_2 enthält. Die Höhe des resultierenden Stromverstärkungsfaktors ist vornehmlich durch die Art und Dicke dieser Oxydschicht bedingt. Im Laufe der Zeit wächst die GeO_2-Schicht an, insbesondere wird das Wachstum durch erhöhte Temperatur beschleunigt. Dabei werden an der Ge-Oberfläche neue Fehlstellen geschaffen, die die Oberflächenrekombinationsrate erhöhen. Das bewirkt aber ein Absinken des Stromverstärkungsfaktors und ein Ansteigen der Kollektor- und Emitterrestströme, wie es beobachtet wird. Die ermittelten Abklingzeiten für β und I_{CB0} (oder I_{EB0}) werden in guter Übereinstimmung mit den experimentell gewonnenen Wachstumsgeschwindigkeiten von Oxydschichten auf Germaniumoberflächen gefunden. Diese Alterungseffekte kann man in technischen Transistoren am einfachsten dadurch ausschalten, daß man die Transistoren bei erhöhter Temperatur einem Voralterungsprozeß unterwirft, bis eine Stabilität der Parameter eintritt.

Die durch Oxydation der Oberfläche entstandenen Veränderungen im Transistor sind irreversibel. Ein Anteil der langsamen Veränderungen

der Transistorparameter ist nun deutlich reversibel. Er stellt sich nach
Zeit und Temperatur ein und verschiebt sich, wenn der Transistor verschiedenen Temperaturen ausgesetzt wird. Dieser Effekt kann Änderungen des Stromverstärkungsfaktors β bis zu 20% umfassen. Experimente
zeigen wiederum deutlich, daß eine erhöhte Oberflächenrekombinationsrate die Transistorparameter beeinflußt. Man kann den Effekt aber
beseitigen, oder doch wesentlich reduzieren, wenn man die Transistoren
in einem Vakuum von 10^{-4} mm Hg einkapselt, nachdem man sie vorher
bei 90 °C sechs Stunden im Vakuum ausgeheizt hat. In diesem Fall
beträgt die Reduktion des Stromverstärkungsfaktors nur 3%, sie ist
zeitlich konstant (vgl. Abb. 81). Das gleiche Resultat ergibt sich, wenn

man die Transistoren zu-
sammen mit einem Trocken-
mittel, z. B. mit (bei 220 °C
vorgetrockneten) Kalium-
Aluminium-Silikaten, ein-
kapselt. Diese Versuche zeigen, daß geringe Spuren von
Wasser in der Kapsel für das
Verhalten der Oberfläche verantwortlich sind. Die das Germanium bedeckende Oxyd-

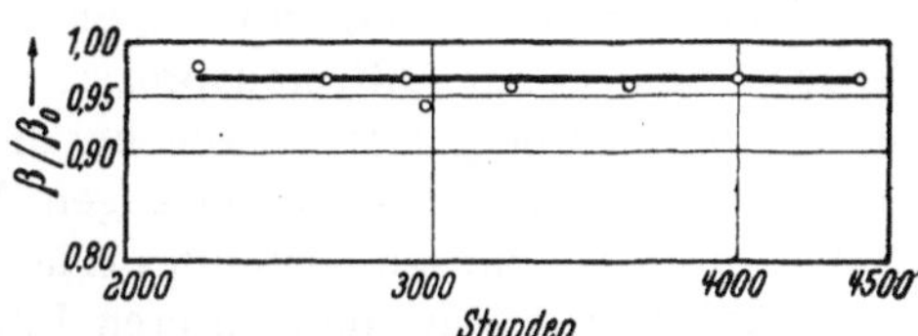

Abb. 81. Zeitliches Verhalten des Stromverstärkungsfaktors β von Transistoren, die im Vakuum
eingekapselt sind und vorher bei 90 °C im Vakuum
ausgeheizt wurden. β_0 ist der Stromverstärkungsfaktor, der unmittelbar nach der Entnahme des
Transistors aus dem Ofen gemessen wird. Nach
WALLMARK und JOHNSON [62]

schicht ist etwa 10 bis 20 Atomlagen stark. Sie enthält auf Grund ihrer
Herstellung (elektrolytische Ätzung, Waschen mit deionisiertem Wasser)
immer eine bestimmte Menge von Wassermolekülen, die in Form von
OH-Gruppen gebunden sein können. Im Falle des Si sind solche wasser-
haltigen nicht kristallisierten Oxyde als Silikagel wohlbekannt. Diese
Oxyde vermögen reversibel mit der relativen Feuchtigkeit Wasser aufzunehmen und wieder abzugeben (Verwendung des Silikagel als Trocken-
mittel). Für Germanium darf an der Oberfläche eine ganz ähnliche
Struktur der Oxydschicht angenommen werden. Die Hydratation einer
Oxydschicht führt neue positive Ladungen in die Oberfläche ein. Sie
erhöht damit die Oberflächenrekombination. Man muß also annehmen,
daß die Wasserspuren in der Kapsel bei erhöhter Temperatur sich langsam mit dem Wassergehalt der Oxydschicht ins Gleichgewicht setzen,
derart, daß die Transistoroberfläche mehr H_2O aufnimmt als das Transistorgehäuse. Bei tiefen Temperaturen wird die Wasseraufnahme wieder
rückgängig gemacht. Die Zeit, in der der Umbau des Wassergehaltes sich
vollzieht, hängt von der Temperatur ab. Bei 85 °C Lagertemperatur
ist die Variation mit etwa 48 Stunden abgeklungen.

Es gibt zwei Möglichkeiten, den reversiblen 48-Stundeneffekt zu reduzieren. Die eine besteht darin, die Feuchtigkeit mit äußerster Sorgfalt von
der Einkapselung und vom Transistor fernzuhalten und den Transistor
mehrere Stunden auf einer höheren als der maximalen Betriebstempe-

ratur auszuheizen. Der andere Weg verwendet einen Getterstoff, der die Fähigkeit hat, selbst bei erhöhter Temperatur eine größere Wassermenge als die Germanium-Oxydschicht zu binden. In der Praxis werden beide Wege beschritten.

Neben den kurzfristigen zeitlichen Änderungen der Transistorparameter finden sich auch langfristige, die allerdings bei Zimmertemperatur kaum feststellbar sind. Beobachtet man dagegen Transistorparameter über sehr lange Zeiten (ungefähr 10^4 Stunden) bei einer Temperatur, die noch für die Kollektorsperrschicht im Dauerbetrieb zugelassen ist, so lassen sich Veränderungen nachweisen. Dafür können wiederum nur Oberflächeneffekte verantwortlich gemacht werden. Denn die im Kristallinneren eingebetteten pn-Grenzen können dadurch nicht verändert werden. Eine durch Diffusionsprozesse hervorgerufene meßbare Wanderung des pn-Überganges würde bei diesen Temperaturen immer noch eine Zeit von Jahrtausenden verlangen. Die Oberfläche kann aber einen Umbau ihres Oxydationszustandes erfahren. Die Veränderungen, die in ihrem Ablauf eine Zeit von mehreren Jahren brauchen, sind irreversibel. In welcher Art die Oxydschicht eines Transistors sich umbaut, hängt von seiner Herstellung und von seiner thermischen Vorbehandlung ab. Im allgemeinen wird man mit einer Zunahme der Oberflächenterme zu rechnen haben und demgemäß eine Abnahme des Stromverstärkungsfaktors erwarten. Von MARKESJÖ und BERGQUIST [*63*] sind Lebensdauermessungen an Transistoren über lange Zeiträume durchgeführt worden. Um den Alterungsprozeß zu beschleunigen, werden die Transistoren bei erhöhter Temperatur gelagert. Sie werden in gewissen Zeitabständen bei Zimmertemperatur gemessen. Bei ihren Versuchen bilden die Verfasser drei Gruppen von je 20 Stück Transistoren. Gruppe A dient als Kontrollgruppe und wird dauernd auf Zimmertemperatur gehalten, Gruppe B wird auf 75 °C gebracht, Gruppe C erhält eine Umgebungstemperatur von 40 °C. Dabei wird aber der Transistor so stark elektrisch belastet, daß seine Schichttemperatur (Kollektorsperrschicht und Basiszone) 65 °C beträgt. Damit entspricht Gruppe C einem Transistor, der dauernd in der Nähe seiner noch zulässigen oberen Betriebstemperatur beansprucht wird. Der Stromverstärkungsfaktor erweist sich wiederum als empfindlicher Indikator. Die Versuche erstrecken sich über einen Zeitraum von 12 000 Stunden. Jeder Meßwert stellt den Mittelwert einer Transistorgruppe dar (vgl. Abb. 82). Die untersuchten Transistoren zeigen zeitlich außerordentlich konstante β-Werte. Erst die prozentische Darstellung, die die Meßdaten auf den Wert β_1 am Beginn der Versuche bezieht, zeigt ein Absinken in den Gruppen B und C um 20 bis 25%, während die Meßwerte der Vergleichsgruppe A praktisch konstant bleiben.

Sorgfältig hergestellte und sorgfältig von der Umgebung abgeschlossene Transistoren, die weder einer thermischen noch einer elektrischen Überbeanspruchung ausgesetzt werden, besitzen deshalb eine beträchtliche Lebensdauer. Was bei einem Transistor als „Lebensende" anzusehen ist, kann nicht allgemein formuliert werden, sondern hängt von den Parametergrenzwerten ab, die für eine bestimmte Aufgabe garan

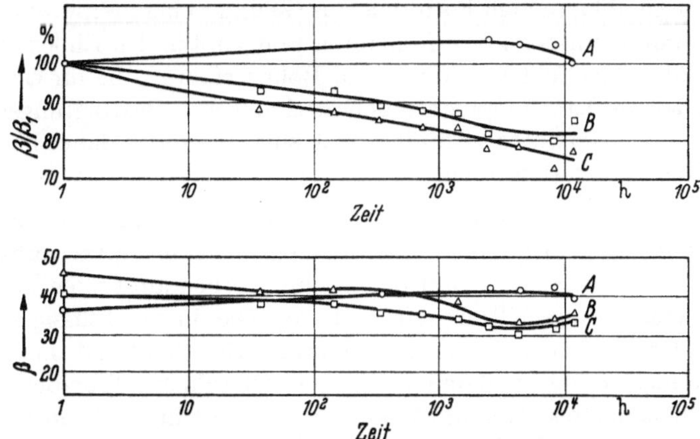

Abb. 82. Zeitliches Verhalten von drei Gruppen von Transistoren.
Oben: Stromverstärkungsfaktor β bezogen auf den Anfangswert β_1 in %   Unten: Stromverstärkungsfaktor β. A Transistorgruppe auf Zimmertemperatur gehalten, B Transistorgruppe auf 75 °C gehalten, C Transistorgruppe in einer Umgebungstemperatur von 40 °C, Sperrschichttemperatur durch elektrische Belastung auf 65 °C gehalten.
Nach MARKESJÖ und BERGQUIST [63]

tiert werden müssen. In vielen Fällen wird die Angabe derjenigen Zeit und Temperatur genügen, bei der der β-Wert, als zeitempfindlicher Parameter, einen gewissen Prozentsatz (z. B. 70%) seines Anfangswertes erreicht hat.

c) Oberflächenbehandlung

Die Oberfläche ist der empfindlichste Teil eines Transistors, sie bedarf besonders sorgfältiger Herstellung. Die zur Transistorfertigung verwendeten Kristallplatten werden alle aus großen einkristallinen Ge- oder Si-Stücken herausgeschnitten. Das geschieht im allgemeinen mit der Diamantsäge unter Flüssigkeitsspülung. Die abgeschnittenen Kristallscheiben werden auf passende Dicke geschliffen und poliert, um glatte und definierte Oberflächen zu erhalten. Langsam umlaufende Schleifmaschinen mit rollendem Schleifkorn können mit Vorteil benutzt werden. Für Ge und besonders für Si hat sich der Schleifprozeß mit schnell umlaufenden Scheiben, die mit in Kunststoff oder Metall gebundenem Diamantkorn besetzt sind, gut bewährt. Mit diesem Arbeitsverfahren ist es möglich, z. B. Si-Scheiben von 15 mm Durchmesser auf eine Dicke von 40 μ herunterzuschleifen. Zur Erzielung einer mechanisch einwandfreien Oberfläche genügt in den meisten Fällen ein Feinschliff, der mit 1 μ Korngröße hergestellt wird. Die Transistorplättchen werden aus den vorbereiteten Kristallscheiben in der verlangten Größe mit der Diamantsäge geschnitten oder mit einem Diamanten geritzt und herausgebrochen.

Kompliziertere geometrische Formen (Fadentransistor, Feldeffekttransistor) können mit dem Sandstrahlgebläse gewonnen werden, wenn die gewünschte Form durch ein Stahlblech abgedeckt wird. Auch mit Hilfe von Ultraschall kann man Formteile aus Ge und Si herausstanzen, indem man den mit Ultraschall beaufschlagten Bohrkopf in den Einkristall eindringen läßt. Alle Schleif-, Polier- und Bohrverfahren, die für Ge und Si angewendet werden, entsprechen den mechanischen Bearbeitungsmethoden, die in der Hartmetalltechnik üblich sind. Sie sollen daher hier nicht im einzelnen erörtert werden.

Nach dem mechanischen Formgebungsprozeß werden die Kristallplättchen gereinigt. Ein organisches Lösungsmittel löst etwa vorhandene Fettschichten auf. Schleif- und Polierstaub werden am besten in deionisiertem Wasser mit Ultraschall entfernt. Die in der Flüssigkeit auftretende Kavitation reißt den Staub vom Kristallmaterial und hinterläßt eine mechanisch vollkommen saubere Oberfläche. Trotzdem ist ein derartig behandeltes Kristallplättchen noch nicht hinreichend für einen Legierungs- oder Diffusionsprozeß vorbereitet. Durch das Schleifen und Polieren ist die Kristallstruktur an der Oberfläche des Plättchens weitgehend zerstört. Risse und Sprünge gehen je nach dem Bearbeitungsverfahren manchmal bis zu 20 μ Tiefe in den Kristall hinein. Die Oberflächenschichten enthalten daher nichtorientiertes Kristallmaterial. Die Zahl der Gitterbaufehler ist groß. Die Oberflächenrekombination erreicht in mechanisch aufgerauhten Flächen ihre Maximalwerte. Zur Erzeugung von pn-Übergängen mit geringen Restströmen ist ein derartiges Kristallmaterial unbrauchbar. Um die mechanisch zerstörten Oberflächenschichten zu entfernen, wird ausschließlich die chemische oder elektrolytische Ätzung verwendet. Durch den Ätzprozeß wird oft gleichzeitig die richtige Dicke des Kristallplättchens eingestellt. Alle nach den verschiedensten Herstellungsverfahren gefertigten Transistoren werden einem weiteren Ätzprozeß unterworfen, der die gewonnenen pn-Übergänge von metallischen Verunreinigungen säubern und vollkommen freilegen soll. Das Abätzen von Ge- und Si-Kristallen zur Herstellung einer reinen und ungestörten Oberfläche ist ein wichtiges für die Halbleitertechnik spezifisch zugeschnittenes Verfahren, das die Qualität der Transistoren bestimmt und ihre Lebensdauer und den bei der Fertigung anfallenden Ausschuß beeinflußt.

1. Die chemische Ätzung. Die meisten für Ge und Si verwendeten chemischen Ätzlösungen enthalten eine Komponente, die die Kristalloberfläche oxydiert und eine andere, die das Oxyd schon während der Entstehung wieder auflöst. Es können auch komplexbildende Anteile in der Lösung enthalten sein. Bei starken konzentrierten Säurelösungen werden im allgemeinen noch Stoffe dazugesetzt, die die heftige chemische Reaktion abmildern und den Ätzangriff kontrollierbar machen. Als oxydierende Bestandteile sind für Ge Salpetersäure, Wasserstoffsuperoxyd, Chlorsäure, Peroxydisulfate und unterchlorige Säure geeignet [64]. Als komplexbildende Komponenten können Oxalsäure, Zitronensäure, Salzsäure, Weinsäure, Gerbsäure und mehrwertige Alkohole Verwendung finden. Der Ätzangriff und die entstehenden Oberflächenstrukturen hängen von der Konzentration und der Temperatur der Ätzlösung ab. Man unterscheidet verschiedene Arten des Ätzangriffes. Unter Strukturätzung versteht man einen langsamen in den verschiedenen Achsrichtungen des Kristalles verschieden schnell angreifenden Materialabbau. Die Oberfläche erhält dann eine fein aufgerauhte Struktur und einen matten Glanz. Bei mikroskopischer Beobachtung sieht man dachziegelförmige oder schuppenartige, 3- oder 6eckig geformte Flächen, die die verschiedenen Kristallebenen repräsentieren. Bei der Untersuchung des Kristallmaterials sind solche Ätzfiguren wiedergegeben (vgl. I. 5. c, Abb. 31).

Für die Strukturätzung von Ge hat sich folgende einfache Ätzlösung bewährt:

Wasserstoffsuperoxyd-Ätzlösung

1 Teil Wasserstoffsuperoxyd (30%),
1 Teil Flußsäure (48%),
4 Teile destilliertes Wasser.

In dieser Ätzmischung wirkt H_2O_2 als oxydierende und H_2F_2 als oxydlösende Komponente. Auf der damit behandelten Ge-Oberfläche werden schon nach wenigen Minuten die für die verschiedenen Kristallrichtungen typischen Ätzstrukturen sichtbar. Die Ätzbilder können besonders ausgeprägt erhalten werden, wenn H_2O_2 allein verwendet wird. Der Ätzangriff geht dann sehr langsam vor sich, da die Ge-Oxydschicht sich nur wenig in H_2O_2 löst. Für die Strukturätzung von Si ist die Wasserstoffsuperoxydlösung nicht geeignet. Hierfür empfiehlt sich eine abgeschwächte CP 4-Lösung von der Zusammensetzung:

5 Teile Salpetersäure (konz.),
3 Teile Flußsäure 48%,
10 Teile Essigsäure (konz.).

Ein anderes Ätzverfahren ist die chemische Polierung. Hierunter versteht man einen schnellen und gleichmäßigen Ätzangriff, der eine ebene und glänzende, meist etwas gewellte Oberfläche hinterläßt. Etwa vorhandene Rauhigkeiten auf der Kristalloberfläche, die von Schleifspuren herrühren können, werden durch den Ätzabbau stark eingeebnet. Kräftiges Rühren der Lösung, Bewegung des Kristalles und Temperaturerhöhung der Lösung fördern die Bildung einer glatten und ebenen Oberfläche. Die CP 4-Ätzlösung (CP Abkürzung für chemical polish) ist hierfür vorzüglich geeignet. Sie hat folgende Zusammensetzung:

CP 4-Ätzlösung

 5 Teile konzentrierte Salpetersäure,

 3 Teile Flußsäure (48%),

 3 Teile Essigsäure,

 10 Tropfen Brom auf 50 cm³ der Mischung.

In der CP4-Lösung oxydiert die Salpetersäure, während die Flußsäure das Oxyd löst. Brom wird als Beschleuniger dazugegeben, um etwa vorhandene Oberflächenschichten, die den eigentlichen Ätzangriff der Lösung hemmen, durch seine oxydierende Wirkung zu beseitigen. Für nicht stark verunreinigte Oberflächen ist Brom nicht notwendig.

Die Essigsäure dient zur Abschwächung des überaus heftigen Ätzangriffes. Dabei wirken die Essigsäureionen als pH-Puffer auf die stärkeren Säuren. Sie verlangsamen den Abbau und machen ihn beherrschbar. Taucht man einen Ge-Körper bei Zimmertemperatur für die Dauer einer Minute in die Ätzlösung, so erhält man einen Oberflächenabbau von etwa 10 μ Dicke. Ein länger als drei Minuten dauerndes Einwirken der Ätzlösung schafft im allgemeinen keine besseren Oberflächenbedingungen.

Eine bestimmte Formgebung des Kristallkörpers durch Materialabbau läßt sich bei der chemischen Ätzung in einfacher Weise erreichen. Man hat dazu nur die Teile der Oberfläche, die keinem Ätzangriff ausgesetzt werden sollen, durch eine Schutzschicht abzudecken. Paraffin, Pizein-Wachs oder Polystrol, das in Toluol bis zu einer streichfähigen Dicke aufgelöst wird, sind dazu geeignet. Man muß aber bedenken, daß die Abdeckung oder Maskierung stets an ihrem Rande unterätzt wird. Sehr starke Ätzvertiefungen können deshalb in ihrer Randzone nicht genau eingehalten werden. Man muß damit rechnen,

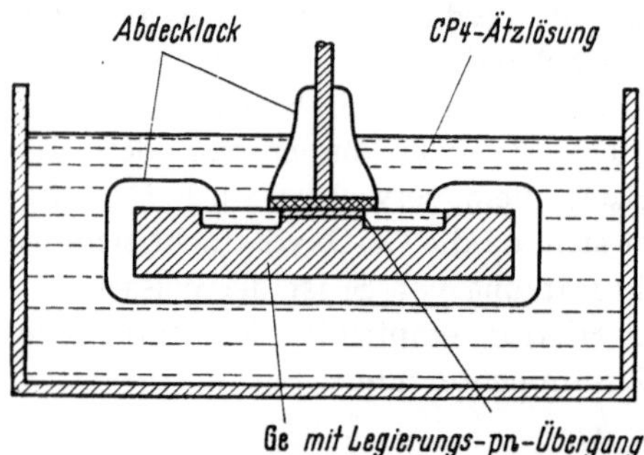

Abb. 83. Freilegung eines *pn*-Überganges im Ge durch ein chemisches Ätzmittel. Die restliche Oberfläche des Ge und die Metallelektrode sind durch Abdecklack geschützt

daß die Unterätzung mindestens so tief unter die Abdeckung greift, wie der Ätzabbau in Richtung senkrecht zur Oberfläche vorschreitet. Sofern Metallteile, Elektroden oder Legierungsmetalle schon am Ge befestigt sind, müssen diese ebenfalls vor dem Ätzangriff durch Abdecken geschützt werden. Abb. 83 zeigt eine Möglichkeit, nach dieser Methode eine Ätzrille um einen Legierungskontakt zu ziehen und den *pn*-Übergang freizulegen.

2. Die elektrolytische Ätzung. Die elektrolytische Ätzung wird in der Oberflächenbehandlung der Transistortechnik häufig angewendet. Sie bietet der chemischen Ätzung gegenüber den Vorteil, daß der Ätzangriff durch Strom und Spannung an den Elektroden leicht zu dimensionieren ist. Überdies kann man den Elektrolyten und seine Konzentration so wählen, daß ein chemischer Angriff weder am Halbleiter noch am Metall einsetzt. Es genügt in manchen Fällen, den elektrolytischen Abbau durch das Potential schon vorhandener Elektroden so zu lenken,

daß ein spezielles Abdecken bestimmter Teile des Kristalles nicht nötig ist. Eine Lokalisierung des elektrolytischen Angriffes kann somit immer durch bestimmte Formgebung der Kathode, durch Lichteinwirkung oder durch das oben beschriebene Abdeckverfahren erreicht werden. Die elektrolytische Ätzung ist besonders geeignet, Halbleiterbauelemente in kleinen Dimensionen zu formen. Ge und Si müssen bei der Elektrolyse stets als Anode geschaltet werden, da Halbleitermaterial nur durch anodische Oxydation in Lösung geht. Sowohl für n-Typ wie für p-Typ-Germanium hat sich eine 10%-KOH-Lösung bewährt. Andere Elektrolyte sind möglich,

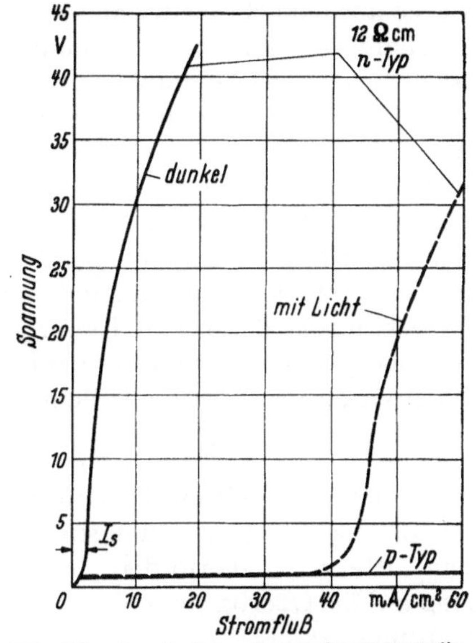

Abb. 84. Anodisches Strom-Spannungsdiagramm für n- und p-Typ Ge in 10% KOH-Lösung. Nach Uhlir [68]

ergeben aber ähnliche Resultate. Die Konzentration der Kalilauge ist nicht kritisch.

Eine auffallende Erscheinung bei der Elektrolyse von Halbleitern ist das Auftreten von Sperrschichten gegen den Elektrolyten an der Oberfläche von n-Typ-Kristallen. In Abb. 84 ist das anodische Stromspannungsdiagramm von n- und p-Typ-Germanium in 10% KOH-Lösung wiedergegeben. Während bei p-Typ-Germanium schon bei kleinen Spannungen beträchtliche Ströme fließen, tritt beim n-Typ eine starke Sperrwirkung auf. Die Sperrung kann man bei höheren Spannungen überwinden. Die Durchbruchspannung hängt vom spezifischen Widerstand des Ge und von der Temperatur ab. Ein elektrolytischer Angriff oberhalb der Durchbruchspannung ist immer mit Ätzgrubenbildung verbunden. Man nimmt an, daß der Spannungsdurchbruch nur in den Ätzgruben statthat. Bei Beleuchtung des als Anode gepolten n-Germaniums verschiebt sich die Sperrwirkung zu höheren Strömen (vgl. Abb. 84). Das geschilderte Verhalten erklärt sich aus der Tatsache, daß nur die Defektelektronen den Kristallabbau fördern. Im p-Typ-Halbleiter sind stets genug Löcher vorhanden, im n-Typ-Kristall gibt es nur die thermisch oder die durch Licht erzeugten Defektelektronen. Der bei der Elektrolyse von n-Kristallen auftretende Spannungssprung beruht auf der Erschöpfung aller an der Anodenoberfläche ankommenden Löcher. Der dazugehörige Sättigungsstrom repräsentiert den Punkt in der Charakteristik, bei dem alle Löcher im Anodenprozeß in dem Maße verbraucht werden, wie sie aus dem Halbleiterinnern an die Oberfläche diffundieren können. Oberhalb der Durchbruchspannung werden Lochpaare an den Durchbruchstellen, den Ätzgruben, lawinenartig produziert. Der Anodenstrom wird dann nicht mehr durch Diffusion von Löchern aus dem Halbleiterinnern bestimmt.

Es ist von GARRET und BRATTAIN [65] gezeigt worden, daß der primäre anodische Prozeß, der den elektrolytischen Abbau von Ge bewirkt, von Defektelektronen herrührt. Die kovalenten Bindungen, mit denen ein Ge-Atom im Gitterverband festgehalten wird, werden energetisch am leichtesten durch den Einfang von Defektelektronen gelöst. Nach TURNER [66] lautet in wässeriger Lösung die Gesamtreaktion, die ein Ge-Atom an der Anode aus dem Gitterverband löst:

$$\text{Ge} + 2e^+ + 3\,\text{H}_2\text{O} \rightarrow \text{H}_2\text{GeO}_3 + 4\,\text{H}^+ + 2\,e^-$$

(das Zeichen e^+ soll ein Defektelektron repräsentieren). Der Transport der vier elektrischen Ladungen, die die Ablösung eines Ge-Atoms aus dem Gitterverband erfordern, erfolgt am Ge durch zwei Löcher in Richtung auf die Oberfläche und durch zwei Elektronen in entgegengesetzter Richtung.

Si verhält sich in der Elektrolyse ähnlich wie Ge. Die anodische Ätzung und Polierung von p-Typ-Silizium wurde von TURNER [67] eingehend untersucht. Auch bei Si tritt eine Sperrspannung beim n-Typ gegen den Elektrolyten auf. Sie ist hier besonders bei hochohmigem Material so groß, daß ihre Überwindung eine beträchtliche Energiezufuhr erfordert, die zu örtlicher Überhitzung des Elektrolyten führt. Die Untersuchungen der Elektrolyse am Si beschränken sich deswegen alle auf den p-Typ. Für die Elektropolierung von Si erwiesen sich Elektrolyte, die Flußsäure enthalten, als besonders geeignet. Die Fluorionen können bei der Elektrolyse lösliche Fluorosilikatkomplexe mit Si bilden, während ein chemischer Angriff nicht stattfindet. Die Elektropolierung entspricht der chemischen Polierung. Sie bewirkt einen gleichmäßigen ebenen Ätzabbau, der eine glänzende, homogene Oberfläche hinterläßt. Bei einer bestimmten Konzentration der Flußsäure, bei definierter Temperatur und Viskosität des Elektrolyten gibt es eine kritische Stromdichte, die überschritten werden muß, bevor die Elektropolierung beginnt. Unterhalb dieser kritischen Stromdichte entsteht ein fester Belag auf dem Silizium. Der Film hat bräunlichrote Färbung und amorphe Struktur. TURNER nimmt an, daß es sich dabei um die Bildung von Siliziumsubfluoriden von der Form $(SiF_2)_x$ handelt, die in wäßriger Lösung zu $SiO_2 + H_2F_2 + H_2$ zerfallen. Bei Überschreitung der kriti-

schen Stromdichte löst sich der Belag von der Si-Anode, und ihre Oberfläche erhält die glänzende, ebene Struktur der Elektropolierung. Die Stromdichte, bei der dieser Vorgang einsetzt, ist leicht zu beobachten. Abb. 85 gibt nach TURNER [67] diese kritische Stromdichte in Abhängigkeit von der Temperatur und der Konzentration des Elektrolyten wieder. Auch die Viskosität des Elektrolyten hat einen Einfluß auf den Beginn der Elektropolierung. Durch Zusatz einer organischen Flüssigkeit, z. B. von Glyzerin zur Flußsäure, läßt sich die kriti-

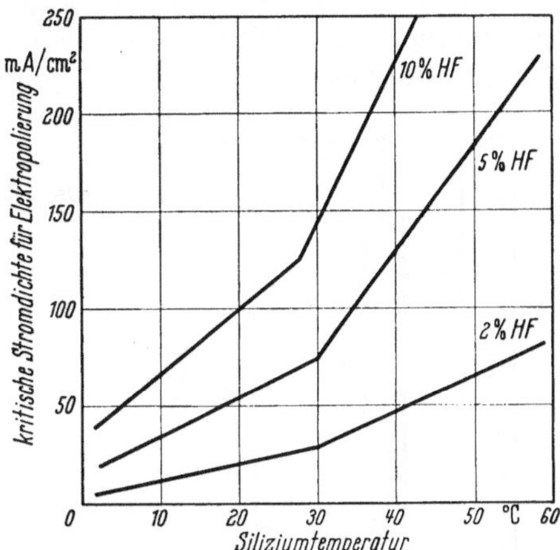

Abb. 85. Kritische Stromdichte für Si, oberhalb welcher Elektropolierung beginnt, in Abhängigkeit von der Temperatur des Si und von der Konzentration der Flußsäure. NachTURNER [67]

sche Stromdichte um den Faktor 3 herabsetzen [80 Teile Glyzerin, 20 Teile H_2F_2 (5%)]. Aus Abb. 85 läßt sich entnehmen, daß eine Stromdichte von 500 mA/cm² schon weit oberhalb der kritischen Stromgrenze liegt (bei Zimmertemperatur und 5% Flußsäure). Der Ätzabbau beträgt dann $1{,}7 \cdot 10^{-5}$ cm/sek.

3. Die elektrolytische Formgebung. Eine Formgebung der Halbleiterkristalle, wie sie bei der chemischen Ätzung beschrieben wurde, ist in der Elektrolyse in gleicher Weise möglich. Die Verfahren sind hier noch vielseitiger, da man durch Kontaktierung und Vorspannung von pn-Übergängen den Stromtransport und Ätzangriff in bestimmte Bahnen lenken kann. Wenn man einen gleichmäßigen Abbau des Kristalles von der Oberfläche her wünscht, muß für einen homogenen Stromtransport im Halbleiter gesorgt werden. Dazu ist ein sperrfreier Kontakt am Halbleiter von hinreichender Größe nötig. Mit dem Abdeckverfahren kann man auch hier bestimmte Partien des Kristalles vor dem Ätzangriff schützen. Eine Unterätzung der Maskierung muß bei der Elektrolyse ebenfalls beachtet werden. Ein starker Materialabbau ist deshalb in der Randzone wiederum ungenau. Das Abdeckverfahren erstreckt sich in erster Linie auf p-Typ-Kristalle. Der anodische Ätzangriff wird beim n-Typ Ge-Kristall durch die vorhandenen Löcher bestimmt. Deswegen läßt er sich durch lichtelektrisch ausgelöste Defektelektronen fördern und in spezifischer Weise lenken. Als Beispiel soll das Eingraben von Vertiefungen in einen n-Kristall durch Licht nach UHLIR [68] beschrieben werden (vgl. Abb. 86).

Ein scharf gebündelter Lichtstrahl fällt auf das als Anode gepolte Ge-Plättchen. Genau konzentrisch liegende Vertiefungen werden auf den gegenüberliegenden Seiten des Plättchens geformt. Die optisch erzeugten Löcher diffundieren nach beiden Seiten und bewirken den Material-

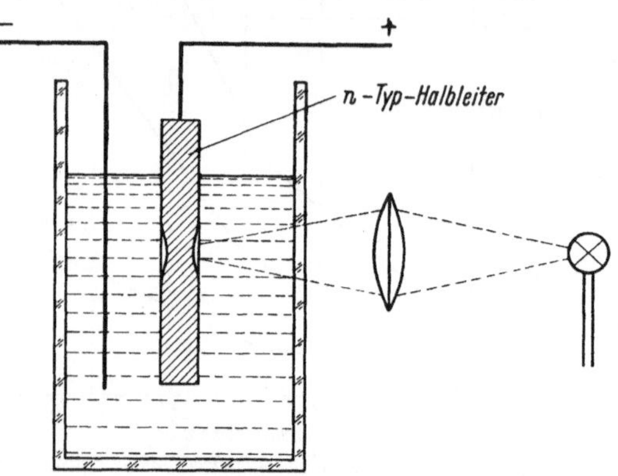

Abb. 86. Elektrolytisches Eingraben von Vertiefungen in einem Ge-Kristall vom n-Typ mittels Licht. Nach UHLIR [68]

abbau. Durch Veränderung der Farbe des Lichtes (und damit seiner Eindringtiefe) und seiner Fokussierung kann man Einsenkungen von verschiedener Form und Tiefe erwirken. Wenn die zwischen den Vertiefungen stehenbleibende Ge-Schicht sehr dünn geworden ist, setzt der Ätzangriff an dieser Stelle von selbst aus, da die an der Oberfläche gegen den Elektrolyten sich bildenden Randverarmungszonen sämtliche Ladungsträger aus dem Mittelstreifen entfernen. Man kann so eine automatische Dickenregulierung für den zwischen den Vertiefungen hängenden Germaniumstreifen gewinnen. Bei der Fertigung des elektrochemischen Transistors wird hiervon Gebrauch gemacht (vgl. II. 5. a).

Ebenso wie Licht können auch pn-Übergänge zur Injektion von Löchern im n-Material benutzt werden und zum selektiven Abbau von Ge beitragen. Spezielle Stromverteilungen können im p-Typ-Material durch punktförmige OHMsche Kontakte erzwungen werden, die zusammen mit einer Teilabdeckung des Ge-Kristalles zu Vertiefungen an der Oberfläche führen (vgl. Abb. 87). Statt des punktförmigen Kontaktes kann auch eine flächenhafte Kontaktierung verwendet werden. Der punktförmige Ätzangriff muß dann durch die Kathode erzwungen werden, die zu einer feinen Spitze ausgebildet ist und unmittelbar vor die zu bearbeitende Ge-Oberfläche gestellt wird. Der Materialabbau setzt dann genau vor der Kathode ein. Auf diese Art lassen sich Halbleiterplatten sogar elektrolytisch zerschneiden, wenn die Kathode mit mechanischen Mitteln in Richtung der Schnittlinie bewegt wird.

Durch einseitige Kontaktierung und durch die Ausnutzung des verschiedenartigen Verhaltens von n- und p-Typ-Kristallen gegenüber dem anodischen Ätzangriff kann man z. B. in einer pnp-Struktur den Abbau nur des einen Kristalltyps erreichen. Es gelang z. B. LESK und GON-

ZALEZ [69], an nach dem Rückschmelzverfahren gewonnenen Transistoren die verschiedenen Leitfähigkeitsbereiche durch Elektrolyse sichtbar zu machen und dadurch eine Kontaktierung der dünnen Basiszone zu erleichtern. Als Elektrolyt erwies sich eine Mischung von Flußsäure und Essigsäure (1:1), die weder Ge noch Si chemisch angreift, als am besten geeignet.

Die Rückschmelzbarren fallen in der in Abb. 88a wiedergegebenen Form an. Dabei ist das obere Halbleiterstück der Emitter, der birnenförmig aufgeschmolzene Teil der Kollektor. Zwischen diesen Abschnitten

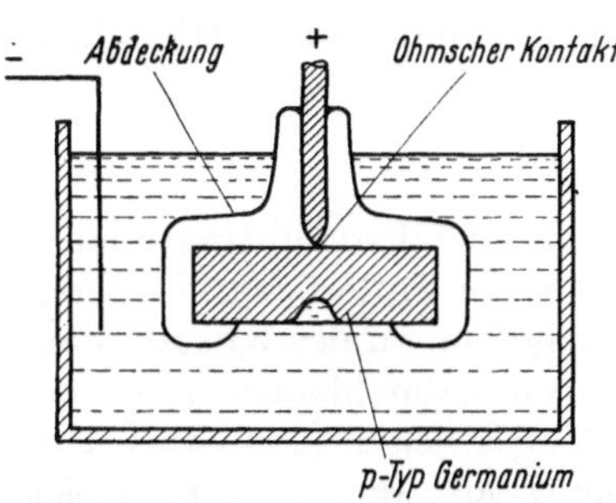

Abb. 87. Elektrolytische Formgebung in einem Ge-Kristall vom n-Typ durch punktförmigen OHMschen Kontakt

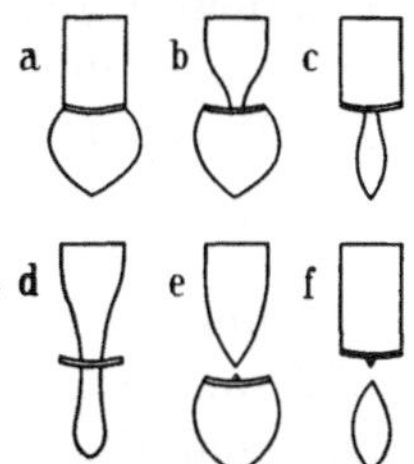

Abb. 88a—f. Elektrolytisches Abätzen eines nach dem Rückschmelzverfahren gewonnenen pnp-Transistors. Nach LESK und GONZALEZ [69]. a) Ursprüngliche Form des Rückschmelzbarrens;   b) und e) Abätzen der Emitterseite; c) und f) Abätzen der Kollektorseite; d) Abätzen von Emitter- und Kollektorseite, Basisschicht bleibt erhalten

liegt die sehr dünne und visuell nicht erkennbare Basiszone. Eine selektive elektrolytische Ätzung wird dadurch bewirkt, daß entweder nur die Emitterzone oder nur die Kollektorzone — in der üblichen Weise sperrfrei kontaktiert — anodisch abgeätzt wird. Der Ätzangriff hört genau an der n-dotierten Basisschicht auf. Die Basiszone schützt auch die gegenüberliegende p-Seite vor dem Ätzabbau. Bei fortgesetztem Angriff kann man Emitter- und Kollektorzone bis auf einen kleinen Rest entfernen (vgl. Abb. 88e und 88f). Werden Emitter und Kollektor gleichzeitig geätzt, so entsteht ein Körper, wie ihn Abb. 88d zeigt. Die Basiszone tritt hier besonders deutlich in Erscheinung und läßt sich leicht kontaktieren. Ge- und Si-Stäbchen können so in gleicher Weise behandelt werden (auch npn-Strukturen lassen sich in ähnlicher Art, allerdings bei anderen Spannungen zwischen Anode und Kathode abätzen).

5. Der Hochfrequenztransistor

In einem normalen NF-Flächentransistor ist die Basisschicht feldfrei. Die in den Basisraum injizierten Ladungen gelangen durch Diffusion bis zur Kollektorelektrode, wo sie durch Rekombination aus dem Basisvolumen verschwinden. Bei großer Basisdicke liefert der Diffusionsprozeß die obere Grenze für die noch übertragbaren Frequenzen. Will man diese Frequenzgrenze zu immer höheren Frequenzen verschieben, so ist die

12*

Verringerung der Basisdicke ein sehr wirkungsvoller Schritt in dieser Richtung. Er hat in der Praxis zu außerordentlich hohen Frequenzen geführt. Seine praktische Grenze dürfte erst bei 0,5 bis 1 μ Basisdicke erreicht werden.

Ein anderer Weg, zu einem schnellen Trägertransport vom Emitter zum Kollektor zu kommen, besteht in der Anwendung eines elektrischen Zugfeldes zwischen den beiden Elektroden. Solche Zugfelder können durch innere oder äußere Potentiale im Halbleiter aufgebaut werden. Man ersetzt den zeitraubenden Diffusionsvorgang durch einen schnellen gerichteten Ladungstransport. Elektronen benötigen für die Überwindung einer Strecke w durch Diffusion im Germanium die mittlere Laufzeit [vgl. Teil A, Gl. (114)]

$$t_D = \frac{w^2}{2D}, \tag{32}$$

wobei D die ambipolare Diffusionskonstante der Ladungsträger im Ge bedeutet. Läßt man die Elektronen die gleiche Entfernung mit Unterstützung durch ein elektrisches Feld, das im Innern des Kristalles aufgebaut oder auch von außen angelegt sein kann, durchlaufen, so gewinnt man kürzere Laufzeiten. In niedrigen elektrischen Feldern wächst die Geschwindigkeit der Elektronen mit der Feldstärke, in starken elektrischen Feldern nur noch mit der Wurzel aus der Feldstärke an und erreicht schließlich einen maximalen, konstanten Wert v_g, der für Ge bei $7 \cdot 10^6$ cm/sek liegt (vgl. Teil A, Tab. 2, S. 69). Bei dieser Grenzgeschwindigkeit treten aber schon Vervielfachungsprozesse durch Stoß der Elektronen mit den Gitteratomen auf, so daß eine unkontrollierbare Stromverstärkung erfolgt. In technischen Bauelementen ist diese Grenzgeschwindigkeit daher nicht ausnutzbar. Eine maximale Wanderungsgeschwindigkeit von 10^6 cm/sek läßt sich unter stabilen Bedingungen erreichen. Die Laufzeit t_F im elektrischen Feld für eine Wegstrecke w bei der maximal verwendbaren Geschwindigkeit v_{max} wird dann

$$t_F = \frac{w}{v_{max}}. \tag{33}$$

Da die Entfernung w quadratisch in (32) und linear in (33) eingeht, gibt es einen bestimmten Abstand w_0, für den die Diffusionszeit gleich der Driftzeit im elektrischen Feld ist. Wie man leicht nachrechnet, liegt dieser Abstand für Ge bei $w_0 \approx 1\,\mu$. Bei allen größeren Abständen unterbietet also die Driftzeit im maximalen Feld die Diffusionszeit beträchtlich. Beide Prinzipien, die Herabsetzung der Basisdicke und die Ausnutzung einer Feldwirkung, werden in modernen Hochfrequenztransistoren entweder einzeln oder auch gemeinsam für den Ladungsträgertransport ausgenutzt. Wenn die Trägerlaufzeit in der Basiszone sehr kurz wird, beginnen andere ebenfalls frequenzbegrenzende Prozesse im Transistor eine entscheidende Rolle zu spielen. Einen wesentlichen Einfluß gewinnen das aus Basiswiderstand und Kollektorkapazität gebildete

RC-Glied, die Laufzeit in der Kollektorrandschicht und die Aufladezeit des Emitters. Es genügt dann bei Höchstfrequenzen keineswegs mehr, die Laufzeit in der Basiszone abzuschätzen, sie kann sogar neben den anderen zeitfordernden Prozessen eine untergeordnete Rolle spielen. Es müssen die konkurrierenden Zeiteffekte gegeneinander abgewogen werden.

Die maximale Oszillationsfrequenz f_{max} eines Transistors beschreibt sein hochfrequentes Verhalten in charakteristischer Weise. Bei dieser Frequenz f_{max} wird die Leistungsverstärkung des Transistors gerade gleich Eins. Durch Rückkopplung kann keine Schwingung oberhalb f_{max} aufrechterhalten werden. Nach GIACOLETTO [70] gewinnt man aus dem Ersatzschaltbild für Hochfrequenztransistoren einen Ausdruck für f_{max}, indem man in der Formel für den Leistungsgewinn bei Höchstfrequenzen letzteren gleich Eins setzt [vgl. Teil C, Gl. (174)]. Man erhält:

$$f_{max} = \frac{1}{4\pi} \sqrt{\frac{1}{r_b\, c_c\, t_{ec}}}. \tag{34}$$

r_b und c_c bedeuten Basiswiderstand und Kollektorkapazität des Transistors, während in t_{ec} die Gesamtlaufzeit der Ladungen von der Emitterelektrode bis zur Kollektorelektrode zusammengefaßt sind. Dieser Ausdruck wird allgemein als Güteziffer für Hochfrequenztransistoren herangezogen. Man kann nach (34) die maximale Schwingfrequenz eines Transistors als das geometrische Mittel aus zwei reziproken Zeitkonstanten auffassen, von denen die eine die echten Laufzeiten umfaßt und die andere aus dem Produkt von Basiswiderstand und Kollektorkapazität gebildet wird. Wenn Höchstfrequenzen erreicht werden sollen, kommt es darauf an, das Produkt

$$r_b\, c_c\, t_{ec} \tag{35}$$

möglichst klein zu machen. Die Parameter in (35) sind nicht unabhängig voneinander frei wählbar. Die drei Größen hängen in komplizierter Form über die Dotierungskonzentration und die geometrische Anordnung der Elektroden miteinander zusammen. Solange die Diffusionszeit der Ladungsträger in der Basiszone eine entscheidende Rolle spielt, können wir annehmen, daß sich die Zeitkonstante $r_b\, c_c$ durch geeignete geometrische Maßnahmen kleiner oder gleich der Zeitkonstanten t_{ec} einstellen läßt. Die in t_{ec} zusammengefaßten echten Laufzeiten sind dann für das Frequenzverhalten des Transistors maßgebend.

Wir diskutieren im Anschluß an EARLY [71] die Emitter-Kollektor-Laufzeit t_{ec} und fragen nach den Werten, die sie unter verschiedenen Bedingungen annehmen kann. In dem Glied t_{ec} sind die folgenden echten Ladungsträgertransportzeiten zusammengefaßt:

1. die Emitterladezeit t_e,
2. die Basisübergangszeit t_b,
3. die Laufzeit in der Kollektorrandschicht t_c.

Es gilt

$$t_{ec} = t_e + t_b + t_c/2 \quad \text{[vgl. Teil A, Gl. (159)]}. \tag{36}$$

Im einzelnen findet man:

$$t_e = \frac{k\,T}{q\,J_E}\,c_e \qquad \begin{array}{l}(J_E = \text{Emitterstromdichte und}\\[4pt] c_e = \text{Emitterkapazität/cm}^2),\end{array} \tag{37}$$

$$t_b = \frac{w^2}{2\,n\,D} \qquad \begin{array}{l}(w = \text{Basisdicke, } n = \text{Faktor zwischen 1 und 6,}\\[2pt] \text{der die Wirkung des Drifteffektes in einer inho-}\\[2pt] \text{mogen dotierten Basiszone berücksichtigt}),\end{array} \tag{38}$$

$$t_c = \frac{l_c}{v_{\max}} \qquad (l_c = \text{Dicke der Kollektorrandschicht}). \tag{39}$$

Die Zeitglieder der Gln. (37), (38), (39) sind größenordnungsmäßig leicht abzuschätzen. Die Emitterkapazität in (37) ist bei starken Strömen in Flußrichtung sehr groß

$$c_e \approx 0,3\ \mu\text{F/cm}^2.$$

Maximal kann J_E denjenigen Wert annehmen, der auf der Kollektorseite noch aus dem Transistor herausgezogen werden kann

$$J_{C_{\max}} = q \cdot v_{\max} \cdot N_C, \tag{40}$$

$N_C = $ Dotierungsdichte in der Kollektorzone. $J_{C_{\max}}$ hängt damit stark von der Kollektordotierung ab. Unter experimentell erreichbaren Bedingungen können Stromdichten von 300 A/cm^2 am Emitter auftreten. Mit diesen Werten errechnet sich t_e zu:

$$t_e \approx 2,5 \cdot 10^{-11}\ \text{sek}.$$

Das Laufzeitglied (38) hängt quadratisch von der Basisdicke ab. Für stärkere Basisdicken (z. B. für $w = 10\,\mu$) ist t_b das beherrschende Glied in t_{ec}. Setzt man für n z. B. den festen Wert 2 ein, so ergibt sich für t_b:

$$t_b \approx 4 \cdot 10^{-9} \quad \text{für} \quad w = 10\,\mu,$$

$$t_b \approx 4 \cdot 10^{-11} \quad \text{für} \quad w = 1\,\mu.$$

Die Laufzeit (39) im Kollektorrandfeld hängt von der Kollektordotierung und von der angelegten Kollektorspannung ab. Nehmen wir als Beispiel für die Kollektorrandschichtdicke l_c einen festen Wert von $10\,\mu$ an, so finden wir ($v_{\max} \approx 10^6$ cm/sek)

$$t_c/2 \approx 5 \cdot 10^{-10}\ \text{sek}.$$

Aus diesen allgemeinen und z. T. willkürlichen Abschätzungen läßt sich schon folgendes Bild gewinnen. Die Emitteraufladezeit ist außerordentlich klein, sie wird erst bei sehr hohen Frequenzen wichtig. Solange die anderen Laufzeiten eine Zeit $> 10^{-10}$ sek erfordern, ist t_e im allgemeinen zu vernachlässigen. Die Basislaufzeit t_b liefert bei $10\,\mu$ Basisdicke den stärksten Beitrag zur Gesamtlaufzeit. t_b kann aber sehr klein gemacht werden (z. B. für $w = 1\,\mu$), so daß es Werte unter 10^{-10} sek annimmt. In diesem Fall wird t_c für die Gesamtlaufzeit entscheidend. t_c kann nicht beliebig verkleinert werden, da sowohl $v_{\max}$ wie l_c einer Begrenzung unterliegen. $v_{\max}$ darf nicht über 10^6 cm/sek gesteigert werden, da sonst die Auslösung sekundärer Ladungsträger zu instabilen Verhältnissen führt. Die Kollektorrandschicht l_c kann einen Minimalwert nicht unterschreiten, da mit endlichen Kollektorspannungen gearbeitet werden muß. Eine Verkleinerung von l_c, die sich durch starke Dotierung der Kollektorzone erreichen ließe, kann sich nicht auswirken. Denn bei den kleinen hier betrachteten Gesamtlaufzeiten können die beiden Zeitkonstanten in (35), t_{ec} und $r_b\,c_c$, nicht mehr als unabhängig voneinander angesehen werden. Im gleichen Maße wie l_c und damit t_{ec} abnehmen, wächst c_c an. Da in $f_{\max}$ [Gl. (34)] das Produkt der beiden Größen auftritt, wird eine Verringerung der Randschicht l_c durch eine Vergrößerung der Kapazität c_c wettgemacht. Damit bestimmt die Laufzeit der Ladungsträger in der Kollektorrandschicht für Höchstfrequenztransistoren die maximale Frequenzgrenze. Für bestimmte geometrische Anordnungen (Mesatransistor) läßt sich die maximale Schwingfrequenz auf eine einfache geometrische Beziehung zurückführen (vgl. II.5c).

a) Der elektrochemische Transistor

Die Philco-Corporation hat ein elektrochemisches Verfahren zur Herstellung von Hochfrequenztransistoren entwickelt, das eine hohe Präzision in der geometrischen Dimensionierung der Basisdicke und der Elektrodenform zuläßt.

Ein Ge-Plättchen von $75\,\mu$ Dicke wird durch eine elektrolytische Strahlätzung in seiner Mitte bis auf den zehnten Teil seiner Dicke abgeätzt. Hierzu wird aus einem Paar sehr feiner Glasdüsen, die einander axial genau gegenüberstehen (vgl. Abb. 89, [72]), ein dünner Strahl

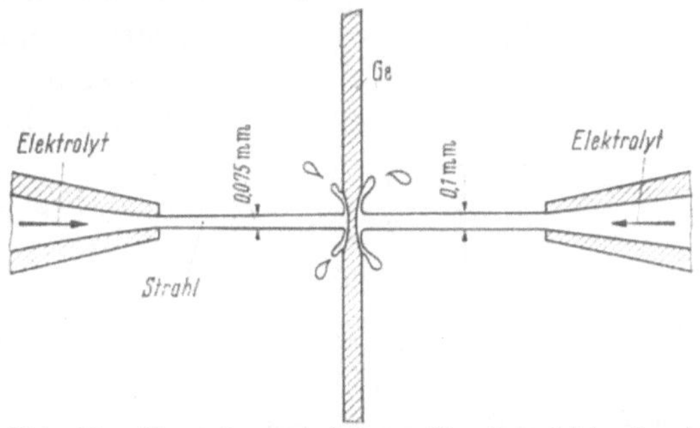

Abb. 89. Herstellungsverfahren für den elektrochemischen Transistor. Ätzabbau und Elektroplattierung werden mit der gleichen Arbeitsvorrichtung gemacht

eines Elektrolyten auf gegenüberliegende Stellen des Ge-Plättchens gerichtet. Der Elektrolyt ist dabei als Kathode gegen das Ge gepolt. Durch den elektrolytischen Abbau des Ge entstehen Vertiefungen in den Oberflächen, die so lange vergrößert werden, bis nur noch ein dünnes, flaches Ge-Fenster im Zentrum stehen bleibt. Der Ätzabbau wird durch Lichteffekte, durch die Konzentration des Elektrolyten und die angelegte Ätzspannung genau kontrolliert. Wenn die gewünschte Basisdicke erzielt ist, kann der Ätzvorgang durch ein einfaches Umpolen der Spannung zwischen Elektrolyt und Ge-Plättchen in einen Elektroplatiervorgang verwandelt werden, wobei sich die Metallionen des Elektrolyten als metallische Belegungen in den Ätzgruben absetzen. In-Chlorid und In-Sulfat in 0,1 normaler Lösung bei niedrigen pH-Werten haben sich dafür bewährt. Durch die einfache Maßnahme einer Spannungsumpolung kann man nach diesem Verfahren auf eine frisch geätzte Ge-Oberfläche unmittelbar einen In-Belag bringen. Solche Metallhalbleiterkontakte zeigen schon eine gut sperrende Wirkung, wenn auch die Sperrkennlinie in vielen Fällen 10 Volt nicht überschreitet und die Sättigungsströme dieser Kontakte weit größer sind als in normalen einkristallinen pn-Übergängen. Durch eine anschließende Temperaturbehandlung, bei der eine geringe Menge des Ge vom In gelöst und wieder auskristallisiert wird, ohne daß die Form der In-Belegungen oder die Basisdicke wesentlich verändert werden, kann der Metallhalbleiterkontakt dem Legierungskontakt in seinen Eigenschaften genähert werden.

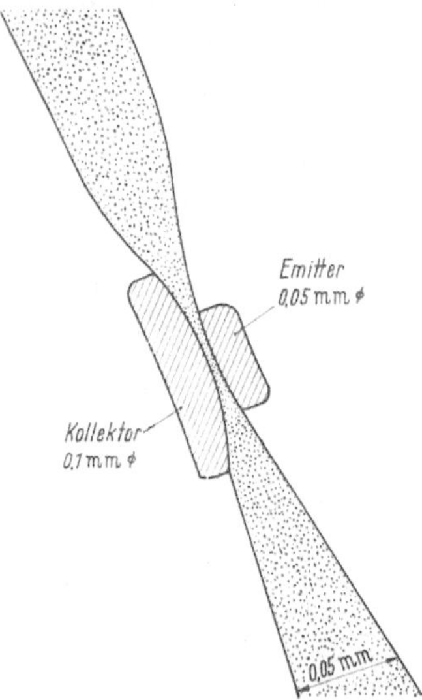

Abb. 90. **Längsschnitt durch einen elektrochemischen Transistor**

Die im elektrochemischen Transistor erreichbaren Dimensionen können gut aus einer Mikrophotographie entnommen werden, die einen Schnitt durch den fertigen Transistor zeigt (Abb. 90). Die Emitter- und Kollektordurchmesser liegen bei 50 und 100 μ. Die Basisdicke variiert vom Emitterrand bis zur Emittermitte von 7 auf 3,5 μ. Typische Werte der ersten elektrochemischen Transistoren, die bei einem Arbeitspunkt von $U_{CB} = 3\,\mathrm{V}$ und $I_E = 0,5\,\mathrm{mA}$ erreicht werden, liegen bei

$$r_b = 200\,\Omega,$$

$$c_c = 1,9\,\mathrm{pF},$$

$$\alpha = 0,93,$$

$$f_\alpha = 50\,\mathrm{MHz}.$$

Legen wir eine mittlere Basisdicke von 5 μ zugrunde und nehmen an, daß in t_{ec} die Basisdiffusionszeit $t_b\,(n = 1)$ überwiegt, so errechnet sich mit den angegebenen Werten eine maximale Schwingfrequenz von etwa 90 MHz.

b) Der Drifttransistor

In einem NF-Flächentransistor ist die Basiszone homogen dotiert, ihre Störstellenkonzentration ist konstant. Man kann aber durch die Diffusionstechnik die Störstellenkonzentration in ihr derart verändern, daß die Konzentration zum Kollektor hin exponentiell abfällt. Es entsteht dann in der Basiszone ein elektrisches Feld, das die Minderheitsladungsträger zwangsläufig zum Kollektor zieht. Die inhomogene Dotierung ist die Ursache für das entstehende Feld. Der gesamte Potentialunterschied $\Delta\varphi$, der sich in der Basiszone aufrechterhalten läßt, wenn die Störstellenkonzentration an ihren beiden Enden N_E und N_C beträgt, lautet (vgl. Teil A, Kap. II. 1, IV. 3 u. 9)

$$\Delta\varphi = \frac{k\,T}{q}\ln\left(N_E/N_C\right), \tag{41}$$

für die Driftzeit t_F — das ist die Laufzeit, die die Ladungsträger nunmehr in der Basiszone unter der Einwirkung des elektrischen Feldes brauchen — findet man an Stelle von (32)

$$t_F = \frac{k\,T}{q\,\Delta\varphi}\,t_D\,. \tag{42}$$

Das Verhältnis von $q\,\Delta\varphi/kT$ kann im Ge maximal etwa zu 8 gemacht werden. Das dazugehörige Störstellenverhältnis beträgt dann 3000:1. Die volle Ausnutzung der durch inhomogene Dotierung in der Basiszone entstehenden Feldwirkung bedeutet eine Vergrößerung der Diffusionskonstante um etwa den Faktor 8 oder eine Verkürzung der Basisdicke um nahezu den Faktor 3, da die Basisdicke nach (32) quadratisch in die Laufzeit eingeht.

Abb. 91 zeigt die geometrischen Dimensionen, die von der RCA für einen Drifttransistor mit der f_α-Grenze von 125 MHz gewählt wurden

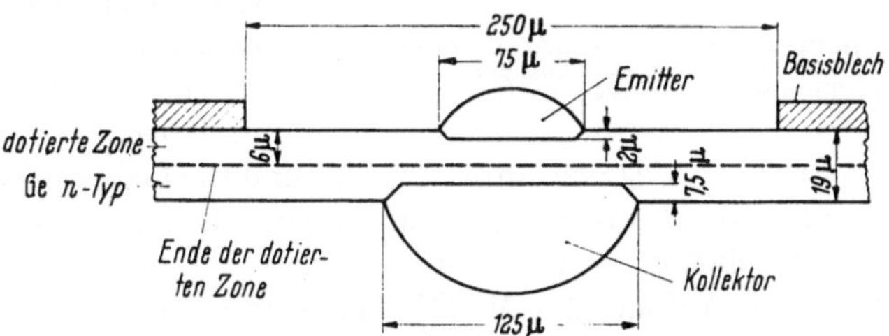

Abb. 91. Dimensionierung eines Drifttransistors mit einer f_α-Grenze von 125 MHz. Nach Kestenbaum und Ditrick [73]

[73]. Die Entfernung zwischen Emitter und Kollektor beträgt danach noch $10\,\mu$. Von dieser Strecke ist die dem Emitter zugewandte Hälfte inhomogen dotiert; hier herrscht das Driftfeld, hier liegt die eigentliche Basiszone. Die andere Hälfte ist für die Kollektorrandschicht vorgesehen, in der das Zugfeld der Kollektordiode wirksam wird. Die Lauf-

zeiten zwischen Emitter und Kollektor lassen sich leicht abschätzen. Die inhomogene Dotierung in der Basis ist so gewählt, daß für den Faktor $q\Delta\varphi/kT$ in Gl. (42) der Wert 5 entsteht. Damit findet man nach Gl. (32) und (42) (für $w = 5\,\mu$) eine Laufzeit im Driftfeld von

$$t_F \simeq 10^{-9}\ \text{sek} \ .$$

Die halbe Laufzeit in der Kollektorrandschicht von $5\,\mu$ Dicke beträgt $\sim 3 \cdot 10^{-10}$ sek, so daß eine Gesamtlaufzeit t_{ec} von $\sim 1{,}3 \cdot 10^{-9}$ sek resultiert. Die Emitterfläche hat nur noch einen Durchmesser von $80\,\mu$ und die Kollektorfläche von $130\,\mu$. Die Kollektorkapazität wird dadurch auf 0,5 pF herabgedrückt. Wegen der hohen Dotierung in der Basiszone wird ein Basiswiderstand $r_b \leq 100\,\Omega$ erreicht. Die höchste Oszillationsfrequenz des Drifttransistors errechnet sich mit den angegebenen Daten zu

$$f_{\max} \simeq 320\ \text{MHz} \ .$$

Ein von THORNTON und ANGELL beschriebenes Fertigungsverfahren für einen Hochfrequenztransistor [74], das ebenfalls den Drifteffekt zur Trägerbeschleunigung ausnutzt, ist durch die Anwendung des oben dargestellten elektrochemischen Verfahrens charakterisiert. Dieser Transistor ist unter der Bezeichnung MADT bekannt (MADT ist die Abkürzung für micro-alloy diffused base transistor). Der Aufbau dieses Transistors stimmt grundsätzlich mit dem soeben beschriebenen Drifttransistor überein. Es wird hier nur die eigentliche Dicke und Form der Basiszone

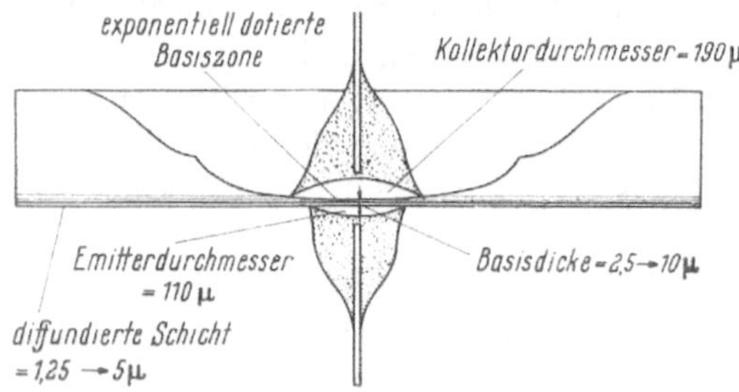

Abb. 92. Allgemeiner Aufbau des MADT-Transistors (micro-alloy-diffused base transistor). Nach THORNTON und ANGELL [74]

durch ein kontrolliertes Ätzverfahren erzeugt und die Legierungsmetalle für Emitter- und Kollektorelektrode durch ein ebenso genau dimensioniertes Elektroplattierverfahren aufgetragen.

Der allgemeine Aufbau des MADT-Transistors ist aus Abb. 92 zu ersehen. Der erste Schritt in der Fabrikation des Transistors ist die inhomogene Dotierung der Basisschicht, die durch Diffusion von Phosphor oder Arsen in hochohmiges Ge vom n-Typ erreicht wird. Die Dotierungstiefe reicht von 1 bis $6\,\mu$ je nach dem Anwendungszweck, für den der Transistor vorgesehen ist. Die Ätzgruben für Emitter und Kollektor werden dann an gegenüberliegenden Stellen des Ge-Plättchens angebracht und die Metallelektroden elektrolytisch niedergeschlagen. Ein Mikrolegierungsprozeß schließt sich an, bei dem die Legierungsfront nur

0,25 μ in das Ge eindringt und somit die Kontakte ihre ursprüngliche Form vollkommen beibehalten. Die Basisdicke variiert von 2,5 bis 10 μ je nach dem Transistortyp.

Die Vorteile dieses Herstellungsverfahrens liegen neben dem niedrigen Basiswiderstand, der sich beim Drifttransistor ohnehin durch die starke Oberflächendotierung bildet, einmal in der präzisen Lokalisierung der pn-Übergänge von Emitter und Kollektor an einer gewünschten Stelle im Halbleiter. Das Ätzverfahren läßt sich so genau dimensionieren, daß man z. B. die Emitterelektrode in einer bestimmten Tiefe in der inhomogen dotierten Zone der Basis anbringen kann. Ein anderer Vorteil besteht in der Möglichkeit, sehr niedrige elektrische und thermische Widerstände zwischen der Kollektorrandschicht und den Zuleitungsdrähten oder dem Gehäuse des Transistors herstellen zu können. Die Verfasser beschreiben drei verschiedene Typen von Transistoren, deren Produktion nach diesem Verfahren möglich ist und die die genannten Vorteile ausnutzen.

Ein Hochfrequenztransistor für schnelle Schaltzwecke macht von der genauen Lokalisierung der Emitterzone, von der geringen Basisdicke und dem niedrigen Basiswiderstand Gebrauch. Es ergeben sich extrem kleine Anstiegs- und Abfallzeiten für ein rechteckförmiges zu übertragendes Signal in der Gegend von 5 nsek. In speziellen Zählschaltungen sind Impulsfolgefrequenzen bis zu 140 MHz damit gezählt worden. Weitere Daten dieses Hochfrequenzschalttransistors sind in Tab. 10 angegeben.

Ein besonders bei Höchstfrequenzen schwingfähiger Transistor mit niedriger Rauschziffer verlangt sehr geringen Ausbreitungswiderstand in der Basiszone und kleine Kollektorkapazität. Der Emitter wird bei diesem Typ direkt unter der Oberfläche der dotierten Schicht angebracht, während der Kollektor im hochohmigen Teil der Basisschicht Sperrspannungen bis zu 100 Volt aushält. Eine Schwinggrenze von 1000 MHz läßt sich mit diesem Transistor erreichen. Er kann noch bei 200 MHz eine Leistungsverstärkung von 15 db abgeben. Eine Rauschziffer von 4 db bei 100 MHz ist für diesen Typ charakteristisch. (Weitere Eigenschaften dieses Transistors in Tab. 10.)

In einer dritten Ausführungsform — dem Hochfrequenzleistungstransistor — werden die guten thermischen Eigenschaften des Verfahrens ausgenutzt. Die extrem dünne Kollektorelektrode wird dabei direkt auf einen Silberstutzen, der zu einer kleinen Fläche von 150 μ Durchmesser zugespitzt wurde, aufgelötet (vgl. Abb. 93). Der Silberstutzen hat die Aufgabe, die in der Kollektorrandschicht entstehende Wärme aufzunehmen, an das Transistorgehäuse und an ein angepaßtes Kühlblech abzuleiten. Da der Abstand zwischen Kühlstutzen und Kollektorrandschicht nur 25 μ beträgt, werden sehr kleine thermische Widerstände zum Gehäuse bzw. zur umgebenden Luft von 0,11 °C/mW bzw.

Tabelle 10. *Charakteristische Eigenschaften von drei MADT-Transistor-Typen*

	Hochfrequenz-Schalttransistor	Hochfrequenz-Schwingtransistor	Hochfrequenz-Leistungstransistor
Anstiegzeit } eines Rechtecksignals	7 nsek	—	—
Abfallzeit	3 nsek	—	—
Speicherzeit	5 nsek	—	—
Maximale Schwingfrequenz	125 MHz	1000 MHz	600 MHz
Frequenz bei der $\beta = 1$ ist	—	600 MHz	80 MHz
Produkt aus Basiswiderstand und Kollektorkapazität	—	$15 \cdot 10^{-12}$ sek	$20 \cdot 10^{-12}$ sek
Stromverstärkungsfaktor	$\beta = 40$	$\alpha = 0,98$	$\beta = 15$
Kollektordurchbruchspannung	— 20 V	— 60 V	— 40 V
Emitterdurchbruchspannung	— 2 V	— 1 V	— 0,5 V
Kollektorkapazität	1,5 pF	0,5 pF	2 pF
Thermischer Widerstand zum Gehäuse	—	—	0,11 °C/mW
Thermischer Widerstand zur umgebenden Luft	—	—	0,28 °C/mW

0,28 °C/mW erzielt. Das bedeutet z. B., daß bei einer Temperatur der Kühlfläche von 30 °C und einer maximalen Temperatur des pn-Überganges von 100 °C rund 500 mW leicht abgeführt werden können. In Schaltungen, die mehr als 70% Wirkungsgrad besitzen, wird es dann möglich, Hochfrequenzenergie (100 MHz) in der Gegend von 1 W an einen Arbeitswiderstand abzugeben. Obwohl der Kollektor für diesen Typ etwas größer ausgelegt wird und eine Kapazität von 2 pF erhält, hat der Transistor immer noch eine maximale Schwingfrequenz von 600 MHz.

c) Der Flächentransistor mit diffundierter Basis (Mesa-Transistor)

Für die Wirtschaftlichkeit eines Bauelementes sind die Fertigungsschwierigkeiten von entscheidender Bedeutung. Dies gilt besonders bei der Herstellung von Höchstfrequenztransistoren. Hier hat das Diffusionsverfahren, bei dem die Störstellen durch Diffusion in quantitativer Weise in den Halbleiter einwandern, wegen seiner präzisen Handhabung und guten Eignung zur Massenherstellung stark an Bedeutung gewonnen. In Verbindung mit einer Aufdampftechnik zur

Herstellung der Legierungskontakte, bei der die geometrischen Dimensionen der Metallbelege sehr klein gehalten werden können, hat dies Verfahren zu den höchsten Frequenzen geführt, die bisher mit Halbleiterbauelementen erreicht werden konnten.

Wir beschreiben nach THOMAS und DACEY [75] die einzelnen Stufen der Fabrikation, die für einen Ge-Transistor mit diffundierter Basis erforderlich sind.

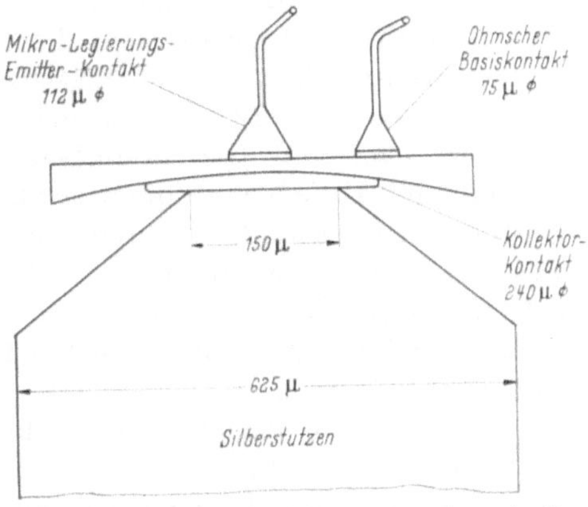

Abb. 93. Hochfrequenzleistungstransistor in der MADT-Bauform gibt 1 W Hochfrequenzenergie bei 100 MHz ab. Nach THORNTON und ANGELL [74]

Das Ausgangsmaterial ist ein rechteckförmiges Plättchen vom p-Typ Germanium von 250 μ Dicke (Fläche $1 \times 1,25$ mm^2) und 0,8 Ω cm spezifischen Widerstand. Diese Plättchen werden bei erhöhter Temperatur so lange einem Arsendampf ausgesetzt, bis sich auf ihrer Ober-

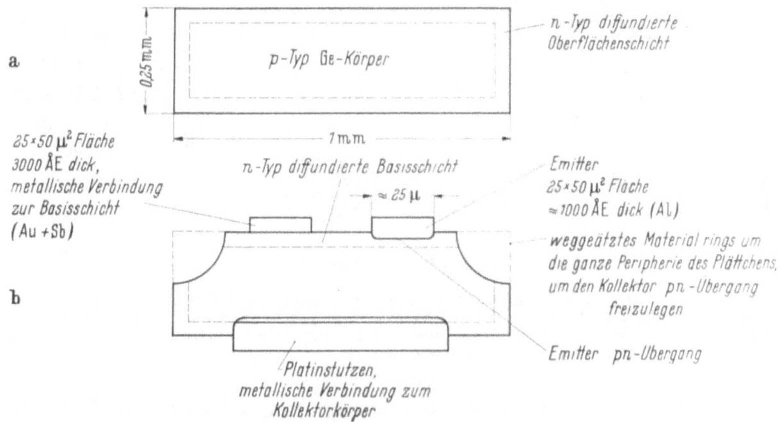

Abb. 94. Aufbau des Mesa-Transistors. Nach THOMAS und DACEY [75].
a) Grundkörper des Mesa-Transistors aus Ge mit diffundierter Randschicht; b) Anordnung der Elektroden auf dem Grundkörper

fläche eine arsendotierte Schicht von 1,5 μ gebildet hat. Abb. 94a zeigt die p-Typ-Plättchen mit der dünnen n-Typ-Schicht im Querschnitt, während Abb. 94b die fertige Transistorstruktur mit dem aufgesetzten Emitter, mit dem Basiskontakt und der Kollektorlötstelle wiedergibt. Der Emitter-pn-Übergang wird durch eine aufgedampfte Al-Schicht von 1000 Å Dicke hergestellt, die durch einen Legierungsprozeß soweit in die n-Schicht eindringt, bis die gewünschte Basisdicke erreicht ist. Der Basiskontakt wird in ähnlicher Art, aber mit einer aufgedampften Gold—Antimon-Schicht gewonnen, die einen sperrfreien Übergang zur Basiszone schafft. Emitter- und Basisflächen haben in diesem Beispiel einen Abstand von 12,5 μ voneinander. Diese Flächen sind nur $25 \times 50 \cdot 10^{-8}$ cm² groß. Die untere Seite des Plättchens wird auf einen Platinstab mit Hilfe von Indium gelötet, wobei das Indium so reichlich bemessen wird, daß es durch die n-Schicht hindurchlegiert. Als letzter Schritt wird das überflüssige Halbleitermaterial weggeätzt und der Kollektor-pn-Übergang freigelegt. Das geschieht durch Abdecken von Basis und Emitter mit einem Wachstropfen und Abätzen des Ge-Materials an seinem Umfang (vgl. Abb. 94). Dabei entsteht ein Kollektor-pn-Übergang von der gleichen Fläche wie sie der Wachstropfen auf der Oberschicht bedeckt.

Nach der bei der Abätzung der Oberfläche entstehenden tafelbergartigen Bauform wird dieser Transistor Mesa-Transistor genannt .

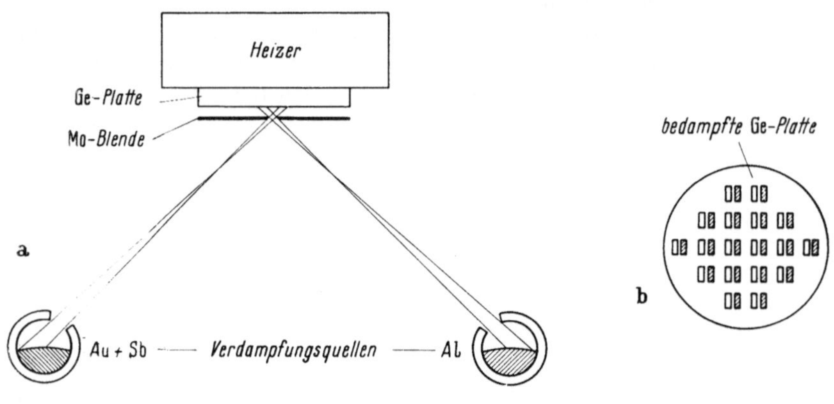

Abb. 95a u. b. a) Anordnung zum Aufdampfen von Emitter und Basiselektrode des Mesa-Transistors durch die gleiche Blendenöffnung aus zwei getrennten Öfen. b) Gleichzeitiges Aufdampfen einer Vielzahl von Mesatransistoren zur Vereinfachung der Fertigung (schematisch)

(Mesa ist ein aus dem Spanischen übernommenes Wort und bedeutet Tafelberg). Die Kontaktierung der winzigen Emitter- und Basisflächen wird mit dünnen Golddrähten in einem Druckschweißverfahren hergestellt. Abb. 95 zeigt eine Anordnung, mit der das Aufdampfen der metallischen Belegungen ausgeführt wird. Die Herstellung von genau rechteckförmigen Löchern von so kleiner Dimension, wie sie hier gebraucht werden, ist aufwendig. Aus diesem Grund und, um Doppelbedampfungen von vornherein zu vermeiden, fertigt man nur eine Blendenöffnung und bedampft die Ge-Oberfläche aus zwei getrennten Öfen unter verschiedenen Auftreffwinkeln in einem solchen Abstand von der Blende, daß zwei Belegungen im gewünschten Abstand entstehen. Sofern die Blendenfolie mehrere Löcher im passenden Abstand trägt, kann man durch einen Bedampfungsvorgang eine Vielzahl (etwa 1000) von Mesa-Transistoren auf einer Ge-Platte gleichzeitig gewinnen.

Für eine spezielle geometrische Anordnung der Elektroden des Mesa-Transistors konnte EARLY [71] zeigen, daß das Frequenzverhalten, insbesondere die maximale Schwingfrequenz des Transistors, nur noch von einer geometrischen Dimension, nämlich von der Entfernung der Basis vom Emitterkontakt, abhängt, sofern die Basisdicke für die Laufzeiten optimal gewählt wird.

Abb. 96 zeigt die idealisierte Struktur eines Mesa-Transistors, für die die Rechnung zutrifft. Eine mittlere Emitterfläche von der Breite s wird im Abstand $s/2$ auf beiden Seiten von gleich großen Basisflächen um-

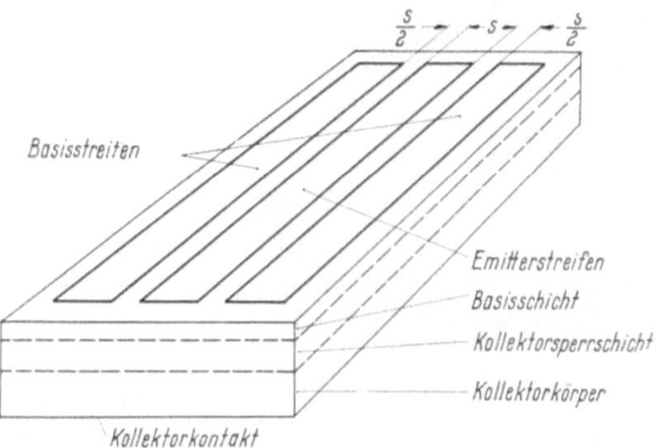

Abb. 96. Spezielle Mesa-Struktur nach EARLY [71], bei der die maximale Schwingfrequenz nur noch von der Dicke s des Emitterstreifens abhängt

geben. Der Kollektorkontakt befindet sich auf der Unterseite des HL-Körpers. Der Widerstand des Kollektorkörpers wird vernachlässigt. Die Parameter r_b und c_c, die in Gl. (34) für die maximale Oszillationsfrequenz eines Transistors auftreten, lassen sich in der angegebenen Geometrie auf s beziehen und man erhält an Stelle von (34) einen Ausdruck für:

$$f_{\max} = \frac{1}{4\pi s}\left(\frac{3}{2\varrho_\square\, c_c\, t_{ec}}\right)^{1/2}.$$

c_c ist die Kollektorkapazität/cm² und $\varrho_\square$ der Basisschichtwiderstand. Der Ausdruck

$$\varrho_\square\, c_c\, t_{ec} \tag{43}$$

nimmt nach EARLY unter gewissen Nebenbedingungen einen Minimalwert an für eine gegebene Konzentration der Akzeptoren im Kollektorkörper und für $J_E = 0{,}5\, J_{E\max}$ [vgl. Gl. (40)].

Obwohl die einzelnen Parameter im Ausdruck (43) im einzelnen stark z. B. mit dem spez. Widerstand in der Basiszone variieren, bleibt das gesamte Produkt unter gewissen Nebenbedingungen konstant. Eine Verminderung von $\varrho_\square$ bedeutet Herabsetzung der Beweglichkeit und damit Vergrößerung von t_{ec}. Eine Kapazitätsverkleinerung von c_c kann nur mit einer Verlängerung der Laufzeit in der Kollektorrandschicht erkauft werden. Sie ist für den Gesamtausdruck (43) wiederum unwirksam. Um den Ausdruck (43) zu einem Minimum zu machen, muß die Basisdicke w des Transistors so gewählt werden, daß die Laufzeitabschnitte in der Basiszone, im Emitterübergang und in der Kollektorrandschicht in einem bestimmten Verhältnis zueinander stehen [71].

$f_{\max}$ nimmt dann für $N_C = 10^{16}/\mathrm{cm}^3$ den Wert an:

$$f_{\max} = \frac{7 \cdot 10^6}{s} \; [\mathrm{sek}^{-1}], \; (s \text{ in cm}). \tag{44}$$

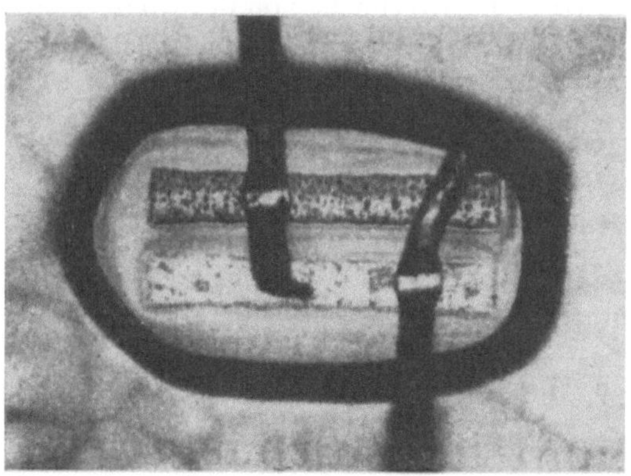

Abb. 97. Mikrophotographie von Emitter und Basiselektrode eines Mesa-Transistors. Die Kontakte sind mit 10 μ dicken Golddrähten hergestellt

Die Gl. (44) zeigt die entscheidende Bedeutung, die dem Basis-Emitterabstand für das Frequenzverhalten der Mesa-Transistoren zukommt. Nach (44) sollte ein Transistor, bei dem dieser Abstand 35 μ beträgt, eine Schwingfrequenz von 1000 MHz erreichen können. In der Tat haben Experimente gezeigt, daß pnp-Transistoren mit diffundierter Basiszone mit einer Emitterstreifenbreite von 25 μ und mit gleicher Basisbreite in einem Abstand von 20 μ oberhalb von 1000 MHz schwingen können. Abb. 97 gibt die Mikrophotographie von Emitter- und Basiselektrode eines solchen Transistors wieder mit 10 μ dicken Golddrähten, die die Elektroden kontaktieren. Mit dieser Mesa-Bauform in zum Teil noch kleineren Ausführungen sind im Laboratorium Schwingfrequenzen von $5 \cdot 10^9$ Hz erzielt worden. Man rechnet damit, eine Schwinggrenze von 10^{10} Hz mit dem Mesa-Typ zu erreichen. Eine wirtschaftliche Produktion des Mesa-Transistors ist mindestens bis zu einer Grenzfrequenz f_β von 800 MHz möglich.

In der oben beschriebenen Mesabauform läßt sich ein relativ hochohmiges Kristallstück zwischen Kollektorelektrode und Kollektorrandschicht aus rein fertigungstechnischen Gründen nicht vermeiden. Das bewirkt einen schädlichen Kollektorbahnwiderstand, der vor allem eine Aussteuerung des Mesatransistors zu höheren Strömen verhindert und auch keine schnellen Schaltzeiten zuläßt, wenn man den Mesatransistor als Schalter betreibt. Abhilfe läßt sich dadurch schaffen, daß man extrem niederohmiges Material ($\sim$ 0,005 Ω cm) für das Kollektorbahngebiet verwendet und darauf zur Aufnahme der Kollektorrandschicht eine hochohmigere Schicht aufbringt. Die in Kap. I. 4. beschriebenen epitaxischen Aufwachsverfahren sind dazu geeignet. Sie sind sowohl für Ge- wie für Si-Mesatransistoren angewandt worden [95] [83]. Die Basisschicht, der Emitter- und Basiskontakt werden wie in der oben beschriebenen Bauform in die Epitax-Schicht eingebracht. Im epitaxischen Mesatransistor entsteht eine Schichtenfolge wie sie Abb. 98

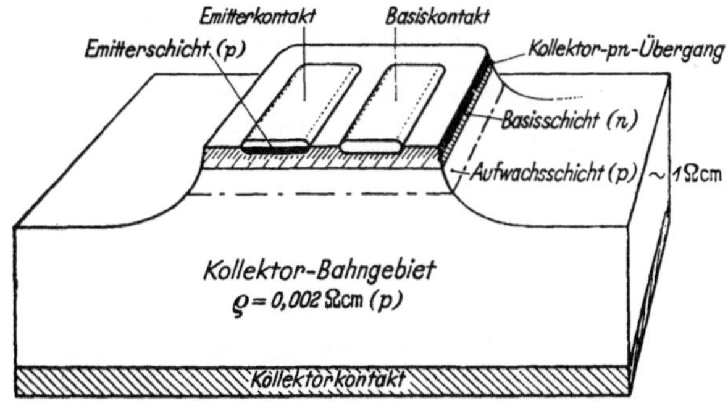

Abb. 98. Schnitt durch einen Mesatransistor mit Epitax-Schicht (schematisch)

zeigt. Das Kollektorbahngebiet dient nur noch als niederohmige Stromzuführung und als Kristallträger. Es könnte auch durch ein Metallstück ersetzt werden, wenn es gelänge, die dünnen Halbleiterschichten auf eine Metallunterlage aufzubringen. Die Stromaussteuerung und das Schaltverhalten dieser Transistoren sind gegenüber der einfachen Mesabauform erheblich verbessert.

Der Planartransistor stellt eine spezielle Bauart des Si-Transistors mit diffundierter Basiszone dar, die sich durch besonders stabile Oberflächeneigenschaften auszeichnet [97] [98]. Da die pn-Übergänge des Planartransistors bei der Fertigung nicht durch Ätzprozesse freigelegt werden, bleibt seine Oberfläche völlig eben erhalten. Das hat zu der Bezeichnung Planartransistor geführt. Eine SiO$_2$-Haut, die den ganzen Transistor bedeckt, schützt auch die empfindlichen pn-Übergänge an den Stellen, an denen sie an die Oberfläche treten (vgl. Abb. 99). Die durch das Oxyd fixierten Oberflächenzustände bleiben unverändert erhalten. Das wirkt sich günstig auf alle oberflächenempfindlichen Parameter des Transistors aus. Die Passivierung der Oberfläche erhöht außerdem die Stabilität des Bauelementes und seine Zuverlässigkeit im Betrieb.

Die Bildung der Basis- und Emitterzone erfolgt im Planartransistor von der gleichen Seite her. Es lassen sich deshalb wie bei der Mesabauform eine große Anzahl von Transistoren gleichzeitig aus einer Si-

Scheibe fertigen. Beim *npn*-Planartransistor beginnt die Herstellung mit einer geeignet polierten oder geätzten Si-Scheibe (*n*-Typ), die mit einer 1μ dicken Oxydschicht belegt wird (Abb. 100a).

Mit einem photolitographischen Verfahren [99] wird die Oxydschicht an bestimmten Stellen der Oberfläche selektiv entfernt (Abb. 100b). An diesen Stellen läßt man Bor in einer oxydierenden Atmosphäre bis zu einer gewünschten Tiefe eindiffundieren (vgl. II. 3.c). Während der Diffusion schiebt sich der *pn*-Übergang unter die noch vorhandene

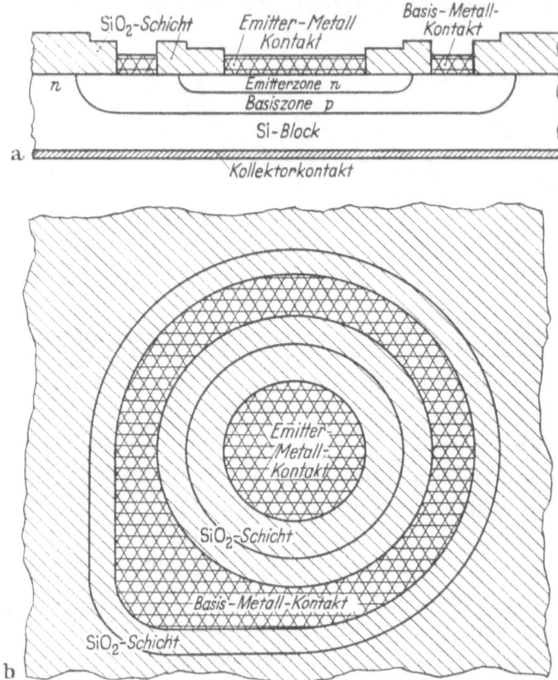

Abb. 99 a u. b. Der Planar-Transistor im Schnitt (a) und in der Aufsicht (b) (schematisch)

Oxydschicht bis in eine Entfernung, die der Dicke der Basisschicht entspricht. Damit tritt der *pn*-Übergang an einer von dem voraufgehenden Ätzprozeß völlig unberührten und deshalb sehr reinen Stelle an die Oberfläche des Si (Abb. 100c).

In einem erneuten Maskierungs- und Ätzprozeß wird im Basisbereich ein Teil der wiedergewachsenen Oxydschicht entfernt (Abb. 100d). Bei der anschließenden Phosphor-Diffusion entsteht die Emitterzone und eine zusammenhängende Oxydbedeckung (Abb. 100e). Sämtliche *pn*-Grenzen an der Oberfläche sind nun mit einer SiO_2-Schicht geschützt. Zur Kontaktierung von Emitter- und Basiszone werden wieder selektiv Löcher zur Aufnahme der metallischen Kontakte in die Oxydhaut geätzt (Abb. 100f und 100g). Die weitere Bearbeitung erfolgt wie beim Mesatransistor. Planartransistoren können in allen Größen und Formen hergestellt werden. Es sind Hochfrequenztypen gebaut worden, die bei 1,4 GHz schwingen und Leistungstypen von 35 W, die einen Strom von 1 A in 40 nsek schalten.

Obwohl der Planartransistor technologisch nur an einer Stelle, nämlich in seiner Oberflächenstruktur, gegenüber anderen Bauformen verbessert ist, wirkt sich dieser Vorteil auf viele Eigenschaften des Bauelementes aus. Die Kollektor- und Emitterrestströme werden extrem klein (bei Zimmertemperatur $< 10^{-9}$ A). Sie werden praktisch nur vom kompakten Si-Material bestimmt. Eine Folge des geringen Oberflächeneinflusses ist die niedrige Rauschziffer der

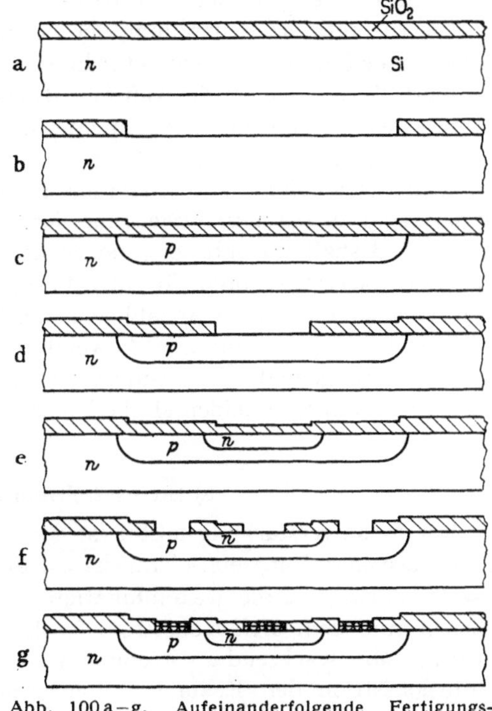

Abb. 100a—g. Aufeinanderfolgende Fertigungsschritte bei der Herstellung des Planartransistors. Nach HOERNI [97]

Planartransistoren. Sie ist um 10 db kleiner als bei vergleichbaren Mesatypen. Aus dem gleichen Grund bleibt der Abfall des Stromverstärkungsfaktors β für kleine Ströme geringer als bei geätzten Emittern. Die Durchbruchspannungen sind vergrößert, die Belastungsgrenzen des Bauelementes werden dadurch erweitert. Die hohe Oberflächenstabilität erleichtert das Einkapseln des Planartransistors. Sie verhindert eine zeitliche Veränderung der Transistorparameter und bewirkt eine hohe Zuverlässigkeit und eine lange Lebensdauer der Bauelemente.

6. Der Leistungstransistor

Unter dem Begriff Leistungstransistor sollen hier Transistoren verstanden werden, die in der Lage sind, auf der Kollektorseite eine bestimmte große Leistung, einen hohen Strom oder eine hohe Spannung abzugeben. Zusätzlich sollen noch die anderen in der Transistortechnik üblichen Parameter, wie z. B. Leistungsverstärkung, Frequenzverhalten kennzeichnend sein. Solche Transistoren verlangen im allgemeinen eine spezielle Fertigung, da bei ihnen immer auf die Produktion von Wärme

13*

Rücksicht genommen und zu ihrer Ableitung Mittel vorgesehen werden müssen. Diese Wärme abführenden Mittel bestimmen wesentlich die Verlustleistungsgrenze der Transistoren.

Die theoretische Behandlung der Leistungstransistoren bietet große Schwierigkeiten, da die einfache lineare „Klein-Signal"-Theorie nicht mehr erfüllt ist, nach der die Konzentration der injizierten Ladungsträger klein gegen die Majoritätsträgerdichte im Halbleiter sein soll. Eine umfassende Theorie hätte die räumliche Struktur der Transistoren, den Effekt der hohen Stromdichte und die dadurch veränderte Lebensdauer der Ladungsträger zu berücksichtigen. Sie liegt noch nicht vor. Wir beschäftigen uns deshalb nur mit der experimentellen und technologischen Seite der Leistungstransistoren. In den Fertigungsverfahren solcher Transistoren haben sich eine Anzahl von Methoden bewährt, ohne daß ein einziger Lösungsweg für alle Anwendungsgebiete bevorzugt wird. Es werden vorwiegend das Legierungsverfahren und das Diffusionsverfahren verwendet, wobei in beiden Methoden sowohl Si wie Ge zur Anwendung kommen.

a) Stromdichteeffekte

Der Stromverstärkungsfaktor ist der wesentliche Parameter für die Leistungsverstärkung eines Transistors. Für sehr niedrige Stromdichten ($\sim 10^{-3}$ A/cm^2) ist die Rekombination in der Emitterrandschicht verglichen mit dem Diffusionsstrom hoch. Die Emitterwirksamkeit ist niedrig. Mit wachsender Stromdichte ($\sim 10^{-2}$ A/cm^2) überwiegt der Diffusionsstrom den Rekombinationsverlust. Der Stromverstärkungsfaktor erhält seinen üblichen durch das Dotierungsverhältnis von Basis- und Emitterzone, sowie durch Basisbreite und Diffusionslänge gegebenen Wert. Für noch größere Emitterströme ($\sim 10^{-1}$ A/cm^2) tritt ein zusätzliches Feld in der Basis auf, das die Diffusionskonstante der Minoritätsträger heraufsetzt. Damit wachsen die Stromverstärkungsfaktoren nochmals an. Bei weiterer Vermehrung der Ladungsträger (~ 1 A/cm^2) wird im allgemeinen der Widerstand des Basismaterials derart herabgesetzt, daß eine Minderung der Emitterwirksamkeit eintritt. Somit geht der Stromverstärkungsfaktor durch ein Maximum und nimmt dann mit höherer Stromdichte sehr schnell ab. Das gilt sowohl für Si wie Ge (vgl. Abb. 21 in Teil A).

Leistungstransistoren werden im allgemeinen für Stromdichten > 1 A/cm^2 ausgelegt. Man hat also in ihnen mit einem starken Abfall des Stromverstärkungsfaktors bei hohen Stromdichten zu rechnen.

Eine andere Tatsache von fertigungstechnischer Bedeutung ist die Selbstbegrenzung der Emitterfläche bei hohen Stromdichten. Die zwischen Emitter- und Basiselektrode liegende Flußspannung wird nur zu einem Teil in der Randschicht des Emitters verbraucht, ein Teil dieser Spannung fällt in der Basiszone selbst ab, da diese stets einen endlichen

Widerstand besitzt. Dieser seitliche Spannungsabfall wird allerdings erst bei hohen Injektionsdichten störend, wenn die Trägerkonzentrationen weit über die Dotierungskonzentration angehoben sind. Der Spannungsabfall nimmt vom Rand des Emitters nach innen hin zu, so daß die am pn-Übergang liegende Durchlaßspannung im Innern des Emitters wesentlich erniedrigt ist.

Für eine kreisförmige Emitterfläche findet man eine Stromdichteverteilung, wie sie in Abb. 101 schematisch angedeutet ist. Die Emitterfläche ist nicht voll wirksam, ihre Emissionsfähigkeit nimmt zur Mitte

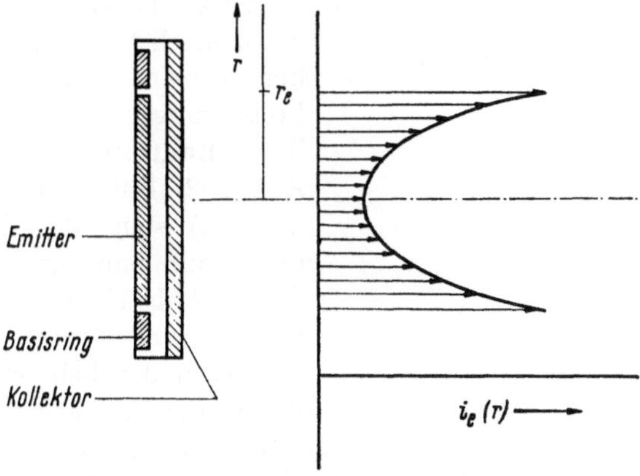

Abb. 101. Stromdichteverteilung in einer kreisförmigen Emitterfläche. i_e = Stromdichte, r_e = Radius des Emitters. Nach EMEIS und HERLET [77]

hin etwa exponentiell ab. Diese Selbstbegrenzung der Emitterfläche bei hohen Stromdichten kann man nach EMEIS und HERLET [77] durch die Einführung einer effektiven Emitterfläche A_{eff} beschreiben:

$$A_{\text{eff}} = \frac{I_E}{i_e(r_e)} = \int_0^{r_e} \frac{i_e(r)}{i_e(r_e)} \cdot 2\pi\, r\, dr\,,$$

I_E = gesamter Emitterstrom,

r_e = Radius des Emitters,

i_e = Stromdichte.

Sofern ausschließlich eine stromunabhängige Volumenrekombination in der Basiszone berücksichtigt und die Oberflächenrekombination vernachlässigt wird, kann A_{eff} berechnet werden. Es sollen hier nur die Ergebnisse für kleine und große Emitterflächen angegeben werden.

Es gilt

$$A_{\text{eff}} = \pi\, r_e^2 \quad \text{für} \quad r_e \ll \sqrt{2}\, L_p\,,$$
$$A_{\text{eff}} = 2 r_e \sqrt{2}\, L_p \quad \text{für} \quad r_e \gg \sqrt{2}\, L_p\,.$$

Es ist $L_p = \sqrt{D_p \tau}$, wobei D_p die Diffusionskonstante und τ die Trägerlebensdauer bei hoher Injektion bedeuten. Bei Emitterradien, die klein gegen die Diffusionslänge sind, ist also noch die ganze Emitterfläche wirksam, während bei Radien, die groß gegen die Diffusionslänge sind, nur eine schmale Zone am Rande des Emitters mit der Breite $\sqrt{2}L_p$ zur Emission beiträgt. Für Si-Transistoren liegen diese Breiten in der Gegend von 0,1 bis 0,2 mm. Bei einer Vergrößerung der Emitterfläche wächst also die Emission, von einem gewissen sehr kleinen Radius an, nur noch linear mit dem Umfang des Emitters.

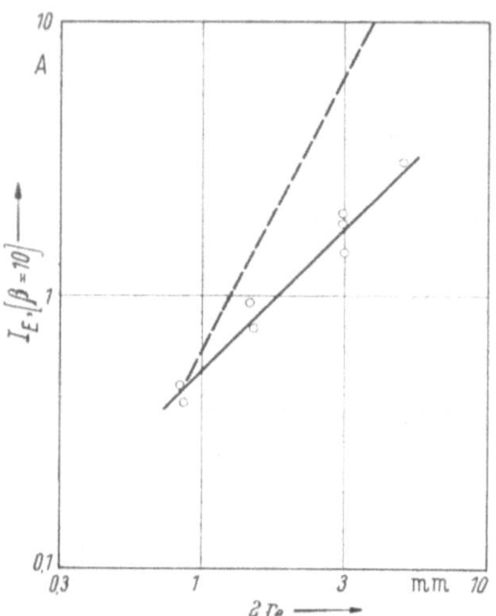

Abb. 102 Der Emitterstrom I_E von Emitterflächen mit dem Radius r_e als Funktion von $2r_e$ für den festen Wert des Stromverstärkungsfaktors $\beta = 10$. ——— Linearer Anstieg, - - - - quadratischer Anstieg. Nach EMEIS und HERLET [77]

Diese Tatsache läßt sich experimentell bestätigen, wenn man den Emitterstrom verschiedener kreisförmiger Emitterflächen gegen ihren Emitterradius aufträgt (vgl. Abb. 102). Für einen festen β-Wert ($\beta = 10$) steigt der Emitterstrom linear mit dem Emitterradius an. Der in Abb. 102 gestrichelt eingetragene quadratische Stromverlauf ist davon deutlich unterschieden. Wenn die Aufgabe besteht, aus einer gegebenen Halbleiterfläche einen maximalen Emitterstrom bei hohen Stromdichten zu erzielen, so muß die Halbleiterfläche mit Emitterstreifen von der oben angegebenen Breite belegt werden, die immer wieder von Basiskontaktflächen getrennt sind. Es ergibt sich somit entweder ein Emitter-Basissystem, bei dem Emitter- und Basisflächen kammartig ineinander greifen, oder (bei kreisförmiger Fläche) ein ringförmiges Elektrodensystem, bei dem Basis- und Emitterzone abwechselnd aufeinander folgen (vgl. Abb. 103). Beide Formen sind in der Praxis verwirklicht worden.

Ein anderer Effekt, der den Stromverstärkungsfaktor bei hohen Stromdichten erniedrigt, wird durch die Oberflächenrekombination hervorgerufen. Wir betrachten den Schnitt durch eine Transistorstruktur (vgl. Abb. 104, [78]). Als Beispiel ist ein Legierungstransistor vom pnp-Typ gewählt worden. Der vom Emitter zum Kollektor fließende Löcherstrom ist am Rande des Emitters konzentriert. Elektronen gelangen aus der Basiselektrode an die Emitteroberfläche, wo sie mit den Löchern rekombinieren (Volumenrekombination) und an die Halbleiteroberfläche, wo sie ebenfalls rekombinieren (Oberflächenrekombination). Es ist unmittelbar verständlich, daß die Konzentration des Löcher-

stromes am Emitterrand die Diffusion der Löcher an die Oberfläche
begünstigt. Diese Verluste beeinträchtigen den Stromverstärkungs-

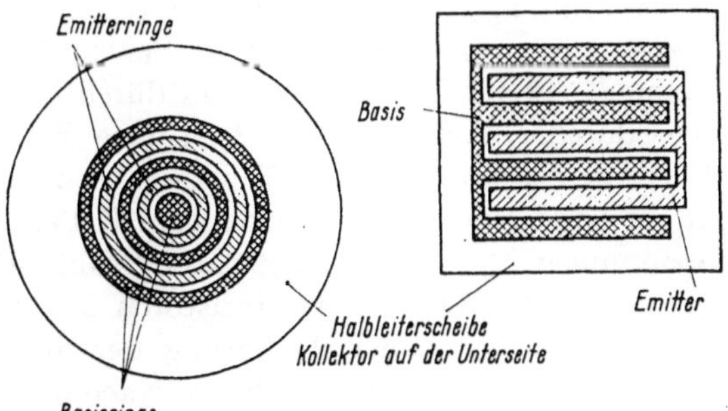

Abb. 103. Ringförmiges und kammartiges Elektrodensystem für Leistungstransistoren, bei
dem Emitter- und Basisflächen miteinander abwechseln

faktor erheblich. Die starke Krümmung am Rande der Emitter-Basis-
fläche übt im Verein mit der hier auftretenden Löcherkonzentration
eine zerstreuende Wirkung auf die Ladungsträger aus, so daß am Rande

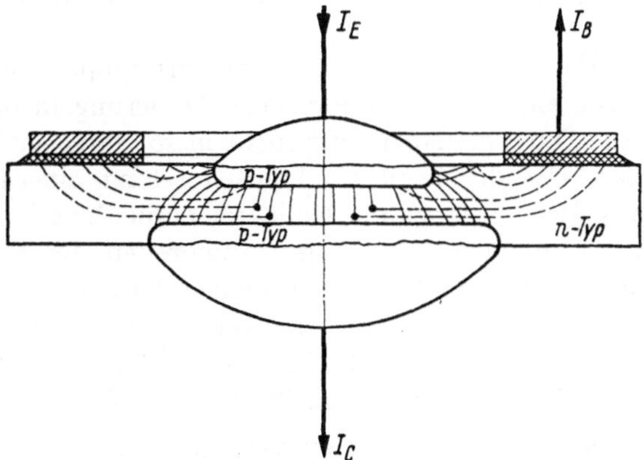

Abb. 104. Schnitt durch einen pnp-Legierungstransistor. Bei hohen Stromdichten begünstigt die Konzentration der Löcher am Emitterrand ihre Diffusion zur Oberfläche (schematisch)

lange Diffusionswege entstehen, die das Frequenzverhalten des Transistors verschlechtern. Diese Randfeldstärke zu verringern, gelingt nur
durch Erniedrigung des spezifischen Widerstandes der Basiszone und
durch Verlängerung der Kantenlänge des Emitters, also durch Verzicht
auf Stromdichte.

b) Hochspannungseffekte

Die Spannung, die auf der Kollektorseite eines Transistors angelegt
werden kann, wird durch verschiedene physikalische Eigenschaften
begrenzt. In Ge-Leistungstransistoren liegen die Durchbruchspannun-

gen an der Oberfläche des Ge in der Gegend von 30 bis 100 Volt. Sie begrenzen die zulässigen Kollektorspannungen. Bei Si liegen die Oberflächendurchbruchspannungen weit höher, hier treten Volumeneffekte auf, die die Sperrspannungen niedrig halten. Bei einer hinreichenden Kollektorspannung U_p greift das Kollektorfeld durch die Basis bis zur Emitterelektrode durch. In diesem Fall tritt eine Erniedrigung des Sperrpotentials vor dem Emitter ein, die Emission wird stark vermehrt, und es entsteht ein Kurzschluß vom Emitter zum Kollektor. Der Transistor ist mit Spannungen oberhalb U_p nicht arbeitsfähig. Diese Erscheinung tritt insbesondere bei Legierungstransistoren auf, bei denen das Kollektorrandfeld wegen der hohen Dotierung der auskristallisierten Zone sich nur in der Basiszone ausdehnen kann. Nach der Theorie steigt die Dicke der Raumladungszone mit der Wurzel aus der Spannung und aus dem spezifischen Widerstand an. Man findet daher für die Durchgreifspannung U_p beim npn-Transistor:

$$U_p = \frac{1}{2} \cdot \frac{w^2}{\varepsilon\,\mu_p\,\varrho_b} \qquad \begin{aligned} w &= \text{Basisdicke,} \\ \varrho_b &= \text{spez. Widerstand,} \\ \mu_p &= \text{Beweglichkeit der Defektelektronen.} \end{aligned} \tag{45}$$

Für eine feste Basisdicke nimmt U_p umgekehrt proportional mit ϱ_b zu.

Bei Transistoren, die eine inhomogene Dotierung in der Basiszone besitzen, ist die Durchgreifspannung nicht in so einfacher Weise wie in Gl. (45) gegeben. Das gleiche gilt für Transistoren mit einer hochohmigen Kollektorrandschicht, solange die Kollektorraumladung sich frei in der Kollektorzone ausdehnen kann. Das Durchgreifen der Kollektorspannung begünstigt naturgemäß das Frequenzverhalten der Transistoren, weil dadurch die effektive Basisdicke verkleinert wird. Das Produkt $U_p \cdot \varrho_b \cdot f_\alpha$ bleibt aber konstant. Es liegt für n- oder p-Typ Legierungstransistoren aus Ge oder Si zwischen 2000 und 10000 V Ω cm MHz.

Es gibt noch eine zweite Spannungsbegrenzung im Halbleiter. Sie wird durch Trägervermehrung in der Kollektorrandschicht hervorgerufen. Die Ladungsträger werden in der hohen Feldstärke des Randfeldes so stark beschleunigt, daß ihre Energie ausreicht, weitere Elektronen durch Stöße mit den Gitteratomen freizusetzen und neue Elektronen-Lochpaare zu bilden. Dieser Prozeß hat große Ähnlichkeit mit der Trägerbildung in Gasentladungen durch Stoßionisation. Die Durchbruchspannung U_b der Randschicht wird erreicht, wenn der Multiplikationsfaktor der Ladungsträger größer als Eins wird und eine lawinenartige Vermehrung der Ladungsträger einsetzt. Oberhalb der Spannung U_b fließen im Transistor hohe Kollektorströme ohne Emitterstrom. U_b nimmt mit wachsendem spezifischen Widerstand des Basisgebietes zu. Nach MILLER [79] kann der Zusammenhang zwischen U_b und der auf der hochohmigen Seite des pn-Überganges vorliegenden Störstellendichte

N_i mit

$$U_b = \text{const} \cdot N_i^{-0,66}$$

angegeben werden. Sofern sich also die Kollektorspannung allein in der Basisschicht ausdehnt, wächst U_b mit $\varrho^{0,66}$ an. Es ist augenscheinlich, daß die Durchgreifspannung durch die Basiszone U_p und die Durchbruchspannung U_b entgegengesetzte Forderungen an das Halbleitermaterial des Transistors stellen. Mit Legierungstransistoren können die Forderungen nach einer dünnen Basiszone (hohes f_α) und nach großer Kollektorspannung nicht gleichzeitig erfüllt werden. Die hier geschilderten Zusammenhänge der Spannungsbegrenzung, die durch den spezifischen Widerstand in der Basiszone und durch die Basisdicke verursacht werden, sind von EMEIS und HERLET [80] an legierten Si-Transistoren experimentell belegt worden. Ihre Ergebnisse sind in Abb. 105 zusammengefaßt. Kurve 1 bezeichnet die Durchbruchspan-

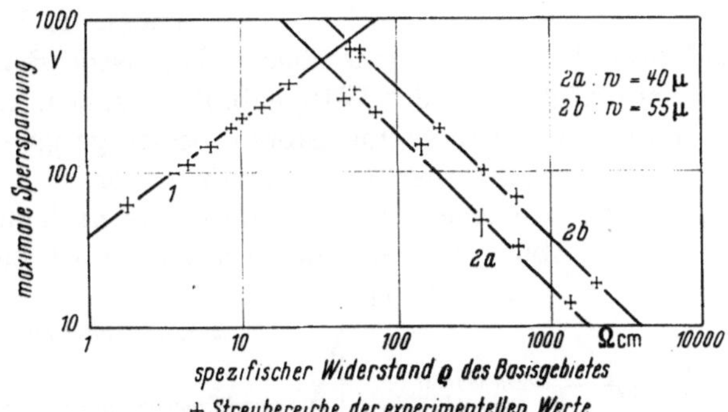

Abb. 105. Die maximale Sperrspannung am Kollektor eines legierten Siliziumtransistors in Abhängigkeit vom spezifischen Widerstand des Basisgebietes (20 °C). 1. Durchbruchspannung U_b, 2a. Durchgreifspannung U_p für eine Basisdicke von 40 μ, 2b. Durchgreifspannung U_p für eine Basisdicke von 55 μ. Nach EMEIS und HERLET [80]

nung U_b, während die Kurven 2a und 2b die Durchgreifspannung U_p für zwei verschiedene Basisdicken in Abhängigkeit vom spezifischen Widerstand der Basis wiedergeben. Für die gewählten Basisdicken von 40 μ und 55 μ läßt sich eine maximale Sperrspannung von etwa 700 Volt bei einem ϱ_b von etwa 70 Ω cm erzielen.

c) Legierte und diffundierte Leistungstransistoren

Da es bei der Aufnahme von hohen Strömen, wie sie im Leistungstransistor üblich sind, wesentlich auf möglichst niederohmige Stromzuführungen zu den pn-Übergängen an Emitter und Kollektor ankommt, ist der Transistoraufbau nach dem Zugverfahren für hohe Leistungen ungeeignet. Hier bieten die Basiskontaktierung an einem Punkt und die Kristallstücke in der Emitter- und Kollektorzuleitung zuviel Widerstand. Das Legierungsverfahren liefert in den Zuführungen zu

den Elektroden nur geringe parasitäre Widerstände, die vollends auszuschalten eine wichtige Aufgabe bleibt. Bei Ge-Legierungstransistoren
wird deshalb zum Indiummetall vielfach Ga (und auch Ag und Au) zugesetzt, um den Widerstand der rekristallierten Schicht, in der sich Ga
in weit höherem Maße einbaut, herabzusetzen. Das Diffusionsverfahren
bietet für den Leistungs-
transistor große Vorteile.
Es führt zu völlig ho-
mogenen Schichten, die
überdies noch extrem
dünn ausgestaltet wer-
den können. Ge und Si
werden heute in gleicher
Weise zum Bau von Lei-
stungstransistoren ver-
wendet. Si besitzt den

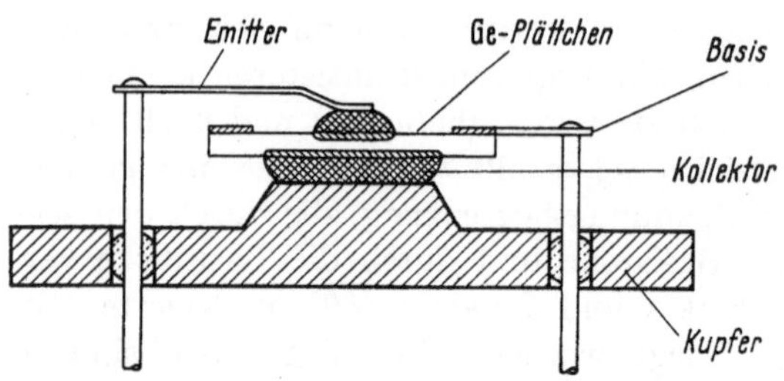

Abb. 106. Aufbau eines Leistungstransistors nach der Legierungsmethode (schematischer Schnitt)

höheren Bandabstand. Damit ist eine höhere thermische Belastbarkeit
und eine einfachere Möglichkeit der Wärmeabfuhr gegeben. Es ist deshalb für den Bau von Leistungstransistoren besser geeignet. Für Ge
liegen erprobte und bewährte Fertigungsverfahren vor.

Den normalen Aufbau eines Leistungstransistors nach dem Legierungsverfahren zeigt Abb. 106. Der Kollektorkontakt ist unmittelbar

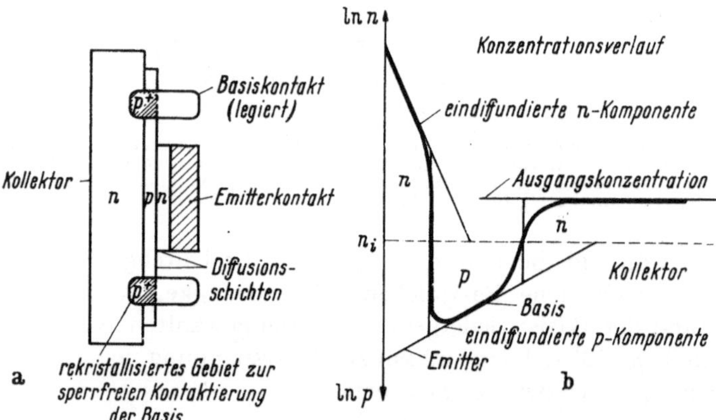

Abb. 107 a u. b. Aufbau eines Leistungstransistors nach der Diffusionsmethode. Nach KÖHL
und GINSBACH [76]   a) Schichtenfolge im Si-Körper zwischen Emitter und Kollektor;
b) Konzentrationsverlauf der Fremdstoffe im Si nach der Doppeldiffusion

auf einen Kupferklotz gesetzt. Die in der Kollektorrandschicht produzierte Wärme wird so auf dem kürzesten Wege nach außen abgegeben.
Emitter und Basiskontakt haben die übliche Anordnung. Den prinzipiel-
len Aufbau eines Leistungstransistors nach den Diffusionsmethoden gibt
Abb. 107 [76]. Hier wird in n-leitendem Si von einer Seite ein Akzeptor-
stoff (z. B. Al) und gleichzeitig ein Donatorstoff (z. B. As) eindiffundiert.

Wegen seiner größeren Diffusionskonstante dringt Al schneller in das Si
ein. Andererseits wird die Donatorkonzentration an der Oberfläche höher
gehalten. Der Konzentrationsverlauf der Störstellen läßt dann eine
dünne Basiszone entstehen, wie es Abb. 107 wiedergibt. Im Gegensatz
zu den Legierungstransistoren treten keine abrupten pn-Übergänge auf.
In der Basiszone bewirkt der Diffusionsvorgang eine in einem weiten
Bereich exponentiell verlaufende Störstellendichte, die wie im Fall des
Drifttransistors ein Zugfeld für die Ladungsträger sichert und das Frequenzverhalten des Transistors günstig beeinflußt. Homogene Basis-
zonen von wenigen μ Dicke lassen sich nach dem Diffusionsverfahren
einstellen. Die pn-Übergänge am Emitter und am Kollektor werden
durch stufenweises Abätzen freigelegt. Der Basiskontakt wird durch
einen p-dotierenden Legierungskontakt hergestellt, der die Emitterschicht durchsetzt und auch die Basisschicht durchstoßen darf, sofern er
zum Kollektor hin genügend sperrt. Der Emitterkontakt ist als Ober-

flächenkontakt ausgeführt. Der
in [76] beschriebene Si-Transistor verträgt eine Kollektorspannung von 100 Volt und
Emitterströme bis zu 2 A. Seine
Verlustleistung beträgt bei einer
Gehäusetemperatur von 100 °C
60 Watt. Wegen der dünnen
Basisschicht können Frequenzen bis zu 1 MHz noch gut verstärkt werden. Für höhere
Stromdichten muß die Emitterfläche unterteilt werden, da nur
noch die Randbezirke emitter-
wirksam bleiben.

Von HERLET und EMEIS [77]
wird ein Si-Transistor beschrieben, der nach dem Legierungsverfahren hergestellt ist, und
der ein ineinandergeschachtel-
tes ringförmiges Emitter-Basissystem besitzt, wie es Abb. 103

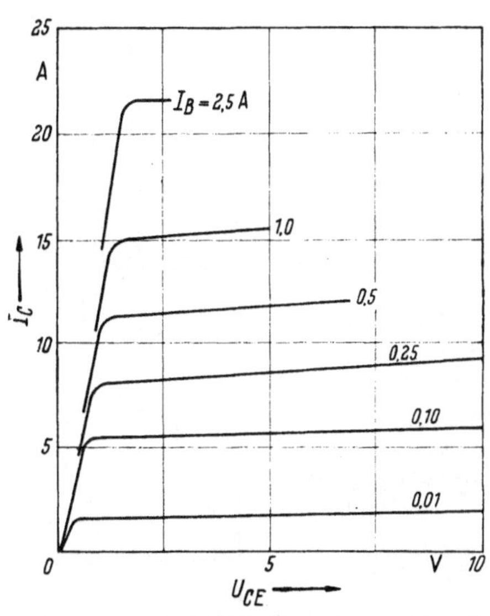

Abb. 108. Kennlinienfeld eines legierten Si-
Leistungstransistors mit ringförmigem Emitter-
system nach Abb. 103. Gesamte Randlänge
der Emitterringe 75 mm. Nach EMEIS und
HERLET [77]

zeigt. In dieser Anordnung können jeweils der Innen- und Außenrand
eines Emitterrings zur effektiven Fläche beitragen. Die Kennlinienschar
eines solchen Si-Transistors mit zwei Emitterringen und einer gesamten
Randlänge von 75 mm gibt Abb. 108 wieder. Kollektorströme können
bis zu 20 A verarbeitet werden. Die von diesem Transistor verstärk-
baren Frequenzen beschränken sich allerdings auf das niederfrequente
Gebiet.

Es ist eine besonders schwierige Aufgabe der Transistortechnik, bei hohen Frequenzen große Verlustleistungen am Kollektor zuzulassen. Die technologischen Anforderungen, denen der Hochfrequenz-Leistungstransistor genügen soll, widersprechen sich teilweise gegenseitig. Hohe Frequenzen verlangen gebieterisch kleine Emitter- und Kollektorflächen, dünne Basis und niedrigen Basiswiderstand r_b. Große Leistungen erfordern ausgedehnte pn-Übergänge und eine Zone, in der das Kollektorrandfeld sich ausdehnen kann. Diese verschiedenartigen Anforderungen kann nur ein abgewogener Kompromiß zwischen den konstruktiven Möglichkeiten ausgleichen. Von NELSON und Mitarbeitern [81] wird ein Hochfrequenzleistungstransistor beschrieben, der bei einer Frequenz von 10 MHz noch eine Verlustleistung von 5 Watt zuläßt. Die Verfasser verwenden eine $pnip$-Struktur, die in einem Si-Körper durch Diffusion erzeugt wird. Abb. 109 gibt den grundsätzlichen Aufbau und die Maße der Elektrodenflächen wieder. Die Verfasser bevorzugen eine lineare Geometrie für den Basis- und Emitterkontakt, die gegenüber ringförmigen Anordnungen einen noch geringeren Basiswiderstand zuläßt. Der Abstand zwischen den beiden Elektroden beträgt nur 50 μ. Die rechteckförmige Emitterfläche hat ein Seitenverhältnis von 7,5:1 und eine Größe von 0,3 mm². Die Basiszone wurde so dünn wie möglich ausgelegt. Sie ist nur 1,5 μ dick, und so hoch dotiert ($N_{DB} = 10^{17}/\text{cm}^3$), wie es sich mit einer guten Emitterwirksamkeit des bordotierten Emitters ($N_{AE} = 10^{20}/\text{cm}^3$) gerade noch verträgt. Zwischen Basisschicht und dem Kollektor ist eine hochohmige Si-Schicht (i-Typ) von 10 μ Dicke eingeschoben, die die Aufgabe hat, die Kollektorspannung aufzunehmen. Die Dotierung in dieser Schicht wird möglichst niedrig gehalten, um geringe Kollektorkapazi-

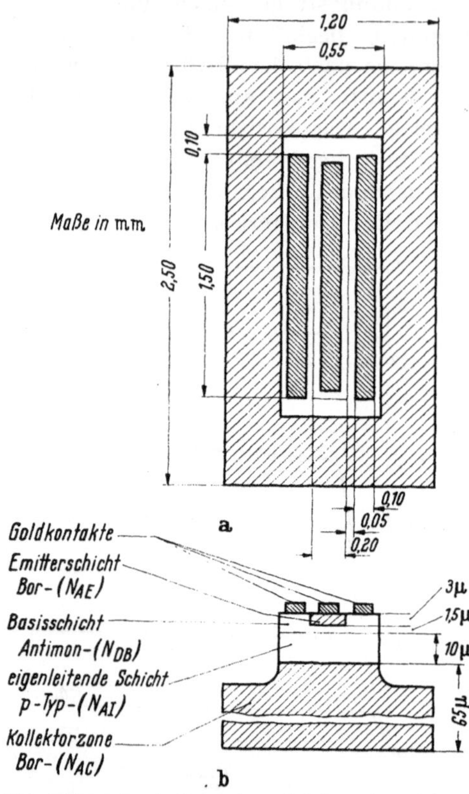

Abb. 109 a u. b. Aufbau eines Leistungstransistors für hohe Frequenzen, der bei 10 MHz 5 W Hochfrequenzenergie abgeben kann.   a) Aufsicht, b) Schnitt. Nach NELSON und Mitarbeitern [81]

tät und eine kleine Mindestspannung U_{min} zu erhalten, die die Eigenleitungszone noch durchdringen und die Ladungsträger in die Kollektorelektrode ziehen kann. Die Kollektorzone selbst ist wieder hoch mit ($N_{AC} = 10^{20}/cm^3$) Bor dotiert zur Verminderung des Bahnwiderstandes in der Kollektorzuleitung. Messungen des Stromverstärkungsfaktors sind an diesen Transistoren bis zu 50 MHz durchgeführt worden, β ist bei dieser Frequenz bis auf den Wert 2 abgesunken (bei 1 MHz beträgt β noch 20 bis 30). Die Verstärkerleistung der Transistoren wurde bei 10 MHz an einem Arbeitspunkt von 62 V und 0,2 A am Kollektor geprüft. Es wurden an einem Lastwiderstand von 250 Ω 5 W Ausgangsleistung bei einer Eingangsleistung von 26 mW erzielt. Das bedeutet eine Leistungsverstärkung von 21,8 db. Die Gleichstromleistung betrug 12,4 W, der Wirkungsgrad 40%. Die hochfrequente Schwingleistung wurde bei 10, 30 und 100 MHz gemessen.

Bei 10 MHz ergaben sich 5 W (40% Wirkungsgrad),

bei 30 MHz   3 W (30% Wirkungsgrad),

bei 100 MHz   1 W (15% Wirkungsgrad) Schwingleistung.

d) Wärmeableitung

Da im allgemeinen die Temperatur des Kollektor-pn-Überganges 75 °C im Ge und 150 °C im Si nicht überschreiten soll, kommt es im Leistungstransistor wesentlich auf eine schnelle und vollständige Ableitung der im Transistor produzierten Wärme an. Man definiert zweckmäßig einen inneren thermischen Widerstand R_{thi} des Transistors, der sich auf die Temperaturdifferenz zwischen Kollektorrandschicht und Transistorgehäuse bezieht

$$R_{thi} = \frac{T_{pn} - T_G}{P} \left[\frac{°C}{W}\right]$$

$T_{pn} =$ Temperatur des Kollektor-pn-Überganges,

$T_G =$ Temperatur des Gehäuses,

$P =$ Verlustleistung in der Kollektorsperrschicht

und einen äußeren thermischen Widerstand R_{tha}, der sich auf die Temperaturdifferenz zwischen Transistorgehäuse und dem umgebenden Kühlmedium bezicht:

$$R_{tha} = \frac{T_G - T_U}{P} \left[\frac{°C}{W}\right]$$

$T_U =$ Temperatur der umgebenden Medien.

Sind R_{thi} und R_{tha} bekannt, so läßt sich die Temperatur der Sperrschicht für eine bestimmte Verlustleistung und eine bestimmte Umgebungstemperatur leicht ausrechnen.

Fragt man nach der Verlustleistung, die aus der Einheitsfläche der Kollektorrandschicht unter festen Temperaturbedingungen noch abgeführt werden kann, so gehen hierbei die Anordnung des Kühlsystems und die Wärmeleitfähigkeit der benutzten Materialien ein. Bei einer stationären Wärmeströmung durch einen aus ebenen Schichten aufgebauten Körper, wie sie im Leistungstransistor im allgemeinen vorliegt, setzt sich R_{thi} aus den Wärmewiderständen der einzelnen Schichten zusammen.

$$R_{thi} = \frac{1}{A}\left(\frac{l_1}{\lambda_1} + \frac{l_2}{\lambda_2} + \cdots\right)$$

$A =$ Fläche des Kollektors,
l_i und $\lambda_i =$ Dicke und die Wärmeleitfähigkeit der i-ten Schicht.

Die Wärmewiderstände können nicht beliebig klein gemacht werden. Wir betrachten eine Transistoranordnung, deren Kollektor nach dem Legierungsverfahren hergestellt, unmittelbar über eine Goldschicht und ein Mo-Blech mit einer idealen Wärmesenke verbunden ist (vgl. Abb. 110).

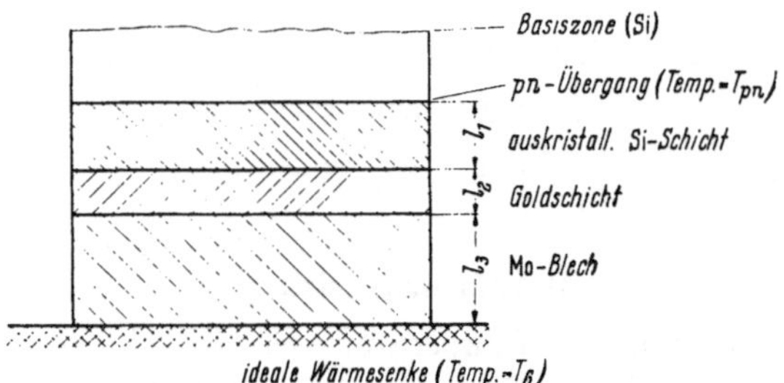

Abb. 110. Schichtenaufbau in einem legierten Leistungstransistor zwischen der Basiszone und einer idealen Wärmesenke (schematisch)

Mit den gebräuchlichen Schichtdicken der rekristallisierten Zone $l_1 = 10^{-2}$, der Goldschicht $l_2 = 10^{-2}$, des Mo-Bleches $l_3 = 10^{-1}$ cm und den entsprechenden Wärmeleitfähigkeiten $\lambda_{Si} = 0{,}84$, $\lambda_{Au} = 0{,}31$, $\lambda_{Mo} = 1{,}3$ W/cm °C findet man für den Wärmewiderstand der Kollektorrandschicht, auf die Flächeneinheit bezogen

$$R_{thi}^{\square} = 0{,}1\left[\frac{°C}{W\,cm^2}\right],$$

Für Ge ergibt sich sinngemäß $0{,}13\left[\dfrac{°C}{W\,cm^2}\right]$.

Nimmt man für die Wärmesenke Zimmertemperatur an und läßt im Si-Fall 100 °C, im Ge-Fall 30 °C Temperaturdifferenz zwischen pn-Übergang und Wärmesenke zu — Bedingungen, die sich durch eine Wasserkühlung des Transistors herstellen lassen —, so können aus der Kollektorfläche die Verlustleistungen von

$$P_{\Delta T=100}^{Si} = 1\ kW/cm^2 \quad (Si)$$

$$P_{\Delta T=30}^{Ge} = 0{,}23\ kW/cm^2 \quad (Ge)$$

$$(46)$$

abgeleitet werden.

Bei Leistungstransistoren liegen die derzeit produzierten R_{thi}-Werte zwischen 0,5 und 2 °C/W [82]. Die R_{tha}-Werte sind stark von der Kühlmethode abhängig. Die äußeren thermischen Widerstände können vernachlässigt werden, wenn die Transistoren mit ihrer Grundplatte, die den Kollektor trägt, mit gutem Wärmekontakt auf wassergekühlten Metallflächen montiert sind. Werden die Metallflächen ausschließlich von ruhender Luft gekühlt, so können die äußeren Wärmewiderstände beträchtliche Werte annehmen. Sie hängen stark von der Größe der Kühlbleche ab. Abb. 111 zeigt den thermischen Widerstand, den eine Aluminiumplatte von 2 mm Dicke und veränderlicher Fläche darstellt, wenn in ihrem Zentrum ein Leistungstransistor montiert wird. Die Platten sind in senkrechter oder waagerechter Lage in freier Luft aufgestellt. Sie besitzen also noch günstigere Kühlbedingungen als sie im allgemeinen in Transistorgeräten vorliegen. Um in dieser Kühlung einen Wärmewiderstand von 2 °C/W zu erhalten, müssen schon beträchtliche Kühlflächen verwendet werden. Der gesamte Wärmewiderstand eines Transistors setzt sich

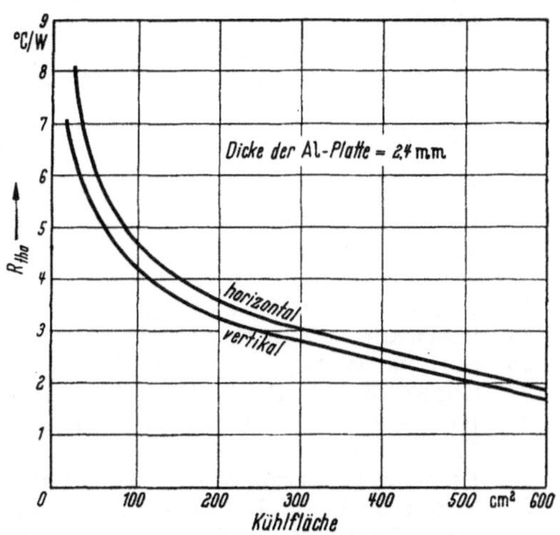

Abb. 111. Thermischer Widerstand von Aluminiumplatten, in deren Zentrum ein Leistungstransistor montiert ist, als Funktion der Plattenfläche. Die Al-Platten sind in senkrechter oder waagerechter Lage in freier Luft aufgestellt. Nach CLARK [78]

bei Luftkühlung aus seinem inneren und äußeren thermischen Widerstand zusammen. Läßt man im Falle der Luftkühlung die gleichen Temperaturdifferenzen zwischen T_U und T_{pn} zu, wie sie oben im Fall der Wasserkühlung angenommen wurden, so müssen die Verlustleistungen (46), die noch von der Kollektorrandschicht abgeführt werden können, mit dem Faktor

$$\frac{R_{thi}}{R_{tha} + R_{thi}}$$

multipliziert werden. Die Wärmeableitung mit luftgekühlten Metallblechen ist daher mindestens um den Faktor 5 unwirksamer als eine Wasserkühlung. In vielen Fällen ist es nötig, die Kollektorelektrode und damit das Gehäuse des Leistungstransistors von der Kühlfläche durch eine dünne Glimmerfläche oder Kunststoffolie elektrisch zu isolieren. Der äußere Wärmewiderstand des Transistors wird dadurch nur unwesentlich heraufgesetzt.

Literaturverzeichnis zu Teil B

[1] WELKER, H.: Z. Naturforschg. 7 a, 744 (1952).
[2] SERAPHIN, B.: Z. Naturforschg. 7 a, 450 (1952).
[3] GIACOLETTO, L. J.: RCA Rev. 16, 34 (1955).
[4] GREMMELMAIER, R.: Z. Naturforschg. 11 a, 511 (1956).
[5] CONWELL, E. M.: Proc. Inst. Radio Eng. 40, 1327 (1952).
[6] CONWELL, E. M., u. V. F. WEISSKOPF: Phys. Rev. 77, 388 (1950).
[7] PFANN, W. G.: J. Metals 4, 747 (1952).
[8] KÖHL, G.: Z. Naturforschg. 9a, 913 (1954).
[9] BENNETT, D. C., u. B. SAWYER: Bell Syst. techn. J. 35, 637 (1956).
[10] LITTON, F. B., u. H. G. ANDERSEN: J. electrochem. Soc. 101, 287 (1954).
[11] KECK, P. H., u. M. J. E. GOLAY: Phys. Rev. 89, 1297 (1953).
[12] BUSCH, G., R. KERN u. U. WINKLER: Helv. Physica Acta 26, 390 (1953).
[13] VALDES, L. B.: Proc. Inst. Radio Eng. 42, 420 (1954).
[14] VALDES, L. B.: Proc. Inst. Radio Eng. 40, 1420 (1952).
[15] HAYNES, J. R., u. W. SHOCKLEY: Phys. Rev. 81, 835 (1951).
[16] LEDERHANDLER, S. R., u. L. J. GIACOLETTO: Proc. Inst. Radio Eng. 43, 477 (1955).
[17] HAYNES, J. R., u. J. A. HORNBECK: Phys. Rev. 90, 152 (1953).
[18] STEVENSON, D. T., u. R. J. KEYES: J. appl. Phys. 26, 190 (1955).
[19] HEYWANG, W., u. M. ZERBST: Nachrichtentechn. Fachber. 5, 27 (1956).
[20] SPITZER, W. G., u. a.: J. appl. Phys. 26, 414 (1955).
[21] GRENINGER, A. B.: Z. Kristallkünde 91, 424 (1935).
[22] KURTZ, A. D., S. A. KULIN u. B. L. AVERBACH: J. appl. Phys. 27, 1287 (1956).
[23] ELLIS, S. G.: Transistor I, RCA Laboratories 97 (1956).
[24] VOGEL, F. L., u. L. C. LOVELL: J. appl. Phys. 27, 1413 (1956).
[25] DASH, W. C.: J. appl. Phys. 27, 1193 (1956).
[26] JENNY, D. A.: Proc. Inst. Radio Eng. 46, 959 (1958).
[27] GREMMELMAIER, R., u. H. J. HENKEL: Z. Naturforschg. 14a, 1072 (1959).
[28] CONWELL, E. M.: Proc. Inst. Radio Eng. 46, 1281 (1958).
[29] RÖSNER, O.: Erzbergbau u. Metallhüttenwesen VIII, 1 (1955).
[30] TRUMBORE, F. A.: Bell Syst. techn. J. 39, 205 (1960).
[31] GOORISSEN, J., F. KARSTENSEN u. B. OKKERSE: Solid States Physics in Electronics and Telecommunications Vol. 1, Part 1, 23, London und New York 1960.
[32] DASH, W. C.: J. appl. Phys. 30, 459 (1959).
[33] KELLER, W.: Z. angew. Phys. 11, 346, 351 (1959).
[34] BURGEAT, J.: Solid States Physics in Electronics and Telecommunications Vol. 1, Part 1, 126, London und New York 1960.
[35] JONES, R. E., S. C. WURST jr. u. H. L. HENNEKE: Colloque International sur les Dispositifs à Semiconductuers. Paris Febr. 1961.
[36] TEAL, G. K., M. SPARKS u. E. BUEHLER: Proc. Inst. Radio Eng. 40, 906 (1952).
[37] HENKER, H.: Siemens Z. 29, 29 (1955).
[38] HALL, R. N.: J. Phys. Chem. 57, 836 (1953).
[39] BRIDGERS, H. E.: J. appl. Phys. 27, 746 (1956).
[40] BURTON, u. a.: J. Chem. Phys. 21, 1987 (1953).
[41] PANKOVE, I. E.: Proc. Inst. Radio Eng. 44, 185 (1956).
[42] LESK, I. A., u. R. E. COFFMAN: J. appl. Phys. 29, 1493 (1958).

[43] FREESTONE, R.: Proc. Inst. electr. Eng. Ausgabe B: Suppl. 15, Pp 2826-E, 459—462, 470—471.

[44] TANENBAUM, M. u. a.: J. appl. Phys. **26**, 686 (1955).

[45] DUNLAP and HALL: Phys. Rev. **80**, 467 (1950).

[46] MUELLER, C. W., u. N. H. DITRICK: RCA Rev. **17**, 46 (1956).

[47] PENSAK, L.: Transistor I, RCA Laboratories, Princeton N. J. 112 (1956).

[48] ENDERLEIN, D.: Siemens-Z. **33**, 493 (1959).

[49] FULLER, C. S., u. J. A. DITZENBERGER: J. appl. Phys. **27**, 544 (1956).

[50] MORIN, F. T., u. J. P. MAITA: Phys. Rev. **96**, 28 (1954).

[51] BACKENSTOSS, G.: Bell Syst. techn. J. **37**, 699 (1958).

[52] SMITS, F. M.: Ergebn. exakt. Naturwiss. **31**, 167 (1959).

[53] FROSCH, C. J., u. L. DERICK: J. electrochem. Soc. **105**, 695 (1958) und **104**, 547 (1957).

[54] LAW, J. T., u. C. G. B. GARRETT: J. appl. Phys. **27**, 656 (1957).

[55] BRADSHAW, S. E.: Solid States Physics in Electronics and Telecommunications, Vol. 1, Part 1, **44** London und New York (1960).

[56] KINGSTON, R. H.: Semiconductor Surface Physics, 143, University of Pennsilvania Press 1957.

[57] DILLON, J. A.: Bull. Amer. Phys. Soc. **1**, 53 (1956).

[58] DILLON, J. A., u. H. E. FARNSWORTH: Phys. Rev. **99**, 1643 (1955).

[59] BARDEEN, J., R. E. COOVERT, S. R. MORISON, I. R. SCHRIEFFER u. R. SUN: Phys. Rev. **104**, 47 (1956).

[60] KINGSTON, R. H.: J. appl. Phys. **27**, 101 (1956).

[61] WAHL, A. J., u. J. J. KLEIMACK: Proc. Inst. Radio Eng. **44**, 494 (1956).

[62] WALLMARK, J. T., u. R. R. JOHNSON: RCA Rev. **18**, 512 (1957).

[63] MARKESJÖ, G., u. H. BERGQUIST: Königliche Technische Hochschule, Stockholm, Institut für Radiotechnik. Bericht Nr. 66.

[64] ELLIS, R. C., u. S. P. WOLSKY: J. appl. Phys. **24**, 1411 (1953).

[65] GARRETT, C. G. B., u. W. H. BRATTAIN: Bell. Syst. techn. J. **34**, 129 (1955).

[66] TURNER, D. R.: J. electrochem. Soc. **103**, 252 (1956).

[67] TURNER, D. R.: J. electrochem. Soc. **105**, 402 (1958).

[68] UHLIR, A.: Bell. Syst. Techn. J. **35**, 333 (1956).

[69] LESK, J. A., u. R. E. GONZALEZ: J. electrochem. Soc. **105**, 469 (1958).

[70] GIACOLETTO, L. J.: RCA Review **15**, 506 (1954).

[71] EARLY, J. M.: Proc. Inst. Radio Eng. **46**, 1924 (1958).

[72] TILEY, J. W., u. R. A. WILLIAMS: Proc. Inst. Radio Eng. **41**, 1706 (1953).

[73] KESTENBAUM, A. L., u. N. H. DITRICK: RCA Rev. **18**, 12 (1957).

[74] THORTNON, C. G., u. J. B. ANGELL: Proc. Inst. Radio Eng. **46**, 1166 (1958).

[75] THOMAS, D. E., u. G. C. DACEY: Trans. Inst. Radio Eng. CT.-**3**, 22 (1956).

[76] KÖHL, G., u. K. H. GINSBACH: Solid State Physics, Vol. 2 Semiconductors, Part. 2. London: Academic Press 1047 (1960).

[77] EMEIS, R., u. A. HERLET: Z. Naturforschg. **12a**, 1016 (1957).

[78] CLARK, N. A.: Proc. Inst. Radio Eng. **46**, 1185 (1958).

[79] MILLER, S. L.: Phys. Rev. **99**, 1234 (1955).

[80] EMEIS, R., u. A. HERLET: Z. Naturforschg. **12a**, 1018 (1957).

[81] NELSON, J. T., J. E. IWERSEN u. F. KEYWELI: Proc. Inst. Radio Eng. **46**, 1209 (1958).

[*82*] Nowalk, Th. P.: Electronics **32**, 76 (1959).
[*83*] Theuerer, H. C., J. J. Kleimack, H. H. Loar und H. Christensen: Proc. Inst. Radio Eng. **48**, 1642 (1960).
[*84*] Wajda, E. S., B. W. Kippenhan u. W. H. White: IBM J. Res. and Development **4**, 288 (1960).
[*85*] Marinace, J. C.: IBM J. Res. and Development **4**, 248 (1960).
[*86*] Glang, R., u. B. W. Kippenhan: IBM J. Res. and Development **4**, 229 (1960).
[*87*] Ingham, H. S. jr., u. P. J. McDade: IBM J. Res and Development **4**, 302 (1960).
[*88*] Ruth, R. P., J. C. Marinace u. W. C. Dunlap: J. appl. Phys. **31**, 995 (1960).
[*89*] Smiths, F. M.: Proc. Inst. Radio Eng. **46**, 1049 (1958).
[*90*] Jochems, R. J., O. W. Memelink u. L. J. Tammers: Proc. Inst. Radio Eng. **46**, 1161 (1958).
[*91*] Weinreich, O., G. Dermit u. T. Tufts: J. appl. Phys. **32**, 1170 (1961).
[*92*] Theuerer, H. C.: Bell. Rec. **33**, 327 (1955).
[*93*] van der Linden, P. C., U. J. de Jonge: Rec. trav. Chim. **72**, 962 (1959).
[*94*] Torrey, H. C., u. C. A. Whitmer: Crystal Rectifiers, New York, London, 301 (1948).
[*95*] Dorendorf, H., u. H. Rebstock: Siemens-Z. **35**, 602 (1961).
[*96*] Newman, R. C., u. J. Wakefield: Solid State Physics in Elektronics and Telecommunications, Vol. 1, Part 1, London u. New York, 160 (1960).
[*97*] Hoerni, J. A.: Electron Devices Meeting, Washington D. C., Okt. (1960).
[*98*] Grinich, V. H.: Colloque International sur les Dispositifs à Semiconducteurs, Paris, Febr. 1961.
[*99*] Nall, J. R., u. J. W. Lathro: Solid State Physics in Electronics and Telecommunications, Vol. 2, Part 2, London u. New York, 987 (1960).
[*100*] Allegretti, I. E., D. J. Shomberth, E. Scharschmidt and J. Waldman, Metallurgy of Elemental and Compound Semiconductors, New York, London, 1261 (1961).
[*101*] Theuerer, H. C.: J. electrochem. Soc. **108**, 649 (1961).

Allgemeine Schaltungstheorie des Transistors

Vorbemerkungen

Der Transistor wird wie eine Vakuumröhre zu Verstärkungszwecken eingesetzt. Wie jene benötigt der Transistor eine Gleichstromspeisung, um den Arbeitspunkt festzulegen, und auch das Betriebsverhalten ist wechselstrommäßig durch den gleichen Formalismus zu beschreiben [1, 2, 3]. Damit sind der Schaltungstheorie die folgenden Aufgaben gestellt:

1. Behandlung des Gleichstromverhaltens eines Transistors.

2. Herleitung eines Ersatzschaltbildes bzw. der Vierpolgleichungen, die wechselstrommäßig den Transistor beschreiben.

3. Überlegungen zur Großsignalverstärkung und zum Schaltverhalten.

Sind diese Punkte geklärt, kann mit den bekannten Methoden der Vierpolrechnung, der LAPLACE-Transformation und mittels graphischer Verfahren wie bei der Röhre eine Schaltung dimensioniert und in ihrem Verhalten übersehen werden. Die Schaltungstheorie hat dabei von den physikalischen Gegebenheiten des Bauelements auszugehen, die im Teil A behandelt wurden.

Im folgenden wird der *pnp*-Transistor betrachtet; lediglich bei der Darstellung der analogen Kennlinienfelder von Röhre und Transistor wird wegen der gleichen Polarität bei *npn*-Transistor und Elektronenröhre davon abgewichen. Die Betrachtungen gelten sinngemäß auch für *npn*-Transistoren, nur sind beim Gleichstromverhalten die anderen Vorzeichen von Strom und Spannung zu beachten. Ferner wird nicht gesondert auf den Drifttransistor eingegangen[1]. Sein Einsatz entspricht dem des normalen Transistors. Es liegen lediglich etwas andere Kenngrößen vor, insbesondere sind Steilheit und Stromverstärkung in ihrem Frequenzverhalten modifiziert (s. dazu auch [4—7] u. Teil A, Kap. IV.3).

In Abschn. I wird in Kap. 1 auf das Gleichstrom- und Arbeitspunktverhalten des Transistors eingegangen. In Kap. I.2 wird das modifizierte

---

[1] Eine für die Praxis gut brauchbare Darstellung gibt TE WINKEL [8, 45].

14*

π-Ersatzschaltbild behandelt, während Beispiele für die zugehörigen Ortskurven der einzelnen komplexen Vierpolparameter in Teil D, Kap. I. 3 zu finden sind. Kap. I. 3 zeigt den schaltungsmäßigen Zusammenhang von Vakuumröhre und Transistor, der eine analoge Behandlung von Röhren- und Transistorschaltungen möglich macht.

In Kap. II. 1 und II. 2 sind allgemeine Grundlagen der Schaltungstheorie dargestellt, nämlich die Vierpolrechnung und deren Anwendung, ferner in Kap. II. 3 die Verwendung der einzelnen Grundschaltungen und in Kap. II. 4 die Berechnung von Gegenkopplungen.

In Kap. III werden diese Ergebnisse auf die Transistor-Schaltungstheorie im engeren Sinne angewandt. Dort wird die Dimensionierung von Verstärkern und Schwingschaltungen behandelt, ferner das Impulsverhalten. Auf eine Aufzählung vieler technischer Schaltungen wird verzichtet; es wird vielmehr versucht, durch nur wenige Beispiele das Wesentliche zu charakterisieren. Eine Ergänzung findet der Leser in Darstellungen von MILNES [9] und MEYER-BRÖTZ [10].

Das Rauschen und dessen Einfluß auf die Schaltungen (Rauschanpassung, Rauschzahl usw.) wird nicht behandelt. Dazu sei auf die Literatur verwiesen [11—23].

I. Der Transistor als Schaltelement

1. Das Gleichstromverhalten des Transistors

a) Grundschaltungen

Den Ausgangspunkt zur Behandlung des Gleichstromverhaltens bilden die statischen Kennlinien des Transistors, die wir mit Hilfe der Gl. (A 84), (A 99), (A 100) bzw. (A 108 a), (A 118) aufstellen und für $w \ll L_p$ bei $\omega = 0$, $F = 0$ (homogene Basisdotierung, kein Driftfeld) für unsere Zwecke passend darstellen können. Dabei haben wir zu beachten, daß bei technischen Transistoren die Emitterfläche A_E meist von der Kollektorfläche A_C verschieden ist, um das Aufsammeln der Minoritäten am Kollektor zu unterstützen[1]. Deswegen sind sowohl der „Emitterreststrom"

$$I_{EK} = A_E J_{e\,0} \approx A_E J_{e0}^{(p)} = A_E \frac{q\,D_p\,p_n}{L_p} \cdot \frac{1}{\tanh \dfrac{w}{L_p}} \approx A_E \frac{q\,D_p\,p_n}{w}$$

und der „Kollektorreststrom"

$$I_{CK} = A_C J_{c\,0} \approx A_C J_{c0}^{(p)} = A_C \frac{q\,D_p\,p_n}{L_p} \cdot \frac{1}{\tanh \dfrac{w}{L_p}} \approx A_C \frac{q\,D_p\,p_n}{w}$$

---

[1] Normalerweise wird die Emitterfläche A_E kleiner als die Kollektorfläche A_C gewählt; es gilt meist $A_C \gtrsim 2 A_E$.

als auch die „Stromverstärkung in Vorwärtsrichtung"

$$x_0 = \frac{1}{\cosh \dfrac{w}{L_p}} \approx 1 - \frac{1}{2}\left(\frac{w}{L_p}\right)^2$$

und die „Inverse Stromverstärkung"

$$\alpha_{0r} \approx \frac{A_E}{A_C}\,\alpha_0$$

jeweils ungleich; ganz abgesehen vom Einfluß der tatsächlichen Transistorgeometrie.

Führen wir diese Größen in (A 99) bzw. (A 118) ein, gilt zunächst

$$I_E = I_{EK}\,(e^{q\,U_{EB}/kT} - 1) + \alpha_{0r}\,I_{CK},$$

da der zweite Term in (A 118) vom Kollektor herrührt. Analog ist mit (A 100)

$$I_C = -\,\alpha_0\,I_{EK}\,(e^{q\,U_{EB}/kT} - 1) - I_{CK}.$$

Betrachten wir ganz allgemein den Fall beliebiger Kollektorspannung U_{CB}, müssen wir an Stelle von $(-I_{CK})$ setzen

$$I_{CK}\,(e^{q\,U_{CB}/kT} - 1),$$

womit wir schließlich

$$I_E = I_{EK}\,(e^{U_{EB}/U_T} - 1) - \alpha_{0r}\,I_{CK}\,(e^{U_{CB}/U_T} - 1)\,, \tag{1}$$

$$I_C = -\alpha_0\,I_{EK}\,(e^{U_{EB}/U_T} - 1) + I_{CK}\,(e^{U_{CB}/U_T} - 1) \tag{2}$$

erhalten; mit $U_T = kT/q$ ist darin die Temperaturspannung[1] bezeichnet. Damit ist gemäß Abb. 1 die positive Zählrichtung für Strom und Spannung festgelegt, aber es ist auch die benutzte Grundschaltung des Elements gegeben (Basisschaltung).

Wegen der drei aktiven Klemmen eines Transistors sind drei verschiedene Grundschaltungen sinnvoll möglich, nämlich neben der in Abb. 1 dargestellten Basisschaltung die technisch meist benutzte Emitterschaltung und die Kollektorschaltung. Diese drei Schaltungen sind elektrisch sehr verschieden und entsprechen prinzipiell den bekannten Röhrenschaltungen Gitterbasis, Kathodenbasis und Anodenbasis (= Kathodenverstärker). Die Abb. 1, 2 und 3 zeigen die statischen Kennlinien von Transistor und Röhre nebeneinander, woraus man die Ähnlichkeit der Kennlinienfelder entnimmt. Grundsätzlich brauchte man nur eine dieser Grundschaltungen zu betrachten, da man jede tatsächliche Schaltung durch Maschen- oder Knotenanalyse damit berechnen kann. Die Benutzung der Vierpolrechnung als Hilfsmittel zur Schaltungsberechnung legt jedoch nahe, sämtliche Grundschaltungen zu besprechen.

---

[1] Bei Zimmertemperatur gilt $U_T \approx 26\,\mathrm{mV}$ bzw. $1/U_T \approx 38/\mathrm{V}$ (technisch treten bis zu 20% höhere Werte von U_T auf).

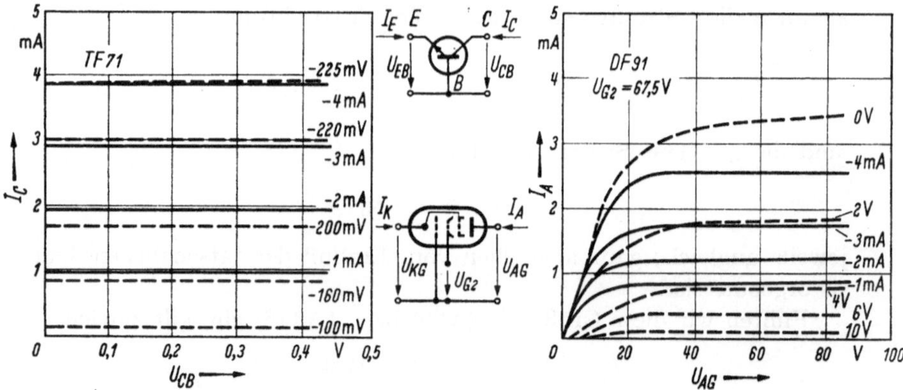

Abb. 1. Ausgangsseitige Kennlinienfelder eines Flächentransistors (*npn*-Typ) in Basisschaltung und einer Pentode in Gitterbasisschaltung. Parameter sind Emitterstrom I_E und Emitterspannung U_{EB} bzw. Kathodenstrom I_K und Kathodenspannung U_{KG}

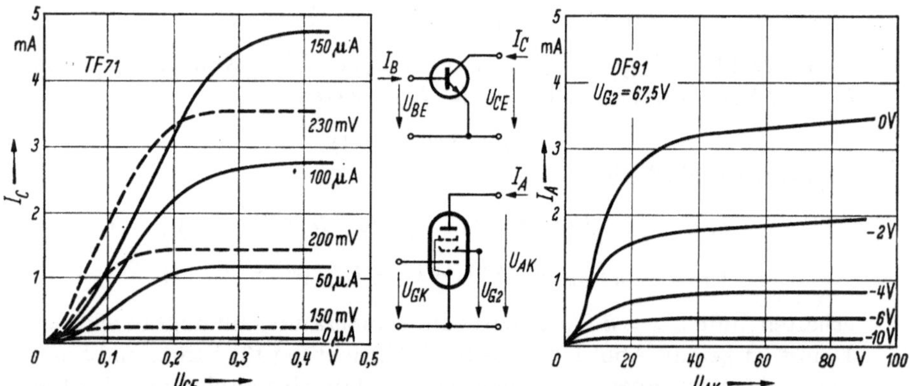

Abb. 2. Ausgangsseitige Kennlinienfelder eines Flächentransistors (*npn*-Typ) in Emitterschaltung und einer Pentode in Kathodenbasisschaltung. Parameter sind Basisstrom I_B und Basisspannung U_{BE} bzw. Gitterspannung U_{GK}

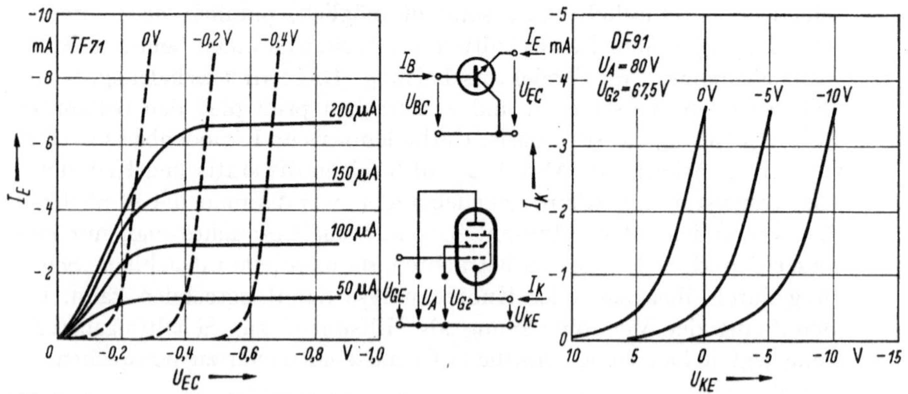

Abb. 3. Ausgangsseitige Kennlinienfelder eines Flächentransistors (*npn*-Typ) in Kollektorschaltung und einer Pentode in Anodenbasisschaltung. Parameter sind Basisstrom I_B und Basisspannung U_{BC} bzw. Gitterspannung U_{GE}

Die Beziehungen (1) und (2) gelten ganz allgemein für den eigentlichen Transistor. Der technische Transistor ist mit zusätzlichen Schaltelementen behaftet, die infolge der Kontaktierung und der Zuleitungsdrähte zum eigentlichen Transistor auftreten, also durch Halterungseinflüsse bedingt sind. Einerseits handelt es sich dabei um Bahnwiderstände der niederohmigen Emitter- und Kollektorseite im Kristall, andererseits um Kontaktwiderstände (nicht völlig sperrfreie Zuleitungsanschlüsse), die jedoch meist vernachlässigt werden können. Technisch unangenehm macht sich der Basiswiderstand r_b bemerkbar, der, als verteilter Widerstand innerhalb der dünnen Basisschicht beginnend, sich bis zum Anschluß der Basiszuleitung als Bahnwiderstand fortsetzt. Technologisch bemüht man sich, r_b möglichst klein zu halten, wie aus Teil B bereits bekannt ist. Wechselstrommäßig werden darüber hinaus Streukapazitäten wirksam, ferner bei sehr hohen Frequenzen die Induktivitäten der Zuleitungen. In Abb. 4 sind diese äußeren Elemente dargestellt, die bezüglich des Stromspannungsverhaltens oder des Hf-Verhaltens berücksichtigt werden müssen. Meistens genügt jedoch eine Berücksichtigung von r_b, C_{ce} und C_{cb}[1]. Im folgenden betrachten wir zunächst den inneren Transistor, indem wir $r_b = C_{ce} = C_{cb} = 0$ setzen. Auf die durch diese äußeren Elemente hervorgerufenen Modifikationen gehen wir von Fall zu Fall ein; die Anschlußpunkte des inneren Transistors werden dann mit E', B', C' bezeichnet (s. Abb. 4).

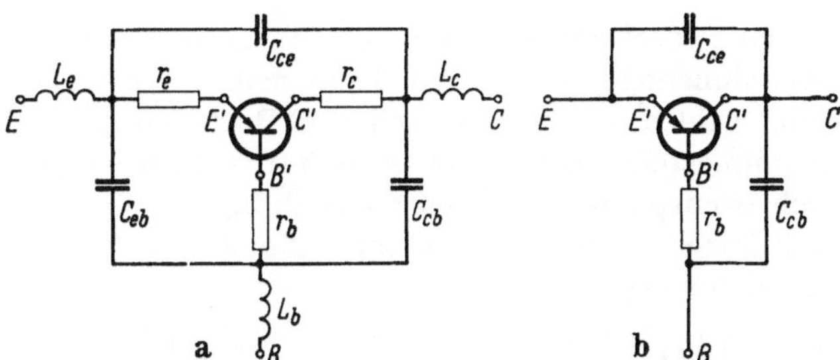

Abb. 4a u. b. Innerer Transistor mit äußeren Elementen. a) Allgemeine Form; b) meist ausreichende Form

Wir interessieren uns für einen normalen Betriebsfall, wenn nämlich $U_{EB} \gtrsim 3U_T$ und $-U_{CB} \gtrsim 3U_T$ gilt. Für diesen aktiven Bereich erhalten wir aus (1) und (2) für den eigentlichen Transistor in Basisschaltung näherungsweise

$$I_E = I_{EK}\, e^{U_{EB'}/U_T} + \alpha_{0r}\, I_{CK}, \tag{3}$$

$$I_C = -\alpha_0\, I_{EK}\, e^{U_{EB'}/U_T} - I_{CK}. \tag{4}$$

---

[1] Bei Schalt- und Höchstfrequenztransistoren ist u. U. auch r_c von Bedeutung.

Über den EARLY-Effekt (s. Teil A, Kap. IV.7) sind hierin α_0, α_{0r}, I_{EK} und I_{CK} von der angelegten Kollektorspannung U_{CB} abhängig, während α_0 und α_{0r} ihrerseits infolge unterschiedlicher Rekombinationsverhältnisse auch stromabhängig sind (s. Teil A, Kap. IV.6).

Der anwendungsmäßig meist unangenehme Temperatureinfluß wirkt sich im wesentlichen auf I_{CK} und I_{EK} aus, die beide praktisch exponentiell mit wachsender Temperatur ansteigen. Formelmäßig gilt (Kap. A.III.3, A.I.4)

$$\frac{d\,I_{EK}}{I_{EK}} \approx \frac{d\,I_{CK}}{I_{CK}} \approx \frac{E_G}{k\,T} \cdot \frac{d\,T}{T}\,, \tag{5}$$

wenn lediglich die absolute Temperatur T geändert wird. Damit läßt sich eine neue technische Transistorgröße einführen, nämlich wegen

$$\frac{1}{I_E}\frac{\partial I_E}{\partial T} \approx \frac{1}{I_{EK}}\frac{\partial I_{EK}}{\partial T} \quad \text{und} \quad \frac{\partial I_E}{\partial U_{EB}} \approx \frac{I_E}{U_T}$$

der Temperaturdurchgriff

$$d_T = \frac{\partial |U_{EB}|}{\partial T} \approx \frac{E_G}{q\,T}\,. \tag{6}$$

Diese Größe gibt an, um wieviel die bei konstantem Emitterreststrom I_{EK} vorliegende Emitterspannung U_{EB} geändert werden müßte, um ihrerseits die Erhöhung von I_E hervorzurufen. Als technische Meßgröße ist d_T von Bedeutung[1], weil die Temperaturkompensation oft über eine (temperaturgesteuerte) Änderung von U_{EB} vorgenommen wird (siehe Kap. I.1e).

Wünscht man wechselstrommäßig an einem bestimmten Arbeitspunkt im Kennlinienfeld zu arbeiten, kann man gleichstrommäßig die Basisschaltung wählen, wobei prinzipiell zwei Batterien bzw. ein niederohmiger Spannungsteiler nötig sind (Abb. 5a). Üblich ist jedoch auch bei der Gleichstromspeisung die Emitterschaltung.

Für die Emitterschaltung folgen mit Abb. 2 und (1) und (2) die Gleichstrombeziehungen

$$I_B = -(1-\alpha_0)\,I_{EK}\,(e^{U_{EB}/U_T} - 1) - (1-\alpha_{0r})\,I_{CK}\,(e^{U_{CB}/U_T} - 1)\,, \tag{7}$$

$$I_C = -\alpha_0\,I_{EK}\,(e^{U_{EB}/U_T} - 1) + I_{CK}\,(e^{U_{CB}/U_T} - 1)\,, \tag{8}$$

die für übliche Arbeitspunkte mit $U_{EB} = -U_{BE}$ und $(1-\alpha_0)\,I_{EK} = I_{BK}$ in

$$I_B = -I_{BK}\,e^{|U_{BE}|/U_T} + (1-\alpha_{0r})\,I_{CK}\,, \tag{9}$$

$$I_C = -\beta_0\,I_{BK}\,e^{|U_{BE}|/U_T} - I_{CK} \tag{10}$$

übergehen. Da α_0 nahe bei 1 liegt, ist $(1-\alpha_0)$ sehr klein und die Gleichstromverstärkung in Emitterschaltung

$$\beta_0 = \frac{\alpha_0}{1-\alpha_0}\,, \tag{11}$$

---

[1] Für einen Germaniumtransistor gilt bei Zimmertemperatur $d_T \approx 2\ \text{mV/}°\text{C}$, für Silizium $d_T \approx 4\ \text{mV/}°\text{C}$.

die an die Stelle von α_0 tritt, groß. Damit kommt zum Ausdruck, daß als Eingangsstrom der nur kleine Basis-Rekombinationsstrom fungiert (s. Teil A, Kap. IV.1). Die Polarität der anliegenden Spannungen U_{BE} und U_{CE} ist bei der Emitterschaltung gleich (Abb. 2), so daß hier eine Stromversorgung mit einer Batterie möglich ist. In Abb. 5b, c sind entsprechende Schaltungen angegeben.

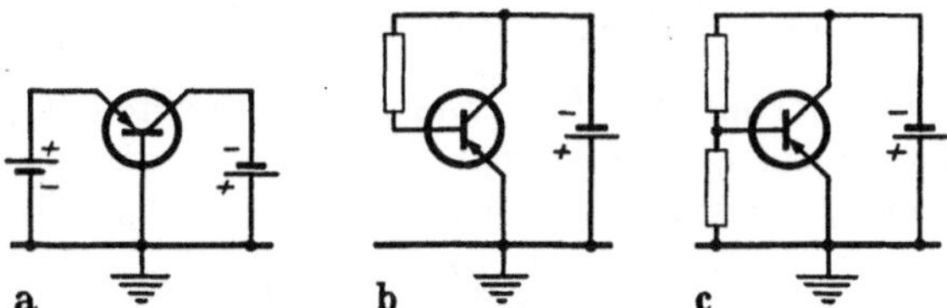

Abb. 5 a–c. Arbeitspunkteinstellung. a) Basisschaltung mit zwei Batterien; b) Emitterschaltung mit Basisvorwiderstand; c) Emitterschaltung mit Spannungsteiler

Bei der Kollektorschaltung gilt ähnlich

$$I_B = -(1-\alpha_0)\, I_{EK}\, (e^{U_{EB}/U_T}-1) - (1-\alpha_{0r})\, I_{CK}\, (e^{U_{CB}/U_T}-1), \quad (7)$$

$$I_E = I_{EK}\, (e^{U_{EB}/U_T}-1) - \alpha_{0r}\, I_{CK}\, (e^{U_{CB}/U_T}-1) \quad\quad (1)$$

bzw. für übliche Arbeitspunkte

$$I_B = -I_{BK}\, e^{U_{EB}/U_T} + (1-\alpha_{0r})\, I_{CK}, \quad\quad (12)$$

$$I_E = \gamma_0\, I_{BK}\, e^{U_{EB}/U_T} + \alpha_{0r}\, I_{CK}, \quad\quad (13)$$

wenn wir für die Gleichstromverstärkung in Kollektorschaltung

$$\gamma_0 = \frac{1}{1-\alpha_0} \quad\quad (14)$$

setzen.

Üblicherweise wird die Kollektorschaltung nur für Gleichstromverstärker eingesetzt; zur Festlegung eines Arbeitspunktes wird sie normalerweise nicht verwendet.

b) Restströme

Die Ströme I_{2K} und I_{2L}, die sich bei den einzelnen Grundschaltungen ausgangsseitig ergeben, wenn man die Eingangsseite kurzschließt oder offen läßt, sind sehr unterschiedlich. Auch wirkt sich die Existenz der OHMschen Vorwiderstände, vor allem von r_b, stark aus. Die Größe der jeweils vorliegenden Restströme ist stark von der Temperatur abhängig und damit ein Maß für die innere Temperatur T_i des Transistors, sofern nicht sekundäre Einflüsse überdeckend wirken (z. B. bei manchen Siliziumtransistoren hohe Rekombinationsströme wegen schlechten Kristallmaterials). In solchen Fällen kann man die Änderung der Eingangsflußkennlinie (d_T) als Kriterium für T_i verwenden.

Für $U_{EB} = 0$ bzw. $I_E = 0$ erhalten wir im einzelnen für die Basisschaltung

$$I_{2K} = I_{CK} \, (e^{U_{CB}/U_T} - 1) \tag{15}$$

bzw.

$$I_{2L} = (1 - \alpha_0 \alpha_{0r}) \, I_{CK} \, (e^{U_{CB}/U_T} - 1) \tag{16}$$

mit

$$U_{EB} = U_T \ln \left\{ 1 + \alpha_{0r} \, \frac{I_{CK}}{I_{EK}} \, (e^{U_{CB}/U_T} - 1) \right\},$$

wobei man den Betrag des für $U_{CB} \ll 0$ erreichten I_{2L}-Endwertes $(1 - \alpha_0 \alpha_{0r}) \, I_{CK}$ mit I_{CB0} bezeichnet.

Für die Emitterschaltung ist bei $U_{BE} = 0$ bzw. $I_B = 0$

$$I_{2K} = I_{CK} \, (e^{U_{CB}/U_T} - 1) \tag{15}$$

bzw.

$$I_{2L} = \frac{1 - \alpha_0 \alpha_{0r}}{1 - \alpha_0} \, I_{CK} \, (e^{U_{CB}/U_T} - 1) \tag{17}$$

mit dem schließlich erreichten Betrag $I_{CE0} = \dfrac{1 - \alpha_0 \alpha_{0r}}{1 - \alpha_0} \, I_{CK}$ und mit der eingangsseitig auftretenden Spannung

$$U_{BE} = - U_T \ln \left\{ \frac{\alpha_{0r} - \alpha_0}{1 - \alpha_0} \cdot \frac{I_{CK}}{I_{EK}} \, (e^{U_{CB}/U_T} - 1) \right\}.$$

Für die Kollektorschaltung ist ähnlich

$$I_{2K} = I_{EK} \, (e^{U_{EB}/U_T} - 1) \tag{15a}$$

bzw.

$$I_{2L} = - \frac{1 - \alpha_0 \alpha_{0r}}{1 - \alpha_0} \, I_{CK} \, (e^{U_{CB}/U_T} - 1). \tag{18}$$

Dabei sind $(I_{2K})_b$ und $(I_{2K})_e$ bzw. $(I_{2L})_e$ und $(- I_{2L})_c$ gleich, wie man auch mit den Schaltbildern (Abb. 1, 2 und 3) erkennt[1].

Die sich tatsächlich bei eingangsseitigem Kurzschluß $U_1 = 0$ einstellenden Ströme I_{2K} sind wegen $r_b \neq 0$ dem Fall $I_1 = 0$ bzw. I_{2L} angenähert, da am Basiswiderstand eine wirksame Eingangsspannung $U_1' \neq 0$ verbleibt; es ist zur Bestimmung von I_{2K} dann eine transzendente Gleichung zu lösen. So liegt bei der Basisschaltung für $U_1 = 0$ noch die Spannung $U_{EB'} = - (I_E + I_C) \, r_b$ am inneren Transistor an, und bei der Emitterschaltung gilt ebenfalls $U_{EB'} = I_B r_b$. Die bei Leerlauf auftretenden Spannungen sind ebenfalls verändert, indem z. B. bei der Basisschaltung gilt $(U_{EB})_{r_b \neq 0} = U_{EB} + r_b I_{2L}$.

c) Arbeitspunkteinstellung

Gemäß Abb. 6 läßt sich zur Festlegung des Arbeitspunktes im Kennlinienfeld die Emitterschaltung heranziehen, solange es sich um Wechsel-

---

[1] Als Kennzeichnung der einzelnen Grundschaltungen wird für die Basisschaltung b, für die Emitterschaltung e und für die Kollektorschaltung c verwendet.

stromverstärkung handelt. Die temperaturbedingten Änderungen der Gleichstromkennwerte des Transistors wirken sich bezüglich des Arbeitspunktes im Kennlinienfeld je nach der angewandten Schaltung verschieden aus. Das bedingt einen von Fall zu Fall unterschiedlichen Stabilisierungsaufwand, um einen gewünschten Arbeitspunkt beizubehalten. Von den vier Gleichstromgrößen I_B, U_{BE}, I_C, U_{CE} sind nur zwei willkürlich wählbar, die anderen beiden folgen aus den Strom-Spannungs-Beziehungen des Transistors. Welche Größen man im einzelnen festlegt, hängt ganz von dem vorliegenden Problem ab. In Abb. 7 sind eine Reihe

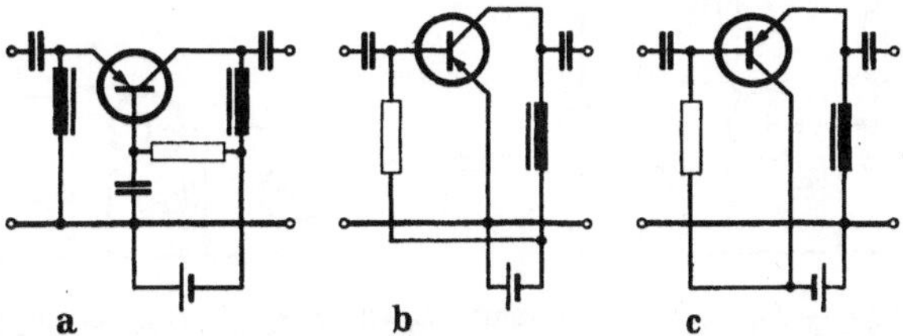

Abb. 6a—c. Beispiel einer Gleichstromspeisung in Emitterschaltung für die drei Wechselstrom-Grundschaltungen. a) Basisschaltung; b) Emitterschaltung; c) Kollektorschaltung

von Möglichkeiten nebeneinander dargestellt. Dabei wird die Festlegung des Arbeitspunktes im Kennlinienfeld durch möglichst große Aussteuerbarkeit, durch vorgeschriebene Verlustleistung oder z. B. durch den geforderten dynamischen Eingangswiderstand gegeben. Diese Auswahl des Arbeitspunktes entspricht völlig der bei der Röhre üblichen. Bezüglich der Verlustleistung ist jedoch zu beachten, daß die maximale Kristalltemperatur im Innern des Transistors einen bestimmten Wert nicht überschreiten darf; darauf gehen wir im einzelnen noch ein (Kap. I.1f).

d) Temperaturverhalten

Alle Transistorkennwerte sind relativ stark temperaturabhängig. Wechselstrommäßig — und auch in gewissem Rahmen statisch — behilft man sich mit Gegenkoppelschaltungen. Das reicht bezüglich des Arbeitspunktes oft nicht aus, weswegen eine zusätzliche Temperaturstabilisierung angewandt wird. Dazu muß man die einzelnen Temperaturverläufe kennen (s. dazu Teil D, Kap. II.3). Diese sind jedoch meist ungenügend bekannt und von Stück zu Stück verschieden (s. z. B. [24]). Deshalb vereinfachen wir in der Weise, daß nur zwei Änderungen berücksichtigt werden, nämlich zum einen die Änderung des Kollektorreststroms I_{CK} bzw. I_{CE0} und zum anderen über den Temperaturdurchgriff die Änderung der Emitterspannung mit der Temperatur. Daß das zur groben, aber technisch meist genügenden Charakterisierung ausreicht, zeigen die Abb. 8, 9 und 10. Dabei gilt für Germaniumtransistoren

$$d_T \approx 2\,\mathrm{mV/°C} \qquad \text{und} \qquad \lambda_C = \frac{dI_{CE0}}{dT} \cdot \frac{1}{I_{CE0}} \approx 0{,}08/°C,$$

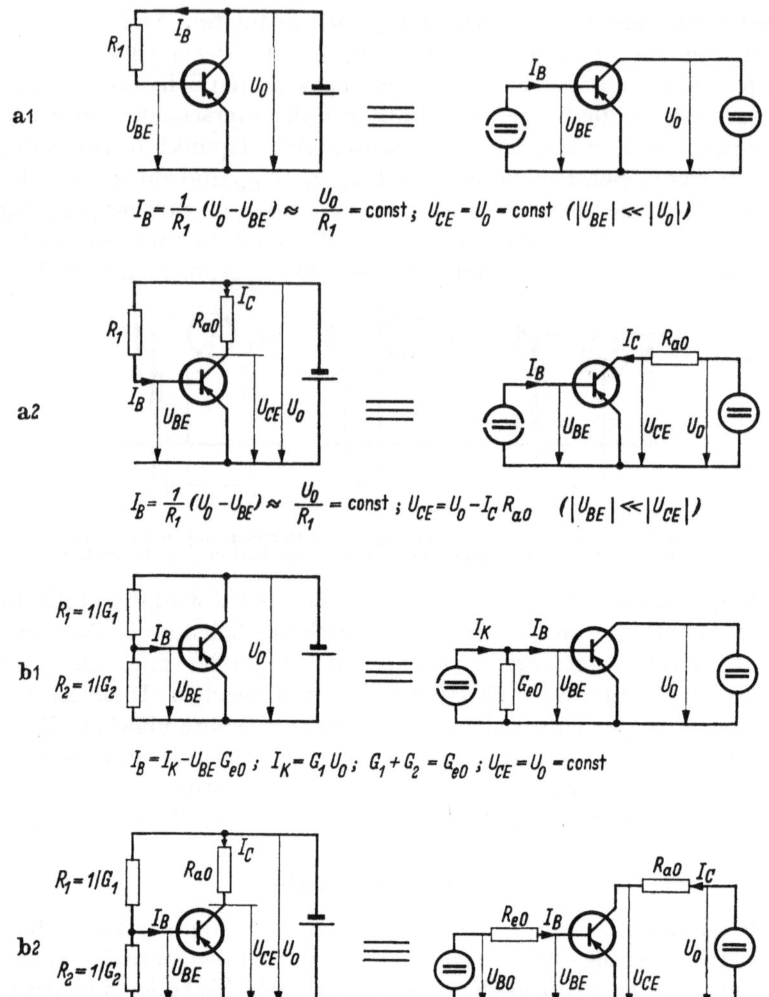

$$I_B = \frac{1}{R_1}(U_0 - U_{BE}) \approx \frac{U_0}{R_1} = \text{const} \, ; \quad U_{CE} = U_0 = \text{const} \quad (|U_{BE}| \ll |U_0|)$$

$$I_B = \frac{1}{R_1}(U_0 - U_{BE}) \approx \frac{U_0}{R_1} = \text{const} \, ; \quad U_{CE} = U_0 - I_C R_{a0} \quad (|U_{BE}| \ll |U_{CE}|)$$

$$I_B = I_K - U_{BE} G_{e0} \, ; \quad I_K = G_1 U_0 \, ; \quad G_1 + G_2 = G_{e0} \, ; \quad U_{CE} = U_0 = \text{const}$$

$$U_{BE} = U_{B0} - I_B R_{e0} \, ; \quad U_{B0} = \frac{U_0}{1 + R_1 G_2} \, ; \quad R_{e0} = \frac{R_1}{1 + R_1 G_2} \, ; \quad U_{CE} = U_0 - I_C R_{a0}$$

Abb. 7 a u. b.   Gleichstromversorgung zur Arbeitspunkteinstellung. Links Schaltung, rechts Ersatzschaltung (Innenwiderstand der Speisebatterie vernachlässigt).

a1) Eingang $R_i \approx \infty$,   Ausgang $R_i = 0$;
a2) Eingang $R_i \approx \infty$,   Ausgang $R_i = R_{a0}$;
b1) Eingang $R_i = R_{e0}$,   Ausgang $R_i = 0$;
b2) Eingang $R_i = R_{e0}$,   Ausgang $R_i = R_{a0}$

während bei Siliziumtransistoren ähnliche Werte vorliegen (s. z.B. [25]). Dort ist jedoch infolge von Verunreinigungen oft der tatsächliche fließende Reststrom viel größer als berechnet, so daß die Werte stark streuen.

Diese Vereinfachung des Problems hat natürlich nur für einen beschränkten Temperaturbereich Gültigkeit, kann jedoch praktisch für ein Intervall von $\pm 30\,°C$ um die mittlere Betriebstemperatur einer Berechnung der Stabilisierungsschaltung bzw. des Temperaturverhaltens zugrunde gelegt werden; insbesondere dann, wenn man eine Gegenkopplung verwendet.

Betrachten wir die beiden temperaturbedingten Änderungen in ihrer Auswirkung auf den eingestellten Arbeitspunkt, erkennen wir mit Abb. 7 einen jeweils unterschiedlichen Einfluß. Für Kleinsignalverstärkung wird meistens die Schaltungskombination nach Abb. 7a gewählt. Hier liegt praktisch I_B fest, so daß sich ausgangsseitig das gesamte

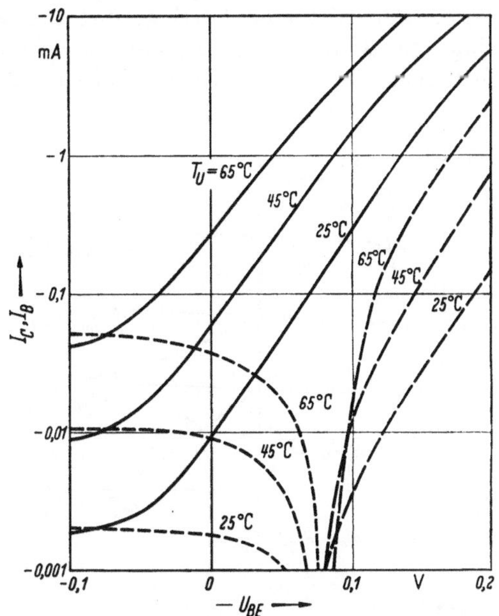

Abb. 8. Temperaturverhalten des Kollektorstromes I_C (————) und des Basisstromes I_B im aktiven Bereich (— —) bzw. des Basissperrstromes $- I_B$ (– – –). Parameter ist die Umgebungstemperatur T_U. (Germaniumtransistor OC 604, $U_{CE} = -2\,V$; nach Firmenunterlagen)

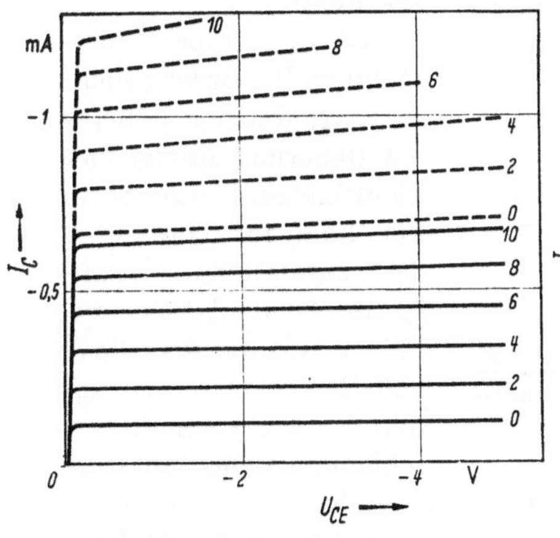

Abb. 9. Statische Ausgangskennlinien in Emitterschaltung für $T_U = 25\,°C$ (————) und $T_U = 45\,°C$ (– – – –) bei konstantem Basisstrom; Parameter ist $-I_B/\mu A$. (Germaniumtransistor OC 604; nach Firmenunterlagen)

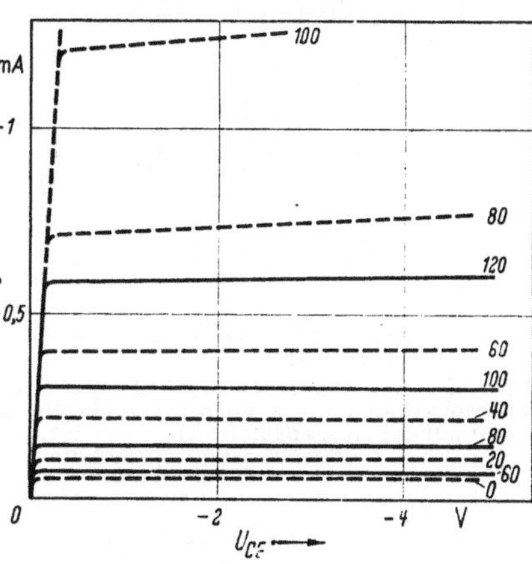

Abb. 10. Statische Ausgangskennlinien in Emitterschaltung für $T_U = 25\,°C$ (————) und $T_U = 45\,°C$ (– – – –) bei konstanter Basisspannung; Parameter ist $-U_{BE}/mV$. (Germaniumtransistor OC 604; nach Firmenunterlagen)

Kennlinienfeld mit $\Delta I_C = \Delta T\, \lambda_C\, I_{CE0}$ nach oben verschiebt. Ansonsten bleibt das Schaltungsverhalten nahezu ungeändert. Ist $R_{a0} \neq 0$ (Abb. 7a2), tritt eine Verringerung der wirksamen Kollektorspannung U_{CE} um $\Delta U_{CE} = R_{a0}\,\Delta I_C$ auf, die bei der Auslegung der Schaltung zu berücksichtigen ist. In Abb. 11a ist angedeutet, wie sich dabei der ausgangsseitige Arbeitspunkt der Aussteuergrenze („R_{iL}-Gerade") nähert. Da die Aussteuerung nur im aktiven Bereich möglich ist, können Verzerrungen auftreten; außerdem wird die Kollektor-Sperrschichtkapazität c_c größer, was die kapazitive Rückwirkung der Emitterschaltung erhöht. Andererseits ist bei $R_{a0} = 0$ die Gefahr größer, daß die zulässige Verlustleistung überschritten wird, da bei wachsendem $|I_C|$ die Spannung am Kollektor gleich bleibt und nicht abfällt (Abb. 11a, senkrechter Pfeil).

Ist der große Widerstand im Basiszweig nicht tragbar, weil bei höherer Aussteuerung infolge der nichtlinearen Eingangskennlinie des Transistors der zusätzliche Gleichstrom (1. Glied bzw. ungerade Glieder der TAYLOR-Reihe) eine untragbare Arbeitspunktverschiebung bedeuten würde, speist man eingangsseitig mit einem niederohmigen Spannungsteiler (R_1, R_2 in Abb. 7b). Im Grenzfall $R_{e0} = 0$ hat man eine konstante Gleichspannung an der Basis-Emitter-Strecke liegen, und die Änderung des Kollektorkennlinienfeldes entspricht Abb. 10. Hier liegt jetzt ausgangsseitig eine exponentielle Arbeitspunktverschiebung vor,

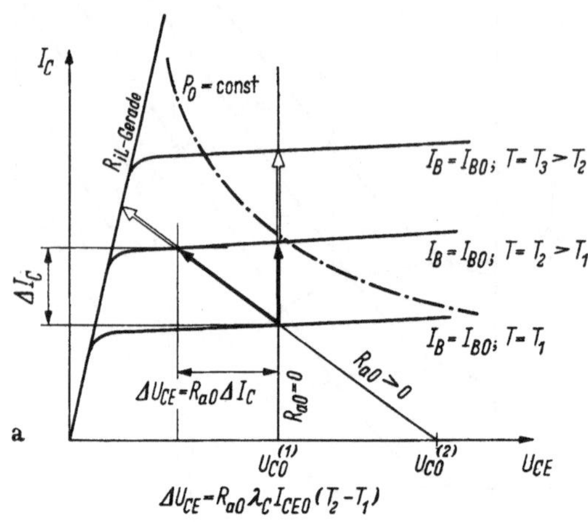

$$\Delta U_{CE} = R_{a0}\,\lambda_C\,I_{CE0}\,(T_2 - T_1)$$

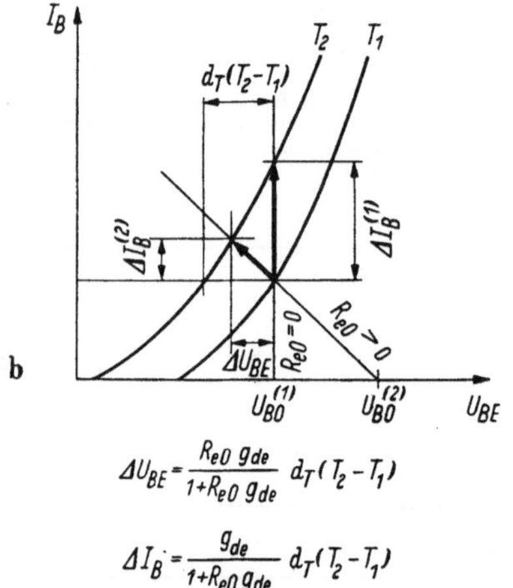

$$\Delta U_{BE} = \frac{R_{e0}\,g_{de}}{1 + R_{e0}\,g_{de}}\,d_T\,(T_2 - T_1)$$

$$\Delta I_B = \frac{g_{de}}{1 + R_{e0}\,g_{de}}\,d_T\,(T_2 - T_1)$$

Abb. 11a u. b. Änderung der eingangs- und ausgangsseitigen Arbeitspunkte mit der Temperatur. a) Arbeitspunkt auf der Ausgangsseite (I_B = const); b) Arbeitspunkt auf der Eingangsseite

so daß man immer eine Stabilisierung des Gleichstromverhaltens vornehmen muß. Auch eingangsseitig ändern sich im Gegensatz zu vor die dynamischen Verhältnisse stark, weil der Arbeitspunkt zu höheren Strömen $|I_B|$ hin verschoben wird, also der dynamische Eingangswiderstand exponentiell abnimmt. Mit der üblichen graphischen Konstruktion eines Arbeitspunktes im Kennlinienfeld ist das leicht zu übersehen. In Abb. 11b ist angedeutet, wie bei einem beliebigen Innenwiderstand der speisenden Gleichstromquelle vorzugehen ist. Über. die wirksame Stromverstärkung $V_i \approx \dfrac{\Delta I_c}{\Delta I_B}$ läßt sich damit auch die zu erwartende Änderung auf der Ausgangsseite angeben. In linearer Näherung gilt

$$\Delta I_C = \frac{\partial I_c}{\partial T}\,\Delta T + \frac{\partial I_c}{\partial I_B}\,\frac{dI_B}{dT}\,\Delta T,$$

also für jeden Wert von R_{e0}

$$\Delta I_C = \left\{\lambda_C\,I_{CE0} + V_i\,\frac{d_T}{R_{e0} + 1/g_{de}}\right\}\Delta T, \tag{19a}$$

wenn wir für den Eingangsleitwert $\dfrac{\Delta I_B}{\Delta U_{BE}} \approx \dfrac{\partial I_B}{\partial U_{BE}} = g_{de}$ setzen $\left(g_{de} = \dfrac{|I_B|}{U_T};\ \text{s. Kap. I.2c}\right)$. Der wirksame Wert der Stromverstärkung V_i läßt sich ebenfalls durch Transistorgrößen ausdrücken; es gilt

$$V_i = \frac{\beta_0}{1 + R_{a0}\,G_{2L}}$$

(Leerlaufausgangsleitwert

$$G_{2L} = \left(\frac{\partial I_c}{\partial U_{CE}}\right)_{I_B=\text{const}} \approx \left(\frac{\Delta I_c}{\Delta U_{CE}}\right)_{I_B=\text{const}}$$

s. Kap. II.2).

e) Arbeitspunktstabilisierung

Es sind mehrere Möglichkeiten denkbar, den geforderten Arbeitspunkt zu stabilisieren. Praktisch sinnvoll sind neben der Anwendung einer Gegenkopplung (Kap. II.4) eine Verringerung der anliegenden Emitterspannung $U_{EB} = -U_{BE}$ bzw. eine Erniedrigung des Basisstroms $|I_B|$. Das kann mit temperaturabhängigen äußeren Schaltelementen geschehen, indem etwa G_{e0} mit wachsender Temperatur kleiner wird (Abb. 7a) oder R_2 als Heißleiter ausgebildet wird (Abb. 7b).

Über die Wirksamkeit der erreichten Stabilisierung gibt der Stabilisierungsfaktor Auskunft. Wir definieren ihn ganz allgemein mit

$$\sigma = \frac{\left[\dfrac{d\,(\text{Meßgröße})}{d\,(\text{Einflußgröße})}\right]_{\text{ohne Stabilisierung}}}{\left[\dfrac{d\,(\text{Meßgröße})}{d\,(\text{Einflußgröße})}\right]_{\text{mit Stabilisierung}}}. \tag{20}$$

In unserem speziellen Fall ist die Einflußgröße die Temperatur, während als Meßgröße z. B. der Arbeitspunkt-Kollektorstrom I_C fungiert; wir erhalten dafür

$$\sigma_T = \frac{\left(\dfrac{dI_c}{dT}\right)_{\text{ohne}}}{\left(\dfrac{dI_c}{dT}\right)_{\text{mit}}}. \qquad (21)$$

Allgemein können wir schreiben (Abb. 11b)

$$\frac{d|I_c|}{dT} = \lambda_C\, I_{CE0} + \frac{V_i}{R_{e0} + 1/g_{de}}\left(d_T + \frac{d|U_{BE}|}{dT}\right), \qquad (22)$$

wenn wir V_i als konstant bzw. temperaturunabhängig annehmen[1]. Für $\dfrac{d|U_{BE}|}{dT}$ gilt bei Beachtung von Abb. 7b 2 mit

$$|U_{BE}| = |U_{B0}| - |I_B|\,R_{e0}$$
$$\frac{d|U_{BE}|}{dT} = \frac{d|U_{B0}|}{dT} - |I_B|\left(\frac{dR_{e0}}{dT}\right), \qquad (23)$$

womit wir für (22) allgemein erhalten

$$\frac{d|I_c|}{dT} = \lambda_C\, I_{CE0} + \frac{V_i}{R_{e0} + 1/g_{de}}\left\{d_T + \frac{d|U_{B0}|}{dT} - |I_B|\,\frac{dR_{e0}}{dT}\right\}. \qquad (24)$$

Ohne Stabilisierungsmaßnahmen gilt

$$\left(\frac{d|I_c|}{dT}\right)_{\text{ohne}} = \lambda_C\, I_{CE0} + \frac{V_i\, d_T}{R_{e0} + 1/g_{de}}, \qquad (19a)$$

woraus wir den günstigen Einfluß eines hohen Innenwiderstandes R_{e0} der speisenden Quelle auf der Eingangsseite entnehmen; bei idealer Stromsteuerung $I_B = $ const. verbleibt

$$\left(\frac{d|I_c|}{dT}\right)_{\text{ohne}} = \lambda_C\, I_{CE0}, \qquad (25)$$

während bei Spannungssteuerung $(R_{e0} \ll 1/g_{de})$ gilt

$$\left(\frac{d|I_c|}{dT}\right)_{\text{ohne}} = \lambda_C\, I_{CE0} + g_{de}\, V_i\, d_T > \lambda_C\, I_{CE0}. \qquad (26)$$

Stabilisieren wir mit einem Kaltleiter bei einer Schaltung entsprechend Abb. 7a, wird bei $R_1 = R_{10}\{1 + \xi_1(T - T_0)\}$ (T_0 mittlere Arbeitstemperatur, ξ_1 Temperaturkoeffizient)

$$\left(\frac{d|I_c|}{dT}\right)_{\text{mit}} = \lambda_C\, I_{CE0} + \frac{V_i}{R_{10} + 1/g_{de}}\{d_T - |I_B|\,R_{10}\,\xi_1\}$$

oder

$$\sigma_T = \frac{1}{1 - \xi_1\,\dfrac{V_i|I_B|R_{10}}{(R_{10} + 1/g_{de})\,\lambda_C\, I_{CE0} + V_i\, d_T}}. \qquad (27)$$

Bei angenäherter Stromsteuerung am Eingang $\left(R_{10} \gg 1/g_{de},\ \dfrac{V_i\, d_T}{\lambda_c\, I_{CE0}}\right)$ gilt näherungsweise

$$\sigma'_T = \frac{1}{1 - \dfrac{\xi_1}{\lambda_c}\left(\dfrac{|I_c|}{I_{CE0}} - 1\right)}, \qquad (28)$$

wenn wir noch $V_i \cdot |I_B| = |I_C| - I_{CE0}$ eintragen.

---

[1] Tatsächlich nimmt V_i mit der Temperatur etwas zu, jedoch wird auch der Transistor-Innenwiderstand etwas größer.

Bei einer Schaltung nach Abb. 7b wird G_2 als Heißleiter mit $G_2 = G_{20}\{1 + \xi_2(T - T_0)\}$ ausgebildet, so daß die Basisspannung mit wachsender Temperatur abnimmt. Wegen

$$U_{B0} = \frac{U_0}{1 + R_1 G_2} \quad \text{und} \quad R_{e0} = \frac{R_1}{1 + R_1 G_2}$$

gilt

$$\frac{dU_{B0}}{dT} = -U_{B0}\,R_{e0}\,G_{20}\,\xi_2 \quad \text{und} \quad \frac{dR_{e0}}{dT} = -R_{e0}^2\,G_{20}\,\xi_2\,,$$

also mit (24)

$$\left(\frac{d\,|I_c|}{dT}\right)_{\text{mit}} = \lambda_C\,I_{CE0} + \frac{V_i}{R_{e0} + 1/g_{de}}\{d_T - \xi_2\,G_{20}\,R_{e0}\,|U_{BE}|\}\,,$$

und somit

$$\sigma_T = \frac{1}{1 - \xi_2\,\dfrac{V_i\,G_{20}\,R_{e0}\,|U_{BE}|}{(R_{e0} + 1/g_{de})\,\lambda_C\,I_{CE0} + V_i\,d_T}}\,. \tag{29}$$

Gilt hier $R_{e0} \ll 1/g_{de} \ll \dfrac{V_i\,d_T}{\lambda_c\,I_{CE0}}$, liegt also praktisch Spannungssteuerung vor, wird näherungsweise

$$\sigma_T' = \frac{1}{1 - \xi_2\,\dfrac{|U_{BE}|}{d_T}}\,; \tag{30}$$

dabei ist noch $G_2 \approx 1/R_{e0}$ gesetzt.

Für jede der Schaltungen ist in erster Näherung mit (27) bis (30) eine völlige Kompensation ($\sigma_T \to \infty$) möglich; bei gegebenen Betriebsdaten muß nur ξ_1 bzw. ξ_2 passend gewählt werden. Wegen der von vornherein großen Änderung benutzt man die zuletzt berechnete Schaltung meist mit zusätzlicher Gegenkopplung, um einen befriedigenden Stabili-

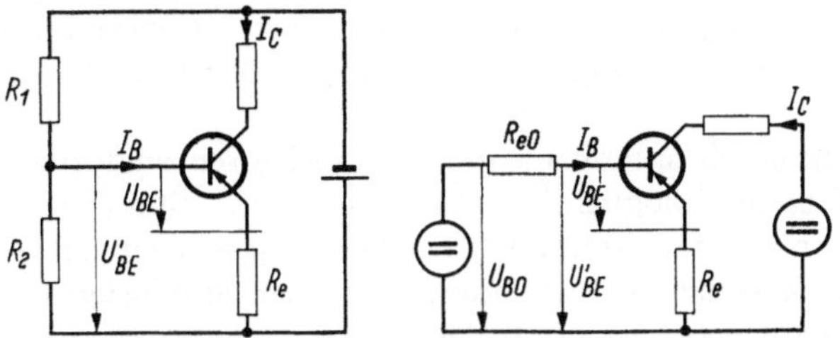

Abb. 12. Stabilisierung durch Strom-Spannungs-Gegenkopplung (s.Text)

sierungsverlauf zu erhalten. Für einen solchen Fall, bei dem eine Strom-Spannungs-Gegenkopplung vorgesehen ist (Abb. 12), soll die Berechnung noch vorgenommen werden. Dabei wird sich ergeben, daß der für die Gegenkopplung allein gültige Stabilisierungsfaktor dem Gegenkoppelfaktor gleich ist; das gilt für Gegenkopplungen ganz allgemein.

Da an R_e die Spannung $U_G = (I_B + I_C)\,R_e$ abfällt (Abb. 12), ist die wirksame Basisspannung $U_{BE} = U_{BE}' - (I_B + I_C)\,R_e$. Bei $|I_B| \ll |I_C|$ gilt somit $U_{BE} = U_{BE}' - I_C\,R_e$.

Die äußeren Stabilisierungsmaßnahmen bewirken eine Änderung von U'_{BE}, die innere Änderung $d_T \, \Delta T$ bezieht sich dagegen auf die tatsächliche Basisspannung U_{BE}. Damit tritt in (22) an die Stelle von

$$d_T + \frac{d \, | U_{BE} |}{d T}$$

der Ausdruck

$$d_T + \frac{d \, | U'_{BE} |}{d T} - \frac{d \, | I_C |}{d T} \, R_e .$$

An Stelle (24) gilt damit bei Gegenkopplung über R_e

$$\frac{d \, | I_C |}{d T} = \frac{1}{1 + V_i \dfrac{R_e}{R_{e0} + 1/g_{de}}} \cdot \tag{31}$$
$$\left\{ \lambda_C \, I_{CE0} + \frac{V_i}{R_{e0} + 1/g_{de}} \left(d_T + \frac{d \, | U_{B0} |}{d T} - | I_B | \frac{d R_{e0}}{d T} \right) \right\} .$$

Der Vergleich mit (24) zeigt, daß in die einzelnen Stabilisierungsfaktoren $\sigma''_T = \Gamma \sigma_T$ jetzt der Gegenkoppelfaktor

$$\Gamma = 1 + V_i \frac{R_e}{R_{e0} + 1/g_{de}} \tag{32}$$

eingeht. Wäre eine solche Gegenkopplung allein wirksam

$$\left(\frac{d \, | U_{B0} |}{d T} = 0 ; \frac{d R_{e0}}{d T} = 0 \right) ,$$

gälte direkt

$$\sigma''_T = \Gamma , \tag{33}$$

und Stabilitäts- und Gegenkopplungsfaktor wären identisch. Mit (32) erkennt man die stark von R_{e0} abhängige Wirkung der Gegenkopplung, indem sie bei $R_{e0} \to \infty$ (eingangsseitige Stromsteuerung) unwirksam wird. Bei reiner Spannungssteuerung ($R_{e0} \to 0$) ist sie dagegen optimal wirksam[1].

Bei direkter Kopplung mehrerer Transistoren sind eine Reihe von Kunstschaltungen möglich, die insgesamt eine Stabilisierung ermöglichen. Unter anderem sind auch Rückführungsglieder mit Verstärkung möglich, doch sollen diese Sonderformen der Stabilisierung hier nicht behandelt werden (s. dazu z. B. [26]).

Für eine Temperaturstabilisierung kommen Kaltleiter und Heißleiter in Frage, die bei passendem Widerstandswert bei der mittleren Temperatur T_0 einen möglichst genau passenden Temperaturkoeffizienten ξ_1 bzw. ξ_2 besitzen müssen. Für jeden Einzelfall wären zur optimalen Dimensionierung nach (27) bis (30) andere Werte erforderlich. Durch Parallel- oder Serienschaltung normaler Widerstände kann man sich jedoch

---

[1] Die Bezeichnung Strom-Spannungs-Gegenkopplung deutet darauf hin; der Ausgangs*strom* erzeugt eine gegenkoppelnde Eingangs*spannung* (Kap. II. 4).

genügend behelfen. In Hilfsblatt H 1 sind in normierter Form die für einen gewünschten Verlauf notwendigen Schaltmaßnahmen dargestellt[1]. [25—29].

f) Betriebstemperatur und Verlustleistung

Die maximal zulässige Betriebstemperatur im Transistorinnern ist durch das Verhalten des Grundmaterials gegeben[2]. Bei hohen Temperaturen nähert man sich dem eigenleitenden Fall, wo keine Verstärkung mehr möglich ist. Zudem nehmen Festkörperdiffusionen mit langsamem Ausgleich zwischen p- und n-Teilen mit wachsender Temperatur exponentiell zu, so daß auch die Lebensdauer bei zu hoher Betriebstemperatur absinkt. Deswegen wird die maximale Betriebstemperatur im Transistorinnern seitens der Hersteller auf etwa 75 °C bei Germanium und etwa 150 °C bei Silizium begrenzt. Bei Impulsbetrieb darf jedoch auch kurzzeitig dieser Maximalwert nur wenig überschritten werden, will man nicht die Lebenserwartung stark verkürzen; die Schalthäufigkeit würde sonst direkt in die Lebensdauer eingehen. Technologisch bedingt darf auch die Temperatur der äußeren Anschlüsse nicht zu hoch werden, da das verwendete Lot schmelzen und die Oberfläche verunreinigen könnte; das würde ebenfalls zu einer bleibenden Änderung der Eigenschaften führen.

Um die Verhältnisse mathematisch zu erfassen, geht man mit Abb. 13a von der Leistungsbilanz aus. Im Transistorinnern verbleibt als Wärmeenergie

$$E_{th} = \int (P_V - P_{th})\, dt$$

bei

$$P_V = P_0 + P_1 - P_2 , \tag{34}$$

wenn P_0 die Gleichstrom-Speiseleistung, P_1 die eingangsseitig aufgeprägte Wechselstromleistung (Aussteuerung), P_2 die ausgangsseitig abgegebene Wechselstromleistung und P_{th} die abfließende thermische Leistung bedeuten. Die Wärme wird dabei durch Leitung oder — meist weniger ins Gewicht fallend — durch Strahlung abgeführt. Im Gleichgewichtsfall $\frac{dE_{th}}{dt} = 0$ gilt nach obigem

$$P_{th} = P_V . \tag{35}$$

Mittels des FOURIERschen Ansatzes

$$\boldsymbol{P_{th}} = - \varkappa \operatorname{grad} T \tag{36}$$

kann man den gerichteten Fluß an Wärmeenergie ($\boldsymbol{P_{th}}$) dem Temperaturgefälle ($-\operatorname{grad} T$) proportional setzen ($\varkappa = $ Wärmeleitfähigkeit).

---

[1] Heißleiter mit unterschiedlichen Daten stehen in großer Auswahl zur Verfügung, nicht aber Kaltleiter; eine Stabilisierung entsprechend Abb. 7a scheidet deshalb für übliche Fälle aus.

[2] S. hierzu auch Teil A, Kap. I. 4 und Teil B, Kap. II. 6 d.

15*

Wegen der Analogie zum OHMschen Gesetz ($P_{th} \triangleq$ Stromdichte; $\varkappa \triangleq$ elektrische Leitfähigkeit; $-$ grad $T \triangleq$ elektrische Feldstärke bzw. $T \triangleq$ Spannung im Potentialfeld), bezeichnet man (36) auch als OHMsches Gesetz der Wärmeleitung. Stellt man sich im einfachsten Fall vor, daß im Gleichgewichtsfall (35) die Wärme aus dem Transistorinnern ($T = T_i$) über das Gehäuse ($T = T_G$) zur Umgebung ($T = T_U$) abströmt, kann man ein elektrisches Ersatzschaltbild entsprechend

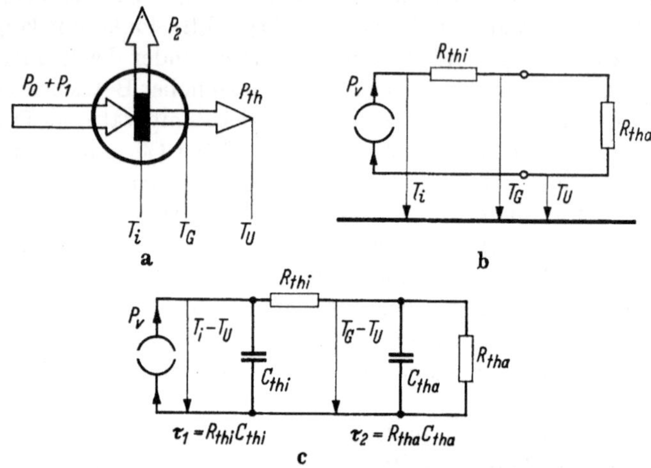

Abb. 13 a—c. Zum OHMschen Gesetz der Wärmeleitung. a) Prinzipbild der wirksamen Energieflüsse; b) quasistatisches Ersatzbild; c) Ersatzbild für Impulsbelastung

Abb. 13b aufstellen, das neben dem thermischen Innenwiderstand R_{thi} einen Außenwiderstand R_{tha} enthält, die beide von dem Strom P_V durchflossen werden, der von einer Urstromquelle ausgeht. Die gesamte Schaltung liegt dabei auf Umgebungspotential T_U. An Hand dieses Ersatzschaltbildes läßt sich leicht der Zusammenhang zwischen den einzelnen Temperaturwerten und der verbrauchten Verlustleistung entnehmen. Wir erhalten

$$P_V = \frac{1}{R_{thi}}(T_i - T_G) = \frac{1}{R_{tha}}(T_G - T_U) \tag{37}$$

bzw.

$$P_V \cdot (R_{thi} + R_{tha}) = T_i - T_U . \tag{38}$$

Je nach der vorliegenden Fragestellung gibt eine der angegebenen Formeln eine Antwort. Wird z. B. nach der maximal möglichen Verlustleistung P_V gefragt, die bei einem gegebenen Transistor mit bekanntem R_{thi} für eine obere Außentemperatur von $T_U = (T_U)_{max}$ sicherstellt, daß die Innentemperatur nicht den Wert $T_i = (T_i)_{max}$ überschreitet, verwendet man (38); usw. Die Größe von R_{thi} ist technologisch vorgegeben, die Größe von R_{tha} dagegen von der verwendeten Kühlung abhängig. Für übliche Kühlblechanordnungen kann man schreiben

$R_{tha} = 1/\sigma_w\, A$, wo A die Fläche und σ_w die Wärmeaustauschkonstante des Kühlers bedeuten[1]. Es hat nicht viel Sinn, $R_{tha} \ll R_{thi}$ zu wählen; der Aufwand lohnt praktisch nur bis $R_{tha} \gtrsim 0{,}2\, R_{thi}$. Bei Transistoren kleinster Leistung ($P_V \lesssim 100$ mW) wird normalerweise keine besondere Kühlung vorgenommen. Für diese Typen geben die Hersteller den Wert $R_{thi} + R_{tha} \approx 0{,}4\,°\text{C/mW}$ an, der sich für normalen Einbau und ruhende Luft ergibt. Will man forcierter kühlen, kann man $R_{thi} \approx 0{,}3\,°\text{C/mW}$ annehmen.

Diese Überlegungen sind solange gültig, als der Betriebszustand des Transistors tatsächlich dem zugrunde gelegten quasistatischen Verhalten entspricht. Anderenfalls ist die zeitabhängige Wärmeleitungsgleichung heranzuziehen, wenn man genaue Aussagen wünscht (s. z. B. [31, 32]).

Ein einfacher und meist genügender Behelf ist die Annäherung der thermischen Verzögerungsleitung von Transistorinnerem zu Außenraum durch einige Wärmekapazitäten. Die Wärmequelle im Transistor ist im wesentlichen die Kollektorsperrschicht, da an ihr der Hauptteil der Verlustleistung abfällt. Damit wäre parallel zur Urstromquelle in Abb. 13b eine erste Wärmekapazität $C_{th} = c_w \cdot m$ vorhanden (c_w spezifische Wärme, m Masse des Sperrschichtbereiches[2]). Daran schlösse sich eine Leitung über den restlichen Kristall bis zu dessen Halterung an, wo die Wärmekapazität des restlichen Kristalls anzusetzen wäre, usw. Technisch genügt meist eine Darstellung nach Abb. 13c, indem man dem Kristall insgesamt eine innere Kapazität C_{thi} zuordnet und die weiteren Einflüsse in einer äußeren Wärmekapazität C_{tha} zusammenfaßt. Für Impulsdauern $t \lesssim \tau_1, \tau_2$ nimmt man diese Kapazitäten zur Berechnung der sich einstellenden Temperaturen zu Hilfe, während man bei $t \gg \tau_1, \tau_2$ mit dem einfachen quasistatischen Ersatzbild nach Abb. 13b rechnet[3]. In τ_2 geht die äußere Kühlanordnung stark ein, da sowohl C_{tha} als auch R_{tha} davon sehr abhängen.

Eine irgendwie geänderte Betriebstemperatur verändert je nach der vorliegenden äußeren Schaltung das Betriebsverhalten der gesamten Anordnung. Es kann vorkommen, daß erhöhte Betriebstemperatur vermehrte Verlustleistung zur Folge hat. Eine solche Anordnung ist bei unbegrenzt steigender Temperatur thermisch instabil und kann zur Zerstörung des Transistors führen. Vor allem bei Schaltvorgängen ist auf

---

[1] Für überschlägige Rechnungen kann man $\sigma_w \approx 1{,}5$ mW/°C cm² setzen; s. auch [29, 30].

[2] Bei Elementen kleinster räumlicher Ausdehnung kann u. U. die Temperatur T_i für niedere Frequenzen der Augenblicksleistung folgen und damit u. a. induktive Veränderungen der Wechselstromparameter hervorrufen [33].

[3] Bei Kleinleistungstransistoren gilt überschlägig $\tau_1 = 1\cdots 10$ msek, bei Leistungstransistoren ($P_V \approx 10$ W) $\tau_1 = 10\cdots 100$ msek; τ_2 liegt zwischen $1\cdots 10$ sek (und größer); zum Temperaturverhalten bei Impulsbelastung s. [34, 35].

diese Möglichkeit zu achten; wir wollen hier nicht näher darauf eingehen. [*29···39*].

g) Stabilisierung von Betriebsspannung und -strom

Die von der Röhre her bekannten Schaltungen zur Konstanthaltung von Spannungen bzw. Strömen haben Halbleiteranaloga, die zusammen mit Transistoren günstig zu verwenden sind.

Abgesehen von elektronisch stabilisierten Netzgeräten höheren Aufwandes [*40, 41*] kann man eine relativ konstante Spannung bei schwankender Speisespannung oder sich änderndem Strom durch Verwendung einer ZENER-Diode erhalten [*42*]. Eine ZENER-Diode ist eine in Sperrrichtung im Durchbruchsgebiet, also im Gebiet des Steilanstiegs des Sperrstroms betriebene Diode. Dieser Anstieg wird entweder durch Trägervervielfachung oder durch innere Feldemission hervorgerufen und führt zu sehr kleinen dynamischen Widerständen (s. Teil A, Kap. III. 6). Die zugehörige Durchbruchspannung kann technologisch auf einige Volt herabgedrückt werden, so daß eine derart betriebene Diode einer Glimmröhre niederer Brennspannung entspricht (üblicher Bereich 5···30 V). Eine einfache Schaltung zur Stabilisierung der Betriebsspannung zeigt Abb. 14a. Als Stabilisierungsfaktor tritt hier die Größe

$$\sigma = \frac{\left(\dfrac{dU}{dI}\right)_{\text{ohne}}}{\left(\dfrac{dU}{dI}\right)_{\text{mit}}} = \frac{\left(\dfrac{dU}{dU_0}\right)_{\text{ohne}}}{\left(\dfrac{dU}{dU_0}\right)_{\text{mit}}} = 1 + \frac{R_i}{R_z} \qquad (39)$$

auf. Wie man leicht entsprechend Kap. I.1.e nachrechnet, gilt dieser Wert von σ sowohl für eine Änderung der Speisespannung als auch für

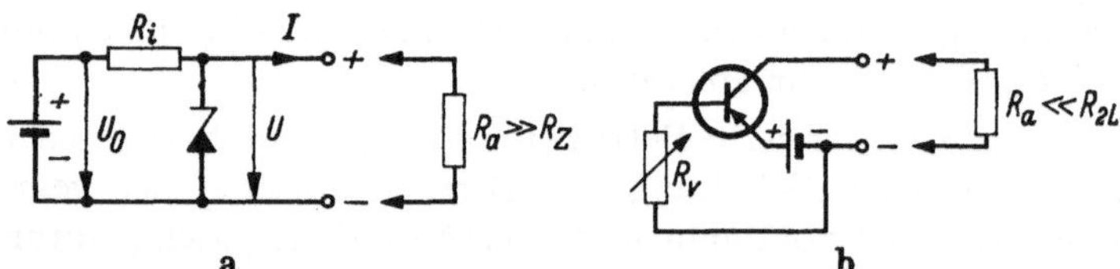

Abb. 14a u. b. Spannungs- und Stromstabilisierung. a) Einfache Spannungskonstanthaltung mit ZENER-Diode (Diode in Sperrichtung gepolt); b) Stromkonstanthaltung mittels Transistor (die Größe von R_v bestimmt den Basisstrom und damit den Strom durch den angeschlossenen Verbraucher)

eine Belastungsschwankung (R_Z sei der dynamische Innenwiderstand der ZENER-Diode am Arbeitspunkt).

Stromkonstante Elemente sind bis jetzt noch nicht erhältlich, wiewohl schon Versuchsexemplare hergestellt wurden [*43*]. Man behilft sich mit einem Transistor nach Abb. 14b, indem man dessen hohen Ausgangswiderstand ausnutzt (s. auch das Kennlinienfeld in Abb. 2). Es gelingt damit bereits bei kleinsten Betriebsspannungen eine Konstantstromquelle zu realisieren. Die Schaltung entspricht der bekannten Pentoden-schaltung als Urstromgenerator.

2. Das Wechselstrom-Ersatzschaltbild des Transistors
a) Herleitung des Ersatzschaltbildes

Zur leichteren Übersicht einer Schaltung ist es wünschenswert, ein Ersatzschaltbild zu besitzen, welches aus üblichen Schaltelementen (Widerstand, Kondensator, Induktivität) mit zusätzlichen, gesteuerten Strom- oder Spannungsquellen besteht. Da ein solches Ersatzbild aus den Vierpolgleichungen herzuleiten ist, müssen jene zuvor bekannt sein. Dabei sind unter Vierpolgleichungen die linearen Glieder der TAYLOR-Entwicklung der Strom-Spannungsbeziehungen zu verstehen. Da es sechs Kombinationen $F_1(x, y)$; $F_2(x, y)$ der eingehenden Größen U_1, I_1, U_2, I_2 gibt, nämlich

$$U_1(\ I_1,\ I_2) \quad \text{und} \quad U_2(\ I_1,\ I_2),$$
$$U_1(\ I_1,\ U_2) \quad \text{und} \quad I_2(\ I_1,\ U_2),$$
$$I_1(U_1,\ U_2) \quad \text{und} \quad I_2(U_1,\ U_2),$$
$$I_1(U_1,\ I_2) \quad \text{und} \quad U_2(U_1,\ I_2),$$
$$U_1(U_2,\ I_2) \quad \text{und} \quad I_1(U_2,\ I_2),$$
$$U_2(U_1,\ I_1) \quad \text{und} \quad I_2(U_1,\ I_1),$$

existieren sechs wesentlich verschiedene Vierpolformen

$$dF_1 = \frac{\partial F_1}{\partial x}\,dx + \frac{\partial F_1}{\partial y}\,dy,$$
$$dF_2 = \frac{\partial F_2}{\partial x}\,dx + \frac{\partial F_2}{\partial y}\,dy,$$

bei denen die Änderungen der Gleichstromwerte dF_1, dF_2, dx, dy als Wechselspannungen bzw. -ströme fungieren. Damit gibt es auch sechs verschiedene Ersatzschaltbilder desselben Bauelements. Für einen be-stimmten Schaltungsfall ist meist eine der Vierpolformen besonders gut geeignet, so daß alle möglichen Kombinationen zur Verfügung stehen müssen. Das ist im Einzelfall durch Umrechnung ineinander möglich; wir gehen darauf noch ein (s. Kap. II.1).

Als physikalisches Ersatzbild des inneren Transistors[1] wählen wir die Leitwertform, bei der die einzelnen Parameter $\frac{\partial F_1}{\partial x}$, $\frac{\partial F_1}{\partial y}$, $\frac{\partial F_2}{\partial x}$ und $\frac{\partial F_2}{\partial y}$ die Dimension eines Leitwertes haben. Diese Form ergibt sich direkt aus den statischen Beziehungen (1) und (2) und lautet bei Beschränkung auf

---

[1] Die Modifikation durch die zusätzlichen Elemente r_b, C_{ce}, C_{cb} wird weiter unten gesondert berücksichtigt.

übliche Arbeitspunkte nach (3) und (4)

$$i_e = \frac{I_{EK}}{U_T} e^{U_{EB}/U_T} u_{eb} - \frac{I_{EK}}{w} e^{U_{EB}/U_T} \frac{\partial w}{\partial U_{CB}} u_{cb},\tag{40}$$

$$i_c = -\alpha_0 \frac{I_{EK}}{U_T} e^{U_{EB}/U_T} u_{eb} + \frac{(2 - \alpha_0) I_{EK}}{w} e^{U_{EB}/U_T} \frac{\partial w}{\partial U_{CB}} u_{cb}.\tag{41}$$

Für einen Gleichstromverstärker, bei quasistatischer Änderung von Strom und Spannung, genügen diese aus den statischen Beziehungen abgeleiteten Gleichungen zur Beschreibung des Verstärkervierpols. Anders bei höheren Frequenzen (teilweise bereits im niederfrequenten Bereich), wo sich die Trägheitseffekte der Trägerströmungen und die Sperrschichtkapazitäten bemerkbar machen. Die wesentlichen Effekte wurden in Teil A bereits dargelegt. Dort wurden die folgenden Ausdrücke erhalten:

Komplexer Eingangsleitwert[1] bei kurzgeschlossenem Ausgang

$$\left(\frac{I_e}{U_{eb}}\right)_{U_{cb} = 0} = g_{ed} = \frac{I_E}{U_T}\left(1 + j\,\omega\,\frac{w^2}{3 D_p}\right);\tag{A 122}$$

Emitter-Sperrschichtkapazität

$$c_{es} = A_E\, q\, N_B\, \frac{\partial w}{\partial U_{EB}}\tag{A 36}$$

(A_E Emitterfläche, N_B Basisdotierung);
komplexe Kurzschlußstromverstärkung

$$\alpha = -\left(\frac{I_c}{I_e}\right)_{U_{cb} = 0} = \frac{1}{\cosh\left\{\frac{w}{L}\left(1 + j\,\omega\,\frac{\tau_p}{2}\right)\right\}};\tag{A 106}$$

Kollektordiffusionskapazität

$$c_{cd}'' = \frac{1}{2}\frac{|I_c|}{D_p}\, w\, \frac{\partial w}{\partial U_{CB}};\tag{A 143a}$$

Kollektor-Sperrschichtkapazität

$$c_{cs} = A_C\, q\, N_B\, \frac{\partial w}{\partial U_{CB}}.\tag{A 36}$$

Diese Ausdrücke schreiben wir teilweise um. Wir setzen zunächst

$$y_{11b} = g_{ed} + j\,\omega\, c_{es} = g_{ed} + j\,\omega\,(c_{ed} + c_{es}),\tag{42}$$

wo $g_{ed} = \frac{I_E}{U_T}$ der OHMsche Diffusionsleitwert und $c_{ed} = \frac{w^2}{3 D_p}\, g_{ed}$ die Diffusionskapazität sind. Außerdem setzen wir für den komplexen Ausdruck $\cosh\left\{\frac{w}{L}\left(1 + j\,\omega\,\frac{\tau_p}{2}\right)\right\}$ in (A 106) die lineare Näherung (Ent-

---

[1] Bei der komplexen Wechselstromrechnung werden die komplexen Zeigerwerte I für den Strom und U für die Spannung verwendet. Es gilt $i(t) = Re\{I\, e^{j\omega t}\}$, $u(t) = Re\{U\, e^{j\omega t}\}$; die Scheitelwerte sind $|I| = \hat{\imath}$ und $|U| = \hat{u}$.

wicklung nach $j\,\omega$)

$$\cosh\left\{\frac{w}{L}\left(1 + j\,\omega\,\frac{\tau_p}{2}\right)\right\} \approx \cosh\left(\frac{w}{L}\right) + j\,\omega\,\frac{\tau_p}{2}\,\frac{w}{L}\,\sinh\left(\frac{w}{L}\right)$$

$$= \cosh\left(\frac{w}{L}\right)\left\{1 + j\,\omega\,\frac{\tau_p}{2}\,\frac{w}{L}\,\tanh\left(\frac{w}{L}\right)\right\}.$$

Für übliche Fälle ist $w \ll L$, so daß

$$\frac{w}{L}\,\tanh\left(\frac{w}{L}\right) \approx \frac{w^2}{L^2} = \frac{w^2}{D_p\,\tau_p}$$

gesetzt werden kann. Damit folgt für (A 106) angenähert

$$x = \frac{\alpha_0}{1 + j\,f/f_1}, \tag{43}$$

wenn

$$f_1 = \frac{\omega_1}{2\,\pi} = \frac{1}{\pi}\cdot\frac{D_p}{w^2} \tag{44}$$

und

$$x_0 = \frac{1}{\cosh\left(\dfrac{w}{L}\right)} \approx 1 - \frac{1}{2}\,\frac{w^2}{L^2} = 1 - \frac{1}{\omega_1\,\tau_p} \tag{45}$$

eingeführt werden[1]. Die tatsächliche Grenzfrequenz f_α der Kurzschluß-stromverstärkung, für die α dem Betrage nach auf $1/\sqrt{2}$ des quasistatischen Wertes $\alpha_0 = \{\alpha\}_{f=0}$ abgefallen ist, ist höher als f_1, wie man der direkten Auswertung von (A 113) entnimmt[2]; wir begnügen uns mit $f_\alpha \approx f_1$ (44).

Mit $I_E \approx I_{EK}\,e^{U_{EB}/U_T}$, $I_C \approx -\alpha_0\,I_E$ und der Abkürzung

$$\mu_{0rb} = \frac{\alpha_0\,U_T}{w}\cdot\frac{\partial w}{\partial U_{CB}} \tag{46}$$

erhalten wir an Stelle von (40) und (41) zunächst die quasistatische Form

$$i_e = g_{ed}\,u_{eb} - \frac{\mu_{0rb}}{\alpha_0}\,g_{ed}\,u_{cb},$$

$$i_c = -x_0\,g_{ed}\,u_{eb} + \mu_{0rb}\,g_{ed}\,u_{cb}.$$

Zum Übergang auf komplexe Kennwerte ersetzen wir g_{ed} durch

$$\boldsymbol{g}_{ed} = g_{ed} + j\,\omega\,c_{ed} = g_{ed}\left(1 + j\,\frac{\omega}{\frac{3}{2}\,\omega_1}\right)$$

und $\alpha_0\cdot g_{ed}$ durch

$$x\cdot\boldsymbol{g}_{ed} = \frac{x_0\,g_{ed}\left(1 + j\,\frac{2\,\omega}{3\,\omega_1}\right)}{1 + j\,\frac{\omega}{\omega_1}} \approx \alpha_0\,g_{ed}\left(1 - j\,\frac{\omega}{3\,\omega_1}\right).$$

---

[1] Die Frequenz f_1 ist einer Messung leicht zugänglich, s. Teil D, Kap. I. 3 u. [44].

[2] Beim normalen Transistor gilt $f_\alpha = 1{,}21\,f_1$, während beim Drift-transistor maximal $f_\alpha \approx 2\,f_1$ wird, s. dazu [45].

Ferner schreiben wir noch für die Kollektordiffusionskapazität

$$c_{cd}'' = \frac{\mu_0}{\alpha} \qquad \iota = \frac{3}{2}\,\mu_{0rb}\,c_{ed}$$

und erhalten so die für niedere Frequenzen $f \ll f_\alpha$ brauchbare Vierpolform

$$I_e = \left\{ g_{ed} + j\,\omega\,(c_{ed} + c_{es}) \right\} U_{eb} - \frac{\mu_{0rb}}{\alpha_0}\,g_{ed}\,U_{cb},$$

$$I_c = -\,\alpha_0 \left(g_{ed} - j\,\omega\,\frac{c_{ed}}{2} \right) U_{eb} + \left\{ \mu_{0rb}\,g_{ed} + j\,\omega\left(\frac{3}{2}\,\mu_{0rb}\,c_{ed} + c_{cs} \right) \right\} U_{cb}.$$

Für höhere Frequenzen ($f \approx f_\alpha$) ist sie nicht zu verwenden; auch nicht zur Umrechnung in die anderen Grundschaltungen, weil die aus Teil A übernommenen Ausdrücke teilweise quasistatisch gewonnen wurden. Für eine exaktere Berechnung muß man auf die Lösung der zeitabhängigen Kontinuitätsgleichung mit variabler Basisdicke zurückgehen. Die Rechnung sei hier unterdrückt (s. dazu [46]); es sei nur das damit gewonnene Ersatzbild angegeben und die zugehörige Vierpolform der oben näherungsweise ermittelten gegenübergestellt. Für die bisher nur betrachtete Basisschaltung gilt mit denselben Werten für

$$g_{ed} = \frac{I_E}{U_T}, \; c_{ed} = \frac{2}{3\,\omega_1} \cdot \frac{I_E}{U_T} \qquad \text{und} \qquad \mu_{0rb} = \frac{\alpha_0\,U_T}{w}\,\frac{\partial w}{\partial U_{CB}}$$

$$I_e = \left\{ g_{ed} + j\,\omega\,(c_{ed} + c_{es}) \right\} U_{eb} - \mu_{0rb} \left\{ g_{ed} - j\,\omega\,\frac{c_{ed}}{2} \right\} U_{cb}, \qquad (47)$$

$$I_c = -\,\alpha_0 \left\{ g_{ed} - j\,\omega\,\frac{c_{ed}}{2} \right\} U_{eb} + \left\{ \frac{\mu_{0rb}}{\alpha_0}\,g_{ed} + j\,\omega\left(\frac{\mu_{0rb}}{\alpha_0}\,c_{ed} + c_{cs} \right) \right\} U_{cb}. \qquad (48)$$

Bei gegebener Größe von μ_{0rb}[1] ist das Wechselstromverhalten damit in einfacher Weise von den meßbaren Arbeitspunktgrößen I_E und U_{CB} (für c_{cs}) abhängig[2]; $c_{es}(U_{EB})$ kann bei Diffusionstransistoren meist neben c_{ed} vernachlässigt werden[3]. Auch μ_{0rb} und ω_α sind einer Messung zugänglich. Mit (47) ist

$$\mu_{0rb} = \left(\frac{U_{eb}}{U_{cb}} \right)_{I_e = 0, \; \omega \ll \omega_1},$$

also die quasistatische Spannungsrückwirkung bei leerlaufendem Eingang, während man ω_α aus dem gemessenen Verlauf von $\left(\dfrac{I_c}{I_e} \right)_{U_{ce} = 0}$ als Funktion von ω entnehmen kann. (Zur Messung der Kenngrößen und deren Elemente s. Teil D, Abschn. I.)

Führt man diese Meßgrößen in die Vierpolgleichungen ein, erhält man das zugehörige Ersatzschaltbild des inneren Transistors in Abb. 15.

---

[1] Bei üblichen Transistoren gilt $\mu_{0rb} \approx 10^{-4} \cdots 10^{-2}$.

[2] Bei genauerer Betrachtung sind auch ω_1 und μ_{0rb} von U_{CB} (über w) abhängig, s. (44) und (46).

[3] Bei Drifttransistoren kann dagegen c_{es} überwiegen.

Da die verwendete Vierpolform mit (47) und (48) bei

$$I_e = I_1, \quad I_c = I_2, \quad U_{eb} = U_1, \quad U_{cb} = U_2$$

entsprechend dem allgemeinen Ausdruck

$$I_1 = y_{11} U_1 + y_{12} U_2, \tag{49}$$

$$I_2 = y_{21} U_1 + y_{22} U_2 \tag{50}$$

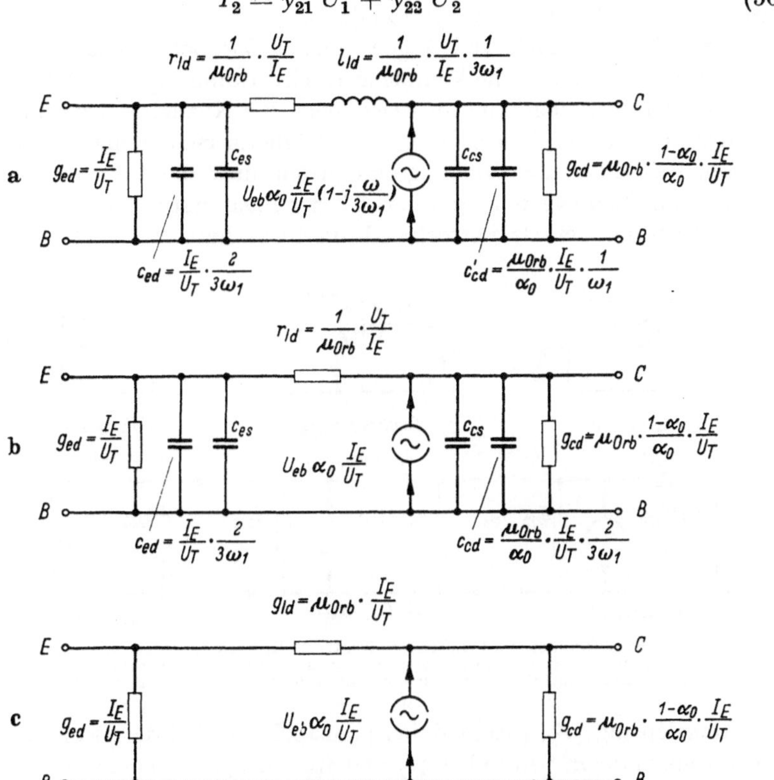

Abb. 15 a–c. Ersatzschaltbild des Diffusionstransistors in Basisschaltung (innerer Transistor). Die einzelnen Elemente sind gesondert bezeichnet (s. Text).
a) Hf-Ersatzschaltbild (verwendbar bis $f \approx 2 f_1$); b) Nf-Ersatzschaltbild (gilt angenähert bis $f \approx f_1/2$); c) Ersatzschaltbild für quasistatischen Betrieb

aufgebaut ist (Leitwertparameter), folgt das Ersatzbild mit Abb. 16b (s. dazu auch Kap. II. 1).

Im Ersatzschaltbild selbst sind die einzelnen Elemente noch gesondert bezeichnet. Außerdem ist an Stelle der für $(- y_{12b})$ nach (47) im Längszweig des π-Gliedes auftretenden Parallelschaltung von Leitwert $g_{ld} = \mu_{0rb}\, g_{ed}$ und negativer Kapazität $c_{ld} = -\dfrac{\mu_{0rb}\, c_{ed}}{2}$ die Reihenschaltung aus Ohmwiderstand $r_{ld} = \dfrac{1}{g_{ld}} = \dfrac{1}{\mu_{0rb}\, g_{ed}}$ und Induktivität

$l_{ld} = - \dfrac{c_{ld}}{g_{ld}^2} = \dfrac{1}{3\,\omega_1} \cdot \dfrac{1}{\mu_{0\,rb}\,g_{ed}}$ eingetragen (die verwendeten Umrechnungsformeln sind dabei Näherungen für $\omega \ll 3\,\omega_1$; exakt wäre die Beziehung $g_{ld} - j\,\omega\,c_{ld} = \dfrac{1}{r_{ld} + j\,\omega\,c_{ld}}$ auszuwerten).

Die Größe c_{cd}' in Abb. 15a entspricht wegen $\alpha_0 \approx 1$ dem Wert, der in Teil A, Kap. IV.7 als quasistatischer Wert der Kollektordiffusionskapazität hergeleitet wurde (A 143a).

Gegenüber der nach Teil A gewonnenen Vierpolform fällt hier mit (47) und (48) vor allem die komplexe Rückwirkung y_{12} auf. Daß y_{12} wie y_{21} eine Phasenverzögerung aufweist (negative Kapazität bzw. induktiver Anteil), ist die Auswirkung der Trägheitserscheinungen. Um am anderen Basisende eine Wirkung zu erzielen, muß die dafür notwendige Minoritäten-Dichteverteilung innerhalb der Basis erst aufgebaut werden. Die Auffassung der Basisstrecke als verlustbehaftete elektrische Ver-

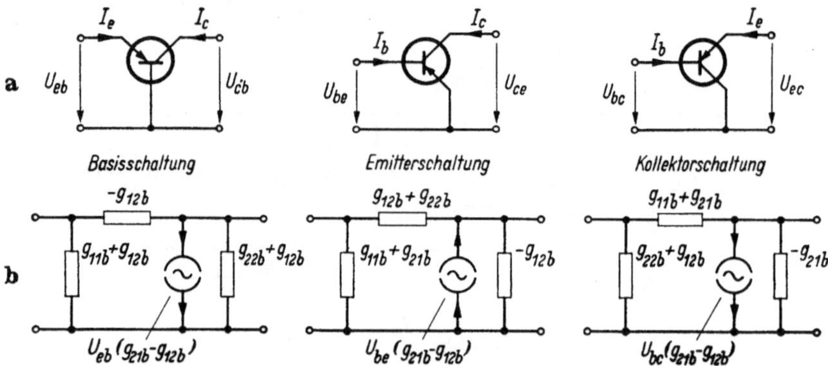

Abb. 16a u. b. Prinzipbilder und Leitwert-Ersatzschaltungen der drei Grundschaltungen
a) Prinzipbilder mit eingezeichneter positiver Zählrichtung für Strom und Spannung;
b) zugehörige Ersatzschaltbilder, ausgedrückt durch die Vierpolelemente der Basisschaltung

zögerungsleitung [47] macht dabei plausibel, daß bei der Beeinflussung der jeweils anderen Seite über y_{12} und y_{21} nur $c_{ed}/2$ wirksam wird, während bei der Betrachtung der Eingangsklemmen (y_{11}) oder der Ausgangsklemmen (y_{22}) der doppelte Wert $c_{ed} = 2c_{ed}/2$ auftritt; dann muß nämlich die der Verzögerungsleitung aufgeprägte Welle (wegen der Reflektion am anderen Ende) die Basisstrecke zweimal durchlaufen (hin und zurück), und die Wirkung ist verdoppelt. Dieser Sachverhalt drückt sich entsprechend in den Laufzeiten aus; während bei den Übertragungsgrößen $y_{12} = g_{12} + j\,b_{12}$ und $y_{21} = g_{21} + j\,b_{21}$ als Zeitkonstante $\tau_l = 1/3\,\omega_1$ auftritt $\left(\omega\,\tau_l = -\dfrac{b_{12}}{g_{12}} = -\dfrac{b_{21}}{g_{21}}\right)$, ist

$$\tau_d = \frac{c_{ed}}{g_{ed}} = \frac{2}{3\,\omega_1} = 2\,\tau_l.$$

Mit Abb. 16 können wir die Vierpolformen und Ersatzschaltbilder der Emitter- und Kollektorschaltung ebenfalls angeben. Während in Abb. 16b die Ersatzschaltungen durch die Vierpolelemente der Basisschaltung ausgedrückt sind, lassen sich mit Hilfe der in Abb. 16a angegebenen drei Schaltbilder und der dort eingezeichneten Ströme und Spannungen die einzelnen Vierpolparameter umrechnen. Man erhält für die Emitterschaltung

$$y_{11e} = y_{11b} + y_{12b} + y_{21b} + y_{22b},$$
$$y_{12e} = -(y_{12b} + y_{22b}),$$
$$y_{21e} = -(y_{21b} + y_{22b}),$$
$$y_{22e} = y_{22b}$$

und für die Kollektorschaltung

$$y_{11c} = y_{11b} + y_{12b} + y_{21b} + y_{22b},$$
$$y_{12c} = -(y_{11b} + y_{21b}),$$
$$y_{21c} = -(y_{11b} + y_{12b}),$$
$$y_{22c} = y_{11b}.$$

Die Berechnung der Emitterschaltung wollen wir an Hand von Abb. 16a vornehmen, die übrigen Rechnungen aber unterdrücken. Aus Abb. 16a lesen wir den Zusammenhang

$$I_e = -I_b - I_c, \quad U_{eb} = -U_{be}, \quad U_{cb} = U_{ce} - U_{be}$$

ab. Setzen wir das in die allgemeine Vierpolform (49) und (50) für die Basisschaltung ein, folgt

$$-I_b - I_c = -y_{11b}U_{be} + y_{12b}(U_{ce} - U_{be}),$$
$$I_c = -(y_{21b} + y_{22b})U_{be} + y_{22b}U_{ce}.$$

Durch Umordnen erhalten wir daraus

$$I_b = (y_{11b} + y_{12b} + y_{21b} + y_{22b})U_{be} - (y_{12b} + y_{22b})U_{ce},$$
$$I_c = -(y_{21b} + y_{22b})U_{be} + y_{22b}U_{ce}.$$

Ein Vergleich mit der allgemeinen Form (49) und (50) zeigt, daß z. B. $y_{12e} = -(y_{12b} + y_{22b})$ gilt. Analog geht man für die übrigen Vierpolgrößen vor (s. dazu auch Kap. II.1).

Aus (47) und (48) erhalten wir so für die Emitterschaltung

$$I_b = \left\{(1-\alpha_0)\,g_{ed} + j\,\omega\left[\left(1+\frac{\alpha_0}{2}\right)c_{ed} + c_{es}\right]\right\}U_{be}$$
$$-\left\{\frac{1-\alpha_0}{\alpha_0}\mu_{0rb}\,g_{ed} + j\,\omega\left[\left(1+\frac{\alpha_0}{2}\right)\frac{\mu_{0rb}}{\alpha_0}c_{ed} + c_{es}\right]\right\}U_{ce}, \tag{51}$$
$$I_c = \alpha_0\left(g_{ed} - j\,\omega\,\frac{c_{ed}}{2}\right)U_{be}$$
$$+\left\{\frac{\mu_{0rb}}{\alpha_0}g_{ed} + j\,\omega\left[\frac{\mu_{0rb}}{\alpha_0}c_{ed} + c_{es}\right]\right\}U_{ce} \tag{52}$$

und für die Kollektorschaltung

$$I_b = \left\{(1 - \alpha_0)\, g_{ed} + j\,\omega \left[\left(1 + \frac{\alpha_0}{2}\right) c_{ed} + c_{es}\right]\right\} (U_{bc} - U_{ec}), \quad (53)$$

$$I_c = -\{g_{ed} + j\,\omega\,(c_{ed} + c_{es})\}\,(U_{bc} - U_{ec}), \qquad (54)$$

wenn wir noch y_{12b} neben y_{11b} und y_{22b} neben y_{21b} vernachlässigen. Die Abb. 17 und 18 zeigen die zugehörigen Ersatzschaltbilder, die aus den

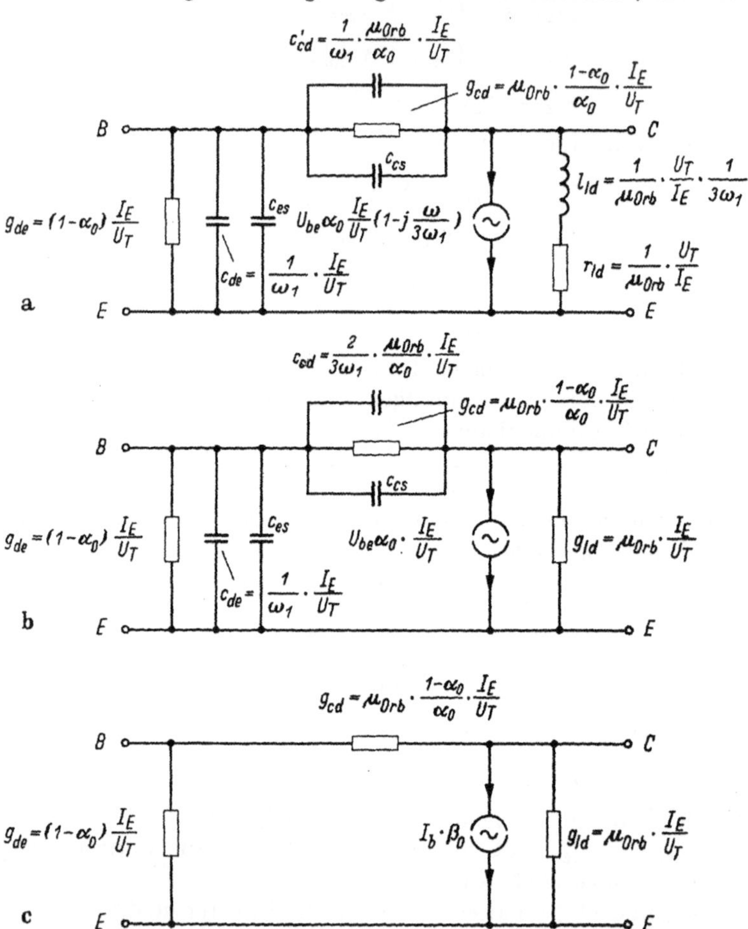

Abb. 17a—c. Ersatzschaltbild des Diffusionstransistors in Emitterschaltung (innerer Transistor). Mit $|I_B| = (1 - \alpha_0)\, I_E$, $\beta_0 = \dfrac{\alpha_0}{1 - \alpha_0}$, $\mu_{0re} = \dfrac{\mu_{0rb}}{\alpha_0}$ lassen sich auch Meßgrößen der Emitterschaltung in das Ersatzschaltbild einführen.
a) Hf-Ersatzschaltbild (verwendbar bis $f \approx 2 f_1$); b) Nf-Ersatzschaltbild (gilt angenähert bis $f \approx f_1/2$); c) Ersatzschaltbild für quasistatischen Betrieb $\left(I_b \approx U_{be} \dfrac{|I_B|}{U_T}\right)$.

Vierpolformen nach Abb. 16b zusammengesetzt sind. Neben den Elementen der Basisschaltung (Abb. 15) treten in Abb. 17 der Diffusionsleitwert in Emitterschaltung $g_{\dot{d}e} = (1-\alpha_0)\,g_{e\dot{a}}$ und die zugehörige Diffusionskapazität $c_{\dot{d}e} = \dfrac{3}{2}\,c_{e\dot{a}}$ auf. In Abb. 18 ist die Größe $(-y_{21b})$,

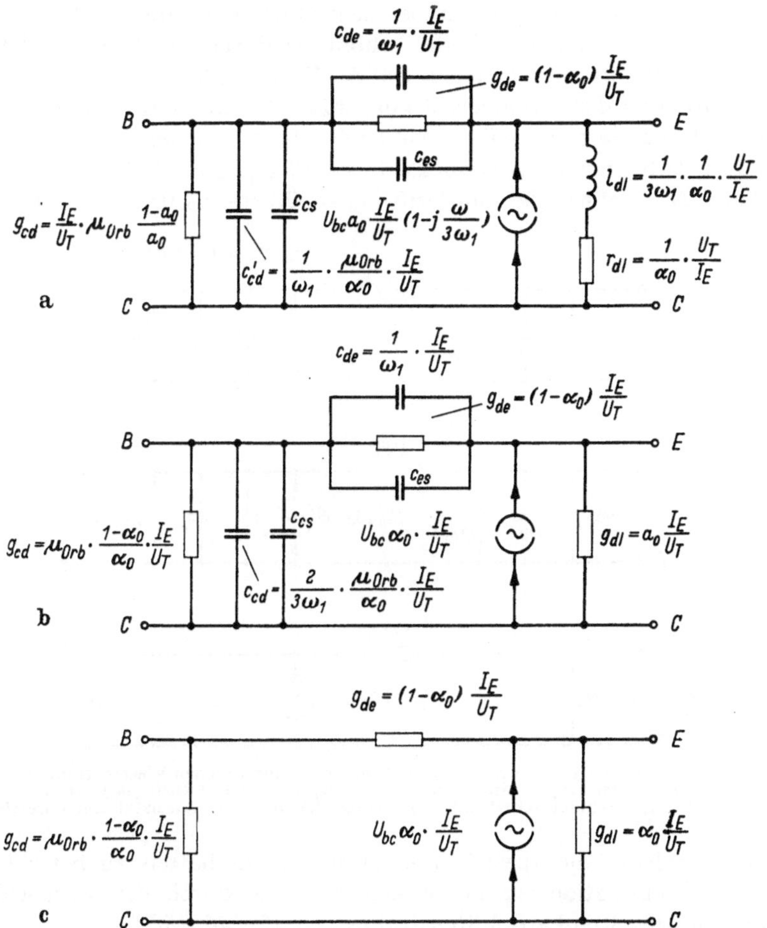

Abb. 18a—c. Ersatzschaltbild des Diffusionstransistors in Kollektorschaltung (innerer Transistor). a) Hf-Ersatzschaltbild (verwendbar bis $f \approx 2f_1$); b) Nf-Ersatzschaltbild (gilt angenähert bis $f \approx f_1/2$); c) Ersatzschaltbild für quasistatischen Betrieb

die ausgangsseitig im Querzweig des π-Gliedes auftritt, entsprechend dem Wert $(-y_{12b})$ als Reihenschaltung von Widerstand und Induktivität dargestellt.

Damit sind die Vierpolformen und Ersatzschaltbilder des eigentlichen Transistors für die drei Grundschaltungen hergeleitet. Die Abb. 19, 20 und 21 zeigen für ein (berechnetes) Beispiel die bei einem Arbeitspunkt vorliegende Größe der einzelnen in das Ersatzschaltbild eingehenden

Elemente bei den drei Grundschaltungen (nach [46]); der Aufbau entspricht den Abb. 15, 17 und 18[1].

Für den Drifttransistor gelten näherungsweise die gleichen Ersatzschaltbilder, wenn für f_1 der entsprechende Wert eingesetzt wird. Bei gleicher Geometrie ist f_1 gegenüber dem Diffusionstransistor wegen der Driftwirkung des inneren Feldes erhöht, wodurch die Diffusionskapazitäten verringert sind (s. dazu Teil A, Kap. IV. 3). Außerdem ist die Phasendrehung der Stromverstärkung bzw. der wirksamen Steilheit y_{21} (Abb. 16) geändert. Schreiben wir an Stelle des in den Abb. 15a, 17a und 18a auftretenden Ausdrucks $1 - j\,\omega/3\,\omega_1 \approx e^{-j\,\omega/3\,\omega_1} = e^{-jN\,\omega/\omega_1}$, so kann N — abhängig vom Driftfeld — Werte bis 0,9 erreichen [45].

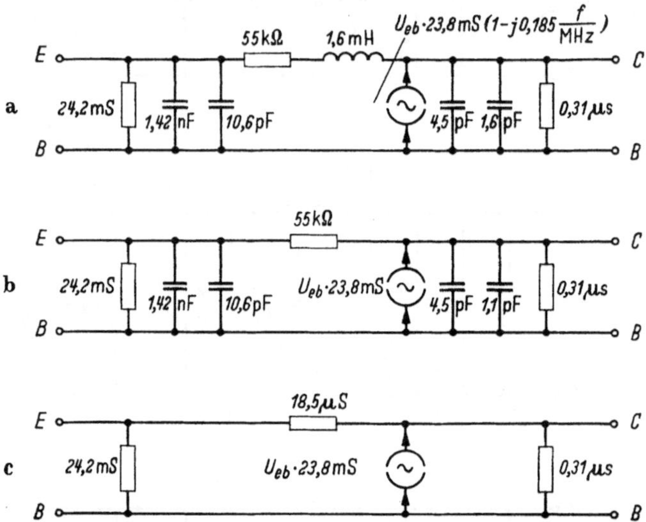

Abb. 19a—c. Ersatzschaltbild der Basisschaltung mit eingetragenen Werten (innerer Transistor. Anordnung der Kapazitäten gemäß Abb. 15; nach BENEKING [46]). a) Hf-Ersatzschaltbild; b) Nf-Ersatzschaltbild; c) Ersatzschaltbild für quasistatischen Betrieb

Es verbleibt, die speziellen Schaltungseigenschaften zu betrachten und die Modifikation zu berücksichtigen, die durch den Basiswiderstand und die Streukapazitäten bedingt sind[2]. [45—52].

b) Wechselstromverhalten der Basisschaltung

Den Ausgangspunkt der Überlegungen bildet das in Abb. 15 dargestellte Ersatzschaltbild mit den zusätzlichen äußeren Elementen nach

---

[1] Es sind weitere „physikalische" Ersatzschaltbilder denkbar, die ebenfalls den Transistor wechselstrommäßig beschreiben, s. z. B. [48]. Wir beschränken uns hier auf die reine Leitwertform. (Eine Übersicht gibt PRITCHARD [49], während Modifikationen im Ersatzschaltbild neuerer Bauformen in [50] behandelt sind.)

[2] Tatsächlich vorliegende Ortskurven der einzelnen Vierpolparameter sind in Teil D, I. 2 dargestellt.

Abb. 4b. Da c_{cd} und c_{cs} über die gesamte Breite der Basis verteilt sind, muß man bisweilen einen Teil dieser beiden Kapazitäten zu C_{cb} dazuschlagen, um das Frequenzverhalten voll beschreiben zu können; oder aber muß ein Teil von C_{cb} an eine Anzapfung von r_b gelegt werden. Von diesen Modifikationen wollen wir hier jedoch absehen.

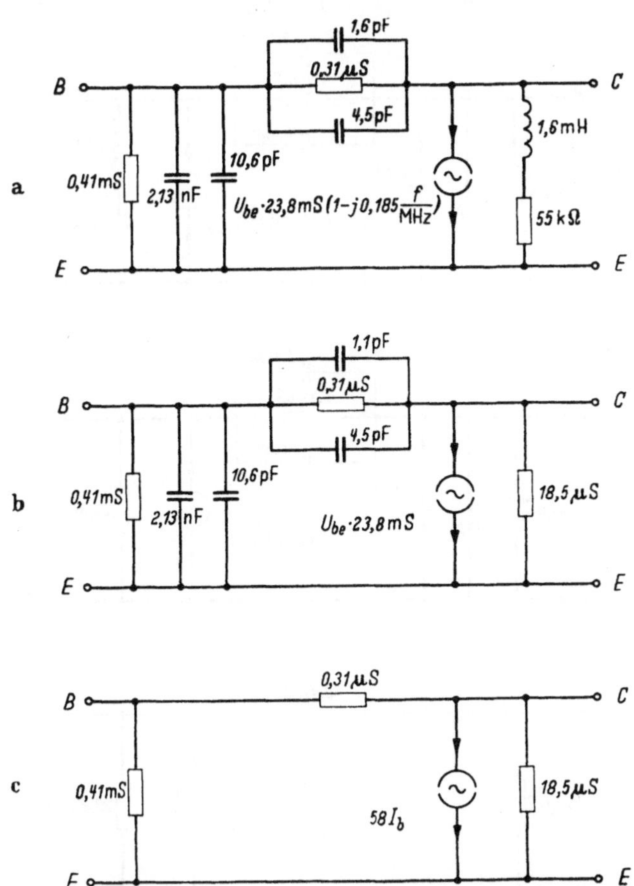

Abb. 20a—c. Ersatzschaltbild der Emitterschaltung mit eingetragenen Werten (innerer Transistor, Anordnung der Kapazitäten gemäß Abb. 17; nach BENEKING [46]). a) Hf-Ersatzschaltbild;   b) Nf-Ersatzschaltbild;   c) Ersatzschaltbild für quasistatischen Betrieb

Aus den ursprünglichen Vierpolgrößen des eigentlichen inneren Transistors, die wir von nun an durch einen Beistrich von den außen meßbaren Parametern unterscheiden, wird damit

$$y_{11b} = y'_{11b} - \frac{r_b(y'_{11b} + y'_{21b})(y'_{12b} + y'_{11b})}{1 + r_b\, y'_{11e}} + j\,\omega\,C_{ce}$$

oder

$$y_{11b} \approx -\frac{y'_{11b}}{1 + r_b\, y'_{11e}}, \tag{55}$$

16 Salow, Transistor

$$y_{12b} = y'_{12b} - \frac{(y'_{11b} + y'_{12b})(y'_{22b} + y'_{12b})\,r_b}{1 + r_b\,y'_{11e}} - j\,\omega\,C_{ce}$$

oder

$$y_{12b} \approx y'_{12b} - y_{11b}\,r_b\,(y'_{22b} + y'_{12b}) - j\,\omega\,C_{ce},\tag{56}$$

$$y_{21b} = y'_{21b} - \frac{(y'_{22b} + y'_{21b})(y'_{11b} + y'_{21b})\,r_b}{1 + r_b\,y'_{11e}} - j\,\omega\,C_{ce}$$

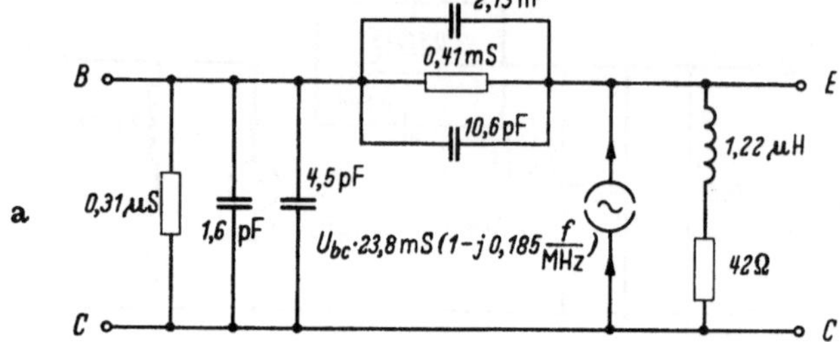

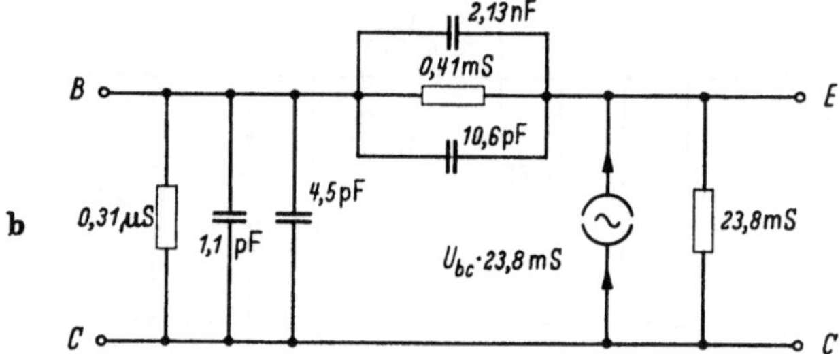

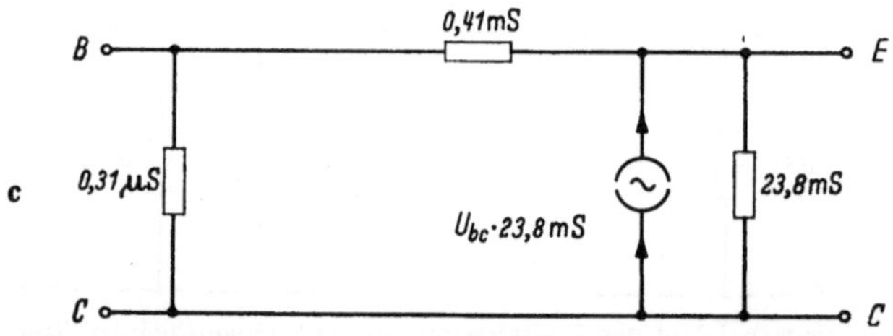

Abb. 21 a—c. Ersatzschaltbild der Kollektorschaltung mit eingetragenen Werten (innerer Transistor. Anordnung der Kapazitäten gemäß Abb. 18; nach BENEKING [46]). a) Hf-Ersatzschaltbild; b) Nf-Ersatzschaltbild; c) Ersatzschaltbild für quasistatischen Betrieb

oder

$$y_{21b} \approx \frac{y'_{21b}}{1 + r_b\,y'_{11e}},\tag{57}$$

$$y_{22b} = y_{22b} - \frac{r_b\,(y'_{22b} + y'_{12b})(y'_{21b} + y'_{22b})}{1 + r_b\,y'_{11e}} + j\,\omega\,(C_{ce} + C_{cb})$$

oder $(r_b\,y_{11e} \ll 1)$

$$y_{22b} \approx y'_{22b} + j\,\omega\,(C_{ce} + C_{cb}).\tag{58}$$

Der Eingangsleitwert y_{11} und die Vorwärtssteilheit y_{21} sind wesentlich verändert, während der Ausgangsleitwert y_{22} nur zusätzlich mit den Streukapazitäten behaftet ist. Die Rückwärtssteilheit y_{12} ist bei niederen Frequenzen ebenfalls kaum verändert (für $|y_{11b}\, r_b\,(y'_{22b} + y'_{12b}) + j\,\omega\,C_{ce}|$ $\ll |y'_{12b}|$), jedoch überwiegen bei höheren Frequenzen die Korrekturanteile bei weitem. Die Kurzschlußstromverstärkung (43) bleibt wegen

$$V_{iKb} = \frac{y_{21b}}{y_{11b}} \approx \frac{y'_{21b}}{y'_{11b}} = V'_{iKb} = \frac{-\alpha_0}{1 + j\dfrac{\omega}{\omega_1}}$$

praktisch unverändert, während die Leerlaufspannungsverstärkung V_{uL} wegen

$$V'_{uLb} = \left(\frac{U'_{cb}}{U'_{eb}}\right)_{I_c = 0} = \frac{-y'_{21b}}{y'_{22b}} = \mu'_b \approx \frac{\mu'_{0b}}{1 + j\dfrac{\omega}{\omega'_{\mu b}}} \tag{59}$$

näherungsweise zu

$$V_{uLb} = \frac{-y_{21b}}{y_{22b}} = \frac{\mu'_b}{1 + r_b\, g_{ed}\,(1 - \alpha_0)\left\{1 + j\,\dfrac{\omega}{(1 - \alpha_0)\,\omega_1}\right\}} \tag{60}$$

wird. Darin sind

$$\mu'_{0b} = \frac{\alpha_0^2}{\mu_{0rb}} \tag{61}$$

die Leerlaufspannungsverstärkung des inneren Transistors bei niederen Frequenzen bzw.

$$\mu_{0b} = \frac{\mu'_{0b}}{1 + r_b\, g_{ed}\,(1 - \alpha_0)}$$

die Leerlaufspannungsverstärkung an den äußeren Klemmen (quasistatischer Fall) und

$$\frac{1}{\omega_{\mu b}} \approx \frac{1}{\omega'_{\mu b}} = \frac{\alpha_0}{\mu_{0rb}\, g_{ed}}\left(\frac{\mu_{0rb}}{\alpha_0}\, c_{ed} + c_{cs} + C_{cb} + C_{ce}\right) \tag{62}$$

die ausgangsseitige Zeitkonstante.

Da in die Wirkleistungsverstärkung V_P die Größe $|\alpha\,\mu|$ proportional eingeht (Kap. II.2), läßt sich mit (43) und (60) die Frequenzabhängigkeit der Leistungsverstärkung abschätzen. In (60) bleibt bei üblichen Arbeitspunkten $r_b\, g_{ed}\,(1 - \alpha_0) \gtrsim 0{,}1$, so daß für niedere Frequenzen $(\omega \ll 10\,(1 - \alpha_0)\,\omega_1,\ \omega_\mu,\ \omega_1)$ zunächst eine konstante Verstärkung resultiert. Da meist $\omega_\mu \gtrsim (1 - \alpha_0)\,\omega_1 \ll \omega_1$ gilt, setzt ab $\omega \approx \omega_\mu$ ein Abfall ein, der schließlich proportional $\dfrac{1}{\omega^3}$ wird[1] (s. dazu Kap. III.1d). Durch die Wahl des Arbeitspunktes $(I_E,\ U_{CB})$ läßt sich das Frequenzverhalten etwas beeinflussen, indem der Einfluß von r_b wegen $r_b\, g_{ed} \sim I_E$ verringert werden kann, wenn man kleine Emitterströme I_E wählt, und indem bei höherer Kollektorspannung c_{cs} kleiner wird, wobei wegen der

---

[1] Bei höchsten Frequenzen sind für genaue Aussagen die exakten Beziehungen auszuwerten (Teil A, Kap. IV. 2), da die verwendeten Vierpolgrößen nicht mehr gelten (nur lineare Näherung).

16*

verringerten Basisdicke mit (44) außerdem die Grenzfrequenz ansteigt. Allerdings steigt mit (62) für kleine I_E-Werte die ausgangsseitige Zeitkonstante an, so daß ω_μ dann abfällt.

c) Wechselstromverhalten der Emitterschaltung

Für die Emitterschaltung erhalten wir bei Hinzunahme der äußeren Elemente

$$y_{11e} = \frac{y'_{11e}}{1 + r_b\, y'_{11e}} + j\,\omega\, C_{cb}$$

oder

$$y_{11e} \approx \frac{y'_{11b} + y'_{21b}}{1 + r_b(y'_{11b} + y'_{21b})}\,, \tag{63}$$

$$y_{12e} = \frac{y'_{12e}}{1 + r_b\, y'_{11e}} - j\,\omega\, C_{cb} \quad\text{oder}\quad y_{12e} \approx -\frac{y'_{12b} + y'_{22b}}{1 + r_b(y'_{11b} + y'_{21b})} - j\,\omega\, C_{cb}, \tag{64}$$

$$y_{21e} = \frac{y'_{21e}}{1 + r_b\, y'_{11e}} - j\,\omega\, C_{cb} \quad\text{oder}\quad y_{21e} \approx \frac{-y'_{21b}}{1 + r_b(y'_{11b} + y'_{21b})}\,, \tag{65}$$

$$y_{22e} = y'_{22e} - \frac{y'_{12e}\, y'_{21e}\, r_b}{1 + r_b\, y'_{11e}} + j\,\omega(C_{ce} + C_{cb})$$

oder $(r_b\, y_{11e} \ll 1)$

$$y_{22e} \approx y'_{22b} + j\,\omega(C_{ce} + C_{cb}). \tag{66}$$

Die Kurzschlußstromverstärkung ist hier mit

$$V_{iKe} = \frac{y_{21e}}{y_{11e}} \approx \frac{y'_{21e}}{y'_{11e}} = \frac{\beta_0}{1 + j\,\dfrac{\omega}{\omega_\beta}} \tag{67}$$

wieder ungeändert. Darin ist die quasistatische Stromverstärkung

$$\beta_0 \doteq \frac{\alpha_0}{1 - \alpha_0} \gg \alpha_0 \tag{68}$$

und die Emittergrenzfrequenz [1]

$$f_\beta = \frac{\omega_\beta}{2\pi} = f_1(1 - \alpha_0) \ll f_1. \tag{69}$$

Die Leerlaufspannungsverstärkung stimmt bis auf das Vorzeichen näherungsweise mit dem Wert (60) der Basisschaltung überein, indem hier gilt

$$V_{uLe} \approx \frac{-\mu'_b}{1 + r_b\, g_{de}\left(1 + j\,\dfrac{\omega}{\omega_\beta}\right)}. \tag{70}$$

Darin sind der nach (51) wirksame Diffusionsleitwert der Emitterschaltung

$$g_{de} = g_{ed}(1 - \alpha_0) \tag{71}$$

und $\omega_\beta = \omega_1(1 - \alpha_0)$ eingesetzt.

---

[1] Mit (45) und (69) folgt $\omega_\beta = \dfrac{1}{\tau_p}$, was — wenigstens theoretisch — ganz allgemein gilt (auch beim Drifttransistor). Damit ist f_β im Gegensatz zu f_1 bzw. f_α nicht von der Basisdicke w abhängig.

Die Frequenzgrenze wird hier wesentlich durch f_β bestimmt und liegt danach wesentlich tiefer als bei der Basisschaltung. Der Verlauf des Eingangsleitwerts mit der Frequenz entspricht mit (63) dem einer Diode im Flußgebiet, wobei mit (51) wegen

$$(1 + \alpha_0)\, c_{ed} \approx \frac{3}{2}\, c_{ed} = \frac{g_{ed}}{\omega_1} = \frac{g_{de}}{\omega_\beta}$$

für y'_{11e} gilt

$$y'_{11e} \approx g_{de}\left(1 + j\,\frac{\omega}{\omega_\beta}\right). \tag{72}$$

Asymptotisch wird für sehr hohe Frequenzen der gleiche Wert wie bei der Basisschaltung erreicht, nämlich r_b parallel C_{eb}. Die Rückwirkung wird bei hohen Betriebsfrequenzen $\omega \gtrsim \omega_\beta$ praktisch rein kapazitiv, da der reelle Anteil von y_{12e} neben den Blindkomponenten bzw. $\omega\, C_{cb}$ zu vernachlässigen ist, bei noch höheren Frequenzen verbleibt lediglich $j\,\omega\, C_{cb}$. Bezüglich der Strom- und Spannungsabhängigkeit gelten die gleichen Überlegungen wie bei der Basisschaltung; hier wird bei erhöhter Kollektorspannung neben der Basisdicke die Rückwirkung über c_{cs} verringert.

d) Wechselstromverhalten der Kollektorschaltung

Für die Kollektorschaltung erhalten wir bei Berücksichtigung der äußeren Elemente näherungsweise

$$y_{11c} = \frac{y'_{11c}}{1 + r_b\, y'_{11c}} + j\,\omega\, C_{cb}$$

oder

$$y_{11c} \approx \frac{y'_{11b} + y'_{21b}}{1 + r_b\,(y'_{11b} + y'_{21b})} + j\,\omega\, C_{cb}, \tag{73}$$

$$y_{12c} = \frac{y'_{12c}}{1 + r_b\, y'_{11c}}$$

oder

$$y_{12c} \approx -\frac{y'_{11b} + y'_{21b}}{1 + r_b\,(y'_{11b} + y'_{21b})}, \tag{74}$$

$$y_{21c} = \frac{y'_{21c}}{1 + r_b\, y'_{11c}}$$

oder

$$y_{21c} \approx \frac{-y'_{11b}}{1 + r_b\,(y'_{11b} + y'_{21b})}, \tag{75}$$

$$y_{22c} = y'_{22c} - \frac{y'_{12c}\, y'_{21c}\, r_b}{1 + r_b\, y'_{11c}} + j\,\omega\, C_{cc}$$

oder

$$y_{22c} \approx \frac{y'_{11b}}{1 + r_b\,(y'_{11b} + y'_{21b})}. \tag{76}$$

Die wirksame Kurzschlußstromverstärkung entspricht mit

$$V'_{iKc} \approx V_{iKc} \approx \frac{-1}{1-\alpha} = -\left(1 + \frac{\beta_0}{1 + j\dfrac{\omega}{\omega_\beta}}\right) \approx -V_{iKe} \qquad (77)$$

bis auf das Vorzeichen praktisch dem Wert der Emitterschaltung. Man bezeichnet mit $\dfrac{1}{1-\alpha} = \gamma$ bzw. $\dfrac{1}{1-\alpha_0} = \gamma_0$ zuweilen noch die Stromverstärkung der Kollektorschaltung gesondert. Die Leerlaufspannungsverstärkung beträgt wegen der inneren Spannungsgegenkopplung mit

$$V_{uLc} = \frac{y_{11b} + y_{12b}}{y_{11b}} \approx 1 - \frac{\mu_{0rb}}{1 + j\dfrac{\omega}{\omega_1}} \qquad (78)$$

nur knapp Eins. Die Analogie zum Kathodenverstärker ist damit gegeben, weil die Ausgangsspannung voll als Gegenkoppelspannung im Eingangskreis wirksam wird. Damit fällt V_{uLc} nach höheren Frequenzen zu nicht ab. Die zugehörige Grenzfrequenz der Leistungsverstärkung ist bei kleinen Lastwiderständen praktisch f_β, also mit (77) die Grenzfrequenz der Stromverstärkung; bei größeren Lastwiderständen ist sie höher.

Wegen des großen Rückwirkungsleitwertes y_{12c} beeinflussen sich hier die Eingangs- und Ausgangsseite impedanzmäßig sehr stark. Während z. B. für ausgangsseitigen Kurzschluß eingangsseitig der Leitwert $Y_{1K} = y_{11c}$ (73) vorliegt, ist bei ausgangsseitigem Leerlauf der sehr kleine Leitwert $Y_{1L} = y_{11c} - \dfrac{y_{12c}\,y_{21c}}{y_{22c}}$ wirksam; im quasistatischen Fall gilt z. B.

$$G_{1K} = \frac{g_{de}}{1 + r_b\,g_{de}} \quad \text{bzw.} \quad G_{1L} = \frac{\mu_{0rb}}{\alpha_0}\,g_{ed}\,(1 + \alpha_0) \ll G_{1K}.$$

Eine solche Stufe ist sorgfältig zu dimensionieren, damit bei variablem Außenwiderstand oder veränderlichem Generatorwiderstand nicht Übersteuerungen auftreten.

3. Analogie zur Vakuumröhre

a) Analogkennwerte

In den Abb. 1, 2 und 3 sind die Kennlinienfelder der drei Grundschaltungen von Transistor und Röhre nebeneinander dargestellt. Die Ähnlichkeit des statischen Verhaltens kommt in dem ähnlichen Verlauf der jeweiligen Kennlinien deutlich zum Ausdruck, wenn auch die Röhre keinen merklichen Gitterstrom besitzt. Die eingangsseitige Diodenstrecke (Gitter-Kathode) wird im Gegensatz zum Transistor (Basis-Emitter) im Sperrgebiet betrieben, so daß die Kennlinienschar für konstanten Gitterstrom fehlt. Bei Elektrometerröhren oder im Gebiet positiver Gitterspannungen wären auch diese Kennlinien von Interesse (s. z. B. [53]).

Gleichermaßen ist das dynamische Verhalten beider Verstärkerelemente ähnlich, wenigstens bei niederen Frequenzen. Dabei ist unter „ähnlich" zunächst ein gleichartiger Aufbau der Ersatzschaltbilder, die analoge Änderung der Kennwerte bei Übergang von der einen zur anderen Grundschaltung und eine jeweils gleiche Phasenlage der Ausgangs- und Eingangsgrößen beider aktiver Vierpole verstanden. Wegen der stets vorhandenen Rückwirkung und der Temperaturabhängigkeit der Kennwerte muß die Schaltungstheorie bei Transistoren über die einfacher Röhrenschaltungen hinausgehen, doch ist das prinzipielle Verfahren ähnlich. Da sowohl Röhre als auch Transistor einen aktiven Vierpol repräsentieren, ist diese gleiche mathematische Behandlung verständlich. Um an die Ergebnisse der Röhrenschaltungstheorie anschließen zu können, seien im folgenden einige Begriffe der Röhrenterminologie auf den Transistor angewandt.

Die übliche Beziehung, die das Wechselstromverhalten der Röhre bei Kleinsignalverstärkung im Gebiet niederer Frequenzen beschreibt, ist der Leitwertdarstellung entnommen (Kap. II.1) und lautet mit Abb. 22

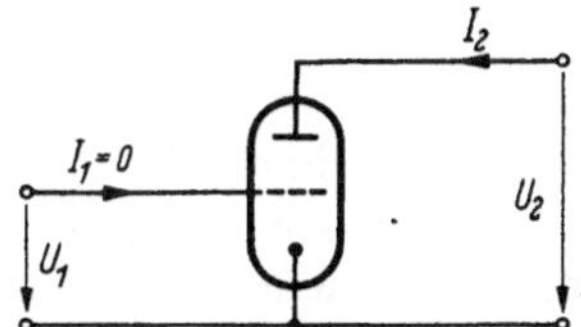

Abb. 22. Wechselstromschaltbild einer Röhre in Kathodenschaltung. (Vereinfachtes Schaltbild, ohne Angabe der Gleichstromversorgung zur Einstellung des Arbeitspunktes)

$$I_2 = S U_1 + G_i U_2. \tag{79}$$

Darin sind

$$S = \left(\frac{I_2}{U_1}\right)_{U_2 = 0} \quad (= y_{21})$$

die „Steilheit" (wegen $U_2 = 0$ besser „Kurzschlußsteilheit") und

$$G_i = \frac{1}{R_i} = \left(\frac{I_2}{U_2}\right)_{U_1 = 0} = G_{2K} = \frac{1}{R_{2K}} \quad (= y_{22})$$

der ausgangsseitig auftretende Innenleitwert bei Kurzschluß auf der Eingangsseite. Die in Klammer gesetzten Elemente sind die entsprechenden Vierpolgrößen der allgemeinen Darstellung

$$I_1 = y_{11} U_1 + y_{12} U_2, \tag{49}$$

$$I_2 = y_{21} U_1 + y_{22} U_2. \tag{50}$$

Deren erste Beziehung (49) ist wegen $I_1 = 0$ ohne Bedeutung (normaler Arbeitspunkt einer idealen Röhre in Kathodenschaltung).

Aus (79) erhält man mit

$$V_{uL} = \left(\frac{U_2}{U_1}\right)_{I_2 = 0} = - S R_i = \left(- \mu = - \frac{1}{D}\right) \tag{80}$$

die BARKHAUSEN-Beziehung

$$R_i S D = 1,$$

wenn der „Durchgriff" D mit $D = 1/\mu$ definiert ist und μ bis auf das Vorzeichen die Leerlaufspannungsverstärkung bedeutet.

Für den Transistor gelten diese Beziehungen sinngemäß, wenn man die Kenngrößen R_{2K}, S und μ bzw. D entsprechend ihrer Definition[1] übernimmt. Beim Transistor ist jedoch wegen $I_1 \neq 0$ auch stets die erste Vierpolgleichung (49) wichtig. Wir schreiben analog (79)

$$I_1 = G_{1K}\,U_1 + S_r\,U_2, \tag{81}$$

worin

$$G_{1K} = \frac{1}{R_{1K}} = \left(\frac{I_1}{U_1}\right)_{U_2=0} \quad (= y_{11})$$

der eingangsseitige Leitwert bei ausgangsseitigem Kurzschluß und

$$S_r = \left(\frac{I_1}{U_2}\right)_{U_1=0} \quad (= y_{12})$$

die „Rückwärtssteilheit'' bedeuten. Die Größe

$$V_{uLr} = \left(\frac{U_1}{U_2}\right)_{I_1=0} = -\,S_r\,R_{1K} \quad (= \mu_r) \tag{82}$$

ist entsprechend die Rückwärts-Leerlaufspannungsverstärkung oder die „Spannungsrückwirkung'' bei offenem Eingang. Als charakteristische Meßgröße wurde μ_r bereits in Kap. I.2 eingeführt; aus den Ersatzschaltbildern der drei Grundschaltungen (Abb. 15c, 17c und 18c) bzw. nach (46) folgt für den quasistatischen Wert μ_{0r} bei der Basisschaltung

$$\mu_{0rb} = \frac{\varkappa_0\,U_T}{w}\cdot\frac{\partial w}{\partial U_{CB}},$$

bei der Emitterschaltung

$$\mu_{0re} = \frac{\mu_{0rb}}{\alpha_0} = \frac{U_T}{w}\cdot\frac{\partial w}{\partial U_{CB}} \approx \mu_{0rb}$$

und bei der Kollektorschaltung

$$\mu_{0rc} = \frac{1}{\dfrac{\mu_{0rb}}{\alpha_0} + 1} \approx 1.$$

Wie (80) ist auch (82) mathematisch trivial, meßmäßig jedoch sehr angenehm, da man aus zwei vorliegenden Kenngrößen die dritte, möglicherweise schlecht meßbare Kenngröße berechnen kann.

Die einfache Röhrenbeziehung (79) gestattet nicht die Definition einer endlichen Stromverstärkung

$$V_i = \frac{I_2}{I_1}.$$

Bei Mitverwendung von (81) gilt für die Kurzschlußstromverstärkung

$$V_{iK} = \left(\frac{I_2}{I_1}\right)_{U_2=0} = S\,R_{1K} \quad (= \beta \text{ bei der Emitterschaltung}) \tag{83}$$

und entsprechend für die inverse Stromverstärkung

$$V_{iKr} = \left(\frac{I_1}{I_2}\right)_{U_1=0} = S_r\,R_{2K}. \tag{84}$$

---

[1] Bisweilen wird $S = y_{21} - y_{12}$ an Stelle $S = y_{21}$ gesetzt.

Die Größe der hier eingeführten röhrenanalogen Kennwerte des Transistors ist mit den Vierpolbeziehungen des Kap. I. 2 bzw. den Ausdrücken für die Leitwertparameter (Abschn. 2b, 2c, 2d) gegeben. Die einzelnen Elemente sind dabei im Gegensatz zur Röhre schon bei niederen Frequenzen komplex, was jedoch die Anwendbarkeit des bei der Röhre üblichen Formalismus und der dort gebräuchlichen Vierpolersatzschaltbilder nicht einschränkt. Betrachten wir z. B. den Ausdruck für die Transistorsteilheit in Emitterschaltung bei niederen Frequenzen, so ist deren Arbeitspunktabhängigkeit durch

$$S \approx \frac{\beta_0}{U_T} |I_B| \approx \frac{\beta_0}{U_T} I_{BK} \, e^{\frac{|U_{BE}|}{U_T}}$$

gegeben, wie man Abb. 17b und (9) entnimmt, wenn man die Rückwirkung vernachlässigt. Dieser Steilheitsverlauf entspricht dem einer Röhre mit exponentieller Kennlinie, einer Regelröhre. Die dort auftretende Kreuzmodulation ist damit auch beim Transistor zu erwarten; Berechnung und schaltungstechnische Maßnahmen zur Verringerung dieses meist unerwünschten Effekts sind analog zur Röhre vorzunehmen (s. auch Kap. III. 1c). Da beim Transistor im üblichen Betriebsbereich $V_{ik} \approx$ const gilt, folgt mit (83) $S \sim G_{1K}$; der entsprechende Zusammenhang läßt sich auch aus den exakten Kenngrößen des Kap. I. 2 herleiten, hier folgt er aus einer Betrachtung der Analogkennwerte. (Zur Frequenzabhängigkeit der Transistorsteilheit s. z. B. [54].)

b) Analogersatzschaltbild

Das den Beziehungen (81) und (79) zugehörige Ersatzschaltbild ist in Abb. 23 dargestellt, und zwar der Allgemeingültigkeit halber mit

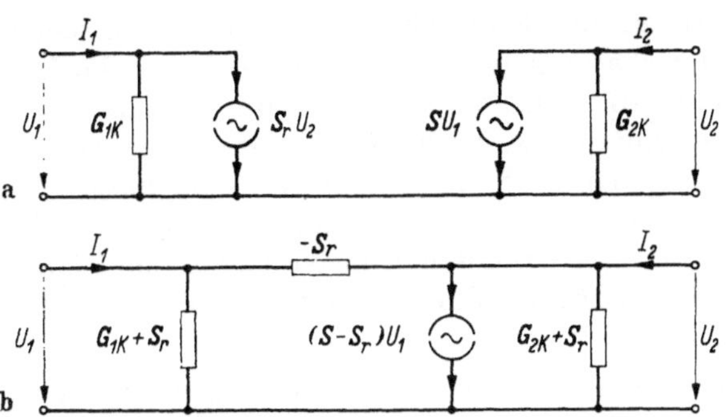

Abb. 23a u. b. Vierpol-Ersatzschaltbild mit Analogkennwerten. a) Symmetrische Form; b) übliche Form mit π-Glied

komplexen Analogkenngrößen. Die Äquivalenz von Ersatzschaltbild und Vierpolform bestätigt man leicht durch Anwendung der KIRCHHOFFschen Regeln auf die Eingangs- und Ausgangsseite.

Bestimmen wir zunächst die Elemente der Röhrenersatzschaltung, und zwar für eine Röhre in Kathodenschaltung (Abb. 22). Neben dem ausgangsseitigen Innenwiderstand R_i ist die Anoden-Kathoden-Kapazität C_{ak} zu berücksichtigen, wenn man das Verhalten bei mittleren Frequenzen betrachten will. Die meist kleine Gitter-Anoden-Kapazität C_{ga} bedingt eine Rückwirkung des Ausgangs auf den Eingang und damit einen endlichen Wert S_r. Den notwendigen äußeren Gitterableitwiderstand R_G zwischen Gitter und Kathode können wir in das Ersatzschaltbild auf der Eingangsseite mit einbeziehen; röhrenseitig tritt die Gitter-Kathoden-Kapazität C_{gk} auf und — bei hohen Frequenzen — ein elektronischer Eingangsleitwert, den wir hier vernachlässigen. Die Steilheit S nehmen wir als reell an, berücksichtigen also nicht den nach hohen Frequenzen zu endlichen Phasenwinkel von S. Das Ersatzbild einer

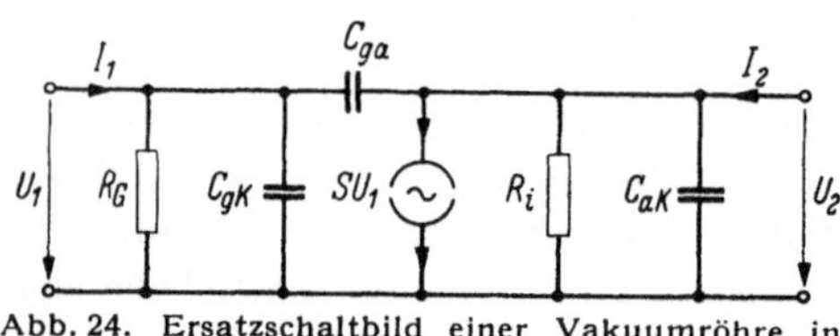

Abb. 24. Ersatzschaltbild einer Vakuumröhre in Kathodenschaltung nach Abb. 23b ($|S_r| \ll S$)

Vakuumröhre, welches wir dieserart erhalten, zeigt Abb. 24. Der Vergleich mit dem Transistorersatzschaltbild der analogen Emitterschaltung in Abb. 17 läßt die prinzipielle Ähnlichkeit beider erkennen, wenn auch die Größenordnung mancher Kenngrößen, insbesondere auf der Eingangsseite, unterschiedlich ist. Wir ersehen jedoch aus der Gegenüberstellung der beiden Ersatzschaltungen, daß die Analogie von Röhre und Transistor weitgehend auch auf das Wechselstromverhalten angewendet werden kann.

In Kap. I.2a waren die Vierpolgrößen der Emitter- und Kollektorschaltung aus denen der Basisschaltung hergeleitet worden (Abb. 16), da die Basisschaltung als die physikalisch primäre erschien. Technisch ist die Emitterschaltung am wichtigsten, da sie wie die Kathodenschaltung der Röhre am meisten verwendet wird. In Tab. 1 sind die für die Schaltungsberechnung wesentlichen Größen aller Grundschaltungen durch die Analogkennwerte der Emitterschaltung ausgedrückt; die Umrechnungsformeln sind entsprechend Kap. I.2 gewonnen. Wir sind damit in der Lage, die drei Grundschaltungen analog zur Röhre aufzufassen und mit Tab. 1 bezüglich ihrer Kenngrößen an die Emitterschaltung anzuschließen[1].

---

[1] Es handelt sich hier um die normalen Leitwertparameter und entsprechende Elemente anderer Vierpolformen (s. Kap. II.1). Unglücklicherweise hat es sich eingebürgert, fast jedem möglichen Vierpolelement einen besonderen Namen zu geben $\left(\pm S \equiv y_{21},\ R_i \equiv R_{2K} = \dfrac{1}{y_{22}},\ \pm \mu \equiv V_{uL} \right.$ $= p_{21},\ \pm \mu_r \equiv V_{ulr} = h_{12},\ \pm \alpha,\ \pm \beta,\ \pm \gamma \equiv V_{ik} = h_{21}, \ldots \left.\right)$. Das erschwert dem Anfänger die Einarbeitung erheblich.

Nicht nur die Grundschaltungen als solche, sondern auch deren Anwendungsbereiche und die Auslegung der zugehörigen Schaltungen können in gleicher Weise röhrenanalog betrachtet und behandelt werden. In Abb. 25 sind die charakteristischen Kennwiderstände $Z_{01} = \sqrt{Z_{1K} Z_{1L}}$ und $Z_{02} = \sqrt{Z_{2K} Z_{2L}}$ (zu wählende Außenwiderstände bei Leistungsanpassung, s. Kap. II.2a) und die jeweiligen Werte V_{uL} und V_{iK} (für die Höhe der Verstärkung wesentlich, s. Kap. II.2) der drei Grundschaltungen von Transistor und Röhre für den quasistatischen Betriebsfall nebeneinander dargestellt. Die Transistorwerte gelten für einen normalen Arbeitspunkt eines 100-mW-Transistors, die Röhrenwerte für eine übliche Verstärkerpentode; die Umrechnung ist mit Tab. 1 vorgenommen worden. Wir ersehen daraus die Größe der für die Schaltung wesentlichen Kennwerte und können bei Beachtung der Analogie abschätzen, wann welche der drei Grundschaltungen technisch am günstigsten einzusetzen ist. Wir gehen darauf im Anschluß an vorbereitende, allgemeine vierpoltheoretische Betrachtungen in Kap. II.3 ein.

Tabelle 1. *Vierpolgrößen der drei Grundschaltungen, ausgedrückt durch die Analogkennwerte der Emitterschaltung.* Die mit $\approx$ gekennzeichneten Zeilen geben Näherungswerte an, die für $|S| > |G_1| > |G_2| > |S_r|$ gültig sind. Die Formeln gelten auch für komplexe Kenngrößen. $\left(\text{Zur Abkürzung ist gesetzt: } G_{2K} = G_1 = \dfrac{1}{R_1}, \quad G_{1K} = G_2 = \dfrac{1}{R_2}\right)$

	$y_{11} = \left(\dfrac{I_1}{U_1}\right)_{U_2=0}$	$y_{12} = \left(\dfrac{I_1}{U_2}\right)_{U_1=0}$	$y_{21} = \left(\dfrac{I_2}{U_1}\right)_{U_2=0}$	$y_{22} = \left(\dfrac{I_2}{U_2}\right)_{U_1=0}$	$V_{uL} = \left(\dfrac{U_2}{U_1}\right)_{I_2=0}$	$V_{uLr} = \left(\dfrac{U_1}{U_2}\right)_{I_1=0}$	$V_{ik} = \left(\dfrac{I_2}{I_1}\right)_{U_2=0}$	$V_{ikr} = \left(\dfrac{I_1}{I_2}\right)_{U_1=0}$
Emitterschaltung	G_1	S_r	S	G_2	$-SR_2$	$-S_r R_1$	SR_1	$S_r R_2$
Basisschaltung	$G_1 + S_r + G_2 + S$	$-(G_2 + S_r)$	$-(S + G_2)$	G_2	$1 + SR_2$	$\dfrac{G_2 + S_r}{G_1 + S_r + G_2 + S}$	$-\dfrac{S + G_2}{G_1 + S_r + G_2 + S}$	$-(1 + S_r R_2)$
Basisschaltung $\approx$	S	$-G_2$	$-S$	G_2	SR_2	$\dfrac{G_2}{S}$	-1	-1
Kollektorschaltung	G_1	$-(G_1 + S_r)$	$-(S + G_1)$	$G_1 + S_r + G_2 + S$	$\dfrac{S + G_1}{G_1 + S_r + G_2 + S}$	$1 + S_r R_1$	$-(1 + SR_1)$	$-\dfrac{G_1 + S_r}{G_1 + S_r + G_2 + S}$
Kollektorschaltung $\approx$	G_1	$-G_1$	$-S$	S	1	1	$-SR_1$	$-\dfrac{G_1}{S}$

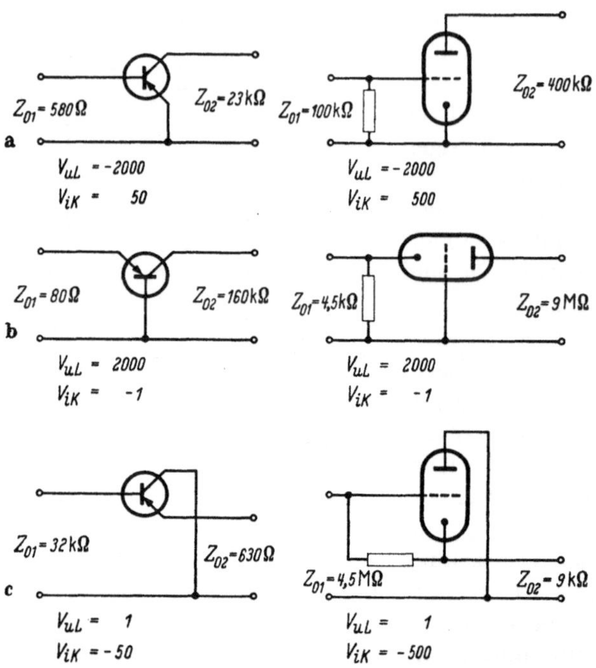

Abb. 25a—c. Gegenüberstellung charakteristischer Kenngrößen bei Transistor und Röhre (s. Text). Die angenommenen Daten für den Transistor in Emitterschaltung sind $G_{1K} = 1\ mS$; $S_r = -1\ \mu S$; $S = 50\ mS$; $G_{2K} = 2,5\ \mu S$, für die Röhre (Pentode, Kathodenbasis) $R_G = 0,1\ M\Omega$; $S_r = 0$; $S = 5\ mS$; $R_i = 400\ k\Omega$ (symmetrische Zählpfeilwahl). a) Vergleich Emitterschaltung—Kathodenbasis; b) Vergleich Basisschaltung—Gitterbasis; c) Vergleich Kollektorschaltung—Anodenbasis

II. Grundlagen der Schaltungsberechnung

1. Vierpolformen und Ersatzschaltbilder

Entsprechend den möglichen Kombinationen der eingangs- und ausgangsseitigen Ströme und Spannungen eines Vierpols existieren verschiedene Vierpolformen, die sich aus den in Kap. I. 2 angegebenen Verkopplungen herleiten lassen. Abgesehen davon, daß sich vielleicht bei einem speziellen Vierpol bestimmte Parameter besonders gut messen lassen, sind die verschiedenen Formen zur Berechnung von komplizierten Schaltungen wichtig. Wir betrachten hier nur die Parameter, die Ströme mit Spannungen verkoppeln. Bei höchsten Frequenzen verwendet man mit Vorteil Kenngrößen, die die auf den Zuleitungen zum Vierpol auftretenden hin- und rücklaufenden Wellen zueinander in Beziehung setzen. Diese der Optik angenäherte Betrachtung, die mit Streu- und Transmissionsgrößen sowie Reflektionsfaktoren operiert, lassen wir hier unberücksichtigt (s. dazu z. B. [55]).

In Tab. 2 sind die einzelnen Beziehungen und die Umrechnungsformeln der Parameter untereinander aufgeführt. Da die Vierpolrechnung seit langem ein wesentlicher Bestandteil der Schaltungsberechnung ist, können wir uns kurz fassen (s. z. B. [56]). Wir führen die Vierpolgleichungen in Kurzschreibweise ein, indem wir sie als lineare Transformation auffassen. In der Form

$$y_1 = m_{11}\, x_1 + m_{12}\, x_2$$

$$y_2 = m_{21}\, x_1 + m_{22}\, x_2$$

bedeuten dann $\left\{\begin{matrix} y_1 \\ y_2 \end{matrix}\right\} = \boldsymbol{y}$ und $\left\{\begin{matrix} x_1 \\ x_2 \end{matrix}\right\} = \boldsymbol{x}$ Spaltenvektoren, die mittels der Matrix

$$(\boldsymbol{M}) = \begin{pmatrix} m_{11} & m_{12} \\ m_{21} & m_{22} \end{pmatrix}$$

ineinander überführt werden. Mit den Rechenregeln für Matrizen erhalten wir abkürzend für das obige Gleichungssystem

$$\boldsymbol{y} = (\boldsymbol{M})\, \boldsymbol{x}\,.$$

Tabelle 2. *Allgemeine Vierpolparameter mit Umrechnungsformeln*

Die einzelnen Vierpolformen sind in der Hauptdiagonalen der Tabelle angegeben. Daraus sind Definition und Bedeutung der jeweiligen Parameter zu entnehmen. Z. B. ist $a_{21} = \left(\dfrac{I_1}{U_2}\right)_{I_2 = 0}$ der reziproke Wert der ausgangsseitig auftretenden Leerlaufspannung, bezogen auf den Eingangsstrom des Vierpols; also eine zur Steilheit duale Kenngröße.

Die Bezeichnung der einzelnen Vierpolparameter wird in der Literatur unterschiedlich gehandhabt. Hier ist die in der Halbleitertechnik gebräuchliche Bezeichnungsweise verwendet, wobei an Stelle von $(\boldsymbol{G}) = (g_{kl})$ für die Parallelserienmatrix hier $(\boldsymbol{P}) = (p_{kl})$ benutzt ist, um nicht mit den reellen Anteilen von $(y_{kl}) = (g_{kl} + j\, b_{kl})$ zu verwechseln[1].

Als Abkürzungen sind in der Tabelle verwendet

$$|\boldsymbol{M}| = m_{11}\, m_{22} - m_{12}\, m_{21} \qquad \text{(Determinante von } (\boldsymbol{M})\text{)},$$

$$\delta_m = \frac{m_{12}\, m_{21}}{m_{11}\, m_{22}} \qquad \text{(Stabilitätsgröße, s. Text)}.$$

Es gilt der Zusammenhang

$$|\boldsymbol{Y}| = \frac{1}{|\boldsymbol{Z}|}\,, \qquad |\boldsymbol{H}| = \frac{1}{|\boldsymbol{P}|}\,, \qquad |\boldsymbol{A}| = \frac{1}{|\boldsymbol{B}|}\,,$$

ferner

$$\delta_y = \delta_z = \frac{\delta_h}{\delta_h - 1} = \frac{\delta_p}{\delta_p - 1} = 1 - \delta_a = 1 - \delta_b\,,$$

$$\delta_h = \delta_p = \frac{\delta_y}{\delta_y - 1} = \frac{\delta_z}{\delta_z - 1} = \frac{\delta_a - 1}{\delta_a} = \frac{\delta_h - 1}{\delta_b}\,,$$

$$\delta_a = \delta_b = 1 - \delta_y = 1 - \delta_z = \frac{1}{1 - \delta_h} = \frac{1}{1 - \delta_p}\,.$$

---

[1] An Stelle der hier benutzten Indizierung wird in der angelsächsischen Literatur auch verwendet $11 \to i$ (in), $12 \to r$ (reverse), $21 \to f$ (forward), $22 \to o$ (out).

Tabelle 2

	$y_{11}\ y_{12}\ y_{21}\ y_{22}$	$z_{11}\ z_{12}\ z_{21}\ z_{22}$	$p_{11}\ p_{12}\ p_{21}\ p_{22}$	$h_{11}\ h_{12}\ h_{21}\ h_{22}$	$a_{11}\ a_{12}\ a_{21}\ a_{22}$	$b_{11}\ b_{12}\ b_{21}\ b_{22}$
y_{11}	$I_1 = y_{11} U_1 + y_{12} U_2$	$\dfrac{z_{22}}{\lvert Z\rvert} = \dfrac{1}{z_{11}(1-\delta_z)}$	$\dfrac{\lvert P\rvert}{p_{22}} = p_{11}(1-\delta_p)$	$\dfrac{1}{h_{11}}$	$\dfrac{a_{22}}{a_{12}}$	$-\dfrac{b_{11}}{b_{12}}$
y_{12}		$-\dfrac{z_{12}}{\lvert Z\rvert} = \dfrac{1}{z_{21}(1-1/\delta_z)}$	$\dfrac{p_{12}}{p_{22}}$	$-\dfrac{h_{12}}{h_{11}}$	$-\dfrac{\lvert A\rvert}{a_{12}} = a_{21}(1-1/\delta_a)$	$\dfrac{1}{b_{12}}$
y_{21}	$I_2 = y_{21} U_1 + y_{22} U_2$	$-\dfrac{z_{21}}{\lvert Z\rvert} = \dfrac{1}{z_{12}(1-1/\delta_z)}$	$-\dfrac{p_{21}}{p_{22}}$	$\dfrac{h_{21}}{h_{11}}$	$\dfrac{1}{a_{12}}$	$-\dfrac{\lvert B\rvert}{b_{12}} = b_{21}(1-1/\delta_b)$
y_{22}		$\dfrac{z_{11}}{\lvert Z\rvert} = \dfrac{1}{z_{22}(1-\delta_z)}$	$\dfrac{1}{p_{22}}$	$\dfrac{\lvert H\rvert}{h_{11}} = h_{22}(1-\delta_h)$	$-\dfrac{a_{11}}{a_{12}}$	$\dfrac{b_{22}}{b_{12}}$
z_{11}	$\dfrac{y_{22}}{\lvert Y\rvert} = \dfrac{1}{y_{11}(1-\delta_y)}$	$U_1 = z_{11} I_1 + z_{12} I_2$	$\dfrac{1}{p_{11}}$	$\dfrac{\lvert H\rvert}{h_{22}} = h_{11}(1-\delta_h)$	$\dfrac{a_{11}}{a_{21}}$	$-\dfrac{b_{22}}{b_{21}}$
z_{12}	$-\dfrac{y_{12}}{\lvert Y\rvert} = \dfrac{1}{y_{21}(1-1/\delta_y)}$		$-\dfrac{p_{12}}{p_{11}}$	$\dfrac{h_{12}}{h_{22}}$	$-\dfrac{\lvert A\rvert}{a_{21}} = a_{12}(1-1/\delta_a)$	$\dfrac{1}{b_{21}}$
z_{21}	$-\dfrac{y_{21}}{\lvert Y\rvert} = \dfrac{1}{y_{12}(1-1/\delta_y)}$	$U_2 = z_{21} I_1 + z_{22} I_2$	$\dfrac{p_{21}}{p_{11}}$	$-\dfrac{h_{21}}{h_{22}}$	$\dfrac{1}{a_{21}}$	$-\dfrac{\lvert B\rvert}{b_{21}} = b_{12}(1-1/\delta_b)$
z_{22}	$\dfrac{y_{11}}{\lvert Y\rvert} = \dfrac{1}{y_{22}(1-\delta_y)}$		$\dfrac{\lvert P\rvert}{p_{11}} = p_{22}(1-\delta_p)$	$\dfrac{1}{h_{22}}$	$-\dfrac{a_{22}}{a_{21}}$	$\dfrac{b_{11}}{b_{21}}$
p_{11}	$\dfrac{\lvert Y\rvert}{y_{22}} = y_{11}(1-\delta_y)$	$\dfrac{1}{z_{11}}$	$I_1 = p_{11} U_1 + p_{12} I_2$	$\dfrac{h_{22}}{\lvert H\rvert} = \dfrac{1}{h_{11}(1-\delta_h)}$	$\dfrac{a_{21}}{a_{11}}$	$-\dfrac{b_{21}}{b_{22}}$
p_{12}	$\dfrac{y_{12}}{y_{22}}$	$-\dfrac{z_{12}}{z_{11}}$		$-\dfrac{h_{12}}{\lvert H\rvert} = \dfrac{1}{h_{21}(1-1/\delta_h)}$	$\dfrac{\lvert A\rvert}{a_{11}} = a_{22}(1-\delta_a)$	$\dfrac{1}{b_{22}}$

p_{21}	$-\dfrac{y_{21}}{y_{22}}$	$\dfrac{z_{21}}{z_{11}}$	$U_2 = p_{21}\,U_1 + p_{22}\,I_2$	$-\dfrac{h_{21}}{|H|} = \dfrac{1}{h_{12}(1-1/\delta_h)}$	$\dfrac{1}{a_{11}}$	$\dfrac{|B|}{b_{22}} = b_{11}(1-\delta_b)$
p_{22}	$\dfrac{1}{y_{22}}$	$\dfrac{|Z|}{z_{11}} = z_{22}(1-\delta_z)$		$-\dfrac{h_{11}}{|H|} = \dfrac{1}{h_{22}(1-\delta_h)}$	$-\dfrac{a_{12}}{a_{11}}$	$\dfrac{b_{12}}{b_{22}}$
h_{11}	$\dfrac{1}{y_{11}}$	$\dfrac{|Z|}{z_{22}} = z_{11}(1-\delta_z)$	$\dfrac{p_{22}}{|P|} = \dfrac{1}{p_{11}(1-\delta_p)}$	$U_1 = h_{11}\,I_1 + h_{12}\,U_2$	$\dfrac{a_{12}}{a_{22}}$	$-\dfrac{b_{12}}{b_{11}}$
h_{12}	$-\dfrac{y_{12}}{y_{11}}$	$\dfrac{z_{12}}{z_{22}}$	$\dfrac{p_{12}}{|P|} = \dfrac{1}{p_{21}(1-1/\delta_p)}$		$\dfrac{|A|}{a_{22}} = a_{11}(1-\delta_a)$	$\dfrac{1}{b_{11}}$
h_{21}	$\dfrac{y_{21}}{y_{11}}$	$-\dfrac{z_{21}}{z_{22}}$	$\dfrac{p_{21}}{|P|} = \dfrac{1}{p_{12}(1-1/\delta_p)}$	$I_2 = h_{21}\,I_1 + h_{22}\,U_2$	$\dfrac{1}{a_{22}}$	$\dfrac{|B|}{b_{11}} = b_{22}(1-\delta_b)$
h_{22}	$\dfrac{|Y|}{y_{11}} = y_{22}(1-\delta_y)$	$\dfrac{1}{z_{22}}$	$\dfrac{p_{11}}{|P|} = \dfrac{1}{p_{22}(1-\delta_p)}$		$-\dfrac{a_{21}}{a_{22}}$	$\dfrac{b_{21}}{b_{11}}$
a_{11}	$-\dfrac{y_{22}}{y_{21}}$	$\dfrac{z_{11}}{z_{21}}$	$\dfrac{1}{p_{21}}$	$-\dfrac{|H|}{h_{21}} = h_{12}(1-1/\delta_h)$	$U_1 = a_{11}\,U_2 + a_{12}\,I_2$	$\dfrac{b_{22}}{|B|} = \dfrac{1}{b_{11}(1-\delta_b)}$
a_{12}	$-\dfrac{1}{y_{21}}$	$\dfrac{|Z|}{z_{21}} = z_{12}(1-1/\delta_z)$	$-\dfrac{p_{22}}{p_{21}}$	$\dfrac{h_{11}}{h_{21}}$		$-\dfrac{b_{12}}{|B|} = \dfrac{1}{b_{21}(1-1/\delta_b)}$
a_{21}	$\dfrac{|Y|}{y_{21}} = y_{12}(1-1/\delta_y)$	$\dfrac{1}{z_{21}}$	$\dfrac{p_{11}}{p_{21}}$	$-\dfrac{h_{22}}{h_{21}}$	$I_1 = a_{21}\,U_2 + a_{22}\,I_2$	$-\dfrac{b_{21}}{|B|} = \dfrac{1}{b_{12}(1-1/\delta_b)}$
a_{22}	$-\dfrac{y_{11}}{y_{21}}$	$-\dfrac{z_{22}}{z_{21}}$	$-\dfrac{|P|}{p_{21}} = p_{12}(1-1/\delta_p)$	$\dfrac{1}{h_{21}}$		$\dfrac{b_{11}}{|B|} = \dfrac{1}{b_{22}(1-\delta_b)}$
b_{11}	$-\dfrac{y_{11}}{y_{12}}$	$\dfrac{z_{22}}{z_{12}}$	$-\dfrac{|P|}{p_{12}} = p_{21}(1-1/\delta_p)$	$\dfrac{1}{h_{12}}$	$\dfrac{a_{22}}{|A|} = \dfrac{1}{a_{11}(1-\delta_a)}$	$U_2 = b_{11}\,U_1 + b_{12}\,I_1$
b_{12}	$-\dfrac{1}{y_{12}}$	$-\dfrac{|Z|}{z_{12}} = z_{21}(1-1/\delta_z)$	$\dfrac{p_{22}}{p_{12}}$	$-\dfrac{h_{11}}{h_{12}}$	$-\dfrac{a_{12}}{|A|} = \dfrac{1}{a_{21}(1-1/\delta_a)}$	
b_{21}	$-\dfrac{|Y|}{y_{12}} = y_{21}(1-1/\delta_y)$	$\dfrac{1}{z_{12}}$	$-\dfrac{p_{11}}{p_{12}}$	$\dfrac{h_{22}}{h_{12}}$	$-\dfrac{a_{21}}{|A|} = \dfrac{1}{a_{12}(1-1/\delta_a)}$	$I_2 = b_{21}\,U_1 + b_{22}\,I_1$
b_{22}	$\dfrac{y_{22}}{y_{12}}$	$-\dfrac{z_{11}}{z_{12}}$	$\dfrac{1}{p_{12}}$	$-\dfrac{|H|}{h_{12}} = h_{21}(1-1/\delta_h)$	$\dfrac{a_{11}}{|A|} = \dfrac{1}{a_{22}(1-\delta_a)}$	

Wenden wir das auf die Vierpolgleichungen an, erhalten wir mit Tab. 2 für die Leitwertform an Stelle (49) und (50)

$$i = (Y)\, u \tag{85}$$

mit den Spaltenvektoren

$$i = \begin{Bmatrix} I_1 \\ I_2 \end{Bmatrix} \quad \text{und} \quad u = \begin{Bmatrix} U_1 \\ U_2 \end{Bmatrix},$$

für die Widerstandform

$$u = (Z)\, i \tag{86}$$

mit den gleichen Spaltenvektoren

$$u = \begin{Bmatrix} U_1 \\ U_2 \end{Bmatrix} \quad \text{und} \quad i = \begin{Bmatrix} I_1 \\ I_2 \end{Bmatrix},$$

ferner für die Serienparallelform

$$s = (H)\, p \tag{87}$$

mit den Spaltenvektoren

$$s = \begin{Bmatrix} U_1 \\ I_2 \end{Bmatrix} \quad \text{und} \quad p = \begin{Bmatrix} I_1 \\ U_2 \end{Bmatrix}$$

und für die Parallelserienform

$$p = (P)\, s \tag{88}$$

mit den gleichen Spaltenvektoren

$$p = \begin{Bmatrix} I_1 \\ U_2 \end{Bmatrix} \quad \text{und} \quad s = \begin{Bmatrix} U_1 \\ I_2 \end{Bmatrix}.$$

Wegen

$$(Y)^{-1}\, i = u = (Z)\, i \quad \text{und} \quad (H)^{-1}\, s = p = (P)\, s$$

sind die Matrizen (Z) und (Y) sowie (H) und (P) reziprok.

Wendet man die Matrizenschreibweise auf Kopplungen mehrerer Vierpole an, erkennt man den Vorteil der abkürzenden Symbolik. Liegt z. B. eine Kopplung vor, bei der die Eingänge und Ausgänge zweier Vierpole jeweils parallelgeschaltet sind (Abb. 26a), liegt an beiden Vierpolen die gleiche Spannung U_1 bzw. U_2 an, während der Gesamtstrom mit $I_1 = I_1^I + I_1^{II}$ und $I_2 = I_2^I + I_2^{II}$ additiv aus den Einzelströmen zusammengesetzt ist. Mit $i^I = (Y^I)\, u^I$ und $i^{II} = (Y^{II})\, u^{II}$ gilt somit wegen $u^I = u^{II} = u$ für die Gesamtschaltung $i = i^I + i^{II} = [(Y^I) + (Y^{II})]\, u$, also wieder die einfache Beziehung $i = (Y)\, u$ mit der neuen Gesamtmatrix $(Y) = (Y^I) + (Y^{II})$. Entsprechend wird die eingangs- und ausgangsseitige Reihenschaltung zweier Vierpole (Abb. 26b) durch $(Z) = (Z^I) + (Z^{II})$ charakterisiert, da hier die Ströme gleich sind und die Spannungen in Serie liegen. Sind zwei Vierpole eingangsseitig hintereinandergeschaltet, ausgangsseitig dagegen parallel, sind eingangs der Strom und ausgangs die Spannung gleich (Abb. 26c); die Gesamtschaltung ist dann mit $(\boldsymbol{H}) = (\boldsymbol{H}^{\mathrm{I}}) + (\boldsymbol{H}^{\mathrm{II}})$ zu beschreiben. Der umgekehrte Fall einer eingangsseitigen Parallelschaltung bei ausgangsseitiger Serienschaltung wird wegen $U_1^{\mathrm{I}} = U_1^{\mathrm{II}} = U_1$ und $I_2^{\mathrm{I}} = I_2^{\mathrm{II}} = I_2$ mit $(\boldsymbol{P}) = (\boldsymbol{P}^{\mathrm{I}}) + (\boldsymbol{P}^{\mathrm{II}})$ erfaßt (Abb. 26d). Eine unterschiedliche Kopplung

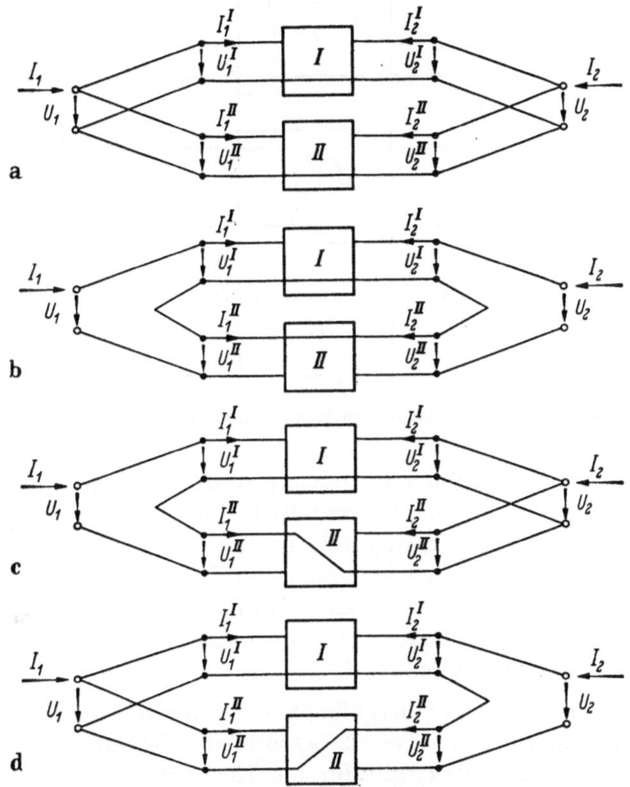

Abb. 26a—d. Gekoppelte Vierpole (s. Text).
a) Leitwertschaltung (beidseitige Parallelschaltung); b) Widerstandsschaltung (beiderseitig in Reihe); c) Serienparallelschaltung (eingangs hintereinander, ausgangs parallel); d) Parallelserienschaltung (eingangs parallel, ausgangs in Reihe)

von mehr als zwei Vierpolen läßt sich ebenso behandeln; im Fall einer Schaltung nach Abb. 27 gilt z. B.

$$(\boldsymbol{Z}) = (\boldsymbol{Z}^{\mathrm{III}}) + [(\boldsymbol{Y}^{\mathrm{I}}) + (\boldsymbol{Y}^{\mathrm{II}})]^{-1}.$$

Das bei Anwendung des Matrizenkalküls sehr übersichtliche Rechenschema erleichtert die Berechnung komplizierter Schaltungen. Außerdem lassen sich gewisse allgemeine Aussagen knapper fassen und darstellen (s. z. B. Kap. III. 1c). Im Einzelfall ist natürlich zu prüfen, ob nicht eine Maschen- oder Knotenanalyse schneller zum Ziele führt. Bei umfangreichen Schaltungen, die man in einfache — und möglicherweise bekannte — Vierpole aufspalten kann (z. B. die Gesamtschaltung nach Abb. 27), dürfte das angegebene Verfahren einfacher sein als die Determinante der gesamten Schaltung direkt auflösen zu müssen. Diese Methode läßt sich in der angegebenen Form jedoch nur anwenden, wenn

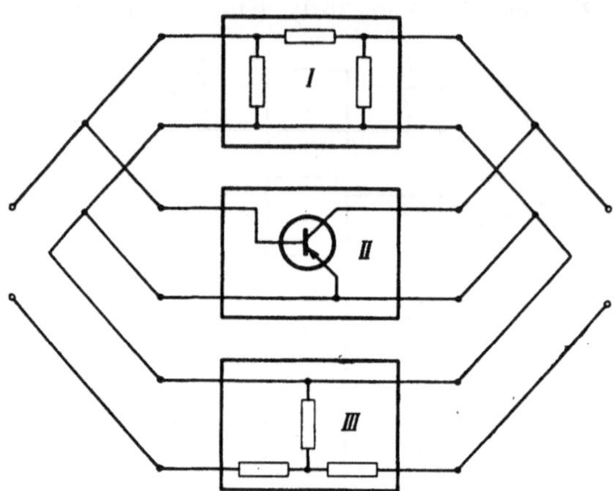

Abb. 27. Beispiel einer mehrfachen Vierpolkopplung (s. Text)

die in Abb. 26 innerhalb der Einzelvierpole durchgezogenen Verbindungen tatsächlich existieren. Anderenfalls können sich die Ströme anders aufteilen als der Rechnung zugrunde liegt, sofern es sich um im Innern galvanisch gekoppelte Vierpole handelt. Sind Eingang und Ausgang galvanisch getrennt, wie z. B. bei allen übertragergekoppelten Vierpolen, kann der Formalismus bedenkenlos angewandt werden. Im Einzelfall ist darauf Rücksicht zu nehmen[1].

Eine andere Art der Vierpolkopplung wird mit Hilfe der letzten beiden Vierpolformen in Tab. 2 beschrieben. Gehen wir wieder zur Matrizenschreibweise über, gilt für die Kettenmatrix (A) der Zusammenhang

$$e = (A)\, a \tag{89}$$

mit $e = \begin{Bmatrix} U_1 \\ I_1 \end{Bmatrix}$ und $a = \begin{Bmatrix} U_2 \\ I_2 \end{Bmatrix}$; und für die inverse Kettenmatrix (B)

$$a = (B)\, e \tag{90}$$

Mit $(A)^{-1}\, e = a = (B)\, e$ sind auch diese beiden Matrizen reziprok. Im Gegensatz zu den vorherigen Vierpolformen, die additive Vierpolkopp-

---

[1] In diesem Zusammenhang sei auch auf die Signalflußdiagramme hingewiesen („linear signal-flow-graph"), die bei komplizierten Schaltungen oft eine schnelle Aussage über die Gesamtschaltung erlauben (s. z. B. [57]).

lungen beschreiben, läßt sich mit (A) und (B) die multiplikative Kopplung zweier Vierpole darstellen, also die Hintereinanderschaltung zweier Vierpole. In Abb. 28 ist eine entsprechende Schaltung dargestellt. Man

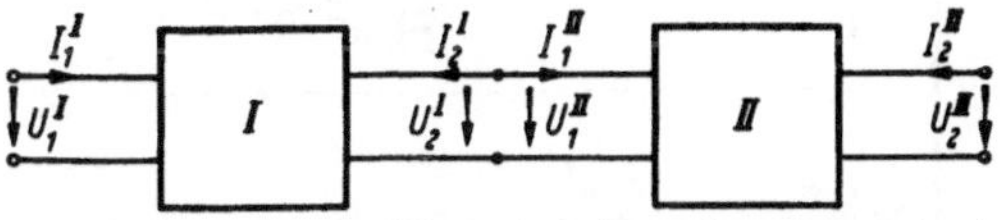

Abb. 28. Hintereinanderschaltung von Vierpolen. Die Eingangswerte des folgenden Vierpols entsprechen den Ausgangswerten des ersten (s. Text)

erkennt, daß die Eingangsgröße e^{II} des zweiten Vierpols der Ausgangsgröße a^{I} des ersten entspricht. Wegen der benutzten Zählpfeilrichtungen ist lediglich die Richtung von I_1^{II} entgegengesetzt der von I_2^{I}. Mit der Hilfsmatrix

$$(K) = \begin{pmatrix} 1 & 0 \\ 0 & -1 \end{pmatrix}$$

wird dieser Umstand berücksichtigt, indem gilt

$$(K) \begin{Bmatrix} x_1 \\ x_2 \end{Bmatrix} = \begin{Bmatrix} x_1 \\ -x_2 \end{Bmatrix},$$

also mit Abb. 28

$$(K)\, a^{\mathrm{I}} = e^{\mathrm{II}} \quad \text{und} \quad (K)\, e^{\mathrm{II}} = a^{\mathrm{I}}.$$

Damit erhalten wir

$$a^{\mathrm{II}} = (B^{\mathrm{II}})\, e^{\mathrm{II}} = (B^{\mathrm{II}})\,(K)\, a^{\mathrm{I}} = (B^{\mathrm{II}})\,(K)\,(B^{\mathrm{I}})\, e^{\mathrm{I}}$$

oder zusammengefaßt

$$a^{\mathrm{II}} = (B)\, e^{\mathrm{I}} \quad \text{mit} \quad (B) = (B^{\mathrm{II}})\,(K)\,(B^{\mathrm{I}})$$

und entsprechend

$$e^{\mathrm{I}} = (A^{\mathrm{I}})\, a^{\mathrm{I}} = (A^{\mathrm{I}})\,(K)\, e^{\mathrm{II}} = (A^{\mathrm{I}})\,(K)\,(A^{\mathrm{II}})\, a^{\mathrm{II}},$$

also

$$e^{\mathrm{I}} = (A)\, a^{\mathrm{II}} \quad \text{mit} \quad (A) = (A^{\mathrm{I}})\,(K)\,(A^{\mathrm{II}}).$$

Hätte man von vornherein die Zählpfeilrichtung für den ausgangsseitigen Strom umgekehrt gewählt, wäre die Hilfsmatrix (K) unnötig. Zur Berechnung von Kettenschaltungen wird deswegen meist eine solche Form zugrunde gelegt.

Das bei der Hintereinanderschaltung eingehende Produkt der Einzelmatrizen ist nicht kommutativ. Der mathematische Sachverhalt $(A^{\mathrm{I}})\,(A^{\mathrm{II}}) \neq (A^{\mathrm{II}})\,(A^{\mathrm{I}})$ wird hier schaltungstechnisch verständlich, da die Kettenschaltung zweier Vierpole in der Reihenfolge (I), (II) nicht der von (II), (I) entspricht; lediglich für (I) = (II) ist kein Unterschied vorhanden.

17*

Tabelle 3. *Vierpolkenngrößen bei symmetrischer Zählpfeilwahl, ausgedrückt durch die Parameter der Tab. 2.*
Die äußere Beschaltung des Vierpols ist eingangsseitig mit $Z_e = 1/Y_e$, ausgangsseitig mit $Z_a = 1/Y_a$ angenommen. Läßt man — in Abweichung vom Text — komplexe δ-Werte zu, gelten die angegebenen Formeln bis auf den Ausdruck für die optimale Leistungsverstärkung V_p^{opt} auch für komplexe Kennwerte. (Als Wurzelwert ist dann jeweils der in der rechten Halbebene liegende zu wählen; zu V_p^{opt} s. Kap. II.2.)

	(Y)	(Z)	(P)	(H)	(A)	(B)
Z_1		$z_{11} - \dfrac{z_{12}z_{21}}{z_{22}+Z_a}$		$h_{11} - \dfrac{h_{12}h_{21}}{h_{22}+Y_a}$	$\dfrac{a_{12}-a_{11}Z_a}{a_{22}-a_{21}Z_a}$	$-\dfrac{b_{12}+b_{22}Z_a}{b_{11}+b_{21}Z_a}$
$1/Z_1$	$y_{11} - \dfrac{y_{12}y_{21}}{y_{22}+Y_a}$		$p_{11} - \dfrac{p_{12}p_{21}}{p_{22}+Z_a}$			
Z_2		$z_{22} - \dfrac{z_{12}z_{21}}{z_{11}+Z_e}$	$p_{22} - \dfrac{p_{12}p_{21}}{p_{11}+Y_e}$		$-\dfrac{a_{12}+a_{22}Z_e}{a_{11}+a_{21}Z_e}$	$\dfrac{b_{12}-b_{11}Z_e}{b_{22}-b_{21}Z_e}$
$1/Z_2$	$y_{22} - \dfrac{y_{12}y_{21}}{y_{11}+Y_e}$			$h_{22} - \dfrac{h_{12}h_{21}}{h_{11}+Z_e}$		
V_{iK}	$\dfrac{y_{21}}{y_{11}}$	$-\dfrac{z_{21}}{z_{22}}$	$-\dfrac{p_{21}}{|P|} = \dfrac{\delta_p}{p_{12}(\delta_p-1)}$	h_{21}	$\dfrac{1}{a_{22}}$	$\dfrac{|B|}{b_{11}} = b_{22}(1-\delta_b)$
V_{uL}	$-\dfrac{y_{21}}{y_{22}}$	$\dfrac{z_{21}}{z_{11}}$	p_{21}	$-\dfrac{h_{21}}{|H|} = \dfrac{\delta_h}{h_{12}(\delta_h-1)}$	$\dfrac{1}{a_{11}}$	$\dfrac{|B|}{b_{22}} = b_{11}(1-\delta_b)$
Z_{01}		$z_{11}\sqrt{1-\delta_z}$		$h_{11}\sqrt{1-\delta_h}$	$\dfrac{a_{11}}{a_{21}}\sqrt{\delta_a}$	$\dfrac{b_{22}}{b_{21}}\sqrt{\delta_b}$
$\dfrac{1}{Z_{01}}$	$y_{11}\sqrt{1-\delta_y}$		$p_{11}\sqrt{1-\delta_p}$			
Z_{02}		$z_{22}\sqrt{1-\delta_z}$	$p_{22}\sqrt{1-\delta_p}$		$\dfrac{a_{22}}{a_{21}}\sqrt{\delta_a}$	$\dfrac{b_{11}}{b_{21}}\sqrt{\delta_b}$
$\dfrac{1}{Z_{02}}$	$y_{22}\sqrt{1-\delta_y}$			$h_{22}\sqrt{1-\delta_h}$		
V_p^{opt}	$\dfrac{y_{21}^2}{y_{11}y_{22}(1+\sqrt{1-\delta_y})^2}$	$\dfrac{z_{21}^2}{z_{11}z_{22}(1+\sqrt{1-\delta_z})^2}$	$\dfrac{p_{21}^2}{p_{11}p_{22}(1+\sqrt{1-\delta_p})^2}$	$\dfrac{h_{21}^2}{h_{11}h_{22}(1+\sqrt{1-\delta_h})^2}$	$\dfrac{-1}{a_{11}a_{22}(1+\sqrt{\delta_a})^2}$	$-b_{11}b_{22}(1-\sqrt{\delta_b})^2$

Da sämtliche Vierpolformen denselben Vierpol beschreiben, lassen sich alle interessierenden Kenngrößen durch die Parameter einer jeden Darstellungsform ausdrücken. In Tab. 3 sind die wesentlichen Schaltungswerte angegeben, die man mit den Größen der Tab. 2 erhält.

Ein Beispiel soll die Berechnung erläutern. Schaltet man ausgangsseitig einen Lastwiderstand $Z_a = 1/Y_a$ an, besteht in der Leitwertform der Zusammenhang

$$I_1 = y_{11}\, U_1 + y_{12}\, U_2,$$

$$I_2 = y_{21}\, U_1 + y_{22}\, U_2 = -\, Y_a\, U_2.$$

Daraus läßt sich der eingangs wirksame Widerstand $Z_1 = 1/Y_1$ mit

$$Y_1 = \left(\frac{I_1}{U_1}\right) = y_{11} - \frac{y_{12} \cdot y_{21}}{y_{22} + Y_a}$$

berechnen. Für $Y_a = 0$ bzw. $Y_a = \infty$ folgen daraus die Leerlauf- und Kurzschlußwerte Z_{1L} bzw. Z_{1K} und auch der Kennwiderstand

$$Z_{01} = \sqrt{Z_{1L} Z_{1K}}.$$

Neben der Umrechnung der einzelnen Vierpolformen untereinander ist die Umrechnung gleicher Vierpolparameter für die drei Transistorgrundschaltungen von Bedeutung. In Kap. I.2a war die Umrechnung der Leitwertparameter der Basisschaltung in die der Emitter- und Kollektorschaltung bereits durchgeführt worden. Außer der Leitwertdarstellung werden — vornehmlich für niederfrequente Anwendungen des Transistors — die h-Parameter verwendet. In Tab. 4, die verschiedene Umrechnungen enthält, sind deshalb auch die entsprechenden Zusammenhänge in der Hybriddarstellung aufgenommen.

Zu den einzelnen Vierpolformen lassen sich Ersatzschaltbilder finden, deren Elemente aus den jeweiligen Kenngrößen zusammengesetzt sind. Wie man im einzelnen mittels Maschen- oder Knotenanalyse nachprüft, entsprechen die in Abb. 29 angegebenen Ersatzschaltbilder den in Tab. 2 angegebenen Vierpolbeziehungen. Es sind weitere Darstellungen möglich, jedoch werden hauptsächlich die aufgeführten Formen verwendet. Man erkennt in jedem der Ersatzschaltbilder die Einwirkung der steuernden Eingangsseite auf die Ausgangsseite und die Rückwirkung, die über gesteuerte Urströme oder Urspannungen erfolgen. Je nach dem gewünschten Verwendungszweck des zugehörigen Schaltelements wird die innere Rückwirkung in Kauf genommen (z. B. normale Schaltung einer Röhren- oder Transistorstufe), durch ein äußeres Netzwerk möglichst weitgehend kompensiert (Neutralisation, s. Kap. III.1c) oder zusätzlich wunschgemäß verändert (Rückkopplung; Gegenkopplung s. Kap. II.4, Mitkopplung s. Kap. III.1e). Diese Maßnahmen lassen sich mit Hilfe der Ersatzschaltbilder in ihrer Auswirkung auf die Schaltung gut übersehen, so daß allein deswegen alle Ersatzschaltbilder zur Verfügung stehen müssen.

Tabelle 4. *Umrechnung der Leitwert- und Hybridparameter für die drei Grundschaltungen. Neben den exakten Formeln sind Näherungen angegeben, die für übliche Arbeitspunkte im aktiven Betriebsbereich gelten*

		Ausgedrückt durch Leitwertparameter der Basisschaltung	Ausgedrückt durch Leitwertparameter der Emitterschaltung		Ausgedrückt durch Hybridparameter der Basisschaltung	Ausgedrückt durch Hybridparameter der Emitterschaltung
Basisschaltung	$y_{11b} =$	y_{11}	$y_{11} + y_{12} + y_{21} + y_{22} \approx y_{21}$	$h_{11b} =$	h_{11}	$\dfrac{h_{11}}{1 - h_{12} + h_{21} + \lvert H \rvert} \approx \dfrac{h_{11}}{1 + h_{21}}$
	$y_{12b} =$	y_{12}	$-(y_{12} + y_{22})$	$h_{12b} =$	h_{12}	$\dfrac{\lvert H \rvert - h_{12}}{1 - h_{12} + h_{21} + \lvert H \rvert} \approx \dfrac{h_{11} h_{22}}{1 + h_{21}} - h_{12}$
	$y_{21b} =$	y_{21}	$-(y_{21} + y_{22}) \approx -y_{21}$	$h_{21b} =$	h_{21}	$\dfrac{-(\lvert H \rvert + h_{21})}{1 - h_{12} + h_{21} + \lvert H \rvert} \approx \dfrac{-h_{21}}{1 + h_{21}}$
	$y_{22b} =$	y_{22}	y_{22}	$h_{22b} =$	h_{22}	$\dfrac{h_{22}}{1 - h_{12} + h_{21} + \lvert H \rvert} \approx \dfrac{h_{22}}{1 + h_{21}}$
Emitterschaltung	$y_{11e} =$	$y_{11} + y_{12} + y_{21} + y_{22} \approx y_{11} + y_{21}$	y_{11}	$h_{11e} =$	$\dfrac{h_{11}}{1 - h_{12} + h_{21} + \lvert H \rvert} \approx \dfrac{h_{11}}{1 + h_{21}}$	h_{11}
	$y_{12e} =$	$-(y_{12} + y_{22})$	y_{12}	$h_{12e} =$	$\dfrac{\lvert H \rvert - h_{12}}{1 - h_{12} + h_{21} + \lvert H \rvert} \approx \dfrac{h_{11} h_{22}}{1 + h_{21}} - h_{12}$	h_{12}
	$y_{21e} =$	$-(y_{21} + y_{22}) \approx -y_{21}$	y_{21}	$h_{21e} =$	$\dfrac{-(\lvert H \rvert + h_{21})}{1 - h_{12} + h_{21} + \lvert H \rvert} \approx \dfrac{-h_{21}}{1 + h_{21}}$	h_{21}
	$y_{22e} =$	y_{22}	y_{22}	$h_{22e} =$	$\dfrac{h_{22}}{1 - h_{12} + h_{21} + \lvert H \rvert} \approx \dfrac{h_{22}}{1 + h_{21}}$	h_{22}
Kollektorschaltung	$y_{11c} =$	$y_{11} + y_{12} + y_{21} + y_{22} \approx y_{11} + y_{21}$	y_{11}	$h_{11c} =$	$\dfrac{h_{11}}{1 - h_{12} + h_{21} + \lvert H \rvert} \approx \dfrac{h_{11}}{1 + h_{21}}$	h_{11}
	$y_{12c} =$	$-(y_{11} + y_{21})$	$-(y_{11} + y_{12}) \approx -y_{11}$	$h_{12c} =$	$\dfrac{1 + h_{21}}{1 - h_{12} + h_{21} + \lvert H \rvert} \approx 1$	$1 - h_{12} \approx 1$
	$y_{21c} =$	$-(y_{11} + y_{12}) \approx -y_{11}$	$-(y_{11} + y_{21}) \approx -y_{21}$	$h_{21c} =$	$\dfrac{h_{21} - 1}{1 - h_{12} + h_{21} + \lvert H \rvert} \approx \dfrac{-1}{1 + h_{21}}$	$-(1 + h_{21}) \approx -h_{21}$
	$y_{22c} =$	y_{11}	$y_{11} + y_{12} + y_{21} + y_{22} \approx y_{21}$	$h_{22c} =$	$\dfrac{h_{22}}{1 - h_{12} + h_{21} + \lvert H \rvert} \approx \dfrac{h_{22}}{1 + h_{21}}$	h_{22}

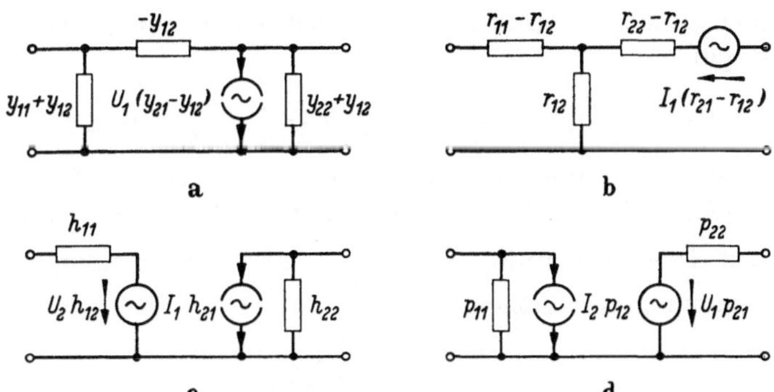

Abb. 29 a—d. Gebräuchliche Ersatzschaltbilder (symmetrische Zählpfeilwahl). a) π-Ersatzschaltbild, zur Y-Matrix gehörig; b) T-Ersatzschaltbild, zur Z-Matrix gehörig; statt r_{11} usw. lies z_{11} usw.; c) „Hybrid"-Ersatzschaltbild, zur H-Matrix gehörig; d) zur P-Matrix gehöriges Ersatzschaltbild

2. Leistungsverstärkung und Stabilität

a) Reelle Kenngrößen

Im Gegensatz zur Röhre bei niederen Frequenzen besitzt der Transistor immer eine endliche Eingangsimpedanz, die das Schaltungsverhalten mitbestimmt. So tritt auch die optimale Leistung auf der Ausgangsseite nur bei Anpassung der Eingangsseite auf; der Generator gibt nur dann seine verfügbare Maximalleistung tatsächlich an den Vierpol ab. Über die innere Rückwirkung sind zudem Eingang und Ausgang miteinander gekoppelt, so daß man die eingangs- und ausgangsseitige Beschaltung berücksichtigen muß. Eine beidseitige einfache Zweipolanpassung liegt nur bei fehlender Rückwirkung vor (entarteter Vierpol); anderenfalls ist immer die Gesamtschaltung zu betrachten.

Beschränken wir uns zunächst auf reelle Kenngrößen und reelle äußere Impedanzen (Abb. 30a). Um die wirksame Strom- und Spannungsverstärkung zu ermitteln, gehen wir von den Vierpolformen (87) und (88) aus. Die zu (87) gehörende Ersatzschaltung der Ausgangsseite (Abb. 29c) können wir wegen

$$h_{21} = \left(\frac{I_2}{I_1}\right)_{U_2 = 0} = V_{iK} \qquad h_{22} = \left(\frac{I_2}{U_2}\right)_{I_1 = 0} = G_{2L}$$

günstig zur Berechnung von V_i heranziehen, indem durch den äußeren Lastwiderstand $R_a = 1/G_a$ der Anteil $\dfrac{G_a}{(G_a + h_{22})}$ des aufgeprägten Urstroms $h_{21} \cdot I_1$ fließt, da dieser sich im Verhältnis der Leitwerte aufteilt. Damit gilt (Betriebsstromverstärkung)

$$V_i = \frac{I_2}{I_1} = \frac{V_{ik}}{1 + G_{2L} R_a} \tag{91}$$

als Verhältnis des Ausgangsstroms zum eingangsseitig in den Vierpol hineinfließenden Strom. Die ausgangsseitige Ersatzschaltung von Abb. 29d ergibt einen einfachen Ausdruck für die Betriebsspannungsverstärkung. Zunächst gilt

$$p_{21} = \left(\frac{U_2}{U_1}\right)_{I_2 = 0} = V_{uL}, \quad p_{22} = \left(\frac{U_2}{I_2}\right)_{U_1 = 0} = R_{2K}.$$

Bei Anschalten des äußeren Lastwiderstandes R_a tritt die Urspannung $p_{21} U_1$ an den äußeren Klemmen nicht mehr voll auf, sondern entsprechend dem Teilerverhältnis $\dfrac{R_a}{(R_a + p_{22})}$ verringert. Damit gilt für die Betriebsspannungsverstärkung

$$V_u = \frac{U_2}{U_1} = \frac{V_{uL}}{1 + R_{2K} G_a}. \tag{92}$$

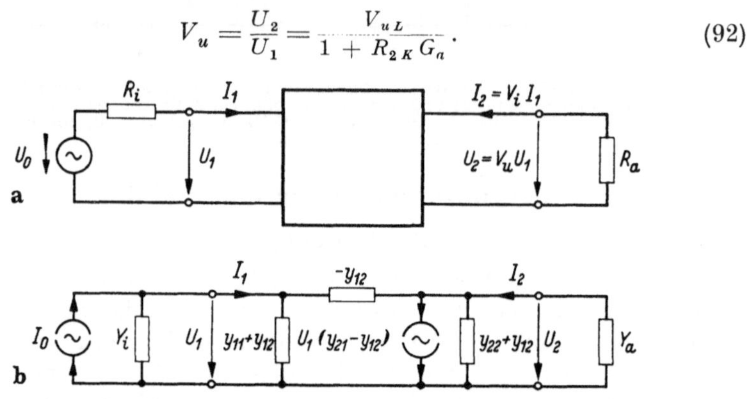

Abb. 30a u. b. Schaltbilder zur Berechnung der Leistungsverstärkung (s. Text).
a) Reelle Kenngrößen; b) komplexe Kenngrößen

Die durch den Vierpol bewirkte Leistungsverstärkung V_p, also das Verhältnis der ausgangsseitig im Lastwiderstand R_a verbrauchten Leistung[1] $P_a = -U_2 \cdot I_2/2$ zur eingangsseitig vom Vierpol aufgenommenen Leistung $P_1 = U_1 \cdot I_1/2$ beträgt (Betriebsleistungsverstärkung)

$$V_p = \frac{P_a}{P_1} = -\frac{U_2\, I_2}{U_1\, I_1} = -V_u V_i,$$

also mit (91) und (92)

$$V_p = \frac{-V_{iK}}{1 + G_{2L}\, R_a} \cdot \frac{V_{uL}}{1 + R_{2K}\, G_a}. \tag{93}$$

Da $Z_{02} = \sqrt{R_{2K}\, R_{2L}} = \sqrt{R_{2K}/G_{2L}}$, gilt mit dem auf Z_{02} bezogenen Lastwiderstand $r_a = R_a/Z_{02}$ und der Rückwirkungskonstanten[2]

$$\varphi = \sqrt{R_{2K}\, G_{2L}} \tag{94}$$

---

[1] Für reelle Größen ist

$$U = |U| = \hat{u} = \sqrt{2}\, U_{\text{eff}},$$
$$I = |I| = \hat{i} = \sqrt{2}\, I_{\text{eff}}.$$

[2] Es gilt der Zusammenhang $\varphi = \operatorname{tg} g$, wenn g das Übertragungsmaß des Vierpols ist (s. dazu [56]).

auch

$$V_p = -\; \frac{-V_{iK}\,V_{uL}}{1 + \varphi\left(r_a + \dfrac{1}{r_a}\right) + \varphi^2}\,. \tag{95}$$

Man erkennt daraus direkt, daß der optimale Wert von V_p für $r_a = 1$ vorliegt, also für ausgangsseitige Leistungsanpassung mit $R_a = Z_{02}$. Dafür gilt

$$V_p^{\mathrm{opt}} = \frac{-V_{iK}\,V_{uL}}{(1 + \varphi)^2}\,. \tag{96}$$

Abhängig von φ ist der Optimalwert selbst verschieden groß. Bei fehlender innerer Rückwirkung, bei einem entarteten Vierpol, ist $\varphi = 1$ (s. z. B. Tab. 3), und es gilt

$$(V_p^{\mathrm{opt}})_{\varphi = 1} = V_p^{\mathrm{o}} = -\frac{V_{iK}}{2}\cdot\frac{V_{uL}}{2}\,. \tag{97}$$

Das ist verständlich, da man bei fehlender Rückwirkung den Vierpol als zwei getrennte Zweipole auffassen darf (z. B. bei dem Ersatzschaltbild nach Abb. 29a für $y_{12} = 0$), dessen Ausgangsseite als normaler, gesteuerter Generator wirkt. Damit liegen dort die gleichen Verhältnisse wie bei der üblichen Zweipolanpassung vor.

Aus dem Beispiel in Abb. 25 folgt für die Rückwirkungskonstante φ der drei Grundschaltungen

$$\varphi_e \approx 1{,}7 \;>\; 1\,, \qquad \varphi_{KB} = 1\,,$$
$$\varphi_b \approx 0{,}25 < 1\,, \qquad \varphi_{GB} \approx 0{,}014 < 1\,,$$
$$\varphi_c \approx 0{,}03 < 1\,, \qquad \varphi_{AB} \approx 0{,}02 \;< 1\,.$$

Damit kann man in jedem Fall als Richtwert der zu erwartenden Leistungsverstärkung den Ausdruck (97) verwenden, der nur zwei Vierpolkenngrößen enthält. Bei der Emitterschaltung ist infolge der inneren Gegenkopplung der tatsächliche Wert kleiner, während er bei der Basis- und Kollektorschaltung wegen der inneren Mitkopplung größer als im entarteten Fall ist. Mit (94) ist die Größe der wirksamen Rückwirkung aus der Messung von R_{2K} und R_{2L} bzw. aus dem unterschiedlichen Verlauf der ausgangsseitigen statischen Kennlinien (Abb. 1, 2, 3) zu entnehmen, indem die Neigungen der Linien für $U_1 = \mathrm{const}$ bzw. $I_1 = \mathrm{const}$ den Werten R_{2K} bzw. R_{2L} entsprechen. Hilfsblatt H 2 gibt im dB-Maß nach der Definition

$$V_p^{\,dB} = 10\,\lg\,(V_p) \tag{98}$$

die optimale Verstärkung V_p^{opt} bei gegebenen Größen R_{2K}, G_{2L}, V_{iK} und V_{uL} an, welche aus dem Kennlinienfeld, über die Kenngrößen oder direkt aus Messungen ermittelt werden können.

Eingangsseitig bietet der Vierpol der speisenden Quelle einen Eingangswiderstand Z_1 an, der im allgemeinen Fall ($\varphi \neq 1$) vom Lastwiderstand R_a abhängig ist (s. Tab. 3). Wir fassen die Eingangsseite als normalen Zweipolverbraucher auf und wenden den bei Zweipolen üblichen Formalismus an. Mit der verfügbaren Leistung der Quelle (Abb. 30a)

$$P_0 = \frac{U_0^2}{8 R_i} \tag{99}$$

ist die an den Transistor abgegebene Leistung P_1 wegen der resultierenden Spannungsteilung im Verhältnis $Z_1/(Z_1 + R_i)$ mit

$$P_1 = \frac{U_1^2}{2 Z_1} = \left(\frac{Z_1}{Z_1 + R_i} \cdot \frac{U_0}{\sqrt{2}}\right)^2 \cdot \frac{1}{Z_1} = P_0 \frac{4 Z_1 R_i}{(Z_1 + R_i)^2}$$

gegeben. Normieren wir mit $r_i = Z_1/R_i$, indem wir die Last (Z_1) auf den Generator (R_i) beziehen, folgt

$$P_1 = P_0 \frac{4 r_i}{(1 + r_i)^2}. \tag{100}$$

Für $r_i = 1$, bei Leistungsanpassung $Z_1 = R_i$, wird der Optimalwert

$$P_1^{\mathrm{opt}} = P_0 \tag{101}$$

übertragen.

Insgesamt ist mit (100) und (95) das Verhältnis der ausgangsseitig im Lastwiderstand R_a auftretenden Leistung zur maximal von der Quelle abgebbaren Leistung P_0

$$p_a = \frac{P_a}{P_0} = \frac{4}{1 + \left(r_i + \dfrac{1}{r_i}\right) + 1} \cdot \frac{- V_{iK} V_{uL}}{4} \cdot \frac{4}{1 + \varphi\left(r_a + \dfrac{1}{r_a}\right) + \varphi^2}. \tag{102}$$

Die symmetrische Schreibweise deutet dabei an, daß Eingangs- und Ausgangsanpassung für die Leistungsverstärkung gleichermaßen wesentlich sind.

Um z. B. den Eingangsübertrager berechnen zu können, der bei unterschiedlichen Werten Z_1 und R_i eine Leistungsanpassung ermöglicht, muß der Wert $Z_1(R_a)$ bekannt sein. Mit den bei jedem Vierpol gültigen Beziehungen

$$R_{1K} = - \frac{V_{iK}}{V_{uL}} R_{2K} \tag{103}$$

und

$$R_{1L} = - \frac{V_{iK}}{V_{uL}} R_{2L} \tag{104}$$

bzw.

$$Z_{01} = - \frac{V_{iK}}{V_{uL}} Z_{02} \tag{105}$$

gilt

$$Z_1 = Z_{01} \frac{r_a + \varphi}{1 + r_a \varphi}. \tag{106}$$

Mit der auf den Eingangskennwiderstand bezogenen Generatoranpassung $r_e = R_i/Z_{01}$ können wir schreiben

$$r_i = \frac{1}{r_e} \cdot \frac{r_a + \varphi}{1 + r_a \varphi}. \tag{107}$$

Abb. 31 zeigt die dreidimensionale Darstellung der allgemeinen Leistungsformel (102). Über der r_i—r_a-Ebene ist die normierte Verstärkung $v_p = p_a/V_p^o$ dargestellt, die lediglich die beiden Anpassungsglieder

$$\frac{4\,r_i}{(1+r_i)^2} \quad \text{und} \quad \frac{1}{1+\varphi\left(r_a+\dfrac{1}{r_a}\right)+\varphi^2}$$

enthält. Man erkennt den Einfluß der Rückwirkungskonstanten φ, die die „Leistungskuppel" für $\varphi < 1$ höher auswölbt und bei Werten $\varphi > 1$ einen flacheren Verlauf als im entarteten Fall bewirkt. Ebenfalls ist die

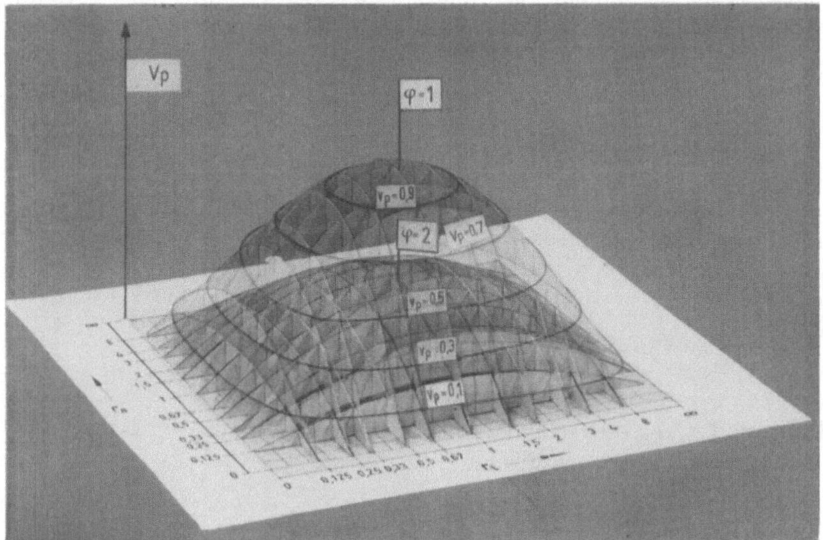

Abb. 31. Dreidimensionale Darstellung der Leistungsverstärkung eines Vierpols mit reellen Kenngrößen. Neben dem entarteten Fall ($\varphi = 1$) ist die Leistungskuppel für $\varphi = 2$ dargestellt (s. Text)

Auswirkung einer eingangs- oder ausgangsseitigen Fehlanpassung (r_i, $r_a \neq 1$) abzuschätzen. Man entnimmt der Darstellung, daß Werte r_i, $r_a = 0{,}5\cdots 2$ nicht kritisch sind; im ungünstigsten Fall ist ein Verstärkungsabfall von $\approx 20\%$ gegenüber dem optimalen Fall zu erwarten. Eine exakte Anpassung ist somit meist nicht erforderlich.

b) Komplexe Kenngrößen

Der Ausdruck für die Leistungsverstärkung und die beidseitigen Anpassungsbedingungen sind bei komplexen Kennwerten komplizierter als bei reellen. Das zeigt folgende Überlegung: Bei komplexen Zweipolen ist die optimale Leistungsübertragung für $Z_a = Z_i^*$ gegeben (konjugiert komplexe Anpassung). Faßt man den Vierpolausgang als gesteuerten Zweipolgenerator auf, sollte ausgangsseitig der Optimalfall mit $Z_a = Z_{02}^*$ vorliegen. Bei einem solchen Abschluß tritt aber eingangsseitig im allgemeinen Fall nicht $Z_1 = Z_{01}$ auf, denn Z_{01} ist definitionsgemäß der Wert Z_1, der sich bei einem Außenwiderstand $Z_a = Z_{02}$ ergibt. Optimal müßte der Generatorwiderstand Z_i konjugiert komplex zum tatsächlichen Wert Z_1 gewählt werden, also nicht $Z_i = Z_{01}^*$. Lediglich im entarteten Fall, ohne Rückwirkung, liegt beidseitig eine einfache Zweipolanpassung vor, für die $Z_i^{\mathrm{opt}} = Z_{01}^*$ und $Z_a^{\mathrm{opt}} = Z_{02}^*$ gilt. Beginnt man die Betrachtung auf der Generatorseite, wird man zwar zu $Z_i = Z_1^*$ geführt, aber nicht zu $Z_a^{\mathrm{opt}} = Z_{02}^*$.

Im allgemeinen, komplexen Fall ist damit die einfache Trennung in Einzelterme, die die eingangs- und ausgangsseitige Anpassung getrennt erfassen (102) nicht möglich (s. dazu [58]). Wir betrachten deswegen die Gesamtschaltung, die wir mit Abb. 30b in Leitwertdarstellung gegeben denken. Beziehen wir die in $Y_a = G_a + j\,B_a$ verbrauchte Wirkleistung

$$P_a = \left| \frac{U_2}{\sqrt{2}} \right|^2 G_a \qquad (108)$$

auf die vom Generator mit dem Innenleitwert $Y_i = G_i + j\,B_i$ maximal abgebbare Leistung

$$P_0 = \frac{|I_0|^2}{8 G_i}, \qquad (109)$$

gilt

$$p_a = \frac{P_a}{P_0} = \frac{|y_{21}|^2}{4 g_{11} g_{22}}\, k. \qquad (110)$$

Darin sind g_{11}, g_{22} die reellen Anteile der Vierpolparameter $y_{11} = g_{11} + j\,b_{11}$ und $y_{22} = g_{22} + j\,b_{22}$, während

$$k = \frac{16\, e\, a}{|(1 + e)\,(1 + a) - d\,|^2} \qquad (111)$$

eine Kopplungsfunktion darstellt. In k sind wesentliche Kopplungs- und Vierpoleigenschaften zusammengefaßt, nämlich die normierte Eingangsanpassung

$$e = e + j\,e_i = \frac{1}{g_{11}}\{Y_i + j\,b_{11}\},$$

die normierte Ausgangsanpassung

$$a = a + j\,a_i = \frac{1}{g_{22}}\{Y_a + j\,b_{22}\}$$

und die Stabilitätsgröße

$$d = \delta + j\,\Delta = \frac{y_{12}\,y_{21}}{g_{11}\,g_{22}}. \qquad (112)$$

Bei Rückwirkungsfreiheit ($y_{12} = 0$) und beidseitiger Wirkleistungsanpassung ($Y_i = y_{11}^*$, $Y_a = y_{22}^*$) gilt $k = 1$, so daß k hier die normierte Verstärkung darstellt, die an die Stelle von v_p (bei reellen Kenngrößen) tritt.

Wie die Diskussion von $k(\boldsymbol{e}, \boldsymbol{a}, \boldsymbol{d})$ ergibt, wird der Optimalwert k^{opt} für

$$|G_i + j(B_i + b_{11})| = g_{11}\sqrt{1-\delta} \tag{113}$$

$$B_i + b_{11} = g_{11}\frac{\Delta}{2} \tag{114}$$

$$|G_a + j(B_a + b_{22})| = g_{22}\sqrt{1-\delta}\,, \tag{115}$$

$$B_a + b_{22} = g_{22}\frac{\Delta}{2} \tag{116}$$

erhalten. Es gilt dann

$$k^{\text{opt}} = \frac{4}{2\left(1 + \sqrt{1 - \delta - \dfrac{\Delta^2}{4}}\right) - \delta}\,. \tag{117}$$

Rechnerisch folgen die notwendigen Werte Y_i, Y_a aus den obigen Beziehungen mit Real- und Imaginärteil. Graphisch läßt sich der normierte Wert Y_i^{opt}/g_{11} bzw. Y_a^{opt}/g_{22} leicht entsprechend Abb. 32 erhalten. Man schlägt danach um den Nullpunkt der komplexen (Leitwert-) Ebene einen Kreis mit dem Radius $\sqrt{1-\delta}$, markiert auf der imaginären Achse die Abschnitte $\dfrac{\Delta}{2}$ und b_{11}/g_{11} bzw. b_{22}/g_{22} und sucht den Schnittpunkt des Kreises mit der durch $\dfrac{\Delta}{2}$ gezogenen Parallelen zur reellen

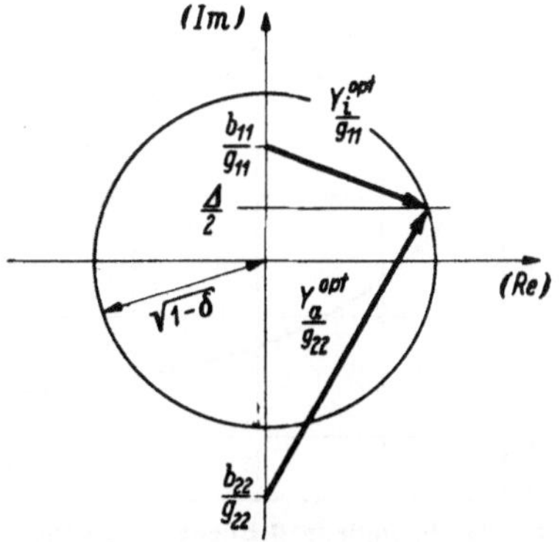

Abb. 32. Graphische Konstruktion der optimalen Anpassung komplexer Vierpole (s. Text)

Achse in der rechten Halbebene auf. Der gesuchte Wert Y_i^{opt}/g_{11} bzw. Y_a^{opt}/g_{22} liegt dann zwischen diesem Schnittpunkt und dem auf der imaginären Achse markierten Wert b_{11}/g_{11} bzw. b_{22}/g_{22}.

c) Schwingabstand

Die in 2.1 angegebene Dimensionierung für optimale Leistungsübertragung ist mit (117) nur für $\delta + \dfrac{\Delta^2}{4} < 1$ zu realisieren; für $\delta + \dfrac{\Delta^2}{4} > 1$ würde k^{opt} komplex. Ist $\delta + \dfrac{\Delta^2}{4} > 1$, kann bei spezieller äußerer Beschaltung eine Selbsterregung auftreten, wie die Untersuchung des Nenners von (111) zeigt. Für $\delta + \dfrac{\Delta^2}{4} < 1$ wird dagegen $|(1 + \boldsymbol{e})(1 + \boldsymbol{a}) - \boldsymbol{d}|$ nie zu Null (G_i, $G_a \geq 0$), so daß keine Instabilität ($=$ unendliche Verstärkung) möglich ist. In der komplexen $\boldsymbol{d}$-Ebene trennt damit die Parabel $\delta = 1 - \dfrac{\Delta^2}{4}$ den Wertebereich von $\boldsymbol{d}$, der unbedingt stabilen

Vierpolen zugehört (Gebiet I), von dem, der nur bedingt stabile Vierpole charakterisiert (Gebiet II).

In Abb. 33 sind die Verhältnisse dargestellt. Jeder Vierpol, dessen d-Wert im Gebiet II liegt, kann bei passender äußerer Beschaltung instabil werden, dagegen niemals Vierpole mit d-Werten aus Gebiet I.

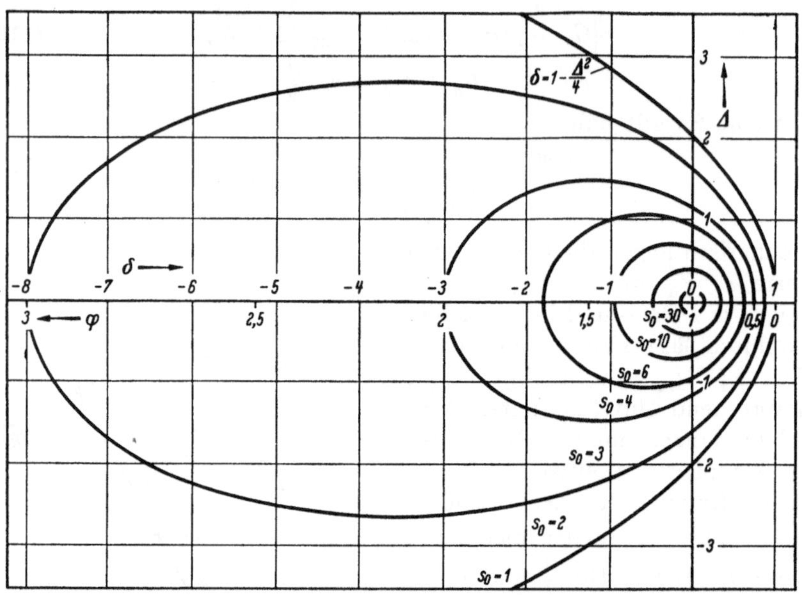

Abb. 33. Komplexe d-Ebene. Ein Vierpol, dessen Stabilitätsgröße $d = \delta + j\,\Delta$ innerhalb des Gebietes I liegt ($\delta < 1 - \Delta^2/4$) ist für jede passive äußere Beschaltung unbedingt stabil. Liegt d außerhalb davon (Gebiet II; $\delta > 1 - \Delta^2/4$), ist der Vierpol nur bedingt stabil; bei passender äußerer Beschaltung tritt Selbsterregung ein. (Zu den Kurven $s_0 = $ const s. Text)

Damit ist die Größe d eine wesentliche Vierpolkonstante. Sie charakterisiert den Vierpol jedoch nicht nur bezüglich seiner Stabilität. Wie man aus (117) bzw. (111) entnimmt, hängt auch bei Fehlanpassung die erzielbare Verstärkung wesentlich von d ab. Außerdem legen δ und Δ mit (113) bis (116) die Größe der optimalen Außenwiderstände fest.

Bei nur bedingt stabilen Vierpolen hat die Frage nach der optimalen Beschaltung in der bisherigen Form keinen Sinn, da stets $p_a = \infty$ erreicht werden kann. Zur Charakterisierung des Anpassungszustandes kann dort der „Schwingabstand"

$$s = \frac{4}{k\,|d|} \tag{118}$$

dienen. Er gibt die Sicherheit an, mit der bei der gewählten äußeren Beschaltung des Vierpols keine Selbsterregung auftritt. Je größer s, desto weiter ist der Vierpol vom Schwingungseinsatz entfernt, eine desto größere Variation der Elemente des Vierpols oder der äußeren Schaltung ist ohne Gefahr einer Selbsterregung möglich. Die bei gewähltem s vorliegende Leistungsverstärkung ist bei

$$A = \left|\frac{y_{21}}{y_{12}}\right| \tag{119}$$

mit

$$p_a = \frac{'A}{s} \tag{120}$$

gegeben. Im Selbsterregungsfall, für $s = 0$, tritt unendlich hohe Leistungsverstärkung auf, wie man mit (120) ebenfalls erkennt. Für $s = \infty$ liegt entweder keine Rückwirkung vor ($|d| = 0$) oder der Vierpol ist eingangsseitig oder/und ausgangsseitig kurzgeschlossen ($|(1 + e)(1 + a)| = \infty$).

In Abb. 33 sind neben der Grenzlinie zwischen unbedingt und nur bedingt stabilem Bereich noch Kurven mit dem Parameter $s_0 = \dfrac{A}{p_a^{\text{opt}}}$ eingetragen, längs derer bei gegebenem A (119) die bezogene Leistung konstant und durch den Parameterwert eindeutig gekennzeichnet ist. Für einen mit d und A gegebenen unbedingt stabilen Vierpol läßt sich damit in der d-Ebene die bei Leistungsanpassung erzielbare Maximalverstärkung direkt ablesen. Wegen (120) gilt aber auch $s_0 = (s)_{p_a\,\text{opt}}$, so daß man es hier gleichzeitig mit den bei Leistungsanpassung vorliegenden Kurven $s = $ const zu tun hat. Man kann somit auch direkt den jeweiligen Schwingabstand ablesen, den man bei optimaler Beschaltung erhält. Ist die optimal erzielbare Leistungsverstärkung kleiner als Eins, so ist der Vierpol unbedingt passiv. Die Passivitätsbedingung läßt sich ebenfalls durch die Vierpolkennwerte ausdrücken (s. z. B. [59]). Setzt man $s_0 = A = \left|\dfrac{y_{21}}{y_{12}}\right|$, entsprechen in Abb. 33 die Ellipsen $s_0 = $ const den Grenzkurven der Passivität[1]. Besitzt nämlich ein Vierpol einen d-Wert, der innerhalb der zugehörigen Kurve $A = s_0$ liegt, ist wegen (120) die optimale Leistungsverstärkung kleiner als Eins. Ein solcher Vierpol ist somit nicht nur unbedingt stabil, sondern gleichzeitig absolut passiv. Liegt d außerhalb der zugehörigen A-Ellipse, handelt es sich um einen bedingt aktiven Vierpol, der zumindest bei Leistungsanpassung eine Verstärkung $p_a > 1$ besitzt. Für ein aktives Bauelement wie Transistor oder Röhre ist die damit gegebene Grenze des aktiven Bereichs wichtig. Denn die bei wachsender Betriebsfrequenz meist verringerte maximal mögliche Verstärkung erlaubt einen sinnvollen Schaltungseinsatz nur bis zur Grenze $p_a^{\text{opt}} = 1$ (s. dazu auch Kap. III.1d).

Auch bei reellen Parametern des Vierpols betrachtet man d bzw. wegen $\varDelta = 0$ die Größe δ als wesentliche Kenngröße. In Abschnitt a) war als Rückwirkungsgröße der Wert

$$\varphi = \sqrt{R_{2K} G_{2L}} \tag{94}$$

---

[1] Für $s_0 = A$ und $s_0 = \dfrac{1}{A}$ werden die gleichen Kurven erhalten.

eingeführt worden. Mit $G_{2K}(1 - \delta) = G_{2L}$ (Tab. 3) folgt der Zusammenhang

$$\varphi = \sqrt{1 - \delta} \, . \tag{121}$$

Die zu jedem Wert φ bzw. δ gehörende optimale Verstärkung und die dabei vorliegende Stabilität $(s = s_0)$ sind längs der reellen Achse in Abb. 33 ebenfalls abzulesen. [*58—61.*]

3. Vergleich der drei Transistor-Grundschaltungen

Bei der Entwicklung einer Schaltung mit vorgegebenen Eigenschaften ist zunächst festzulegen, welche Grundschaltung des Transistors verwendet werden soll. Zur Klärung dieser Frage gehen wir auf die Ersatzschaltungen (Abb. 19, 20, 21) und die Ergebnisse der Kap. I.2, I.3 und II.2 zurück.

Betrachten wir als erstes die Leistungsverstärkung bei niederen Frequenzen $(f \lesssim f_\beta)$, so steht die Emitterschaltung an erster Stelle, denn sie allein besitzt sowohl eine tatsächliche Stromverstärkung als auch eine tatsächliche Spannungsverstärkung. Das zeigt u. a. Abb. 25, wo für ein Beispiel die Werte V_{uL}, V_{iK} angegeben sind.

Wegen

$$|V_{iK}|_b \approx 1, \qquad |V_{uL}|_c \approx 1$$

und

$$|V_{uL}|_b \approx |V_{uL}|_e, \qquad |V_{iK}|_c \approx |V_{iK}|_e$$

gilt mit

$$|V_{uL}|_e > |V_{iK}|_e$$
$$(V_p^{\text{opt}})_e > (V_p^{\text{opt}})_b > (V_p^{\text{opt}})_c. \tag{122}$$

Im Fall des in Abb. 25 dargestellten Beispiels gälte nach (96) exakt

$$(V_p^{\text{opt}})_e = 13\,400 \,\hat{=}\, 41,3\text{ dB},$$
$$(V_p^{\text{opt}})_b = 1\,280 \,\hat{=}\, 31,1\text{ dB},$$
$$(V_p^{\text{opt}})_c = 47 \,\hat{=}\, 16,7\text{ dB},$$

bzw. nach (97) näherungsweise

$$(V_p^{\text{opt}})_e = 25\,000 \,\hat{=}\, 44\text{ dB},$$
$$(V_p^{\text{opt}})_b = 500 \,\hat{=}\, 27\text{ dB},$$
$$(V_p^{\text{opt}})_c = 12,5 \,\hat{=}\, 11\text{ dB}.$$

Bei mehrstufigen Verstärkern muß die Kopplung der Stufen untereinander in Betracht gezogen werden. Mit Abb. 25 gilt

$$(Z_{01})_e \approx (Z_{02})_c \quad \text{und} \quad (Z_{02})_e \approx (Z_{01})_c,$$

womit eine fast optimale Kopplung in der Reihenfolge $e - c - e \dots$ ohne Verwendung besonderer Anpassungsglieder (Transformatoren) möglich ist. Für $\beta_0^2 = \mu_{0e}$ wäre sogar eine exakte Übereinstimmung der einzelnen Kennwiderstände gegeben. Jedoch ist die erzielbare Leistungsverstärkung für zwei aufeinanderfolgende Stufen e—c bzw. c—e selbst dann geringer, als wenn man zwei Emitterstufen direkt koppelt und damit stark fehlangepaßt betreibt. Das zeigt die folgende Überlegung: Im ersten Fall einer angepaßten e—c-Kopplung gilt nach (97)

$$V_p \approx \frac{\mu_{0e}\,\beta_0}{4} \cdot \frac{\beta_0}{4}\,,$$

wenn wir annehmen, daß eine weitere angepaßte Stufe (Emitterschaltung) folgt. Bei der direkten Folge von Emitterstufen wird ausgangsseitig jeweils etwa der Kurzschlußstrom $I_2 = V_{iK} I_1$ fließen. Die Leistungsverstärkung zweier Stufen wird dann

$$V_p \approx \beta_0^2 \cdot \beta_0^2,$$

also um den Faktor $\dfrac{16\,\beta_0^2}{\mu_{0e}} \gtrsim 10$ größer als bei einer Folge e—c. Hinzu kommt der Vorteil, daß jeweils eine Stromsteuerung der Eingangsseite erfolgt ($R_a^{\mathrm{I}} = R_{1K}^{\mathrm{II}} \ll R_i^{\mathrm{I}} = R_{2L}^{\mathrm{I}}$), die eine höhere Linearität gewährleistet. Bei Kleinsignalverstärkung kann man nämlich setzen $\beta_0 = \mathrm{const}^1$, während die exponentielle Eingangskennlinie bei Übergang zur Spannungssteuerung ($R_a \gtrsim R_i$) zu Verzerrungen führt. Außerdem ist die insgesamt verbleibende Rückwirkung über zwei Stufen wegen der Fehlanpassung zwischen beiden stark verringert (s. auch Kap. III.1c).

Bei niederen Frequenzen ist es damit normalerweise am günstigsten, nur mit der Emitterschaltung zu arbeiten. Hat man jedoch als Last oder eingangsseitigen Generator des gesamten Verstärkers wesentlich voneinander abweichende Impedanzen, kann sich, wenigstens für die Endstufe oder die erste Stufe, eine andere Grundschaltung besser eignen. Auch kommt es darauf an, ob man tatsächlich die Leistungsverstärkung als wesentlichste Schaltungseigenschaft betrachten muß. Ist z. B. bei einem direkt gekoppelten Verstärker die Aufgabe gestellt, den Kurzschlußrichtstrom einer mit Hf-Energie beaufschlagten Diode so zu „verstärken", daß man einen üblichen Oszillographen aussteuern kann, wird man für einen einstufigen Verstärker möglicherweise besser die Basisschaltung wählen.

Für eine technische Schaltung ist schließlich auch die einfache Stromversorgung und die Menge der notwendigen Schaltelemente oder deren Größe entscheidend; alles Gesichtspunkte, die für oder gegen eine bestimmte Schaltung sprechen können.

Ferner ist zu berücksichtigen, wie eine Gegenkopplung angebracht werden kann; will man über mehrere Stufen gegenkoppeln, hat man auf

---

^{1} Für $I_E \to 0$ gilt $\beta_0 \to 0$, auch fällt β_0 nach hohen I_E-Werten zu wieder ab; solche extremen I_E-Werte seien nicht berücksichtigt (s. dazu auch Teil A, Abb. 21).

die vorliegenden Impedanzen und auf die Phasenlage der einzelnen Spannungen und Ströme Rücksicht zu nehmen. Jedoch bleibt als Regel, zuerst die Emitterschaltung in Betracht zu ziehen.

Bei höheren Frequenzen kommen weitere Gesichtspunkte hinzu. Bei Oszillatoren wünscht man hohe Frequenzkonstanz, bei Verstärkern z. B. eine gute Neutralisierungsmöglichkeit oder eine breitbandig gleichmäßige Verstärkung. Auch in solchen Fällen wird man zunächst von der Emitterschaltung ausgehen. Die Kollektorschaltung besitzt eine innere Gegenkopplung, die die Spannungsverstärkung auf ≈ 1 reduziert. Das bedeutet Linearitätserhöhung, geringere Änderung der Eigenschaften in Abhängigkeit von der Frequenz und höhere Grenzfrequenz (zur Gegenkopplung s. Kap. II. 4). Eine Kollektorschaltung wird also oberhalb f_β, der Grenzfrequenz der Stromverstärkung, bisweilen Vorteile bringen. Die Basisschaltung besitzt zwar zunächst eine höhere Verstärkung als die Kollektorschaltung, aber die wirksamen Impedanzen sind ungünstig. Andererseits lassen sich jedoch solche Stufen ohne Verwendung von Transformatoren einfach neutralisieren, so daß auch die Basisschaltung für höchste Betriebsfrequenzen Interesse besitzt (s. dazu Kap. III).

Neben den drei Grundschaltungen gibt es noch die Zwischenbasisstufen, die elektrisch zwischen jeweils zweien der Grundschaltungen stehen. Bei ihnen kann man z. B. eine günstige Rauschanpassung mit Leistungsanpassung vereinen, und Oszillatorschaltungen sind oft entsprechend aufgebaut (s. auch Kap. III. 1e [*23, 62*]).

4. Gegenkopplung

Mit Hilfe von Gegenkopplungen sind die Eigenschaften einer Verstärkerstufe oder eines Verstärkers zu beeinflussen; so ist z. B. der wirksame Eingangswiderstand damit zu verändern. Außerdem lassen sich Streuungen bzw. während des Betriebs auftretende Änderungen der Transistordaten bzw. — allgemein — des der Gegenkopplung unterworfenen Gliedes in ihrer Auswirkung verringern. Da einerseits die dynamischen und statischen Transistordaten starken Exemplarstreuungen unterworfen sind, andererseits deren Temperaturabhängigkeit relativ groß ist, sind Gegenkoppelschaltungen für die technische Anwendung des Transistors von wesentlicher Bedeutung.

Die Gegenkopplung ist ein Sonderfall der Rückkopplung. Es handelt sich dabei um eine zusätzliche, bezüglich des eigentlichen Eingangssignals gegenphasige Beaufschlagung des Eingangs durch eine vom Ausgang abgeleitete Steuergröße. Dadurch werden die Kenngrößen der Gesamtschaltung geändert, verbunden mit einer Verringerung deren relativer Änderung bei Änderung der eigentlichen Vierpolgrößen. Wegen der Rückwärtsregelung verbleibt notwendig ein Regelrest, der gegebenenfalls durch Vorwärtsregelung oder zusätzliche Steuerungen vermieden werden kann (s. z. B. Kap. I. 1e).

Betrachten wir reelle Elemente, folgt mit Abb. 34 an Stelle der Vierpolwirkung $W = A/E$ jetzt die modifizierte Wirkung $W' = A'/E'$. Mit dem additiv der Eingangsseite rückgeführten Anteil $r\,A$ der Ausgangsseite folgt mit $E = E' + r\,A$

$$W' = W \cdot \frac{E}{E'} = W\,\frac{E}{E - r\,A} = \frac{W}{1 - r\,W}\,. \qquad (123)$$

Das gilt exakt nur, falls $A' = A$ ist. Bei üblichen Anordnungen ist es hinreichend erfüllt, da nur ein kleiner Bruchteil der Ausgangsgröße zur Rückführung verwendet wird. Andernfalls resultiert ein komplizierterer Ausdruck als (123), und die Rechnung ist mit gekoppelten Vierpolen durchzuführen (s. z. B. Kap. II. 1).

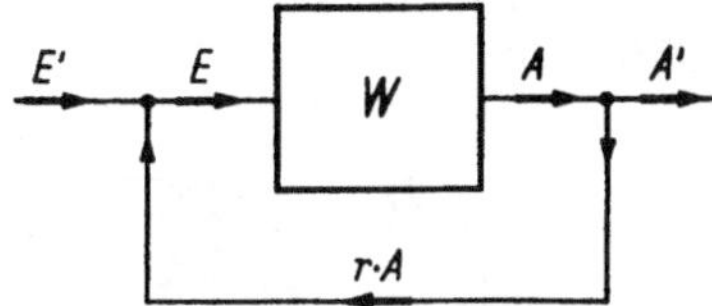

Abb. 34. Zur Rückkopplung (s. Text). E Eingangsgröße; E' modifizierte Eingangsgröße; A Ausgangsgröße; $r\,A$ rückgeführter Anteil der Ausgangsgröße

Mit (123) gilt für die relative Änderung der modifizierten Wirkung

$$\frac{dW'}{W'} = \frac{dW}{W} \cdot \frac{1}{1 - r\,W}\,. \qquad (124)$$

Bei einer Mitkopplung ($r\,W > 0$) ist danach die relative Änderung bei einer irgendwie auftretenden Veränderung der Vierpolwirkung W um den Faktor $1/(1 - r\,W) > 1$ vergrößert. Bei Gegenkopplung $r\,W = - g\,W < 0$ wird dagegen die relative Änderung der Gesamtschaltung um den Gegenkoppelfaktor

$$\Gamma = 1 + g\,W \qquad (125)$$

verringert; wie oben bei der Annahme einer unveränderten Größe von r.

Bei komplexen Wirkungen und Rückführungsgliedern gilt sinngemäß das gleiche. Infolge frequenzbedingter Phasenänderungen kann dann jedoch eine für eine Frequenz wirksame Gegenkopplung bei einer anderen Frequenz in eine Mitkopplung umschlagen. Darauf ist bei der Schaltungsauslegung im Einzelfall Rücksicht zu nehmen (s. z. B. [63]). Die allgemeine Behandlung dieses — vor allem bei Breitbandverstärkern — wichtigen Problems und die notwendige Meßmethodik (z. B. Aufnahme eines Nyquist-Diagramms) seien hier unterdrückt. Sie entsprechen den in der Röhrenverstärkertechnik üblichen Verfahren und sind andererorts breit behandelt ([64, 65]).

Mit dem allgemeinen Ausdruck

$$W'' = \frac{W}{1 + g\,W}$$

ist verständlich, daß die Gegenkopplung g je nach der im Einzelfall interessierenden Wirkung W eine andere sein muß. Wünscht man etwa die wirksame Steilheit zu stabilisieren, also die Übertragungsgröße $S_w = I_2/U_1$, muß g die Dimension eines Widerstandes besitzen und

18*

bedingen, daß der Ausgangsstrom I_2 eine Spannung U der richtigen Phasenlage im Eingangskreis hervorruft. Im folgenden sollen die hauptsächlich verwendeten Formen einer Gegenkopplung bei einstufiger Emitterschaltung näher betrachtet werden; die Überlegungen gelten sinngemäß auch für mehrstufige Verstärker oder andere Grundschaltungen[1].

Abb. 35a zeigt eine einfache Schaltung, die eine Strom-Spannungs-Gegenkopplung bewirkt. Die im Eingangskreis wirksame Rückkoppelspannung U_R ist für $|I_1| \ll |I_2|$ mit $U_R = R(I_1 + I_2) \approx R \cdot I_2$ gegeben

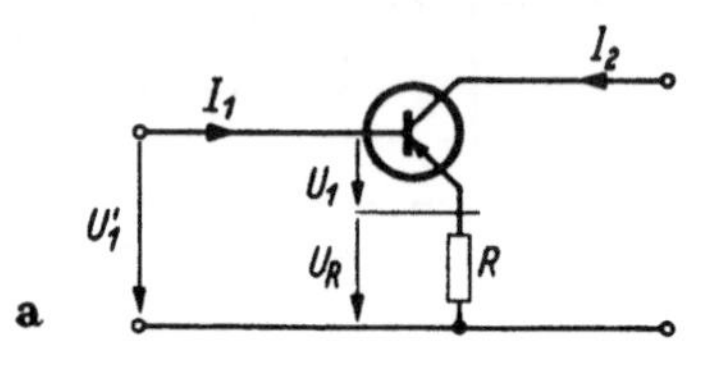

und liegt gegenphasig zur Eingangsspannung U_1' als zusätzliche Steuerspannung am Eingang an. Damit gilt bei $S_w = I_2/U_1$

$$\frac{I_2}{U_1'} = S_w' = \frac{S_w}{1 + R\,S_w}, \quad (126)$$

und die Schaltung wirkt als Strom-Spannungs-Gegenkopplung. Diese Bezeichnung drückt aus, daß der Ausgangs*strom* eine gegenkoppelnde Eingangs*spannung* bewirkt (s. auch Kap. I. 1e).

Würde die Schaltung ausgangsseitig mit einem gegen den Innenwiderstand großen Lastwiderstand abgeschlossen, wäre der Strom

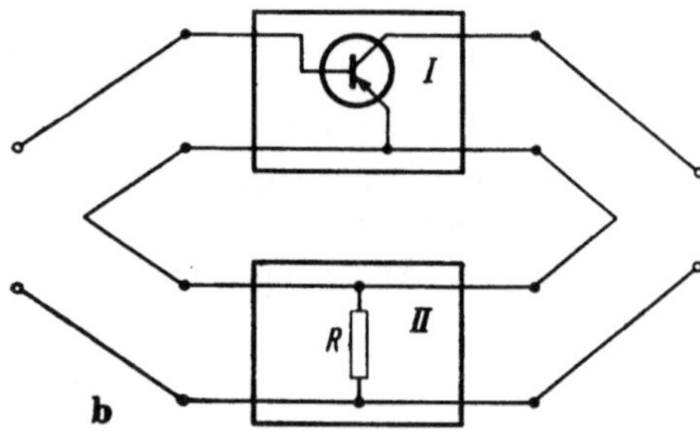

Abb. 35a u. b. Strom-Spannungs-Gegenkopplung. a) Prinzip-Schaltbild; b) Darstellung durch gekoppelte Vierpole

I_2 relativ klein und die stabilisierende Wirkung — bei gleichem Wert von R — wegen des dann kleineren Gegenkopplungsfaktors $\Gamma = 1 + RS_w$ nur gering. Ähnlich dann, wenn der Innenwiderstand der speisenden Quelle auf der Eingangsseite sehr groß gegen den Eingangswiderstand der Schaltung ist; dann liegt eingangsseitig eine Stromsteuerung vor, und eine kleine, in den Kreis eingekoppelte Gegenkoppelspannung bleibt unwirksam. Das ergibt sich auch rechnerisch, wenn man den Generatorwiderstand mit einbezieht und die Gesamtverstärkung betrachtet.

Da bei gleichem I_1 die Eingangsspannung $|U_1'| > |U_1|$ ist, wird der Eingangswiderstand durch die Gegenkopplung erhöht. Mit $U_1' = U_1 + R(I_1 + I_2)$ und dem Eingangswiderstand ohne Gegenkopplung $Z_1 = U_1/I_1$ ist

$$Z_1' = \frac{U_1'}{I_1} = Z_1 + R(1 + V_i) \approx Z_1 + RV_i, \quad (127)$$

---

[1] Auch die Einbeziehung komplexer Elemente sei dem Leser überlassen.

also wegen $V_i = I_2/I_1 \gg 1$ schon bei kleinen R-Werten sehr groß[1]. Da auch V_i vom Außenwiderstand abhängt, variiert Z_1' ebenfalls entsprechend. Mit (91) gilt für $f \ll f_\beta$

$$V_i = \frac{\beta_0}{1 + G_{2L}\,R_a},$$

und mit der Ersatzschaltung in Abb. 23a ist ähnlich die bei angeschaltetem Lastwiderstand $R_a \neq 0$ wirksame Steilheit

$$S_w = \frac{I_2}{U_1} = \frac{S}{1 + G_{2K}\,R_a}. \tag{128}$$

Damit sind sowohl der jeweilige Eingangswiderstand (127) als auch die durch Gegenkopplung veränderte Steilheit (126) bekannt. .

Die Leistungsverstärkung ist durch die Gegenkopplung verringert. Während die Stromverstärkung V_i hier konstant bleibt, ist die Spannungsverstärkung $|V_u|$ verkleinert. Bei Vernachlässigung von U_R im Lastkreis gilt

$$V_u' = \frac{U_2}{U_1'} = \frac{V_u}{\Gamma},$$

und der Leistungs-Gegenkoppelfaktor

$$\Gamma_p = \frac{V_p}{V_p'}$$

ist wegen $V_p = |V_u|\,V_i$, $V_p' = |V_u'|\,V_i$ gleich dem Gegenkoppelfaktor $\Gamma(f \ll f_\beta)$. Mit der Änderung von S_w würde Γ in Γ_p quadratisch eingehen, jedoch steigt Z_1 auf $Z_1' = Z_1\Gamma$ an, so daß $\Gamma_p = \Gamma$ verbleibt $(V_i \gg 1)$.

Wird R so groß gewählt, daß die ursprüngliche Schaltung wesentlich verändert ist, genügen die obigen einfachen Betrachtungen nicht mehr, und die Gesamtschaltung muß als Kopplung zweier Vierpole aufgefaßt werden. Die Berechnung hat dann mit den in Kap. II.1 entwickelten Methoden zu erfolgen. Abb. 35b gibt die entsprechende Aufteilung in aktiven Vierpol I und Gegenkoppel-Vierpol II an. Wegen der Serienschaltung beider gilt für die Widerstandsmatrix der Gesamtschaltung

$$(\boldsymbol{Z}') = (\boldsymbol{Z}_\mathrm{I}) + (\boldsymbol{Z}_\mathrm{II}) = \begin{pmatrix} z_{11} + R & z_{12} + R \\ z_{21} + R & z_{22} + R \end{pmatrix} = \begin{pmatrix} z_{11}' & z_{12}' \\ z_{21}' & z_{22}' \end{pmatrix}.$$

Die interessierenden Schaltungswerte sind dann mit Tab. 3 gegeben.

Der Übergang der exakten Ausdrücke zu den weiter oben hergeleiteten Näherungen zeigt deren Gültigkeitsbereich. Z. B. gilt exakt für

---

[1] Das Ergebnis ist auch für Röhrenverstärker interessant. Speziell bei Elektrometerröhren verwendet man einen Kathodenwiderstand, um den Eingangswiderstand der Schaltung zu erhöhen. Nach (127) ist es nicht gleichgültig, bei welcher Gitterspannung man arbeitet (unterschiedlicher Gitterstrom und damit anderer V_i-Wert mit geändertem Eingangswiderstand; s. auch [53]).

den Eingangswiderstand

$$Z_1' = z_{11}' - \frac{z_{12}' z_{21}'}{z_{22}' + R_a} = z_{11} - \frac{z_{12}(z_{21} + R)}{z_{22} + R + R_a} + R\left(1 - \frac{z_{21} + R}{z_{22} + R + R_a}\right).$$

Der Vergleich mit (127) zeigt, daß die Näherungsformel nur für $R \ll |z_{21}|$, $|z_{22} + R_a|$ angewendet werden darf.

Die zur Schaltung des vorigen Absatzes duale Anordnung ist die Spannungs-Strom-Gegenkopplung. Auch sie wird bei Transistoren häufig angewandt (Abb. 36a). Hier wird zusätzlich ein Strom dem Eingang aufgeprägt, der von der am Ausgang auftretenden Spannung abhängt. Die näherungsweise Berechnung geschieht in analoger Weise wie vor. Primär wird hier das Verhältnis U_2/I_1 geändert. Da bei gleicher Eingangsspannung zur Steuerung des Transistors ein höherer Eingangsstrom notwendig ist, weil zusätzlich der Gegenkoppelstrom I_G aufzubringen ist, wird der Eingangswiderstand der Gesamtschaltung verringert bzw. — dual zur Strom-spannungs-Gegenkopplung — der Eingangsleitwert $Y_1 = 1/Z_1$ vergrößert. In einzelnen gilt

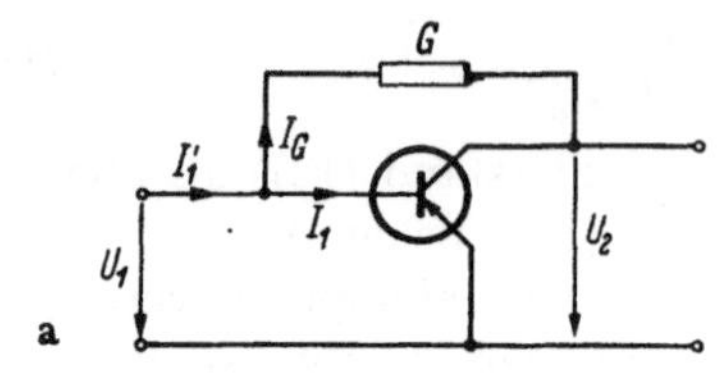

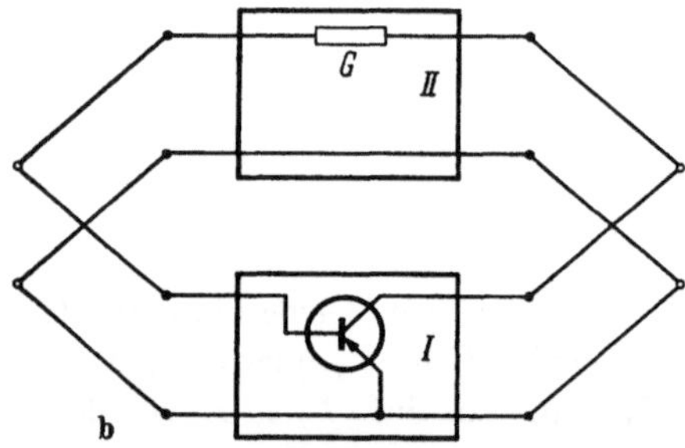

Abb. 36a u. b. Spannungs-Strom-Gegenkopplung. a) Prinzip-Schaltbild; b) Darstellung durch gekoppelte Vierpole

$$\frac{U_2}{I_1'} = \frac{\dfrac{U_2}{I_1}}{1 + G\left|\dfrac{U_2}{I_1}\right|} = \frac{1}{\Gamma} \cdot \frac{U_2}{I_1} \tag{129}$$

und

$$Y_1' = \frac{I_1'}{U_1} = Y_1 + G(1 - V_u), \tag{130}$$

wobei wieder $\Gamma_p = \Gamma$ ist.

Diese Ausdrücke sind ebenfalls nur näherungsweise richtig; exakt ist die Gesamtschaltung mit Abb. 36b als Parallelschaltung zweier Vierpole aufzufassen. Damit gilt

$$(\boldsymbol{Y'}) = (\boldsymbol{Y_I}) + (\boldsymbol{Y_{II}}) = \begin{pmatrix} y_{11} + G & y_{12} - G \\ y_{21} - G & y_{22} + G \end{pmatrix} = \begin{pmatrix} y_{11}' & y_{12}' \\ y_{21}' & y_{22}' \end{pmatrix},$$

und die Schaltungseigenschaften ergeben sich wieder mit Tab. 3. Die Form (130) ist z. B. danach nur für $G \ll |y_{21}|$, $|y_{22} + G_a|$ anwendbar, entsprechend den Überlegungen im vorigen Absatz bezüglich (127).

Bei **kleinen** Außenwiderständen wird hier — dual zur Strom-Spannungs-Gegenkopplung — die Gegenkopplung verkleinert. Ein kleiner Lastwiderstand bedeutet bei gleichem G eine kleinere Ausgangsspannung und damit einen nur geringen Gegenkoppelstrom I_G, während ein kleiner Generatorwiderstand auf der Eingangsseite schließlich als Kurzschluß für I_G wirkt.

Hat man es mit wechselnden Außenwiderständen zu tun, kann man die beiden Schaltungen nach Abb. 35 und 36 kombinieren, wie es Abb. 37a zeigt. Man erhält dann eine Gegenkopplung mit weitergehender Stabilisierung als bei Anwendung nur einer Teilschaltung. Außerdem läßt sich durch passende Wahl von R_s und G_p der Eingangswiderstand der Schaltung in weiten Grenzen einstellen; näherungsweise gilt (V_i, $|V_u| \gg 1$)

$$Z_1' = \frac{Z_1 + V_i R_s}{1 + |V_u| G_p Z_1}. \qquad (131)$$

Trotz vorhandener Gegenkopplung kann man z. B. $Z_1' = Z_1$ erhalten; mit (131) muß dafür

$$\frac{R_s}{G_p} = Z_1^2 \frac{|V_u|}{V_i}$$

gewählt werden.

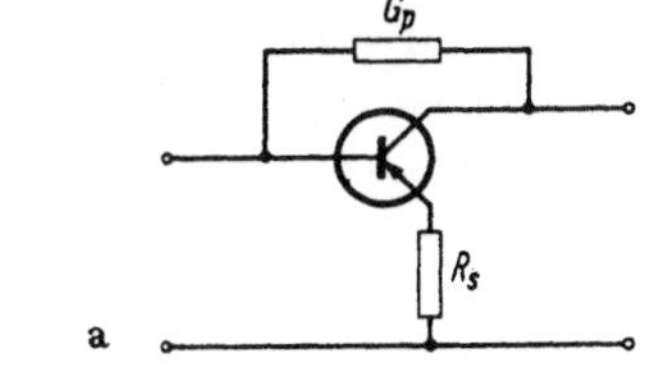

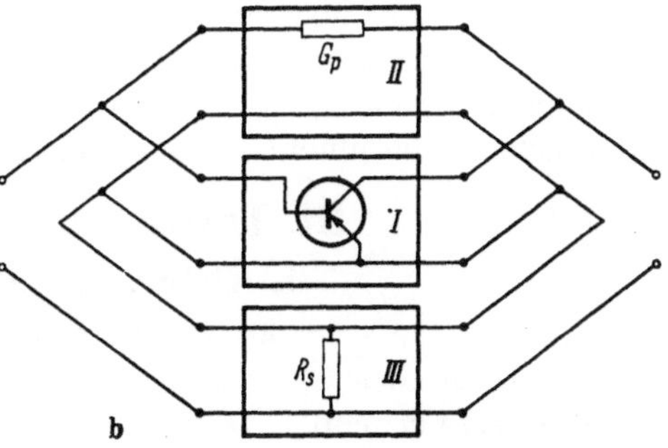

Abb. 37a u. b. Kombinierte Gegenkopplung.
a) Prinzip-Schaltbild; b) Darstellung durch gekoppelte Vierpole

Die Leistungsverstärkung ist auch hier verringert. Während bei der Strom-Spannungs-Gegenkopplung im wesentlichen die Spannungsverstärkung verkleinert ist und bei der Spannungs-Strom-Gegenkopplung die Stromverstärkung, sind hier sowohl $|V_u|$ als auch V_i kleiner. Mit

$$\Gamma_p = (1 + |V_u| G_p Z_1)(1 + V_i R_s Y_1)$$

ist bei starker Gegenkopplung ($|V_u| G_p Z_1$, $V_i R_s Y_1 \gg 1$) das Verhältnis

$$\Gamma_p = \frac{V_p}{V_p'} = |V_u| V_i G_p R_s$$

der Leistungsverstärkung $V_p = |V_u| \cdot V_i$ selbst proportional. Damit läßt sich eine stark gegengekoppelte Schaltung nach Abb. 37a als Leistungs-Leistungs-Gegenkopplung auffassen, wobei die resultierende Leistungsverstärkung

$$V_p' = \frac{1}{G_p R_s}$$

von den Eigenschaften des aktiven Gliedes selbst weitgehend unabhängig ist.

Die exakte Berechnung muß wieder mit gekoppelten Vierpolen erfolgen. Aus Abb. 37b entnimmt man den Zusammenhang in der Form

$$(\mathbf{Z}') = [(\mathbf{Y}_\mathrm{I}) + (\mathbf{Y}_\mathrm{II})]^{-1} + (\mathbf{Z}_\mathrm{III}),$$

was mit den Tab. 2 und 3 auszuwerten ist.

Außer den behandelten Gegenkoppelschaltungen gibt es noch Strom-Strom- und Spannungs-Spannungs-Gegenkopplungen, wobei sich die Stabilisierung primär auf die Strom- bzw. Spannungsverstärkung bezieht. Alle Formen können auch gemeinsam auftreten. Mit Hilfe von Übertragern oder durch spezielle Phasendrehglieder läßt sich die notwendige Phasenlage jeweils einstellen.

Neben der rechnerischen Behandlung als gekoppelte Vierpole oder als Zwischenbasisschaltung [62] läßt sich die Wirkungsweise einer entsprechenden Schaltungsmaßnahme auch mittels eines der Transistor-Ersatzschaltbilder übersehen. So ist z. B. der Strom-Spannungs-Gegenkopplung das T-Ersatzschaltbild (Abb. 29b) angemessen. Der Gegenkoppelwiderstand R (Abb. 35a) tritt additiv zu z_{12} hinzu und vergrößert entsprechend die innere gegenkoppelnde Rückwirkung von z_{12}. [62—67.]

III. Transistorschaltungen

1. Kleinsignalverstärkung

a) Gleichstromverstärker

Transistor-Gleichstromverstärker werden normalerweise nur für kleine Pegel verwendet. Dabei ist das Hauptproblem die — im wesentlichen temperaturbedingte — Drift der Ströme und Spannungen mit der Zeit. Während eine Kurzzeitkonstanz z. B. durch jeweilige Justierung relativ einfach zu erreichen ist, bestimmen die langzeitlichen Änderungen das Auflösungsvermögen bzw. die minimal nachweisbare Eingangsleistung des Verstärkers.

Aus diesem Grund benutzt man Schaltungen, die das Gleichstromsignal in eine Wechselstromgröße umwandeln, sei es mittels eines Zerhackers direkt oder durch Steuerung eines Fremdgenerators. Nach einer zusammenfassenden Übersicht von MEYER-BRÖTZ [68] kann man mittels eines Kontaktumwandlers über längere Zeiträume (mehrere Stunden) eine minimale Drift von etwa $1\,\mu\mathrm{V}$ erreichen, wobei die minimale Eingangsleistung etwa 10^{-18} W beträgt. Verwendet man einen Transistormodulator oder -schalter, muß man mit $10\,\mu\mathrm{V}$ bzw. 10^{-13} W rechnen. In ähnlicher Größenordnung bewegen sich die Kenngrößen direkt gekoppelter Transistorverstärker, da die erste Stufe den wesentlichen Beitrag liefert. Bezüglich einer solchen Umwandlung des Gleichstromsignals in eine Wechselstrominformation sei auf die Literatur verwiesen, da es sich primär um keine Transistorschaltung handelt. Das gleiche gilt für die

Rückgewinnung eines auch die Polarität der angelegten Eingangsspannung anzeigenden Gleichstrom-Ausgangssignals [68--76].

Abgesehen von der notwendigen Kompensation von Drift und der durch den Arbeitspunkt des Transistors an den Eingangsklemmen erscheinenden Gleichspannungen hat die Dimensionierung einer Gleichstrom-Verstärkerstufe analog dem Wechselstromfall zu erfolgen. Die durch den äußeren Generator bewirkte Arbeitspunktänderung kann als quasistatische Wechselbeaufschlagung aufgefaßt werden, für die die Wechselstromgrößen ($\omega \to 0$) wesentlich sind. Damit sind auch Anpassung und Leistungsverstärkung analog dem Wechselstromfall — z. B. mittels Vierpolrechnung — zu behandeln.

Sei z. B. nach dem für eine kleine angelegte Gleichspannung[1] $\Delta \overline{U}$ wirksamen Eingangsleitwert G gefragt, so folgt bei gegebener Kennlinie $\overline{I}(\overline{U})$ und Arbeitspunktspannung U_0 zunächst für die zu $\Delta \overline{U}$ gehörende Stromänderung

$$\Delta \overline{I} = \overline{I}(U_0 + \Delta \overline{U}) - \overline{I}(U_0).$$

Entwickelt man $\overline{I}(U_0 + \Delta \overline{U})$ in eine TAYLOR-Reihe,

$$\overline{I}(U_0 + \Delta \overline{U}) = \overline{I}(U_0) + \left(\frac{d\overline{I}}{d\overline{U}}\right)_{\overline{U} = U_0} \Delta \overline{U} + \cdots,$$

folgt bei kleiner Aussteuerung, also linearem Betrieb, der Zusammenhang

$$\frac{\Delta \overline{I}}{\Delta \overline{U}} = G = \left(\frac{d\overline{I}}{d\overline{U}}\right)_{\overline{U} = U_0}.$$

Das ist aber nichts anderes als der quasistatische Wechselstromwert.

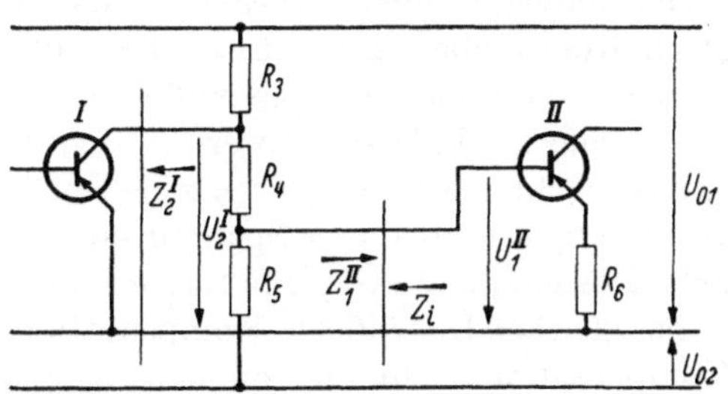

Abb. 38. Zur direkten Kopplung zweier Transistorstufen (s. Text). Mit Z sind die Impedanzen bezeichnet, die an den betreffenden Stellen der Schaltung gleichstrommäßig (Arbeitspunkt) bzw. — verschieden davon — quasistatisch (Aussteuerung) wirksam sind, mit $\overline{U}$ die anliegenden Gleichspannungen $\overline{U}$ (Arbeitspunkt) bzw. — die davon verschiedenen — quasistatischen Änderungen von $\overline{U}$ (Aussteuerung $\Delta \overline{U}$)

Wie bei den entsprechenden Röhrenschaltungen ist die direkte Kopplung wegen der unterschiedlichen eingangs- und ausgangsseitigen Arbeitspunkte schwierig. Für normalen Verstärkeraufbau geht man bei Speisung des gesamten Verstärkers aus einer Batterie nach Abb. 38 vor. Die Koppelschaltung (R_4, R_5) wird dann so ausgelegt, daß die notwendige

---

[1] Zur Unterscheidung von den komplexen Zeigergrößen U, I werden die Gleichstromwerte hier mit $\overline{U}$ und $\overline{I}$ bezeichnet.

Arbeitspunktspannung $\overline{U}_2^{\mathrm{I}}$, $\overline{U}_1^{\mathrm{II}}$ herrscht. Um bei Aussteuerung einen Teilerverlust zu vermeiden, sollte $R_4 \ll \{R_5 \,||\, Z_1^{\mathrm{II}}\}$ sein; das bedingt bei normalen Widerständen einen großen Wert $|U_{02}|$. Deshalb kann man günstig R_4 als ZENER-Diode ausbilden, und R_5 kann ein Transistor, als Stromquelle geschaltet, sein (s. Kap. I.1g). Damit ist gleichzeitig eine mit wachsender Temperatur abfallende Spannung $|\overline{U}_1^{\mathrm{II}}|$ verbunden, sofern dieser Transistor mit dem gesamten Verstärker in Temperaturaustausch steht. Schaltet man in den Emitterkreis der folgenden Stufe noch einen Widerstand (R_6), so wirkt er zwar nicht linearisierend, da üblicherweise $Z_i \gg Z_1^{\mathrm{II}}$ gilt, aber die Erhöhung des Eingangswiderstandes von II wirkt sich günstig auf das Teilerverhältnis aus. Auf diese Weise, mit der Ausnutzung von unterschiedlichen Größen der Gleichstrom- und Wechselstromimpedanz spezieller Halbleiteranordnungen, läßt sich ein mehrstufiger Gleichstromverstärker einfach aufbauen und relativ einfach kompensieren; möglicherweise kann $U_{02} = 0$ gewählt werden, wenn $\overline{U}_1^{\mathrm{II}}$ bereits als Arbeitsspannung für „R_5" ausreicht. Auch kann man R_3 als temperaturabhängigen Widerstand ausführen, z. B. dafür eine in Sperrrichtung gepolte Diode verwenden [77]. Die Berechnung einer solchen Schaltung geschieht wie in den vorangegangenen Abschnitten beschrieben; das Arbeitspunktverhalten wird mittels der jeweiligen Gleichstromwiderstände ermittelt, die Wirkung einer Gleichstromaussteuerung dagegen mit den jeweiligen Wechselstromwerten.

Kann man den eingangsseitigen Generatorwiderstand und den am Ausgang des Gleichstromverstärkers vorliegenden Lastwiderstand nicht mit in die Gesamtschaltung einbeziehen, müssen die an den äußeren Klemmen auftretenden Arbeitspunktspannungen Null sein. Andernfalls würde, abhängig von den jeweiligen Widerstandswerten, sich der zunächst eingestellte Arbeitspunkt mehr oder weniger verschieben. Dabei ist zusätzlich die temperaturbedingte Drift dieser Spannungswerte zu berücksichtigen. Eine einfache Lösung bieten Gegentaktanordnungen, die, symmetrisch aufgebaut, bei gleicher Drift ideale Kompensation ergäben. Praktisch ist diese Kompensation nicht vollkommen, da die Eigenschaften der Transistoren zu stark streuen. Technisch gelingt gegenüber dem einfachen Geradeausverstärker eine Verbesserung um den Faktor 50, wenn man die Transistoren paarig aussucht [78]. Im Einzelfall ist eine zweifache Justierung nötig, da sowohl Eingang als auch Ausgang des Verstärkers im Ruhezustand gleichspannungsfrei sein sollen. In Abb. 39 ist eine Schaltung dargestellt (nach [79]), bei der mittels Kurzschlußtaste T am Eingang $R = 0$ und $R = \infty$ hervorgerufen wird. Die Justierung geschieht dann durch abwechselnde Betätigung von R_1 und R_2. Diese Schaltung ist in der ersten Stufe (Emitterschaltung) über R_1 bzw. R_3 gegengekoppelt, während die zweite Stufe als Kollektorschaltung in sich stabilisiert ist (innere Gegenkopplung wegen $|V_u| \gtrsim 1$). Auf diese

Weise besitzt die Gesamtschaltung bei normaler Raumtemperatur eine Drift von $< 10^{-8}$ A/h, während die Leistungsverstärkung 10^4 beträgt (Meßbereich 1 μA; 100 μA-Instrument; Eingangswiderstand 1500 Ohm; kleinste meßbare Eingangsleistung $\approx 10^{-12}$ W). Die Transistoren sind in einem Becher mit Paraffinöl untergebracht, um ihr thermisches Verhalten anzugleichen und die thermische Zeitkonstante zu vergrößern.

Bei einem symmetrisch aufgebauten Verstärker ist der insgesamt fließende Batteriestrom nicht von der Aussteuerung abhängig (linearer Fall), sondern als temperaturabhängiger „Arbeitspunktstrom" gegeben. Diese Temperaturabhängigkeit kann man zur Steuerung des Betriebsverhaltens verwenden, indem man z. B. bei einer

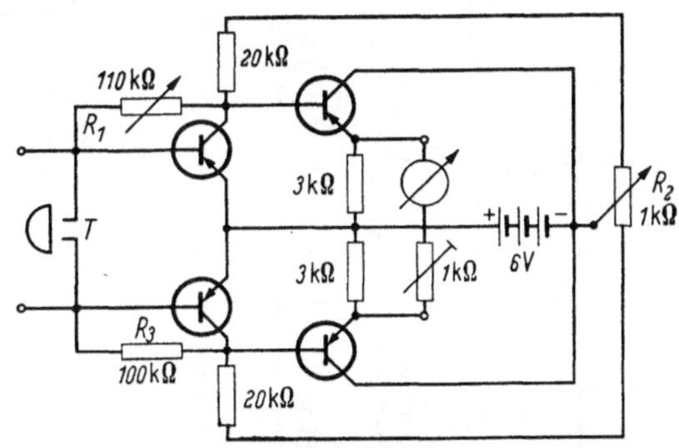

Abb. 39. Schaltung eines Gleichstrom-Meßverstärkers (nach BENEKING und Mitarbeitern [79]. Transistor OC 71; Instrument 0,1 mA, $R_i = 600\ \Omega$)

Schaltung nach Abb. 39 über einen Steuertransistor den Arbeitspunkt der Eingangsstufe beeinflußt. Praktisch gewinnt man etwa eine Größenordnung an Stabilität (s. z. B. [80]).

Ferner läßt sich entsprechend Kap. I. 1e mittels eines temperaturabhängigen Spannungsteilers ohne weitere Steuerung die Drift kompensieren. Abb. 40 zeigt eine Schaltung, wo gleichzeitig die Eingangsklemmen von der Emitterspannung frei gehalten werden. Der gezeigte Verstärker in Basisschaltung dient zur Darstellung kleiner Ströme (0,1 μA bis 10 μA) auf einem handelsüblichen Elektronenstrahl-Oszillographen. Bei kleinem Eingangswiderstand $(R_1 = 1\ \mathrm{k}\Omega)$ ist der Ausgangswiderstand groß $(R_2 = 100\ \mathrm{k}\Omega)$, wobei

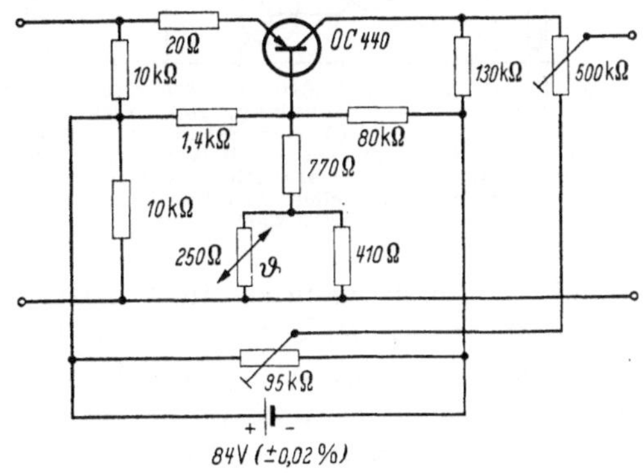

Abb. 40. Mit Heißleiter stabilisierte Basisschaltung (nach HOYER [173]). (Silizium-Transistor OC 440; Heißleiter A 32—3/400)

die „Verstärkung" $U_2/I_1 = 100\ \mathrm{k}\Omega$ beträgt; eine Leistungsverstärkung interessiert dabei primär nicht. Die Temperaturkonstanz der Verstärkung beträgt etwa 0,5%/°C, wobei die Verstärkung für Frequenzen bis oberhalb 10 kHz praktisch frequenzunabhängig ist.

Wünscht man einen einfachen Verstärker mit hoher Stromverstärkung, kann man entsprechend Abb. 41 mehrere Transistoren direkt hintereinander schalten; gegebenenfalls unter Zwischenschaltung von Widerständen, die günstigere Arbeitspunkte bzw. Ströme einzustellen gestatten. In Abb. 41 sind solche Verbundschaltungen dargestellt. Da sämtliche Restströme im Zuge der Schaltung mit verstärkt werden, ist die Temperaturkonstanz schlecht. Zudem darf der Arbeitspunktstrom des ersten Transistors nur sehr gering sein, da absolut der Ausgangsstrom $|I_2|$ sonst zu groß würde; das bedingt einen ungünstigen Arbeitspunkt bzw. eine spezielle Transistorwahl (Ansteigen der Typengröße von I nach III). Man koppelt deshalb meist nur zwei Transistoren in dieser Weise direkt, oder man verwendet weitere Stromableitwiderstände innerhalb der Gesamtschaltung[1] [68—85].

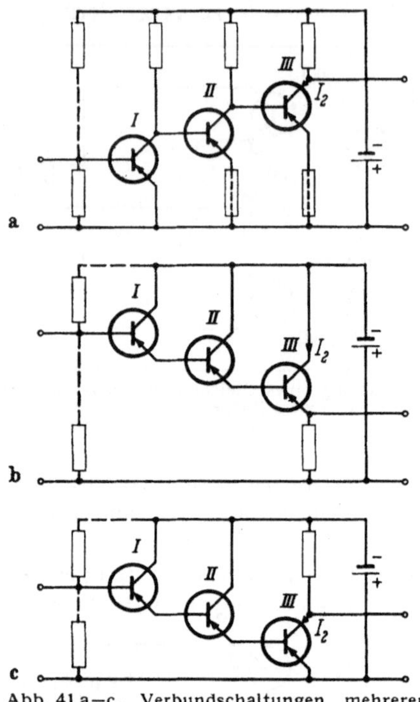

Abb. 41 a—c. Verbundschaltungen mehrerer Transistoren. a) e—e—e-Kopplung, relativ viel Schaltungsaufwand; b) c—c—c-Kopplung, einfache Schaltung; c) c—c—e-Schaltung, ergibt Phasenumkehr. (Die gestrichelt gezeichneten Verbindungen stellen Modifikationen der Schaltungen dar)

b) Niederfrequenzverstärker

Bei Nf-Verstärkern mit Transistoren gelten die gleichen Überlegungen wie bei den entsprechenden Röhrenschaltungen. Die übliche Schaltung eines RC-Verstärkers zeigt Abb. 42a. Eine Transformatorkopplung wird nur bei Treiber- und Endstufen angewandt. Wegen der niedrigen Impedanzen der Schaltung (z. B. $Z_1 \approx 1\,\mathrm{k}\Omega$, $Z_2 \approx 50\,\mathrm{k}\Omega$, R_3, $R_4 \approx 10\,\mathrm{k}\Omega$) muß für gleiche untere Grenzfrequenz[2] der Koppelkondensator wesentlich größer als bei der entsprechenden Röhrenschaltung gewählt werden. Je nach der Art der Speisung ist eine andere Zeitkonstante $\tau = 1/\omega_{\mathrm{Gr}}$ wesentlich. Mit der Ersatzschaltung in Abb. 42b gilt bei Stromsteuerung ($[R_3 \,||\, Z_2] \gg [R_4 \,||\, Z_1]$) für die untere Grenzfrequenz einer Stufe (Z_1, Z_2 seien reell)

$$\omega_{\mathrm{Gr}}^{u} = \frac{1}{\tau_1} = \frac{1}{C}\left(\frac{1}{R_3} + \frac{1}{Z_2}\right),$$

---

[1] S. dazu auch die Anordnung nach DARLINGTON [81].

[2] Die Grenzfrequenz ω_{Gr} ist mit $(V_p)_{\omega\,=\,\omega_{\mathrm{Gr}}} = \frac{1}{2}\,(V_p)_{\mathrm{normal}}$ definiert.

bei Spannungssteuerung $([R_3 \,||\, Z_2] \ll [R_4 \,||\, Z_1])$

$$\omega^u_{Gr} = \frac{1}{\tau_2} = \frac{1}{C}\left(\frac{1}{R_4} + \frac{1}{Z_1}\right)$$

bzw. allgemein

$$\omega^u_{Gr} = \frac{1}{\tau_1 + \tau_2}. \tag{132}$$

Selbst bei der normalerweise verwandten Stromsteuerung muß danach (s. obige Werte) für gleiche Grenzfrequenz der Koppelkondensator etwa zehnmal größer als bei der analogen Röhrenschaltung gewählt werden. Gegebenenfalls kann man an Stelle von C eine ZENER-Diode einsetzen (s. Kap. III.1a); das ist z. B. bei hohen Betriebstemperaturen erforderlich, bei denen ein Elektrolytkondensator versagt (oberhalb $\approx 100\,°\text{C}$). Je größer im übrigen Z_1 ist, desto kleiner kann mit (132) C gewählt werden. Mittels einer Strom-Spannungs-Gegenkopplung (Kap. II.4)

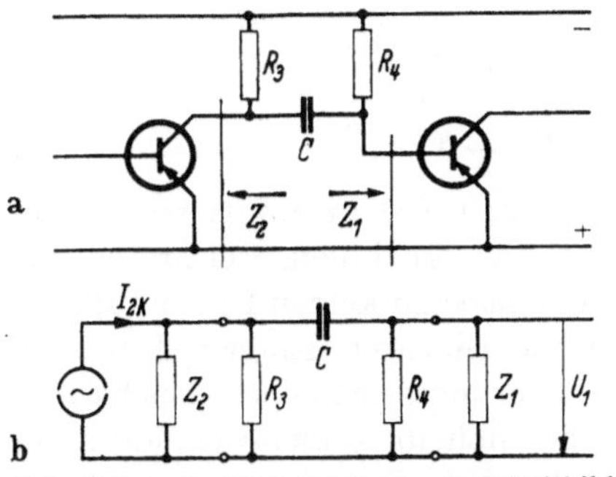

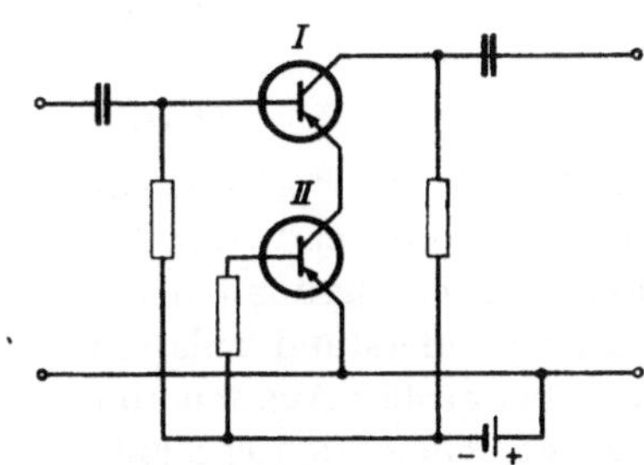

Abb. 42a u. b. RC-Kopplung. a) Schaltbild zweier RC-gekoppelter Emitterstufen; b) zugehöriges Ersatzschaltbild

Abb. 43. Emitterstufe mit hohem Eingangswiderstand (s. Text)

läßt sich Z_1 wesentlich erhöhen und bei entsprechend verkleinertem C-Wert die gleiche untere Grenzfrequenz erreichen. Eine linearisierende Wirkung dieser Gegenkopplung tritt indessen kaum auf, da man praktisch keine Spannungssteuerung erreicht.

Wünscht man allgemein einen hohen Eingangswiderstand, z. B. zum Anschluß eines hochohmigen Tonabnehmers, kann man an Stelle eines Ohmwiderstandes eine „Stromquelle" schalten (Abb. 43, Kap. I.1g). Man erreicht auf diese Weise eine sehr starke Gegenkopplung (dynamischer Widerstand des Hilfstransistors II hoch) trotz eines nur geringen Gleichspannungsabfalls.

Die obere Grenzfrequenz ist bei RC-Kopplung durch die Transistor-Grenzfrequenz gegeben, da die eingehenden Zeitkonstanten der äußeren Schaltung üblicherweise um Größenordnungen kleiner sind als die inneren des verwendeten Transistors in Emitterschaltung. Lediglich im Falle der Basisschaltung mit ihrer hohen Grenzfrequenz sind die äußeren Schaltelemente zu berücksichtigen. Betrachten wir alle Impedanzen in Abb. 42

als komplex, setzen also $1/Z = Y = G + j\,\omega\,C$, folgt zunächst für die obere Grenzfrequenz einer Stufe mit Abb. 42b bei Annahme einer frequenzkonstanten Einströmung I_2 und $\omega\,C \gg |1/Z_1 + 1/Z_4|$

$$\omega_{\mathrm{Gr}}^o = \frac{G_2 + G_3 + G_4 + G_1}{C_2 + C_3 + C_4 + C_1}. \tag{133}$$

Bei üblichen Arbeitspunkten der Emitterschaltung und normaler äußerer Schaltung überwiegen jeweils G_1 und C_1, so daß gilt $\omega_{\mathrm{Gr}}^o \approx G_1/C_1$, bzw.

$$\omega_{\mathrm{Gr}}^o \approx \omega_\beta, \tag{134}$$

wenn wir für $1/Z_1$ näherungsweise (72) gelten lassen.

Bei einem mehrstufigen Verstärker ist die untere Grenzfrequenz erhöht und die obere gegenüber der einer einzelnen Stufe erniedrigt. Bestimmen jeweils gleiche RC-Glieder bei den einzelnen Stufen die Grenzfrequenzen ω_{Gr}^u bzw. ω_{Gr}^o, z. B. entsprechend (132) und (134), gilt bei einem n-stufigen Verstärker

$$(\omega_{\mathrm{Gr}}^u)_{\text{gesamt}} = \omega_{\mathrm{Gr}}^u \, (2^{1/n} - 1)^{-1/2} \tag{135}$$

bzw.

$$(\omega_{\mathrm{Gr}}^o)_{\text{gesamt}} = \omega_{\mathrm{Gr}}^o \, (2^{1/n} - 1)^{1/2}. \tag{136}$$

Die Gleichstromspeisung läßt sich bei Vorstufen in Emitterschaltung meist entsprechend Abb. 42a bzw. Abb. 7a vornehmen. Bei Stufen mit höherer Eingangsaussteuerung kann man dagegen keinen hohen äußeren Basisvorwiderstand zulassen. An der nichtlinearen Eingangskennlinie wird bei großer Aussteuerung ein aussteuerungsabhängiger Gleichstrom erzeugt (Gleichrichterkennlinie), der bei hohem Außenwiderstand im Gleichstromkreis den Arbeitspunkt verschiebt. Deswegen werden Treiber- und Endstufen gleichstrommäßig an der Basis niederohmig gespeist (Spannungssteuerung entsprechend Abb. 7b; s. auch Kap. III.2).

Bei größerer Aussteuerung sind wie bei der Vakuumröhre diese Abweichungen vom linearen Verhalten auch wechselstrommäßig merklich. Sie geben Anlaß zur Bildung von Oberwellen und Mischprodukten. Zur Berechnung dieser Verzerrungen sind fast alle Kenngrößen des Transistors heranzuziehen, da sie sämtlich stark arbeitspunktabhängig sind. Wie die Wirkung einer Rückkopplung werden auch die Verzerrungen von den jeweiligen Außenwiderständen beeinflußt. Interessieren die Klirreigenschaften bei Frequenzen, bei denen die einzelnen Impedanzen komplex angesetzt werden müssen, ist eine Messung der Rechnung vorzuziehen; die Berechnung wird dann unübersichtlich und schlecht auswertbar. Anders im quasistatischen Betriebsfall. In die Rechnung gehen dabei wesentlich (a) die exponentielle Eingangskennlinie (3), (9) und (12) und (b) die nichtlineare Stromverstärkung (Teil A, Kap. IV.6, Abb. 21) ein. Wenn auch die Ausgangsseite bei Emitter- und Basisschaltung über den EARLY-Effekt zu den Verzerrungen beiträgt, kann deren Einfluß in erster Näherung vernachlässigt werden (s. [86]). Abhängig vom Generatorwiderstand R_i ist mehr (a) oder nur (b) wirksam, wobei für einen bestimmten Wert von R_i ein relatives Minimum des Klirrfaktors existiert. Bei der üblichen Emitterschaltung bewirkt der endliche Basisvorwiderstand eine Verringerung des Klirrfaktors, da er insbesondere bei hohen Strömen eine Stromsteuerung des eigentlichen Transistors simuliert. So ist bei normalen Arbeitspunkten der Anteil der 1. Oberwelle (2. Harmonische) weit überwiegend; nur bei Endstufen muß die 3. Harmonische noch berücksichtigt werden. Bei kleinen Emitterströmen, in der Gegend des relativ breiten Maximums der Stromverstärkung, besitzt die eingangsseitige Stromsteuerung ($R_i \to \infty$) den kleineren Klirrgrad; lediglich bei großen Arbeitspunktströmen ist eine Spannungssteuerung ($R_i \to 0$) günstiger. Wird der Außenwiderstand auf der Ausgangsseite $R_L \gg |Z_2|$ gewählt, liegt ausgangsseitig also praktisch Leerlauf vor, kann der Klirrfaktor durch die ausgangsseitige Beschaltung ungünstig beeinflußt werden. Der übliche Fall $R_L < |Z_2|$ ergibt meist den kleineren Klirrgrad; günstig ist nach [87] für reelle Z_2-Werte $R_L \gtrsim Z_2/10$, wobei bei einer speziellen Wahl von R_L ebenfalls ein Klirrminimum vorliegen kann. Zur Berechnung des Nf-Verhaltens kann man die quasistatischen Komponenten heranziehen, die man durch TAYLOR-Entwicklung der statischen Kennliniengleichungen erhält. Das gemessene Verhalten stimmt in allen drei Grundschaltungen gut mit der Theorie überein [87]. Ein Beispiel soll den Rechnungsgang erläutern.

Sei der allgemeine Zusammenhang der interessierenden Größe $A(t)$ mit der einwirkenden Größe $E(t)$ durch den differenzierbaren Zusammenhang

$$A(t) = F[E(t)] = \sum_0^\infty A_n \cos(n\omega t + \varphi_{nA}) \tag{137}$$

gegeben. Dann ist der Klirrfaktor von $A(t)$ mit

$$K_S = \sqrt{\dfrac{\sum_2^\infty A_n^2}{\sum_1^\infty A_n^2}} \tag{138}$$

definiert. An Stelle von (138) verwendet man auch den einfacher zu berechnenden Ausdruck

$$K = \sqrt{\dfrac{\sum_2^\infty A_n^2}{A_1^2}} = \sqrt{\sum_2^\infty K_n^2} \tag{139}$$

mit den Einzelklirrfaktoren der n-ten Harmonischen

$$K_n = \left|\dfrac{A_n}{A_1}\right|. \tag{140}$$

Der Zusammenhang von K mit K_s ist durch

$$K_s = \frac{K}{\sqrt{1 + K^2}} \qquad \text{bzw.} \qquad K = \frac{K_s}{\sqrt{1 - K_s^2}}$$

gegeben; bei kleinen Klirrgraden gilt praktisch $K = K_s$.

Entsprechend der FOURIER-Entwicklung von $A(t)$ muß die Einwirkung $E(t)$ ebenfalls periodische Anteile enthalten; wir setzen also

$$E(t) = \sum_0^\infty E_n \cos (n \omega t + \varphi_{nE}). \tag{141}$$

Allgemein ist somit auch die Eingangsgröße mit einem Klirrfaktor behaftet, und der die Größe $A(t)$ liefernde Vierpol verändert nur den Wert von K. Es sagt demgemäß $K(A)$ nur dann etwas über den betrachteten Vierpol aus, wenn $K(E)$ bekannt ist. Wir beschränken uns deshalb im folgenden auf $K(E) = 0$, also auf eine rein sinusförmige Einwirkung am Arbeitspunkt $E = E_0$ mit

$$E(t) = E_0 + E_1 \cos \omega t. \tag{142}$$

Die Ausgangsgröße ist mit (137) von $E(t)$ abhängig und kann als TAYLOR-Reihe, am Arbeitspunkt $F(E_0) = F_0$ nach der Störgröße $E(t)$ entwickelt, geschrieben werden. Mit der Abkürzung

$$\left\{ \frac{d_n F(E)}{dE^n} \right\}_{E = E_0} = F^{(n)}$$

gilt

$$A(t) = \sum_0^\infty \frac{F^{(n)}}{n!} [E(t) - E_0]^n. \tag{143}$$

Führen wir hierin mit (142) ein

$$[E(t) - E_0]^2 = \frac{E_1^2}{2} (1 + \cos 2 \omega t),$$

$$[E(t) - E_0]^3 = \frac{E_1^3}{4} (3 \cos \omega t + \cos 3 \omega t),$$

$$\vdots$$

erhalten wir

$$\begin{aligned}
A(t) = F_0 &+ E_1^2 \frac{F''}{4} + \cdots \\
&+ \left(F' + E_1^2 \frac{F'''}{8} + \cdots \right) E_1 \cos \omega t \\
&+ \left(E_1 \frac{F''}{4} + \cdots \right) E_1 \cos 2 \omega t \\
&+ \left(E_1^2 \frac{F'''}{24} + \cdots \right) E_1 \cos 3 \omega t \\
&+ \cdots
\end{aligned} \tag{144}$$

Beschränken wir uns auf die angeschriebenen Glieder und
$|E_1^2 F'''| \ll |8F'|$, wird mit (140)

$$K_2 = \left| E_1 \frac{F''}{4F'} \right| \qquad (145)$$

und

$$K_3 = \left| E_1^2 \frac{F'''}{24F'} \right| . \qquad (146)$$

Der Wert

$$F' = \lim_{E_1 \to 0} \left(\frac{\Delta A}{\Delta E} \right)$$

gibt den quasistatischen Zusammenhang am Arbeitspunkt in linearer
Näherung an, entspricht also z. B. einem quasistatischen Vierpolparameter. Die Änderungen von F' bedingen dann Oberwellen bzw. Verzerrungen[1] (s. dazu auch [88, 89]).

Wenden wir diese Ergebnisse auf eine Diodenstrecke an, die über den
Widerstand R an eine Urspannung

$$u(t) = \overline{U}_0 + \hat{u} \cos \omega t \qquad (147)$$

gelegt ist und fragen nach dem Klirrfaktor des Stromes

$$i(t) = I_0 \, e^{\left\{ \frac{u(t) - R i(t)}{U_T} \right\}} . \qquad (148)$$

Unter der betrachteten Diodenstrecke können wir uns die Eingangsseite
eines Transistors vorstellen (z. B. in Emitterschaltung), unter dem Widerstand R den Innenwiderstand R_i der Spannungsquelle und z. B. den
damit in Reihe liegenden inneren Basiswiderstand r_b, also $R = R_i + r_b$.
Für $F' = \left(\frac{dA}{dE} \right)_{E = E_0}$ erhalten wir hier mit $i(t)$ den Eingangsleitwert G_1
bei kleiner Aussteuerung

$$G_1 = \frac{\overline{I}/U_T}{1 + R(I/U_T)} , \qquad (149)$$

worin $\overline{I}$ der im Arbeitspunkt fließende Gleichstrom ist. Damit bewirkt
R eine Gegenkopplung mit entsprechender Linearisierung (s. Kap. II. 4),
und für große Arbeitspunktsströme $\overline{I}$ wird schließlich mit $G_1 = 1/R$
= const Klirrfreiheit erhalten.

Die nächsthöheren Ableitungen lauten

$$F'' = \frac{\overline{I}}{U_T^2} \cdot \frac{1}{[1 + R(I/U_T)]^3} \qquad (150)$$

und

$$F''' = \frac{\overline{I}}{U_T^3} \cdot \frac{1 - 2R(I/U_T)}{[1 + R(\overline{I}/U_T)]^5} . \qquad (151)$$

---

[1] Eine passende Wahl des Arbeitspunktes kann z. B. $F'' = 0$ und damit
$K_2 = 0$ ergeben. Bei technischen Transistoren besitzt z. B. die Steilheit ein
Maximum, wo demnach die quadratischen Verzerrungen verschwinden
(Wendepunkt der statischen Kennlinie).

Damit sind die Einzelklirrfaktoren anzugeben; mit (145) und (146) wird

$$K_2 = \left| \frac{\hat{u}}{4\,U_T} \cdot \frac{1}{[1 + R\,(\bar{I}/U_T)]^2} \right| \tag{152}$$

und

$$K_3 = \left| \frac{\hat{u}^2}{24\,U_T^2} \cdot \frac{1 - 2\,R\,(\bar{I}/U_T)}{[1 + R\,(\bar{I}/U_T)]^4} \right| [1]. \tag{153}$$

Für $r_b = 100\,\Omega$, $I = 0,1$ mA würde danach bei einer Aussteuerung mit $\hat{u} = U_T$ (≈ 25 mV bei Zimmertemperatur) im Fall einer reinen Spannungssteuerung ($R_i = 0$) gelten

$$K_2 \approx 0,13 \quad \text{und} \quad K_3 \approx 0,026$$

und bei einer Stromsteuerung mit $R_i = 10$ kΩ

$$K_2 \approx 1,7 \cdot 10^{-4} \quad \text{und} \quad K_3 \approx 1,5 \cdot 10^{-6}.$$

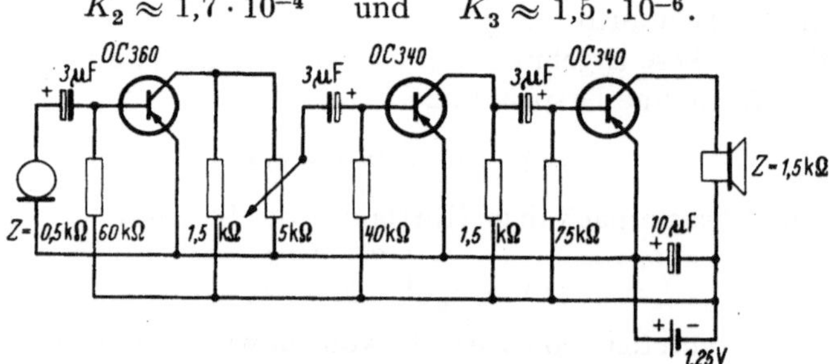

Abb. 44. Dreistufiges Hörgerät (nach Firmenunterlagen). Leistungsverstärkung 10^6; Ausgangsleistung 0,4 mW; Stromverbrauch 3,2 mA

In jedem Fall ist $K_3^2 \ll K_2^2$; darüber hinaus ergibt die Stromsteuerung, wie schon eingangs betont, den wesentlichen geringeren Klirrfaktor. In

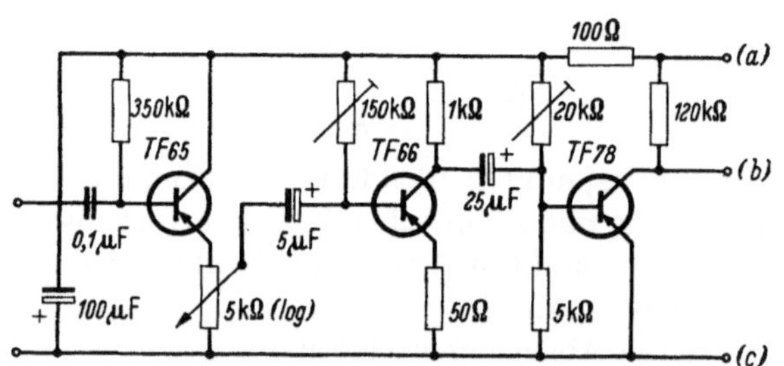

Abb. 45. Vorstufen eines Nf-Verstärkers mit hochohmigem Eingang ($\geq$ 100 kΩ; nach Firmenunterlagen). Batteriespannung 7 V. (Die Buchstaben a, b, c weisen auf die Fortsetzung der Schaltung in Abb. 61 hin)

dem gewählten Beispiel ist der Klirrfaktor von dem Produkt $R \cdot \bar{I}$ abhängig; bei hohem Arbeitspunktstrom $\bar{I}$ kann R für gleichen Wert von K entsprechend kleiner gewählt werden. Unter Umständen ist es

---

[1] Für $R = U_T/2\bar{I}$ treten hier z. B. keine kubischen Verzerrungen des Stromes auf, ein praktisch verwertbares Ergebnis.

möglich, durch eine gegenläufige Kennlinie eines anderen Schaltelements die Verzerrungen — wenigstens teilweise — wieder aufzuheben; darauf sei hier jedoch nicht eingegangen [*90, 91*]. Die Abb. 44 und 45 zeigen technische Schaltungen von Nf-Verstärkern, die entsprechend den dargelegten allgemeinen Gesichtspunkten aufgebaut sind. [*10, 86—93.*]

c) Hochfrequenzverstärker

Bei der Hochfrequenzverstärkung mit Transistoren liegen die Probleme ähnlich wie bei der Höchstfrequenzverstärkung mit Trioden. Abgesehen von der Selbsterregungsgefahr, die oft eine Neutralisation nötig macht, spielen die endlichen, komplexen Impedanzen des Transistorvierpols bei der Dimensionierung eines Hf-Verstärkers eine ausschlagende Rolle. Dazu kommt deren starke Arbeitspunkt- und Temperaturveränderlichkeit.

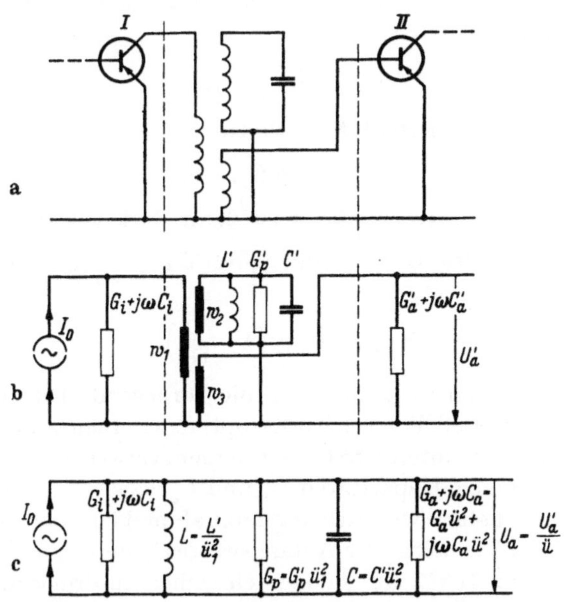

Abb. 46a—c. Schwingkreiskopplung zweier Verstärkerstufen.
a) Wechselstromschaltbild; b) Ersatzschaltbild mit idealem Übertrager; c) auf den Verstärkerausgang bezogene Ersatzschaltung ($ü = w_3/w_1$; $ü_1 = w_2/w_1$)

Schaltung und Ersatzschaltbild einer einkreisigen Koppelschaltung eines Selektivverstärkers sind in Abb. 46 dargestellt. Mit der Ersatzschaltung (Abb. 46c) läßt sich die Berechnung einfach durchführen (s. z. B. [*94*]). Der Generator (Transistor I) kann bei Anpassung maximal die Leistung

$$P_\text{max} = \frac{|I_0/|\ddot{u}|^2}{4G_i}$$

19*

abgeben; die Last (Transistor II) nimmt die Wirkleistung

$$P = |U_a'/\sqrt{2}|^2 G_a' = |U_a/\sqrt{2}|^2 G_a$$

auf. Das Verhältnis beider wird im Resonanzfall bei

$$\omega = \omega_0 = \frac{1}{\sqrt{L(C + C_i + C_a)}}$$

zu

$$\eta = \frac{P}{P_{\max}} = \frac{4 G_i G_a}{(G_i + G_p + G_a)^2}. \tag{154}$$

Dieser Ausdruck soll möglichst groß sein, um eine hohe Leistungsverstärkung zu erzielen. Je nach den einzuhaltenden Nebenbedingungen ist dafür eine andere Bemessung der Schaltung optimal. Gibt man eine bestimmte Güte $Q = \dfrac{\omega_0}{\Delta \omega_B}$ der Gesamtschaltung vor, fordert also eine gewisse Bandbreite Δf_B, findet man nach Aufsuchen der Extremalbedingungen von η als günstigste Dimensionierung für den transformierten Resonanzleitwert des Kreises

$$G_p = G_i \frac{2Q}{Q_K - Q} \tag{155}$$

und für den (transformierten) Außenleitwert

$$G_a = G_i. \tag{156}$$

Die erzielbare Leistungsverstärkung ist dann stark von dem Verhältnis der gewünschten Güte Q zur Eigengüte $Q_K = \dfrac{1}{\omega_0 L G_p}$ des Schwingkreises abhängig; es gilt

$$P_{\mathrm{opt}} = P_{\max} \left(1 - \frac{Q}{Q_K}\right)^2. \tag{157}$$

Da $G_a = G_i$ zu wählen ist, nennt man die vorliegende Dimensionierung „Wirkanpassung". Bei dieser leistungsoptimalen Bemessung für gegebene Werte ω_0 und Q interessiert die Frequenzverwerfung, die bei einer Änderung der inneren Kapazitäten C_i und C_a' bzw. C_a auftreten kann. Deren Größe hängt stark vom Arbeitspunkt ab und kann sich bei geregelten Stufen um ein Vielfaches des Anfangswertes ändern. Für eine gemeinsame Änderung um 100% läßt sich ein einfacher Ausdruck für die resultierende Frequenzänderung Δf angeben, wenn man diese auf die geforderte Bandbreite Δf_B bezieht. Es gilt

$$\frac{\Delta f}{\Delta f_B} = \frac{1}{4} \left(1 - \frac{Q}{Q_K}\right) \left\{\frac{\omega_0 C_i}{G_i} + \frac{\omega_0 C_a'}{G_a'}\right\}. \tag{158}$$

Verwendet man jeweils die normale Emitterschaltung, kann man überschlägig die ausgangsseitige Zeitkonstante C_i/G_i neben der eingangsseitigen C_a'/G_a' vernachlässigen. Da für

$$\frac{C_a'}{G_a'} \approx \frac{c_{de}}{g_{de}} = \frac{1}{\omega_\beta}$$

geschrieben werden kann (72), vereinfacht sich (150) zu

$$\frac{\Delta f}{\Delta f_B} = \frac{\omega_0}{4\,\omega_\beta}\left(1 - \frac{Q}{Q_K}\right).\tag{159}$$

In Hilfsblatt H 3 sind die Verhältnisse graphisch dargestellt. Aus der linken Hälfte sind die zu wählenden Impedanzen und die resultierende Leistungsverstärkung bei Wirkanpassung abzulesen, die rechte Hälfte zeigt die zu erwartende Frequenzverwerfung. Das Hilfsblatt H 4 gibt den Zusammenhang von notwendiger Dimensionierung und Güteverhältnis, wenn man eine bestimmte zulässige Frequenzverwerfung Δf vorgibt und den resultierenden Wert Q/Q_K hinnimmt. Da dafür

$$C_a = C_i\tag{160}$$

zu wählen ist, kann man von einer „Blindanpassung" sprechen. Im einzelnen gilt

$$\frac{Q}{Q_K} = 1 - \frac{\Delta f}{\Delta f_B}\left\{\frac{G_a'}{\omega_0\,C_a'} + \frac{G_i}{\omega_0\,C_i}\right\},\tag{161}$$

$$G_p = \omega_0\,C_i\left\{\frac{\Delta f_B}{\Delta f} - \left(\frac{G_a'}{\omega_0\,C_a'} + \frac{G_i}{\omega_0\,C_i}\right)\right\}\tag{162}$$

und

$$P_{\mathrm{opt}} = P_{\mathrm{max}}\,\frac{4 G_i\,G_a'}{\omega_0^2\,C_i\,C_a}\left(\frac{\Delta f}{\Delta f_B}\right)^2.\tag{163}$$

Eine Änderung der reellen Komponenten G_i und G_a' bzw. G_a bewirkt eine Güteänderung. Jene kann nur durch eine Vergrößerung von G_p verringert werden, und die Dimensionierung hat mittels Wirkanpassung zu erfolgen, wenn man einen bestimmten Wert ΔQ fordert. Für eine 100proz. Änderung beider Leitwerte tritt eine Güteänderung von

$$\Delta Q = Q\left(1 - \frac{Q}{Q_K}\right)\tag{164}$$

auf [94].

Wie bei einem Röhren-Zf-Verstärker ist auch bei Transistoren eine Bandfilterkopplung möglich. Wegen der endlichen Transistoradmittanzen ist die Berechnung etwas komplizierter als bei Röhren ([95—98]). Für hochwertige Verstärker genügt meist die Einzelkreiskopplung, da man wegen der aus Stabilitätsgründen notwendigen Fehlanpassung (s. oben) relativ viel Stufen benötigt, um eine gewisse Verstärkung zu erreichen; die notwendige Selektion ist dann auch mit einem Kreis pro Stufe zu erzielen (s. auch [99]). Will man von den Transistoreigenschaften weitgehend frei sein, empfiehlt sich die Anwendung mechanischer Filter als Koppelglieder. Die Ankopplung erfolgt lose und breitbandig, womit der Frequenzgang der Verstärkung nur durch die Filterkette bestimmt wird. Die niedrige Eingangsimpedanz magnetostriktiv erregter Filter kommt diesem Verwendungszweck entgegen ([100—103]); ähnlich werden auch elektrostriktive Filter verwandt (piezoelektrische Keramik), s. z. B. [104].

Bei der Verstärkung hoher Frequenzen ist meistens eine Neutralisation vorzusehen, um nicht eine instabile Verstärkung (Schwingneigung) zu erhalten. Lediglich bei starker Fehlanpassung kann man auch bei höheren Frequenzen bisweilen von einer Neutralisation Abstand nehmen, jedoch stört selbst bei fehlender Selbsterregung die Rückwirkung den Frequenzgang der Verstärkung oft erheblich, und der Abgleich der einzelnen Kreise zur Einstellung der gewünschten und berechneten Übertragungsfunktion ist stark in Frage gestellt[1]. Zwar ist es möglich, durch eine nichtangepaßt betriebene Kettenschaltung von z. B. zwei in Emitterschaltung direkt aufeinanderfolgenden Transistoren entsprechend Abb. 42a die innere Rückwirkung des Gesamtvierpols stark zu reduzieren und günstigere Werte der Stabilitätsgröße d zu erreichen (s. Kap. II.2), doch wird dadurch die mögliche Verstärkung ebenfalls verringert.

Im amerikanischen Schrifttum spricht man von „unilateralisation" (a) und „neutralisation" (b) als zwei verschiedenen Dingen. Hier soll sowohl bei vollständiger Entartung des Vierpols durch verlustlose Schaltelemente (a) als auch bei einer nur für eine Frequenz exakt gültigen Trennung der Eingangs- und Ausgangsseite (b) der Ausdruck „Neutralisation" gebraucht werden[2]. In jedem Fall handelt es sich darum, die die Rückwirkung ausdrückende Vierpolgröße m_{12} zu Null zu machen (wir schließen bei den folgenden Betrachtungen die Kettenmatrizen (A) und (B) aus). Aus den in Abb. 29 dargestellten Ersatzschaltbildern ist zu entnehmen, daß dann die die Rückwirkung ausdrückenden Strom- und Spannungsquellen verschwinden; der zugehörige Vierpol ist mit $d = 0$ vollständig entartet.

Bei einem Selektivverstärker genügt es meistens, die Neutralisationsbedingungen nur für eine Frequenz im Übertragungsbereich einzuhalten (z. B. in Bandmitte), da, durch die äußere Schaltung bedingt, die Verstärkung für weiter ab liegende Frequenzen stark abfällt. Anders bei Breitbandverstärkern, wo durch geeignete Schaltmittel dem Neutralisationszweig ein dem Transistor entsprechender Amplituden- und Phasengang gegeben werden muß (s. z. B. [106]).

Um für den gesamten Vierpol $m_{12} = 0$ zu erhalten, muß der zunächst gegebene Vierpol mit $m_{12}^{I} \neq 0$ so beschaltet werden, daß insgesamt $m_{12} = 0$ resultiert. Das geschieht durch die additive Zuschaltung eines (passiven) Hilfsvierpols II, dessen Kenngrößen passend gewählt sind. Besitzt der Hilfsvierpol eine innere Rückwirkung der Größe $m_{12}^{II} = - m_{12}^{I}$, folgt mit den in Kap. II.1 dargestellten Rechenregeln für die Gesamtschaltung beider Vierpole insgesamt $m_{12} = m_{12}^{I} + m_{12}^{II} = 0$. Mit Abb. 26 gibt es somit prinzipiell vier verschiedene Arten einer Neutralisation.

---

[1] Lediglich für Betriebsfrequenz $f \ll f_1$ kann eine Neutralisation unterbleiben, so etwa u. U. bei Hf-Verstärkern, die mit Höchstfrequenztransistoren aufgebaut sind.

[2] Zur Unilateralverstärkung s. MASON [105].

Technisch sind nur zwei Formen von Bedeutung, nämlich entsprechend Abb. 26a und 26c (s. z. B. [*107*]). In den Abb. 47 und 48 sind gebräuchliche Schaltungen und deren Ersatzschaltbild dargestellt. Im Einzelfall ist immer noch mindestens ein Parameter frei verfügbar, den man z. B. bezüglich einer optimalen Leistungsverstärkung wählen kann.

Ist die neutralisierte Stufe beidseitig mit einem Schwingkreis gekoppelt (z. B. entsprechend Abb. 46), kann man sich für eine Frequenz im Übertragungsbereich, z. B. für die Bandmittenfrequenz, die beidseitigen

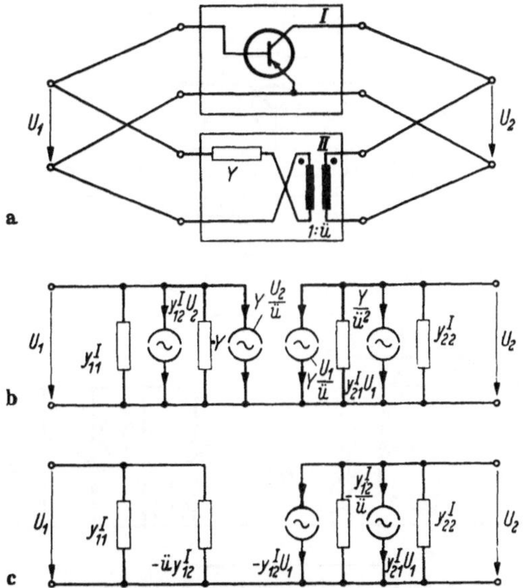

Abb. 47 a—c. Neutralisierung mit Parallelvierpol (Emitterschaltung).
a) Wechselstromschaltung mit idealem Übertrager; b) Ersatzschaltbild der Gesamtschaltung; c) Ersatzschaltbild der neutralisierten Stufe; auf der Eingangsseite heben sich die beiden von der Ausgangsspannung gesteuerten Einströmungen auf

Blindanteile „weggestimmt" denken, so daß bei einer Schaltung nach Abb. 47 für

$$Y_1 = y_{11}^{\mathrm{I}} - \ddot{u}\, y_{12}^{\mathrm{I}} = G_1 + j\, B_1$$

nur G_1 und für

$$Y_2 = y_{22}^{\mathrm{I}} - (y_{12}^{\mathrm{I}}/\ddot{u}) = G_2 + j\, B_2$$

nur G_2 wirksam ist. Die Leistungsverstärkung des Vierpols ist dann bei ausgangsseitiger Anpassung $(G_L = G_2)$ nach Kap. II.2b

$$(V_p)_n = \frac{y_{21}^{\mathrm{I}} - y_{12}^{\mathrm{I}\,2}}{4 G_1(\ddot{u})\, G_2(\ddot{u})}\,. \tag{165}$$

In Abhängigkeit von $\ddot{u}$ wird $(V_p)_n$ für $\ddot{u}_{\mathrm{opt}} = \sqrt{g_{11}^{\mathrm{I}}/g_{22}^{\mathrm{I}}}$ optimal $[g_{kl} = \mathrm{Re}(y_{kl})]$. Dieser Wert entspricht praktisch dem Übersetzungsverhältnis $\ddot{u}_0 = \sqrt{G_1/G_2}$, das für die leistungsoptimale Ankopplung der nächsten, gleichaufgebauten Stufe nötig ist (gleicher Eingangsleitwert G_1). Damit ist es sinnvoll, bei mehreren Stufen das Neutralisierungs-Parallelnetzwerk entsprechend Abb. 49 von der Basis der folgenden Emitterstufe aus rückzuführen. Der Einfluß von $\ddot{u} \neq \ddot{u}_{\mathrm{opt}}$ ist allerdings nicht groß, da meistens $|y_{12}| \ll |y_{21}|$ und $g_{12} \ll \sqrt{g_{11}\,g_{22}}$ erfüllt ist. Dann ist nämlich mit (165) die Leistungsverstärkung des neutralisierten Vierpols

$$(V_p)_n \approx (V_p)_{y^{\mathrm{I}}_{12}=0} = \frac{|y^{\mathrm{I}}_{21}|^2}{4 g^{\mathrm{I}}_{11}\, g^{\mathrm{I}}_{22}} \tag{166}$$

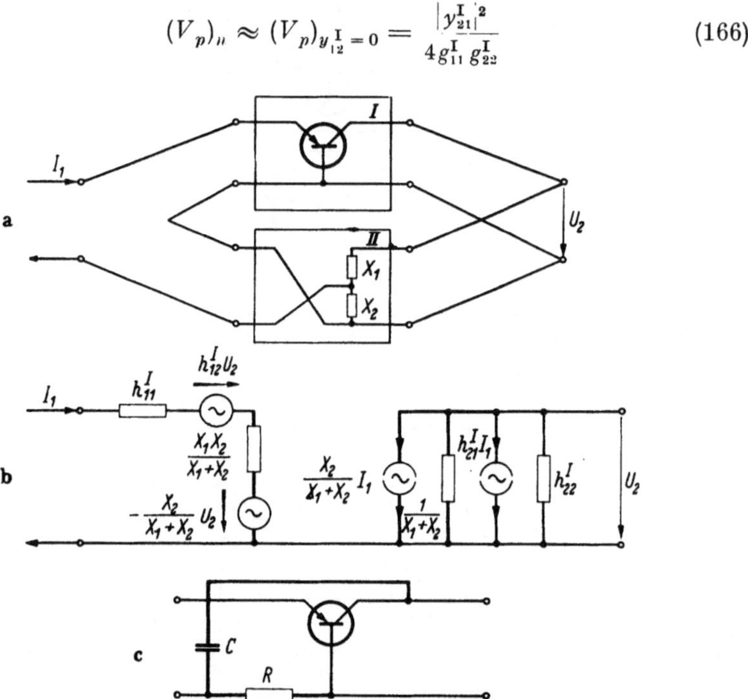

Abb. 48a—c. Neutralisierung mit Kompensation der Spannungsrückwirkung (Basisschaltung). a) Darstellung durch Serienparallelschaltung; b) Ersatzschaltung der Gesamtvierpols; c) einfache technische Realisierung (kann ähnlich auch für Emitterschaltung und Kollektorschaltung ausgeführt werden; für C ist dann ein OHM-Widerstand einzusetzen. Nach STERN und Mitarbeitern [107])

von $\ddot{u}$ unabhängig und entspricht der Leistungsverstärkung des mit $y^{\mathrm{I}}_{12} = 0$ selbst rückwirkungsfrei gedachten Transistors. Das Neutralisierungsnetzwerk muß, strenggenommen, den gleichen Frequenzgang wie y^{I}_{12} besitzen. Mit (64) ist das für einen Transistor wegen des Basiswiderstandes schlecht zu realisieren. Man begnügt sich deshalb mit einer Nachbildung des Querzweiges der Transistor-Ersatzschaltung (Abb. 17), also einer einfachen RC-Kombination. Um eine gleichstrommäßige Trennung zu erzielen, verwendet man an Stelle der Parallelschaltung die — nur für eine Frequenz exakt gültige — äquivalente Serienschaltung (Abb. 49).

Für die Schaltung nach Abb. 48 gelten ähnliche Überlegungen. Mit der Ersatzschaltung in Abb. 29c ist es zur Neutralisation nötig, in den Eingangskreis durch das Hilfsnetzwerk eine zusätzliche Spannung $-h_{12}\,U_2$ einzukoppeln. Das geschieht entsprechend Abb. 48a durch einen Spannungsteiler, der ein passendes (komplexes) Teilerverhältnis besitzen muß. Mit (87) gilt für die H-Matrix des Hilfsvierpols II

$$(\boldsymbol{H}^{\mathrm{II}}) = \begin{pmatrix} \dfrac{x_1\,x_2}{x_1+x_2} & \dfrac{-x_2}{x_1+x_2} \\[2ex] \dfrac{x_2}{x_1+x_2} & \dfrac{1}{x_1+x_2} \end{pmatrix},$$

womit die Ersatzschaltung in Abb. 48b gegeben ist. Auf diese Schaltung sei hier jedoch nicht näher eingegangen (s. z. B. [106, 107]).

Die einzelnen Vierpolparameter und damit auch die notwendigen Werte des Neutralisierungsnetzwerkes sind vom Arbeitspunkt des Transistors abhängig. Besonders bei einer zum Schwundausgleich geregelten

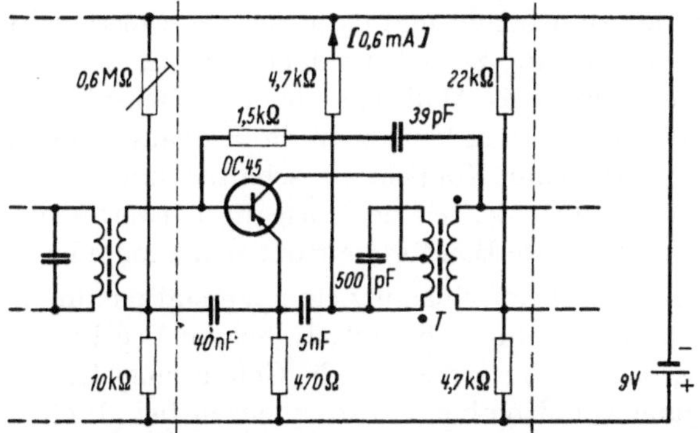

Abb. 49. Technische Schaltung einer parallelneutralisierten Emitterstufe für 455 kHz (nach WEITZSCH [97]; vereinfachtes Schaltbild). Daten des Übertragers T: Primär 156 Wdg. 20 × 0,04; $L = 245\ \mu$H, Anzapfung (von unten) bei 67 Wdg.; sekundär 15 Wdg. 0,1 CuLS; die Punkte geben die gleichgerichteten Wicklungsenden an

Stufe ist darauf Rücksicht zu nehmen. Zwar ist im heruntergeregelten Zustand die Verstärkung und damit die Selbsterregungsgefahr geringer, jedoch ändert sich dabei infolge der variierenden Rückwirkung die Übertragungskurve (zur Frage der Stabilität s. [108]).

Wie bei Röhrenverstärkern kann man eine Regelung der Verstärkung vorsehen, um bei schwankendem Eingangspegel eine möglichst gleiche Ausgangsleistung zu entnehmen (Schwundausgleich). Bei der üblichen Rückwärtsregelung verbleibt immer ein Regelrest, während bei einer zusätzlichen Vorwärtsregelung, z. B. der ersten Nf-Stufe eines Rundfunkempfängers, ein voller Ausgleich möglich ist. Mit Transistoren erreicht man nicht ganz den Regelumfang einer Röhrenstufe; da üblicherweise mehr Transistorstufen benötigt werden als bei gleicher Gesamtverstärkung Röhrenstufen nötig sind, erhält man jedoch insgesamt den gleichen Ausregelbereich. Bei Röhrenstufen wird üblicherweise bei höherem Pegel die negative Gitterspannung dem Betrag nach vergrößert, so daß wegen der gekrümmten Steuerkennlinie („Exponentialröhre") eine geringere Steilheit und damit eine geringere Verstärkung resultiert. Da die quasistatische Steuerkennlinie eines Transistors ebenfalls praktisch eine Exponentialkurve ist (s. Kap. I.3a), kann dieses Verfahren sinngemäß auf einen Transistor übertragen werden. Jedoch ändern sich mit dem Emitterstrom ebenfalls die wirksamen Impedanzen, und zwar werden die Leitwerte y_{11} und y_{22} mit fallendem Emitterstrom dem Betrage nach kleiner (s. z. B. Abb. 17 und Teil D, Kap. II.2). Das bedingt neben einer Frequenzverwerfung vor allem eine Güteänderung in unerwünschtem Sinn. Bei größerer Aussteuerung, beim Einfall eines starken Senders, sollte die Bandbreite eher größer statt kleiner werden. Man hilft sich mit additiver, arbeitspunktabhängiger Bedämpfung der Kreise durch Dioden (s. z. B. [96, 109]) oder der Ausnutzung eines anderen Effekts zur Regelung. So ist es z. B. möglich, bei höheren Emitterströmen jenseits des β_0-Maximums zu arbeiten und dann für vergrößerten Emitterstrom die geringere Verstärkung zu haben; dabei ändern sich die Kreisgüten im gewünschten Sinn [110]. Will man einen möglichst konstanten Übertragungsbereich beibehalten, kann man die Eingangsseite des folgenden Transistors in Serie zum Koppelkreis schalten und erhält bei gegenläufigem Arbeitspunktverhalten des Ausgangsleitwertes der vorherigen Stufe praktisch konstante Bandbreite trotz sich ändernder Verstärkung.

Bei gleichzeitiger Beaufschlagung einer Verstärkerstufe mit verschiedenen Frequenzen besteht — bei relativ hohem Pegel wenigstens einer der Eingangsgrößen — im Transistor die Gefahr einer Kreuzmodulation. Diese Erzeugung von Kombinationsfrequenzen bei gleichzeitigem Auftreffen zweier oder mehrerer Signale unterschiedlicher Frequenz ist wie bei der Röhre ein üblicherweise unerwünschter Effekt. Die Berechnung erfolgt ähnlich wie im Fall der nichtlinearen Verzerrungen eines einzelnen auftreffenden sinusförmigen Signals (Kap. 1c [111, 112]) bzw. wie die Mischung an einer nichtlinearen Kennlinie (s. nächster Absatz). Für Transistoren liegen Messungen der aus der Theorie des Transistors folgenden einzelnen Verzerrungskoeffizienten vor [89, 113], auf die wir hier jedoch nicht näher eingehen wollen. Interessant ist das Auftreten eines Minimums der Kreuzmodulationstiefe in Abhängigkeit vom Emitterstrom; es liegt dann vor, wenn die wirksame Steilheit S — durch sekundäre Transistoreigenschaften bedingt — aussteuerungsunabhängig ist[1]. Wie eine Röhre wird auch der Transistor als Mischer bzw. Mischverstärker eingesetzt. Zur Mischung wird jeweils die Nichtlinearität einer Kennlinie oder einer Übertragungsgröße ausgenutzt. Ein Lokaloszillator verändert deren Eigenschaften derart, daß das gewünschte

---

[1] Wendepunkt der Kennlinie, s. S. 289.

Mischprodukt auftritt. Die Berechnung geschieht somit ähnlich wie bei der Kreuzmodulation, indem man einerseits die Kennlinie durch eine TAYLOR-Reihe approximiert und andererseits als FOURIER-Reihe schreibt, wobei wegen der eingehenden Größen $[f(\omega_1) + f(\omega_2)]^n$ die Kombinationsfrequenzen $\omega_3 = a\,\omega_1 + b\,\omega_2$ auftreten (über die Additionstheoreme der Kreisfunktionen).

Bei einem Transistor erfolgt die additive Mischung durch Änderung der wirksamen Steilheit, indem diese durch den Oszillator periodisch geändert wird (Steuerung des Emitterstroms). Die Ergebnisse der Rechnung können nach [114] in Form eines einfachen Ersatzschaltbildes zu-

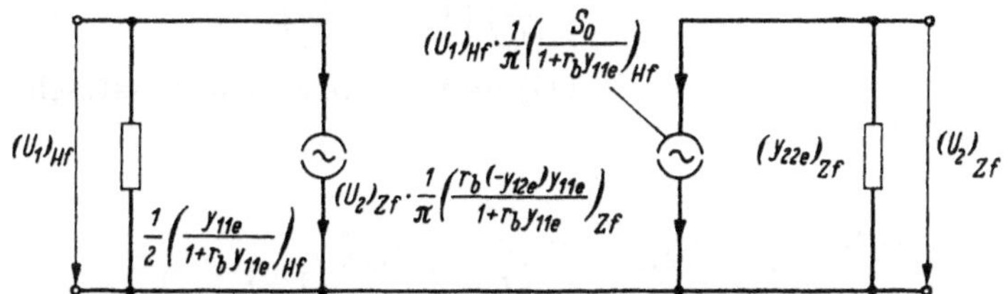

Abb. 50. Ersatzschaltbild eines Transistormischers in Emitterschaltung (nach BENEKING [114]; s. Text). Die Ersatzschaltung gilt angenähert für eine periodische Oszillatoreinwirkung der Form $y_{21e} \approx S_0 = I_E/U_T$ bzw. $y_{21e} = 0$. [Vierpolparameter entsprechend (51) und (52); die Indizes geben an, welche Frequenz einzusetzen ist]

sammengefaßt werden. Die in Abb. 50 dargestellte Form gilt, wenn eingangsseitig nur eine Hf-Spannung (ω_{Hf}) und ausgangsseitig nur eine Zf-Spannung ($\omega_{Zf} = \omega_{Hf} \pm \omega_{0SZ}$) anliegen und der Oszillator (ω_{0SZ}) die Kennlinie voll durchsteuert, also zwischen den Werten $S(t) = 0$ und $S(t) = S_0$ periodisch umschaltet. Dieser Fall ist technisch üblicherweise gegeben, wenn bei starker Oszillatoreinwirkung beidseitig der Mischstufe Parallelschwingkreise angeschlossen sind. Die maximale Mischsteilheit beträgt günstigstenfalls $^2/_3$ der normalen Steilheit, die Mischleistungsverstärkung also etwa 50% der Optimalverstärkung (ohne Überhöhung durch Rückwirkung). Näheres ist [114] zu entnehmen [51, 94—118].

d) Breitbandverstärker

Breitbandverstärker werden üblicherweise ähnlich wie Nf-Verstärker als RC-Verstärker ausgeführt (s. Kap. 1b). Man erweitert im einfachsten Fall den OHMschen Außenwiderstand im Kollektorkreis durch eine in Serie liegende Induktivität, um den Verstärkungsabfall in der Nähe der Transistor-Grenzfrequenz durch eine Resonanzüberhöhung auszugleichen. Auch wird in den Emitterkreis eine impulsformende Strom-Spannungs-Gegenkopplung eingebaut, sofern es sich um eine — normalerweise verwendete — Emitterschaltung handelt. Die Verhältnisse entsprechen auch hier denen einer analogen Röhrenschaltung; lediglich ist hier meist die obere Grenzfrequenz des Transistors an Stelle der Zeitkonstanten der äußeren RC-Glieder maßgebend (*[119—124]*). Schwierig ist indessen die breitbandige Neutralisation oder auch eine Gegenkopplung, die mit komplizierten, auch auf die Phasendrehung im Transistor abgestimmten Rückführungsgliedern erfolgen muß *[63, 107, 125]*. Zu deren Berechnung kann man nicht mit dem einfachen Ausdruck (43) für die komplexe Stromverstärkung (A 106) auskommen; vor allem ist der Phasenfehler von (43) zu groß. Nimmt man die nächsthöheren Glieder hinzu, erhält man einen unhandlichen Ausdruck. Nach *[126]* ist die Form

$$\alpha = \frac{\alpha_0}{\left(1 + j\dfrac{\omega}{\omega_\alpha}\right)\left(1 + j\dfrac{\omega}{4\,\omega_\alpha}\right)} \tag{167}$$

günstig; aus den Vierpolformen (47) und (48) bzw. dem Ersatzschaltbild in Abb. 15a folgt

$$\alpha \approx \frac{\alpha_0\left(1 - j\dfrac{\omega}{3\,\omega_1}\right)}{1 + j\dfrac{2\,\omega}{3\,\omega_1}} \approx \frac{\alpha_0}{\left(1 + j\dfrac{2\,\omega}{3\,\omega_1}\right)\left(1 + j\dfrac{\omega}{3\,\omega_1}\right)}$$

Trotzdem gibt die einfache Formel (43) den Abfall der Leistungsverstärkung bei Frequenzen oberhalb der α-Grenzfrequenz gut wieder, sofern ein relativ kleiner Lastwiderstand R_L vorliegt bzw. die ihm parallelen Kapazitäten noch nicht ins Gewicht fallen. Das liegt daran, daß in (43) der Betrag wesentlich besser als der Winkel approximiert ist. Mit $P_a = 1/2\ \mathrm{Re}\,(U_2\,I_2^*) = 1/2\,|I_a|^2\,R_L \sim |\alpha|^2\,R_L\ (R_L \ll |h_{22b}|)$ gilt

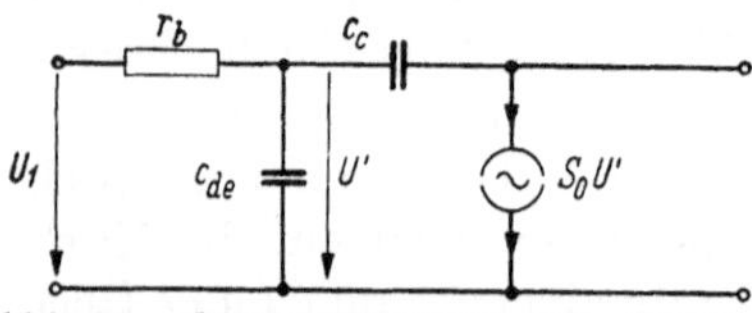

Abb. 51. Grobe Näherung des Ersatzschaltbildes der Emitterschaltung für $f > f_\beta$ nach Abb. 4b und 17. (Phase der Steilheit vernachlässigt; $c_{de} = I_E/U_T\,\omega_1$; $S_0 = \alpha_0\,I_E/U_T$; c_c am Arbeitspunkt wirksame Kollektorkapazität; bei Höchstfrequenztransistoren ist u. U. an Stelle c_{de} zu setzen $c_{de} + c_{es}$)

$$P_a \sim \frac{\alpha_0^2}{1 + (f/f_1)^2}$$

oder für $f \gg f_1$

$$P_a \sim \left(\frac{\alpha_0\,f_1}{f}\right)^2.$$

Der Verstärkungsabfall der Basisschaltung bei Frequenzen $f \gg f_1$ (und analog der der Emitterschaltung $f \gg f_\beta$) ist damit proportional $1/f^2$. Mit der Definition

$$\frac{a_{12}}{\mathrm{dB}} = 10\ \lg\left(\frac{P_a(f_1)}{P_a(f_2)}\right)$$

beträgt der Leistungsabfall 6 dB pro Oktave ($f_2 = 2 f_1$) bzw. 20 dB pro Dekade ($f_2 = 10 f_1$). Bei höheren Lastwiderständen $R_L \approx |Z_2|$ werden auch die Kapazitäten merklich, so daß der Abfall gemäß Kap. I. 2b schließlich mit 30 dB pro Dekade erfolgt[1].

---

[1] Dieser starke Abfall kann u. U. durch direkte kapazitive Kopplung überdeckt sein.

Extrapoliert man das Hf-Ersatzbild nach höchsten Frequenzen, bleibt mit Abb. 4b und Abb. 17 ein zwar nur sehr grob geltendes, aber für Abschätzungen doch brauchbares „Skelett" übrig (Abb. 51). Die Leitwertparameter werden zu

$$y_{11} = \frac{j\,\omega\,(c_{de} + c_v)}{1 + j\,\omega\,r_b(c_{de} + c_c)} \approx \frac{1}{r_b}\,, \tag{168}$$

$$y_{12} = \frac{-j\,\omega\,c_c}{1 + j\,\omega\,r_b(c_{de} + c_c)} \approx -\frac{c_c}{r_b\,c_{de}}\,. \tag{169}$$

$$y_{21} = \frac{S_0 - j\,\omega\,c_c}{1 + j\,\omega\,r_b(\,c_{de} + c_c)} \approx -j\,\frac{S_0}{\omega\,r_b\,c_{de}}\,, \tag{170}$$

$$y_{22} = j\,\omega\,c_c\frac{1 + r_b(S_0 + j\,\omega\,c_{de})}{1 + j\,\omega\,r_b(c_{de} + c_c)} \approx S_0\frac{c_c}{c_{de}} + j\,\omega\,c_c\,. \tag{171}$$

Die zugehörige Leistungsverstärkung bei ausgangsseitiger (konjugiert komplexer) Anpassung wird mit (166) zu

$$V_p^0 \approx \frac{1}{\omega^2} \cdot \frac{S_0}{4r_b\,c_{de}\,c_c} \sim \frac{1}{f^2}\,. \tag{172}$$

Der Grenzwert der Verstärkung $V_p^0 = 1$ wird danach für

$$f_{\max} \approx \frac{1}{4\pi}\sqrt{\frac{S_0}{r_b\,c_{de}\,c_c}} \tag{173}$$

erreicht. $f_{\max}$ ist gleichzeitig die maximale Schwingfrequenz, für die die gelieferte Ausgangsleistung gerade noch ausreicht, die notwendige Steuerleistung am Eingang aufzubringen. Mit $\alpha_0 \approx 1$; $8\pi \approx 25$ gilt mit den Werten für S_0 und c_{de} (Abb. 51) auch

$$f_{\max} \approx \sqrt{\frac{f_1}{25r_b\,c_c}}\,. \tag{174}$$

Da mit dem Wert von $f_{\max}$ die obere Frequenzgrenze eines Transistors festliegt, bezeichnet man den Wurzelausdruck als „Gütewert" (s. dazu auch [127], Gl. A 150).

Bei einer Röhre gibt man mit

$$\frac{S}{C_{gk} + C_{ak}} \tag{175}$$

einen entsprechenden Gütewert für die Spannungsverstärkung an. Mit der Röhrenersatzschaltung in Abb. 24 folgt[1] für $C_{ga} = 0$, $Z_L = R_L + j\,\omega\,C_{gk}$ bei $R_L \ll R_i$ und $\omega\,R_L(C_{ak} + C_{gk}) \gg 1$ für

$$|V_u| \approx \frac{1}{\omega} \cdot \frac{S}{C_{ak} + C_{gk}}\,.$$

Damit ist für $\omega = \dfrac{S}{C_{aK} + C_{gK}}$ die Spannungsverstärkung dem Betrage nach auf Eins abgesunken, also die Grenzfrequenz erreicht. Ein wegen $r_b \neq 0$ komplizierterer Ausdruck ist analog für den Transistor angebbar (s. z. B. [124]).

---

[1] Belastung durch Anodenkreis-Widerstand (R_L) und folgende Röhre ($\approx C_{gk}$).

Anders als beim (kompensierten) RC-Verstärker wird beim Kettenverstärker eine breitbandige Verstärkung erreicht. Sieht man von der Kathodenzuleitungs-Induktivität und der endlichen Elektronenlaufzeit in Röhren ab, begrenzen mit (175) die endlichen Kapazitäten C_{ak} und C_{gk} bei der Röhre den ausnutzbaren Frequenzbereich. Mit Kettenverstärkern läßt sich nun deren Einfluß weitgehend ausschalten [128, 129]. Dabei schaltet man mehrere Röhren eingangs- und ausgangsseitig in jeweils eine Tiefpaß-LC-Leitung, so daß die Kapazitäten Bestandteil der Leitungen werden. Sorgt man für passendes Phasenmaß beider Leitungen, addieren sich die Wirkungen der einzelnen Röhren phasenrichtig, und man erhält insgesamt eine Verstärkung, selbst wenn die einer einzelnen Röhre kleiner als Eins wird. Auf Transistoren läßt sich dieses Verstärkungsprinzip ebenfalls anwenden, jedoch begrenzt der endliche Eingangswiderstand den sinnvollen Einsatz. Um in Abhängigkeit von der Frequenz einen möglichst gleichen und praktisch reellen Eingangswiderstand der Tiefpaßleitung zu erhalten, müssen zusätzliche Dämpfungen angebracht werden, die sich ungünstig auf die Gesamtverstärkung auswirken. Damit nimmt gleichzeitig die Aussteuerung von Element zu Element ab, so daß sich der komplizierte Aufbau nur in Sonderfällen lohnt. Nach [130] gibt es in Abhängigkeit vom Dämpfungsmaß der Leitungen eine optimale Anzahl von Kettengliedern $n = 1/\alpha$ (α Dämpfung pro Glied in Np). Da n/e ($e = 2{,}718\ldots$) den Gewinn gegenüber einer einzelnen, normalen Verstärkerstufe darstellt, ist der Einsatz eines Kettenverstärkers nur für Dämpfungen unterhalb $\alpha_{max} = 0{,}37$ Np/Glied sinnvoll; darüber verstärkt eine einzelne Stufe mehr. [119—130.]

e) Schwingungserzeugung und Entdämpfung

Die (komplexen) Impedanzen des Transistors sind stark arbeitspunkt- und temperaturabhängig, ferner ist schon bei relativ niederen Frequenzen eine endliche Phasendifferenz zwischen Eingangs- und Ausgangssignal vorhanden. Der erste Punkt bedeutet wie beim Schmalbandverstärker einen Einfluß auf Frequenzstabilität und Amplitude (Kap. III.1c), der zweite bedingt Rückkoppelglieder mit jeweils passender, von der geforderten Schwingfrequenz abhängiger Phasendrehung. Bei der Schwingungserzeugung sind zwei Dinge zu unterscheiden, nämlich der Anschwingvorgang und die schließlich sich einstellende Amplitude der stabilen Schwingung. Ersteres ist noch quasilinear zu behandeln, letzteres folgt nur unter Einschluß der Nichtlinearitäten. Für den Fall der nur teilweisen Entdämpfung ohne Selbsterregung reicht die lineare Betrachtungsweise dagegen meist aus.

Das erste Anschwingen eines Oszillators läßt sich wegen der zunächst kleinen Amplituden mit den normalen, aussteuerungsunabhängigen Vierpolgrößen erfassen. Dazu betrachtet man den aktiven Vierpol in der

Gesamtschaltung, also unter Einbeziehung der äußeren Widerstände (R_i, R_a in Abb. 30a bzw. Y_i, Y_a in Abb. 30b). Man fragt dann entweder nach den Bedingungen, die zu einem Strom I_1 ohne Eingangsspannung U_0 führen (Fall a, Abb. 30a) oder danach, wann ohne eine Einströmung I_0 eine Spannung U_1 existieren kann (Fall b, Abb. 30b). Mit $Z_1' = U_0/I_1$ muß dafür bei (a) offenbar $Z_1' = 0$ und mit $Y_1' = I_0/U_1$ bei (b) $Y_1' = 0$ gelten. Wie man sich mit der Schaltung in Abb. 30 leicht klarmachen kann, sind beide Betrachtungsweisen äquivalent ($Y_i \equiv 1/R_i$, $Y_a \equiv 1/R_a$), es hängt nur von dem gegebenen Gesamtvierpol ab, welche Überlegung schneller und einfacher zum Ziele führt. Wir betrachten deshalb nur den Rechengang für (a). Im Fall (b) gilt sinngemäß das gleiche, wenn man die jeweils dualen Größen Strom $\leftrightarrow$ Spannung und Widerstand $\leftrightarrow$ Leitwert verwendet.

Da der Anschwingvorgang bei aussteuerungsunabhängigen Elementen der Gesamtschaltung durch eine lineare Differentialgleichung beschrieben werden kann, läßt sich die Methode der „Komplexen Frequenzen" hier vorteilhaft anwenden (s. z. B. [$64, 65, 131$]). Man geht dazu wie folgt vor: Man ermittelt die Impedanz Z_1' als Funktion der Frequenz. Für $j\,\omega$ setzt man in $Z_1'(j\,\omega)$ die komplexe Frequenz $p = \sigma + j\,\omega$ ein und sucht die Nullstellen von $Z_1'(p) = 0$ auf. $Z_1'(p) = 0$ fungiert als charakteristische Gleichung der zugehörigen Differentialgleichung, die selbst nicht explizit vorzuliegen braucht. Die Lösungen p_ν ($\nu = 1 \ldots n$) geben dann mit

$$I_1 = \sum_{\nu=1}^{n} I_\nu = \sum_{\nu=1}^{n} I_{0\nu}\, e^{p_\nu t} \tag{176}$$

den Strom $I_1(t)$, der bei initialem Vorhandensein der einzelnen $I_{0\nu}$ trotz $U_0 = 0$ im Eingangskreis fließt. Für $\sigma_\nu < 0$ klingen die Ströme der Frequenzen $f_\nu = \omega_\nu/2\pi$ ab; für $\sigma_\nu > 0$ liegt Anschwingen mit einer exponentiell anwachsender Amplitude $|I_\nu| = |I_{0\nu}|\, e^{\sigma_\nu t}$ vor. Bei einem Sinusoszillator ist nur ein Wertepaar $p_{1,2} = \sigma_1 \pm j\,\omega_1$ vorhanden. Damit liegt sowohl die Schwingfrequenz $f_1 = \omega_1/2\pi$ als auch die Anschwingzeitkonstante $1/\sigma_1$ fest.

Als Beispiel sei dazu eine übliche Schwingschaltung betrachtet (HARTLEY-Oszillator; Abb. 52; s. auch [62]). Wie die Hochfrequenzersatzschaltung in Abb. 52b zeigt, handelt es sich um die Serien-Parallelschaltung des aktiven Gliedes I mit dem Rückkoppelnetzwerk II. Eingangs ist Kurzschluß ($Z_e = 0$), ausgangsseitig liegt der durch $G_a = G_p + G_L$ belastete Schwingkreis vor. Mit der H-Matrix des idealen Übertragers

$$(\boldsymbol{H}^{\mathrm{II}}) = \begin{pmatrix} 0 & -\ddot{u} \\ \ddot{u} & 0 \end{pmatrix}$$

folgt mit Tab. 3 wegen $Z_e = 0$

$$Y_2 = h_{22}^{\mathrm{I}} - \frac{(h_{12}^{\mathrm{I}} - \ddot{u})\,(h_{21}^{\mathrm{I}} + \ddot{u})}{h_{11}^{\mathrm{I}}}\,. \tag{177}$$

Betrachten wir den vereinfachten Fall reeller Kenngrößen

$$h_{11}^{\mathrm{I}} = \frac{1}{G_{1K}}\,, \quad h_{12}^{\mathrm{I}} = \mu_{0r}\,, \quad h_{21}^{\mathrm{I}} = -\alpha_0\,, \quad h_{22}^{\mathrm{I}} = G_{2L}\,,$$

wird daraus

$$Y_2 = G_2 = G_{2L} - G_{1K}(\mu_{0r} - \ddot{u})(-\alpha_0 + \ddot{u})\,. \tag{178}$$

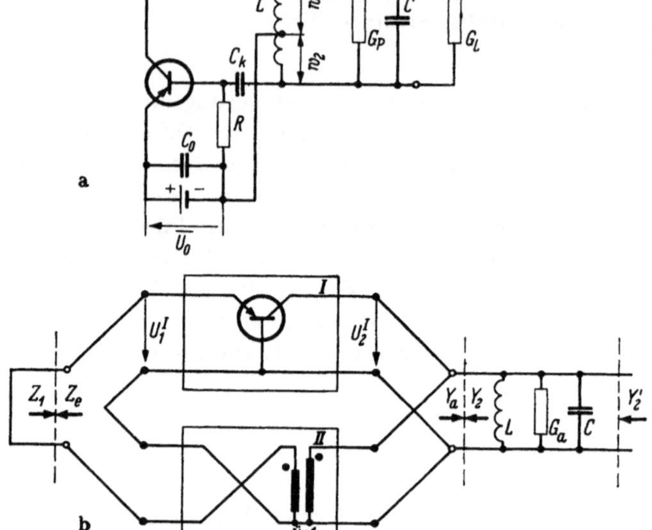

Abb. 52a u. b. Schwingschaltung (HARTLEY-Oszillator).
a) Schaltbild; b) Ersatzschaltung ($\ddot{u} = w_2/(w_2 + w_1)$; $G_a = G_p + G_L$)

Zu G_2 liegt der frequenzbestimmende Kreis

$$Y_a = G_a + j\,\omega\,C + \frac{1}{j\,\omega\,L}$$

parallel. Der interessierende Ausdruck $Y_2' = Y_2 + Y_a$ wird damit zu

$$Y_2'(j\,\omega) = G_{2L} + G_a - G_{1K}(\mu_{0r} - \ddot{u})(\ddot{u} - \alpha_0) + j\,\omega\,C + \frac{1}{j\,\omega\,L}\,.$$

Mit

$$G_{2L} + G_a = G_+\,,$$

$$G_{1K}(\mu_{0r} - \ddot{u})(\ddot{u} - \alpha_0) = G_-$$

und der Setzung von p für $j\,\omega$ folgt für die charakteristische Gleichung

$$0 = G_+ - G_- + p_v\,C + \frac{1}{p_v\,L}\,.$$

Damit ist

$$p_{1,2} = \frac{G_- - G_+}{2C} \pm j\,\omega_0 \sqrt{1 - \frac{1}{4Q}}\,, \tag{179}$$

wenn $\omega_0 = 1/\sqrt{LC}$ die Eigenfrequenz des Kreises und

$$Q = \frac{C}{(G_+ - G_-)^2 L} \tag{180}$$

die wirksame Kreisgüte sind. Mit dem Wert von G_- ist

$$\sigma = \frac{G_- - G_+}{2C} \tag{181}$$

bei sonst festliegender Schaltung eine Funktion des Übersetzungsverhältnisses $\ddot{u}$. Aus $\frac{dG_-}{d\ddot{u}} = 0$ folgt als Optimalwert von $\ddot{u}$ für größtmögliche Entdämpfung

$$\ddot{u}_{\text{opt}} = \frac{\varkappa_0 + \mu_{0r}}{2} \approx \frac{1}{2} \quad (\varkappa_0 \approx 1 \gg \mu_{0r})\,.$$

Dafür wird

$$\sigma_{\max} \approx \frac{1}{2C}\left\{\frac{G_{1K}}{4} - G_{2L} - G_a\right\},$$

so daß maximal ein äußerer Leitwert $(G_a)_{\max} = \dfrac{G_{1K}}{4} - G_{2L}$ entdämpft

werden kann; für $G_a \geq (G_a)_{\max}$ ist kein Anschwingen möglich. Im übrigen zeigt (181), daß der Kennwiderstand des Kreises möglichst groß sein soll (C klein). Auf Grund der tatsächlichen Schaltung (Abb. 52a) bewirkt die Audionkombination R, C_K eine Verschiebung des Arbeitspunktes mit wachsender Amplitude derart, daß der für die Gesamtaussteuerung wirksame Wert $\alpha_0 = \bar{\alpha}_0$ kleiner wird. Bei der Endamplitude gilt schließlich $\sigma = 0$; jedoch ist der Wert der Maximalamplitude selbst im Rahmen der linearen Rechnung nicht zu ermitteln.

Die Berechnung der sich einstellenden Endamplitude ist unter Hinzunahme höherer Glieder der Kennlinienentwicklung möglich. Jedoch ist das Verfahren aufwendig und bleibt praktisch auf den quasistatischen Betriebsfall beschränkt (s. z. B. [132—134]). Eine einfache Ermittelung geschieht mit Hilfe der MÖLLERschen Schwingkennlinien ([135]; referiert in [136]), deren Konstruktion und Anwendung in veränderter Form auch bei Transistoren möglich ist. Allerdings läßt sich damit keine allgemeine Aussage gewinnen, sondern nur eine bestimmte Schaltung untersuchen.

Man kann dazu in der folgenden Weise vorgehen: Man ermittelt ohne Rückkopplung $[(\boldsymbol{H}^{II}) = 0]$ bei sonst gleicher Schaltung die Amplitude der Schwingungsgrundfrequenz $|U_2^I(\omega_0)|$ als Funktion einer rein sinusförmigen Eingangsspannung $|U_1^I(\omega_0)|$. Solche „Schwingkennlinien" nimmt man für verschiedene Arbeitspunkte (U_{BE}, I_B bzw. I_C) auf. Das kann durch harmonische Analyse mit Hilfe der Arbeitskennlinie erfolgen oder aber direkt durch Messung. In Abb. 53 sind entsprechende Kurven

schematisch dargestellt. Ihre Anfangssteigung entspricht dem Klein-
signalwert $|V_u(\omega_0)|$, während sie bei völliger Übersteuerung in den
Wert $|U_2^{\mathrm{I}}(\omega_0)|_{\max} \approx |\overline{U}_0|$ (Abb. 52a) einmünden[1]. Dieser Maximal-
wert ist kleiner als der Grundwellengehalt bei Schalterbetrieb, wenn man
Kollektor-Restspannung und -Reststrom vernachlässigt. Wegen der
Resonanzabstimmung des Kreises kann dabei mit dem reellen Lastleit-

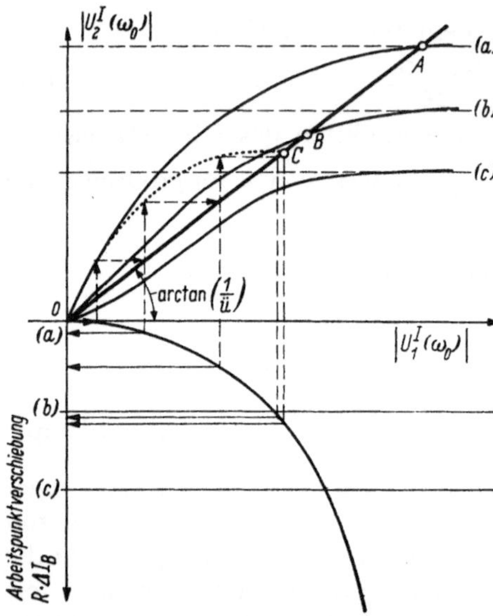

Abb. 53. Graphische Bestimmung der Schwing-
amplitude (s. Text; Abb. 52). Bei festgehaltenem
Arbeitspunkt (a) würde sich bei dem gewählten
ü-Wert als stabiler Schwingpunkt *A* einstellen;
bei gleitendem Arbeitspunkt *C*. Im ersten Fall
wird während des Anschwingens die (a)-Linie von
0 bis *A* durchlaufen; im zweiten Fall hängt die
Anschwingkurve vom Verhältnis der Zeitkonstanten von Anschwingen (1/σ) und Arbeitspunktverschiebung (≈ *RC_K*) ab, sie liegt zwischen der
ersten Kurve (*OAC*) und der punktiert eingezeichneten (*OC*)

wert G_a gerechnet werden; das gilt auch für die bei der Resonanzfrequenz gültige Arbeitsgerade im Kennlinienfeld bei graphischer Ermittlung. In dieses Diagramm kann man nun die Rückkoppelgerade mit der Steigung

$$\frac{|U_2^{\mathrm{I}}(\omega_0)|}{|U_1^{\mathrm{I}}(\omega_0)|} = \left|\frac{1}{\ddot u}\right|$$

eintragen. Ihr Schnittpunkt mit der für den betreffenden Arbeitspunkt geltenden Schwingkennlinie gibt dann den stabilen Endzustand an, für den somit $|U_1^{\mathrm{I}}(\omega_0)|$ und $|U_2^{\mathrm{I}}(\omega_0)|$ bestimmt sind. An Stelle einer solchen Selbstbegrenzung (z. B. „Schwingpunkt" *A* bei festgehaltenem Arbeitspunkt *a*, Abb. 53) verwendet man oft einen gleitenden Arbeitspunkt mit äußerer Begrenzung. Damit läßt sich der anfängliche Arbeitspunkt in ein Gebiet legen, wo zwar gutes Anschwingen, aber bei Dauerbetrieb zu hohe Verlustleistung vorliegt. In der Schaltung nach Abb. 52a dient der für die Betriebsfrequenz durch C_K überbrückte Widerstand R zu diesem Zweck. Durch den Gleichrichtereffekt an der Eingangskennlinie tritt ein zusätzliches Gleichstromglied $\Delta I_B \sim |U_1^{\mathrm{I}}(\omega_0)|^2$ auf, das über $R \cdot \Delta I_B$ den Arbeitspunkt entsprechend verschiebt [s. Kap. III.1b, Gl. (144)]. Trägt man in Abhängigkeit von $|U_1^{\mathrm{I}}(\omega_0)|$ den (berechneten) Verlauf der Arbeitspunktänderung auf, kann man den Übergang von der einen zur

---

[1] Entscheidend ist hierbei die Tatsache, daß dann ausgangsseitig am Transistor abschnittsweise eine Flußspannung anliegt; s. auch Kap. III. 3. Das bedingt praktisch einen intermittierend auftretenden Kurzschluß, der die Ausbildung einer größeren Amplitude verhindert.

anderen Schwingkennlinie verfolgen und den sich letztlich einstellenden
Schwingpunkt finden. In Abb. 53 ist das Verfahren angedeutet.

Das Diagramm ist nur so lange gültig, als die an den Eingang rück-
geführte Leistung relativ klein bleibt, also für den vom Eingang her in
den Ausgang eingekoppelten Leitwert $G'_e \ll G_a$ gilt. Anderenfalls wären
Kreisgüte bzw. Lastwiderstand und auftretende Ausgangsspannung
$|U^{\mathrm{I}}_2(\omega_0)|$ kleiner als ermittelt. Ferner sagt das Diagramm nichts über die
notwendige Phasenbeziehung aus. Das Mitkoppelglied muß die Phase
entsprechend der von V^*_u drehen, um die Schwingbedingungen auch dem
Winkel nach zu erfüllen. Das folgt auch aus (123), wonach im Selbst-
erregungsfall die Bedingung $r = 1/W$ nicht nur dem Betrag nach erfüllt
sein darf; erst bei Gleichheit auch der Phase wird $1 - r\,W = 0$ und
$W' = \infty$ (s. dazu [107, 137—140]).

In den Abb. 54 und 55 sind Schwingschaltungen angegeben, die
zeigen, daß man die konventionelle Röhren-Schaltungstechnik auch bei
Oszillatoren übernehmen kann. Der Brückengenerator in Abb. 54 dient

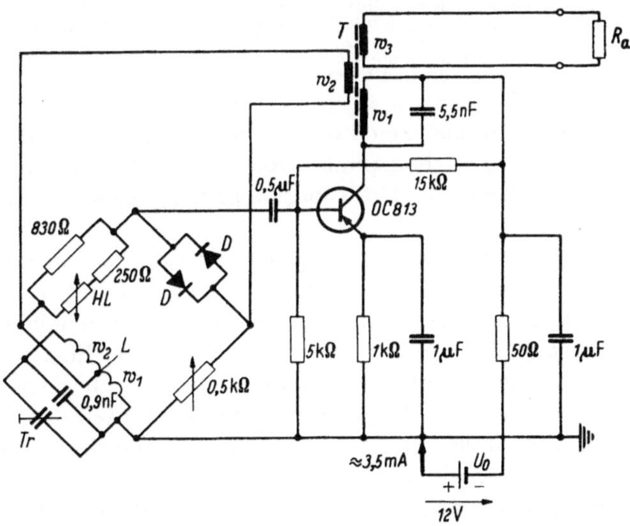

Abb. 54. MEACHAM-Generator, Schwingfrequenz 86 kHz, Ausgangsleistung 2,7 mW an
R_a = 600 Ω ($\widehat{=}$ + 0,5 Np); bei Änderung von U_0 um ± 10 % Frequenzänderung von
$\Delta f/f_0$ = 3 · 10⁻⁵ und Leistungsschwankung von 0,02 Np (nach HÜFNER [141]).
HL Heißleiter HLS 12/12 (1 kΩ); Diode OA 647; L Schwingkreisspule 3,85 mH, Q = 365,
w_1/w_2 = 1/49; T Übertrager, $L(w_1)$ = 0,6 mH, Q = 250, w_1/w_2 = 4,85/1, w_1/w_3 = 2,685/1
(bei L, T Kerntyp Ferritdose T 25/16; Kernmaterial Manifer 5 c)

als Normalpegelsender. Die Phasenverzögerung im Transistor wird durch
passende Wahl der Resonanzfrequenz f' des Anpassungsübertragers aus-
geglichen, indem die durch die MEACHAM-Brücke vorgegebene Schwingfrequenz f_0 nicht ganz mit f' übereinstimmt. Dadurch kann die Phase
der Ausgangs- bzw. Rückkoppelspannung gleich der der Transistor-
Eingangsspannung gemacht werden. Die in Abb. 55 gezeigte Schaltung

20*

entspricht im Prinzip der eines HARTLEY-Generators nach Abb. 52. Jedoch besitzt der verwendete Transistor bei 100 MHz eine innere Phasendrehung von $\approx 180°$, so daß Emitter- und Basisanschluß vertauscht sind. Die darüber hinaus nötige Phasenkorrektion geschieht durch die Größe des Rückkoppelkondensators C_K in Verbindung mit dem wirksamen Eingangswiderstand. An den Klemmen E, E' kann durch einen

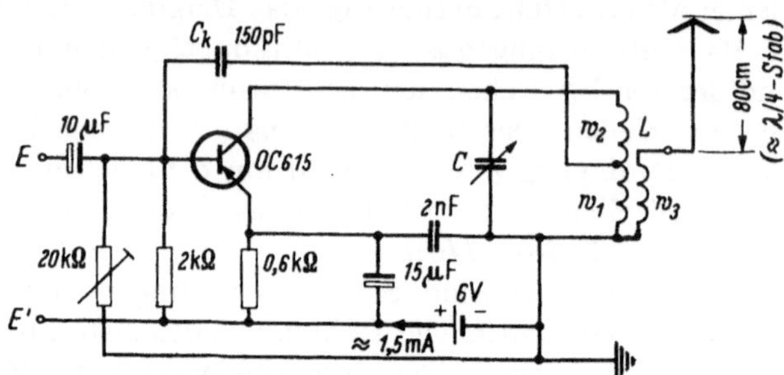

Abb. 55. Kleinsender, Schwingfrequenz 87,5···100 MHz, Antennenleistung 1 mW; an E, E' durch Nf frequenzmodulierbar (für Hub von 75 kHz sind 3 nW Nf-Leistung notwendig $\hat{=}$ 3 mVeff, Amplitudenmodulation bleibt dabei $\lesssim$ 2,7 %); Temperaturgang $\Delta f/f_0 \approx 2 \cdot 10^{-4} \Delta T/°C$ (nach SCHRAMM [142]). $C = 10···18$ pF; $L = 212$ nH, $w_1 + w_2 = 5$ (∅ = 1 cm), $w_1 \approx 1/2$, $w_3 \approx 1,5$ (∅ = 0,7 cm, innerhalb der anderen Spule)

Nf-Generator eine Frequenzmodulation vorgenommen werden, indem durch Variieren des Arbeitspunktstromes die die Schwingfrequenz mitbestimmende Kollektor-Diffusionskapazität geändert wird. [62, 131—151].

Neben der vollständigen Entdämpfung bis zum Schwingungseinsatz besitzt die nur teilweise Entdämpfung zur Verringerung von Wirkleistungsverlusten praktisches Interesse. Sowohl die schmalbandige als auch die breitbandige Entdämpfung seien betrachtet. Eine schmalbandige Entdämpfung geschieht durch Ankopplung eines „negativen Widerstandes" an eine resonanzfähige Schaltung. Durch teilweise Kompensation dessen Verlustwiderstandes wird die Resonanzkurve verschmälert. Entweder wird das aktive Glied noch zusätzlich zur Verstärkung des gewünschten Signals herangezogen (Vierpolwirkung) oder aber lediglich die Güteerhöhung selbst ausgenutzt (Zweipolwirkung). Letzteres ist mit den bisherigen Ergebnissen dieses Abschnitts zu übersehen. Bildet doch der Zweipolausgang des rückgekoppelten aktiven Gliedes nach (178) einen vom gewählten $\ddot{u}$-Wert abhängigen negativen Leitwert, der — breitbandiger Übertrager und $\omega \ll \omega_\alpha$ vorausgesetzt — weitgehend frequenzunabhängig ist. Solange $G_{1K} > 4G_{2L}$ bleibt, ist immer eine Entdämpfung eines angeschlossenen äußeren Leitwertes G_a möglich (Abb. 52). Mit (180) wird damit die Güte des angeschlossenen Schwingkreises von $Q_0 = C/G_a^2 L$ auf

$$Q = \frac{C}{L(G_a + G_{2L} - G_-)^2}$$

erhöht, also um den Faktor

$$\frac{Q}{Q_0} = \frac{1}{\left(1 - \dfrac{G_- - G_{2L}}{G_a}\right)^2} > 1.$$ (182)

Technisch erreicht man Entdämpfungswerte $Q/Q_0 \lesssim 20$, ohne daß Selbsterregung eintritt. Auf diese Weise kann man Filter mit scharfer Begrenzung aufbauen oder gute Kreise trotz verlustbehafteter Spulen und Kondensatoren erzielen (s. z. B. [152, 153]).

Da die diskutierte Schaltung für $G_L \to \infty$ stabiler wird ($\sigma \to -\infty$), bei fehlender Belastung ($G_L \to 0$) jedoch instabiler ($\sigma \to 0$) oder sich sogar selbst erregt ($\sigma > 0$), bezeichnet man sie als „kurzschlußstabil" und spricht von Y_2 als „negativem *Leitwert*". Der dazu duale Fall eines „negativen *Widerstandes*", der „leerlaufstabil" ist, ist ebenfalls möglich. Ihn wird man sinngemäß zur Serienentdämpfung eines Widerstandes verwenden (Hintereinanderschaltung beider), während man den negativen Leitwert zur Entdämpfung einer parallel liegenden Admittanz einsetzt. Die äußere Beschaltung von Generator und Last liegt demgemäß im ersten Fall in Serie, im zweiten Fall (negativer Leitwert) parallel zu dem aktiven Klemmenpaar (s. dazu [154, 155]).

Mit der Schaltung nach Abb. 52 läßt sich nicht nur ein negativer Leitwert realisieren, sondern auch ein negativer Widerstand in dem zuvor erklärten Sinn. An Stelle der Ausgangsseite muß man dazu die Eingangsseite betrachten (die eingangsseitige Strombrücke mit $Z_e = 0$ in Abb. 52 ist wegzudenken; ebenfalls die ausgangsseitige Beschaltung mit Y_a, wofür Leerlauf tritt). Für $Y_a = 0$ gilt mit Tab. 3

$$Z_1 = h_{11}^{\mathrm{I}} - \frac{(h_{12}^{\mathrm{I}} - \ddot u)\,(h_{21}^{\mathrm{I}} + \ddot u)}{h_{22}^{\mathrm{I}}},$$ (183)

also ein (177) entsprechender Ausdruck. Bei reellen Kenngrößen gilt dafür

$$Z_1 = R_1 = R_{1K} - R_{2L}(\mu_{0r} - \ddot u)\,(\ddot u - \alpha_0).$$ (184)

Dann wird der Wert

$$R_- = R_{2L}\,(\mu_{0r} - \ddot u)\,(\ddot u - \varkappa_0)$$

für denselben $\ddot u$-Wert $\ddot u_{opt} \approx 0{,}5$ wie auch G_- maximal; es gilt dann

$$R_1 \approx -\left\{\frac{R_{2L}}{4} - R_{1K}\right\}.$$

Für stabile Entdämpfung muß hier der außen angeschaltete reelle Widerstand $\mathrm{Re}\,(Z_e) > (R_{2L}/4) - R_{1K}$ bleiben; dual zu dem zuvor behandelten Fall, wo $\mathrm{Re}\,(Y_a) > (G_{1K}/4) - G_{2L}$ galt. Betrachten wir jetzt den Fall, daß sowohl eingangsseitig ein komplexer Widerstand Z_e als auch ausgangsseitig ein komplexer Leitwert Y_a angeschaltet sind. Dann gilt mit Tab. 3 im vereinfachten Fall reeller Kenngrößen

$$Z_1 = R_{1K} - \frac{(\mu_{0r} - \ddot u)\,(\ddot u - \varkappa_0)}{G_{2L} + Y_a}$$

und
$$Y_2 = G_{2L} - \frac{(\mu_{0r} - \ddot{u})(\ddot{u} - \alpha_0)}{R_{1K} + Z_e}.$$

Für $|Z_e| \gg R_{1K}$; $|Y_a| \gg G_{2L}$ wird
$$Z_1 \approx R_{1K} - \frac{k}{Y_a}$$

bzw.
$$Y_2 \approx G_{2L} - \frac{k}{Z_e},$$

wenn wir zur Kürzung
$$k = (\mu_{0r} - \ddot{u})(\ddot{u} - \alpha_0) \approx \ddot{u}(1 - \ddot{u})$$

einführen. Gilt außerdem $k/|Z_e| \gg G_{2L}$; $k/|Y_a| \gg R_{1K}$, wird schließlich

$$Z_1 \approx -k/Y_a \qquad \text{oder} \qquad Z_1 \approx -kZ_a \tag{185}$$

bzw.

$$Y_2 \approx -k/Z_e \qquad \text{oder} \qquad Y_2 \approx -kY_e. \tag{186}$$

Bei $k = k_{\max} = 1/4$ wären für einen üblichen Transistor-Arbeitspunkt in Basisschaltung ($R_{1K} \approx 40\,\Omega$, $G_{2L} \approx 10^{-5}\,S$) mit $|Z_e| \approx 1\,\mathrm{k}\Omega$ und $|Y_a| \approx 2{,}5 \cdot 10^{-4}\,S$ die eingeführten Näherungen gerechtfertigt. Durch Transformation lassen sich dann auch andere Werte einstellen.

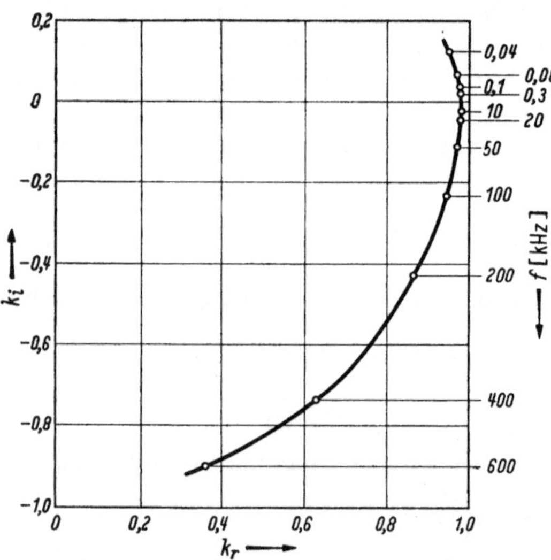

Abb. 56. Frequenzgang des Konversionsfaktors $k = k_r + j k_i$ bei einem Gegentaktkonverter (dabei entfällt der Übertrager; nach Gissel [158])

Damit ist die Schaltung nach Abb. 52 auch als Impedanzkonverter mit dem Konversionsverhältnis $k = \ddot{u}(1 - \ddot{u})$ zu verwenden, indem ausgangs ein negatives Abbild $Z_2 \approx -Z_e/k$ der eingangsseitig angeschlossene Impedanz und umgekehrt eingangsseitig der Wert $Z_1 \approx -kZ_a$ auftritt. Diese Konversion ist nicht exakt, da der Gesamtvierpol nicht nur Elemente h_{12}, h_{21} enthält, sondern auch Größen $h_{11}, h_{22} \neq 0$. Jedoch ist in einem gewissen Frequenzbereich die Annäherung an das ideale Verhalten weitgehend zu erreichen[1] (s. Beispiel bzw. die Meßkurve in Abb. 56). Ähnlich läßt sich jede Oszillatorschaltung erweitern, sofern man nur an der jeweils

---

[1] Zur Kompensation verbleibender Fehler s. z. B. [156].

richtigen Stelle die Schaltung mit Eingangsklemmen versieht und passende Impedanzen anschließt.

Aus Stabilitätsgründen muß der Realteil der insgesamt wirksamen Impedanz $Z_1 + Z_e$ bzw. Admittanz $Y_2 + Y_a$ positiv sein. Sonst würden die Nullstellen von $Z_1'(p) = Z_1(p) + Z_e(p)$ bzw. $Y_2'(p) = Y_2(p) + Y_a(p)$ positiven Realteil besitzen, und es träte Selbsterregung auf. Bei einem fast idealen Konverter, der beidseitig optimal beschaltet ist

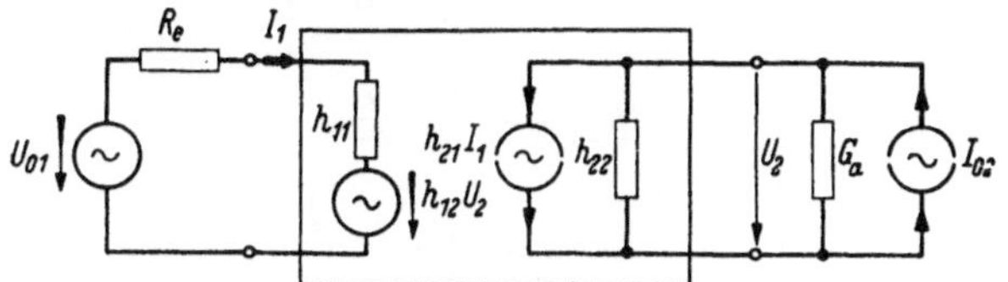

Abb. 57. Allgemeine h-Parameter-Ersatzschaltung (s. Text; Abb. 29 c)

$(Z_e = -Z_1 = k\,Z_a)$, muß entweder durch einen OHMschen Widerstand R_{e0} in Serie zu Z_1 oder durch einen kleinen reellen Leitwert G_{a0} parallel zu Y_a die Stabilität gesichert werden.

Die beidseitig wirksame Entdämpfung bedingt eine Leistungsverstärkung des Impedanzkonverters in beiden Richtungen. Sie sei im Fall reeller Kennwertgrößen noch berechnet. Mit Abb. 57 liege eingangsseitig eine Spannungsquelle, ausgangsseitig eine Stromquelle vor. Wird die Leistungsverstärkung auf die jeweilige maximal abgebbare Leistung

$$P_{01} = \frac{U_{01}^2}{8\,R_e} \qquad\text{bzw.}\qquad P_{02} = \frac{I_{02}^2}{8\,G_a}$$

bezogen, gilt für die Vorwärtsrichtung $1 \to 2$

$$p_{1\to2} = \left(\frac{P_a}{P_{01}}\right)_{I_{02}=0} = \frac{h_{21}^2}{|\overline{H}|^2} \cdot 4\,R_e\,G_a. \tag{187}$$

und für die Rückwärtsrichtung $2 \to 1$

$$p_{2\to1} = \left(\frac{P_e}{P_{02}}\right)_{U_{01}=0} = \frac{h_{12}^2}{|\overline{H}|^2} \cdot 4\,R_e\,G_a. \tag{188}$$

Darin sind

$$h_{12} = h_{12}^{\mathrm{I}} - \ddot{u} = \mu_{0r} - \ddot{u} \approx -\ddot{u},$$

$$h_{21} = h_{21}^{\mathrm{I}} + \ddot{u} = \ddot{u} - \alpha_0 \approx \ddot{u} - 1$$

Parameter des Gesamtvierpols $(\boldsymbol{H}) = (\boldsymbol{H}^{\mathrm{I}}) + (\boldsymbol{H}^{\mathrm{II}})$ und $|\overline{\boldsymbol{H}}|$ die Determinante der Gesamtschaltung

$$|\overline{\boldsymbol{H}}| = (R_e + h_{11})(G_a + h_{22}) - h_{12}\,h_{21}. \tag{189}$$

Für $h_{12} = h_{21}$, also bei $\ddot{u} = \ddot{u}_{\mathrm{opt}} = 0{,}5$, wird mit (187) und (188)

$$p_s = p_{1\to2} = p_{2\to1} = \frac{G_a\,R_e}{|\overline{\boldsymbol{H}}|^2}, \tag{190}$$

die Leistungsverstärkung somit in beiden Richtungen gleich groß. Setzt man die oben zur Abschätzung angegebenen Werte ein, wird $p_s \approx 620 \,\widehat{\gtrless}\, 28\ \text{dB}$. Bei einem idealen Konverter wäre $|\overline{\overline{H}}| = 0$ und damit $p = \infty$. Wählt man statt des kritischen Wertes $R_e\,G_a = k = h_{12}\,h_{21}$ einen davon abweichenden Wert $R_e\,G_a = k(1 + \delta)$ $(1 \gg \delta > 0)$, gilt mit (187)

$$p_{1 \to 2} \approx \frac{h_{21}}{h_{12}} \cdot \frac{4}{\delta^2} \tag{191}$$

und mit (188)

$$p_{2 \to 1} \approx \frac{h_{12}}{h_{21}} \cdot \frac{4}{\delta^2} \tag{192}$$

bzw.

$$p_s \approx \frac{4}{\delta^2}. \tag{193}$$

Die Verstärkung kann damit prinzipiell beliebig hoch getrieben werden. Wegen der möglichen Schwankungen der Impedanzen ist die tatsächlich erzielbare Verstärkung jedoch nach oben begrenzt, indem man technisch immer einen relativ großen Mindestschwingabstand einhalten muß (Kap. II.2c). In Abb. 58 ist eine Schaltung gezeigt, die eine schmal-

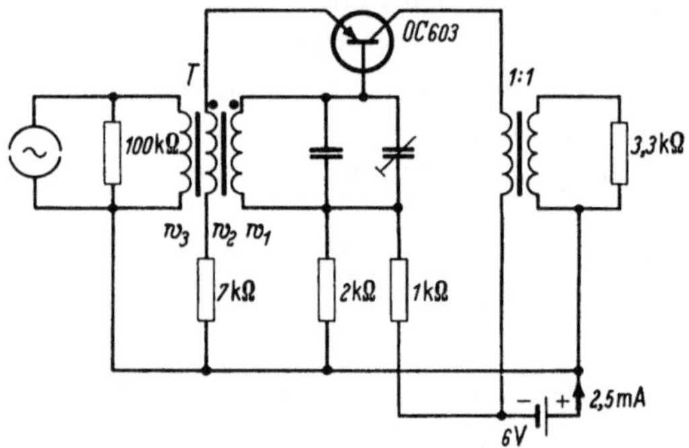

Abb. 58. Schwingkreisentdämpfung und Verstärkung bei einem Nf-Resonanzverstärker durch Parallelserienschaltung von aktivem und passivem Glied (nach RUDLOFF [159]; s. auch BENEKING [62]; dualer Betriebsfall zu Schaltung nach Abb. 52). Stabile Eigenentdämpfung des Kreises von $Q_0 = 17{,}6$ auf $Q = 500$; mit angeschlossenem Generator $Q = 250$ (Leistungsanpassung; Bandbreite $\Delta f = 4$ Hz bei $f_0 = 1$ kHz; Stabilität durch Gegenkopplung erhöht). Leistungsverstärkung über alles ≈ 200.
T Schwingkreisübertrager (in Mumetallbecher): Kernmat. Dyn.-Blech IV, Blechstärke 0,35 mm, Schnitt M 55 (Luftspalt 5,25 mm), $w_1 = 2100$, $w_2 = 186$, $w_3 = 400$; Kennwiderstand des Kreises $Z_0 = 5{,}7$ kΩ

bandige Verstärkung bei gleichzeitiger Güteerhöhung eines Schwingkreises bewirkt, Entdämpfung und Verstärkung also nur in jeweils einer Richtung ausnutzt.

Beidseitig wirkende Impedanzkonverter werden zur Entdämpfung von Fernsprechleitungen eingesetzt, indem der verlustbehaftete Leitungswiderstand mit seinem Frequenzgang nachgebildet und z. B. als Z_e an den Impedanzkonverter angeschlossen wird. Ausgangsseitig tritt bei $k = 1$ (durch Transformation zu erreichen) $Z_2 = -Z_e$ auf, so daß die Leitung insgesamt entdämpft wird. Damit entfällt der übliche, komplizierte Zweirichtungsverstärker; das gleiche gilt, wenn man entsprechend dem zuletzt behandelten Fall die Vierpolverstärkung ausnutzt.

Bei normalen, langen Leitungen wünscht man reflexionsfrei zu arbeiten; das ist durch entsprechende Kunstschaltungen möglich. Dazu sei auf die Literatur verwiesen (z. B. [*157*]). [*62, 152—161*].

2. Großsignalverstärkung

Unter Großsignalen versteht man Beaufschlagungen, für die man zur Schaltungsberechnung nicht mit den linearen Vierpolparametern auskommt. Mit analytisch gegebenen Kennlinien kann man zwar auch eine solche Schaltung berechnen (s. z. B. Kap. III.1b), jedoch ist normalerweise der Aufwand nicht gerechtfertigt. Man bedient sich deshalb graphischer Methoden. Geht man von den statischen Kennlinien aus, gelten die Ergebnisse nur für den quasistatischen Betriebsfall; anders, wenn man Wechselstromkennlinien nach der Art der Schwingkennlinien verwenden würde (Kap. III.1e).

Hier sei die Emitterschaltung für $f \ll f_\beta$ betrachtet, speziell in Nf-Stufen. Wie bei der Röhre kann man unterscheiden:

a) A-Betrieb, fester Arbeitspunkt im aktiven Betriebsbereich des Transistors (entsprechend der üblichen Kleinsignalverstärkung);

b) AB-Betrieb, Arbeitspunkt mit stark unsymmetrischer Aussteuerung (entweder fest oder aussteuerungsabhängig mit Verschiebung in Richtung B-Betrieb für größere Signale, dann auch D-Betrieb genannt);

c) B-Betrieb, Arbeitspunkt im Kennlinienknick mit Verstärkung nur einer Halbwelle (bei Nf-Verstärkern aus Verzerrungsgründen nur für Gegentaktschaltungen);

d) C-Betrieb, Arbeitspunkt im passiven Betriebsbereich, Verstärkung nur der Signalspitzen (Verwendung bei Impuls- und Sendeverstärkern, auch zur Oberwellenerzeugung; Schaltung mit bestem Wirkungsgrad, jedoch bei Nf-Verstärkern unbrauchbar).

Je nach der vorliegenden Schaltung (a) bis (d) ist der für einen Transistor wirksame Außenwiderstand nicht konstant, sondern von der Aussteuerung abhängig; insbesondere bei Gegentaktanordnungen. Die jeweilige Arbeitskennlinie im Kennlinienfeld muß demgemäß punktweise konstruiert werden, ebenso wie bei den entsprechenden Röhrenschaltungen (s. z. B. [*162*]). Lediglich bei Eintaktbetrieb der Schaltung nach (a) kann man wie gewohnt bei reellem Lastwiderstand in das statische I_2-U_2-Kennlinienfeld eine Arbeits*gerade* einzeichnen. Die Konstruktion erfolgt nach Abb. 11a, womit auch die zugehörige Eingangs-Arbeitskennlinie vorliegt. Variiert man (Abb. 11b) die eingangsseitige Urspannung (U_{B0}) des eingangsseitig angeschlossenen Generators $(R_i \equiv R_{e0})$, erhält man über die eingangs- bzw. ausgangsseitige Arbeitskennlinie auch eine Aussage über die jeweils zu erwartenden eingangs- und ausgangsseitigen Verzerrungen. Man nimmt meist eine sinusförmige Änderung der Eingangsgröße U_{B0} (= Ursache) vor und ermittelt den Oberwellengehalt durch harmonische Analyse der zugehörigen Eingangs- bzw. Ausgangsgröße (= Wirkung, hier I_1 bzw. I_2 oder U_2; s. z. B. [88]). Einfacher ist es, eine lineare Änderung von U_{B0} zugrunde zu legen, deren „Wirkung" direkt die jeweilige Arbeitskennlinie ist. Nähert man jene durch eine kubische Parabel an, indem man neben dem Arbeitspunkt drei weitere Wertepaare verwendet, erhält man entsprechend Kap. III.1b Gl. (145) und (146) direkt die Werte der Klirrfaktoren K_2 und K_3. Zur Bestimmung noch höherer Harmonischer wäre die Kennliniennäherung durch Hinzunahme weiterer Wertepaare zu erweitern, also zur Bestimmung der n-ten Oberwelle eine Parabel n-ten Grades zu verwenden (s. z. B. [136]).

Wegen des endlichen Gleichstromwiderstandes im Basiskreis (R_{B0} in Abb. 11b) verschiebt sich der Arbeitspunkt bei wachsender Aussteuerung immer etwas in Richtung B-Betrieb [Gleichrichterwirkung der gekrümm-

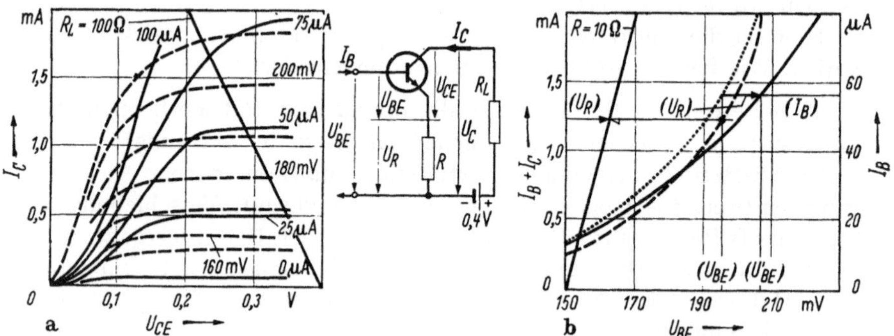

Abb. 59a u. b.   Graphische Behandlung der Strom-Spannungs-Gegenkopplung. (Das Beispiel bezieht sich auf einen npn-Transistor in Emitterschaltung, s. Abb. 2.)
1. Schritt: Aus dem Ausgangskennlinienfeld (a) wird an Hand der eingezeichneten Arbeitsgeraden $R'_L = R + R_L \approx R_L (R \ll R_L)$ die Arbeitskennlinie $I_B(U_{BE})$ entnommen (b·······).
2. Schritt: Über U_{BE} wird ebenfalls $I_B + I_C$ aufgetragen (– – –), wobei wegen $V_i \approx$ const $\gg 1$ gilt $I_B + I_C \approx I_C$ und $I_C = I_{CE0} + V_i I_B$, so daß praktisch die gleiche Kurve wie $I_B(U_{BE})$ resultiert.
3. Schritt: Durch Spiegeln dieser Kurve an der Widerstandsgeraden R erhält man auf der Abszisse die zu U_{BE} additiv hinzutretende Gegenkoppelspannung U_R.
4. Schritt: Durch Ansetzen der entsprechenden Spannungswerte U_R an U_{BE} erhält man mit $U'_{BE} = U_{BE} + U_R$ die gesuchte neue Arbeitskennlinie $I_B(U'_{BE})$ mit $R'_1 = \Delta U'_{BE}/\Delta I_B > R_1 = \Delta U_{BE}/\Delta I_B$ und geringerer Krümmung (———). (Die eingeklammerten Werte deuten ein Beispiel an)

ten Kennlinie, s. Gleichstromglied in (144)]. Um das möglichst zu verhindern, muß R_{B0} klein sein; der endliche Basisvorwiderstand des Transistors selbst wirkt jedoch immer in dem geschilderten Sinn ein. Bei gleitendem Arbeitspunkt wünscht man dagegen eine solche aussteuerungsabhängige Arbeitspunktverschiebung (AB-Betrieb). Mit (144) läßt sie sich bei der Kennlinienkonstruktion mit berücksichtigen, indem man den Übergang von Arbeitspunkt zu Arbeitspunkt mit einer ähnlichen Konstruktion wie in Abb. 53 ermittelt.

Auch die Wirkung einer Gegenkopplung läßt sich bei der Großsignalverstärkung nicht mehr mit den linearen Vierpolgrößen erfassen. Die Abb. 59 und 60 deuten an, wie man zur Konstruktion der modifizierten Arbeitskennlinien vorzugehen hat; es ist dabei von dem npn-Transistor ausgegangen, dessen Kennlinienfelder die Abb. 1, 2 und 3 zeigen (hier Emitterschaltung entsprechend Abb. 2).

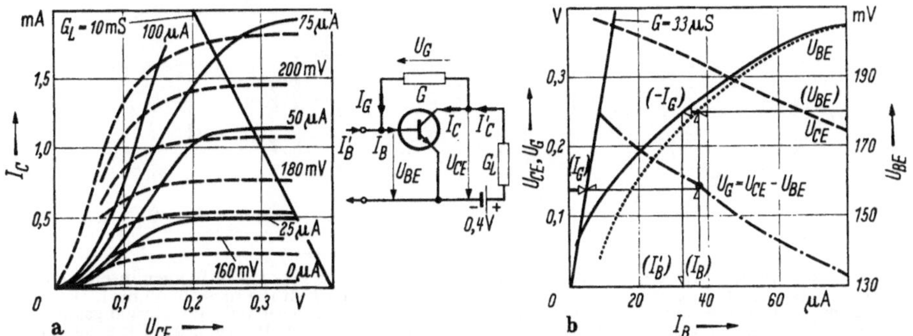

Abb. 60a u. b.   Graphische Behandlung der Spannungs-Strom-Gegenkopplung. (Das Beispiel bezieht sich auf einen npn-Transistor in Emitterschaltung, s. Abb. 2.)
1. Schritt: Aus dem Ausgangskennlinienfeld (a) wird an Hand der eingezeichneten Arbeitsgeraden (G_L) die Arbeitskennlinie $U_{BE}(I_B)$ entnommen (b, · · · · · ·). Die Belastung des Ausgangs durch G wird zunächst vernachlässigt.
2. Schritt: Über I_B wird $U_{CE} = U_{CE}(I_B)$ aufgetragen (– – –), wobei diese Kurve wegen $I_1 \approx$ const praktisch eine Gerade ist.
3. Schritt: Durch Spiegeln dieser Kurve an der Leitwertgeraden G erhielte man auf der Abszisse den von I_B abzuziehenden Gegenkoppelstrom I_G, falls $|U_{CE}| \gg |U_{BE}|$ gälte und damit der durch G fließende Strom nur durch $G U_{CE}$ bestimmt wäre. Hier ist zunächst die Differenzspannung $U_G = U_{CE} - U_{BE}$ zu bilden (– · – · –) und dann damit die Spiegelung an G vorzunehmen.
4. Schritt: Durch Abziehen der entsprechenden Stromwerte I_G von I_B erhält man mit $I'_B = I_B - I_G$ die gesuchte neue Arbeitskennlinie $U_{BE}(I'_B)$; sie ist gegenüber $U_{BE}(I_B)$ linearisiert und entspricht mit $R'_1 < R_1$ einem erniedrigten Eingangswiderstand (————). (Ist ein endlicher Generator-Innenleitwert G_i auf der Eingangsseite mit zu berücksichtigen, müßte wegen der Stromteilung für jeden Punkt der $U_{BE}(I_B)$-Kurve der Leitwert $G_1 = 1/R_1$ ermittelt und von I_G nur der Teil $I_G G_1/(G_i + G_1)$ berücksichtigt werden.) Die Kenntnis des Stromes I_G ermöglicht es, den Einfluß von G auf die Transistorbelastung (G'_L) zu berücksichtigen. Dafür gilt dann auch eine andere, veränderte Eingangs-Arbeitskennlinie, usw. Diese iterative Verbesserung kann jedoch normalerweise entfallen. (Die eingeklammerten Werte deuten ein Beispiel an)

Abb. 61 zeigt den Aufbau einer normalen AB-Gegentaktendstufe, bei der die Einstellung des Arbeitspunktes der Basis niederohmig vorgenommen ist. Eine gewisse Verschiebung des Arbeitspunktes bei Aussteuerung läßt sich jedoch auch dann nicht verhindern (s. oben). In Abb. 62 ist eine Endstufe dargestellt, bei der ein Übertrager entfällt. Gleichstrommäßig liegen beide Transistoren hintereinander, wechselstrommäßig wegen der gegenphasigen Steuerung beider jedoch quasiparallel. Die gradzahligen Harmonischen sind wie bei einer normalen Gegentaktschaltung weitgehend unterdrückt, jedoch ist der wirksame Ausgangswiderstand der Gesamtschaltung gegenüber einem einzelnen Transistor halbiert, so daß eine transformatorlose Ankopplung eines üblichen niederohmigen Lautsprechers möglich ist. Bei der Schaltung nach Abb. 62 erhält der zweite Transistor (II) seine Steuerspannung über

den ersten (I), indem in den Stromkreis ein kleiner Widerstand R ein-
gefügt ist, an dem die Steuerspannung abfällt. Über C wird sie dem
Transistor II zugeführt. Die weiteren Widerstände dienen zur Einstellung
der Arbeitspunkte (A-Betrieb). Da Drosseln im vorliegenden Fall nicht

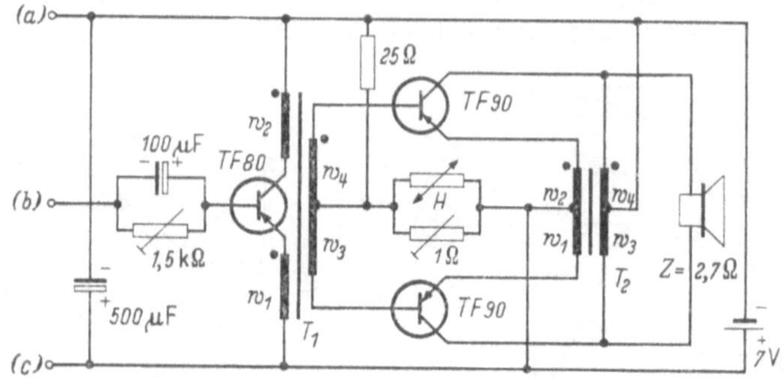

Abb. 61. Treiber- und Gegentaktendstufe eines 25-W-Verstärkers (nach Firmenunterlagen;
die Buchstaben a, b, c weisen auf die zugehörige Vorstufenschaltung in Abb. 45 hin). Beide
Stufen sind mit Spannungs—Spannungs-Gegenkopplung ausgerüstet, die Ausgangsstufe
arbeitet in AB-Betrieb. Klirrfaktor $\approx 10\%$ bei Vollaussteuerung (10 mV$_{eff}$ am Eingang der
ersten Vorstufe), $\approx 3,5\%$ bei halber Leistung. H Heißleiter Thernewid K 15, 4 Ω, 2 Stück
parallel; T_1 Treibertransformator M 42/15, Dyn.-Bl. IV/0,35, Schichtung $4 \times 1/4$ gleichsinn.,
Luftspalt 0,5 mm, $w_1 = 32$, $w_2 = 126$, $w_3 = w_4 = 80$ (bilifar); T_2 Ausgangstransformator
M 55/20, Dyn.-Bl. IV/0,35; Schichtung gegensinn., Luftspalt 0,5 mm, $w_1 = w_2 = 10$ (bif.),
$w_3 = w_4 = 50$ (bif.)

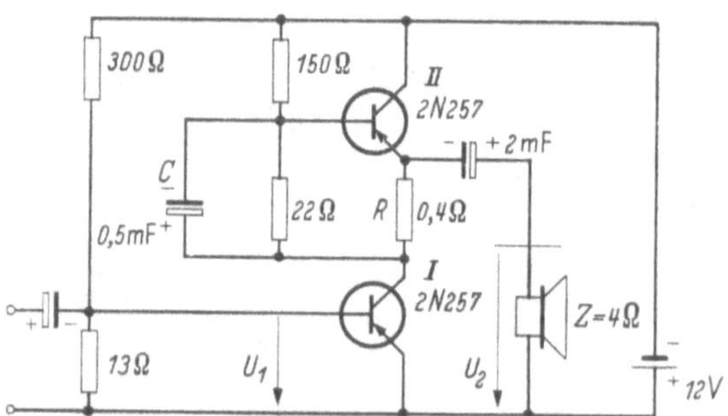

Abb. 62. „Eisenlose Endstufe" mit Transistoren. Die Steuerung von Transistor II geschieht
über Transistor I (R, C). Ausgangsleistung max. 3,24 W, Wirkungsgrad 40% (Batterie-
leistung 9 W); Leistungsverstärkung 30,2 dB $\cong$ 1060 (bei 0,5 kHz); Klirrfaktor $\approx 6\%$
(3 W) bzw. $\approx 3\%$ (1 W). Siehe auch Abb. 63 (nach HAMPEL [164])

verwendet wurden, um einen möglichst gedrängten Aufbau zu ermöglichen, sind die Spannungsteiler relativ niederohmig ausgeführt und
geben so zu einer nur kleinen Arbeitspunktabwanderung Anlaß. Allerdings sinkt die mögliche Gesamt-Leistungsverstärkung dadurch auf $1/_3$
des eigentlichen Wertes ab. Um eine Gegenkopplung dimensionieren zu
können, muß der Frequenzgang der Spannungsverstärkung und deren
Phase bekannt sein. In Abb. 63 ist die Ortskurve der komplexen Spannungsverstärkung dargestellt, wie sie sich bei einer Schaltung nach
Abb. 62 ergab. Üblicherweise wird sie mit OHMschem Lastwiderstand

ermittelt. Abb. 63 zeigt, daß dabei große Unterschiede gegenüber dem tatsächlichen Betriebsfall mit angeschlossenem Lautsprecher auftreten, da dieser eine stark frequenzabhängige Belastung darstellt. [*87, 88, 135, 136, 162—168.*]

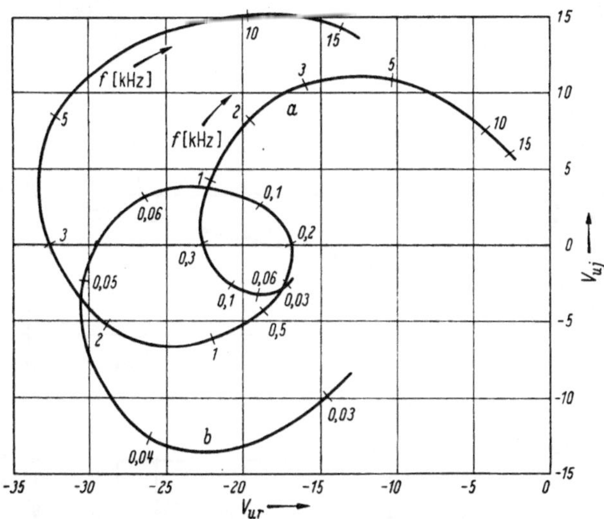

Abb. 63. Ortskurve der komplexen Spannungsverstärkung $V_u = U_2/U_1 = V_{ur} + j\,V_{uj}$ bei einer Schaltung nach Abb. 62. Kurve (a) gilt für OHMsche Belastung ($R = 4\,\Omega$), Kurve (b) für einen Lautsprecher mit $Z = 4\,\Omega$

3. Impulsverhalten

a) Der Transistor als Schalter

Für viele Zwecke genügt es, den Transistor ausgangsseitig lediglich als gesteuerten Schalter anzusehen, der die zwei Zustände „Aus" (Transistor-Tor zu $\equiv$ Schalter offen) und „Ein" (Transistor-Tor auf $\equiv$ Schalter geschlossen) besitzt. Man braucht dann nur die beiden stabilen Endzustände $- U_{CE} = U_{Aus}$, $- I_C = I_{Aus}$ und $- U_{CE} = U_{Ein}$, $- I_C = I_{Ein}$ zu betrachten (s. z. B. [*169—172*]). Schaltet man jeweils bis zur Aussteuergrenze, gilt $I_{Aus} = I_{Rest} \approx 0$ und $U_{Ein} = U_{Rest} \approx 0$, $I_{Ein} = I_0$ ($I_0 = U_0/R_L$; R_L Lastwiderstand; s. Abb. 64). Während die Verlustleistung in jedem der beiden Zustände mit

$$P_{Aus} = U_{Aus}\, I_{Aus} \approx U_0\, I_{Rest} \approx 0 \tag{194}$$

bzw.

$$P_{Ein} = U_{Ein}\, I_{Ein} \approx U_{Rest}\, I_0 \approx 0 \tag{195}$$

klein ist, ist die dem Verbraucher R_L zuführbare „Schaltleistung"

$$P_{Last} = R_L\,(I_{Ein}^2 - I_{Aus}^2) \approx U_{Aus}\, I_{Ein} \approx U_0\, I_0 \tag{196}$$

groß. Der Transistor läßt sich somit als kontaktloser Leistungsschalter mit gutem Wirkungsgrad verwenden.

Diese rein statische Betrachtung des Transistorschalters ist nicht mehr möglich, wenn die inneren und äußeren Zeitkonstanten merklich werden, wenn also der Schaltweg (a) in Abb. 64 nicht mehr beliebig

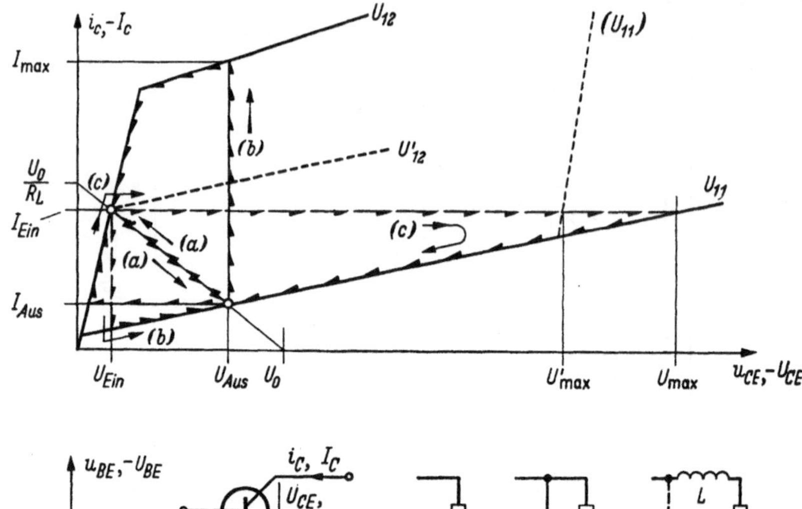

Abb. 64. Schaltverhalten bei verschiedener Belastung (Eigenzeitkonstante des Transistors ≪ Lastzeitkonstante CR_L, L/R_L). Idealisierter Schaltweg bei Ein- und Ausschalten für OHMsche Last (a), kapazitive Last (b) und induktive Last (c); s. Text

schnell oder — bei komplexer Belastung — überhaupt nicht mehr durchfahren wird. Zwei Grenzfälle sind zu unterscheiden. Bei langsamem Umschalten (innere Zeitkonstante des Transistors bzw. seiner Steuerung am Eingang ≫ Zeitkonstante der äußeren komplexen Belastung) wird zwar der Schaltweg (a) noch durchfahren, jedoch mit entsprechend langsamem Durchgang durch Gebiete hoher Verlustleistung. Die ausgangsseitig während der Umschaltdauer t_u auftretende Umschaltleistung

$$P_{\text{Schalt}} = \frac{1}{t_u} \int_0^{t_u} u_{CE}\, i_C\, dt \qquad (197)$$

läßt sich bei Kenntnis der Übergangsfunktion $i_C(t)$ berechnen. Bei linearem Anstieg

$$i_C(t) = I_{\text{Aus}} + (I_{\text{Ein}} - I_{\text{Aus}}) \frac{t}{t_u}$$

gilt

$$P_{\text{Schalt}} = \frac{U_0}{2}(I_{\text{Ein}} + I_{\text{Aus}}) - \frac{R}{3}(I_{\text{Ein}}^2 + I_{\text{Ein}} I_{\text{Aus}} + I_{\text{Aus}}^2) \approx \frac{P_{\text{Last}}}{6},$$

bei einem allmählichen Anstieg entsprechend einer (-cos)-Funktion, also

$$i_C(t) = \frac{I_{\text{Ein}} + I_{\text{Aus}}}{2} + \frac{I_{\text{Aus}} - I_{\text{Ein}}}{2} \cos\left(\frac{\pi\, t}{t_u}\right),$$

gilt

$$P_{\text{Schalt}} = \frac{U_0}{2}\,(I_{\text{Ein}} + I_{\text{Aus}}) - \frac{R}{8}\,(3\,I_{\text{Ein}}^2 + 2\,I_{\text{Ein}}\,I_{\text{Aus}} + 3\,I_{\text{Aus}}^2) \approx \frac{P_{\text{Last}}}{8}.$$

Die mittlere Leistung ist infolge der Schaltpausen geringer, jedoch sind diese Leistungsspitzen während des Umschaltens für die Lebensdauer und die sich einstellende Kristalltemperatur von wesentlicher Bedeutung[1] (s. Kap. I.1f, [*32, 35, 39, 172*]).

Anders liegen die Verhältnisse, wenn sehr schnell umgeschaltet wird (innere Umschaltzeitkonstante $\ll$ Zeitkonstante der äußeren komplexen Last). In Abb. 64 ist dieser andere Grenzfall ebenfalls dargestellt, und zwar (b) für kapazitive und (c) für induktive Last. Technisch liegt der Schaltweg dann in dem jeweilig umschlossenen Gebiet. Auch hier tritt eine relativ hohe Umschaltleistung auf. Bei kapazitiver Last kann der Strom i_C hohe Werte annehmen; besonders dann, wenn eingangsseitig stark übersteuert wird (Abb. 64). Durch langsameres Umschalten bzw. ohne eingangsseitige Übersteuerung ($|U_{BE}| = U'_{12}$ an Stelle von $|U_{BE}| = U_{12}$) läßt sich der Wert $I_{\max}$ verringern; im Endzustand muß jedoch der Wert von $U_{\text{Ein}} = U_{\text{Rest}}$ erhalten bleiben. Bei induktiver Last ist der Ausschaltvorgang kritisch, da an der Selbstinduktion L eine hohe zusätzliche Sperrspannung induziert wird. Der Wert von $U_{\max}$ kann selbstbegrenzt sein, wenn nämlich der Steilanstieg des Sperrstroms bereits bei Werten $|U_{CE}| < U_{\max}$ einsetzt ($U'_{\max}$ in Abb. 64). Ist der Durchbruch durch Trägervervielfachung bedingt, kann jedoch bei kurzer impulsförmiger Belastung $U_{\max}$ trotzdem erreicht werden [*174*]. Eine technische Lösung zur Verringerung der Maximalspannung ist eine zusätzliche, spannungsabhängige Belastung parallel zur induktiven Last, wie es in Abb. 64c durch eine passend gepolte Diode dargestellt ist[2].

Der Transistorschalter findet als Relais-Ersatz, in logischen Schaltungen oder als Unterbrecher (fremd- oder selbstgesteuert; Zerhacker) Verwendung. Die Abb. 65, 66, 67 zeigen entsprechende Schaltungen. Man beherrscht heute (1962) Schaltleistungen von etwa 10 kW bei Wirkungsgraden von 95%. Dabei ist nicht nur das Schalten von Gleichströmen möglich, sondern ähnlich einem Thyratron die Anschnittsteuerung bei Wechselströmen. Betreibt man z. B. eine Schaltung ähnlich Abb. 65 am Eingang über eine Phasenbrücke aus dem Wechselstromnetz, kann man den eigentlichen Schalttransistor in einem Wechselstromkreis anordnen.

---

[1] Die eingangsseitige Steuerleistung kann meist vernachlässigt werden.

[2] Insbesondere bei Transistoren, deren Kennlinien eine abschnittsweise negative Charakteristik aufweisen, ist eine Begrenzung notwendig (s. dazu [*175, 176*]).

Durch Steuerung der Öffnungsphase lassen sich im Lastkreis Strom-
flußwinkel von 0° bis 180° einstellen. Damit ist eine fast verlustfreie
Wechselstromsteuerung möglich[1]. Gleichspannungswandler werden als
„Flußwandler" (a) oder „Sperrwandler" (b) aufgebaut, je nachdem, ob

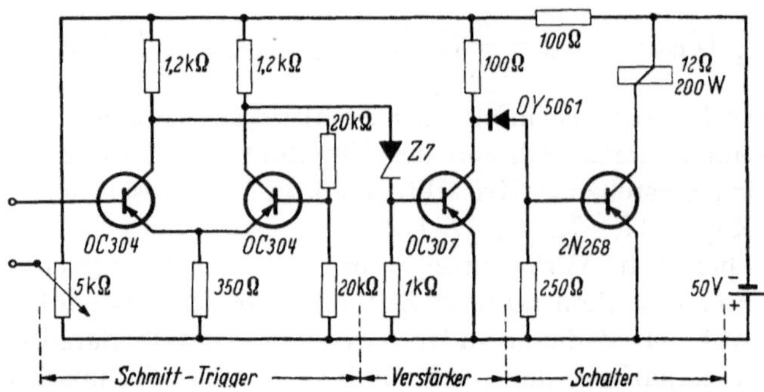

Abb. 65. Aufbau eines Transistorschalters (nach Firmenunterlagen). Um definiert die
Schaltstellungen EIN und AUS zu erreichen, wird der Schalttransistor über eine impulsformende Stufe gesteuert, die unabhängig von der eingangs anliegenden Steuerspannung,
ausgangsseitig stets den gleichen Potentialsprung erzeugt (SCHMITT-Trigger)

die Energie im Ein- oder Aus-Zustand des Transistors an die Last übertragen wird. Die Belastungsabhängigkeit beider Typen ist verschieden;
im Fall (a) wird mehr der Transistor beeinflußt (unterschiedlicher Strom

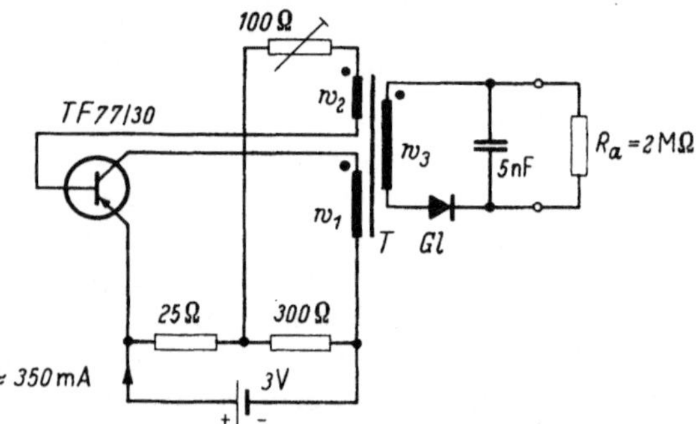

Abb. 66. 1000-V-Sperrwandler (Wirkungsgrad 50%, nach Firmenunterlagen), Gl Stab-
gleichrichter E 500 C 1,5; T Transformator Siferrit-Schalenkern B 6558 (28 × 23) 1100 N 22,
AL 630; $w_1 = 40$, $w_2 = 25$, $w_3 = 3500$

I_{Ein}), im Fall (b) sinkt bei steigender Belastung die Ausgangsspannung
(U_{max}). Bei (a) ist somit der Kurzschlußfall kritisch ($R_L = 0$); bei (b)
ein Ausfallen der Last, also der Leerlauffall ($R_L = \infty$). Durch Kunstschaltungen läßt sich die Belastungs- und Betriebsspannungsabhängig-
keit weitgehend beheben, darauf sei hier jedoch nicht näher eingegangen
(s. z. B. [178]).

---

[1] Insbesondere in der Starkstromtechnik ist auch das Halbleiter-Analogon
des Thyratrons für solche Zwecke von Bedeutung, s. dazu Teil D, Kap. III. 3.

Auf der Eingangsseite sind die Verhältnisse im Rahmen der statischen Betrachtung ebenfalls einfach zu übersehen. Im Aus-Zustand soll der Transistor ausgangsseitig gesperrt sein; es ist somit eingangsseitig ebenfalls eine Sperrspannung bzw. eine Spannung U_{11} an der Grenze des

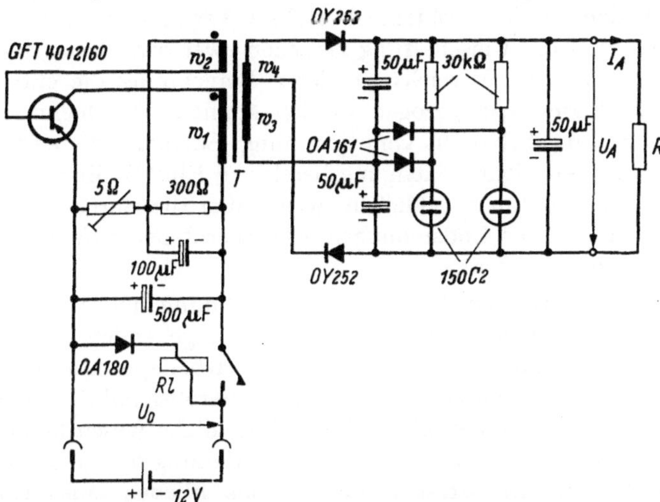

Abb. 67. Kombinierter Wandler für variable Last R. Der Sperrwandleranteil wird glimm-stabilisiert, wodurch die insgesamt entnommene Leistung ungefähr konstant bleibt. Damit ergibt sich trotz schwankender Belastung R praktisch konstante Spannung U_A (s. Abb. 68). Eine Schutzschaltung sorgt eingangsseitig dafür, daß Elektrolytkondensatoren und Transistor nicht mit einer verkehrt gepolten Batteriespannung U_0 beaufschlagt werden. (Wirkungsgrad über alles $\approx 60\%$; nach TISCHER [177].) T Transformator Dyn. Bl. IV, 0,35 mm, EI 78-Kern, Luftspalt 0,5 mm, $w_1 = 40, w_2 = 15, w_3 = 380, w_4 = 39$ (geschachtelt); Rl Relais 12 V/40 mA

passiven Bereichs anzulegen. Im Ein-Zustand soll der Stromwert I_{Ein} möglich sein, also ist entsprechend weit in den aktiven Bereich zu steuern (U_{12} bzw. U'_{12} in Abb. 64). Maßgebend ist eingangsseitig die jeweilige Arbeitskennlinie, die sich bei der vorliegenden Last ergibt; praktisch

Abb. 68. Belastungskennlinien des Summierwandlers von Abb. 67. Für $I_A =$ 15···60 mA beträgt bei $U_0 = 12 \pm$ 0,6 V ($\pm$ 5%) die Änderung von $U_A =$ 250 V ebenfalls maximal 5% ($\pm$ 12,5 V). Die „Brummspannung" beträgt max. 0,5 V_{eff} ($\approx$ 1 kHz). Ohne Gefahr für den Wandler kann $R = 0$ (Selbsterregung des Wandlers setzt aus) und $R = \infty$ (die Glimmröhren übernehmen die Last) sein (s. TISCHER [177]).

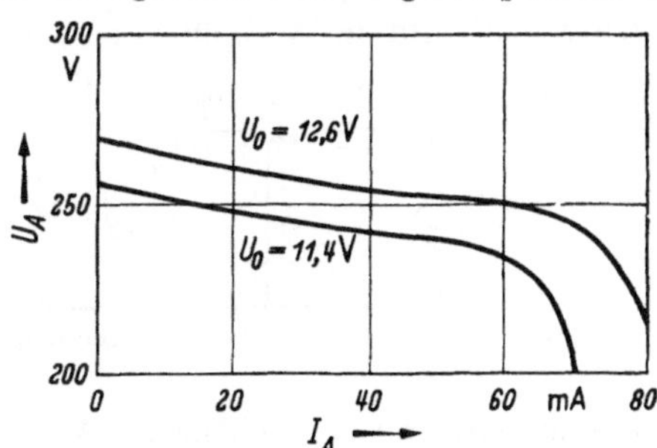

handelt es sich um eine normale Diodenkennlinie (s. z. B. [179]). Während des Umschaltens ändert sich nicht nur der wirksame Eingangswiderstand, sondern es treten auch Umladungen der Sperrschicht- bzw. Diffusionskapazitäten auf, die sich ihrerseits ändern. Bei der nur statischen Betrachtung bleibt das jedoch außer Betracht.

b) Umschaltverhalten

Der eigentliche Umschaltvorgang kann mittels LAPLACE-Transformation behandelt werden. Eine exakte Berechnung ist schwierig, da sich die eingehenden Transistorkenngrößen während des Umschaltens ändern. Man muß dann z. B. graphische Verfahren verwenden (s. z. B. [180]). Wir betrachten die Umschaltung zwischen zwei benachbarten Arbeitspunkten des aktiven Bereichs, zu deren Berechnung die entwickelten Ersatzschaltbilder herangezogen werden können. Der technisch meist gegebene Fall des Schaltens vom Spannungs-Sättigungsbereich („Aus"-Stellung) in den Strom-Sättigungsbereich („Ein"-Stellung) läßt sich näherungsweise daran anschließen, wenn man die durch die jeweilige Übersteuerung in den Endstellungen hervorgerufenen Effekte zusätzlich berücksichtigt (s. unten).

Eine genaue Übereinstimmung von Rechnung und Experiment ist dann allerdings nicht zu erwarten, da die eingehenden — jeweils als konstant angenommenen — Größen zu stark arbeitspunktabhängig sind. Man versucht, dem durch speziell auf das Großsignal-Schaltverhalten ausgerichtete Kenngrößen abzuhelfen. Eine solche wesentlich das Umschalten beeinflussende Größe ist die Gesamtladung der in der Basiszone gespeicherten Minoritätsträger, die für das Fließen eines Kollektorstromes nötig ist (z. B. „Diffusionsdreieck" beim normalen Transistor ohne Driftfeld). Diese Ladung wird während des Einschaltens aufgebaut; sie muß voll wieder abgebaut werden, ehe die Sperrung (Aus-Zustand) einsetzt. Zusätzlich wirken die Umladungen der Sperrschicht-Kapazitäten verzögernd auf den Umschaltvorgang ein, sofern dabei eine wesentliche Spannungsänderung erfolgt. Auf diese „Ladungsmethode", die spezielle Meßschaltungen zur Bestimmung der Umschaltparameter erfordert, gehen wir hier nicht ein (s. dazu [181—184]).

Zur Berechnung des Umschaltverhaltens ziehen wir das vereinfachte Ersatzschaltbild in Abb. 69 heran. Es folgt aus Abb. 17b, wenn man

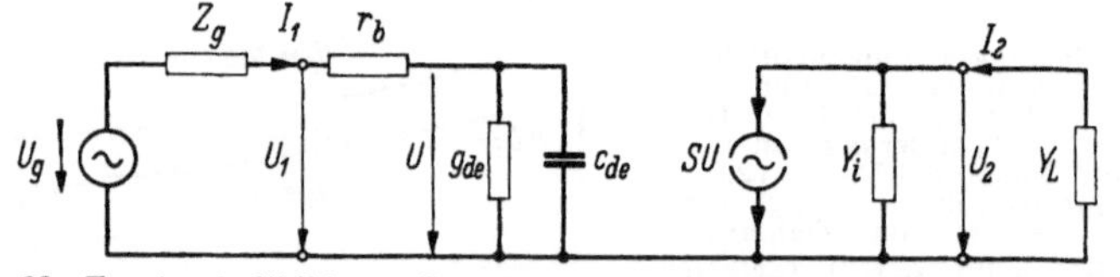

Abb. 69. Ersatzschaltbild zur Berechnung des Umschaltverhaltens (s. Text)

die Rückwirkung vernachlässigt. An sich wäre von dem Hf-Ersatzschaltbild auszugehen (Abb. 17a), da die FOURIER-Zerlegung scharfer Sprünge sehr hohe Frequenzen enthält. Wir berücksichtigen die komplexe Steilheit $S = S(1 - j\,\omega/3\omega_1)$ des inneren Transistors jedoch gesondert. Es ist auch möglich, von den eingehenden Hyperbelfunktionen komplexen Arguments auszugehen [z. B. von Teil A, Gl. (106)], anstatt deren erste

Näherung zu verwenden (s. [185]); jedoch läßt sich eine genügend genaue Aussage auch hiermit erhalten [179, 186—188].

Zunächst betrachten wir das Einschaltverhalten und berechnen die Verläufe $i_1(t)$, $i_{2K}(t)$ und $u_2(t)$, die sich für verschiedene Eingangsfunktionen $u_g(t)$ ergeben.

Wird an die Schaltung in Abb. 69 eine Urspannung U_g der Frequenz $f = \omega/2\pi$ gelegt, gilt mit den Abkürzungen

$$Z_g + r_b = Z_e, \qquad g_{de} + j\,\omega\,c_{de} = G(1 + j\,\omega\,\tau_\beta),$$

$$\tau_\beta = \frac{1}{\omega_\beta}, \qquad Y_i + Y_L = Y_a = G_a(1 + j\,\omega\,\tau_a)$$

und den Transistorgrößen

$$G = (1 - \alpha_0)\frac{I_E}{U_T}, \qquad S = \alpha_0\frac{I_E}{U_T}, \qquad \tau_\beta = \frac{w^2}{2D_p(1 - \alpha_0)}(= \tau_p)$$

[s. z. B. Abb. 17 bzw. (69) und (44)] für

$$I_1 = \frac{U_g\,G(1 + j\,\omega\,\tau_\beta)}{1 + Z_e\,G(1 + j\,\omega\,\tau_\beta)}, \tag{198}$$

für

$$I_{2K} = \frac{U_g\,S}{1 + Z_e\,G(1 + j\,\omega\,\tau_\beta)} \tag{199}$$

und für

$$U_2 = \frac{-U_g\,S}{\{1 + Z_e\,G(1 + j\,\omega\,\tau_\beta)\}\,G_a(1 + j\,\omega\,\tau_a)}. \tag{200}$$

Beschränken wir uns zunächst auf reelle Werte $Z_g = R_g$, also $Z_e = R_e$, können wir jeweils schreiben

$$I_1 = I_{1\infty}\frac{1 + j\,\omega\,\tau_\beta}{1 + j\,\omega\,\tau_r}, \tag{201}$$

$$I_{2K} = I_{2K\infty}\frac{1}{1 + j\,\omega\,\tau_r}, \tag{202}$$

$$U_2 = U_{2\infty}\frac{1}{(1 + j\,\omega\,\tau_r)(1 + j\,\omega\,\tau_a)}. \tag{203}$$

Darin sind

$$I_{1\infty} = \frac{U_g\,G}{1 + R_e\,G}, \tag{204}$$

$$I_{2K\infty} = \frac{U_g\,S}{1 + R_e\,G}, \tag{205}$$

$$U_{2\infty} = \frac{-U_g\,S}{(1 + R_e\,G)\,G_a} \tag{206}$$

die quasistatischen Werte, die für $\omega\,\tau \to 0$ erhalten werden. τ_r ist mit

$$\tau_r = \tau_\beta\frac{R_e\,G}{1 + R_e\,G} \tag{207}$$

21*

eine Zeitkonstante, die sich aus Transistoreigenschaften (τ_β, r_b, G) und äußerer Beschaltung (R_g) zusammensetzt. Es wird sich im Verlauf der weiteren Rechnung zeigen, daß τ_r die Anstiegszeitkonstante ist.

Betrachten wir jetzt an Stelle einer Wechselspannung die Wirkung einer Urspannungs-Sprungfunktion $F(t)$ mit

$$F(t) = \begin{cases} 0 & \text{für } t < 0 \\ U_g & \text{für } t > 0, \end{cases}$$

erhalten wir zunächst für die LAPLACE-Transformierten wegen

$$F(t) \circ\!\!-\!\!\bullet U_g/p$$

mit (201) im Unterbereich

$$I_1(p) = I_{1\infty} \frac{1}{p} \cdot \frac{1 + p\,\tau_\beta}{1 + p\,\tau_r}, \tag{208}$$

mit (202)

$$I_{2K}(p) = I_{2K\infty} \frac{1}{p} \cdot \frac{1}{1 + p\,\tau_r} \tag{209}$$

und mit (203)

$$U_2(p) = U_{2\infty} \frac{1}{p} \cdot \frac{1}{(1 + p\,\tau_r)(1 + p\,\tau_a)}. \tag{210}$$

Damit gilt nach Rücktransformation in den Oberbereich (s. z. B. [189]) bei $\tau_r \neq \tau_\beta$ für

$$i_1(t) = I_{1\infty} \left\{ 1 + \frac{1}{R_e G} e^{-\frac{t}{\tau_r}} \right\} \tag{211}$$

und für $u_1(t) = U_g - i_1(t)\,R_g$

$$u_1(t) = U_{1\infty} \left\{ 1 - \frac{R_g}{R_e(1 + r_b G)} e^{-\frac{t}{\tau_r}} \right\} \tag{212}$$

bzw. bei $\tau_r = \tau_\beta$ für

$$i_1(t) = I_{1\infty} \tag{213}$$

und für

$$u_1(t) = U_{1\infty} \left\{ 1 - \frac{1}{1 + r_b G} e^{-\frac{t}{\tau_r}} \right\}, \tag{214}$$

wenn

$$U_{1\infty} = U_g \frac{1 + r_b G}{1 + R_e G} \tag{215}$$

ist. Für $i_{2K}(t)$ wird

$$i_{2K}(t) = I_{2K\infty} \left\{ 1 - e^{-\frac{t}{\tau_r}} \right\} \tag{216}$$

und mit der Abkürzung $d = \dfrac{1}{\tau_a} - \dfrac{1}{\tau_r}$ bei $\tau_r \neq \tau_a$ für

$$u_2(t) = U_{2\infty} \left\{ 1 - \frac{1}{d\tau_r} e^{-\frac{t}{\tau_r}} (1 + d\tau_r - e^{-td}) \right\} \tag{217}$$

bzw. bei $\tau_r = \tau_a$ für

$$u_2(t) = U_{2\infty}\left\{1 - \left(1 + \frac{t}{\tau_r}\right)e^{-\frac{t}{\tau_r}}\right\} \tag{218}$$

erhalten.

Aus diesen Formeln entnimmt man neben dem allgemeinen Verlauf (Abb. 70) das unterschiedliche Schaltverhalten bei Spannungs- und

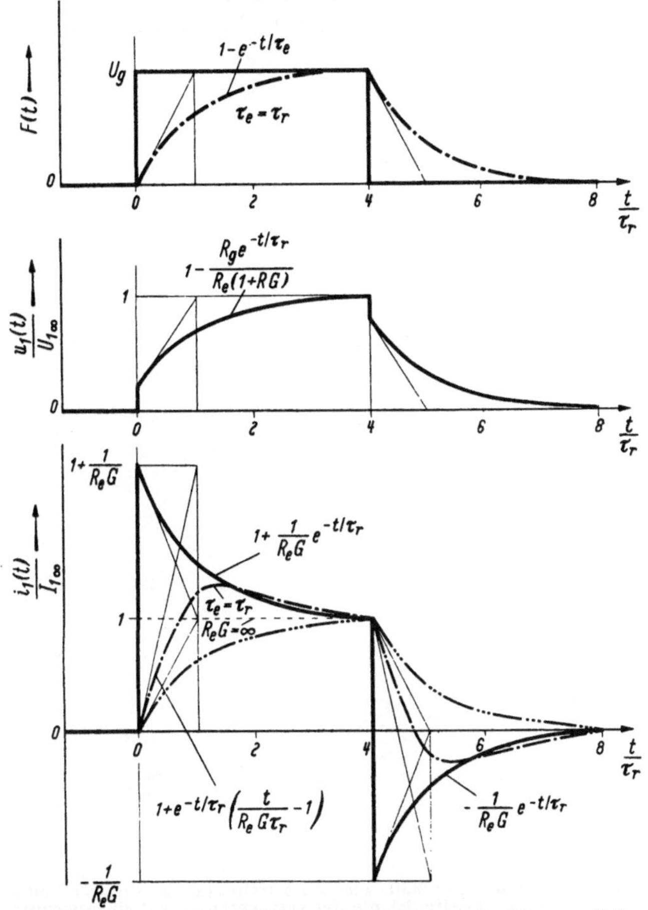

Abb. 70a. Eingangsseitiger Einschalt- und Ausschaltvorgang; linearer Fall ohne Übersteuerung (s. Text).
——————— Verlauf für Rechtecksprung ($\tau_e = 0$); —·—·—· Verlauf für langsames Schalten ($\tau_e \neq 0$; angenommen ist $\tau_e = \tau_r$); ·············· Verlauf bei Stromsteuerung ($R_e G = \infty$; $\tau_e = 0$); —··—··—·· Verlauf bei langsamer Stromsteuerung ($R_e G = \infty$; $\tau_e = \tau_r$)

Stromsteuerung. Für $R_e G \ll 1$ liegt Spannungssteuerung vor, womit wegen (207) die Einschaltzeitkonstante $\tau_r \approx \tau_\beta R_e G \ll \tau_\beta = \frac{1}{\omega_\beta}$ ist. Das Ansteigen geschieht in einem solchen Fall viel rascher als bei Stromsteuerung, für die wegen $R_e G \gg 1$ gilt $\tau_r \approx \tau_\beta = \frac{1}{\omega_\beta}(= \tau_p)$.

Die erste Spitze des Eingangsstroms ist mit (211) und (213) ebenfalls stark von der Art der Steuerung abhängig. Bei Spannungssteuerung tritt kurzzeitig eine hohe Stromspitze auf (Ladestrom der Diffusionskapazität c_{de}), die bei reiner Stromsteuerung völlig verschwindet.

Der Ausgangs-Kurzschlußstrom ist bis auf den geänderten τ_r-Wert in seinem Verlauf nicht beeinflußt. Jedoch gibt (216) nicht die Verzögerung wieder, die durch die endliche Basislaufzeit der Minoritäts-

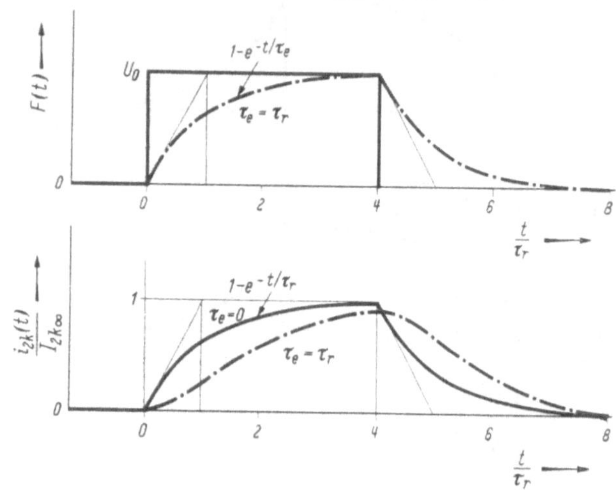

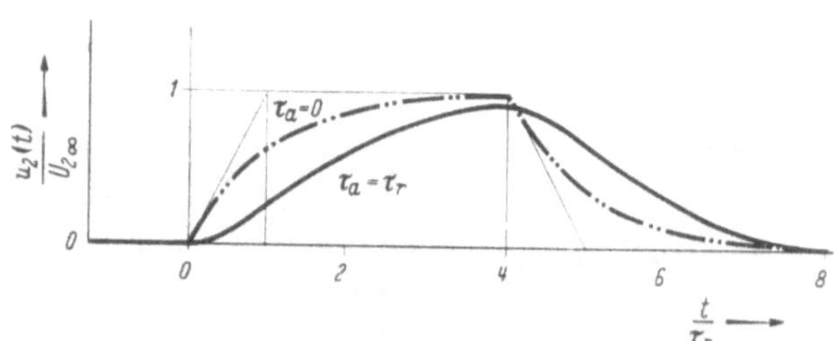

Abb. 70 b. Ausgangsseitiger Einschalt- und Ausschaltvorgang; linearer Fall ohne Übersteuerung (s. Text). Ausgangsseitig ist die Zeitverzögerung nicht eingezeichnet, ferner ist $\tau_a = \tau_r$ angenommen. ———— Verlauf für Rechtecksprung ($\tau_e = 0$); —·—·— Verlauf für langsames Schalten $\tau_e \neq 0$); angenommen ist $\tau_e = \tau_r$); —··—··— Verlauf bei OHMscher Belastung ($\tau_a = 0$)

träger bedingt ist. Zu deren Berechnung verwenden wir an Stelle von S den Wert von $\boldsymbol{S}$ in der Form $\boldsymbol{S} = S \cdot e^{-j\omega/3\omega_1}$, womit wir mit $\omega_1 = \omega_\beta/(1-\alpha_0)$ an Stelle von (209) erhalten

$$I_{2K}(p) = I_{2K\infty}\, e^{-p \cdot \frac{\tau_\beta(1-\alpha_0)}{3}} \cdot \frac{1}{p}\, \frac{1}{1+p\,\tau_r}. \tag{219}$$

Die zugehörige Zeitfunktion entspricht dem zuvor gefundenen Verlauf
(216), jedoch mit einem um das Zeitintervall

$$t_l = \frac{\tau_\beta}{3}(1 - \alpha_0) = \frac{1}{3\,\omega_1} = \tau_l \qquad (220)$$

verschobenen Beginn[1] (bezüglich des Drifttransistors s. dazu Kap. I. 2a).

Der zeitliche Verlauf der Ausgangsspannung ist mit (217) und (218)
wegen des Eingehens zweier Zeitkonstanten praktisch nochmals gegenüber dem Eingangssignal verzögert. Das ist auch aus Abb. 70 zu entnehmen, wo die einzelnen Verläufe untereinander dargestellt sind.

Da eine ideale Sprungfunktion nicht zu realisieren ist, soll als zweite
Eingangsfunktion ein Exponentialanstieg mit

$$F(t) = \begin{cases} 0 \ \text{für} \ t < 0 \\ U_g(1 - e^{-t/\tau_e}) \ \text{für} \ t > 0 \end{cases}$$

angenommen und der zugehörige Verlauf von $i_1(t)$ und $i_{2K}(t)$ bestimmt
werden. Mit

$$F(t) \; \circ \!\!-\!\!\bullet \; \frac{U_g}{p(1 + p\,\tau_e)}$$

folgt mit (201) und (202)

$$I_1(p) = I_{1\infty} \frac{1}{p(1 + p\,\tau_e)} \frac{1 + p\,\tau_\beta}{1 + p\,\tau_r} \qquad (221)$$

und

$$I_{2K}(p) = I_{2K\infty} \frac{1}{p(1 + p\,\tau_e)} \cdot \frac{1}{1 + p\,\tau_r}. \qquad (222)$$

Mit der Abkürzung

$$d_e = \frac{1}{\tau_e} - \frac{1}{\tau_r}$$

gilt demgemäß für $\tau_e \neq \tau_r$

$$i_1(t) = I_{1\infty} \left\langle 1 + e^{-\frac{t}{\tau_r}} \left\{ \frac{1}{R_e\,G\,d_e\,\tau_e} - \left(1 + \frac{1}{R_e\,G\,d_e\,\tau_e}\right) e^{-t\,d_e} \right\} \right\rangle \qquad (223)$$

und

$$i_{2K}(t) = I_{2K\infty} \left\{ 1 - \frac{1}{d_e\,\tau_r} \cdot e^{-\frac{t}{\tau_r}} (1 + d_e\,\tau_r - e^{-t\,d_e}) \right\} \qquad (224)$$

bzw. für $\tau_e = \tau_r$

$$i_1(t) = I_{1\infty} \left\{ 1 + e^{-\frac{t}{\tau_r}} \left(\frac{t}{R_e\,G\,\tau_r} - 1 \right) \right\} \qquad (225)$$

und

$$i_{2K}(t) = I_{2K\infty} \left\{ 1 - \left(1 + \frac{t}{\tau_r}\right) e^{-\frac{t}{\tau_r}} \right\}. \qquad (226)$$

---

[1] Praktisch überwiegen oftmals andere Effekte, die die tatsächliche Verzögerung stark vergrößern können (s. dazu auch S. 329, 332).

In Abb. 70 sind die einzelnen Verläufe ebenfalls dargestellt. Die bei Strom- oder Spannungssteuerung unterschiedliche Größe der Einschaltzeitkonstanten τ_r ist aus der Darstellung nicht zu entnehmen, da der Zeitmaßstab auf τ_r bezogen ist; τ_r folgt jeweils aus (207).

Durch zwei Schaltungsmaßnahmen gelingt eine Versteilerung der ausgangsseitigen Einschalt-Impulsflanke; die erste besteht in der Einfügung einer RC-Kombination in den Eingangskreis, die zweite in einer eingangsseitigen Übersteuerung. Zunächst sei der erste Fall betrachtet, bei dem Z_g aus einer Parallelschaltung eines OHMschen Widerstandes R_g und einer Kapazität C_g besteht. Damit ist Z_g mit $\tau_g = R_g\,C_g$ als $Z_g = R_g/(1 + j\,\omega\,\tau_g)$ gegeben. Führt man diesen Wert z. B. in (199) ein, gilt

$$I_{2K} = \cfrac{U_g\,S}{1 + \{R_g + r_b(1 + j\,\omega\,\tau_g)\}\,G\left\{\cfrac{1 + j\,\omega\,\tau_\beta}{1 + j\,\omega\,\tau_g}\right\}}\,. \tag{227}$$

Man erkennt, daß bei $R_g \gg r_b\,|1 + j\,\omega\,\tau_g|$ für

$$\tau_g = R_g\,C_g = \tau_\beta = \frac{1}{\omega_\beta}\ (= \tau_p) \tag{228}$$

der komplexe Frequenzgang kompensiert wird; die äußere RC-Schaltung wirkt zusammen mit dem Transistoreingang als kompensierter Spannungsteiler. Unter der Voraussetzung (228) gilt bei Anliegen einer Sprungfunktion an Stelle von (208), (209) und (210) hier

$$I_1(p) = I_{1\infty}\frac{1 + p\,\tau_\beta}{p\,(1 + p\,\tau_r')}\,, \tag{229}$$

$$I_{2K}(p) = I_{2K\infty}\frac{1}{p\,(1 + p\,\tau_r')}\,, \tag{230}$$

$$U_2(p) = U_{2\infty}\frac{1}{p\,(1 + p\,\tau_r')}\cdot\frac{1}{1 + p\,\tau_a}\,. \tag{231}$$

Darin ist die modifizierte Einschaltzeitkonstante

$$\tau_r' = \tau_\beta\,\frac{r_b\,G}{1 + (R_g + r_b)\,G} \ll \tau_r\,. \tag{232}$$

Da für große R_g-Werte $\tau_r' \approx 0$ gilt, tritt bei $i_1(t)$ nach einer ersten scharfen Spitze schnell der konstante Wert $I_{1\infty}$ auf. $i_{2K}(t)$ stellt praktisch wieder eine Sprungfunktion dar und ist ein fast unverzerrtes Abbild der Eingangsgröße. $u_2(t)$ verläuft im wesentlichen mit

$$u_2(t) = U_{2\infty}\left(1 - e^{-\frac{t}{\tau_a}}\right),$$

weicht also in seinem Verhalten nur durch die ausgangsseitige Beschaltung vom Eingangssignal ab. Die Ausgangsgrößen sind dabei wieder zusätzlich um t_l gegenüber dem Eingangssignal verzögert, wie oben abgeleitet (220).

Bei einer eingangsseitigen Übersteuerung wird U_g so groß gewählt, daß bei der vorliegenden äußeren Belastung eine Übersteuerung in das Stromsättigungsgebiet hinein erfolgt (z. B. entsprechend Abb. 64, $|U_{BE}| = U_{12}$). Der ausgangsseitige Stromanstieg endet bei Erreichen des Sättigungsstromes I_{Ein} (Abb. 64), während eingangsseitig der Einschaltvorgang weiter abläuft. Damit läßt sich die absolute Größe der wirksamen Einschaltdauer verkürzen, da zu dem Spannungswert $|U_{BE}| = U_{12}$ ein höherer Stromwert $I_{2K\infty}$ bzw. ein höherer Spannungswert $U_{2\infty}$ gehört als zu $|U_{BE}| = U'_{12}$, dem übersteuerungsfreien Fall. Wird das Ausschalten jedoch aus einem solchen übersteuerten Zustand heraus vorgenommen, tritt eine zusätzliche Ausschaltverzögerung auf (Abb. 71 bzw. weiter unten). Der eingangsseitige Einschaltvorgang wird nach Erreichen von $i_C = I_{\mathrm{Ein}}$ ebenfalls modifiziert, da anschließend die an der inneren Kollektor-Basisstrecke anliegende Spannung umgepolt ist (Abb. 64). An Stelle einer Sperrspannung $|u_{CE}| - |u_{BE}| > 0$ liegt dann

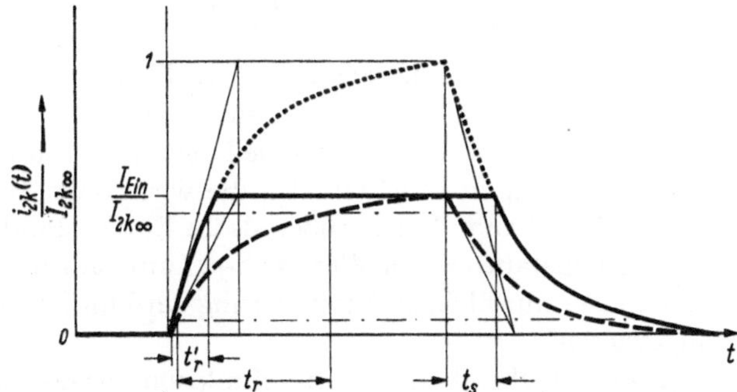

Abb. 71. Veränderung des Schaltverhaltens durch Einschaltübersteuerung (s. Text)

eine Flußspannung $|u_{CE}| - |u_{BE}| < 0$ an, womit der innere Rückwirkungsleitwert $(-y_{12})$ nicht mehr zu vernachlässigen ist. Er entspricht einer Diode im Flußgebiet, besteht also analog der Eingangsseite aus einem Leitwert $Y = g'_{ed}(1 + j\,\omega\,\tau'_d)$, wenn g'_{ed} der zugehörige Diffusionsleitwert und $c'_{ed} = g'_{ed}\tau'_d$ die Diffusionskapazität bedeuten. Der Kollektorstrom $i_C = I_{\mathrm{Ein}}$ bleibt damit trotz weiter anwachsender Steuerspannung u_{BE} praktisch konstant, da ein entsprechend großer Diffusionsstrom in Gegenrichtung über diese Diodenstrecke abfließt. Ein Teil davon wird im Basiskreis wirksam, so daß schließlich

$$I'_{1\infty} = I_{1\infty}(U'_{12}) + \Delta I_{1\infty}\{1 + \beta_0(1 - \alpha_{0r})\} \qquad (233)$$

gilt. Darin ist

$$\Delta I_{1\infty} = I_{1\infty}(U'_{12})\left(e^{\frac{U_{12} - U'_{12}}{U_T}} - 1\right) \qquad (234)$$

die Differenz des normalen Eingangsstromes für $|U_{BE}| = U_{12}$ und $|U_{BE}| = U'_{12}$, womit (233) aus den statischen Strom-Spannungsbeziehungen (7) und (8) der Emitterschaltung folgt (für β_0, α_{0r} sind die entsprechenden Werte des zugehörigen Arbeitspunktes einzusetzen).

Die tatsächliche Umschaltdauer t'_u einer Schaltung ist nicht direkt anzugeben, da sie u. a. von der Weiterverwendung des Ausgangsimpulses abhängt (z. B. Einschaltzeitpunkt eines im Lastkreis liegenden Relais, usw.). Man definiert deswegen als Schaltzeit t die Zeitdifferenz, die zwischen 10% und 90% der schließlich erreichten Endamplitude liegt. Für eine einfache Exponentialfunktion mit der Zeitkonstanten τ — wie z.B. nach Gl. (213) — gilt allgemein

$$t = \tau \ln 9 \approx 2,2\,\tau. \tag{235}$$

Beim Ausschalten liegen die Verhältnisse ähnlich wie beim Einschalten. Die rechnerische Behandlung geschieht analog, weswegen wir uns kürzer fassen. Allgemein gilt bei Schaltvorgängen innerhalb des aktiven Betriebsbereichs für die Ausschaltzeitfunktion

$$F_{\text{Aus}}(t) = F_\infty - F_{\text{Ein}}(t), \tag{236}$$

wenn F_∞ der statische Ausgangszustand ist. Damit lassen sich die obigen Ergebnisse übernehmen. Bei einer Durchsteuerung des gesamten aktiven Betriebsbereichs ist der Unterschied der Transistorkennwerte im Ein- und Aus-Zustand zu beachten. Da die wirksamen Impedanzen des Transistors im Aus-Zustand viel größer als im Ein-Zustand sind, tritt dann als Abfallzeitkonstante τ_f ein Wert $\tau_f > \tau_r$ auf; auf diesen Unterschied gegenüber einer nur kleinen Aussteuerung wird im folgenden nicht gesondert hingewiesen[1].

Wird abrupt entsprechend einer Sprungfunktion ausgeschaltet, folgt mit (211), daß so lange ein negativer Eingangsstrom

$$= -\frac{1}{R_e\,G}\,I_{1\infty}\,e^{-\frac{t}{\tau_r}} \tag{237}$$

fließt, als noch eine end   )annung

$$= \frac{U_g}{1 + R_e\,G}\,e^{-\frac{t}{\tau_r}} \tag{238}$$

an der Diffusionskapazi   vorhanden ist (Abb. 69)[2]; entsprechend gilt auch

$$u_1(t) = U_g\,\frac{R_g}{R_e(1 + R_e\,G)}\,e^{-\frac{t}{\tau_r}}. \tag{239}$$

---

[1] Dieser Unterschied ist auch dann zu beachten, wenn der Transistor nur als Schalter mit $\tau_r < \tau_a$ betrieben wird. Damit ist τ_a während des Ein- und Ausschaltens entsprechend der starken Y_i-Änderung sehr unterschiedlich, s. auch das Ersatzschaltbild in Abb. 69 bzw. (217).

[2] S. dazu jedoch [*190*] und weiter unten wegen der Modifizierung bei größerer Aussteuerung.

Diese nach dem Abschalten noch vorhandene Steuerspannung bewirkt mit (216) einen entsprechenden Kollektornachstrom der Größe

$$i_{2K}(t) = I_{2K\infty}\, e^{-\frac{t}{\tau_r}}. \tag{240}$$

Für die bei $Y_L \neq \infty$ ausgangsseitig vorhandene Spannung gilt mit (217) und (218) bei $d = \dfrac{1}{\tau_a} - \dfrac{1}{\tau_r} \neq 0$

$$u_2(t) = U_{2\infty}\, \frac{1}{d\tau_r}\, e^{-\frac{t}{\tau_r}} (1 + d\tau_r - e^{-td}) \tag{241}$$

bzw. bei $\tau_a = \tau_r$

$$u_2(t) = U_{2\infty} \left(1 + \frac{t}{\tau_r}\right) e^{-\frac{t}{\tau_r}}. \tag{242}$$

Physikalisch gesehen muß die Basisschicht zuerst von den für den vorherigen Strom notwendigen Überschuß-Minoritätsträgern befreit werden, ehe der Gleichgewichtszustand wieder erreicht werden kann. Das geschieht außer durch Rekombination durch das „Auslaufen" der Minoritäten über die an die Basis angrenzenden Kontakte. Dieser Speichereffekt[1] bedingt dann die endliche Ausschaltdauer; das gilt besonders dann, wenn vom übersteuerten Ein-Zustand aus ausgeschaltet wird. Denn dann muß außerdem die zusätzlich vorhandene Minoritätenmenge noch abgeführt werden, ehe überhaupt der normale, oben geschilderte Ausschaltvorgang einsetzt. Diese zusätzliche Ausschaltverzögerung wird meist „Speicherzeit" t_s genannt; besser ist der Ausdruck „Erholzeit"[2], da die Speicherung der zusätzlichen Minoritäten bereits während der Einschaltübersteuerung erfolgt, nachdem ausgangsseitig $|I_C| = I_{\mathrm{Ein}}$ erreicht ist. Solange $U_{12} \geq u_{BE} > U'_{12}$ ist (Abb. 64), wird die Basisschicht sowohl über die Eingangsstrecke als auch über die in Flußrichtung gepolte Kollektor-Emitterstrecke entladen. Die zugehörige Zeitspanne t_s hängt somit auch von der kollektorseitigen äußeren Beschaltung ab. Im Kurzschlußfall ($U_2 = 0$) kann man überschlägig so tun, als läge der eingangsseitigen Diodenstrecke ($Y = g_{de}(1 + j\,\omega\,\tau_\beta)$) die ausgangsseitige Diodenstrecke mit $Y = g'_{ed}(1 + j\,\omega\,\tau'_\alpha)$ parallel. Dann klingt die Überschußladung mit e^{-t/τ_s} ab und analog der Betrag des Übersteuerungsstromes am Eingang mit

$$\left|i_1\right| = I'_{1\infty}\, e^{-\frac{t}{\tau_s}}, \tag{243}$$

wenn die Erholzeitkonstante

$$\tau_s = \frac{G\,\tau_\beta + g'_{ed}\,\tau'_\alpha}{\dfrac{1}{R_r} + G + g'_{ed}} \tag{244}$$

---

[1] "storage".
[2] "recovery time".

beträgt. Damit ist mit (233) und (234)

$$t_s = \tau_s \ln \frac{I'_{1\infty}(U_{12})}{I_{1\infty}(U'_{12})} \, .$$ (245)

Bei nur leichter Übersteuerung kann man genügend genau mit dem normalen Wert

$$\tau_s \approx \frac{R_e G}{1 + R_e G} \tau_\beta = \tau_r$$ (246)

rechnen (s. dazu auch [191]). In (244) ist der für $|I_B| = I'_{1\infty}(U_{12})$ geltende G-Wert einzusetzen. Wegen $G \sim |I_B|$ ist der Flußleitwert hier viel größer als inmitten des aktiven Betriebsbereichs, welchen Wert man dagegen bei Schalten über den gesamten aktiven Betriebsbereich (von I_{Aus} bis I_{Ein} in Abb. 64) näherungsweise zugrunde legt (s. auch [186]).

Die Umpolung der Kollektorsperrschicht und damit die große Trägerdichteüberhöhung kann man vermeiden, wenn man durch eine Kunstschaltung dafür sorgt, daß die wirksame Kollektor-Basisspannung immer in Sperrichtung gepolt bleibt. Das gelingt mit passend gepolten Dioden („Klammerdioden")[1], die im Ein-Zustand des Transistors, noch im aktiven Bereich, leitend werden und damit die an ihnen anliegende Spannung „festklammern". Jedoch hat dieses Verfahren nur einen Sinn, wenn die Erholzeit der Hilfsdioden selbst kleiner als die des übersteuerten Transistors ist (s. dazu z. B. [194]).

Die obigen Rechnungen gehen von der allgemeinen Anwendbarkeit des Ersatzschaltbildes aus, welches an sich nur für kleine Aussteuerungen $|U| < U_T$ und für einen beschränkten Frequenzbereich Gültigkeit besitzt. Auf einen damit nicht erfaßten Effekt, der bei großer Aussteuerung wichtig wird, sei noch hingewiesen. Bei der abrupten Umschaltung, wo sich die Minoritätsdichte am emitterseitigen Basisrand um mehrere Zehnerpotenzen ändern muß (Faktor $e^{(U_{12} - U_{11})/U_T}$, s. Abb. 64), sollte wegen des plötzlich auftretenden unendlich großen Dichtegradienten ein unendlich hoher Ausgleichstrom als Diffusionsstrom fließen. Das ist wegen der gegebenen Maximalgeschwindigkeit der Träger (s. Teil B, Kap. II. 5) grundsätzlich und wegen der im Stromkreis liegenden endlichen Impedanzen auch technisch nicht möglich. Es tritt dafür so lange ein praktisch konstanter Maximalstrom auf, bis der normale Ausgleichsvorgang einsetzen kann. So fließt z. B. bei plötzlicher Ausschaltung einer Diode ein „Sperrstrom" $\bar{I}_S \approx \bar{U}/\bar{R}$, wenn $\bar{U}$ die anliegende Leerlaufsperrspannung und $\bar{R}$ der insgesamt im Kreis vorliegende Serienwiderstand (einschl. Bahnwiderstand) sind. Die Zeitdauer t_d, während der dieser meist unerwünscht erhöhte Sperrstrom fließt, ist von der Größe des zuvor geflossenen Flußstromes abhängig. Ähnliches gilt für den Transistor, wo diese Ausschaltverzögerung auch auf der Kollektorseite — abhängig von der eingangsseitigen Steuerung — wirksam wird

---

[1] "clamping diodes".

(s. dazu [*195—198*]). Es ist somit auch deshalb günstig, die Übersteuerung möglichst in Grenzen zu halten.

Die innerhalb der Basisschicht gespeicherten Minoritätsträger können allerdings durch einen Kunstgriff schneller als im Normalfall abgeführt werden, Nämlich dadurch, daß man die Steuerspannung von dem Wert U_g nicht nur bis Null zurückspringen läßt, sondern darüber hinaus ins Sperrgebiet der Eingangsdiode bis zu einem Wert $-U_g'$. Dann überlagert sich dem normalen Entladevorgang ein durch die äußere Quelle gespeister Umladevorgang (Aufladung mit umgekehrtem Vorzeichen), der insgesamt eine schnellere Entladung bewirkt. In Abb. 72 ist das Verfahren dargestellt, das der eingangsseitigen Übersteuerung ins Strom-

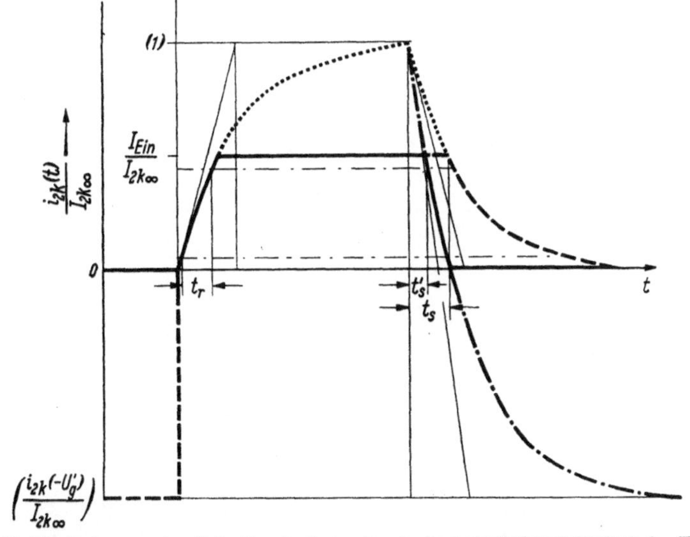

Abb. 72. Veränderung des Schaltverhaltens durch Ausschaltübersteuerung (s. Text)

fahren dargestellt, das der eingangsseitigen Übersteuerung ins Stromsättigungsgebiet zur Verkleinerung der Anstiegszeit analog ist. Nur stört hier die schließliche Übersteuerung in das Spannungssättigungsgebiet kaum ($-U_g' < U_{11}$ in Abb. 64), da die wirksame Eingangsimpedanz hochohmig und nur schwach kapazitiv belastet ist. Ein Einschalten aus diesem Zustand heraus ist somit gut möglich und führt zu keiner neuerlichen Verzögerung. Ähnliches gilt für den Fall, wo man über ein RC-Glied ausschaltet; die zugehörigen Überlegungen seien dem Leser überlassen.

c) Impulsschaltungen

Wie andere Schaltungen sind auch die Transistor-Impulsschaltungen den entsprechenden Schaltungen mit Röhren weitgehend analog, sofern man von der gleichzeitigen Verwendung von *npn*- und *pnp*-Transistoren absieht (s. dazu [199]). Die Berechnung erfolgt jedoch stets in gleicher Weise.

Wir betrachten deshalb nur den Sperrschwinger[1] etwas genauer, um das allgemeine Verfahren der Schaltungsberechnung darzulegen. Das jeweilige Umschaltverhalten wäre entsprechend Abschn. a, b gesondert zu betrachten; hier wird davon ausgegangen, daß die äußeren Schaltelemente und nicht das Frequenzverhalten des Transistors die allge-

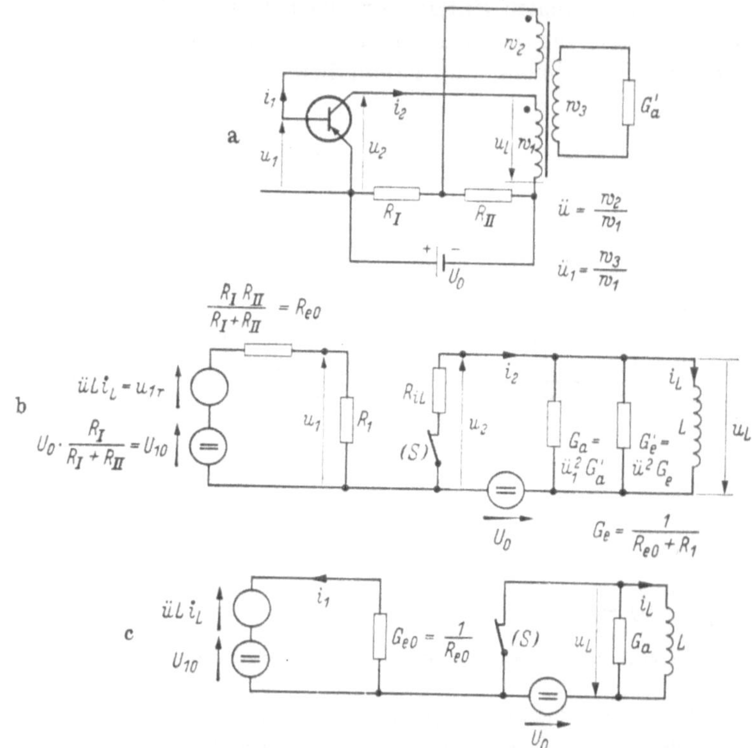

Abb. 73 a—c. Zur Berechnung eines Sperrschwingers (s. Text).
a) Schaltbild; b) näherungsweise gültiges Ersatzschaltbild im Ein-Zustand; c) weiter vereinfachtes Ersatzschaltbild

meinen Eigenschaften der Schaltung bestimmen. Diese näherungsweisen Betrachtungen genügen, um die wesentlichen Schaltungseigenschaften zu erkennen.

Der Sperrschwinger wird zur Erzeugung einer Sägezahnspannung oder als Gleichspannungswandler verwendet. In Abb. 73a ist eine entsprechende Schaltung dargestellt; Abb. 73b zeigt die vereinfachte Ersatzschaltung für den Fall, daß der Transistor eingeschaltet ist. Wir vereinfachen das Ersatzschaltbild weiter mit $G_e \ddot{u}^2 \ll G_a$, $R_{iL} \approx 0$ und ein-

---

[1] "blocking oscillator".

gangsseitiger Stromsteuerung $R_{e0} \gg R_1$ (Abb. 73c). Betrachten wir jetzt den Augenblick nach Einschalten der Betriebsspannung U_0. Dann fließt ein Eingangsstrom $i_1 = (U_{10} + \ddot{u}\, L\, \dot{\imath}_L)\, G_{e0}$ und ein Ausgangsstrom $i_2 = U_0\, G_a(1 + t/\tau)$, $(\tau = L G_a)$; vorausgesetzt, daß i_1 so groß ist, daß tatsächlich der Schalter als geschlossen angesehen werden darf. Mit dem vorliegenden Wert von i_L ist $\ddot{u}\, L\, \dot{\imath}_L = \ddot{u}\, U_0$, also $i_1 = (U_{10} + \ddot{u}\, U_0)\, G_{e0}$. Die Bedingung „Schalter geschlossen" bedeutet näherungsweise $\beta_0 \cdot i_1 \geq i_2$; es muß dafür also

$$\beta_0\, G_{e0}\left(\frac{R_\mathrm{I}}{R_\mathrm{I} + R_\mathrm{II}} + \ddot{u}\right) \geq G_a\left(1 + \frac{t}{\tau_a}\right)$$

sein. Dementsprechend kann i_2 nur bis zu einem Grenzwert $i_2 = I_\mathrm{Ein}$ ansteigen, der mit $I_\mathrm{Ein} = U_0\, G_a(1 + t_E/\tau)$ gegeben ist und der nach der Einschaltzeit

$$t_E = \tau\left\{\beta_0\,\frac{G_{e0}}{G_a}\left(\frac{R_\mathrm{I}}{R_\mathrm{I} + R_\mathrm{II}} + \ddot{u}\right) - 1\right\} \tag{247}$$

erreicht ist. Zu diesem Zeitpunkt wird $\dot{\imath}_L = 0$, womit i_1 auf den Wert $i_1 = U_{10}\, G_{e0}$ fällt. Damit sinkt auch i_2 plötzlich ab, da jetzt nur noch der Wert $i_2 = \beta_0\, i_1 = \beta_0\, U_{10}\, G_{e0}$ möglich ist. Dem Sprung $\Delta I_2 = U_0\, \ddot{u}\, G_{e0}\, \beta_0$ entspricht ein negativer Spannungssprung von $\Delta U_L = -\dfrac{\Delta I_2}{G_a}$. Entsprechend springt auch die Eingangsspannung u_1, indem jetzt

$$U_{10} + \ddot{u}\, \Delta U_L = U_{10} - \ddot{u}\,\frac{\Delta I_2}{G_a} = U_0\left(\frac{R_\mathrm{I}}{R_\mathrm{I} + R_\mathrm{II}} - \ddot{u}^2\,\frac{G_{e0}\,\beta_0}{G_a}\right) < 0$$

als Urspannung anliegt. Das bedeutet aber völlige Sperrung des Transistors und damit Absinken von i_2 auf Null mit neuerlicher Absenkung von u_1. Die Flußphase der Länge t_E ist damit beendet, und die Sperrphase „Schalter geöffnet" mit der Länge t_A beginnt. Insgesamt führt der Sprung zu einer negativen Spannung an der Induktivität von $U_{L0} = -I_\mathrm{Ein}/G_a$, so daß eingangsseitig

$$u_1 = U_{10} + \ddot{u}\, U_{L0} = U_{10} - \ddot{u}\,\frac{I_\mathrm{Ein}}{G_a} \ll 0$$

als Sperrspannung anliegt. Die Spannung U_{L0} klingt nun mit $u_L = U_{L0}\, e^{-t/\tau}$ ab. In dem Augenblick, wo $u_1 = 0$ wird, beginnt wieder ein Eingangsstrom zu fließen, der den Schalter schließt. Damit kann wieder ein Strom i_2 fließen, und der neuerliche Einschaltvorgang beginnt. Mit der Bestimmungsgleichung $-\ddot{u}\, u_L(t_A) = U_{10}$ gilt somit für die Dauer der Sperrphase

$$t_A = \tau \ln\left\langle \ddot{u}\, \beta_0\,\frac{G_{e0}}{G_a}\left(1 + \ddot{u}\,\frac{R_\mathrm{I} + R_\mathrm{II}}{R_\mathrm{I}}\right)\right\rangle. \tag{248}$$

Die Schwingfrequenz f_0 ist dann $f_0 = 1/(t_E + t_A)$.

Abb. 74 zeigt den zugehörigen Impulsplan. Zu beachten ist die hohe Sperrspannung, die eingangsseitig und ausgangsseitig auftritt. Am Kollektor liegt dabei kurzzeitig $U_0 - U_{L0} = U_0 + \dfrac{I_{Ein}}{G_a}$ an. Im Fall eines Sägezahngenerators soll $t_A \ll t_E$ sein; das ist durch passende Auslegung

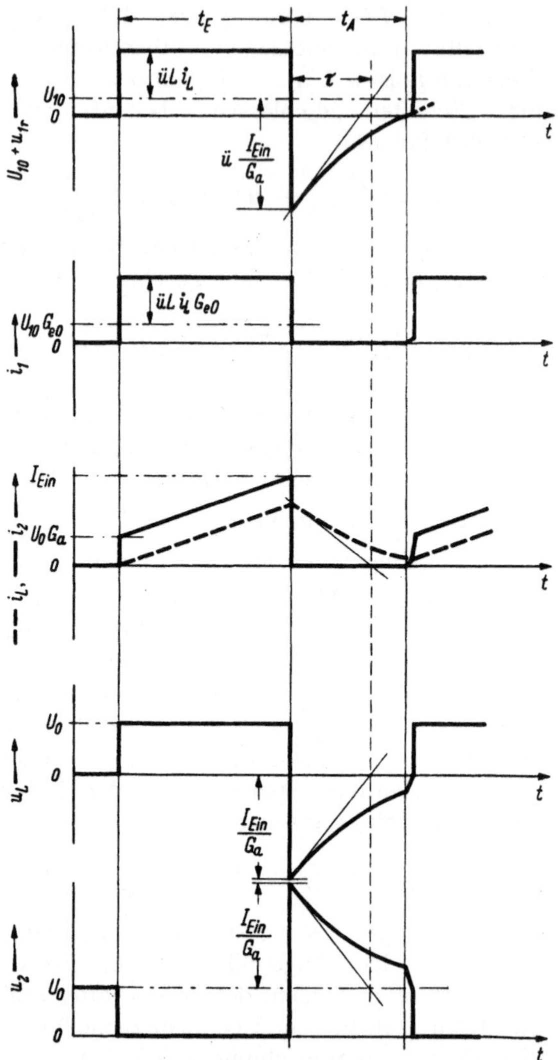

Abb. 74. Impulsplan eines Sperrschwingers (zu Abb. 73; s. Text). Zu Beginn der zweiten Periode ist angedeutet, wie sich die dort gegenüber dem ersten Einschalten anderen Anfangsbedingungen auswirken

der Schaltung zu erreichen. Bei Verwendung als Flußwandler (s. oben) wäre G_a durch einen Gleichrichter nur während der Flußphase angeschaltet, während in der Sperrphase $G_a \approx 0$ gilt. Umgekehrt ist bei einem Sperrwandler (s. oben) die Belastung durch G_a nur während der

Sperrphase wirksam (s. z. B. Abb. 66). Das ist jeweils zu beachten, wenn man die angegebenen Formeln anwenden will; es ist dann der während t_E und t_A unterschiedliche G_a-Wert einzusetzen. Wird ein Glättungs- oder Ladekondensator verwandt, tritt außerdem eine Modifikation dadurch auf, daß die erzeugte Gleichspannung während der Ladeperiode praktisch konstant bleibt. Das wirkt auf die in Abb. 74 dargestellten Impulsformen zurück; es bleibt z. B. bei einem Sperrwandler während der Sperrperiode die beidseitig am Transistor anliegende Sperrspannung ungefähr konstant, anstatt nach einer Exponentialfunktion abzufallen.

Bei Multivibratoren unterscheidet man den freischwingenden astabilen Typ, den bistabilen („Flipflop") und den monostabilen Typ. Eine Abart ist der Impulsformer („Schmitt-Trigger"), der zur Regeneration von Rechteckimpulsen oder als Impulserzeuger verwendet wird. In den Abb. 75, 76 und 77 sind einige Schaltungen dargestellt.

An Hand eines Beispiels soll noch gezeigt werden, wie man das Verhalten während des Umschlagens von einem stabilen Endzustand in den anderen näherungsweise berechnen kann (s. dazu auch [180, 200]). Wir betrachten dazu einen bistabilen Multivibrator (Abb. 78a), dessen einer Transistor zunächst gesperrt ist (I, Aus-Zustand), während der

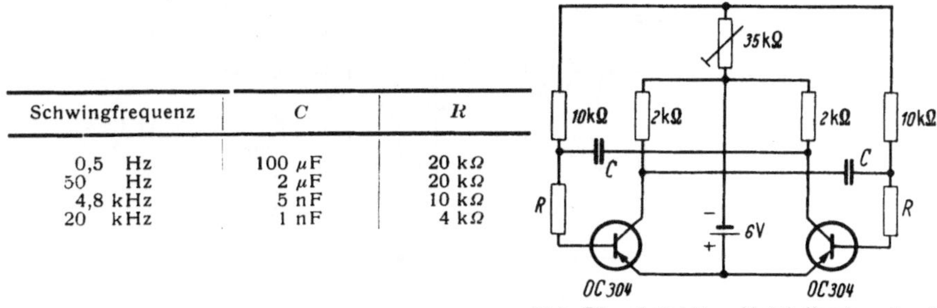

Schwingfrequenz	C	R
0,5 Hz	100 μF	20 kΩ
50 Hz	2 μF	20 kΩ
4,8 kHz	5 nF	10 kΩ
20 kHz	1 nF	4 kΩ

Abb. 75. Astabiler Multivibrator (nach Firmenunterlagen):

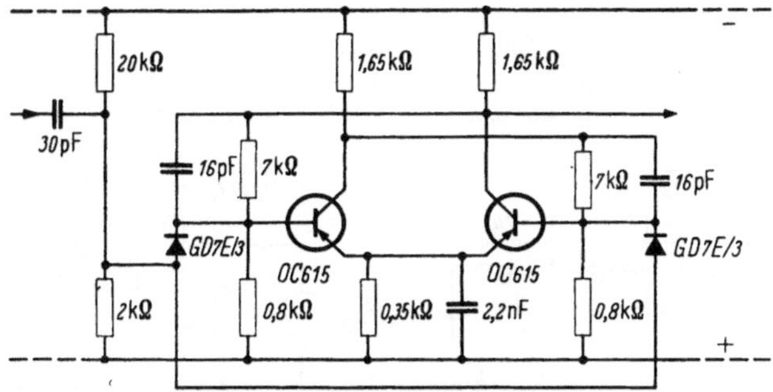

Abb. 76. Bistabiler Multivibrator (nach v. Nikelsberg [192]). Vier gleichartige Stufen bilden einen dekadischen Untersetzer (mit Rückführung; s. z. B. Rall [181]). Eine Einzelstufe arbeitet bis maximal 14 MHz; die Rückführung zur 10er- statt 16er-Untersetzung bedingt eine insgesamt niedrigere Grenzfrequenz. (Batterie-Leistung 12 V, etwa 4 mA, ohne Übersteuerung; s. Text)

zweite geöffnet ist (II, Ein-Zustand). Das vereinfachte Ersatzbild für den statischen Endzustand zeigt Abb. 78b, für den dynamischen Umschaltvorgang Abb. 78c ($|Z_{2L}| \gg R_a$, $|Z_{1K}| \ll R_p$). Der statische Zustand sei nicht weiter betrachtet; mit dem Ersatzbild in Abb. 78b sind die jeweiligen Arbeitspunkte zu berechnen.

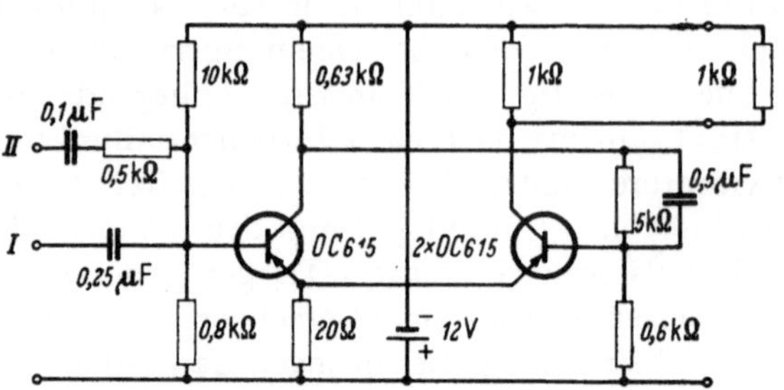

Abb. 77. Impulsformer (SCHMITT-Trigger; nach SCHEIDT [193]). Verwendbar bis oberhalb 10 MHz; Einschaltzeit (Anstieg) ≈ 7 ns, Ausschaltzeit (Abfall) ≈ 8 ns (bei insgesamt 0,5 kΩ Belastung, s. Schaltbild). Ausgangsspannung 11,4 V_{ss}, Dachschräge $< 5\%$ (leichte Übersteuerung im Ein-Zustand). Eingang I 0,4 V_{eff}, Eingang II 2 V_{eff}

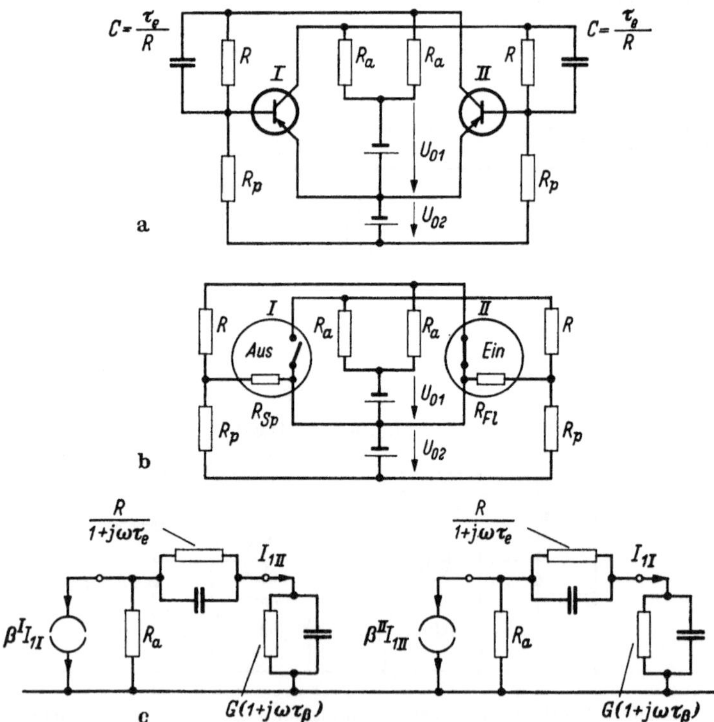

Abb. 78 a−c. Zur Berechnung eines bistabilen Multivibrators (s. Text). a) Schaltbild; b) Ersatzschaltbild zur Bestimmung der statischen Eigenschaften ($R_{Sp} \approx \infty$; $R_{Fl} \approx r_b$; $R_{iL} = 0$); c) Ersatzschaltbild für das dynamische Verhalten

Nimmt man $\tau_e = \tau_\beta$ und $R_e\,G$, $R_e/r_b \gg 1$ an, liegt eine kompensierte Eingangsschaltung vor, deren Gesamteingangsleitwert

$$Y = \frac{G}{1 + R_e\,G}\,(1 + j\,\omega\,\tau_\beta)$$

wegen $R_e\,G \gg 1$ mit

$$Y \approx \frac{1}{R_e}\,(1 + j\,\omega\,\tau_\beta)$$

praktisch vom Arbeitspunkt des aktiven Transistor-Betriebsbereiches nicht beeinflußt ist (s. Kap. III. 3a, Abb. 69). Mit den Werten

$$\beta = \beta_0\,\frac{e^{-j\omega t_l}}{1 + j\,\omega\,\tau_\beta}\,, \qquad t_l = \frac{\tau_\beta}{3}\,(1 - \alpha_0)\,, \qquad \tau = \tau_\beta\,\frac{1}{1 + \dfrac{R_e}{R_a}} \ll \tau_\beta$$

gilt nach Abb. 78c für Transistor I

$$I_{1\,\mathrm{II}} = -\,\frac{\beta_0^{\mathrm{I}}\,I_{1\,\mathrm{I}}}{1 + \dfrac{R_e}{R_a}}\cdot\frac{e^{-j\omega t_l}}{1 + j\,\omega\,\tau} \tag{249}$$

und analog für Transistor II

$$I_{1\,\mathrm{I}} = -\,\frac{\beta_0^{\mathrm{II}}\,I_{1\,\mathrm{II}}}{1 + \dfrac{R_e}{R_a}}\cdot\frac{e^{-j\omega t_l}}{1 + j\,\omega\,\tau}\,. \tag{250}$$

In jedem der statischen Endzustände ist entweder $\beta_0^{\mathrm{I}} = 0$ oder $\beta_0^{\mathrm{II}} = 0$, also stets $I_{1\mathrm{I}} = I_{1\mathrm{II}} = 0$. Anders während des Umschaltens innerhalb des aktiven Betriebsbereiches, wo näherungsweise $\beta_0^{\mathrm{I}} = \beta_0^{\mathrm{II}} = \beta_0 \neq 0$ gilt. Dann müssen beide Beziehungen bei $I_{1\mathrm{I}}$, $I_{1\mathrm{II}} \neq 0$ befriedigt werden. Wir greifen zur Lösung dieser Aufgabe auf die Methode der komplexen Frequenzen zurück (Kap. III. 1e), ersetzen also $j\,\omega$ durch p und erhalten als Bestimmungsgleichung für die zugehörigen p-Werte $p = p_1$ und $p = p_2$ die Beziehung

$$1 = \frac{\beta_0^2}{\left(1 + \dfrac{R_e}{R_a}\right)^2}\cdot\frac{e^{-2p\,t_l}}{(1 + p\,\tau)^2}\,. \tag{251}$$

Unter Vernachlässigung der inneren Phasenverzögerung durch t_l ergibt sich eine einfache lineare Gleichung für $p_{1.2}$ mit den Lösungen

$$p_{1,2} = \frac{1}{\tau}\left\{\pm\,\frac{\beta_0}{1 + \dfrac{R_e}{R_a}} - 1\right\}.$$

Die exaktere transzendente Form läßt sich z. B. entsprechend Abb. 79 graphisch lösen. Abhängig von der Größe der eingehenden Elemente findet man dann möglicherweise nur eine einzige Lösung $p = p_0$ im

22*

Endlichen. Aus Abb. 79 entnimmt man auch, daß nur oberhalb einer gewissen Verstärkung, nämlich für

$$\frac{\beta_0}{1 + R_e/R_a} > 1$$

ein positiver Wert p_1 und damit ein Umklappen in den anderen stabilen Zustand möglich ist. Der Anstieg des Stromes $I_{11}(t)$ erfolgt dann z. B.

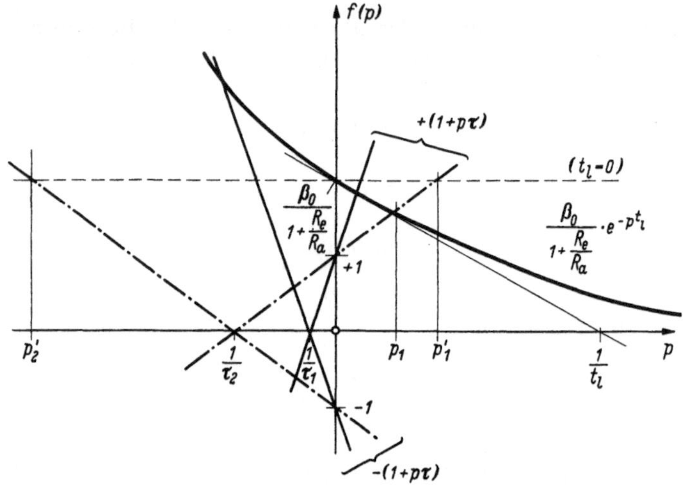

Abb. 79. Graphische Lösung der Gleichung $\pm 1 = \dfrac{\beta_0}{1 + \dfrac{R_e}{R_a}} \cdot \dfrac{e^{-p\,t_l}}{1 + p\,\tau}$ (s. Text). Für $t_l = 0$ ergeben sich immer zwei Werte p'_1, p'_2 im Endlichen, für $t_l \neq 0$ möglicherweise nur einer. Ein Wert $p_1 > 0$ existiert nur für $\beta_0 > 1 + R_e/R_a$

mit $I^0_{11}\, e^{p_1 t}$, wenn I^0_{11} der durch einen Steuerimpuls bewirkte initiale Stromwert ist, der den Umkippvorgang auslöst. Sind p_1 und $(-p_2)$ etwa gleich groß und erfolgt die Steuerung passend, erfolgt der Anstieg z. B. angenähert $\sim \sinh(p_1 t)$. Allgemein sind in $I_{11}(t) = I_a\, e^{p_1 t} + I_b\, e^{p_2 t}$ die Konstanten I_a, I_b aus den Anfangsbedingungen zu bestimmen.

Insbesondere bei Impulsschaltungen ist bisweilen der Einsatz von symmetrischen Transistoren (Emitter und Kollektor vertauschbar) oder eine gemeinsame Verwendung von *pnp*- und *npn*-Transistoren vorteilhaft (s. z. B. [199]). Auch gibt es Sonderformen, wie z. B. spezielle Schalttransistoren und *pnpn*-Kombinationen, die ähnlich einem Thyratron einzusetzen sind (s. dazu z. B. [201, 202]; Teil D, Kap. III.3 und III.4). Die zugehörigen Schaltungen sind in der dargelegten Weise zu berechnen, so daß auf eine gesonderte Behandlung verzichtet werden kann [39, 169—224].

Hilfsblätter zu Teil C
Hilfsblatt H 1

Diagramm zur Temperaturkompensation (s. S. 227). Ermittlung der Korrekturwiderstände R_p und R_v bei vorgegebenem Heißleiter $R_\vartheta(T)$ um den gewünschten Verlauf $R(T)$ zu erhalten.

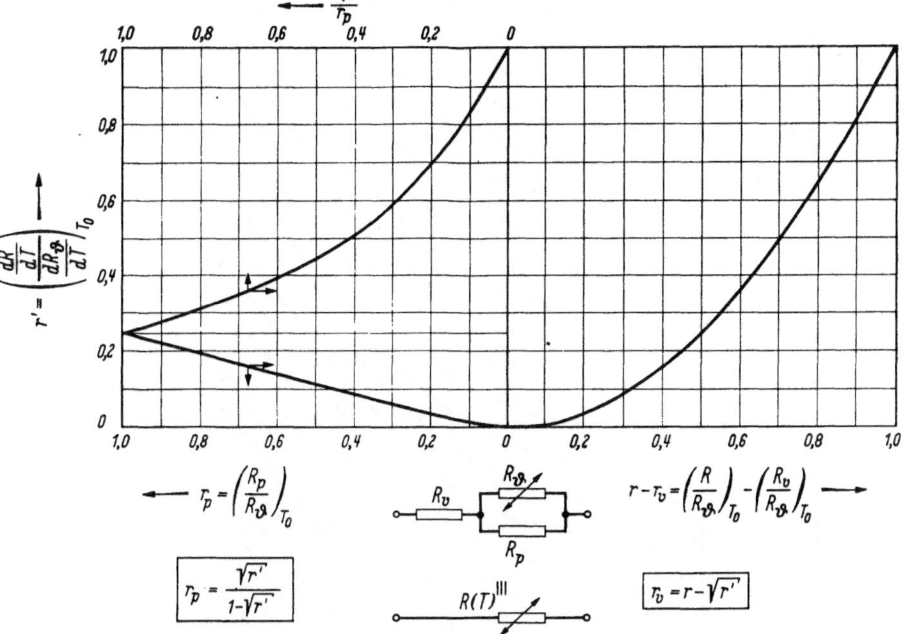

Beispiel. Gegeben sei ein Heißleiter mit $(R_\vartheta)_{300\,°K} = 100\,\Omega$ und $\left(\dfrac{dR_\vartheta}{dT}\right)_{300\,°K} = -4\,\Omega/°C$. Gesucht seien R_p und R_v für einen geforderten Wert $R(300\,°K) = 1\,k\Omega$ und $\left(\dfrac{dR}{dT}\right)_{300\,°K} = -2\,\Omega/°C$. Damit ist $r = 10$ und $r' = 0,5$. Für $r' = 0,5$ folgt aus dem linken Diagramm $1/r_p = 0,4$ oder $R_p = 2,5 \cdot 100\,\Omega = 250\,\Omega$. Aus dem rechten Diagramm folgt $r - r_v = 0,71$, also mit $r = 10$ für $r_v = 9,29$ und somit $R_v = 929\,\Omega$. Für eine weitere Kompensationsschaltung läßt sich das Hilfsblatt auch verwenden, wenn man für die bezogenen Widerstände mit

$$r \to g = \left(\frac{G}{G_\vartheta}\right)_{T_0}, \qquad r' \to g' = \left(\frac{\frac{dG}{dT}}{\frac{dG_\vartheta}{dT}}\right)_{T_0},$$

$$r_v \to g_n = \left(\frac{G_n}{G_\vartheta}\right)_{T_0}, \qquad r_p \to g_s = \left(\frac{G_s}{G_\vartheta}\right)_{T_0}$$

bezogene Leitwerte benutzt. Die Gesamtschaltung $G(T)$ besteht dann aus der Hintereinanderschaltung des eigentlichen Heißleiters $G_\vartheta = 1/R_\vartheta$ mit dem Leitwert G_s, denen der Leitwert G_n parallel liegt. Es gilt dann $g_s = \dfrac{\sqrt{g'}}{1 - \sqrt{g'}}$ und $g_n = g - \sqrt{g'}$. Diese Schaltung wird verwendet, wenn der geforderte Wert $R(T_0)$ kleiner als $R_\vartheta(T_0)$ ist.

Hilfsblatt H 2

Diagramm zur Ermittlung der optimalen Verstärkung eines Vierpols mit reellen Kennwerten (s. S. 265).

Gilt für Leistungsanpassung mit $Z_a = \sqrt{R_{2K}/G_{2L}}$; s. Text.

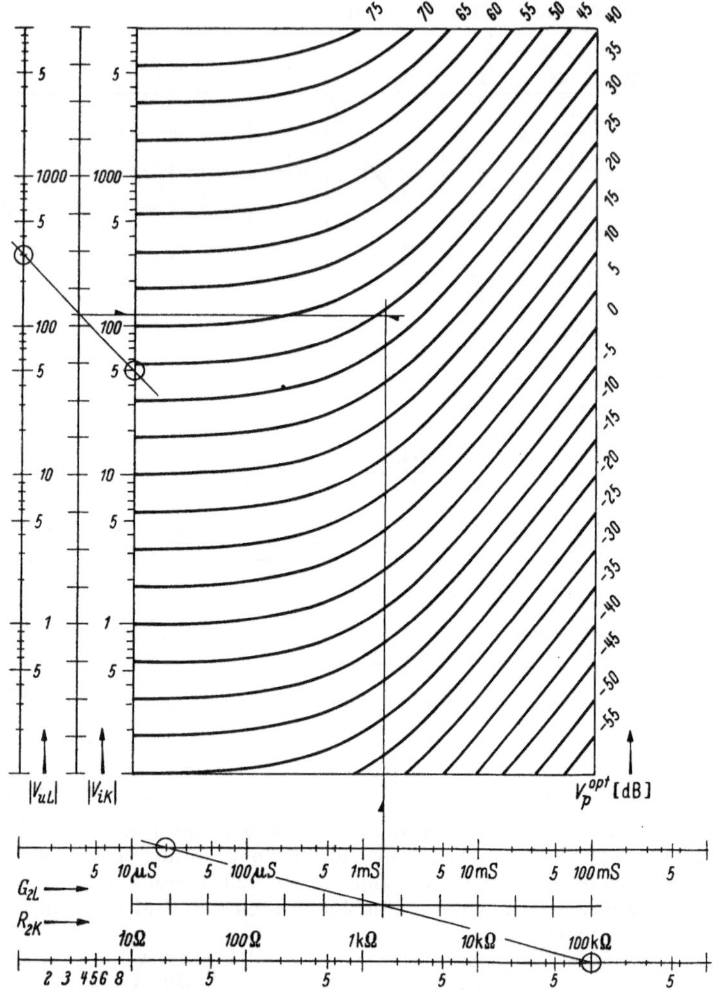

Beispiel. In das Diagramm ist die Bestimmung der optimalen Verstärkung eines Transistors in Emitterschaltung eingetragen. Mit $V_{iK} = 50$, $V_{uL} = -300$, $R_{2K} = 100 \,\mathrm{k}\Omega$, $R_{2L} = 50 \,\mathrm{k}\Omega \triangleq G_{2L} = 20 \,\mu S$ folgt $V_p^{opt} \triangleq 33 \,\mathrm{dB}$.

Hilfsblatt H 3

Diagramm zur Wirkanpassung (s. S. 293).

Beispiel. Sei bei der Resonanzfrequenz $f_0 = \omega_0/2\pi$ eine Güte $Q = 200$ gefordert. Mit den gewählten Spulen sei $Q = 300$ realisierbar, so daß gilt

$Q/Q_K = 0{,}67$. In der linken Hälfte des Diagramms liest man dafür ab: $P_{\mathrm{opt}} = 0{,}11\,P_{\mathrm{max}}$; $G_p = 4\,G_i$. Bei einem Transistor mit $R_i = 1/G_i = 40\,\mathrm{k}\Omega$ wäre damit für den Kreis $1/G_p = R_p = 10\,\mathrm{k}\Omega$ zu wählen, also ein Kenn-

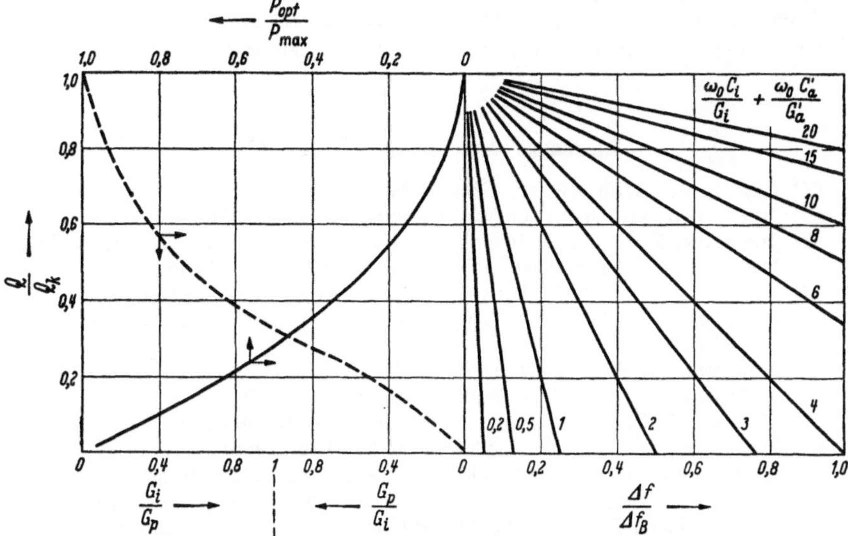

widerstand $Z_0 = R_p/Q_K = 33\,\Omega$. Die notwendige Induktivität ist dann $L = Z_0/\omega_0$. Mit dem optimalen Übersetzungsverhältnis $\ddot{u}_{\mathrm{opt}} = \sqrt{G_i/G_a'}$ ist auch $C_a = \ddot{u}_{\mathrm{opt}}^2\,C_a'$ bekannt, womit ebenfalls $C = 1/(\omega_0\,L) - C_a - C_i$ bestimmt ist. Ob man $\ddot{u}_1 = 1$ oder $\neq 1$ wählt, ist eine sekundäre Frage der günstigsten Kreisgröße (erzielbare Güte bei geforderter Induktivität, Platzbedarf des Kondensators). Sei ferner $\dfrac{\omega_0\,C_i}{G_i} + \dfrac{\omega_0\,C_a'}{G_a'} = 1$ gegeben.

Dann liest man aus der rechten Diagrammhälfte für $Q/Q_K = 0{,}67$ den Wert der zu erwartenden Frequenzverwerfung zu $\Delta f = 0{,}08\,\Delta f_B$ ab (s. dazu Abb. 46).

<h3 style="text-align:center">Hilfsblatt H 4</h3>

Diagramm zur Blindanpassung (s. S. 293).

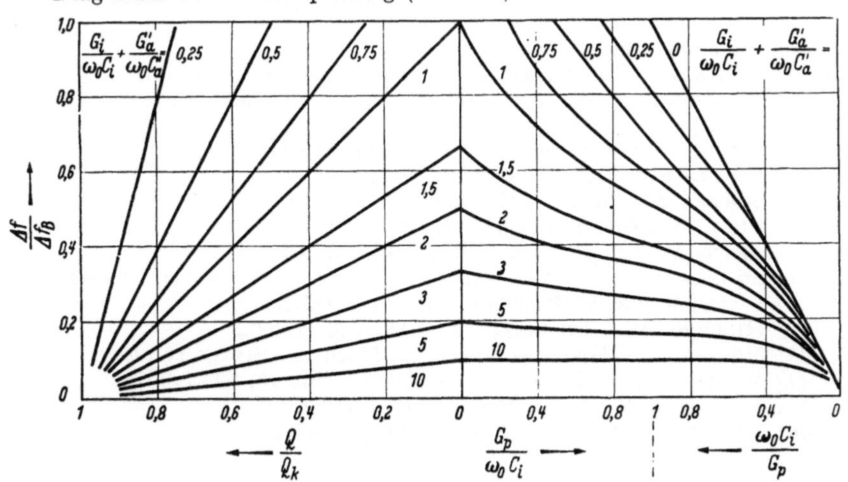

Beispiel. Sei $\Delta f = 0,04\ \Delta f_B$ gefordert. Bei der interessierenden Frequenz f_0 gelte $\omega_0\, C_i/G_i = 0,1$; $\omega_0\, C_a'/G_a' = 0,9$. Der im Diagramm zu verwendende Parameterwert wird somit ≈ 11. Für die obige Frequenzverwerfung erhält man aus der linken Hälfte des Diagramms damit $Q/Q_K = 0,55$, aus der rechten Hälfte $G_p = 10\,\omega_0\,C_i$. Damit ist der Kreis bereits bestimmt; das Übersetzungsverhältnis $\ddot{u}$ ist mit $\ddot{u}_{opt} = \sqrt{C_i/C_a'}$ zu wählen (Abb. 46).

Literaturverzeichnis zu Teil C

[1] LEDIG, G.: Arch. elektr. Übertr. **10**, 1 (1956).

[2] BENEKING, H.: Arch. elektr. Übertr. **10**, 214 (1956).

[3] JOHNSON, E. O., u. A. ROSE: Proc. Inst. Radio Eng. **47**, 407 (1959).

[4] HYDE, F. J.: Proc. Inst. electr. Eng. **106 B**, 397 (1959).

[5] ALMOND, J., u. R. J. McINTYRE: RCA-Rev. **18**, 361 (1957).

[6] GUGGENBÜHL, W., u. W. WUNDERLIN: Arch. elektr. Übertr. **12**, 193 (1958).

[7] ABRAHAM, R. P.: Trans. Inst. Radio Eng. ED-7 (1), 59 (1960).

[8] TE WINKEL, J.: Philips Res. Rept. **14**, 52 (1959).

[9] MILNES, A. C.: Proc. Inst. electr. Eng. **104 B**, 565 (1957).

[10] MEYER-BRÖTZ, G.: Telefunken-Ztg. **31**, 162 (1958).

[11] BACHMANN, A. E.: Arch. elektr. Übertr. **12**, 331 (1958).

[12] VAN DER ZIEL, A.: Fluctuation Phenomena in Semi-Conductors, 1. Aufl. 1959, Butterworths Scientific Publications, London.

[13] BEATIE, R. N.: Trans. Inst. Radio Eng. ED-6 (2), 133 (1959).

[14] GUGGENBÜHL, W., u. M. J. O. STRUTT: Arch. elektr. Übertr. **9**, 259 (1955).

[15] GUGGENBÜHL, W., u. M. J. O. STRUTT: Proc. Inst. Radio Eng. **45**, 839, 1509 (1957).

[16] NIELSON, E. G.: Proc. Inst. Radio Eng. **45**, 957 (1957).

[17] SCHNEIDER, B., u. M. J. O. STRUTT: Arch. elektr. Übertr. **13**, 495 (1959).

[18] SCHNEIDER, B., u. M. J. O. STRUTT: Proc. Inst. Radio Eng. **47**, 546 (1959).

[19] SCHUBERT, J.: Arch. elektr. Übertr. **11**, 331, 379, 416 (1957).

[20] SCHUBERT, J.: Frequenz **12**, 285, 330 (1958).

[21] SPINDLER, K.: Nachrichtentechn. Z. **12**, 250 (1959).

[22] VAN DER ZIEL, A., u. A. G. T. BECKING: Proc. Inst. Radio Eng. **46**, 589 (1958).

[23] PAUL, R.: Nachr. Techn. **8**, 548 (1958).

[24] GÄRTNER, W. W.: Proc. Inst. Radio Eng. **45**, 662 (1957).

[25] GUGGENBÜHL, W., u. B. SCHNEIDER: Arch. elektr. Übertr. **10**, 361 (1956).

[26] EMDEN, K.: Arch. elektr. Übertr. **13**, 219 (1959).

[27] LUNZE, K.: Nachr. Techn. **8**, 98 (1958).

[28] SCHMELTZER, R. A.: RCA-Rev. **20**, 284 (1959).

[29] LUFT, W.: Electronics **32** (24), 53 (1959).

[30] THUY, H.-J.: Elektron. Rdsch. **15**, 15 ,61 (1961).

[31] SOMMERFELD, A.: Vorlesungen üb. theor. Physik Bd. VI, Kap. 13, Dieterich'sche Verlagsbuchhdlg., Wiesbaden.

[32] HILBERG, W.: Telefunken Ztg. **32**, 200 (1959).

[33] MÜLLER, O.: Dissertation Techn. Hochsch. Stuttgart 1962.

[34] MORTENSON, K. E.: Proc. Inst. Radio Eng. **45**, 504 (1957).

[35] WEITZSCH, F.: Valvo-Berichte **6**, 1 (1960).

[36] VASSEUR, J. P.: Ann. Radioél. **11**, 1 (1956).

[*37*] WEITZSCH, F.: Frequenz **12**, 65 (1958).

[*38*] WEITZSCH, F.: Arch. elektr. Übertr. **13**, 185 (1959).

[*39*] GUGGENBÜHL, W.: Arch. elektr. Übertr. **13**, 451 (1959).

[*40*] MIDDLEBROOK, R. D.: Proc. Inst. Radio Eng. **45**, 1502 (1957).

[*41*] BALDINGER, E., u. W. CZAJA: Z. angew. Math. u. Phys. **9**, 1 (1958).

[*42*] DOBRINSKI, P., H. KNABE u. H. MÜLLER: Nachrichtentechn. Z. **10**, 195 (1957).

[*43*] WARNER, R. M.: Proc. Inst. Radio Eng. **47**, 44 (1959).

[*44*] CRIPPS, L. G.: Electronics and Radio Eng. **36**, 341 (1959).

[*45*] TE WINKEL, J.: Electronics and Radio Eng. **36**, 280 (1959).

[*46*] BENEKING, H.: Transistortechnik I, Umdruck Techn. Hochschule Aachen, 2. Aufl. 1961.

[*47*] ZAWELS, J.: RCA-Rev. **16**, 360 (1955).

[*48*] BENZ, W.: Nachrichtentechn. Fachber. **18**, 49 (1960).

[*49*] PRITCHARD, R. L.: Trans. Inst. Radio Eng. CT-3, 5 (1956).

[*50*] WUNDERLIN, W.: Scientia Electrica **6**, Heft 3 (1960).

[*51*] GIACOLETTO, L. J.: RCA-Rev. **15**, 506 (1954).

[*52*] MOORTGAT-PICK, W.: Arch. elektr. Übertr. **13**, 33, 82 (1959).

[*53*] SCHINTLMEISTER, J.: Die Elektronenröhre als physikalisches Meßgerät, Wien, Springer-Verlag, 1942.

[*54*] MINNER, W.: Arch. elektr. Übertr. **14**, 411 (1960).

[*55*] SCHUON, E., u. H. WOLF: Nachrichtentechn. Z. **12**, 361, 408 (1959).

[*56*] FELDTKELLER, R.: Einführung in die Vierpoltheorie der elektrischen Nachrichtentechnik, 6. Aufl. 1953, S. Hirzel Verlag Stuttgart.

[*57*] FIEBIG, A.: Arch. elektr. Übertr. **15**, 285 (1961).

[*58*] KLAUSMANN, E.: Arch. elektr. Übertr. **13**, 435 (1959).

[*59*] BERGER, E. R.: Arch. elektr. Übertr. **12**, 149 (1958).

[*60*] BOLINDER, E. F.: Trans. Inst. Radio Eng. CT-4 (3), 70 (1957).

[*61*] BUTTERWECK, H.-J.: Arch. elektr. Übertr. **12**, 540 (1958).

[*62*] BENEKING, H.: Arch. elektr. Übertr. **9**, 519 (1955).

[*63*] ALMOND, J., u. A. R. BOOTHROYD: Proc. Inst. electr. Eng. **103 B**, 93 (1956).

[*64*] BODE, H. W.: Network analysis and feedback amplifier design, 9. Aufl. 1953, D. van Nostrand Comp., New York.

[*65*] PETERS, J.: Einschwingvorgänge, Gegenkopplung, Stabilität, 1. Aufl. 1954, Springer-Verlag, Berlin.

[*66*] BENZ, W.: Fernmeldetechn. Z. **7**, 362 (1954).

[*67*] BENZ, W.: Telefunken-Ztg. **28**, 95 (1955).

[*68*] MEYER-BRÖTZ, G.: Telefunken-Ztg. **32**, 189 (1959).

[*69*] BLECHER, F. H.: Bell Syst. techn. J. **35**, 295 (1956).

[*70*] SICHLING, G., u. E. ROUHOFF: Siemens Z. **31**, 497 (1957).

[*71*] ANKEL, TH., u. W. WINTERMEYER: Ann. Phys. **18**, 181 (1956).

[*72*] KOEPP, S.: Hochfrequenztechn. u. Elektroakustik **64**, 124 (1956).

[*73*] FLEMING, L.: Electronics **30** (1), 178 (1957).

[*74*] CHAPLIN, G. B. B., u. A. R. OWENS: Proc. Inst. electr. Eng. **105 B**, 258 (1958).

[*75*] LANDSBERG, S.: Philips Res. Rep. **11**, 161 (1956).

[*76*] HEINZE, H.: Fernmeldering. **12**, 8, (1958).

[*77*] KEONJIAN, E.: Proc. Inst. Radio Eng. **42**, 661 (1954).

[*78*] HURTIG, C. R.: Res. Lab. Electronics MIT, Quarterly Progress Rep. April 1954, Abschn. XI, 54.

[*79*] BENEKING, H., K. H. KUPFERSCHMIDT u. H. WOLF: Elektron. Rdsch. **10**, 268, 348 (1956).

[80] NEALE, D. M., u. F. OAKES: Wireless World **62**, 529 (1956).
[81] DARLINGTON, S.: US-Patent 2, 663, 806 (1952).
[82] VALLESE, L. M.: Proc. Inst. Radio Eng. **45**, 1548 (1957).
[83] MATZEN, W. T., u. J. R. BIARD: Electronics **32** (3), 60 (1959).
[84] STANTON, J. W.: Trans. Inst. Radio Eng. CT-3, 65 (1956).
[85] LINDSAY, J. E., u. H. J. WOLL: RCA-Rev. **14**, 433 (1958).
[86] MEYER-BRÖTZ, G., u. K. FELLE: Elektron. Rdsch. **10**, 297 (1957).
[87] SPESCHA, G. A., u. M. J. O. STRUTT: Arch. elektr. Übertr. **11**, 307 (1957).

[88] ROTHE, H., u. W. KLEEN: Elektronenröhren als Anfangsstufen-Verstärker, 2. Aufl. 1948, Akad. Verlagsges., Leipzig.
[89] LOTSCH, H.: Arch. elektr. Übertr. **14**, 204 (1960).
[90] DUMKE, H., u. O. HENKLER: Nachrichtentechn. **6**, 76 (1956).
[91] MEINKE, H., u. A. RIHACZEK: Fernmeldetechn. Z. **8**, 273 (1955).
[92] SCHUBERT, J.: Frequenz **12**, 285, 330 (1958).
[93] GUGGENBÜHL, W., u. M. J. O. STRUTT: Scientia Electrica 2 (2), (1956).
[94] BENEKING, H.: Nachrichtentechn. Z. **12**, 543 (1959).
[95] FELDTKELLER, R.: Einführung in die Theorie der Hochfrequenz-Bandfilter, 4. Aufl. 1956, S. Hirzel-Verlag, Stuttgart.
[96] WEITZSCH, F.: Valvo-Berichte **3**, 113 (1957).
[97] WEITZSCH, F.: Valvo-Berichte **5**, 98 (1959).
[98] PECHER, H.: Frequenz **13**, 161 (1959).
[99] CHENG, C. C.: RCA-Rev. **16**, 339 (1955).
[100] HENZE, E.: Arch. elektr. Übertr. **9**, 131 (1955).
[101] PIEPER, H. D.: Telefunken-Ztg. **32**, 279 (1959).
[102] POSCHENRIEDER, W.: Frequenz **12**, 246 (1958).
[103] HATHAWAY, J. C., u. D. F. BABCOCK: Proc. Inst. Radio Eng. **45**, 5 (1957).

[104] CRAWFORD, A. E.: J. brit. Inst. Radio Eng. **21**, 353 (1961).
[105] MASON, S. J.: Trans. Inst. Radio Eng. CT-1, 20 (1954).
[106] THOMAS, D. E.: Bell Syst. techn. J. **38**, 1551 (1959).
[107] STERN, A. P., C. A. ALDRIDGE u. W. C. CHOW: Proc. Inst. Radio Eng. **43**, 838 (1955).

[108] STERN, A. P.: Proc. Inst. Radio Eng. **45**, 335 (1957).
[109] CANTZ, R.: Die Telefunken-Röhre (35), 31 (1958).
[110] KORN, O.: Radio-Mentor **22**, 208 (1956).
[111] HABER, F., u. B. EPSTEIN: Trans. Inst. Radio Eng. ED-5, 26 (1958).
[112] PETERS, J.: Hochfrequenztechn. **58**, 39 (1941).
[113] AKGÜN, M., u. M. J. O. STRUTT: Arch. elektr. Übertr. **13**, 227 (1959), Trans. Inst. Radio Eng. ED-6, 457 (1959).
[114] BENEKING, H.: Arch. elektr. Übertr. **13**, 313 (1959).
[115] COOKE, H. F.: Electronics **33** (15) 64 (1960).
[116] GUGGENBÜHL, W., u. M. J. O. STRUTT: Scientia Electrica 2 (3) (1956).
[117] VASSEUR, J. P.: Ann. Radioél. **11**, 125 (1956).
[118] STEINKE, L.: Nachrichtentechn. **9**, 261 (1959).
[119] KIDD, M. C.: RCA-Rev. **18**, 308 (1957).
[120] BRUUN, G.: Proc. Inst. Radio Eng. **44**, 1561 (1956).
[121] SCHUON, E.: Fernmeldetechn. Z. **8**, 233 (1955).
[122] MAHLER, G.: Frequenz **10**, 296 (1956).
[123] LANGSDORFF, W.: Frequenz **9**, 369, 422 (1955).
[124] MEYER-BRÖTZ, G., u. K. FELLE: Nachrichtentechn. Z. **9**, 498 (1956).
[125] GOHM, L.: Nachrichtentechn. Fachber. **18**, 83 (1960).
[126] MACNEE, A. B.: Proc. Inst. Radio Eng. **45**, 91 (1957).

[127] PRITCHARD, R. L.: Proc. Inst. Radio Eng. **43**, 1075 (1955).

[128] DOSSE, D.: Nachrichtentechn. Z. **11**, 61 (1958).

[129] STOCKMANN, H.: Introduction to Distributed Amplification, Ser Co., Waltham (Mass.) (1956).

[130] MÅRTENSSON, I.: Institutsarbeit 1 (1958), Transistortechnik, Techn. Hochsch. Aachen.

[131] GUNDLACH, F. W.: Fernmeldetechn. Z. **7**, 598 (1954).

[132] LEDIG, G.: Frequenz **10**, 178 (1956).

[133] RAABE, G.: Nachrichtentechn. **6**, 295 (1956).

[134] THIELICKE, D.: Nachrichtentechn. **9**, 50 (1959).

[135] MÖLLER, H. G.: Die Elektronenröhre und ihre technischen Anwendungen, 2. Aufl. 1922, F. Vieweg u. Sohn-Verlag, Braunschweig.

[136] VILBIG, F.: Lehrbuch der Hochfrequenztechnik, Bd. 2, 5. Aufl. 1958, Akad. Verlagsges. Leipzig.

[137] WITT, S. N. jr.: Electronics **30**, 180 (1957).

[138] PAUL, R. J.: Nachrichtentechn. **8**, 109 (1958).

[139] CARSTAEDT, J.: Radio Mentor **25**, 235 (1959).

[140] TOUSSAINT, H. N.: Nachrichtentechn. Fachber. **18**, 95 (1960).

[141] HÜFNER, W.: Nachrichtentechn. **8**, 117 (1958).

[142] SCHRAMM, H. J.: Diplomarbeit 2 (1958), Transistortechnik, Techn. Hochsch. Aachen.

[143] ARMSTRONG, H. L.: Electronics **30**, 218 (1957).

[144] AWENDER, H., u. A. LUDLOFF: Elektron. Rdsch. **12**, 75 (1958).

[145] FRISCH, E., u. W. HERZOG: Nachrichtentechn. Z. **9**, 310, 420, 449 (1956).

[146] HERZOG, W.: Nachrichtentechn. Z. **10**, 564 (1957).

[147] HERZOG, W.: Nachrichtentechn. Z. **11**, 550 (1958).

[148] SCHAFFHAUSER, H.: Scientia Electrica **4** (1) (1958).

[149] SCHAFFHAUSER, H., u. M. J. O. STRUTT: Arch. elektr. Übertr. **11**, 455 (1957); Arch. elektr. Übertr. **12**, 48 (1958).

[150] COTE, A. J. jr.: Trans. Inst. Radio Eng. CT-5, 181 (1958).

[151] COTE, A. J. jr.: Trans. Inst. Radio Eng. CT-6, 232 (1959).

[152] BACHMANN, A. E.: Arch. elektr. Übertr. **12**, 368 (1958).

[153] NONNENMACHER, W.: Elektron. Rdsch. **10**, 125 (1956).

[154] URTEL, R.: Nachrichtentechn. Fachber. **13**, (1958).

[155] EBEL, H.: Nachrichtentechn. Z. **9**, 513 (1956).

[156] MERRILL, J. L.: Bell Syst. Techn. J. **30**, 88 (1951).

[157] GREWE, TH.: Arch. elektr. Übertr. **13**, 243, 287 (1959).

[158] GISSEL, H.: Dissertation 2 (1960), Transistortechnik, Techn. Hochsch. Aachen.

[159] RUDLOFF, R.: Diplomarbeit 105 (1956), Hf-Technik, Technische Hochschule Aachen.

[160] GREWE, TH.: Nachrichtentechn. Z. **8**, 610 (1955).

[161] SCHELER, T., u. H.-W. BECKE: Frequenz **11**, 207, 250 (1957).

[162] ROTHE, H., u. W. KLEEN: Elektronenröhren als End- und Sendeverstärker, 2. Aufl. 1940, Akad. Verlagsges. Leipzig.

[163] LOTSCH, H.: Elektron. Rdsch. **13**, 290 (1959).

[164] HAMPEL, D.: Diplomarbeit 5 (1958), Transistortechnik, Techn. Hochsch. Aachen.

[165] HENZE, E.: Arch. elektr. Übertr. **10**, 326 (1956).

[166] ABBE, H. H., u. L. J. v. COCK: Radio Mentor **22**, 292 (1956).

[167] JOYCE, M. V.: Inst. Radio Eng.-Convention Rec. **7**, 49 (1955).

[168] STRUTT, M. J. O.: Scientia Electrica **1** (1), (1955).

[*169*] WEITZSCH, F.: Valvo Berichte **2**, 16 (1956).

[*170*] DORRÉ, A.: Frequenz **14**, 6 (1960).

[*171*] GOSSLAU, K., u. K. BRAUN: Entwicklungsberichte Siemens & Halske AG **22**, 159 (1959).

[*172*] MEYER-BRÖTZ, G.: Telefunken-Ztg. **33**, 85 (1960).

[*173*] HOYER, P.: Wahlarbeit 17 (1959) Transistortechnik, Techn. Hochschule Aachen.

[*174*] PRIOR, A. C. J.: Electronics **4**, 165 (1958).

[*175*] KIDD, M. C., W. HASENBERG u. W. M. WEBSTER: RCA-Rev. **16**, 16 (1955).

[*176*] THORNTON, C. G., u. C. D. SIMMONS: Trans. Inst. Radio Eng. ED-5, 6 (1958).

[*177*] TISCHER, F. C.: Diplomarbeit 9 (1959) Transistortechnik, Techn. Hochsch. Aachen.

[*178*] WEITZSCH, F.: Valvo Berichte **3**, 123 (1957).

[*179*] EBERS, J. J., u. J. L. MOLL: Proc. Inst. Radio Eng. **42**, 1761 (1954).

[*180*] KOHN, G.: Arch. elektr. Übertr. **14**, 193 (1960).

[*181*] RALL, B.: Nachrichtentechn. Fachber. **5**, 50 (1956).

[*182*] BEAUFOY, R.: Proc. Inst. electr. Eng. **106 B** (Suppl. 17), 1085, 1119 (1959).

[*183*] SPARKES, J. J.: Proc. Inst. Radio Eng. **48**, 1696 (1960).

[*184*] KRUITHOF, A.: Proc. Inst. electr. Eng. **106 B** (Suppl. 17), 1092 (1959).

[*185*] ENENSTEIN, N. H.: Trans. Inst. Radio Eng. PGED-4, 37 (1953).

[*186*] MOLL, J. L.: Proc. Inst. Radio Eng. **42**, 1173 (1954).

[*187*] HAREL, A., u. J. F. CASHEN: RCA-Rev. **15**, 136 (1959).

[*188*] JOHNSTON, R. C.: Proc. Inst. Radio Eng. **46**, 830 (1958).

[*189*] DOETSCH, G.: Anleitung zum praktischen Gebrauch der Laplace-Transformation, 1. Aufl. 1956, Verlag Oldenbourg, München.

[*190*] CARBONEL, M.: Ann. Radioél. **15**, 78 (1960).

[*191*] NANAVATI, R. P.: Trans. Inst. Radio Eng. ED-7 (1), 9 (1960).

[*192*] v. NIKELSBERG, K. N.: Diplomarbeit 11 (1959) Transistortechnik, Techn. Hochsch. Aachen.

[*193*] SCHEIDT, H.: Diplomarbeit 6 (1958) Transistortechnik, Techn. Hochschule Aachen.

[*194*] HEINLEIN, W.: Frequenz **12**, 159, 191 (1958).

[*195*] KÖHLER, E.: Nachrichtentechn. **10**, 62 (1960).

[*196*] KINGSTON, R. H.: Proc. Inst. Radio Eng. **42**, 829 (1954).

[*197*] STEELE, E. E.: J. appl. Phys. **25**, 916 (1954).

[*198*] LAX, B., u. S. F. NEUSTADTER: J. appl. Phys. **25**, 1148 (1954).

[*199*] HENLE, R. A., u. J. L. WALSH: Proc. Inst. Radio Eng. **46**, 1240 (1958).

[*200*] PILOTY, R. jr.: Arch. elektr. Übertr. **7**, 537 (1953).

[*201*] SALOW, H., u. W. v. MÜNCH: Nachrichtentechn. Z. **12**, 301 (1959).

[*202*] FRENZEL, R. P., u. F. W. GUTZWILLER: Electronics **31**, (7) 52 (1958).

[*203*] MCDONALD, J. R.: Trans. Inst. Radio Eng. CT-3, 54 (1956).

[*204*] HILBERG, W.: Elektron. Rdsch. **13**, 330 (1959).

[*205*] SURAN, J. J.: Proc. Inst. Radio Eng. **46**, 1260 (1958).

[*206*] SOKULOFF, B., G. OZENNE, H. SUZAN u. P. BOYER: Revue techn. Thomson-Houston (30), 11 (1959).

[*207*] HAMILTON, D. J.: Trans. Inst. Radio Eng. CT-5, 69 (1958).

[*208*] CHAPLIN, G. B. B., u. A. R. OWENS: Proc. Inst. electr. Eng. **103 B**, 510 (1956).

[*209*] NAMBIAR, K. P. P., u. A. R. BOOTHROYD: Proc. Inst. electr. Eng. **104 B**, 293 (1957).

[210] GOSMAND, R.: Revue techn. Thomson-Houston (31), 63 (1959).
[211] MULLER, A., u. J. DE SARTRE: Ann. Radioél. 13, 252 (1958).
[212] NOORDANUS, J.: Philips Telecomm. Rev. 18, 125 (1957).
[213] OAKES, F.: Proc. Inst. electr. Eng. 104 B, 307 (1957).
[214] JACKETS, A. E.: Electronic Engineering 28, 184 (1956).
[215] BALDINGER, E., W. CZAJA u. M. NICOLET: Z. angew. Math. u. Phys. 7, 355 (1956).
[216] BALDINGER, E., u. M. NICOLET: Z. angew. Math. u. Phys. 6, 503 (1955).
[217] BALDINGER, E., u. P. SANTSCHI: Z. angew. Math. u. Phys. 9, 88 (1958).
[218] PAPIAN, W. N.: Electronics 30 (10), 162 (1957).
[219] EARLY, J. M.: Trans. Inst. Radio Eng. ED-6, 322 (1959).
[220] BÄCHLE, E.: Elektronik 9, 68 (1960).
[221] HUANG, C.: Trans. Inst. Radio Eng. ED-6, 141 (1959).
[222] MORTENSON, K. E.: Trans. Inst. Radio Eng. ED-6, 174 (1959).
[223] NEETESON, P. A.: Flächentransistoren in der Impulstechnik (Philips Techn. Bibliothek), 1960 N. V. Philips Gloeilampenfabrieken, Eindhoven, Holland.
[224] SEVERIN, E.: Semiconductor Products 4 (6), 37 (1961).

Physikalische und technische Eigenschaften von Transistoren

I. Transistormeßtechnik

1. Kennlinienschreiber

Zur Beschreibung des statischen Verhaltens des Transistors dienen seine Kennlinien, welche die Stromspannungsbeziehungen zwischen den einzelnen Elektroden darstellen. Aus der Neigung und dem Abstand der Kennlinien können die quasistatischen Vierpolparameter abgelesen werden.

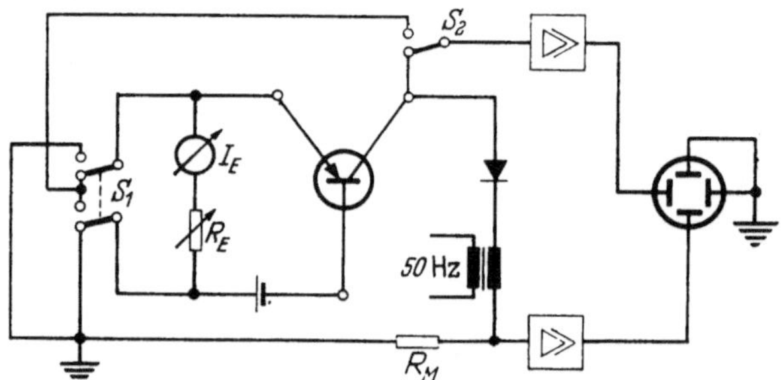

Abb. 1. Aufnahme von Transistorkennlinien

Das Prinzip der oszillographischen Aufzeichnung der wichtigsten Transistorkennlinien ist in Abb. 1 schematisch dargestellt. Die am Transistor abgenommene Meßspannung wird dem Horizontalverstärker des Oszillographen zugeführt, während die Vertikalauslenkung durch den Spannungsabfall bewirkt wird, den der Kollektorstrom am Meßwiderstand R_M erzeugt. Zum Durchschreiben der Kennlinien ist in der Anordnung die Netzfrequenz vorgesehen. Dem pnp-Transistor wird die negative Halbwelle zugeführt. Zur Prüfung von npn-Transistoren polt man die Emitterstromquelle und die Diode um. Der Widerstand R_E muß groß gegen die Eingangsimpedanz des Transistors sein, wenn das Kollektorkennlinienfeld mit dem Emitterstrom als Parameter geschrieben werden soll.

　　Mit der gezeigten Anordnung können verschiedene Kennlinien aufgenommen werden. Bei der in Abb. 1 gezeichneten Stellung des Schalters S_1 erhält man die Kollektorkennlinien der Basisschaltung

$$I_C = f(U_{CB}) \ \text{mit} \ I_E = \text{const.}$$

In der oberen Schalterstellung von S_1 werden die Kennlinien der Emitterschaltung

$$I_C = f(U_{CE}) \ \text{mit} \ I_B = \text{const}$$

geschrieben. Außerdem besteht die Möglichkeit, gemischte Kennlinien
aufzunehmen. Legt man S_2 in die obere Schalterstellung um, so wird der
Ausgangsstrom als Funktion der Eingangsspannung dargestellt, wiederum mit dem Eingangsstrom als Parameter, d. h. in der Basisschaltung

$$I_C = f(U_{EB}) \ \text{mit} \ I_E = \text{const}$$

und in der Emitterschaltung

$$I_C = f(U_{BE}) \ \text{mit} \ I_B = \text{const}\ .$$

Die Auswertung der auf dem Oszillographenschirm erscheinenden Kennlinien erfolgt mittels eines Achsenkreuzes mit entsprechender Eichung

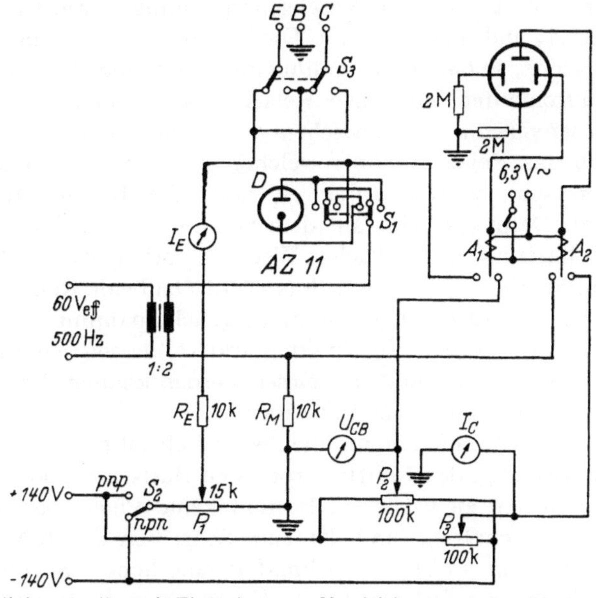

Abb. 2. Kennlinienschreiber mit Eintastung von Vergleichsspannungen. Nach v. MÜNCH [33]

der Strom- und der Spannungsachse. Um auch den Koordinatenursprung
festzulegen, ist es notwendig, gleichstromgekoppelte Verstärker zu verwenden, da die Signale eine Gleichspannungskomponente enthalten.
　　Abb. 2 zeigt das Schaltungsbeispiel eines Kennlinienschreibers, bei
dem das Achsenkreuz und einstellbare Vergleichsspannungen periodisch

in das Kennlinienfeld eingetastet werden. Die von dem Leistungsgenerator gelieferte Ablenkspannung (60 V, 500 Hz) wird dem Transistor über einen hohen Meßwiderstand ($R_M = 10$ kΩ) zugeführt, so daß die Kollektorspannung in derjenigen Halbwelle zusammenbricht, in der der Kollektor in Flußrichtung beaufschlagt wird. Es kann also auch die Flußrichtung eines pn-Überganges beobachtet werden, beispielsweise zur Prüfung der Durchlaßrichtung von Dioden. Es ist ferner möglich, den Stromanstieg zu beobachten, der auftritt, wenn die Kollektordurchbruchspannung überschritten wird.

Infolge der Größe des Meßwiderstandes in der Anordnung nach Abb. 2 ist der durch den Kollektorstrom erzeugte Spannungsabfall so groß, daß keine Vertikalverstärkung benötigt wird. Auch für die horizontale Auslenkung ist keine Verstärkung vorgesehen, da das Gerät zur Übersicht über einen großen Spannungsbereich (etwa 150 V) ausgelegt ist. Durch Einschaltung der Diode D ist die Möglichkeit gegeben, den Kollektor nur in einer Richtung zu betreiben, z. B. nur in Sperrichtung oder nur in Flußrichtung. Mittels S_3 kann eine Vertauschung von Emitter und Kollektor vorgenommen werden.

Das Achsenkreuz und die Vergleichsspannungen werden mit Hilfe zweier Relais A_1 und A_2 eingetastet. Die Steuerung der Relais erfolgt mit der Netzfrequenz, so daß die Kennlinie innerhalb einer Umschaltperiode mehrmals durchlaufen wird. Die Relais sind so eingestellt, daß eine geringe Phasenverschiebung zwischen den Schaltvorgängen zugelassen wird. Es soll das Relais A_2, über welches die Vertikalablenkung läuft, bereits offen sein, während über A_1 noch die Horizontalablenkung bewirkt wird. Dann erscheint auf dem Oszillographenschirm die Spannungsachse (horizontal). In gleicher Weise (A_1 offen, A_2 am Meßobjekt) wird die Stromachse (vertikal) eingetastet. Liegen beide Relais A_1 und A_2 an den mittels P_2 und P_3 eingestellten Vergleichsspannungen, dann wird in dem $U_{CB}I_C$-Diagramm ein Punkt markiert, dessen Koordinaten an den Instrumenten U_{CB} und I_C abgelesen werden können. Es ist so möglich, die Kennlinien punktweise abzutasten.

Um ein ganzes Kollektorkennlinienfeld gleichzeitig schreiben zu können, ist es notwendig, den Emitterstrom, den Basisstrom oder die Basisspannung in Stufen zu variieren. Besteht keine Phasenbeziehung zwischen der Stufenschaltung und der zum Schreiben der Kennlinie verwendeten Spannung, so ist es zweckmäßig, eine höhere Schreibfrequenz zu wählen, damit mit Sicherheit jede Kennlinie mehrmals durchlaufen wird und somit ein einwandfreies Bild entsteht. In Abb. 3 ist das Blockschaltbild eines oszillographischen Kennlinienschreibers dargestellt, bei dem die stufenweise Änderung des Parameters (Basisstrom oder -spannung) mit der Schreibfrequenz gekoppelt ist. Durch die von dem Impulsgenerator erzeugten Impulse wird sowohl die Sägezahnspannung zur Aussteuerung des Kollektors ausgelöst als auch — über ein Integrierglied mit nachfolgendem Verstärker — die stufenweise Änderung des Eingangsstromes bzw. der Eingangsspannung bewirkt. Die Impulse dienen ferner zur Dunkeltastung des Kathodenstrahlrohres während des Überganges von einer Kennlinie auf die andere.

Als oszillographischer Kennlinienschreiber hat sich das Gerät der Fa. Tektronix, Type 575, bewährt. Die zum Durchfahren der Kollektorkennlinien notwendige Spannung wird bei diesem Gerät aus dem Netz

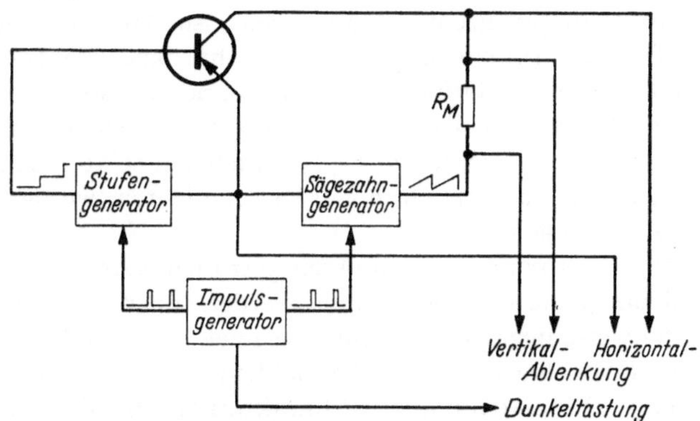

Abb. 3. Blockschaltbild zur oszillographischen Aufnahme des Kollektorkennlinienfeldes

durch Doppelweggleichrichtung gewonnen. Ein Stufengenerator sorgt dafür, daß der Kennlinienparameter (Emitterstrom I_E bei dem Kennlinienfeld der Basisschaltung, Basisstrom I_B bzw. Basisspannung U_{BE} bei den Kennlinienfeldern der Emitterschaltung) nach jeder Halbwelle, d. h. nach Durchlaufen einer Kennlinie, stufenweise geändert wird. Die Zahl der Stufen und damit der auf dem Oszillographenschirm erscheinenden Kennlinien ist zwischen 4 und 12 einstellbar. Die Auswertung der Kennlinienfelder erfolgt mit Hilfe einer vor dem Leuchtschirm befindlichen Cellonscheibe, die ein quadratisches Netz von 80×80 mm mit jeweils 10 Teilstrichen horizontal und vertikal trägt. Die Ablenkempfindlichkeit auf der Spannungsachse (horizontal) kann zwischen 10 mV/Teilstrich und 20 V/Teilstrich, die Ablenkempfindlichkeit auf der Stromachse (vertikal) zwischen 10 μA/Teilstrich und 1 A/Teilstrich gewählt werden. Hierdurch ist es möglich, die Kennlinienfelder vieler Transistortypen, einschließlich der meisten Leistungstransistoren, darzustellen und auch spezielle Einzelheiten der Kennlinien, beispielsweise in der Umgebung des Nullpunktes, hervorzuheben.

In bestimmten Fällen ist es notwendig, Kennlinien von Halbleiterbauelementen impulsweise abzutasten. Bei der Sperrkennlinie eines pn-Überganges interessiert insbesondere die Durchbruchspannung U_b, bei der die Kennlinie abknickt und der Sperrstrom steil ansteigt. Außer durch die in Kap. A. III. 6 genannten Ursachen (Stoßionisation, Feldemission) kann bei hohen Sperrströmen auch ein Stromanstieg durch Aufheizung des pn-Überganges durch JOULEsche Wärme hervorgerufen werden („thermischer Durchbruch"). Diese Aufheizung kann vermieden werden, indem man die Sperrkennlinie mit sehr kurzzeitigen Impulsen abtastet. Für eine derartige Abtastung der Kennlinie verwendet man Impulse mit einer Dauer von 10 bis 100 μsek und einem Abstand von einigen msek. Diese Impulse werden in einer Mischstufe mit einer Sägezahnspannung niedriger Frequenz überlagert, so daß ein wiederholter linearer Anstieg der Impulsamplitude entsteht. Sind die Impulsfolgefrequenz und die Sägezahnfrequenz teilerfremd, so werden mit den Impulsen alle Punkte der Kennlinie erfaßt, ohne daß das Meßobjekt wesentlich thermisch belastet wird [1]. Auch zur Untersuchung von Flächentransistoren im Bereich hoher Stromdichten werden Impulsmethoden herangezogen [2].

Besondere Schaltmaßnahmen müssen getroffen werden, wenn Kennlinien von Bauelementen aufgenommen werden sollen, die eine Charakteristik mit teilweise negativer Steigung besitzen, wie z.B. Vierschichtentransistoren, Doppelbasisdioden, Tunneldioden usw. Sofern es sich dabei um eine thyratronähnliche Charakteristik handelt, muß dem Steuergenerator eine Impedanz gegeben werden, die groß gegenüber dem Betrag der Steigung der Kennlinie im negativen Bereich ist, so daß die Schaltung für jeden Arbeitspunkt stabil bleibt. Um jedoch ein Anschwingen des Bauelementes beim Durchlaufen des fallenden Teils der Kennlinie zu verhindern, muß überdies dafür gesorgt werden, daß die parallel zum Meßobjekt liegende Kapazität C_e möglichst klein gehalten wird (Oszillograph mit kleiner Eingangskapazität, Vermeidung aller Schaltkapazitäten). Als Stabilitätsbedingung kann man näherungsweise

$$C_e < \frac{\tau}{|R|}$$

ansetzen. τ bedeutet dabei die Schaltzeit, die das Meßobjekt benötigt, um von dem nichtleitenden Zustand in den leitenden überzugehen, und $|R|$ ist der Betrag der Steigung der Charakteristik im negativen Bereich [3].

2. Messung der quasistatischen Vierpolparameter

Die wichtigsten Methoden zur Messung der quasistatischen Vierpolparameter können wie folgt zusammengefaßt werden: 1. Auswertung der Kennlinienfelder, 2. Kombination von Wechselstrom- und -spannungsmessungen, 3. Brücken- und Kompensationsschaltungen.

Die Methoden der Berechnung der Vierpolparameter aus statisch aufgenommenen Kennlinienfeldern sind aus der Röhrentechnik bekannt und können auf Transistorkennlinien übertragen werden. Es ist jedoch zu berücksichtigen, daß sich bei einer Verschiebung des Arbeitspunktes auch die Verlustleistung und damit die Temperatur T_i im Transistorinnern ändern können. Nur wenn die Bedingung $T_i = \text{const}$ erfüllt ist, kann man Übereinstimmung zwischen den aus Kennlinien und den aus Nf-Messungen bestimmten Parametern erwarten.

In Abb. 4a, b ist die Ermittlung der Elemente der h-Matrix aus dem Eingangs- und dem Ausgangskennlinienfeld der Emitterschaltung dargestellt. Die Rückwirkung h_{12e} ist infolge ihrer Kleinheit ($\sim 10^{-3}$) nur schwer zu entnehmen. Zur Berechnung von h_{21e} muß ein hinreichend dichtes Ausgangskennlinienfeld zur Verfügung stehen; günstiger sind hierfür gemischte Kennlinien der Form $I_C = f(I_B)$ mit $U_{CE} = \text{const}$ (s. Abb. 26). Auch aus zwei konjugierten Ausgangskennlinienfeldern (mit $I_B = \text{const}$ und $U_{BE} = \text{const}$) kann ein vollständiger Satz von Vierpolparametern näherungsweise ermittelt werden. Diese Methode ist in Abb. 4c für den Eingangswiderstand h_{11e} und die Leerlaufspannungsrückwirkung h_{12e} der Emitterschaltung erläutert.

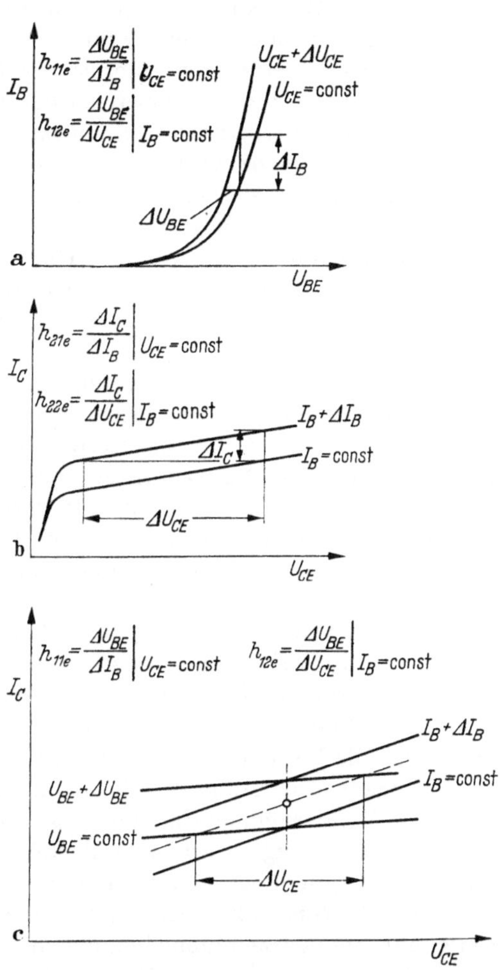

Abb. 4a–c. Bestimmung der h-Parameter aus den Kennlinien. a) h_{11e} und h_{12e} aus den Eingangskennlinien; b) h_{21e} und h_{22e} aus den Ausgangskennlinien; c) h_{11e} und h_{12e} aus den Ausgangskennlinienfeldern ($I_B = \text{const}$ und $U_{BE} = \text{const}$)

Die vorstehend angegebenen Verfahren lassen sich im Prinzip auch bei den Kennlinienfeldern der Basisschaltung anwenden. Jedoch sind diese wegen der geringen Neigung der Ausgangskennlinien zur Bestimmung der Vierpolparameter wenig geeignet. In der Basisschaltung sind die bei konstanter Emitterspannung aufgenommenen Kennlinien stärker geneigt als diejenigen, bei denen der Emitterstrom Parameter ist.

23*

Bei der Bestimmung der quasistatischen Vierpolparameter aus Wechselstrom- und -spannungsmessungen sind folgende Gesichtspunkte zu berücksichtigen [4]:

1. Die Arbeitsfrequenz muß so niedrig gewählt werden, daß die Transistorgrößen noch keine merklichen Blindkomponenten aufweisen.

2. Die Aussteuerung muß hinreichend klein gehalten werden, so daß der Transistor im Linearitätsbereich der Kennlinie bleibt.

3. Die Abschlußbedingungen müssen erfüllt werden.

Als Arbeitsfrequenz wird bei Transistormessungen meist 1000 Hz verwendet. Lediglich bei Leistungstransistortypen, deren Grenzfrequenz bereits bei einigen kHz liegt, muß die Meßfrequenz noch wesentlich unter diesen Wert herabgesetzt werden. Die Erfüllung der Frequenzbedingung ist besonders bei der Emitterschaltung zu beachten, da diese eine um den Faktor $(1 - \alpha_0)$ niedrigere Grenzfrequenz als die Basisschaltung aufweist.

Als Aussteuerungsbedingung muß gefordert werden, daß die emitterseitige Steuerspannung klein gegen 25 mV bleibt. Bei Präzisionsmessungen wählt man daher die Emitterwechselspannung u_{eb} etwa zwischen 0,1 und 1 mV. Die Notwendigkeit, bei Transistormessungen mit sehr kleinen Spannungen zu arbeiten, erfordert die Verwendung hinreichend empfindlicher Meßinstrumente und schränkt die Möglichkeit des Einsatzes von Geräten, die für Messungen an anderen Vierpolen entwickelt sind, stark ein.

Infolge der Notwendigkeit, dem Transistor Gleichspannungen zur Einstellung des Arbeitspunktes zuzuführen, können die aus der Definition der Vierpolparameter folgenden Abschlußbedingungen (Leerlauf- oder Kurzschlußfall) nur approximativ erfüllt werden. Am einfachsten lassen sich die Verhältnisse bei der Basisschaltung übersehen. Der Kurzschlußeingangswiderstand von Germaniumtransistoren ist $h_{11b} \approx kT/qI_E$, d. h. bei Zimmertemperatur und $I_E = 1$ mA gilt $h_{11b} \approx 25\ \Omega$. Dem sehr niedrigen Eingangswiderstand steht ein Ausgangswiderstand von 10^5 bis $10^6\ \Omega$ gegenüber. Man kann daher auf der Eingangsseite den Leerlauffall verhältnismäßig leicht approximieren, während man ausgangsseitig nur die Kurzschlußbedingung angenähert erfüllen kann. Unter diesen Voraussetzungen erhält man die h-Parameter, für die folgende Gleichungen gelten:

Die Eingangsimpedanz des Transistors ist durch

$$Z_1 = \frac{h_{11} + |\boldsymbol{H}|\,R_a}{1 + h_{22}\,R_a} \xrightarrow{R_a = 0} h_{11} \tag{1}$$

gegeben, wenn R_a der Scheinwiderstand der im Kollektorkreis liegenden Schaltelemente ist (s. Kap. C. II. 1). Zur Messung von h_{11} muß daher $h_{22}\,R_a \ll 1$ und $|\boldsymbol{H}|\,R_a \ll h_{11}$ gewählt werden. Für die Stromverstärkung gilt

$$V_i = \frac{h_{21}}{1 + h_{22}\,R_a} \xrightarrow{R_a = 0} h_{21}, \tag{2}$$

d. h. zur Messung von h_{21} ist wiederum $h_{22} R_a \ll 1$ zu fordern. Aus den Formeln für die Spannungsrückwirkung

$$V_{ur} = \frac{h_{12}}{1 + h_{11}/R_e} \xrightarrow[R_e = \infty]{} h_{12} \qquad (3)$$

und für den Ausgangswiderstand

$$Z_2 = \frac{1 + h_{11}/R_e}{h_{22} + |\boldsymbol{H}|/R_e} \xrightarrow[R_e = \infty]{} \frac{1}{h_{22}} \qquad (4)$$

folgt, daß die Bedingungen zur Messung von h_{12} und h_{22} durch $h_{11}/R_e \ll 1$ und $|\boldsymbol{H}|/R_e \ll h_{22}$ gegeben sind (R_e = Impedanz der im Eingangskreis liegenden Schaltelemente). Bei bekannter Größenordnung der h-Werte können aus den Gln. (1) bis (4) die Fehler abgeschätzt werden, die bei nicht exakter Einhaltung der für die Messung der h-Parameter geforderten Abschlußbedingungen (d. h. $R_e = \infty$, $R_a = 0$) auftreten. So muß z. B. nach Gl. (2) für $h_{22b} = 10\,\mu\text{S}$ der Abschlußwiderstand $R_a < 1\,\text{k}\Omega$ gemacht werden, um eine auf 1% genaue Messung von h_{21b} zu erhalten.

Neben der Einhaltung der Aussteuerungs- und Abschlußbedingungen muß besondere Sorgfalt der Einstellung des Arbeitspunktes gewidmet werden, da einige Vierpolparameter stark von dem Emitterstrom und der Kollektorspannung abhängig sind. Auch die Temperatur ist bei exakten Messungen zu berücksichtigen (s. Kap. D. II. 3).

Die Messung der h-Parameter der Basisschaltung kann nach dem Prinzip der Abb. 5 und 6 vorgenommen werden. Die Zuführung der

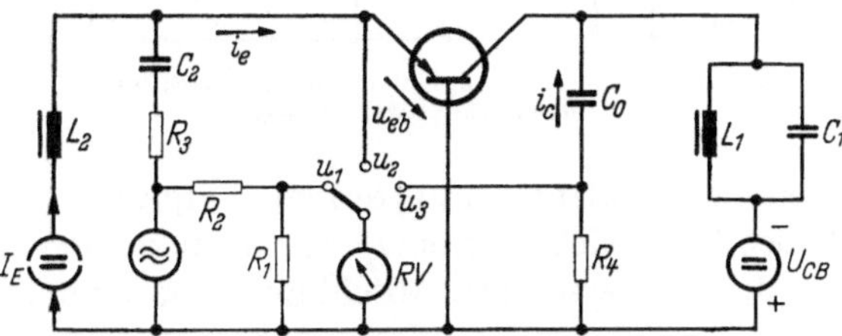

Abb. 5. Schaltung zur Messung des Kurzschlußeingangswiderstandes h_{11b} und der Kurzschlußstromverstärkung h_{21b}

Gleichspannungen zur Einstellung des Arbeitspunktes erfolgt in diesen Meßanordnungen über die Drossel L_2 und über die auf die Meßfrequenz (1000 Hz) abgestimmten Resonanzkreise $L_1 C_1$ und $L_3 C_3$.

Für die Messung des Kurzschlußeingangswiderstandes h_{11b} lautet die Abschlußbedingung nach Abb. 5 $1/h_{22b} \gg Z_{C_0} + R_4$. Am Emitter des Transistors soll ein konstanter Wechselstrom eingespeist werden, dessen Größe durch die Generatorspannung eingestellt wird, so daß eingangsseitig folgende weitere Forderungen zu stellen sind: $h_{11b} \ll R_3$; $h_{11b} \ll Z_{L_2} +$ Impedanz der Emitterstromquelle. Der Kurzschlußeingangswiderstand h_{11b} ergibt sich unter diesen Voraussetzungen aus dem

Verhältnis der gemessenen Spannungen u_1 und u_2:

$$h_{11b} = \left(\frac{u_{eb}}{i_e}\right)_{u_{cb}=0} = \frac{R_1 \cdot R_3}{R_2} \frac{u_2}{u_1} \quad \text{(für } R_1 \ll R_2\text{)}. \tag{5}$$

Auch die Kurzschlußstromverstärkung läßt sich mittels der Schaltung nach Abb. 5 messen:

$$|h_{21b}| = \left|\frac{i_c}{i_e}\right|_{u_{cb}=0} = \frac{R_1 \cdot R_3}{R_2 \cdot R_4} \frac{u_3}{u_1} \quad (R_1 \ll R_2). \tag{6}$$

Die Leerlaufspannungsrückwirkung h_{12b} wird bei wechselstrommäßig offenem Emitterkreis dadurch gemessen, daß ein durch den Spannungsteiler R_1, R_2 gegebener Bruchteil der dem Kollektor zugeführten Wechselspannung mit der am Emitter auftretenden Spannung verglichen wird (Abb. 6). Für $R_1 \ll R_2$ folgt:

$$h_{12b} = \left(\frac{u_{eb}}{u_{cb}}\right)_{i_e=0} = \frac{R_1}{R_2} \frac{u_5}{u_4}. \tag{7}$$

In Abb. 6 ist ferner die Bestimmung des Ausgangsleitwertes

$$h_{22b} = \left(\frac{i_c}{u_{cb}}\right)_{i_e=0} = \frac{R_1}{R_2 \cdot R_7} \frac{u_6}{u_4} \tag{8}$$

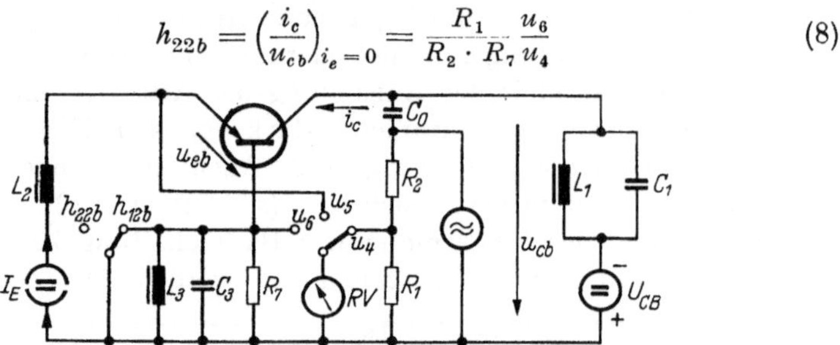

Abb. 6. Schaltung zur Messung der Leerlaufspannungsrückwirkung h_{12b} und des Leerlaufausgangsleitwertes h_{22b}

bei wechselstrommäßig offenem Emitterkreis dargestellt. Um den über die Basis abfließenden Kollektorstrom i_c messen zu können, ist hier neben der Einhaltung der emitterseitigen Abschlußbedingung noch $Z_{L_3C_3} \gg R_7$ zu fordern.

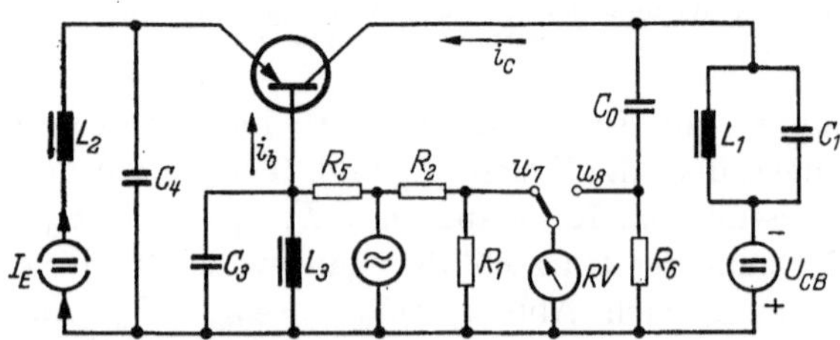

Abb. 7. Schaltung zur Messung der Kurzschlußstromverstärkung h_{21e} (Emitterschaltung)

Die in der Basisschaltung gemessenen Vierpolparameter können in diejenigen der Emitterschaltung umgerechnet werden (s. Tab. C 4). Wegen $h_{21b} \approx -1$ ist dieses Verfahren jedoch ungenau. Es ist daher

zweckmäßig, zusätzlich einen der Vierpolwerte der Emitterschaltung zu
messen. Nach Abb. 7 ergibt sich

$$h_{21e} = \left(\frac{i_c}{i_b}\right)_{u_{ce}=0} = \frac{R_1 \cdot R_5}{R_2 \cdot R_6}\frac{u_8}{u_7} \quad (R_1 \ll R_2). \tag{9}$$

Abb. 8 zeigt eine vollständige Umschalteinheit (ohne Strom- und
Spannungsquellen) zur Messung der Vierpolparameter h_{11b} bis h_{22b} und
von h_{21e}. Die Schalterreihe $S_7 \cdots S_{11}$ enthält u. a. die Schalterstellungen 1
und 3, in denen es möglich ist, den Arbeitspunkt (Kollektorgleichspan-

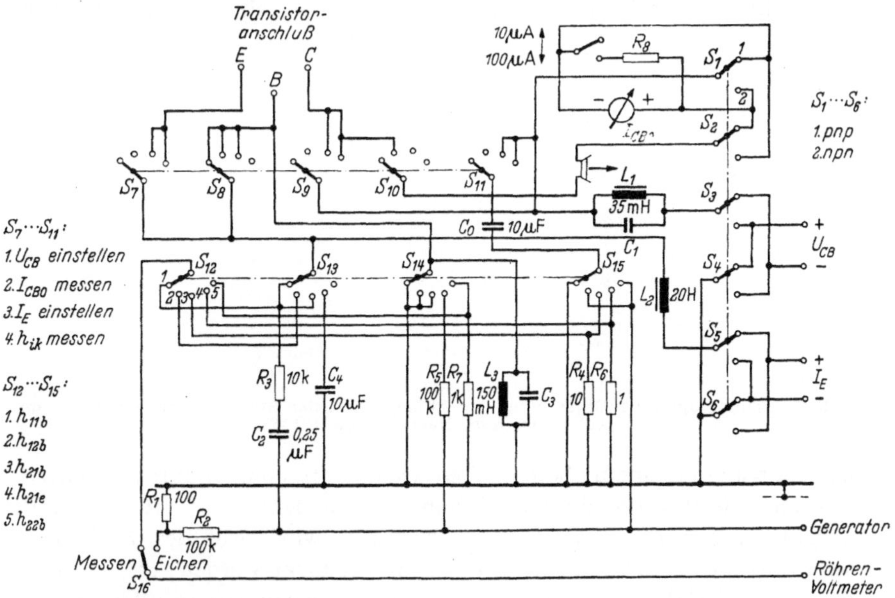

Abb. 8. Gesamtschaltbild der in den Abb. 5 bis 7 dargestellten Meßanordnungen zur
Bestimmung der h-Parameter (ohne Strom- und Spannungsquellen). Nach v. MÜNCH [33]

nung U_{CB} und Emitterstrom I_E) einzustellen, ohne den Transistor selbst
zu belasten. Neben der Bestimmung der Vierpolgrößen ist noch die
Messung des Kollektorreststromes I_{CB0} vorgesehen.

Wird die Generatorspannung so eingestellt, daß sich bei Schalterstellung „Eichen" Vollausschlag (100 Skalenteile) des Röhrenvoltmeters
ergibt, so erhält man die Vierpolwerte des Transistors in der Schalterstellung „Messen" mit folgenden Eichfaktoren:

Kurzschlußeingangswiderstand der Basisschaltung h_{11b}:

$\quad$ 0,1 Ω/SkT (Vollausschlag 10 Ω);

Leerlaufspannungsrückwirkung der Basisschaltung h_{12b}:

$\quad$ 0,01 · 10⁻³/SkT (Vollausschlag 10^{-3});

Kurzschlußstromverstärkung der Basisschaltung h_{21b}:

$\quad$ 0,01/SkT (Vollausschlag 1);

Kurzschlußstromverstärkung der Emitterschaltung h_{21e}:

    1/SkT (Vollausschlag 100);

Leerlaufausgangsleitwert der Basisschaltung h_{22b}:

    0,01 μS/SkT (Vollausschlag 1 μS).

Die Meßbereiche lassen sich um den Faktor 10 durch Herabsetzen der Generatorspannung auf 1/10 Vollausschlag (10 SkT) in der Eichstellung erweitern.

Eine spezielle Anordnung zur oszillographischen Darstellung der Abhängigkeit der Stromverstärkung h'_{21e} vom Kollektorgleichstrom zeigt Abb. 9. Der Emitterstrom wird mit 50 Hz sinusförmig zwischen

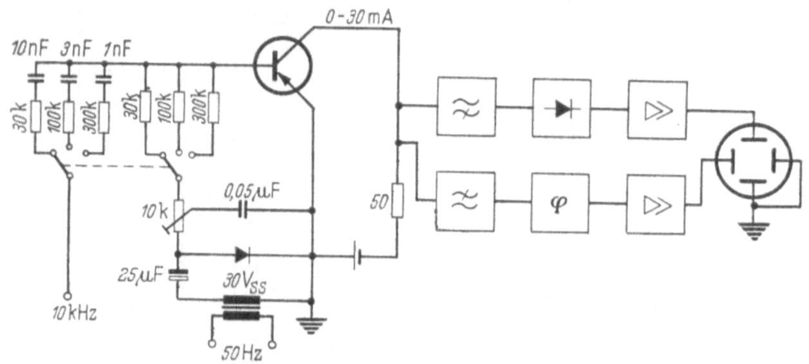

Abb. 9. Oszillographische Darstellung der Abhängigkeit der Stromverstärkung h_{21e} vom Kollektorstrom. Nach v. MÜNCH [33]

nahezu Null und einem oberen Scheitelwert (z. B. 30 mA) durchgesteuert, während gleichzeitig ein Signal höherer Frequenz (z. B. 10 kHz) mit wesentlich geringerer Amplitude überlagert wird. Auf der Kollektorseite müssen beide Frequenzen getrennt verstärkt werden; die Schreibfrequenz (50 Hz) dient zur horizontalen Aussteuerung des Oszillographen, während die Signalfrequenz nach Gleichrichtung der Vertikalablenkung zugeführt wird. Man beobachtet die Abhängigkeit der Stromverstärkung vom Kollektorstrom als Hüllkurve des auf dem Oszillographenschirm erscheinenden Bildes, wenn die Impedanz der Signalquelle groß gegenüber der Eingangsimpedanz des Transistors ist. Um diese Bedingung bei Transistoren mit verschieden hoher Stromverstärkung erfüllen zu können, sind Vorwiderstände für Transistoren mit $h_{21e} \sim 30$, $h_{21e} \sim 100$ und $h_{21e} \sim 300$ vorgesehen. Die Aussteuerung darf nicht ganz bis $I_E = 0$ erfolgen, da sonst ein Teil des Signals durch Gleichrichtung unterdrückt wird, so daß die beobachtete Stromverstärkung zu gering ist. Die Signalfrequenz sollte — je nach der zu untersuchenden Transistortype — möglichst hoch gewählt werden, um die Trennung von der Schreibfrequenz zu erleichtern [5].

Die in den Abb. 5 und 6 dargestellten Meßanordnungen für die h-Parameter der Basisschaltung können in Brückenschaltungen abgewandelt werden, wenn man R_1 meßbar veränderlich macht und an Stelle des umschaltbaren Röhrenvoltmeters ein Vergleichsinstrument verwendet oder zwischen die in Abb. 5 mit u_1, u_2, u_3, in Abb. 6 mit u_4, u_5, u_6 bezeichneten Punkte einen geeigneten Nullindikator legt. Bei Brückenabgleich (d. h. u_2, $u_3 = u_1$ in Abb. 5; u_5, $u_6 = u_4$ in Abb. 6) gelten folgende Beziehungen:

$$h_{11b} = \frac{R_3}{R_2}\, R_1, \qquad h_{12b} = \frac{R_1}{R_2},$$

$$|h_{21b}| = \frac{R_3}{R_2 \cdot R_4}\, R_1, \qquad h_{22b} = \frac{R_1}{R_2 \cdot R_7}.$$

Mit $R_1 = 0 \cdots 100\,\Omega$ und den in Abb. 8 angegebenen Daten für R_2 bis R_7 erhält man die Meßbereiche $h_{11b} = 0 \cdots 10\,\Omega$, $h_{12b} = 0 \cdots 10^{-3}$, $-h_{21b} = 0 \cdots 1$, $h_{22b} = 0 \cdots 1\,\mu$S. Um die Meßbereiche zu erweitern, muß R_2 entsprechend abgeändert werden.

Bei der Messung der Vierpolparameter in der Emitterschaltung ist zu beachten, daß der Eingangswiderstand und der Ausgangs*leitwert* — je nach Stromverstärkung des Transistors — um den Faktor 30 bis 300 höher als bei der Basisschaltung liegen. Die Einhaltung der Abschlußbedingungen ist daher in der Emitterschaltung meist schwieriger zu erfüllen als in der Basisschaltung. Auf der Eingangsseite läßt sich sowohl die Leerlaufbedingung, die zu den h-Parametern führt, als auch die zur Messung der y-Parameter notwendige Kurzschlußbedingung mit annähernd gleichem Aufwand approximieren.

Die Abb. 10 bis 13 zeigen Brückenschaltungen zur Messung der Elemente der y-Matrix und der h-Matrix in der Emitterschaltung. Die Regelung der Gleichstromzuführung erfolgt im

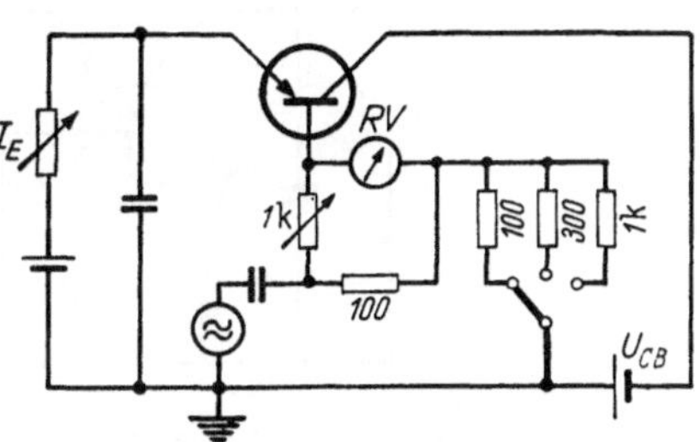

Abb. 10. Brückenschaltung zur Messung von $h_{11e} = 1/y_{11e}$.
Meßbereiche: $h_{11e} \leq 1\,\mathrm{k}\Omega$, $h_{11e} \leq 3\,\mathrm{k}\Omega$, $h_{11e} \leq 10\,\mathrm{k}\Omega$

Emitterkreis, während die Wechselspannung (z. B. 1000 Hz) entweder auf der Emitter- oder auf der Kollektorseite überlagert wird. Der Brückenabgleich wird in allen vier Schaltungen an dem 1 kΩ-Potentiometer vorgenommen. Zur Anzeige benötigt man ein hinreichend empfindliches, auf die Meßfrequenz abgestimmtes Nullinstrument.

Für die Messung des Kurzschlußeingangswiderstandes $h_{11e} = 1/y_{11e}$ in der Brückenschaltung nach Abb. 10 sind durch Änderung des Brückenverhältnisses Meßbereiche bis 1 kΩ, 3 kΩ und 10 kΩ einstellbar.

In der Brückenanordnung nach Abb. 11 können die Kurzschlußstromverstärkung h_{21e} und die Vorwärtssteilheit y_{21e} gemessen werden, indem der Kollektorstrom entweder mit dem Basisstrom verglichen oder in Beziehung zur Emitter-Basisspannung gesetzt wird. Da der Ausgangswiderstand des Transistors mit wachsender Stromverstärkung abnimmt, ist eine entsprechende Umschaltung des Meßwiderstandes im Kollektor-

kreis vorgesehen, damit die Kurz-schlußbedingung in allen Fällen eingehalten wird.

Zur Messung der Rückwärts-steilheit y_{12e} muß im Basiskreis ein Meßwiderstand liegen, der klein gegen h_{11e} ist. Da $\dot{y}_{12e}$ meist nur etwa $1\,\mu$S beträgt, erfordern genaue Messungen von y_{12e} rela-tiv hohen Aufwand. Es ist ein-facher, mit einem höheren Meß-widerstand zu arbeiten und,

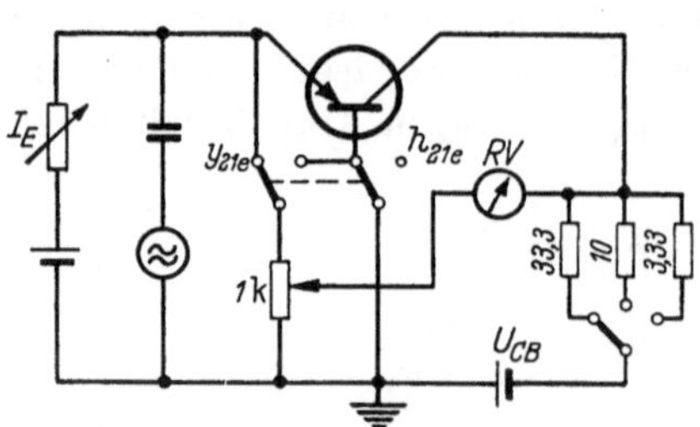

Abb. 11. Brückenschaltung zur Messung von h_{21e} und y_{21e}.
Meßbereiche: $h_{21e} \leqq 30$, $h_{21e} \leqq 100$, $h_{21e} \leqq 300$, $y_{21e} \leqq 30$ mS, $y_{21e} \leqq 100$ mS, $y_{21e} \leqq 300$ mS

falls nötig, eine Korrektur nach folgender Gleichung anzubringen:

$$y'_{12e} = \frac{y_{12e}}{1 + R_b\, y_{11e}} = \frac{y_{12e}}{1 + R_b/h_{11e}}\,. \tag{10}$$

Darin sind y'_{12e} die gemessene Rückwärtssteilheit, y_{12e} die wirkliche Rückwärtssteilheit und R_b der im Basiskreis liegende Meßwiderstand. Die

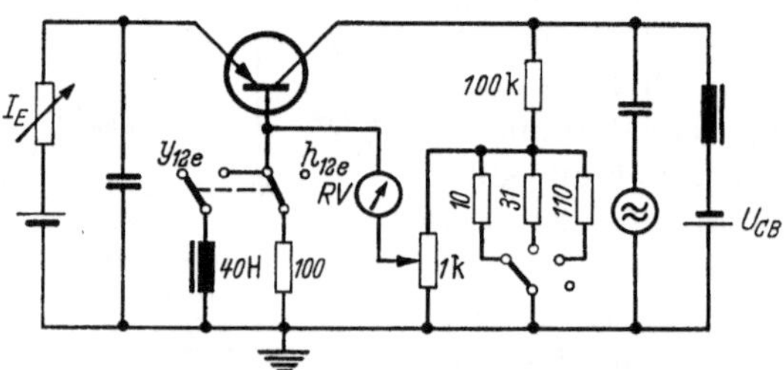

Abb. 12. Brückenschaltung zur Messung von h_{12e} und y_{12e}.
Meßbereiche: $h_{12e} \leqq 10^{-4}$, $h_{12e} \leqq 3\cdot 10^{-4}$, $h_{12e} \leqq 10^{-3}$, $h_{12e} \leqq 10^{-2}$, $-y_{12e} \leqq 1\,\mu$S, $-y_{12e} \leqq 3\,\mu$S, $-y_{12e} \leqq 10\,\mu$S, $-y_{12e} \leqq 100\,\mu$S

Bestimmung von h_{12e} erfordert wechselstrommäßig offenen Basiskreis.

In der Brückenschaltung zur Messung der Ausgangsleitwerte h_{22e} und y_{22e} (Abb. 13) wird der Spannungsabfall, den die Summe der über

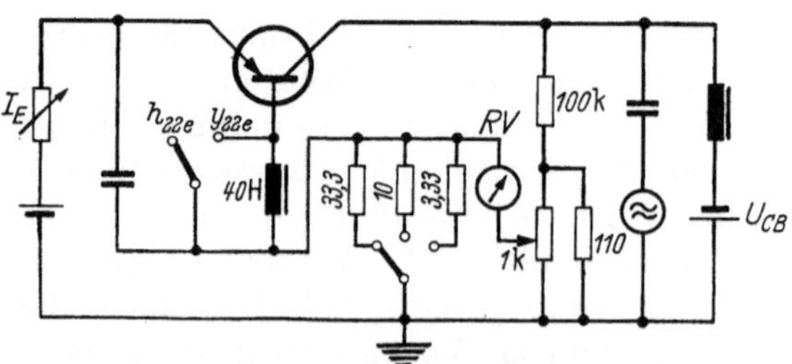

Abb. 13. Brückenschaltung zur Messung von h_{22e} und y_{22e}.
Meßbereiche: $h_{22e} \leqq 30\,\mu$S, $h_{22e} \leqq 100\,\mu$S, $h_{22e} \leqq 300\,\mu$S, $y_{22e} \leqq 30\,\mu$S, $y_{22e} \leqq 100\,\mu$S, $y_{22e} \leqq 300\,\mu$S

Emitter und Basis abfließenden Wechselströme an einem Meßwiderstand verursacht, mit einem Bruchteil der dem Kollektor zugeführten Wechselspannung verglichen.

Bei allen Brückenschaltungen ist zu beachten, daß ein exakter Abgleich nur dann zu erreichen ist, wenn die Ströme und Spannungen keine Phasenverschiebung aufweisen. Mangelhafte Einstellschärfe beim Brückenabgleich bedeutet, daß die Meßfrequenz zu hoch gewählt wurde. Eine kommerzielle Transistormeßbrücke, die nach den vorstehend geschilderten Prinzipien arbeitet, wird unter der Bezeichnung „Teletrans" hergestellt [6].

3. Messung der Hf-Parameter

Ziel der Hochfrequenzmessungen an Transistoren ist die vollständige Beschreibung der Vierpolparameter (Eingangs- und Ausgangsimpedanzen, Übertragungsgrößen) nach Betrag und Phase in Abhängigkeit von der Frequenz. Der Leitungsmechanismus im Halbleiter bedingt, daß Blindkomponenten von Strom und Spannung bei Transistoren im allgemeinen schon bei wesentlich niedrigeren Frequenzen als bei Elektronenröhren auftreten. In diesem Sinne können Hochfrequenzmessungen an Transistoren bereits bei einigen kHz beginnen.

Zur Bestimmung der komplexen Eingangs- und Ausgangswiderstände können kommerzielle Geräte, wie Impedanzmeßgeräte, Hf-Meßbrücken, Gütemeßgeräte usw. verwendet werden. Auch die Übertragungsgrößen lassen sich mit Hilfe eines Dämpfungs- und Phasenmeßplatzes messen. Es muß jedoch beachtet werden, daß die Aussteuerung im Linearitätsbereich des Transistors bleibt, und daß die Abschlußbedingungen bei der Meßfrequenz bzw. über den gesamten Frequenzbereich eingehalten werden. Die wichtigsten Schaltungen zur Messung der Hf-Parameter von Transistoren sollen im folgenden kurz behandelt werden.

Das Prinzip der Messung des komplexen Kurzschlußeingangswiderstandes h_{11e} bzw. des Eingangsleitwertes $y_{11e} = 1/h_{11e}$ in der Emitterschaltung mittels einer Hf-Meßbrücke ist in Abb. 14 dargestellt. Die

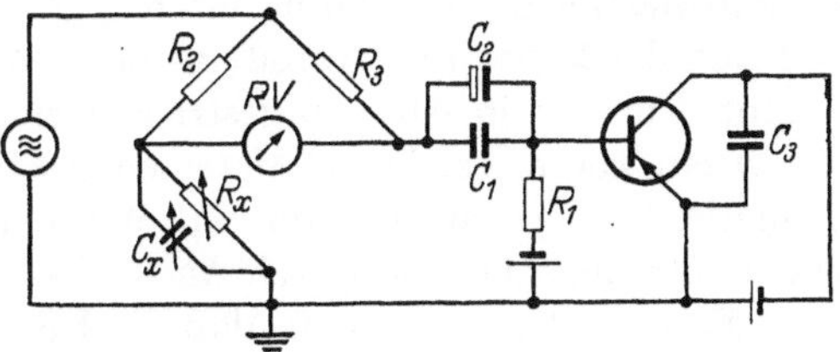

Abb. 14. Brückenschaltung zur Messung des komplexen Kurzschlußeingangswiderstandes h_{11e}

Brücke wird zunächst nur mit dem Transistorsockel und dem Netzwerk, das der Gleichstromversorgung dient, abgeglichen, um den Einfluß der Zuleitungen zu eliminieren. Ein zweiter Abgleich wird nach Einsetzen des Transistors in den Sockel vorgenommen. Aus der Differenz der für $1/R_x$ und C_x gemessenen Werte können der Real- und der Imaginärteil von $y_{11e} \equiv 1/h_{11e}$ bestimmt werden.

Der Basiszuleitungswiderstand R_1 soll möglichst groß gegen den Eingangswiderstand des Transistors sein. An Stelle von R_1 kann auch eine Drossel oder ein auf die Meßfrequenz abgestimmter Parallelresonanzkreis verwendet werden. Die kapazitive Ankopplung $C_k = C_1 + C_2$ des Transistors muß so bemessen sein, daß bei tiefen Frequenzen die Bedingung

$$\omega\, C_k \gg \frac{1}{\omega\, c_e\, r_b^2}$$

(s. Ersatzschaltbild Abb. 17) eingehalten wird. Im Kollektorkreis ist durch C_3 die zur Messung von h_{11e} und y_{11e} notwendige Kurzschlußbedingung zu erfüllen.

Auf der Kollektorseite bevorzugt man, da es sich um die Messung hoher Impedanzen und kleiner Kapazitäten handelt, Meßverfahren nach dem Resonanzprinzip (Abb. 15). Der aus R_1, R_2, C_1, L_1 und L_2 bestehende

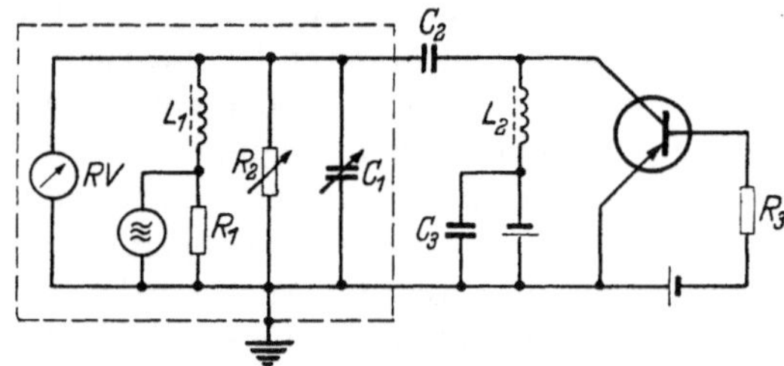

Abb. 15. Messung des Ausgangsleitwertes h_{22e} bzw. y_{22e} nach der Resonanzmethode

Resonanzkreis wird durch einen Generator in Resonanz erregt und die Schwingungsamplitude auf einen vorgegebenen Wert (z. B. Vollausschlag des Röhrenvoltmeters) eingestellt. Nach Einführung des Transistors in den Sockel muß C_1 vermindert werden, um die Resonanz des Schwingkreises wiederherzustellen, und R_2 muß um ΔR_2 erhöht werden, so daß wieder die ursprüngliche Schwingungsamplitude erreicht wird. Der Realteil des Kollektorleitwertes ist dann durch $1/R_2 - 1/(R_2 + \Delta R_2)$ gegeben, während sich der kapazitive Anteil aus der gemessenen Kapazitätsdifferenz ergibt. Für den in Abb. 15 gestrichelt eingerahmten Teil der Schaltung kann ein kommerzielles Q-Meter eingesetzt werden.

Die Resonanzmethode ist jeweils nur für eine Meßfrequenz anzuwenden. Verschiedene Meßfrequenzen sind durch Auswechseln der Spulen L_1 und L_2 einstellbar. Ferner ist zu beachten, daß die Resonanzamplitude klein gegen die Kollektorgleichspannung bleibt. Bei Meßfrequenzen wesentlich über 1 MHz ist es notwendig, für den Dämpfungswiderstand R_2 an Stelle eines Potentiometers ein elektronisch regelbares, frequenzunabhängiges Dämpfungsglied einzusetzen, beispielsweise eine Diode oder eine Regelpentode in Gitterbasisschaltung, deren Eingangswiderstände sich durch Verschieben des Arbeitspunktes in weiten Grenzen verändern lassen. Die Einspeisung der Kollektorgleichspannung kann auch direkt über den Schwingkreis L_1, C_1 vorgenommen werden, etwa zwischen R_1 und dem Erdpunkt der Schaltung, so daß die Bauelemente L_2, C_2 und C_3 fortfallen.

Zur Messung der Übertragungsgrößen können Kompensationsverfahren angewendet werden. Wenn die eingangs- und ausgangsseitig gemessenen Spannungen eine Phasenverschiebung $0 \leq \varphi \leq \pi/2$ besitzen, benötigt man neben der zur Steuerung des Transistors dienenden Signalspannung u_1 eine gegenphasige Spannung gleichen oder um einen vorgegebenen Faktor $1/n$ herabgesetzten Betrages. Diese Kompensationsspannung führt man derart über ein variables RC-Glied der Ausgangsseite des Transistors zu, daß dort — je nach Abschlußbedingung — Strom- oder Spannungslosigkeit eintritt. Betrag und Phase der Übertragungsgröße sind dann aus den Daten des Kompensationsnetzwerkes zu berechnen. Diese Methode ist in Abb. 16a für die Rückwärtssteilheit

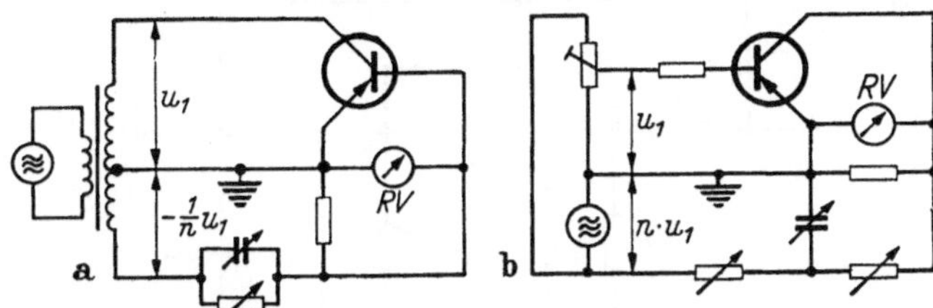

Abb. 16. Messung der Übertragungsgrößen durch Kompensation

y_{12e} dargestellt; ähnlich werden h_{12e} und die entsprechenden Übertragungsgrößen der Basisschaltung gemessen. An Stelle der in Abb. 16a dargestellten Erzeugung der Kompensationsspannung mittels eines angezapften Übertragers kann die Phasenumkehr auch durch eine von u_1 gesteuerte Röhre in Kathodenbasisschaltung bewirkt werden. Man geht so den Schwierigkeiten, die bei der Herstellung breitbandiger Übertrager auftreten, aus dem Wege.

Sind die eingangs- und ausgangsseitig zu messenden Spannungen um $\pi/2 \leq \varphi \leq \pi$ phasenverschoben, so ist keine Phasenumkehr der Kompensationsspannung notwendig. Abb. 16b zeigt als Beispiel die Messung der komplexen Kurzschlußstromverstärkung h_{21e} in der Emitterschaltung.

Die Übertragungsgrößen des Transistors können näherungsweise auch berechnet werden, wenn man Impedanzmessungen unter verschiedenen Abschlußbedingungen in der Basis- und der Emitterschaltung durchführt. Für den Kurzschlußeingangswiderstand h_{11e} der Emitterschaltung gilt

$$h_{11e} = \frac{h_{11b}}{1 + h_{21b} - h_{12b} + |\boldsymbol{H}|}, \tag{11}$$

$$\approx \frac{h_{11b}}{1 + h_{21b}}. \tag{11a}$$

Man kann daher zunächst die Stromverstärkung h_{21b} nach der Näherung (11a) bestimmen, indem man die komplexen Kurzschlußeingangswiderstände h_{11b} und h_{11e} in der Basis- und der Emitterschaltung mißt. Die Spannungsrückwirkung h_{12b} ist dann aus der Gleichung

$$h_{12b} = (y_{22b} - h_{22b}) \frac{h_{11b}}{-h_{21b}} \tag{12}$$

zu entnehmen, wenn zusätzlich die Ausgangsleitwerte h_{22b} und y_{22b} bei offenem und kurzgeschlossenem Emitter gemessen wurden. Mit der Kenntnis von h_{12b} kann schließlich die Zulässigkeit der Näherung (11a) überprüft, bzw. eine Korrektur nach Gl. (11) angebracht werden.

Man ist bestrebt, die Hf-Eigenschaften des Transistors durch ein möglichst einfaches Ersatzschaltbild mit frequenzunabhängigen Komponenten darzustellen. Für viele Anwendungszwecke ist das Ersatzschaltbild nach GIACOLETTO [7] ausreichend und wird daher in den Datenblättern industrieller Transistoren verwendet (Abb. 17). Es ent-

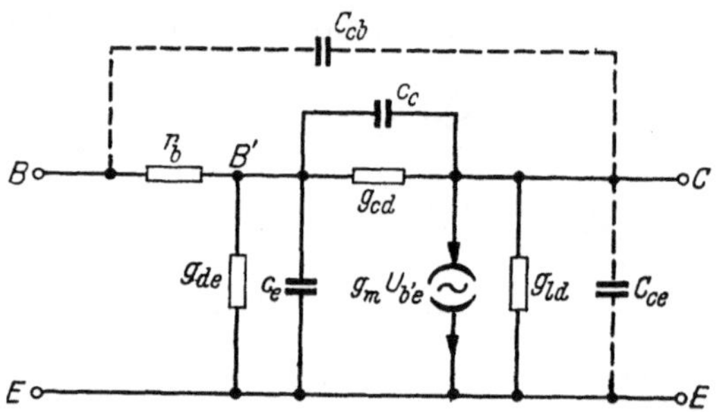

Abb. 17. Hf-Ersatzschaltbild des Transistors nach GIACOLETTO

spricht der Konfiguration in Teil C, Abb. 17b, wobei noch der Basiswiderstand r_b und gegebenenfalls die Streukapazitäten C_{cb} und C_{ce} hinzugenommen werden müssen (s. Teil C, Abb. 4b). Für die Summe der auf verschiedene physikalische Ursachen zurückgehenden Kapazitäten c_{de} und c_{es} ist die „Emitterkapazität" c_e eingeführt; ebenso gilt $c_c = c_{cs} + c_{cd}$. Die den Stromgenerator kennzeichnende Größe (Steilheit) ist hier mit g_m bezeichnet.

Abb. 18 zeigt als Beispiel die Ortskurve des Kurzschlußeingangsleitwertes y_{11e} für einen Transistor mit einer Grenzfrequenz von 400 kHz. Wegen $g_{de} \gg g_{cd}$ und $c_e \gg c_c$ kann man aus dem Diagramm die Größen der Komponenten r_b, g_{de} und c_e des Ersatzschaltbildes entnehmen. Als Grenzwert bei hoher Meßfrequenz ergibt sich $1/r_b$, während für $f \to 0$ der Eingangsleitwert

$$y_{11e} \underset{f \to 0}{=} \frac{g_{de}}{1 + r_b g_{de}} \tag{13}$$

gemessen wird. Die Emitterkapazität c_e findet man aus der Frequenz f_m, bei der der Imaginärteil von y_{11e} sein Maximum erreicht:

$$c_e = \frac{1}{2\pi f_m} \left(\frac{1}{r_b} + g_{de} \right). \tag{14}$$

Da bei hohen Frequenzen das Ersatzschaltbild ungenau wird, weicht die Ortskurve etwas von der aus dem Ersatzschaltbild herzuleitenden Halbkreisform ab (s. Abb. 18). Es ist daher zweckmäßig, y_{11e} nur etwa bis

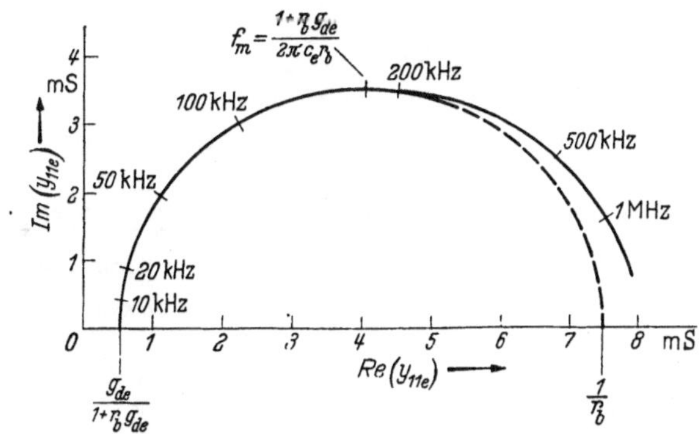

Abb. 18. Ortskurve des komplexen Kurzschlußeingangsleitwertes y_{11e}. Gestrichelt: Verlauf nach Ersatzschaltbild Abb. 17 (mit $g_{de} \gg g_{cd}$ und $c_e \gg c_c$). Nach V. MÜNCH [33]

zur Frequenz f_m zu messen und die Ortskurve durch Verlängerung des Kreisbogens auf $f \to \infty$ zu extrapolieren.

In der Brückenschaltung nach Abb. 19 wird der Transistoreingang durch die Widerstände r_b, $1/g_{de}$ und die Kapazität c_e nachgebildet. Man gleicht zunächst r_b bei hoher Frequenz ab (oberhalb der Grenzfrequenz des Transistors), bestimmt sodann den Leitwert g_{de} bei sehr niedriger Frequenz und ermittelt schließlich die Kapazität c_e bei einer in der Nähe von f_m liegenden Meßfrequenz. Es ist aber auch möglich, den Abgleich mit einem Signal durchzuführen, das mehrere Frequenzen enthält, beispielsweise mit einer geeignet gewählten Rechteckspannung.

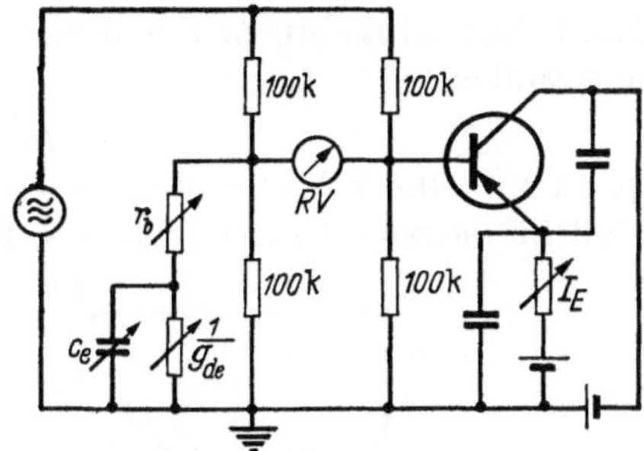

Abb. 19. Brückenanordnung zur Messung von r_b, g_{de} und c_e

Einen weiteren Beitrag zur Kenntnis der Komponenten des Ersatzschaltbildes liefern Messungen der Steilheit y_{21e} (s. Abb. 20) und der Kurzschlußstromverstärkung h_{21e}. Man findet g_m aus

$$y_{21e}\Big|_{f \to 0} = \frac{g_m}{1 + r_b\,g_{de}} \tag{15}$$

oder

$$h_{21e}\Big|_{f \to 0} = g_m/g_{de} \tag{16}$$

$(g_{cd} \ll g_m)$. Meßtechnisch gut zu erfassen ist die „Beta-Eins-Frequenz",
d. h. diejenige Frequenz, bei der $|\beta| \equiv |h_{21e}|$ den Wert Eins annimmt.
Im Rahmen der durch das Ersatzschaltbild Abb. 17 gegebenen Näherung
erhält man die Beziehung

$$f_{\beta_1} = \frac{1}{2\pi} \frac{g_m}{c_e} . \tag{17}$$

Abb. 21 zeigt eine Anordnung zur Messung von $|\beta| \equiv |h_{21e}|$ im Fre-
quenzbereich von 10 kHz bis 20 MHz. Man nutzt hierbei die Tatsache

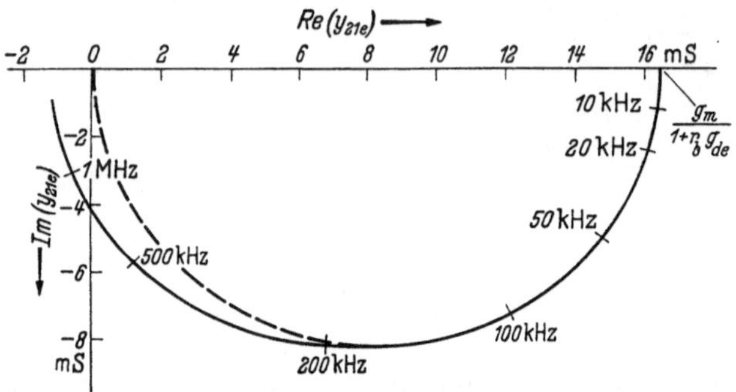

Abb. 20. Ortskurve der komplexen Steilheit y_{21e}. Gestrichelt: Verlauf nach Ersatzschaltbild Abb. 17 ($g_{de} \gg g_{cd}$, $c_e \gg c_c$)

aus, daß $|h_{21e}|$ umgekehrt proportional zur Frequenz abnimmt, wenn
man die Frequenz überschreitet, bei der $|h_{21e}|$ bereits auf etwa die
Hälfte des bei niedrigen Frequenzen (z. B. 1000 Hz) gemessenen Wertes
abgesunken ist:

$$|h_{21e}(f)| = f_{\beta_1}/f. \tag{18}$$

Je nach Stellung des Schalters S wird dem Meßwiderstand entweder der
Kollektorstrom oder der zehnfache Basisstrom zugeführt. Gleichheit des

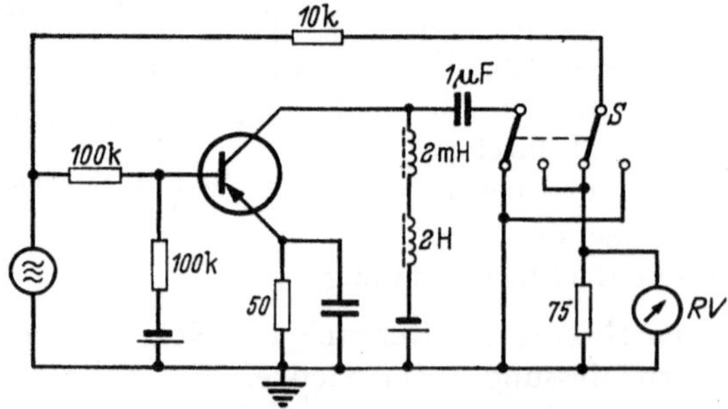

Abb. 21. Messung von $|h_{21e}|$ bzw. von f_{β_1}

Ausschlages am Röhrenvoltmeter in beiden Schalterstellungen bedeutet
also $|\beta| = 10$. Die Beta-Eins-Frequenz liegt dann um den Faktor 10
höher als die Meßfrequenz. An Stelle der Stromverzweigung durch Widerstände wird bei hohen Frequenzen die kapazitive Stromverzweigung
bevorzugt.

Der Leitwert g_{cd} zwischen Kollektor und Punkt B' des Ersatzschaltbildes kann bei bekanntem r_b und g_{de} aus der Rückwärtssteilheit y_{12e} oder aus der Spannungsrückwirkung h_{12e} berechnet werden:

$$y_{12e} \Big|_{f \to 0} = - \frac{g_{cd}}{1 + r_b\, g_{de}}, \tag{19}$$

$$h_{12e} \Big|_{f \to 0} = g_{cd}/g_{de} \tag{20}$$

($g_{cd} \ll g_{de}$ vorausgesetzt).

Aus dem Kurzschlußausgangsleitwert

$$y_{22e} \Big|_{f \to 0} = g_{ld} + \frac{r_b\, g_m\, g_{cd}}{1 + r_b\, g_{de}} + g_{cd} \tag{21}$$

ist schließlich der Leitwert g_{ld} zu entnehmen, wenn zuvor die Größen r_b, g_m, g_{de} und g_{cd} bestimmt wurden. Bei Hf-Transistoren liefern die beiden letzten Terme in Gl. (21) nur einen geringen Beitrag, der gegenüber g_{ld} vernachlässigt werden kann.

Die Kapazität C_{cb} des Ersatzschaltbildes folgt aus der Rückwärtssteilheit (s. Abb. 22):

$$\mathrm{Im}\,(y_{12e}) \Big|_{f \to \infty} = - \omega\, C_{cb}.$$

Bei nicht hinreichend hoher Meßfrequenz ist eine Korrektur nach folgender Gleichung anzubringen:

$$\mathrm{Im}\,(y_{12e}) = - \omega \left[C_{cb} + \frac{c_c(1 + r_b\, g_{de}) - r_b\, g_{cd}\, c_e}{(1 + r_b\, g_{de})^2 + (\omega\, r_b\, c_e)^2} \right]. \tag{22}$$

Der Imaginärteil des Kurzschlußausgangsleitwertes liefert

$$\mathrm{Im}\,(y_{22e}) \Big|_{f \to \infty} = \omega\,(c_c + C_{cb} + C_{ce}), \tag{23a}$$

während der Realteil durch

$$\mathrm{Re}\,(y_{22e}) \Big|_{f \to \infty} = g_{cd} + g_{ld} + g_m\, \frac{c_c}{c_e} \tag{23b}$$

gegeben ist. Hieraus lassen sich c_c und C_{ce} berechnen. Ferner kann c_c aus Gl. (23a) wie folgt ermittelt werden: Bei legierten Transistoren mit homogener Basisdotierung nimmt die Kollektorsperrschichtkapazität umgekehrt proportional zur Wurzel aus der Kollektorspannung ab. Trägt man daher die bei $I_E = 0$ am Kollektor gemessene Kapazität gegen $1/\sqrt{U_{CB}}$ auf, so läßt sich durch Extrapolation auf $U_{CB} \to \infty$ die Kapazität c_c eliminieren und der Anteil der Streukapazitäten bestimmen.

Bei Messungen in der Nähe oder oberhalb der Grenzfrequenz des Transistors muß man auf das Ersatzschaltbild Teil C, Abb. 17a, ergänzt durch r_b, C_{cb} und C_{ce}, zurückgreifen. An Stelle des Stromgenerators $g_m\, U_{b'e}$ in Abb. 17 ist $(g_m + j\, b_m)\, U_{b'e}$ einzusetzen; der Kollektorleit-

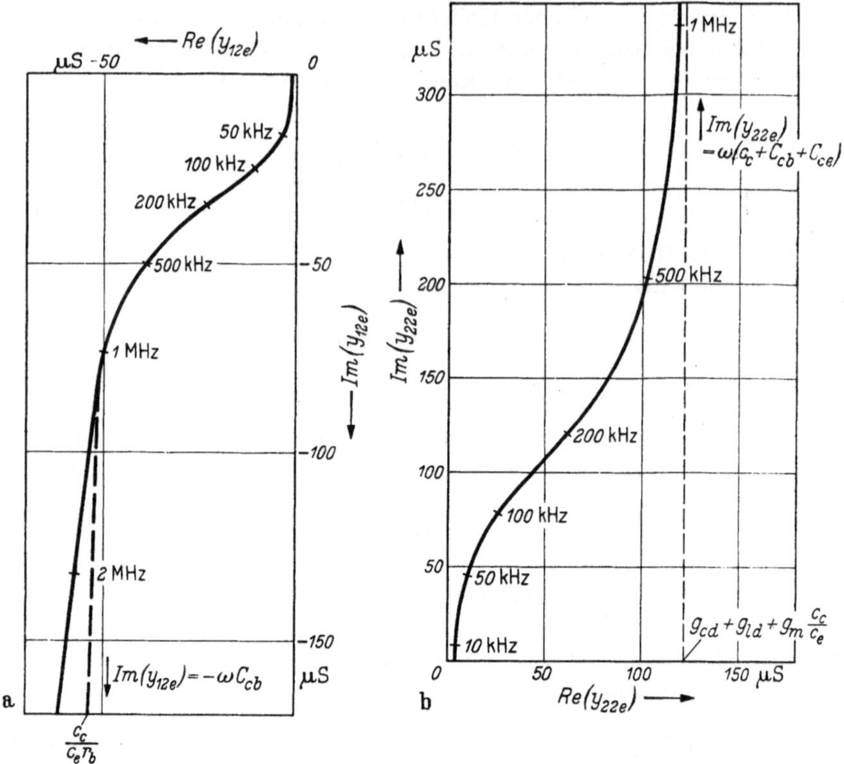

Abb. 22a u. b. a) Ortskurve der komplexen Rückwärtssteilheit y_{12e}. Gestrichelt: Verlauf nach Ersatzschaltbild Abb. 17. b) Ortskurve des komplexen Kurzschlußausgangsleitwertes y_{22e}

wert g_{ld} wird ebenfalls komplex, während c_c geringfügig abzuändern ist. Aus der in der Nähe der Grenzfrequenz gemessenen Stromverstärkung erhält man

$$g_m + j\,b_m = h_{21e}(g_{de} + j\,\omega\,c_e). \tag{24}$$

Abb. 23 zeigt eine Brückenschaltung, die es gestattet, g_m und b_m zu bestimmen, wenn vorher die Größen c_e und g_{de} eingestellt wurden. Es ist

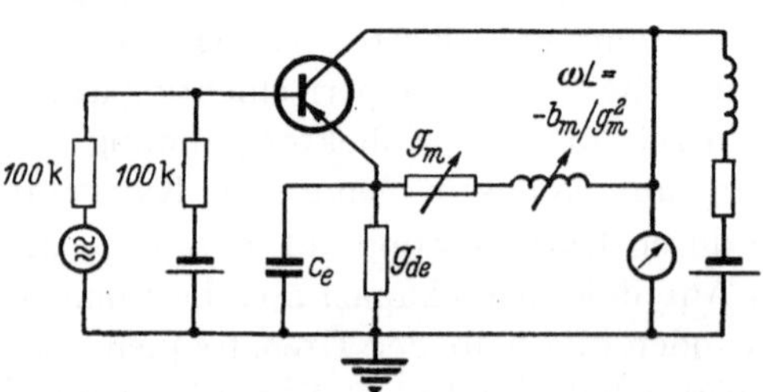

Abb. 23. Brückenanordnung zur Bestimmung der komplexen Anteile des Stromgenerators im Hf-Ersatzschaltbild

jedoch im einzelnen nachzuprüfen, ob die ausgangsseitig erforderliche Kurzschlußbedingung eingehalten wird. Für Diffusionstransistoren ist $-b_m/g_m = \omega/3\,\omega_\alpha$ zu erwarten (s. Teil C, Abb. 17a); bei Drifttransistoren ist jedoch der Phasenwinkel der Steilheit größer.

4. Rausch- und Klirrfaktormessungen

Die Rauscheigenschaften des Transistors werden durch den Rauschfaktor F gekennzeichnet, der definiert ist als das Verhältnis der an den Verbraucher R_a abgegebenen Rauschleistung P_{RA} zu der mit der Leistungsverstärkung V_p des Transistors multiplizierten Rauschleistung $k\,T\cdot B$ des Generatorwiderstandes R_0:

$$F = \frac{P_{RA}}{k\,T\cdot B\cdot V_p} \tag{25}$$

(B = Bandbreite). Es ist üblich, den Rauschfaktor in Dezibel anzugeben. Zur Messung und Berechnung von F verwendet man an Stelle von (25) die äquivalente Definition

$$F = \frac{\overline{u_{RA}^2}}{4\,k\,T\cdot B\cdot R_0\,V_u^2}, \tag{25a}$$

wobei $\overline{u_{RA}^2}$ das mittlere Rauschspannungsquadrat am Arbeitswiderstand R_a und V_u die Spannungsverstärkung (bezogen auf die maximale Rauschspannung an R_0) sind.

Die Angabe eines Rauschfaktors bezieht sich natürlich nur auf einen bestimmten Arbeitspunkt des Transistors, sowie auf einen bestimmten Generatorwiderstand und eine bestimmte Meßfrequenz. Im Bereich des frequenzunabhängigen („weißen") Rauschspektrums kann F — zumindest näherungsweise — aus anderen gemessenen Transistordaten berechnet werden. (s. auch Kap. II. 4).

Abb. 24 zeigt die Rauschmessung nach dem Vergleichsverfahren. In den Eingangskreis wird eine variable Rauschquelle u_{R0} gelegt (Innen-

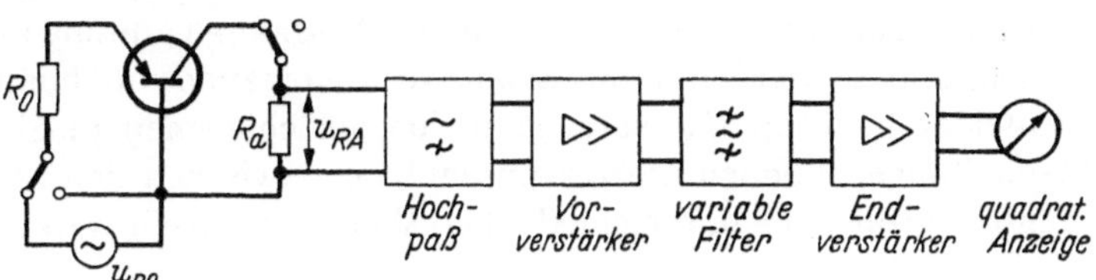

Abb. 24. Messung des Rauschfaktors F

widerstand klein gegen R_0). Diese zusätzliche Rauschspannung steigert man so lange, bis die an R_a verfügbare Rauschleistung den doppelten Wert gegenüber dem Fall ohne u_{R0} annimmt. Der Rauschfaktor des Transistors ist dann gleich dem Quotienten aus dem äquivalenten Rauschwiderstand der Rauschquelle (z. B. Rauschdiode) und dem Generatorwiderstand R_0. Der Vorteil dieses Verfahrens, das besonders zur Messung kleiner Rauschfaktoren geeignet ist, liegt darin, daß keinerlei sonstige Größen des Vierpols oder der Meßschaltung (wie Bandbreite und Verstärkung) ermittelt werden müssen.

24*

Die Absolutmessung von F folgt aus der Definition (25a). Hierbei ist es notwendig, das mittlere Rauschspannungsquadrat an R_a, die Spannungsverstärkung V_u des Transistors und die effektive Bandbreite (durch Integration über die quadrierte Spannungsdurchlaßkurve des Filters) zu bestimmen. Außerdem muß das thermische Rauschen des Arbeitswiderstandes R_a, der nach Möglichkeit klein gegen den Ausgangswiderstand des Transistors gewählt wird, und das Eigenrauschen der Verstärker berücksichtigt werden. Bei Messungen im „weißen" Spektralgebiet ist die zusätzliche Einschaltung eines Hochpasses zweckmäßig, um zu verhindern, daß in den Verstärkern Oberwellen der intensitätsstarken tiefen Frequenzkomponenten entstehen, die die Messungen stören.

Bei Klirrfaktormessungen an Transistoren ist zu beachten, daß der Klirrfaktor nicht nur von dem Arbeitspunkt und der Aussteuerung, sondern auch von der Impedanz der Steuerquelle abhängt. Für die meisten Anwendungszwecke ist es ausreichend, die Nichtlinearität der Eingangskennlinie und die Stromabhängigkeit der Stromverstärkung zu berücksichtigen (s. Teil C, Kap. III. 1 b). Bei höheren Frequenzen können auch die arbeitspunktabhängigen Reaktanzen einen Beitrag zum Klirrfaktor liefern.

II. Eigenschaften verschiedener Typen von Transistoren

1. Die Kennlinienfelder

Im Gegensatz zur Elektronenröhre, bei der man mit einem Kennlinienfeld auskommt, welches die Beziehungen zwischen Anodenspannung U_{AK}, Anodenstrom I_A und Gitterspannung U_{GK} beschreibt, müssen beim Transistor die Beziehungen zwischen den vier Größen Eingangsstrom, Eingangsspannung, Ausgangsstrom und Ausgangsspannung untersucht werden, d. h. es werden mindestens zwei voneinander unabhängige Kennlinienfelder benötigt. Entsprechend den verschiedenen möglichen Vierpoldarstellungen können die Zusammenhänge zwischen den Strom- und Spannungsgrößen in unterschiedlicher Weise graphisch dargestellt werden.

Für die Praxis sind vor allem die Ausgangskennlinienfelder von Interesse. Will man dabei den direkten Anschluß an die im Teil A erläuterte physikalische Wirkungsweise des Transistors gewinnen, so muß man das Kollektorkennlinienfeld $I_C = f(U_{CB})$ der Basisschaltung mit dem Emitterstrom als Parameter betrachten. Da jedoch die Emitterschaltung für die meisten schaltungstechnischen Aufgaben wesentliche Vorteile gegenüber der Basisschaltung bietet, findet man in den Datenblättern der Transistoren das Ausgangskennlinienfeld der Emitterschaltung $I_C = f(U_{CE})$ mit dem Basisstrom oder der Basisspannung U_{BE} als Parameter als bevorzugte Darstellung. Durch Zusammenfassung der Ausgangskennlinienfelder bei konstantem Steuerstrom und bei konstanter

Steuerspannung ist eine vollständige Beschreibung des statischen Verhaltens des Transistors möglich.

Auf der Eingangsseite werden Kennlinien bevorzugt, die bei konstanter Kollektorspannung aufgenommen sind, d. h. $I_E = f(U_{EB})$ mit $U_{CB} = $ const für die Basisschaltung und $I_B = f(U_{BE})$ mit $U_{CE} = $ const für die Emitterschaltung. Daneben sind aber auch gemischte Kennlinien gebräuchlich, d. h. solche, bei denen eine Ausgangsgröße als Funktion einer Eingangsgröße aufgezeichnet ist, z. B. der Kollektorstrom als Funktion des Emitter- bzw. Basisstromes oder der Kollektorstrom als Funktion der Emitterspannung usw. Im folgenden sollen Beispiele der wichtigsten Kennlinienfelder einander gegenübergestellt werden.

Abb. 25a zeigt das Kollektorkennlinienfeld eines legierten pnp-Transistors in der Basisschaltung (vgl. Abb. C 1). Gemäß den eingeführten Strom- und Spannungsdefinitionen sind negative Kollektorspannungen und -ströme für den üblichen Arbeitsbereich des Transistors (Kollektor in Sperrichtung betrieben) dargestellt. Da der Ausgangswiderstand der Basisschaltung sehr hoch ist (Größenordnung $M\Omega$), und die Stromverstärkung α_0 nahezu Eins beträgt, fallen die bei konstantem Emitterstrom aufgenommenen Kennlinien nahezu mit den Werten $I_C = 0$, $I_C = -2\,\text{mA}$ usw. zusammen. Die Durchlaßrichtung (positive Kollektorspannung) ist im linken Teil der Abb. 25a mit 5fach vergrößertem Spannungsmaßstab eingezeichnet.

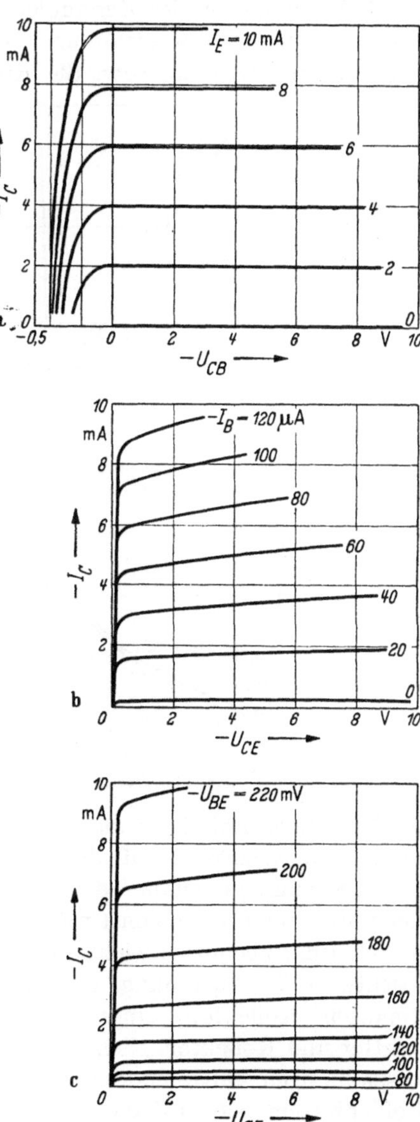

Abb. 25 a—c. Kollektorkennlinienfelder (OC 71). a) Basisschaltung (Emitterstrom I_E als Parameter); b) Emitterschaltung (Basisstrom I_B als Parameter); c) Emitterschaltung (Basisspannung U_{BE} als Parameter)

Aus dem Kennlinienfeld der Emitterschaltung (Abb. 25b) mit dem Basisstrom als Parameter können der Leerlaufausgangsleitwert h_{22e} und die Stromverstärkung $\beta_0 = h_{21e}$ entnommen werden. Das bei konstanter Basis*spannung* aufgenommene Kennlinienfeld Abb. 25c liefert dagegen den Kurzschlußausgangsleitwert y_{22e} und die Vorwärtssteilheit y_{21e}. Durch Kombination der Kennlinienfelder Abb. 25b und Abb. 25c können der Eingangswiderstand und — mit geringer Genauigkeit — die Spannungsrückwirkung bzw. die Rückwärtssteilheit ermittelt werden.

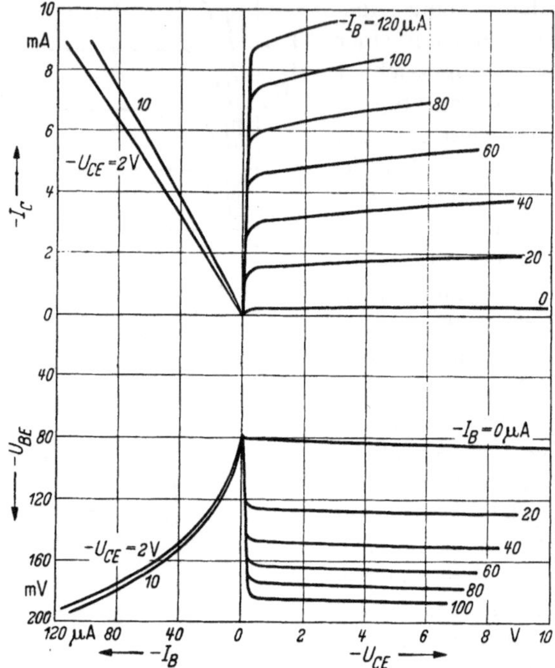

Abb. 26. Kennlinienfelder für 50-mW-Transistor

Die Nichtlinearität der Eingangskennlinie des Transistors kommt dadurch zum Ausdruck, daß die bei konstantem Basisstrom aufgenommenen Kennlinien annähernd äquidistant sind, während der Abstand der Kennlinien für U_{BE} = const mit wachsender Spannung stark zunimmt.

Schaltungstechnisch wichtig ist außerdem die aus Abb. 25b und 25c ersichtliche Kniespannung, d. h. die zur Aufrechterhaltung eines bestimmten Kollektorstromes notwendige Mindestspannung zwischen Emitter und Kollektor. Nicht eingezeichnet ist der bei höheren Kollektorspannungen auftretende Steilanstieg des Kollektorstromes, der auf Stoßionisation oder auf die Ausdehnung der Kollektorrandschicht bis zum Emitter zurückzuführen ist.

In der Praxis weit verbreitet ist auch die in Abb. 26 dargestellte Zusammenfassung verschiedener Kennlinienfelder, aus der die vier h-

Parameter direkt hervorgehen. Im I. Quadranten findet man das Kollektorkennlinienfeld der Abb. 25b wieder. Die Neigung dieser Kennlinien liefert den Leerlaufausgangsleitwert, ihr Abstand die Stromverstärkung. Letztere ist auch aus der Neigung der im II. Quadranten befindlichen gemischten Kennlinien $I_C = f(I_B)$ direkt zu entnehmen. Die Eingangskennlinien $U_{BE} = f(I_B)$ für $U_{CE} = $ const sind im III. Quadranten gezeichnet, während die Spannungsrückwirkung zwischen dem Kollektor- und dem Basiskreis in dem Kennlinienfeld rechts unten (IV. Quadrant) zu finden ist.

Die Kennlinienfelder der Siliziumtransistoren unterscheiden sich von denjenigen der Germaniumtransistoren durch den — besonders in der Emitterschaltung — wesentlich geringeren Kollektorreststrom sowie durch höhere Kniespannungen, wenn man gleiche geometrische Abmessungen voraussetzt. Um mit Silizium die gleiche Grenzfrequenz und Stromverstärkung wie bei Germaniumtransistoren zu erhalten, muß die Basisdicke im allgemeinen dünner gewählt werden. Hierdurch sind höhere Werte des Kollektorleitwertes und der Spannungsrückwirkung bedingt.

2. Die Abhängigkeit der quasistatischen Vierpolparameter vom Arbeitspunkt

Die physikalischen Grundlagen für die Abhängigkeit der Vierpolparameter vom Arbeitspunkt (Emitterstrom und Kollektorspannung) wurden in Teil A, Kap. IV erläutert. Eine eingehendere Diskussion erfordert die vollständige Kenntnis der geometrischen Struktur und der Materialeigenschaften des Transistors. Im folgenden soll ein Überblick über die Arbeitspunktabhängigkeit der Vierpolparameter gegeben werden; die angeführten Beispiele können als typisch für die nach dem Legierungsverfahren industriell gefertigten Transistoren angesehen werden.

Von besonderem Interesse für die Schaltungstechnik ist die Stromverstärkung h_{21e} der Emitterschaltung, von der die erreichbare Verstärkung wesentlich abhängt. Wie in Teil A, Kap. IV.6 ausgeführt, steigt h_{21e} bei kleinen Strömen durch Aufbau eines elektrischen Feldes innerhalb der Basis zunächst etwas an (scheinbare Verdoppelung der Diffusionskonstanten) und fällt im Bereich hoher Emitterströme infolge Abnahme der Emitterwirksamkeit wieder ab (s. auch [9]). Der Abfall bei hohen Stromdichten erfolgt annähernd umgekehrt proportional zu I_E:

$$h_{21e}(I_E) = 2 \frac{A}{w^2} \frac{\sigma_e L_e}{\mu_n} \frac{D_p}{I_E} \cdot \frac{1}{I_E}. \tag{26}$$

Bei Kenntnis der wirksamen Emitterfläche A und der Basisdicke w kann das Produkt $\sigma_e L_e$ der Leitfähigkeit und der Diffusionslänge in der Emitterzone berechnet werden.

Abb. 27 zeigt ein Beispiel für die Abhängigkeit der Stromverstärkung h_{21e} vom Emitterstrom I_E bei verschiedenen Kollektorspannungen U_{CB}. Wie aus Abb. 27 ersichtlich, nimmt die Stromverstärkung mit wachsender Kollektorspannung infolge Verringerung der effektiven Basisdicke monoton zu. Für Legierungstransistoren mit homogener Basisdotierung, bei denen der pn-Übergang Basis—Kollektor abrupt und stark unsymmetrisch ist, dehnt sich die Kollektorrandschicht proportional zur Wurzel aus der angelegten Kollektorspannung aus. Es ergibt sich daher für kleine Emitterströme bei überwiegender Volumenrekombination bzw. bei Oberflächenrekombination mit einer Rekombinationsfläche, die proportional zur effektiven Basisdicke angenommen wird (Teil A, Abb. 20), annähernd

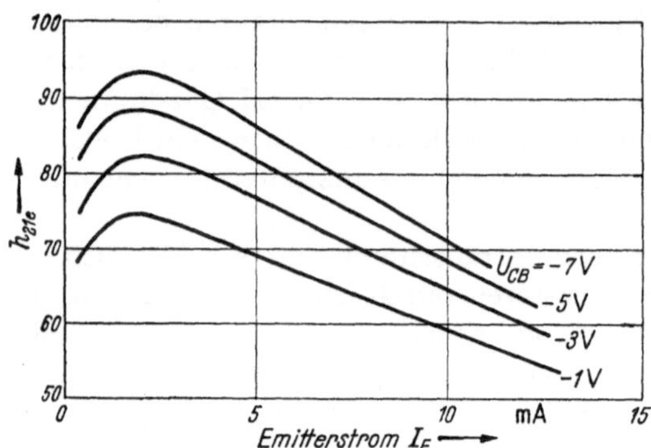

Abb. 27. Stromverstärkung $\beta_0 = h_{21e}$ der Emitterschaltung in Abhängigkeit vom Emitterstrom I_E und von der Kollektorspannung U_{CB} (Beispiel eines legierten 25-mW-Transistors)

$$h_{21e}(U_{CB}) = \frac{h_{21e}(U_{CB} = 0)}{\left(1 - \sqrt{\dfrac{U_{CB}}{U_p}}\right)^2}, \tag{27}$$

wobei U_p die nach Teil A Gl. (141) zu berechnende Kollektorspannung ist, bei der die Kollektorrandschicht bis zum Emitter durchgreift, so daß die effektive Basisdicke gleich Null wird. Bei $U_{CB} \approx U_p$ nimmt h_{21e} stark zu. In vielen Fällen kann allerdings U_p nicht erreicht werden, weil am Kollektor bereits eine Stromzunahme infolge Stoßionisation und durch Oberflächeneffekte eintritt, ehe die Kollektorrandschicht bis zum Emitter durchgreift. Die Spannung U_p in Gln. (27), (30) und (32) ist dann lediglich als eine von der Basisdicke w und von der Dotierung abhängige Rechengröße anzusehen.

Bei den gezogenen und den nach dem Diffusionsverfahren hergestellten Transistoren erfolgt dagegen die Ausdehnung der Kollektorrandschicht nur teilweise auf Kosten der Basisdicke. Die Spannungsabhängigkeit der Stromverstärkung ist daher für diese Transistortypen wesentlich geringer. Ähnliches gilt auch für Drifttransistoren mit inhomogener Basisdotierung. Bei diesen kann eine Änderung von h_{21e} lediglich bei sehr geringer Kollektorspannung auftreten, falls sich die Ausdehnung der Kollektorrandschicht zunächst in dem hochohmigen Teil der Basis vollzieht.

Ein Beispiel für die Abhängigkeit der Stromverstärkung von I_E bei Siliziumtransistoren ist in Abb. 28 in doppelt logarithmischer Darstellung gezeichnet. Charakteristisch ist der Abfall bei geringen Emitterströmen. Dies ist auf die Rekombination der Ladungsträger in der Emitterrandschicht zurückzuführen, die infolge des höheren Bandabstandes bei Silizium wesentlich stärker als bei Germanium in Erscheinung tritt. Erst

dann, wenn die Stromdichte so groß wird, daß der Diffusionsstrom den Rekombinationsstrom überwiegt, kann man mit einer nahe Eins liegenden Emitterwirksamkeit rechnen und damit die üblichen Werte für $h_{21\,e}$ erreichen. Bei höherer Temperatur ist der Abfall der Stromverstärkung in Richtung kleiner Emitterströme weniger stark ausgeprägt [10].

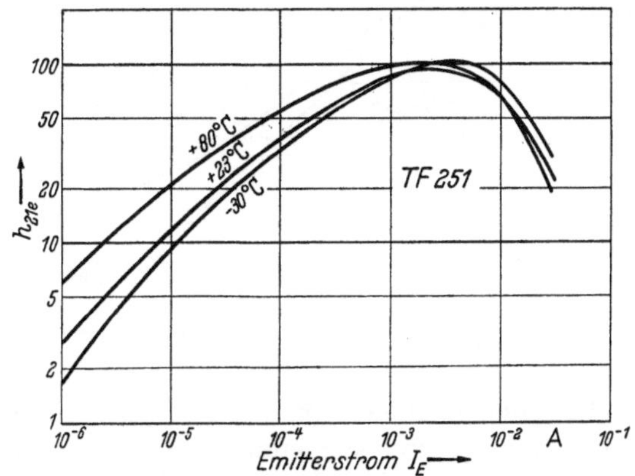

Abb. 28. Stromabhängigkeit der Stromverstärkung für einen Siliziumtransistor

Neben der Stromverstärkung $h_{21\,e}$ der Emitterschaltung soll die Arbeitspunktabhängigkeit der drei h-Parameter h_{11b}, h_{12b} und h_{22b} der Basisschaltung beschrieben werden. Der Eingangswiderstand h_{11b} ist durch den differentiellen Widerstand des in Flußrichtung gepolten pn-Überganges Emitter—Basis und durch den vom Basisstrom am Basiswiderstand r_b hervorgerufenen Spannungsabfall gegeben:

$$h_{11b} = \frac{kT}{q\,I_E}\,\eta_1(I_E, U_{CB}) + (1 - \alpha_0)\,r_b, \tag{28}$$

wobei $\eta_1 = I_E\,w/A\,q\,D_p\,p(0)$. Die von I_E abhängige emitterseitige Löcherkonzentration $p(0)$ in der Basis erhält man durch Integration von Teil A Gl. (131) mit $J_n = 0$ (und $F = 0$ für den Fall des Transistors mit homogener Basisdotierung):

$$I_E = \frac{A\,q\,D_p}{w}\left[2\,p(0) - N\ln\frac{p(0) + N}{N}\right]$$

(N = Basisdotierung). Durch den Korrekturfaktor $\eta_1(I_E, U_{CB})$, der mit wachsendem Emitterstrom von 1 auf 2 ansteigt, muß die scheinbare Verdoppelung der Diffusionskonstanten bei hohen Stromdichten berücksichtigt werden, die auch den Anstieg der Stromverstärkung bewirkt [11]. Der Faktor η_1 hängt von dem Verhältnis der Dichte der in die Basis injizierten Ladungsträger zur ursprünglichen Konzentration der Majoritätsladungsträger in der Basis ab. Erreicht beispielsweise auf der Emitterseite die Konzentration der injizierten Ladungsträger die ursprüngliche Konzentration der Majoritätsladungsträger, so ist $\eta_1 \approx 1{,}2$ anzusetzen. Abb. 29 zeigt den Verlauf des Eingangswiderstandes h_{11b} in

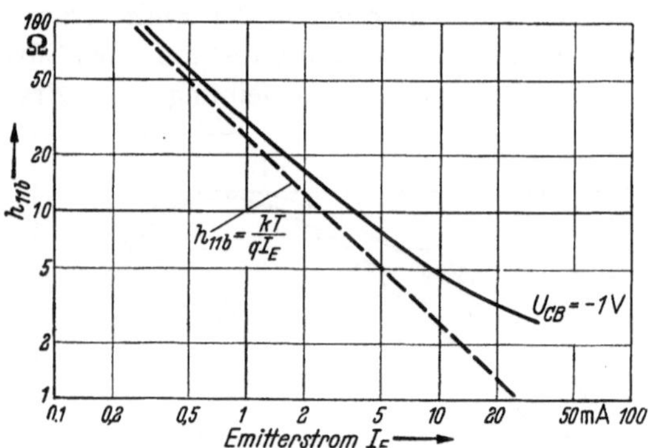

Abb. 29. Kurzschlußeingangswiderstand h_{11b} in Abhängigkeit vom Emitterstrom I_E

Abhängigkeit vom Emitterstrom für einen legierten Flächentransistor (25 mW-Type). Die Kurve nähert sich mit wachsendem I_E dem Wert $(1-\alpha_0)\,r_b$. Zum Vergleich ist die vereinfachte Abhängigkeit $h_{11b} = kT/qI_E$ gestrichelt eingezeichnet.

Im Gegensatz zu der starken Abhängigkeit von I_E besteht nur wenig Einfluß der Kollektorspannung U_{CB} (über die Basisdicke w) in dem Sinne, daß h_{11b} mit steigender Kollektorspannung etwas ansteigt. Auch r_b ist in geringem Umfange vom Emitterstrom und von der Kollektorspannung abhängig [12].

Die Rückwirkung h_{12b} des Kollektors auf den Emitter infolge der Basisdickenänderung ist nach Teil A Gl. (142) für den idealen Transistor durch

$$h_{12b} = \frac{1}{w}\left|\frac{dw}{dU_{CB}}\right|\frac{k\,T}{q}$$

gegeben. Im Bereich hoher Stromdichten ist der gleiche Korrekturfaktor $1 \le \eta_1(I_E,\,U_{CB}) \le 2$ wie für den Eingangswiderstand h_{11b} hinzuzufügen. Bei technischen Transistoren muß außerdem die Rückwirkung über den grundsätzlich nicht vollständig vermeidbaren Basiswiderstand wie folgt berücksichtigt werden:

$$h_{12b} = \frac{1}{w}\left|\frac{dw}{dU_{CB}}\right|\frac{k\,T}{q}\,\eta_1(I_E,\,U_{CB}) + r_b\,h_{22b}\,. \tag{29}$$

Die relative Basisdickenänderung $\dfrac{1}{w}\left|\dfrac{dw}{dU_{CB}}\right|$ kann ähnlich wie in Gl. (27) durch die Spannung U_p ausgedrückt werden, bei der die Kollektorrandschicht bis zum Emitter durchgreift. Für den legierten Transistor mit unsymmetrisch abruptem pn-Übergang Basis—Kollektor und homogen dotierter Basis gilt (mit $|U_{CB}| \gg U_T$):

$$h_{12b} = \frac{k\,T/q}{2\sqrt{U_p\,U_{CB}}}\,\frac{\eta_1(I_E,\,U_{CB})}{1-\sqrt{\dfrac{U_{CB}}{U_p}}} + r_b\,h_{22b}\,. \tag{30}$$

Für kleine Ströme und $U_{CB}/U_p \ll 1$ ist also $h_{12b} \sim |U_{CB}|^{-1/2}$, wobei der Proportionalitätsfaktor von der Durchgreifspannung U_p des Transistors abhängt. Abb. 30b zeigt die Spannungsabhängigkeit von h_{12b} für einige legierte Transistortypen. Zum Vergleich ist die geringere Spannungsabhängigkeit eingezeichnet, die bei gezogenen Transistoren auftritt.

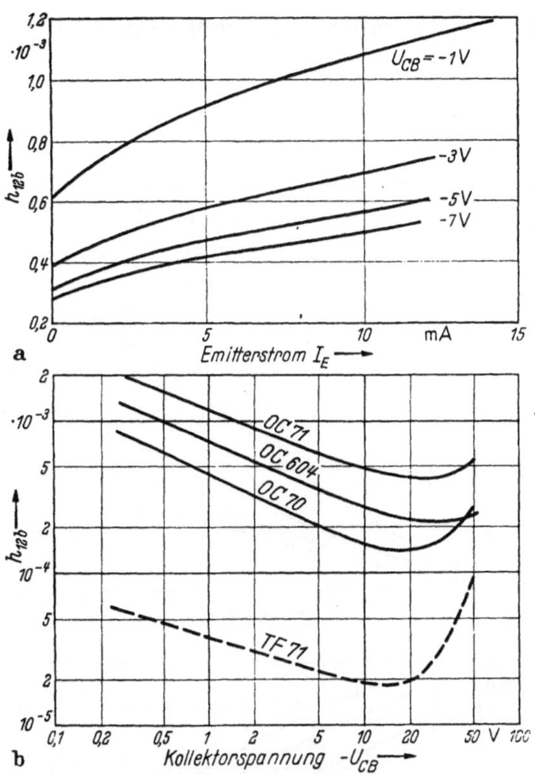

Abb. 30a u. b. a) Abhängigkeit der Spannungsrückwirkung h_{12b} vom Emitterstrom I_E (Parameter: Kollektorspannung U_{CB}). b) Abhängigkeit der Spannungsrückwirkung h_{12b} von der Kollektorspannung U_{CB} für verschiedene legierte Transistortypen (25—50 mW). Gestrichelt: Beispiel eines gezogenen Transistors

Auch bei Drifttransistoren mit inhomogener Basis ist die Rückwirkung des Kollektors auf den Emitter wesentlich schwächer.

Die Stromabhängigkeit der Rückwirkung h_{12b} ist in dem Faktor η_1 (maximal $\eta_1 = 2$) und in dem Term $r_b\, h_{22b}$ enthalten, da h_{22b} annähernd proportional zum Emitterstrom anwächst. Abb. 30a gibt mehrere Beispiele für $h_{12b}(I_E)$ bei festgehaltener Kollektorspannung.

Für den Kollektorleitwert bei konstanter Emitterspannung und verschwindender Rekombination wurde in Teil A Gl. (140) der Ausdruck $\frac{I_E}{w}\frac{dw}{dU_{CB}}$ angegeben. Aber auch bei festgehaltenem Emitterstrom ergibt sich ein endlicher Leitwert, wenn man die Verluste durch Rekombination berücksichtigt, die von der effektiven Basisdicke und damit von der Kollektorspannung U_{CB} abhängen. Es folgt dann

$$h_{22b} = I_E \left| \frac{d\alpha_0}{dU_{CB}} \right| = I_E \left| \frac{d\alpha_0}{dw} \cdot \frac{dw}{dU_{CB}} \right| \tag{31}$$

oder, wenn man wiederum die Durchgreifspannung U_p einführt,

$$h_{22b} = \frac{I_E}{2\sqrt{U_p U_{CB}}} \frac{\eta_2(I_E, U_{CB})}{1 - \sqrt{\dfrac{U_{CB}}{U_p}}} . \tag{32}$$

h_{22b} ist also in erster Näherung proportional zu I_E und umgekehrt proportional zu $\sqrt{|U_{CB}|}$. Wie man aus den in Kap. A. IV. 6 angestellten Überlegungen entnimmt, fällt der Faktor $\eta_2 = w \, |d\alpha_0/dw| < 1$ mit wach-

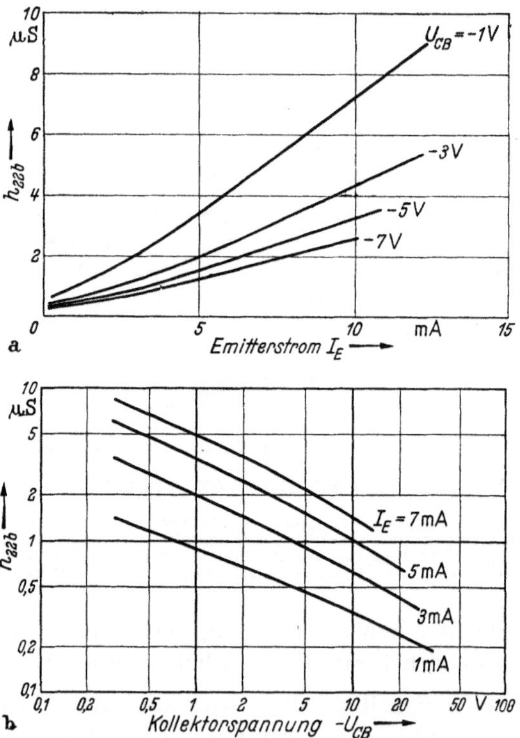

Abb. 31 a u. b. a) Leerlaufausgangsleitwert h_{22b} in Abhängigkeit vom Emitterstrom I_E; b) Spannungsabhängigkeit von h_{22b}

sendem I_E im allgemeinen zunächst etwas ab und steigt dann an, so daß die Kurve $h_{22b}(I_E)$ insgesamt schwache positive Krümmung erhält (Abb. 31a). In Abhängigkeit von U_{CB} zeigt h_{22b} einen ähnlichen Verlauf wie h_{12b} (Abb. 31b). Gegebenenfalls muß in (32) noch ein Leitwert

$h_{22b}(I_E = 0)$ hinzugefügt werden, der durch Oberflächeneffekte hervorgerufen wird, und der sich dadurch bemerkbar macht, daß die Kurven $h_{22b}(I_E)$ nicht exakt in den Nullpunkt münden.

Die Arbeitspunktabhängigkeit der Vierpolparameter der Emitterschaltung kann mit Hilfe der Umrechnungsformeln Tab. C 1 berechnet werden. In den Datenblättern der industriellen Transistoren werden im allgemeinen Relativwerte, bezogen auf den von der Herstellerfirma vorgeschlagenen Arbeitspunkt, in Abhängigkeit vom Emitterstrom und von der Kollektorspannung angegeben.

Für den Kurzschlußeingangswiderstand und den Leerlaufausgangsleitwert gelten näherungsweise $h_{11e} = h_{21e} h_{11b}$ und $h_{22e} = h_{21e} h_{22b}$. Da die Stromverstärkung $h_{21e}(I_E)$ ein flaches Maximum durchläuft, nimmt $h_{11e}(I_E)$ zunächst etwas schwächer als $h_{11b}(I_E)$ ab, während bei hohen Strömen die Änderung von $h_{11e}(I_E)$ stärker als die von $h_{11b}(I_E)$ ist. Umgekehrt findet man, daß der Anstieg des Ausgangsleitwertes $h_{22e}(I_E)$ zunächst etwas stärker, bei hohen Strömen jedoch geringer als bei $h_{22b}(I_E)$ ist. Insgesamt behalten aber die Kurven $h_{11e}(I_E)$ und $h_{22e}(I_E)$ fallende bzw. steigende Tendenz.

In Abhängigkeit von der Kollektorspannung zeigt der Kurzschlußeingangswiderstand h_{11e} lediglich einen schwachen, überwiegend von der Änderung der Stromverstärkung herrührenden Anstieg [s. Gl. (27)]. Aus dem gleichen Grund ist bei dem Leerlaufausgangsleitwert h_{22e} in der Emitterschaltung der Abfall in Richtung wachsender Kollektorspannung nur wenig geringer als bei dem entsprechenden Leitwert der Basisschaltung.

Für die Arbeitspunktabhängigkeit der Spannungsrückwirkung h_{12e} lassen sich keine einfachen Beziehungen angeben. Mit wachsendem Emitterstrom kann sowohl ein Maximum als auch ein Minimum durchlaufen werden.

3. Die Temperaturabhängigkeit

Die elektrischen Eigenschaften des Transistors können bezüglich ihrer Temperaturabhängigkeit in drei Gruppen eingeteilt werden: 1. Die exponentiell temperaturabhängigen Größen, 2. die linear temperaturabhängigen Größen und 3. die indirekt temperaturabhängigen Größen.

Überwiegend exponentielle Temperaturabhängigkeit findet man bei denjenigen Strömen, die durch die Konzentration der Minderheitsladungsträger bestimmt werden. Der Kollektorreststrom I_{CB0} eines pnp-Transistors mit homogen dotierter Basis ist durch

$$I_{CB0} = A \left(\frac{q D_p p_0}{L_p} \tanh \frac{w}{L_p} + \frac{q D_n n_0}{L_n} \right) \tag{33}$$

gegeben, wobei p_0 die Gleichgewichtskonzentration der Löcher in der n-leitenden Basis, n_0 diejenige der Elektronen in der p-leitenden Kollektorschicht und L_p bzw. L_n die zugehörigen Diffusionslängen sind (A = Kollektorfläche). Da es sich bei p_0 und n_0 um die Konzentrationen von Minderheitsladungsträgern handelt, ergibt sich nach Teil A Gl. (13), (14) und (18)

$$I_{CB0} = \text{const} \cdot e^{-E_G/kT}, \tag{34}$$

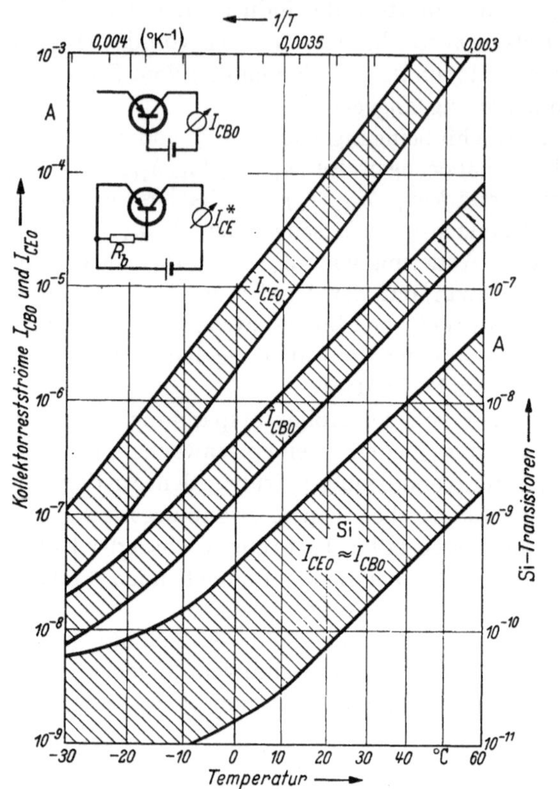

Abb. 32. Temperaturabhängigkeit der Kollektorreststöme I_{CB0} und I_{CE0}. Streubereich verschiedener Transistortypen 25—50 mW. Rechte Skala für Siliziumtransistoren

wenn man die gegenüber dem Exponentialfaktor schwache Temperaturabhängigkeit der Zustandsdichten N_L und N_V sowie der Diffusionslängen L_n und L_p vernachlässigt.

Der nach (34) geforderte lineare Zusammenhang zwischen dem Logarithmus des Kollektorreststromes I_{CB0} und der reziproken absoluten Temperatur ist für Ge-Transistoren im allgemeinen experimentell gut bestätigt; man findet jedoch auch Zahlenwerte im Exponenten, die bis etwa 10% unter dem theoretischen Wert bleiben. Abb. 32 (Mitte) zeigt Meßdaten für den Temperaturbereich von —30°C bis +60°C.

Bei tiefen Temperaturen und dementsprechend geringen Restströmen treten Abweichungen vom Exponentialgesetz auf. Es wird dann der Einfluß von Leckströmen merklich, die an der Oberfläche des Überganges Kollektor—Basis fließen.

Der Kollektor—Emitter-Reststrom I_{CE0} ist mit I_{CB0} über die Beziehung

$$I_{CE0} = \frac{1 - x_0\, x_{0r}}{1 - x_0}\, I_{CB0}$$
$$\approx \frac{1}{1 - x_0}\, I_{CB0} \approx \beta_0\, I_{CB0} \tag{35}$$

verknüpft ($x_0 =$ Stromverstärkung beim normalen Betrieb Emitter—Kollektor, $\alpha_{0r} =$ Stromverstärkung beim inversen Betrieb Kollektor—Emitter). Wie aus Abb. 32 ersichtlich, ist der Reststrom I_{CE0} nicht nur um den Faktor β_0 höher als I_{CB0}, sondern auch die Temperaturabhängigkeit von I_{CE0} ist noch stärker ausgeprägt, da β_0 ebenfalls mit wachsender Temperatur zunimmt (s. Abb. 35). Bei der Messung von I_{CE0} kann daher thermische Instabilität eintreten. Die durch den Reststrom I_{CE0} umgesetzte Leistung heizt den Transistor auf, so daß die Stromverstärkung und damit auch I_{CE0} ansteigen, was wiederum zu erhöhtem Leistungsumsatz und weiterem Stromanstieg führt.

Die starke Temperaturabhängigkeit der Kollektorrestströme kann nach entsprechender Eichung zur Messung der Temperatur im Transistorinnern herangezogen werden. Soll die während des Betriebes im Transistor auftretende Temperatur ermittelt werden, so unterbricht man den Betriebszustand mittels eines mechanischen oder elektronischen Schalters kurzzeitig mit bestimmter Folgefrequenz und mißt jeweils während dieser Unterbrechungen den Kollektorreststrom I_{CB0} (oder I_{CE0}). Der Reststrom tritt dann im Meßkreis impulsförmig auf; sein Mittelwert ist bei bekanntem Schaltverhältnis ein Maß für die Temperatur im Transistor.

In manchen Fällen ist zur Temperaturmessung ein Reststrom erwünscht, dessen Größe zwischen I_{CB0} und I_{CE0} liegt. Man legt dann — wie bei der Messung von I_{CE0} — Spannung zwischen Emitter und Kollektor, läßt aber die Basis nicht offen, sondern verbindet sie über einen Widerstand R_b mit dem Emitter. Es tritt dann im Kollektorkreis ein Reststrom der Größe

$$I_{CE}^{*} \approx \frac{U_T + (r_b + R_b)\, I_{EB0}}{U_T + (r_b + R_b)\,(1 - x_0)\, I_{EB0}} \cdot I_{CB0} \tag{36}$$

auf, wenn r_b der innere Basiswiderstand des Transistors und I_{EB0} der Sperrstrom des Emitters sind ($U_T = k\,T/q \approx 25$ mV bei Zimmertemperatur). Der Reststrom I_{CE}^{*} läßt sich durch R_b in gewissen Grenzen wählbar einstellen. Es gelingt so, den Temperaturverlauf für verschiedene Transistoren in einem bestimmten Intervall ungefähr anzugleichen. Ein Ausführungsbeispiel für ein Gerät zur Messung der Betriebstemperatur von Transistoren ist in [13] angegeben.

Aus (36) erhält man für $R_b \to 0$ den Kurzschlußreststrom I_{CK}, der größer als I_{CB0}, jedoch geringer als I_{CE0} ist. Mit $R_b \to \infty$ geht (36) in die Näherungsformel (35) für I_{CE0} über.

Bei Siliziumtransistoren ist wegen des größeren energetischen Abstandes zwischen Valenz- und Leitungsband ($E_G = 1,12$ eV gegenüber $E_G = 0,72$ bei Germanium) ein um mehrere Größenordnungen niedrigerer Reststrom zu erwarten. Jedoch sind insgesamt die Verhältnisse bei pn-Übergängen in Silizium wesentlich komplizierter. Der Kollektorreststrom wird bei Siliziumtransistoren überwiegend durch die Erzeugung von Ladungsträgerpaaren in der Kollektorrandschicht bestimmt und ist daher von der Breite der Randschicht, d. h. von der angelegten Kollektorspannung abhängig. Er besitzt also keinen Sättigungscharakter. Die Temperaturabhängigkeit geht nicht aus dem Bandabstand E_G, sondern aus der energetischen Lage der für die Ladungsträgererzeugung verantwortlichen Zentren hervor [14]. Ein wesentlicher Anteil des Reststromes ist durch Oberflächeneinflüsse bedingt, so daß Abweichungen vom Exponentialgesetz auftreten können.

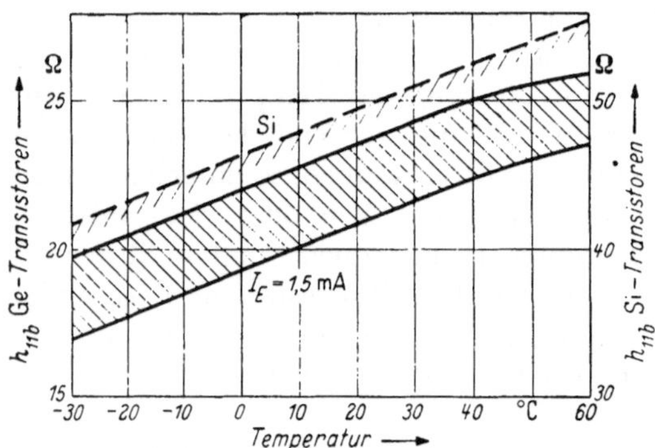

Abb. 33 gibt auch eine Übersicht über Meßergebnisse, die mit Siliziumtransistoren erhalten wurden. Da die Stromverstärkung in Siliziumtransistoren bei Emitterströmen unter 0,01 mA sehr gering ist, besteht in dem betrachteten Temperaturbereich kein nennenswerter Unterschied zwischen I_{CB0} und I_{CE0}. Zur Messung der Betriebstemperatur wird bei Siliziumtransistoren an Stelle des sehr geringen Kollektorreststromes der besser reproduzierbare Spannungsabfall des in Durchlaßrichtung gepolten Emitters bevorzugt.

Abb. 33. Temperaturabhängigkeit des Kurzschlußeingangswiderstandes h_{11b}. Streubereich verschiedener Transistortypen 25—50 mW. Rechte Skala für Si-Transistoren

Die lineare Temperaturabhängigkeit des Kurzschlußeingangswiderstandes h_{11b} der Basisschaltung folgt aus Gl. (28). Für den Grenzfall kleiner Emitterströme ($\eta_1 = 1$) ist

$$\frac{dh_{11b}}{dT} = \frac{k}{q\,I_E} = \frac{0,086}{I_E}\,\Omega/°C \qquad (I_E \text{ in mA}).$$

Abb. 33 zeigt Meßwerte für eine Reihe verschiedener Transistoren (25 bis 50 mW). Der in dem Term $(1 - x_0)\,r_b$ in Gl. (28) enthaltene Einfluß des Basiswiderstandes und des Basisstromes macht sich in einer Parallelverschiebung der Kurven $h_{11b}(T)$ bemerkbar. Abweichungen vom linearen Zusammenhang können ab etwa 50 bis 60 °C auftreten, wenn der Basisstrom und der Basiswiderstand merklich abnehmen.

Der Kurzschlußeingangswiderstand h_{11e} der Emitterschaltung nimmt stärker als temperaturproportional zu, da wegen $h_{11e} = h_{21e}\,h_{11b}$ noch die Temperaturabhängigkeit von h_{21e} hinzukommt (s. Abb. 35).

Bei Siliziumtransistoren ist für den in Flußrichtung vorgespannten pn-Übergang Emitter—Basis in den Gln. (28), (29), (30) $m\,k\,T/q\,I_E$ an Stelle von $k\,T/q\,I_E$ zu setzen, wobei $1 \leq m \leq 2$. Da für den meist interessierenden Bereich kleiner Stromdichten die Näherung $m \approx 2$ gilt, kann man die Temperaturabhängigkeit des Kurzschlußeingangswiderstandes für Siliziumtransistoren aus Abb. 33 mit einer Maßstabsänderung im Verhältnis 1:2 ablesen.

Überwiegend lineare Temperaturabhängigkeit zeigt nach Gl. (30) auch die Leerlaufspannungsrückwirkung h_{12b},

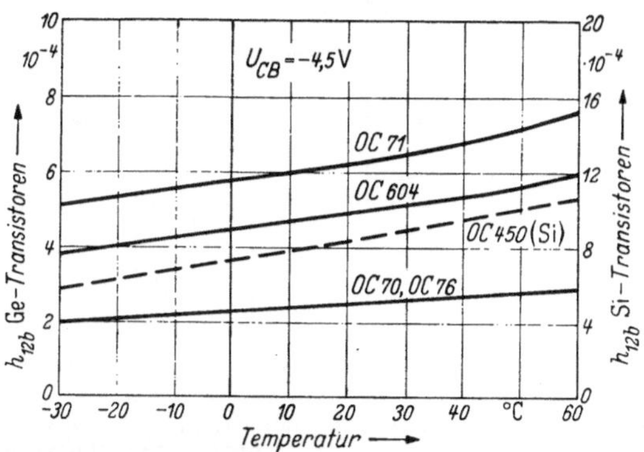

Abb. 34. Temperaturabhängigkeit der Spannungsrückwirkung. Beispiele verschiedener Transistortypen

wobei der Proportionalitätsfaktor die Spannungen U_{CB} und U_p enthält. Abb. 34 gibt einige Beispiele wieder; für die Siliziumtransistoren ist wiederum der Maßstab geändert.

Zu den indirekt temperaturabhängigen Vierpolgrößen sind die Stromverstärkung und der Ausgangsleitwert zu rechnen. Es sind dabei z. T. entgegengesetzt wirkende Temperatureinflüsse zu berücksichtigen. Maßgebend für die Stromverstärkung ist das Verhältnis der Diffusionslänge $L_p = \sqrt{D_p\,\tau_p}$ der injizierten Minderheitsladungsträger zur Basisdicke w sowie die Oberflächenrekombinationsgeschwindigkeit.

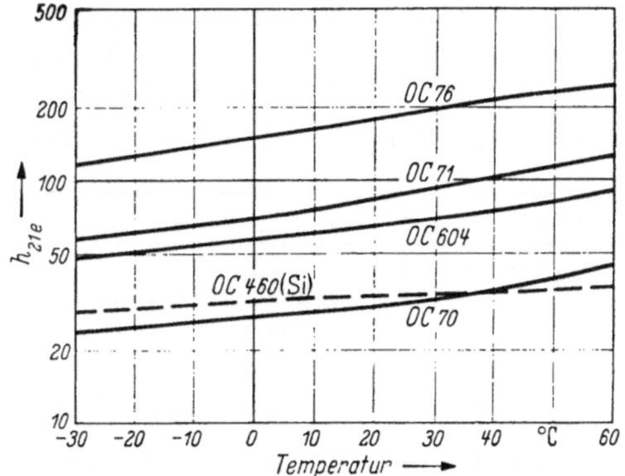

Abb. 35. Temperaturabhängigkeit der Stromverstärkung $\beta_0 = h_{21e}$. Beispiele verschiedener Transistortypen

Während die Diffusionskonstante D_p mit einer nahe bei -1 liegenden Potenz abnimmt, ist für die Lebensdauer τ_p bei kleinen Stromdichten im allgemeinen ein schwacher Anstieg mit der Temperatur zu beobachten. Insgesamt erhält man für die Kurzschlußstromverstärkung h_{21e} bei Germaniumtransistoren im Bereich von —30 °C bis + 60 °C einen Anstieg um etwa den Faktor zwei. Siliziumtransistoren zeigen geringere Temperaturabhängigkeit (s. Abb. 35). Im Bereich hoher Stromdichten findet man häufig einen umgekehrten Temperaturgang (mit steigender Temperatur abnehmende Stromverstärkung).

Der Ausgangsleitwert h_{22b} besitzt nur schwach ausgeprägte Temperaturabhängigkeit mit einem Minimum bei oder etwas oberhalb der

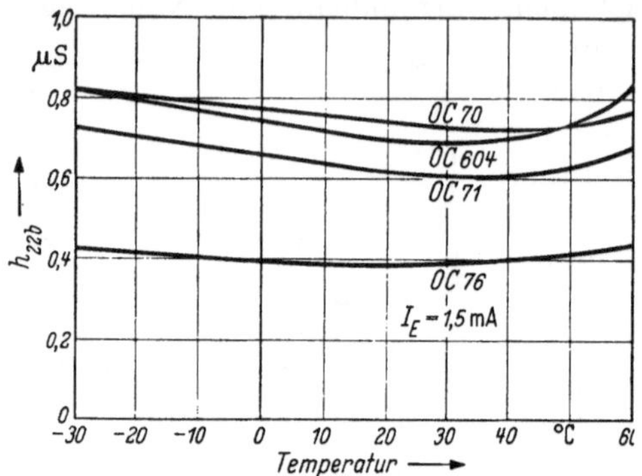

Abb. 36. Temperaturabhängigkeit des Leerlaufausgangsleitwertes h_{22b}. Beispiele verschiedener Transistortypen

Zimmertemperatur (Abb. 36). In der Emitterschaltung ($h_{22e} = h_{21e} h_{22b}$) rückt dieses Minimum infolge des Einflusses von h_{21e} zu etwas tieferen Temperaturen.

Die Beschreibung der Temperaturabhängigkeit der Hf-Parameter ist verhältnismäßig kompliziert, da stets verschiedene Einflüsse gleichzeitig zu berücksichtigen sind. Für die Komponenten des Ersatzschaltbildes Abb. 17 können bei legierten Ge-Transistoren im Bereich von 0 °C bis 50 °C annähernd folgende relative Änderungen erwartet werden [15]:

Kenngröße	g_{de}	c_e	r_b	g_{cd}	c_c	g_{ld}
Änderung [%/°C]	— 0,6	+ 0,1	+ 0,6	— 0,5	+ 0,1	+ 0,6

4. Rauscheigenschaften

Als Definition für den Rauschfaktor F, der die Rauscheigenschaften des Transistors für eine bestimmte Frequenz und einen bestimmten Arbeitspunkt kennzeichnet, wurden die Gleichungen

$$F = \frac{P_{RA}}{k\,T\,B\,V_p} = \frac{\overline{u_{RA}^2}}{4\,k\,T\,B\,R_0\,V_u^2} \tag{25}$$

angegeben ($P_{RA} =$ an den Arbeitswiderstand abgegebene Rauschleistung, $R_0 =$ Generatorwiderstand, $V_p =$ Leistungsverstärkung des Transistors, bezogen auf die maximale Rauschleistung des Generatorwiderstandes, $V_u =$ Spannungsverstärkung, bezogen auf die Leerlaufrauschspannung von R_0, $B =$ Bandbreite).

In Abhängigkeit von der Frequenz findet man annähernd den in Abb. 37 dargestellten Verlauf. Im Bereich niedriger Frequenzen gilt das $1/f$-Gesetz, d. h. es tritt vorwiegend ein Rauschen auf, dessen spektrale

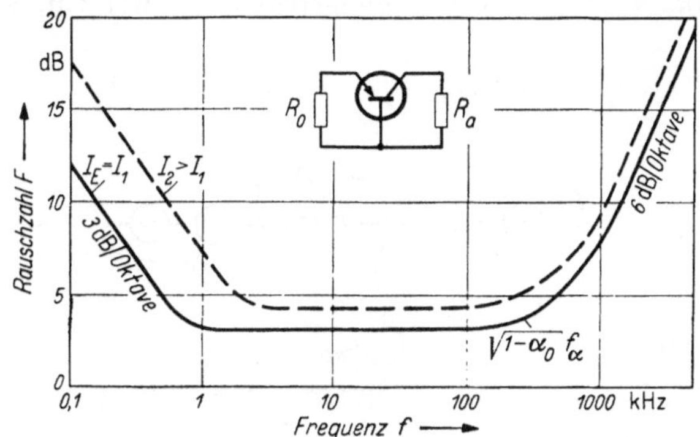

Abb. 37. Frequenzabhängigkeit des Rauschfaktors F bei Transistoren (Beispiel)

Verteilung etwa dem Funkelrauschen der mit Oxydkathoden versehenen Röhren entspricht. Die Ursachen dieses Rauschens sind noch nicht vollständig geklärt. Es dürfte jedoch sicher sein, daß die Oberflächen des Transistors hieran wesentlich beteiligt sind. Durch geeignete Oberflächenbehandlung können Transistoren hergestellt werden, bei denen das $1/f$-Rauschen unterhalb von 1 kHz verschwindet. Hieran schließt sich mit wachsender Frequenz das Gebiet des frequenzunabhängigen („weißen") Rauschens an, dessen physikalischer Ursprung in dem Schrotrauschen der Emitterdiode und der Kollektordiode, in dem Stromverteilungsrauschen und in dem thermischen Rauschen des Basiswiderstandes zu suchen ist. Da das $1/f$-Rauschen annähernd proportional zu I_E^2 ist, verschiebt sich der Übergang vom $1/f$-Rauschen zum „weißen" Rauschen — wie in Abb. 37 angedeutet — mit wachsendem Emitterstrom zu höheren Frequenzen.

Im Gebiet des „weißen" Rauschens lassen sich die Rauscheigenschaften des Transistors durch ein einfaches Ersatzschaltbild beschreiben und der Rauschfaktor aus gemessenen Transistordaten berechnen. In dem Rauschersatzschaltbild Abb. 38 sind vier unkorrelierte Rauschquellen eingetragen. Für die den pn-Übergängen Emitter—Basis und Kollektor—Basis zugeordneten Rauschquellen u_{RE} und u_{RC} wird folgender Ansatz gemacht. Man zerlegt den Diodenstrom

$$I = I_0 (e^{U/U_T} - 1)$$

in einen spannungsabhängigen Diffusionsanteil $I_D = I_0\, e^{U/U_T}$ und in einen Sättigungsanteil (Rückwärtsstrom) $I_S = -I_0$. Da diese beiden Teilströme verschiedene Entstehungsursachen besitzen, müssen die Rauschstromquadrate addiert werden:

$$\overline{i_R^2} = \overline{i_{RD}^2} + \overline{i_{RS}^2}\,.$$

Auf beide Anteile kann man die SCHOTTKYsche Schrotrauschformel für die Hochvakuumdiode im Sättigungsbereich anwenden, so daß man erhält:

$$\overline{i_R^2} = 2\,q\,B\,(I_D + I_0) = 2\,q\,B\,(I + 2\,I_0)\,. \tag{37}$$

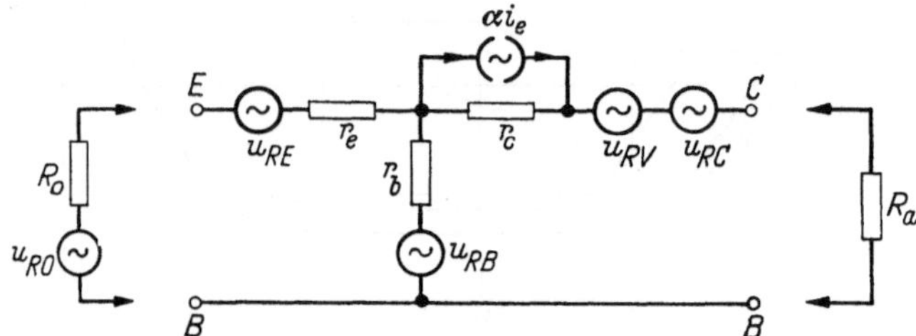

Abb. 38. Rauschersatzschaltbild im Gebiet des „weißen" Rauschens

Für das mittlere Rauschspannungsquadrat gilt dann

$$\overline{u_R^2} = 2\,k\,T\,B\left(\frac{I + 2\,I_0}{I + I_0}\right)r\,, \tag{38}$$

wobei

$$r = \frac{k\,T}{q\,(I + I_0)}$$

der differentielle Widerstand des pn-Überganges ist. Gl. (38) ergibt, auf den pn-Übergang Emitter—Basis angewandt, mit $I = I_E \gg I_0$

$$\overline{u_{RE}^2} = 2\,k\,T\,B\,r_e\,. \tag{38a}$$

Das Rauschen des Emitters entspricht also demjenigen eines Widerstandes vom Betrage $r_e/2$.

Aus (37) folgt mit $I = -I_0 = -I_{CB0}$ für die Rauschquelle u_{RC} im Kollektorkreis (s. Abb. 38)

$$\overline{u_{RC}^2} = 2q\,B\,I_{CB0}\,r_c^2\,. \tag{38b}$$

Für das Stromverteilungsrauschen kann man analoge Gleichungen wie bei Mehrgitterröhren zugrunde legen. Man erhält

$$\overline{i_{RV}^2} = 2q\,B\,I_E\,\alpha_0(1-\alpha_0) \tag{39a}$$

und

$$\overline{u_{RV}^2} = 2q\,B\,I_E\,\alpha_0(1-\alpha_0)\,r_c^2\,. \tag{39b}$$

Schließlich ist noch der Beitrag des thermischen Rauschens des Basis-widerstandes r_b zu berücksichtigen:

$$\overline{u_{RB}^2} = 4kTBr_b. \tag{40}$$

Berechnet man aus dem Ersatzschaltbild die an R_a auftretende Rauschspannung und die Spannungsverstärkung V_u des Transistors, so erhält man unter der Voraussetzung R_0, r_e, $r_b \ll r_c$, $\alpha_0 r_c$ den Rauschfaktor F in folgender Form:

$$F = \frac{1}{R_0}\left\{R_0 + r_b + \frac{r_e}{2} + \frac{(R_0 + r_b + r_e)^2}{2r_e \alpha_0^2}\left[\frac{I_{CBO}}{I_E} + \alpha_0(1 - \alpha_0)\right]\right\}. \tag{41}$$

Dieser Rauschfaktor gilt für die Basis- und die Emitterschaltung, während sich für die Kollektorschaltung ein nur geringfügig abweichender Wert ergibt. Man erkennt aus (41), daß F in Abhängigkeit vom Generatorwiderstand R_0 ein Minimum durchläuft. Unter Berücksichtigung der Stromabhängigkeit von r_e ($\approx kT/qI_E$) sowie von α_0 erhält man für $F(I_E)$ ebenfalls eine Kurve mit einem bestimmten Minimalwert. Mit Hilfe der Gl. (41) lassen sich daher Bedingungen zur optimalen Dimensionierung rauscharmer Transistorverstärker angeben [16].

In Abb. 39 ist ein Beispiel für $F(R_0)$ und $F(I_E)$ dargestellt. Obwohl Emitter- und Basisschaltung den gleichen Rauschfaktor besitzen, ist in den meisten Fällen die Emitterschaltung vorzuziehen, da hier der bezüglich Rauschanpassung optimale Generatorwiderstand annähernd auch für die Leistungsanpassung gültig ist.

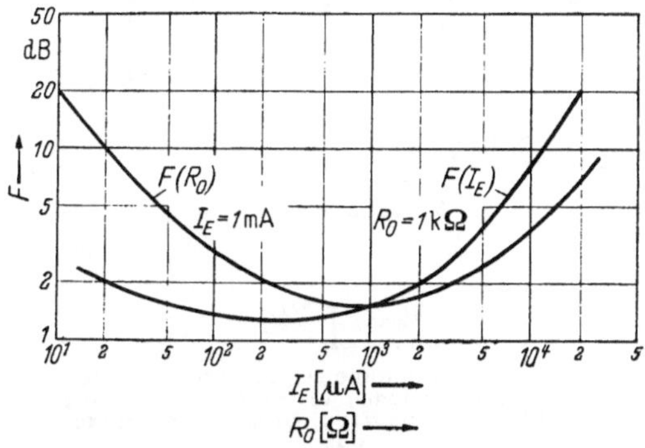

Abb. 39. Rauschfaktor F in Abhängigkeit vom Generatorwiderstand R_0 und vom Emitterstrom I_E (Beispiel)

Bei höheren Frequenzen steigt der Rauschfaktor infolge der Abnahme der Stromverstärkung und der dadurch verursachten Zunahme des Stromverteilungsrauschens an. Dieser Anstieg wird etwa bei der Frequenz $f_x\sqrt{1-\alpha_0}$ merklich (s. Abb. 37).

III. Spezielle Halbleiterbauelemente

1. Photodiode und Phototransistor

Ein wesentliches Merkmal elektronischer Halbleiter ist die Beeinflussung der Leitfähigkeit durch Einstrahlung von Licht und geladenen Korpuskeln. Durch die Energiezufuhr werden Elektronen aus dem

Valenzband in das Leitungsband angehoben, so daß zusätzliche Ladungsträger (Elektronen und Löcher in gleicher Anzahl) während ihrer Lebensdauer zum Stromtransport zur Verfügung stehen. Dieser Effekt ist besonders dann merklich, wenn die ursprüngliche Konzentration an freien Ladungsträgern gering ist, nämlich in hochohmigem Material und in der Randschicht eines pn-Überganges.

In der Randschicht herrscht ein elektrisches Feld, welches im thermischen Gleichgewicht den durch das Konzentrationsgefälle der Ladungsträger hervorgerufenen Diffusionsstrom kompensiert. Jede Abweichung der Ladungsträgerkonzentration vom Gleichgewichtszustand muß zu einer entsprechenden Änderung in der Potentialverteilung oder zu einem Strom durch den pn-Übergang führen. Abb. 40a, b, c zeigt einen pn-Übergang mit der zugehörigen Potentialverteilung. Im unbelichteten Zustand besteht zwischen dem p-Gebiet und dem n-Gebiet die Diffu-

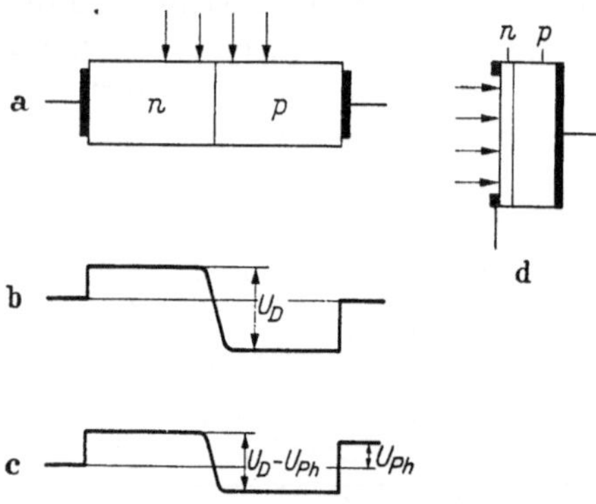

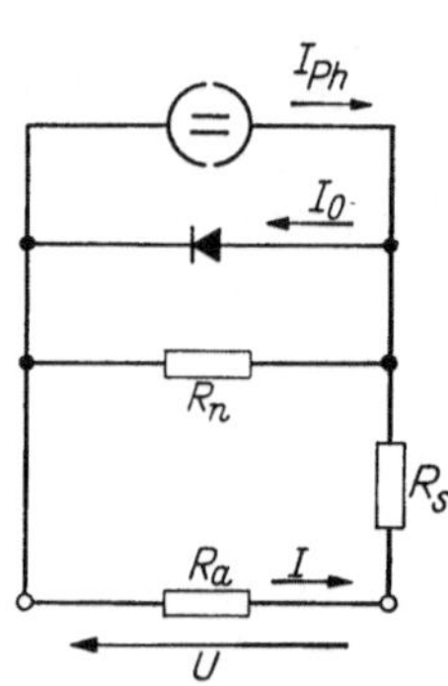

Abb. 40a—d. a) Photodiode; b) Potentialverteilung im Dunkelzustand; c) Potentialverteilung bei Belichtung (Leerlauf); d) Großflächige Photodiode

Abb. 41.
Ersatzschaltbild der Photodiode

sionsspannung U_D, die jedoch an den Kristallenden nicht meßbar ist, da dort zwischen dem Halbleiter und den zur Messung notwendigen Elektroden genau entgegengesetzte Kontaktspannungen auftreten (Abb. 40b). Werden durch Belichtung in der Umgebung des pn-Überganges Elektron-Lochpaare erzeugt, so diffundieren diese zur Randschicht, die als Senke wirkt, und werden dort durch das elektrische Feld getrennt, so daß zusätzliche Löcher in das p-Gebiet und zusätzliche Elektronen in das n-Gebiet gelangen. Soll insgesamt kein Strom durch den Halbleiterstab fließen (Leerlauffall), so muß die Potentialschwelle so weit abgebaut werden, daß der dadurch einsetzende Diffusionsstrom (Löcher vom p-Gebiet in das n-Gebiet und Elektronen vom n-Gebiet in das p-Gebiet) den Photostrom gerade kompensiert. Durch den Abbau der Potentialschwelle tritt an den Endkontakten die Leerlauf-Photo-EMK U_{Ph} auf, die positiv ist, wenn man den Kontakt der n-Seite als Bezugselektrode wählt (Abb. 40c). Im Grenzfall hoher Belichtung wird die Diffusionsspannung nahezu vollständig abgebaut, so daß sich die Photo-EMK asymptotisch dem Wert der Diffusionsspannung nähert.

Im Kurzschlußfall bleiben die Potentialverhältnisse wie im Dunkelzustand. Die durch Belichtung gebildeten Ladungsträger werden durch die Diffusionsspannung laufend abgesaugt, und es tritt ein Photostrom auf, der proportional zur Beleuchtungsstärke ist. Der Photostrom ändert sich nicht wesentlich, wenn man Sperrspannung an den pn-Übergang legt, d. h. wenn die Potentialschwelle erhöht wird. Die Kennlinie der idealen Photodiode ist demnach durch

$$I = I_0 (e^{U/U_T} - 1) - I_{\mathrm{Ph}} \tag{42}$$

gegeben ($U_T = k\,T/q$). Der Sättigungsstrom I_0 hängt von der Bandbreite des Halbleitermaterials, der Temperatur, der Dotierung und den effektiven Trägerlebensdauern ab. Für die Größe des belichtungsabhängigen Photostromes I_{Ph} ist vor allem die Lage des Ortes der Trägererzeugung in bezug auf den pn-Übergang von Bedeutung. Nur diejenigen Elektron-Lochpaare, die innerhalb einer Zone von annähernd der Größe der Diffusionslänge gebildet werden, können die Randschicht durch Diffusion erreichen und damit zum Photostrom beitragen; der Rest geht durch Rekombination an der Oberfläche und im Halbleiterinnern verloren (Einzelheiten s. [17]).

Im Gegensatz zu dem Sättigungsstrom besitzt der Photostrom nur die durch die Diffusionslängen gegebene geringe Temperaturabhängigkeit. Dagegen nimmt, wie aus (42) hervorgeht, die Leerlauf-Photo-EMK annähernd linear mit steigender Temperatur ab. Die Verteilung der spektralen Empfindlichkeit hängt von dem verwendeten Halbleitermaterial und von der Lage des pn-Überganges relativ zur Oberfläche ab. Das Empfindlichkeitsmaximum liegt im allgemeinen bei einer Photonenenergie, die etwas größer ist als der Bandabstand des Halbleiters, nämlich 1,2 bis 1,6 eV (Wellenlänge 0,8 bis 1 μ) im Falle des Siliziums und 0,75 bis 1,0 eV (Wellenlänge 1,3 bis 1,7 μ) im Falle des Germaniums. Bei kleineren Wellenlängen geht, da die Quantenausbeute Eins ist, die über die Energie des Bandabstandes (1,12 bzw. 0,72 eV) hinausgehende Photonenenergie verloren. Außerdem ist die Eindringtiefe dann so gering, daß die Paarbildung überwiegend in unmittelbarer Nähe der Oberfläche erfolgt, so daß erhöhter Ladungsträgerverlust infolge Oberflächenrekombination eintritt. Im Bereich großer Wellenlängen (Photonenenergie kleiner als der Bandabstand) nimmt die Absorptionskonstante und damit die Trägererzeugung stark ab. Im gesamten Spektralbereich ist außerdem mit Verlusten durch Reflexion zu rechnen.

Weitere Energieverluste entstehen durch Serien- und Nebenschlußwiderstände, die durch unvermeidbare Bahnwiderstände im Kristall und durch Oberflächeneffekte bedingt sind. Ein Ersatzschaltbild, welches diese Einflüsse berücksichtigt, zeigt Abb. 41. An Stelle der idealen Kennlinie (42) tritt dann die Beziehung

$$I = I_0 \left(e^{(U-I\,R_s)/U_T} - 1\right) + \frac{U - I\,R_s}{R_n} - I_{Ph}. \tag{43}$$

Photodioden zur Umwandlung von Lichtenergie in elektrische Energie werden im allgemeinen großflächig mittels der Diffusionstechnik hergestellt, wobei die Strahlung senkrecht zum pn-Übergang einfällt (Abb. 40d). Das Halbleitermaterial soll auf beiden Seiten des pn-Überganges stark dotiert sein, um eine möglichst hohe Diffusionsspannung zu erreichen und um den Serienwiderstand des Kristalles, der besonders nachteiligen Einfluß auf den Wirkungsgrad des Elementes hat, gering zu halten. Es ist ferner notwendig, die Dicke der eindiffundierten Schicht auf die Eindringtiefe der Strahlung abzustellen, damit die Paarbildung vorwiegend in unmittelbarer Nähe des pn-Überganges erfolgt. Der Gesamtwirkungsgrad hängt somit vom Spektrum des Strahlers und vom Bandabstand des Halbleitermaterials ab. Zur Umwandlung von Sonnenstrahlung in elektrische Energie dürfte ein Bandabstand von 1,3 bis 1,5 eV am günstigsten sein [18].

Photodioden, an die eine Hilfsspannung (in Sperrichtung) angelegt werden soll, stellt man auch nach dem Zug- oder Legierungsverfahren her. Abb. 42 zeigt das Kennlinienfeld einer Photodiode mit der Beleuchtungsstärke als Parameter. Im III. Quadranten wird die Diode mit Hilfsspannung betrieben, im IV. Quadranten ist die Wirkung der Diode als Photoelement mit eigener EMK dargestellt. Die schraffierte Fläche zeigt die maximale Leistungsabgabe des Photoelementes bei einer Beleuchtungsstärke von 1000 Lx; der optimale Anpassungswiderstand R_a (ge-

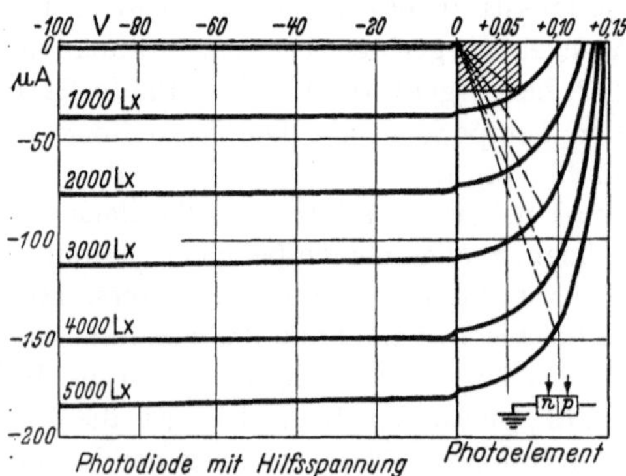

Abb. 42. Kennlinienfeld einer Photodiode

strichelte Geraden) nimmt mit wachsender Beleuchtungsstärke ab. Beim Betrieb mit Hilfsspannung kann, da die Diode in Sperrichtung hochohmig ist, an einem Arbeitswiderstand bereits bei geringer Beleuchtungsstärke eine erhebliche Signalamplitude abgenommen werden.

Die obere Grenzfrequenz der Photodioden hängt von der Laufzeit der Ladungsträger (von ihrem Erzeugungsort zum pn-Übergang) sowie von der Kapazität der Randschicht ab.

Höhere Stromausbeute erhält man mit dem aus drei Schichten aufgebauten Phototransistor (Abb. 43). Eine einfache Erklärung der Wir-

kungsweise ergibt sich durch Auftrennung in zwei Bauelemente, nämlich
in einen normalen Transistor und in eine zum pn-Übergang Kollektor-
Basis parallelgeschaltete Photodiode [19]. Nachteilig ist der hohe
temperaturabhängige Dunkelstrom (I_{CE0}).

Ein weiteres photoempfindliches Halbleiterbauelement ist die Korngrenzen-Photozelle (H. F. MATARÉ [20]). Die an Korngrenzen gelegenen
Germaniumatome besitzen freie
Valenzen und somit Akzeptor-
eigenschaften. Eine Korngrenze
im n-Material, die nach der Zugtechnik unter Verwendung zweier
um etwa 10° gegeneinander ge-
neigter Keimkristalle hergestellt
wird, verhält sich daher wie eine
äußerst dünne ($\sim$ 100 Å) p-leiten-
de Zwischenschicht. An Stelle
der p-dotierten Basiszone des
Phototransistors (Abb. 43) tritt
bei der Korngrenzen-Photozelle
die Korngrenze. Ein derartiges
Bauelement gibt eine Photo-

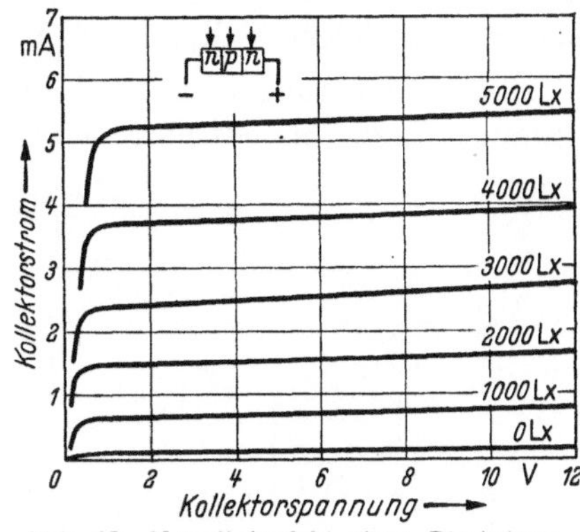

Abb. 43. Kennlinienfeld eines Phototransistors

EMK ab, deren Vorzeichen davon abhängt, ob der Lichtstrahl rechts
oder links von der Korngrenze einfällt. Man ist somit z. B. in der
Lage, einen Lichtstrahl mittels einer geeigneten Regeleinrichtung äußerst
genau zu justieren.

Da auch energiereiche geladene Korpuskeln zur Anhebung von Elektronen in das Leitungsband befähigt sind, können pn-Übergänge zum
Strahlungsnachweis und zur direkten Umwandlung radioaktiver Zer-
fallsenergie in elektrische Energie dienen [21]. Die Anzahl der gebildeten
Elektron-Lochpaare ist proportional zu der Energie der einfallenden Teilchen. Man kann daher geeignet hergestellte pn-Übergänge auch zur
Bestimmung des Energiespektrums radioaktiver Strahler heranziehen.
Es ist dazu notwendig, in der Anordnung nach Abb. 40d die linke, hochdotierte Schicht sehr dünn zu machen, während sich rechts ein möglichst
hochohmiges Gebiet anschließen soll, so daß dort beim Anlegen von
Sperrspannung eine breite Randschicht entsteht. Die Abbremsung der
einfallenden Korpuskeln und damit die Ladungsträgererzeugung erfolgt
dann überwiegend in dieser Randschicht; die auftretenden Stromimpulse
sind daher sehr kurz und ihre Amplitude proportional zur Energie der
einfallenden Teilchen.

2. Der Unipolartransistor

Die 1952 von SHOCKLEY unter dem Namen Unipolar- oder Feldeffekttransistor vorgeschlagene Halbleiteranordnung weicht von der

Grundkonzeption des Spitzen- und Flächentransistors, nämlich der Steuerung einer Diodenstrecke durch räumlich benachbarte Ladungsträgerinjektion, wesentlich ab [22]. In der ursprünglichen Bauform des Unipolartransistors wird der in einem Halbleiterstab mit rechteckigem Querschnitt fließende Strom von Mehrheitsladungsträgern durch die Raumladungsschichten zweier gegenüberliegender, in Sperrichtung vorgespannter pn-Übergänge gesteuert (Abb. 44). Man erhält so ein Bauelement, das folgende Kennzeichen aufweist:

1. Die Steuerung erfolgt, ähnlich wie bei Vakuumröhren, nahezu stromlos, da die Steuerelektroden in Sperrichtung vorgespannt sind.

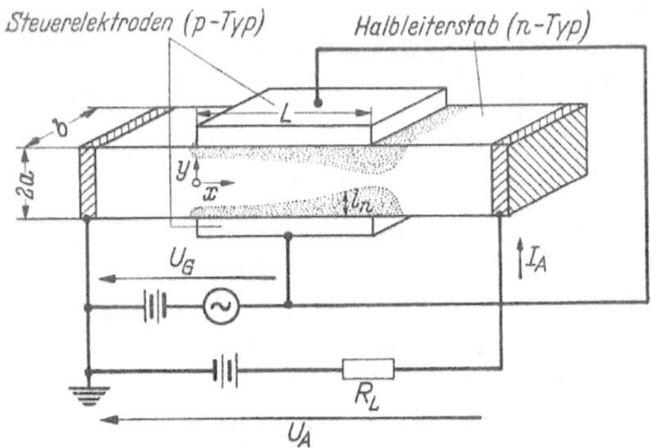

Abb. 44. Unipolartransistor (schematisch). Raumladungsgebiete getönt

2. Es wird keine Ladungsträgerinjektion benötigt; daher können u. U. Halbleiter Verwendung finden, bei denen die Lebensdauer der Minoritätsladungsträger gering ist.

Der in Abb. 44 gezeichnete Feldeffekttransistor besteht aus einem Halbleiterstab aus n-Material, der zwei gegenüberliegende Steuerelektroden vom p-Typ trägt. Wird bei festgehaltener Steuerspannung $U_{G} \leq 0$ zwischen den OHMschen Endkontakten eine Spannung U_A angelegt, so resultiert infolge der sich mit wachsender Sperrspannung ausdehnenden Randschichten und der damit verbundenen Verengung des Strompfades eine nichtlineare Charakteristik $I_A(U_A)$, die einen Sättigungswert besitzt. Die Dicke l_n der Randschicht im schwach dotierten n-Bereich eines abrupten pn-Überganges ist

$$ l_n = \sqrt{\frac{2\,\varepsilon}{q\,N}\,U} = \sqrt{\frac{2\,\varepsilon\,\mu_n}{\sigma}\,U}, \tag{44} $$

wenn die Diffusionsspannung gegenüber der Sperrspannung U vernachlässigt wird ($q = 1{,}6 \cdot 10^{-19}$ Asek, $N =$ Donatorenkonzentration, $\sigma =$ spez. Leitfähigkeit, $\mu_n = 3800$ cm^2/Vsek, $\varepsilon = \varepsilon_r\,\varepsilon_0 = 1{,}4 \cdot 10^{-12}$ Asek/Vcm für Germanium). Die Sättigung wird offenbar dann erreicht, wenn sich die beiden gegenüberliegenden Randschichten an einer Stelle berühren. Diese Situation tritt in Abb. 44 zuerst am rechten Ende der Steuerelektroden auf, wenn $2l_n = 2a$ wird, d. h. für

$$ U_A - U_G \geq \frac{\sigma\,a^2}{2\,\varepsilon\,\mu_n}. \tag{45} $$

Ist aber bereits $-U_G \geq -U_{G0} = \sigma\, a^2/2\varepsilon\,\mu_n$, so bleibt der Halbleiterstab für alle Werte von $U_A \geq 0$ gesperrt.

Der Potentialverlauf im Halbleiterstab und damit die Form der Randschicht können (bei $2a \ll L$) berechnet werden, wenn man berücksichtigt, daß für die Sperrspannung U an der Steuerelektrode längs der Achse des Stabes die Beziehung

$$U(x) = \int_0^x I_A\, R(\xi)\, d\xi \tag{46}$$

gelten muß, wobei $R(\xi)\, d\xi$ der Widerstand des Kanals zwischen $x = \xi$ und $x = \xi + d\xi$ ist. Mit (44) folgt

$$I_A = 2\,a\,b\,\sigma\left(1 - \sqrt{\frac{2\,\varepsilon\,\mu_n}{\sigma\,a^2}\, U(x)}\right)\frac{dU}{dx} \tag{47}$$

für $0 \leq x \leq L$. Vernachlässigt man den Spannungsabfall im Halbleiterstab außerhalb der Steuerelektroden, so erhält das linke Ende der Steuerelektroden $(x = 0)$ die Sperrspannung $-U_G$, das rechte Ende $(x = L)$ die Sperrspannung $U_A - U_G$, und die Integration von (47) liefert als Kennlinie für Ströme unterhalb des Sättigungswertes:

$$I_A = \frac{2\,a\,b\,\sigma}{L}\left[\left(1 - \frac{2}{3}\sqrt{\frac{U_A - U_G}{U_{A0}}}\right)(U_A - U_G) + \left(1 - \frac{2}{3}\sqrt{\frac{U_G}{U_{G0}}}\right)U_G\right], \tag{48}$$

wenn man mit $U_{A0} = -U_{G0} = \dfrac{\sigma\,a^2}{2\,\varepsilon\,\mu_n}$ diejenigen Spannungswerte einführt, bei denen Sättigung von I_A bzw. völlige Sperrung des Stromes eintritt. Abb. 45 zeigt das theoretische Kennlinienfeld, reduziert auf die Sättigungsspannung U_{A0} und den Sättigungsstrom I_{A0} bei der Steuerspannung $U_G=0$.

Die theoretische Steilheit des Unipolartransistors im Sättigungsbereich ist

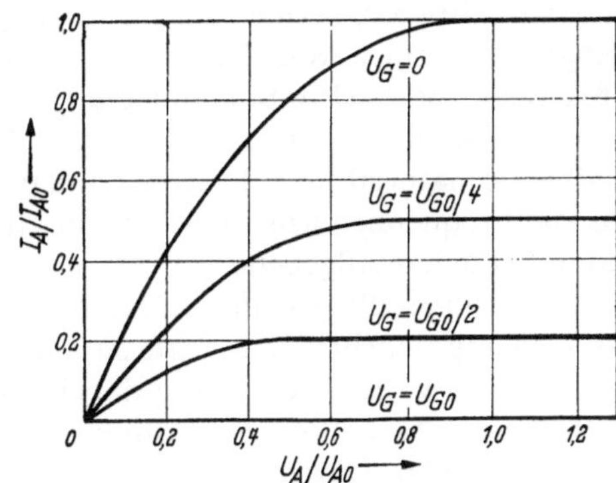

Abb. 45. Kennlinienfeld des Unipolartransistors (theoretisch)

$$S = \left(\frac{\partial I_A}{\partial U_G}\right)_{U_A = \text{const}} = \frac{2\,a\,b\,\sigma}{L}\left(1 - \sqrt{\frac{U_G}{U_{G0}}}\right), \tag{49}$$

wobei der Maximalwert

$$S_{\max} = \frac{2\,a\,b\,\sigma}{L} \tag{49a}$$

asymptotisch bei kleiner Steuerspannung erreicht wird.

Die Frequenzgrenze des Unipolartransistors ist aus der Zeitkonstanten für die Umladung der beiden Raumladungsschichten abzuschätzen.

Da die Größenordnung der Kapazität der Randschichten mit $C \sim \varepsilon b L/a$ und die des Ohmschen Widerstandes des Kanals zwischen den Steuerelektroden mit $R \sim L/ab\sigma$ angesetzt werden können, folgt für die Zeitkonstante des Bauelementes

$$\tau \sim \frac{\varepsilon L^2}{a^2 \sigma}. \tag{50}$$

Annähernd die gleiche Zeitkonstante ergibt sich auch, wenn man die Laufzeit der Ladungsträger entlang des Kanals abschätzt.

Durch geeignete Auswahl des Halbleitermaterials und der geometrischen Abmessungen ist es möglich, Unipolartransistoren mit speziellen Eigenschaften herzustellen. Wie aus (50) hervorgeht, muß bei vorgegebener Dicke $2a$ des Halbleiterstäbchens vor allem die Länge L der Steuerelektroden hinreichend klein gewählt werden, um ein Bauelement mit hoher Frequenzgrenze zu erhalten. Für hohe Werte der Maximalsteilheit S_{max} bei gleichzeitig hoher Frequenzgrenze benötigt man niederohmiges Material, wobei jedoch die Dicke herabgesetzt werden muß, um den Sättigungszustand mit vernünftigen Spannungswerten erreichen zu können. Die Steilheit kann ferner dadurch erhöht werden, daß man die Breite b der Steuerelektroden (s. Abb. 44) vergrößert. Verbunden damit ist allerdings auch eine entsprechende Erhöhung des Sperrstromes der Steuerelektroden; in die Frequenzgrenze geht dagegen die Breite b nicht ein. Unipolartransistoren hoher Leistung erfordern hochohmiges Material und sorgfältige Oberflächenbehandlung, damit möglichst hohe Spannungen angelegt werden können, sowie eine hinreichend große Fläche der Steuerelektroden (Breite b und Länge L), um genügende Wärmeabfuhr an eine Kühlfläche zu gewährleisten. Es ist ferner zweckmäßig, ein Halbleitermaterial mit hohem Bandabstand zu wählen (z. B. GaAs); für die Frequenzgrenze ist dabei nur die Beweglichkeit der Majoritätsladungsträger maßgebend.

Experimentelle Ausführungen des Unipolartransistors nach der in Abb. 44 angegebenen Geometrie sind insbesondere von Dacey und Ross beschrieben worden. Es wurde dabei auch die bei höheren Feldstärken auftretende Abnahme der Ladungsträgerbeweglichkeit berücksichtigt [23]. Typische Daten für Unipolartransistoren nach Abb. 44 sind: $1/\sigma = 20\,\Omega$ cm, $2a = 0,05$ mm, $L = 0,2$ mm. Die zur Sperrung des Stromflusses nötige Spannung liegt dann etwa bei -40 Volt. Die Steilheit (pro cm Breite der Steuerelektroden gerechnet) ist etwa 1 mA/V, während Frequenzgrenzen von 50 MHz erreicht wurden. Herstellungsschwierigkeiten, die zu Abweichungen von den theoretischen Daten führen, ergeben sich u. a. aus der Tatsache, daß die Steuerelektroden die gesamte Breite des Halbleiterstabes überdecken müssen, da sonst Strompfade entstehen, die sich der Kontrolle der Steuerelektroden entziehen. Ebenfalls schädlich sind die nicht modulierbaren Ohmschen Widerstände zwischen den Steuerelektroden und den Endkontakten des Stäbchens.

Eine technisch einfache, auch für industrielle Fertigung geeignete Form des Unipolartransistors ist unter der Bezeichnung Tecnétron bekannt geworden [24]. Der wesentliche Vorteil des Tecnétrons ist in der rotationssymmetrischen Anordnung (Abb. 46) und deren Herstellungsweise zu sehen. Ausgangsprodukt ist ein hochohmiges Halbleiterstäbchen

(n-Typ) von etwa 2 mm Länge und 0,5 mm Durchmesser, welches an den Enden sperrfrei kontaktiert ist. Durch ein Ätzverfahren mit indiumhaltigem Elektrolyten, analog zu dem in Teil B, Kap. II. 5a beschriebenen Verfahren

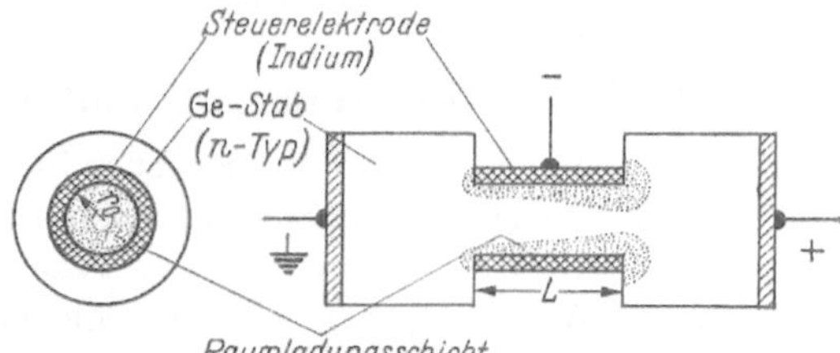

Abb. 46. Rotationssymmetrische Ausführung des Unipolartransistors (Tecnétron)

zur Herstellung von Hf-Transistoren, wird eine ringförmige Einschnürung erzeugt und nach Umpolung der Spannung an der gleichen Stelle ein ringförmiger Indiumbelag aufgebracht, der als Steuerelektrode dient.

Die elektrischen Eigenschaften des Tecnétrons entsprechen annähernd denen des Unipolartransistors mit rechteckigem Querschnitt. Die zur Erreichung der Sättigung bzw. zur völligen Sperrung des Stromweges notwendige Spannung $U_{A0} = -U_{G0}$ ist um den Faktor 1/2 kleiner als bei der Anordnung mit rechteckigem Querschnitt, wenn in Gl. (45) an Stelle der Dicke $2a$ der Durchmesser $2r_0$ des Stäbchens an der verengten Stelle eingesetzt wird. Die maximal erreichbare Steilheit geht aus (49a) hervor, wenn man für die Querschnittsfläche $2ab$ den entsprechenden Wert πr_0^2 einführt. Die Frequenzgrenze wird analog zu Gl. (50) durch das Verhältnis r_0/L zwischen dem Radius und der Länge der Steuerelektrode bestimmt.

Da die Randschicht der Steuerelektrode — wie in Abb. 46 angedeutet — eine von links nach rechts (d. h. in Richtung „Kathode" → „Anode") ansteigende Dicke besitzt, ist es zweckmäßig, die Verengung des Halbleiterstäbchens kegelförmig zu gestalten, derart, daß der größte Durchmesser in der Nähe der „Anode", der kleinste Durchmesser in der Nähe der „Kathode" liegt. Man erreicht dadurch, daß der nach Anlegen der Steuerspannung verbleibende Strompfad annähernd konstanten Querschnitt aufweist.

Neben dem Tecnétron sind noch andere rotationssymmetrische Bauformen des Unipolartransistors möglich. So kann man z. B. den vom Kollektorzentrum eines Bauelementes nach Abb. 51a ausgehenden Strom durch die variable Dicke der Emittersperrschicht steuern, wenn die Abmessungen und die Basisdotierung geeignet gewählt werden. Es ist ferner möglich, Unipolartransistoren in der Mesa-Bauform herzustellen, d. h. man kann z. B. in einem Bauelement nach Teil A, Abb. 29

die beiden Basiselektroden als „Anode" und „Kathode" verwenden und den zwischen diesen Kontakten fließenden Strom durch die Randschicht der in Sperrichtung vorgespannten Emitterelektrode steuern, sofern die Basisschicht hinreichend schwach dotiert ist. Der in Sperrichtung gepolte Kollektor-pn-Übergang dient dabei nur als Begrenzung des Gebietes, in dem die Steuerung des Majoritätsträgerstromes stattfindet.

3. Vierschichtentransistor und Vierschichtendiode

Halbleiterbauelemente mit vier Schichten abwechselnden Leitungstyps dienen vorwiegend für Schaltzwecke. Speichernde (aktive) elektronische Schalter sollen thyratron- oder dynatronähnliche Charakteristik, d. h. einen hochohmigen und einen niederohmigen Kennlinienzweig besitzen, die durch ein Gebiet negativer Kennlinienneigung voneinander getrennt sind. Derartige Bauelemente sind in der Lage, bestimmte Schaltzustände („aus" und „ein") von selbst aufrechtzuerhalten, während Steuersignale nur zur Einleitung der Übergänge von einem Zustand in den anderen benötigt werden.

Fallende Kennlinien treten bei Transistoren dann auf, wenn die Stromverstärkung zwischen Emitter und Kollektor größer als Eins ist. Der Basisstrom ist dann so gerichtet, daß der am (inneren und äußeren) Basiswiderstand erzeugte Spannungsabfall die Ladungsträgerinjektion am Emitter begünstigt, so daß positive Stromrückkopplung eintritt. Die Stromvermehrung hält so lange an, bis die Kollektorspannung weitgehend abgebaut ist, oder bis eine Strombegrenzung durch äußere Widerstände erfolgt. Fallende Kennlinien wurden zuerst beim Spitzentransistor beobachtet und für Schaltzwecke ausgenutzt [25, 26]. Auch beim Flächentransistor treten teilweise fallende Kennlinien auf, wenn es gelingt, durch Anlegen hoher Kollektorspannung eine hinreichende Ladungsträgervermehrung durch Stoßionisation in der Kollektorrandschicht zu erzeugen (Lawinentransistor [27]). Da jedoch die Stoßionisation an eine Mindestfeldstärke gebunden ist, verbleibt im stromführenden Zustand meist ein verhältnismäßig hoher Spannungsabfall am Transistor.

Eine Anordnung von Flächentransistoren, die auch bei kleinen Spannungen erhebliche Werte der Stromverstärkung besitzt, stellt die in Abb. 47a gezeichnete pnp-npn-Kombination dar. Ist α_1 die Stromverstärkung des pnp-Transistors, α_2 die des nachgeschalteten npn-Transistors, so folgt als Gesamtstromverstärkung $\alpha = \alpha_1/(1 - \alpha_2)$, und es fließt der Basisstrom

$$I_B = (\alpha - 1)\, I_1 = \frac{\alpha_1 + \alpha_2 - 1}{1 - \alpha_2}\, I_1, \tag{51}$$

der die in Abb. 47a gezeichnete Richtung hat, wenn

$$\alpha_1 + \alpha_2 > 1 \tag{52}$$

ist. Durch den Basisstrom wird das Basispotential des *pnp*-Transistors abgesenkt und somit vermehrte Emission am Emitter hervorgerufen, wodurch auch I_B weiter erhöht wird. Dieser Rückkopplungsmechanismus hält an, solange die Bedingung (52) erfüllt ist.

Die gleiche Wirkung wird mit dem Vierschichtentransistor nach Abb. 47b erreicht, wobei die beiden äußeren, stark dotierten Schichten als Emitter wirken, während der mittlere *pn*-Übergang als Kollektor sowohl für die von links injizierten Löcher als auch für die von rechts kommenden Elektronen dient. Die Zonenfolge 1—2—3 entspricht also dem *pnp*-Transistor, die Zonenfolge 4—3—2 dem *npn*-Transistor (Numerierung der Zonenfolgen in Richtung Emitter—Basis—Kollektor). Die Kennlinien einer derartigen Anordnung können hergeleitet werden, indem man mit den aus Abb. 47b ersichtlichen Strom- und Spannungsdefinitionen 'die Transistorgleichungen für die beiden Zonenfolgen aufstellt. Bezeichnet man mit I_{12}, I_{23} und I_{34} die Sättigungsströme der

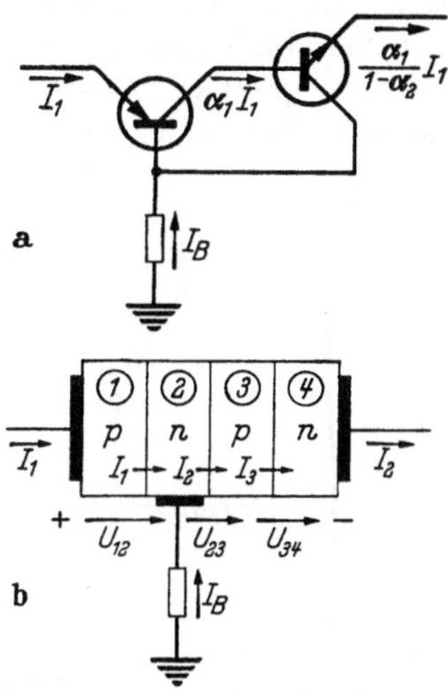

Abb. 47 a u. b. a) Kombination von *pnp*- und *npn*-Transistoren; b) der *pnp* - *npn*-Kombination entsprechender Vierschichtentransistor

pn-Übergänge 1—2, 2—3 und 3—4, so gelten für die Teilströme I_1, I_2 und I_3 des Vierschichtentransistors die Beziehungen:

$$I_1 = I_{12}(e^{U_{12}/U_T} - 1) - \varkappa_{31} I_{23}(e^{-U_{23}/U_T} - 1), \tag{53a}$$

$$I_2 = \varkappa_{13} I_{12}(e^{U_{12}/U_T} - 1) - I_{23}(e^{-U_{23}/U_T} - 1) + \varkappa_{42} I_{34}(e^{U_{34}/U_T} - 1), \tag{53b}$$

$$I_3 = -\alpha_{24} I_{23}(e^{-U_{23}/U_T} - 1) + I_{34}(e^{U_{34}/U_T} - 1), \tag{53c}$$

wobei α_{13} und α_{42} die Stromverstärkungsfaktoren der Transistorkonfigurationen 1—2—3 und 4—3—2 in der üblichen Betriebsrichtung Emitter—Kollektor, $\varkappa_{31}$ und α_{24} die inversen Stromverstärkungsfaktoren (Betrieb Kollektor—Emitter) sind. Bei der in Abb. 47b gezeichneten Polung befindet sich der *pn*-Übergang 2—3 in Sperrichtung ($U_{23} \gg U_T = kT/q$), so daß in der mittleren Spalte des Gleichungssystems (53) die Exponentialfaktoren fortfallen. Vernachlässigt man ferner die mit den inversen Stromverstärkungsfaktoren $\varkappa_{31}$ und α_{24} behafteten Sperrstromanteile und berücksichtigt die Bedingung $I_2 = I_3$, so folgt

$$I_1 = I_{12}(e^{U_{12}/U_T} - 1), \tag{54a}$$

$$I_2 = \frac{1}{1 - \varkappa_{42}} I_{23} + \frac{\varkappa_{13}}{1 - \varkappa_{42}} I_1. \tag{54b}$$

Für die Eingangskennlinie $U_1(I_1)$ eines Vierschichtentransistors ergibt sich

$$U_1 = U_{12} - (I_2 - I_1)\,R_b = U_{12} - \frac{I_{23}}{1 - \alpha_{42}}\,R_b - \frac{\alpha_{13} + \alpha_{42} - 1}{1 - \alpha_{42}}\,R_b\,I_1, \quad (55)$$

wobei U_{12} die zur Aufrechterhaltung des Stromes I_1 nach (54a) notwendige Durchlaßspannung des $p\,n$-Überganges 1—2 ist. Gl. (55) gilt für die Bereiche geringen Stromes, d. h. für den Sperrbereich und den Bereich fallender Kennlinie. Wie in Abb. 48 angedeutet, setzt die Ladungsträger-injektion ein, wenn die Emitterspannung das durch den Basisstrom definierte Basispotential $I_{23}\,R_b/(1 - \alpha_{42})$ überschreitet (Punkt A). Der Übergang zur fallenden Kennlinie (mit wachsendem Strom abnehmende Spannung) erfordert die Erfüllung der Bedingung $\alpha_{13} + \alpha_{42} > 1$. Da Siliziumtransistoren bei kleinen Emitterströmen nur eine sehr geringe Stromverstärkung besitzen (s. Abb. 28), ist der „Zündeinsatz", d. h. der Kennlinienknick (Punkt B) bei Silizium-Vierschichtentransistoren an eine Mindeststromstärke gebunden, die von der Herstellung des Bauelementes abhängt. Bei Germanium-Vierschichtentransistoren fallen dagegen die Punkte A und B praktisch zusammen (der Abstand der Punkte A und B vom Koordinatenursprung ist in Abb. 48 übertrieben groß gezeichnet).

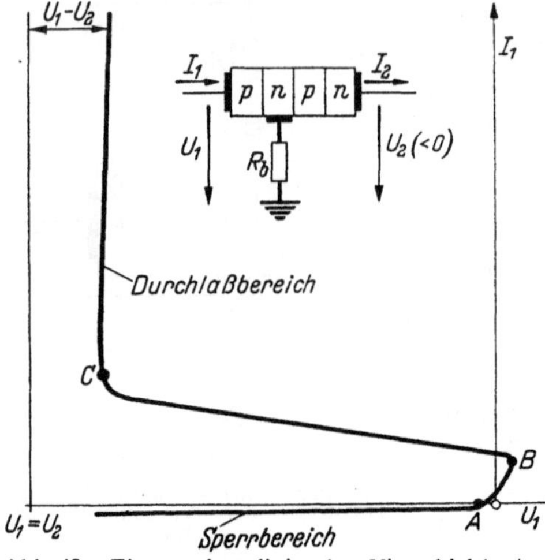

Abb. 48.   Eingangskennlinie des Vierschichtentransistors (schematisch)

Wenn die Gesamtspannung $U_1 - U_2$ zwischen Eingangs- und Ausgangselektrode bis auf etwa 1 V abgebaut ist (Punkt C), gelangt man zu dem niederohmigen Teil der Kennlinie. Die Restspannung setzt sich aus der Summe der zur Ladungsträgerinjektion notwendigen Spannungen, sowie aus dem im Kristall auftretenden Oнмschen Spannungsabfall zusammen.

Für eine genauere Analyse des Kennlinienverlaufes ist die Kenntnis der Strom- und Spannungsabhängigkeit der in (55) vorkommenden Stromverstärkungsfaktoren notwendig. Bei Siliziumbauelementen ist außerdem mit Abweichungen von der Diodengleichung (54a) zu rechnen, derart, daß Exponentialfaktoren mit $e^{U_{12}/m\,U_T}(1 \leq m \leq 2)$ auftreten.

Zur Herstellung von Vierschichtentransistoren wendet man vor allem die Diffusionstechnik an. Da die in Kap. B. II. 3 beschriebene Doppeldiffusion bereits drei Schichten abwechselnden Leitungstyps (zwei *pn*-Übergänge) liefert, ist es in diesem Falle lediglich notwendig, *einen* weiteren *pn*-Übergang, sowie die für die Stromzuführung notwendigen Kontakte mittels der Legierungstechnik anzubringen. Ein Beispiel für ein Verfahren zur Fertigung von Vierschichtentransistoren mittels der selektiven Diffusion ist in Teil B, Abb. 70, angegeben. Großflächige Vierschichtentransistoren („gesteuerte Gleichrichter", „Stromtore") werden in der Starkstromtechnik an Stelle von Gasentladungsröhren für Schalt- und Regelzwecke eingesetzt.

Die Vierschichtendiode geht aus der Konfiguration nach Abb. 47b durch Fortfall des Basisanschlusses hervor. Es ist dann nicht mehr möglich, den *pn*-Übergang 1—2 durch Anlegen einer gesonderten Spannung in Flußrichtung zu bringen, um den fallenden Teil der Charakteristik zu erreichen. Der Strom, der durch die Vierschichtendiode fließt, wird daher zunächst durch den in Sperrichtung gepolten Übergang 2—3 bestimmt. Erst wenn man die Spannung $U = U_{12} + U_{23} + U_{34}$ so weit erhöht, daß durch Trägervermehrung infolge Stoßionisation ein wesentlicher Anstieg dieses Sperrstromes eintritt, können die *pn*-Übergänge 1—2 und 3—4 in Flußrichtung übergehen.

Um die Kennlinie der Vierschichtendiode zu berechnen, ist es notwendig, das Gleichungssystem (53) so zu ergänzen, daß die Trägervermehrung durch Stoßionisation am Übergang 2—3 berücksichtigt wird [*28*]. Bei dem aus der Schichtenfolge 1—2—3 gebildeten Transistor tritt zur Stromverstärkung α_{13} der Multiplikationsfaktor M_p für Löcher, beim Transistor 4—3—2 ein entsprechender Faktor M_n für Elektronen hinzu. Außerdem wird der Sperrstrom des *pn*-Überganges 2—3

$$[\gamma\, M_p + (1-\gamma)\, M_n]\, I_{23},$$

wenn γ der Löcheranteil, $1-\gamma$ der Elektronenanteil des Sättigungsstromes I_{23} ist.

Für die Vierschichtendiode gilt somit folgendes Gleichungssystem:

$$I_1 = \qquad\qquad I_{12}(e^{U_{12}/U_T} - 1) - \alpha_{31}\, I_{23}(e^{-U_{23}/U_T} - 1) \tag{56a}$$

$$I_2 = \alpha_{13}\, M_p\, I_{12}(e^{U_{12}/U_T} - 1) - \gamma\, M_p\, I_{23}(e^{-U_{23}/U_T} - 1) \tag{56b}$$

$$- (1-\gamma)\, M_n\, I_{23}(e^{-U_{23}/U_T} - 1) + \alpha_{42}\, M_n\, I_{34}(e^{U_{34}/U_T} - 1)$$

$$I_3 = \qquad\qquad -\alpha_{24}\, I_{23}(e^{-U_{23}/U_T} - 1) + \qquad\quad I_{34}(e^{U_{34}/U_T} - 1). \tag{56c}$$

Mit den weiteren Bedingungen $I = I_1 = I_2 = I_3$ und $U = U_{12} + U_{23} + U_{34}$ ist die Kennlinie $I(U)$ der Vierschichtendiode festgelegt, wenn die Strom- und Spannungsabhängigkeit der α-Werte und der Multiplikationsfaktoren bekannt sind. Bei den α-Werten ist vor allem die Stromabhängigkeit zu berücksichtigen, die bei Siliziumbauelementen stark ausgeprägt ist. Für die Multiplikationsfaktoren gilt näherungsweise

$$M_{n,p} = \frac{1}{1 - \left(\dfrac{U_{23}}{U_b}\right)^a}\,,$$

wobei U_b die Durchbruchspannung des pn-Überganges 2—3 und $a = 1{,}5\cdots 3$ für Elektronenmultiplikation und $a = 4\cdots 9$ für Löchermultiplikation in Silizium anzusetzen sind.

Die Auflösung des Gleichungssystems (56) ergibt

$$I = \frac{(\gamma - \alpha_{13}\,\alpha_{31})\,M_p + (1 - \gamma - \alpha_{42}\,\alpha_{24})\,M_n}{1 - \alpha_{13}\,M_p - \alpha_{42}\,M_n}\,I_{23}\,(1 - e^{-U_{23}/U_T})\,. \tag{57}$$

Im Sperrbereich bei geringer Sperrspannung $(U \approx U_{23} \ll U_b)$ sind die α-Werte so klein, daß praktisch nur der Sperrstrom $I \approx I_{23}$ fließt. Wenn aber durch Ladungsträgermultiplikation

$$\alpha_{13}\,M_p + \alpha_{42}\,M_n \approx 1$$

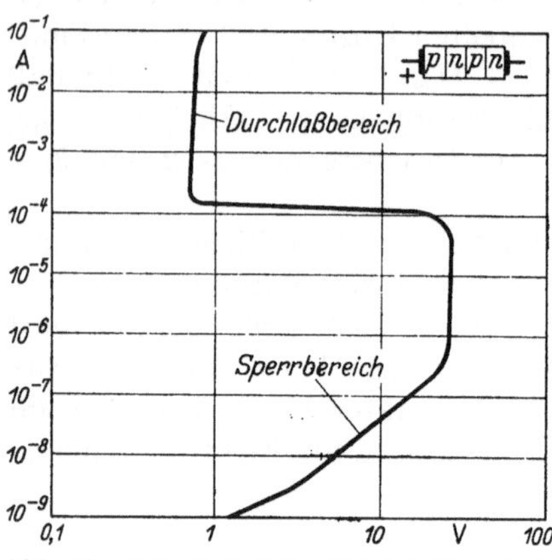

Abb. 49. Kennlinie einer Vierschichtendiode

wird, dann erfolgt ein starker Stromanstieg, d. h. es wird die Durchbruchspannung der Vierschichtendiode erreicht. Bei hinreichend großem Strom werden α_{13} und α_{42} so groß, daß $\alpha_{13} + \alpha_{42} \approx 1$ wird, d. h. es ist weiterer Stromanstieg ohne Ladungsträgermultiplikation, also bei abnehmender Spannung, möglich (Bereich fallender Kennlinie). Wird schließlich $\alpha_{13} + \alpha_{42} \geq 1$, so muß, wie aus (57) ersichtlich, auch der pn-Übergang 2—3 in Flußrichtung übergehen $(U_{23} \leq 0)$, da die Summe der inversen Stromverstärkungsfaktoren α_{31} und α_{24} kleiner als Eins ist und somit der Zähler des Bruches in (57) positiv bleibt.

Abb. 49 zeigt die Kennlinie einer Silizium-Vierschichtendiode in doppelt logarithmischer Darstellung. Der Sperrwiderstand erreicht etwa $10^9\,\Omega$, während im Durchlaßbereich der differentielle Widerstand bis auf $1\,\Omega$ abnimmt, so daß man mit der Vierschichtendiode ein Schaltverhältnis von 10^9 erzielt.

4. Doppelbasisdiode und speichernder Schalttransistor

Halbleiterbauelemente mit Thyratroncharakteristik, die für Schaltzwecke geeignet sind, können auch dadurch hergestellt werden, daß man die durch Ladungsträgerinjektion in hochohmigem Material bewirkte Leitfähigkeitserhöhung ausnutzt, um positive Stromrückkopplung zu erzielen.

Die Doppelbasisdiode[1] [29] besteht in ihrer ursprünglichen Form aus einem Halbleiterstab mit rechteckigem Querschnitt, der an den Enden (B_1 und B_2) sperrfrei kontaktiert ist und der in der Mitte mit einem legierten Sperrkontakt (E) versehen ist (Abb. 50). Legt man Spannung zwischen die Endkontakte, so bildet sich zunächst innerhalb des Halbleiterstabes ein lineares Potentialgefälle aus (Abb. 50b). Der Kontakt E bleibt gesperrt, solange er ein Potential U_E besitzt, welches niedriger ist als das an dieser Stelle im Halbleiterstab vorgegebene. Hebt man aber U_E an, so beginnt zunächst am rechten Ende des Kontaktes E ein Injektionsstrom zu fließen, der zusätzliche Löcher (und eine entsprechende Anzahl von Elektronen, die aus Gründen der Ladungsneutralität von den Endkontakten nachgeliefert werden) in den Halbleiterstab bringt. Da durch die Injektion positiver Ladungsträger vorwiegend der Widerstand des rechten Teiles des Halbleiterstabes herabgesetzt wird, während der linke Teil unbeeinflußt bleibt, muß sich das dem Kontakt E vorgelagerte Potential dem Potential U_{B2} nähern, d. h. absinken. Hierdurch wird die Ladungsträgerinjektion weiter gefördert, so daß positive Rückkopplung eintritt. Im Endzustand befindet sich die gesamte Fläche des Kontaktes E im Flußzustand, wobei sich das Potential U_E' weitgehend dem Potential U_{B2} genähert hat (Abb. 50b). Die Kennlinie $U_E(I_E)$ der Doppelbasisdiode besitzt daher insgesamt einen hochohmigen, sperrenden Zweig, einen fallenden Teil und einen Zweig, in dem der Widerstand zwischen den Kontakten E und B_2 durch Ladungsträgerinjektion stark herabgesetzt ist.

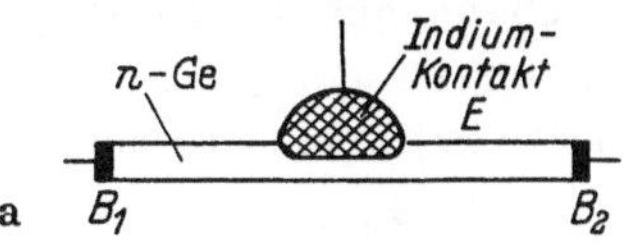

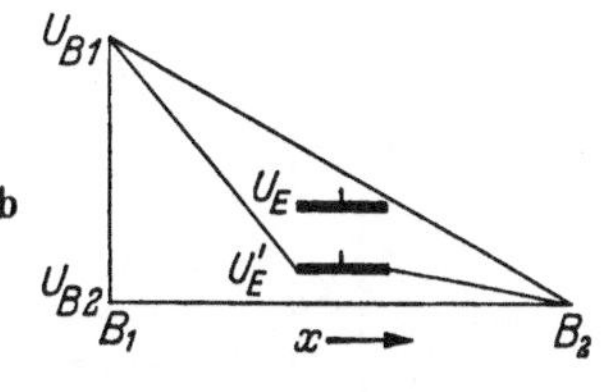

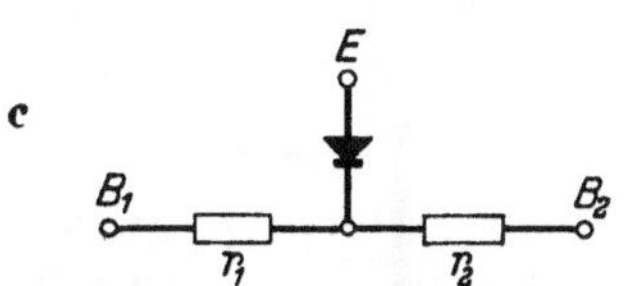

Abb. 50a–c. Prinzip der Doppelbasisdiode. a) Aufbau; b) Potentialverteilung im nichtleitenden Zustand (U_E) und im leitenden Zustand (U_E'); c) Ersatzschaltbild

Wie aus dem Ersatzschaltbild Abb. 50c ersichtlich, setzt der Strom über den Kontakt E ein, wenn

$$U_E \geq U_{B2} + (U_{B1} - U_{B2}) \frac{r_2}{r_1 + r_2} \tag{58}$$

wird (r_1 ist der stromunabhängige Widerstand des linken Teiles, r_2 der durch Trägerinjektion beeinflußbare Widerstand des rechten Teiles des Halbleiterstabes). Um den im Sperrzustand durch den Halbleiterstab fließenden Strom klein zu halten und um die relative Widerstandsänderung wirksam werden zu lassen, ist es notwendig, r_2 möglichst groß

---

[1] Im angelsächsischen Schrifttum auch mit „Unijunction-Transistor" bezeichnet.

zu machen. Dabei ist zu berücksichtigen, daß nur derjenige Teil des Halbleiterstabes beeinflußt wird, den die injizierten Ladungsträger erreichen können, ohne vorher zu rekombinieren. Hierdurch sind der geometrischen Auslegung und damit den Schalteigenschaften der Doppelbasisdiode gewisse Grenzen gesetzt.

Günstige Schalteigenschaften können erreicht werden, wenn man den Mechanismus der Doppelbasisdiode, d. h. den Widerstandsabbau durch Ladungsträgerinjektion, in einer transistorähnlichen Anordnung realisiert [30]. Abb. 51a zeigt den geometrischen Aufbau eines speichernden

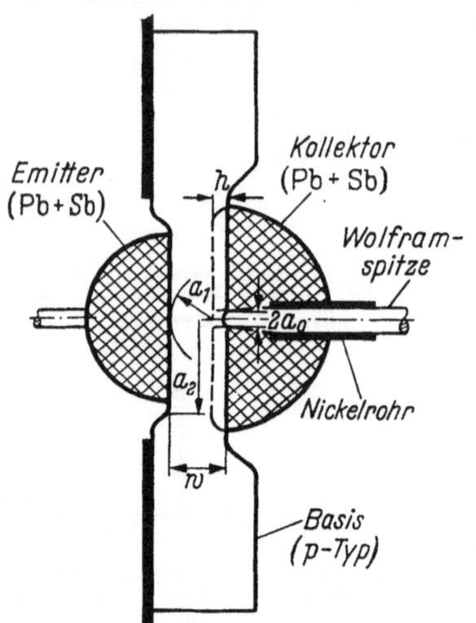

Schalttransistors. Als Basismaterial wird hochohmiges p-Germanium (z. B. $\varrho = 20\ \Omega$cm), für die Legierungskontakte Blei—Antimon verwendet. Während des Legierungsprozesses wird in den Kollektorkontakt eine Wolframspitze eingesenkt, die in einem Nickelrohr gehaltert ist. Die

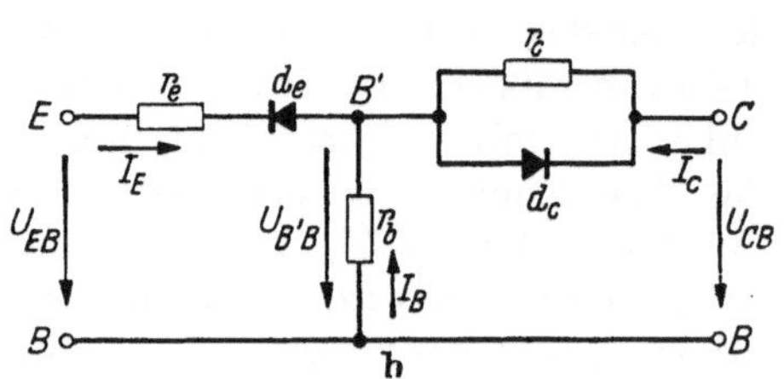

Abb. 51a u. b. a) Speichernder Schalttransistor;   b) Ersatzschaltbild des speichernden Schalttransistors

Wolframspitze berührt dabei die unverletzte Germaniumoberfläche an der Legierungsfront und verhindert die Ausbildung der Rekristallisierungszone an der Berührungsstelle. Auf diese Weise wird die Kollektorsperrschicht in einem eng begrenzten Gebiet durchbrochen, so daß von dieser Stelle ein Strom von Majoritätsladungsträgern ausgeht, wenn die übrige Fläche des Kollektors in Sperrichtung vorgespannt ist. Infolge der geringen Ausdehnung der gestörten Zone kann der Ruhestrom des Schalttransistors sehr gering gehalten werden, während im Durchlaßzustand die gesamte Kollektorfläche zur Aufnahme der vom Emitter injizierten Ladungsträger zur Verfügung steht.

Das geschilderte Herstellungsverfahren läßt sich jedoch nicht auf Silizium übertragen, da es bei hochohmigem Silizium nicht gelingt, eine hinreichende, definierte Störung in einem legierten pn-Übergang zu erzeugen. Abb. 52 zeigt ein Verfahren, das von der Technik der selektiven Diffusion Gebrauch macht. Man geht von einer hochohmigen Si-Platte ($\sim 1000\ \Omega$cm) aus, die auf der Emitterseite zusätzlich schwach dotiert und beiderseitig oxydiert ist (Abb. 52a).

Die Oxydschicht wird teilweise abgelöst (Abb. 52b), so daß bei der nachfolgenden Bordiffusion auf der Kollektorseite ein punktförmiges, stark p-dotiertes Gebiet entsteht (Abb. 52c), welches durch einen Legierungskontakt mit geringer Eindringtiefe bedeckt wird. Auf der Emitterseite läßt man Bor dort eindiffundieren, wo der Basiskontakt angebracht werden soll. Als Emitterkontakt eignet sich z. B. Gold/Antimon.

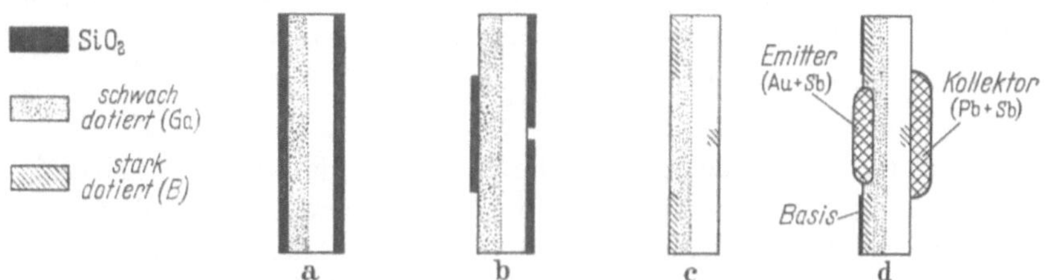

Abb. 52. Herstellung speichernder Schalttransistoren aus Silizium (s. Text)

In dem Ersatzschaltbild (Abb. 51b) sind die pn-Übergänge Emitter—Basis und Kollektor—Basis durch die Dioden d_e und d_c dargestellt. Das zwischen Wolframspitze und Emitter liegende Stromgebiet, dem im Ersatzschaltbild der Widerstand r_c zugeordnet ist, kann approximiert werden durch einen zylindrischen Teil innerhalb der Randschicht von der Höhe h und dem Radius a_0 und durch ein kugelsymmetrisches Ausbreitungsgebiet zwischen der Randschicht und dem Emitter (s. Abb. 51a):

$$r_c = r_{c1} + r_{c2} = \frac{\varrho}{2\,\pi\,a_0}\left(1 + \frac{2\,\sqrt{2\,\varepsilon\,\varrho\,\mu_p}\,\sqrt{U_{CB'}}}{a_0}\right). \tag{59}$$

Als Sperrspannung ist darin die Potentialdifferenz $U_{CB'}$ zwischen dem Kollektor und einem im Innern der Basis vor dem Emitter gelegenen Punkt (entsprechend dem Punkt B' im Ersatzschaltbild) eingesetzt.

Um den Spannungsabfall zwischen dem Emitterzentrum und dem Basisanschluß zu berücksichtigen, ist es notwendig, im Ersatzschaltbild einen Basiswiderstand

$$r_b \approx \frac{\varrho}{2\,\pi\,(w - h)}\ln\frac{2\,a_2}{(w - h)} \tag{60}$$

einzuführen. Durch den von r_b und r_c gebildeten Spannungsteiler wird die Scheitelspannung

$$U_{EB0} = \frac{r_b}{r_c + r_b}\,U_{CB} \tag{61}$$

des Schalttransistors festgelegt. Solange $U_{EB} > U_{EB0}$ ist, bleibt die Emitterdiode d_e gesperrt. Für $U_{EB} \leq U_{EB0}$ wird d_e geöffnet, d. h. der Schalttransistor geht in den aktiven Zustand über. Das Emitterpotential U_{EB} stimmt dann mit $U_{B'B}$ überein, wenn man den geringen Spannungsabfall an r_e vernachlässigt. Da nunmehr vom Emitter Ladungsträger in die Basiszone injiziert werden, so ist nicht mehr mit einem konstanten Kollektorwiderstand r_c zu rechnen, sondern mit einer von Strom und Spannung abhängigen Größe r_c^*. Die einfachste Annahme, die man an dieser Stelle machen kann, ist folgende: Die Dichte der Zusatzladungsträger und damit die Leitfähigkeitsänderung wird proportional zum Emitterstrom I_E und umgekehrt proportional zur Spannungsdifferenz $U_{EB} - U_{CB}$ zwischen Emitter und Kollektor angesetzt. Der Kollektorleitwert $1/r_c$ muß daher wie folgt einen Zusatz erhalten:

$$\frac{1}{r_c^*} = \frac{1}{r_c} + \frac{\mu_p}{\mu_n} \frac{\alpha \gamma I_E}{U_{EB} - U_{CB}}. \tag{62}$$

Der Faktor μ_p/μ_n berücksichtigt die Tatsache, daß an der Leitfähigkeitserhöhung zwei verschiedene Ladungsträgerarten beteiligt sind. Der Stromverstärkungsfaktor α gibt den Anteil der injizierten Elektronen an, der die Kollektorebene erreicht, und durch den Faktor γ berücksichtigt man, daß nur ein Teil der Ladungsträger in die unmittelbare Umgebung des Kollektorzentrums gelangt und damit zum Abbau von r_c beiträgt, während der Rest von der Kollektorfläche aufgenommen wird.

Das Emitterpotential U_{EB}, welches im aktiven Zustand annähernd mit $U_{B'B}$ übereinstimmt, läßt sich aus dem Basisstrom I_B und dem Basiswiderstand r_b entnehmen. Der Basisstrom setzt sich zusammen aus einem Anteil

$$I_{B1} = -\frac{U_{CB}}{r_c + r_b}, \tag{63a}$$

der vom Kollektorzentrum ausgeht, sowie aus einem gewissen Bruchteil des Rekombinationsstromes $(1 - \alpha) I_E$. Da der Rekombinationsstrom aus Majoritätsladungsträgern besteht, erfährt er eine Verzweigung über r_c^* und r_b:

$$I_{B2} = -(1 - \alpha) I_E \cdot \frac{r_c^*}{r_c^* + r_b}. \tag{63b}$$

Aus den Gln. (62) und (63) läßt sich die Eingangskennlinie des Schalttransistors im aktiven Zustand wie folgt berechnen:

$$U_{EB} = \frac{r_b}{r_c + r_b} U_{CB} + \frac{r_b r_c}{r_c + r_b} \left(1 - \alpha - \alpha \gamma \frac{\mu_p}{\mu_n}\right) I_E. \tag{64}$$

Für $I_E = 0$ erhält man die bereits in (61) angegebene Scheitelspannung U_{EB0} der Eingangskennlinie. In dem zweiten Term von Gl. (64) ist die Stromabhängigkeit enthalten. Solange ein hinreichend großes Feld in der Basis herrscht, kann man mit sehr geringer Rekombination rechnen ($\alpha \approx 1$) und auch $\gamma \approx 1$ setzen, da dann praktisch alle injizierten Ladungsträger zum Kollektorzentrum gelangen, und es ergibt sich eine konstante negative Neigung der Kennlinie (aktiver Bereich). Ist aber die Potentialdifferenz zwischen Emitter und Kollektor auf etwa 1 Volt abgebaut, so sinkt der Stromverstärkungsfaktor α und der Faktor γ nimmt auf nahezu Null ab, da dann der überwiegende Anteil des Stromes von der Kollektorfläche aufgenommen wird. Man gelangt so zu dem Durchlaßbereich, in welchem die Kennlinie schwach positive Neigung hat.

Abb. 53 zeigt Eingangskennlinien eines speichernden Schalttransistors bei festgehaltener Kollektorspannung $U_{CB} = 10$ V für verschiedene äußere Basiswiderstände R_b[1]. Im Sperrbereich (unten mit gedehn-

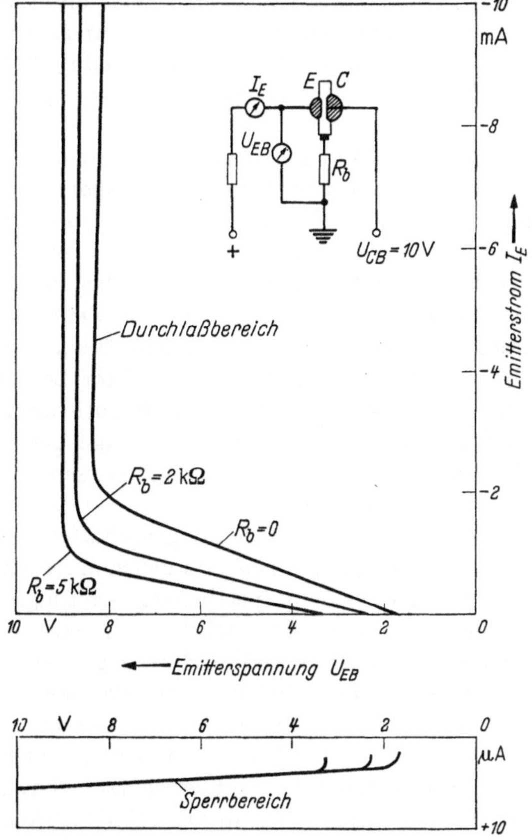

Abb. 53. Eingangskennlinien eines speichernden Schalttransistors für verschiedene äußere Basiswiderstände R_b. Sperrbereich (unten) mit gedehntem Strommaßstab

tem Strommaßstab herausgezeichnet) ist der differentielle Eingangswiderstand größer als 1 MΩ. Mit wachsendem Basiswiderstand nähert sich die Scheitelspannung U_{EB0} (Übergang vom Sperrbereich in den

---

[1] Um Übereinstimmung mit der Kennlinie des Vierschichtentransistors zu erhalten (Abb. 48) wurden in Abb. 53 und 54 positive Spannungswerte nach links, negative Stromwerte nach oben gezeichnet.

aktiven Bereich) dem Kollektorpotential, während der Betrag der negativen Kennlinienneigung zunimmt. Im Durchlaßbereich wird die Restspannung zwischen Emitter und Kollektor bis auf rd. 1 Volt abgebaut. Der restliche differentielle Eingangswiderstand liegt in der Größenordnung 1 bis 10 Ω. Sowohl die zwischen Emitter und Kollektor verbleibende Restspannung als auch der Durchlaßwiderstand sind in geringem Maße von der Größe des Basiswiderstandes R_b abhängig; beide nehmen mit steigendem Basiswiderstand ab.

Da der Ladungsträgertransport überwiegend unter Feldeinwirkung erfolgt, können mit dem beschriebenen Schalttransistor sehr kurze Schaltzeiten erreicht werden. Bei verhältnismäßig hoher Basisdicke (etwa $70\,\mu$) werden Ein- und Ausschaltzeiten von rund 10^{-7} sek beobachtet [30].

Durch den vom Kollektorzentrum ausgehenden Strom wird aber nicht nur ein Feld zwischen Emitter und Kollektor aufgebaut, das den Transport der injizierten Ladungsträger fördert, sondern es entsteht außerdem ein radialer Potentialgradient in der Basiszone. Dieser Potentialgradient ist so gerichtet, daß im aktiven Arbeitsbereich des Schalttransistors die Ladungsträgerinjektion auf das Zentrum des Emitters und der Ladungsträgertransport auf die unmittelbare Umgebung der Symmetrieachse zwischen Emitter und Kollektor beschränkt werden. Dies ermöglicht die Konstruktion von Schalttransistoren mit mehreren Kollektoren, derart, daß keine oder nur geringe gegenseitige Beeinflussung des Ladungsträgertransportes zwischen dem Emitter und den einzelnen Kollektoren auftritt.

Betrachten wir zunächst die Schalteigenschaften, wenn zwei Kollektoren mit gleichen Vorspannungen und gleichen Arbeitswiderständen gegeben sind. Geht man aus dem Sperrbereich der Eingangskennlinie in den aktiven Bereich über, so wird zunächst nur die Strecke zwischen dem Emitter und *einem* Kollektor leitend, und zwar gelangen die injizierten Ladungsträger zu demjenigen Kollektor, der das höhere Potential am Emitter erzeugt. Mit anderen Worten: die „Zündung" erfolgt (bei gleichen äußeren Vorspannungen und Widerständen) zwischen dem Emitter und demjenigen Kollektor, der den geringeren Widerstand r_c besitzt und damit die höhere Knickspannung in der Eingangskennlinie erzeugt (s. Abb. 54a). Erst wenn man den Transistor in das Gebiet der Sättigung hineinsteuert, in welchem die Fokussierung durch Abnahme des Zugfeldes und der Emitterwirksamkeit aufgehoben wird, erfolgt der Stromtransport über beide Kollektoren. Die Steigung im Flußbereich der Eingangskennlinie (Abb. 54a) nimmt an dieser Stelle sprunghaft um die Hälfte ab, da nunmehr die Wege über beide Kollektoren parallel geschaltet sind. Die Mitübernahme des Stromes durch den zweiten Kollektor erfolgt in einem Arbeitsbereich, in dem der Basisstrom bereits wesentlich abgenommen, jedoch sein Vorzeichen noch nicht gewechselt hat.

Durch möglichst gleichmäßige Herstellung der beiden Kollektoren oder entsprechende Wahl der beiden Kollektorspannungen läßt sich erreichen, daß beide Kollektoren annähernd die gleiche Zündspannung erhalten. Es genügt dann eine sehr geringe Verschiebung einer der beiden Kollektorspannungen, beispielsweise um 0,1 Volt, um den Einschaltvorgang auf einen gewünschten Kollektor zu leiten. Die Zuführung der Steuerspannung am Kollektor braucht dabei nur kurzzeitig, d. h. im Augenblick des Einschaltens zu erfolgen. Dadurch ist die Möglichkeit gegeben, bereits mit geringen Steuerenergien die Durchschaltung auf einen der beiden vorhandenen Ausgänge zu bewirken.

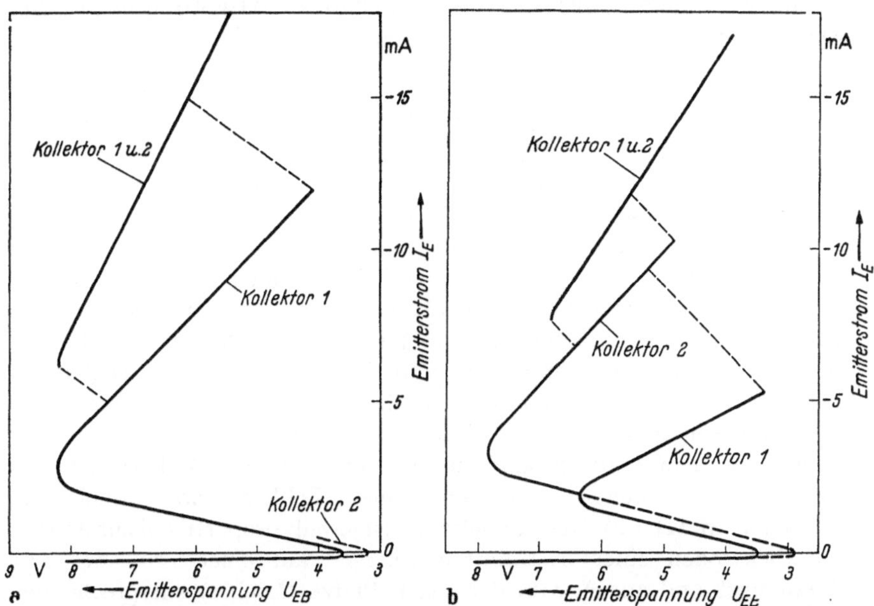

Abb. 54a u. b. Eingangskennlinien eines speichernden Schalttransistors mit zwei Kollektoren. a) Gleiche Spannungen und Arbeitswiderstände in beiden Kollektorkreisen; b) unterschiedliche Spannungen und Arbeitswiderstände in den Kollektorkreisen (s. Text)

Andere Schalteigenschaften ergeben sich, wenn man unterschiedliche Vorspannungen und Arbeitswiderstände für die beiden Kollektoren wählt. Gibt man beispielsweise dem Kollektor 1 eine höhere Vorspannung und einen höheren Arbeitswiderstand als dem Kollektor 2, so erzeugt im Sperrzustand der Kollektor 1 das höhere Potential am Emitter und wird daher zunächst die injizierten Ladungsträger übernehmen. Ist jedoch die Spannung am Kollektor 1 hinreichend weit abgebaut, so geht der Ladungsträgertransport sprunghaft auf den Kollektor 2 über. Bei noch höheren Strömen stellt sich auch hier der Sättigungszustand ein, d. h. es werden beide Kollektoren leitend. Der doppelte Schalttransistor besitzt dann also vier Arbeitszustände: beide Kollektoren aus, Kollektor 1 ein, Kollektor 2 ein, beide Kollektoren ein. Abb. 54b zeigt die entsprechende Eingangskennlinie. Es sind darin vier verschiedene Arbeitsbereiche zu unterscheiden; die gegenseitige Lage dieser Bereiche ist durch Wahl der Kollektorspannungen und -widerstände zu beeinflussen. Eine geeignet gelegte Arbeitsgerade schneidet die Kennlinie in vier stabilen Arbeitspunkten. Ein solcher Schalttransistor leistet also das gleiche wie zwei Stufen einer binären Zählanordnung. Das geschilderte Prinzip läßt sich auf Bauelemente mit mehr als zwei Kollektoren übertragen. Ähnliche Effekte erhält man auch bei Spitzentransistoren und bei den im vorangegangenen Kapitel behandelten Vierschichtentransistoren, deren Stromverstärkung größer als Eins ist, so daß der Basisstrom umgekehrt wie bei normalen Flächentransistoren gerichtet ist [*31*].

5. Die Tunneldiode

Die 1957 zuerst von Esaki untersuchte Tunneldiode besitzt eine dynatronähnliche Kennlinie und kann daher in Verstärker- und Oszillatorschaltungen sowie als Speicherelement eingesetzt werden [*32*]. Das Zustandekommen der Kennlinie ist in Abb. 55 erläutert.

Durch extrem hohe Dotierung und durch einen geeigneten Legierungsprozeß wird erreicht, daß das Halbleitermaterial auf beiden Seiten des pn-Überganges entartet ist, d. h. daß das Fermi-Niveau im n-Gebiet innerhalb des Leitungsbandes, im p-Gebiet innerhalb des Valenzbandes liegt. Unter diesen Umständen ist die Breite des pn-Überganges so klein, daß eine gewisse Wahrscheinlichkeit für den Übergang von Elektronen aus dem Leitungsband des n-Gebietes in das Valenzband des p-Gebietes und umgekehrt besteht (innere Feldemission, Tunneleffekt s. Teil A, Kap. III. 6b). Der Tunnelstrom ist jeweils proportional zur Anzahl der Elektronen einer bestimmten Energie auf einer Seite des pn-Überganges und zur Anzahl der freien Plätze (Löcher) entsprechender Energie auf der anderen Seite des pn-Überganges. Mit der Zustandsdichte $z_L(E)$ an der Unterkante des Leitungsbandes, der Besetzungswahrscheinlichkeit $f_L(E)$ im Leitungsband (Fermische Verteilungsfunktion s. Teil A, Kap. I. 4), der Zustandsdichte $z_V(E)$ an der Oberkante des Valenzbandes und der Besetzungswahrscheinlichkeit $f_V(E)$ im Valenzband ergibt sich für den Tunnelstrom, der durch Übergänge von Elektronen aus dem Leitungsband in das Valenzband verursacht wird:

$$I_{T1} = q \int_{E_L}^{E_V} z_L(E)\, f_L(E) \cdot z_V(E) \left[1 - f_V(E)\right] \cdot W_T\, dE. \qquad (65\,\mathrm{a})$$

W_T ist die Tunnelwahrscheinlichkeit, die u. a. von der Breite des pn-Überganges, vom Bandabstand und von der effektiven Masse der Ladungsträger abhängt. Entsprechend gilt für den umgekehrt gerichteten Übergang von Elektronen aus dem Valenzband des p-Gebietes in das Leitungsband des n-Gebietes:

$$I_{T2} = -q \int_{E_L}^{E_V} z_V(E)\, f_V(E) \cdot z_L(E)\, [1 - f_L(E)] \cdot W_T\, dE. \qquad (65\,\text{b})$$

Im thermischen Gleichgewicht ohne äußere Spannung liegt das FERMI-Niveau auf beiden Seiten des pn-Übergangs in gleicher Höhe (Abb. 55a), d. h. es ist $f_L(E) = f_V(E)$, und die Summe $I_{T1} + I_{T2}$ der Tunnelströme verschwindet. Beim Anlegen einer kleinen Spannung in Durchlaßrichtung nimmt I_{T1} zu, während I_{T2} abnimmt. Der Gesamtstrom durch die Tunneldiode steigt also an. Das Strommaximum wird erreicht, wenn das FERMI-Niveau des n-Gebietes etwa in Höhe der Oberkante des Valenzbandes des p-Gebietes verläuft (Abb. 55b), da dann

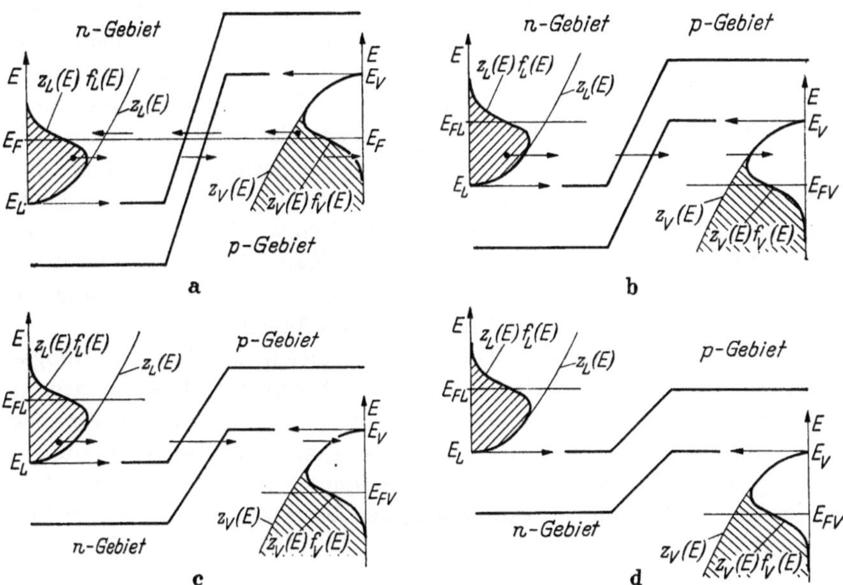

Abb. 55. Zur Wirkungsweise der Tunneldiode (s. Text). Die Abstände FERMI-Niveau-Bandkante, die nur einige kT betragen, sind übertrieben groß gezeichnet

einer hohen Zahl von Elektronen im n-Gebiet auch eine große Anzahl freier Plätze im p-Gebiet gegenübersteht. Bei weiter ansteigender Spannung nimmt der Tunnelstrom I_{T1} wieder ab, da die Zahl der verfügbaren freien Plätze geringer wird (Abb. 55c). Man befindet sich dann in dem Bereich negativer Kennlinienneigung. Der Tunnelstrom verschwindet schließlich vollständig, wenn die Unterkante des Leitungsbandes im n-Gebiet die Energie der Oberkante des Valenzbandes im p-Gebiet erreicht (Abb. 55d). Der Diodenstrom durchläuft ein Minimum. Bei weiterer Erhöhung der Durchlaßspannung tritt der normale Diffusionsstrom des pn-Überganges in Erscheinung, so daß die Neigung der Kennlinie wieder positiv wird.

Zur Herstellung von Tunneldioden benötigt man Germanium mit einer Störstellenkonzentration von einigen 10^{19} cm^{-3}. Als Legierungsmaterial wird Indium $+$ etwa 1% Gallium (auf n-Ge) oder Blei $+$ Zinn $+$ 2% Arsen (auf p-Ge) verwendet. Bei dem Legierungsprozeß muß jegliche Störstellendiffusion durch rasche Abkühlung unmittelbar nach dem Aufheizungsprozeß vermieden werden, um einen möglichst abrupten pn-Übergang zu erhalten. Abb. 56 zeigt als Beispiel die Kennlinie einer Germaniumtunneldiode.

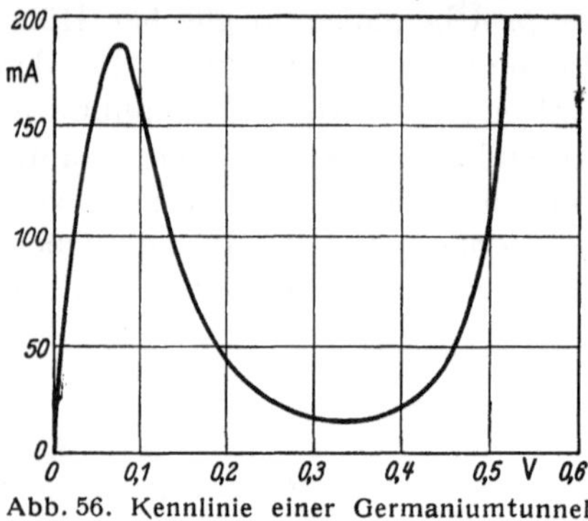
Abb. 56. Kennlinie einer Germaniumtunneldiode

Da der quantenmechanische Tunneleffekt praktisch trägheitslos ist, lassen sich Tunneldioden bis in das GHz-Gebiet hinein verwenden. Voraussetzung hierfür ist allerdings, daß die durch Zuleitungswiderstände und -induktivitäten und durch die Kapazität des pn-Überganges gebildeten Zeitkonstanten hinreichend klein gehalten werden. Infolge der geringen Breite der Randschicht tritt eine Kapazität in der Größenordnung μF/cm^2 auf; es ist daher notwendig, den Kontaktdurchmesser auf wesentlich weniger als 0,1 mm zu beschränken.

Beim Mechanismus der Tunneldiode spielen Minderheitsladungsträger eine untergeordnete Rolle. Es kann daher auch Halbleitermaterial mit geringer Trägerlebensdauer (z. B. Galliumarsenid, das wegen des hohen Bandabstandes und der geringen effektiven Masse der Ladungsträger für Tunneldioden besonders geeignet ist) verwendet werden. Außerdem ist die Temperaturabhängigkeit bei Tunneldioden wesentlich geringer als bei Transistoren.

Literaturverzeichnis zu Teil D

[1] Pankove, J. I.: Electronics 27, 172 (1954).
[2] Stumpe, A.: Solid State Physics Vol. 1, London u. New York: Academic Press (1960), 215.
[3] Lo, A. W. u. a.: Transistor Electronics, Prentice-Hall 479 (1955).
[4] IRE Standards on Solid-state Devices, Proc. Inst. Radio Eng. 44. 1542 (1956).
[5] Follingstad, H. G.: Inst. Radio Eng. Conv. Rec. 1, Pt. 9, 64 (1953).
[6] Thuy, H. J.: Radio Mentor 24, 90 (1958).
[7] Giacoletto, L. J.: RCA Rev. 15, 506 (1954).
[8] Guggenbühl, W., u. W. Wunderlin: Arch. elektr. Übertr. 11, 355 (1957).
[9] Webster, W. M.: Proc. Inst. Radio Eng. 42, 914 (1954).
[10] Gärtner, W. W. u. a.: Proc. Inst. Radio Eng. 46, 1875 (1958).

[11] MEYER, N. I.: J. Electron. Control 4, 305 (1958).
[12] MEYER, N. I.: J. Electron. Control 5, 329 (1958).
[13] BENEKING, H.: Arch. elektr. Übertr. 11, 504 (1957).
[14] SAH, C. T., R. N. NOYCE, u. W. SHOCKLEY: Proc. Inst. Radio Eng. 45, 1228 (1957).
[15] BENZ, W.: Nachrichtentechn. Fachber. 18 (1960).
[16] SPINDLER, K.: Nachrichtentechn. Z. 12, 250 (1959).
[17] WIESNER, R.: Halbleiterprobleme III, Friedr. Vieweg & Sohn 59 (1956).
[18] HÄHNLEIN, A.: Nachrichtentechn. Z. 9, 145 (1956).
[19] HOFFMANN, A.: Z. angew. Phys. 10, 416 (1958).
[20] MATARÉ, H. F.: J. appl. Phys. 30, 581 (1959).
[21] RAPPAPORT, P. u. a.: RCA Rev. 17, 100 (1956).
[22] SHOCKLEY, W.: Proc. Inst. Radio Eng. 40, 1364 (1952).
[23] DACEY, G. C., u. I. M. ROSS: Bell Syst. techn. J. 34, 1149 (1955).
[24] TESZNER, S.: L'Onde Electr. 38, 75 (1958).
[25] LO, A. W.: Proc. Inst. Radio Eng. 40, 1531 (1952).
[26] ANDERSON, A. E.: Proc. Inst. Radio Eng. 40, 1541 (1952).
[27] MILLER, S. L., u. J. J. EBERS: Bell Syst. techn. J. 34, 883 (1955).
[28] MACKINTOSH, I. M.: Proc. Inst. Radio Eng. 46, 1229 (1958).
[29] SURAN, J. J.: Trans. Inst. Radio Eng. ED-2, 40 (1955).
[30] v. MÜNCH, W., u. H. SALOW: Nachrichtentechn. Z. 11, 293, 565 (1958); 12, 301 (1959).
[31] RUTZ, R. F.: IBM J. Res. & Development 1, 212 (1957).
[32] ESAKI, L.: Phys. Rev. 109, 603 (1958).
[33] v. MÜNCH, W.: Fernmeldeing. 14, 7 (1960).

Namenverzeichnis

Die *kursiven* Zahlen geben die Seitenzahlen in den betreffenden Literatur-
verzeichnissen an

27*

Sachverzeichnis